人民·联盟文库

中国家训史

徐少锦　陈延斌 著

陕西人民出版社

人民出版社

出版说明

人民出版社及全国各省市自治区人民出版社是我们党和国家创建的最重要的出版机构。几十年来，伴随着共和国的发展与脚步，他们在宣传马克思列宁主义、毛泽东思想、邓小平理论、"三个代表"重要思想，深入贯彻落实科学发展观，坚持走有中国特色社会主义道路方面，出版了大量的各种类型的优秀出版物，为丰富人民群众的学习、文化需求作出了不可磨灭的贡献，发挥了不可替代的作用。但由于环境、地域及发行渠道等诸多原因，许多精品图书并不为广大读者所知晓。为了有效地利用和二次开发全国人民出版社及其他成员社的优秀出版资源，向广大读者提供更多更好的精品佳作，也为了提升人民出版社市场联盟的整体形象，人民出版社市场联盟决定，在全国各成员社已出版的数十万个品种中，精心筛选出具有理论性、学术性、创新性、前沿性及可读性的优秀图书，辑编成《人民·联盟文库》，分批分次陆续出版，以飨读者。

《人民·联盟文库》的编选原则：1. 充分体现人民出版社的政治、学术水平和出版风格；2. 展示出各地人民出版社及其他成员社的特色；3. 图书主题应是民族的，而不是地区性的；4. 注重市场价值，要为读者所喜爱；5. 译著要具有经典性或重要影响；6. 内容不受时间变化之影响，可供读者长期阅读和收藏。基于上述原则，《人民·联盟文库》未收入以下图书：1. 套书、丛书类图书；2. 偏重于地方的政治类、经济类图书；3. 旅游、休闲、生活类图书；4. 个人的文集、年谱；5. 工具书、辞书。

《人民·联盟文库》分政治、哲学、历史、文化、人物、译著六大类。由于所选原书出版于不同的年代、不同的出版单位，在封面、开本、版式、材料、装帧设计等方面都不尽一致，我们此次编选，为便宜读者阅读，全部予以统一，并在封面上以颜色作不同类别的区分，以利读者的选购。

人民出版社市场联盟委托人民出版社具体操作《人民·联盟文库》的出版和发行工作，所选图书出版采用联合署名的方式，即人民出版社与原书所属出版社共同署名，版权仍归原出版单位。《人民·联盟文库》在编选过程中，得到了人民出版社市场联盟成员社的大力支持与帮助，部分专家学者及发行界行家们也提出了很多建设性的意见，在此一并表示诚挚的感谢！

《人民·联盟文库》编辑委员会

序 言

罗国杰

重视对幼儿的启蒙教育和养成教育，强调"家训"和培育良好家风，为"治国"、"平天下"打好必要的基础，这是中华民族文化传统中的一个重要方面，也是中国道德文化中一份不可多得的珍贵遗产。古人已经认识到，在整个教育过程中，家庭教育处于初始与基础的重要地位，一切道德教育和品质培养，如果能够在一个人的"幼稚之时"，就对其训诫诱导，使其"习与智长、化与心成"，那么，在他们成人之后，就能对应当履行的道德规范，自觉地予以遵守，不会有所谓"扞格不胜"之患。中国古代思想家们之所以重视家庭教育在整个教育中的地位和作用，正是从无数的经验教训中总结出的一个重要道德教育规律。父母与子女之间，有着极其亲密的血缘关系，父母对子女的了解与关爱，子女对父母的信任与依赖，贯穿着一种特殊的联系，这就是中国古人所特别强调的"亲情"。在中国古代长期的以血缘为纽带的封建关系中，这种"亲情"关系，更得到了充分的发展。正因为这样，中国古代的"家训"，也就成为独具特色的一种中华民族的文化传统，其内容之丰富、涉面之广博、影响之深刻，是世界各国文化中所没有的。

在长期的中国历史中，我们也清楚地看到，有相当一部分著名的政治家、军事家、思想家、文学家等，他们之所以能够成为中华民族的"明君"、"贤相"、"志士仁人"、"爱国英雄"、"世人楷模"、"文人学士"，都同他们所受的家庭教育有着密不可分的关系。从我国古代这些著名人士的回忆、自叙和传记中，都可以看到，正是在幼小时候的良好家庭教育和严格的道德养成，使他们形成了一种向往崇高、追求理想的浩然之气，并培育了他们自觉抵御社会腐朽风尚的坚定毅力。在日后的长期社会生活中，使他们始终能够坚持操守、热爱祖国、公而忘私、敬业奉献、坚贞不屈，直到保持晚节。这种自幼就形成的优良品德，能使人迁善远过、日新又新，能使人富贵不淫、贫贱不移。这种情况，虽不易为一般人所察觉，但应当受到伦理学家和道德研究者的重视。

家庭是社会的细胞，随着社会的进步、时代的变化，家庭的作用、组成和功能也将不断地变化、发展，这是必然的；但是，作为社会的组成细胞——家庭在人类发展的历史长河中所具有的亲情联系和生养、教育子女的功能，仍将得到延续和发展。社会愈发展愈进步，就愈加需要赋予"家庭"这个细胞以新的职能和新的活力。社会在物质文明方面的急速进步，更要求社会的精神文明的相应提高，而家庭教育和良好家风的形成，是社会精神文明建设的一个极其重要的方面。没有良好的家庭美德，没有对子女的适应时代的素质教育，就不可能有国家的富强和社会的安定。当前西方国家中一些社会问题和道德危机的日趋严重，青少年犯罪现象的不断增长和社会不稳定因素的上升乃至发生危机，其中一个重要的原因，就是和忽视家庭教育有着重要的关系。

我们是社会主义国家，我国正在从事建设中国特色社会主义的艰巨而伟大的事业。在道德建设上，我们必须坚持以为人民服务为核心，以集体主义为原则，以爱祖国、爱人民、爱劳动、爱科学、爱社会主义为基本要求，在大力提倡社会公德、职业道德的同时，更需要重视尊老爱幼、男女平等、夫妻和睦、勤俭持家、邻里团结的家庭美德，加强和培育"家庭"在新社会中各个方面的作用，重视对子女的关心和教育。

在建设家庭美德和形成良好家风的过程中，我们既要吸取人类一切有关家庭教育的优秀成果，立足于建设社会主义四个现代化的现实，更要借鉴和继承中华民族传统道德中优良的内容（包括"家训"中的"精华"），使我们的家庭美德和家庭教育能够更好地为中华民族的伟大复兴作出应有的贡献。

中国古代的传统道德和"家训"，都是在长期的封建社会中孕育、发展和形成的，不可避免地受到封建社会的严格的等级制度和尊卑观念的制约，受到维护封建"家庭"和"氏族"延续的思想的局限，受到封建的"尊亲"、"忠君"和轻视妇女等观念的影响，随着封建社会的孕育、发生、发展和走向没落，这种等级尊卑思想和轻视妇女的观念，不断地日渐凸显，突出地表现在所谓"三纲"的至高无上和绝对要求中。汉代以后，特别是宋明以降，随着封建道德的日渐强化，"君为臣纲、父为子纲、夫为妻纲"以及"愚忠愚孝"、"三从四德"等教条，也贯穿于中国家训的各个方面。因此，在我们所看到的这些"家训"中，往往是既有其积极方面，又有消极因素；既有精华，又有糟粕。

我们今天所要建立的社会主义先进文化，应当是面向现代化、面向世界、面向未来的民族的、科学的、大众的社会主义文化，并以不断丰富人们的精神世界、增强人们的精神力量为根本目的。为此，我们在继承"家训"这一古代道德"遗产"时，一定要以马克思主义的基本立场、观点和方法，按照"批判继承、弃糟取精、综合创新、古为今用"的原则，抛弃其糟粕，吸取其精华。批判继承是一个总的原则，是我们必须坚持的一个指导思想；弃糟取精是我们在继承时所应当采取的一种分析的态度，也就是要实事求是，具体问题具体分析，要在分析中进行鉴别和筛选；综合创新就是要赋予这些古代的"家训"以新的、适合时代要求的内容和意义，要创造性地理解这些"家训"；古为今用，就是要使这些古老的"家训"能够"与时偕行"，能够与新时期家庭教育的实际相衔接，解决当前家庭教育所需要解决的问题。总之，就是要经过批判地继承，使中国古代的"家训"成为社会主义四个现代化建设过程中道德教育的一个重要内容。

　　20世纪80年代以来，尤其是近十年来，许多学者在挖掘与批判地继承中华民族"家训"这份遗产方面，做了大量的工作。他们从浩如烟海的历代古籍中，爬梳钩沉，筛选整理，出版了许多资料、评注，发表了不少有价值的论著。徐少锦、陈延斌同志经过多年的广泛搜罗，在吸取已有成果的基础上，提出了自己不少独到的见解，写成了这本《中国家训史》。此书并不是一般地阐述和摘录有关中国古代家庭教育的思想，而是从家训教化实践的视角，遴选从先秦到清末几千年中二百多位典型人物，将他们训育子女的理论基础、主要内容、基本原则、具体方法等，进行分类归纳，理出其历史演进线索，揭示其间的内在联系与发展规律。本书对中国传统家训从萌芽、产生、成型、成熟、繁荣以及由盛至衰过程的清晰勾画，对每个时期家训的特点和重点的提炼论证，对家训中的许多重要概念的历史考察，对家训发展规律的探索，以及认为整个传统家训贯穿着以道德训诫为中心的主线，其根本宗旨是塑造高尚的人格，使子弟成为国之用材，等等，这些都是符合实际的。本书对于传统家训缺陷的分析批判，符合历史唯物主义的基本原理，符合批判继承的原则。

　　应作者审阅、作序之要求，我以先睹为快的心情，泛览了书稿，受到了不少启发，并由此而联想到一些值得注意的问题，写了以上的一些想法。"依法治国"与"以德治国"相辅相成，已经作为我国的一个重要的治国经验，成为全国人民的共识；道德建设的重要意义，也日益为人们所认同。这是我国道德建设所面临的一个前所未有的大好时机，我们应当紧紧把握住这个重要的机遇，为提高广大人民群众的道德素质，作出应有的贡献。

　　《中国家训史》的出版，不仅拓宽与加深了中国教育思想史与中国伦理思想史研究的领域，而且对于社会主义精神文明建设，特别是家庭美德建设、公民道德建设，都是有借鉴意义的。

目 录

第二编　定型时期：两汉三国家训

第三编　成熟时期：两晋至隋唐家训

导言

　　中国是世界闻名的四大文明古国之一，文化遗产丰富多彩，思想宝藏博大精深。端蒙养、重家训即是这文化宝库的一大特色。从浩如烟海的历代古籍中，把闪耀着中华民族智慧之光的、至今仍有借鉴价值的家训梳理、筛选出来，作为对后代教育的参考，为建立适应社会主义建设新时期需要的、放眼世界、面向未来的、科学的家教学，提供基础性的思想资料，是一件有利于社会、有益于后代的工作。

　　家训与在家教导门生与子弟的家教这两个范畴之间既有联系又有区别，主要是指父祖对子孙、家长对家人、族长对族人的直接训示、亲自教诲，也包括兄长对弟妹的劝勉，夫妻之间的嘱托。后辈贤达者对长辈、弟对兄的建议与要求，就其所寓的教育、启迪意义来说，也不可忽略。家训属于家庭或家族内部的教育，与社会教育、学校教育相比，虽然有许多共同性，但在教育的主体与客体、教育的内容与方法方面，则有不少特殊性。比如，家书、家规、遗训等只指向家庭或家族的成员，不同于一般的童蒙读物之适用于全社会儿童。家训是随着家庭的产生而出现的一种教育形式，它随着家庭的发展而不断丰富、完善。在远古群婚杂居时期，人们是无所谓家庭因而也无所谓家训的。家是人类发展到一定历史阶段的产物。按照许慎《说文解字》的解释，"家"是个象形会意字，家字从"宀"，宀像屋之形，是供人居住的房子，屋下养豕，为农牧经济的象征。"庭"为室中之大者，是家中成员议事的大房子。

最初的家有氏族、贵族等形式。家庭是以婚姻、血缘或收养而产生的亲属间的关系为基础的一种生活组织，它是整个社会的组成细胞。有了家，就有对子女、对家庭成员教育的问题。这是为维系家庭的正常生活和参加社会各种活动所不可缺少的。不过，在原始社会公有制的条件下，由于每个氏族没有不同于本部落的特殊利益，一般行为规范即是每个氏族的行为规范，因而这种家庭教育实质上就是"社会"教育。这一时期，家训还处于萌芽状况。家训虽有实践，但主要表现为劳动经验和风俗习惯的授受而无文字形式。随着生产与交换的发展，贫富的分化、对立，私有制、阶级与国家的产生，一夫一妻制家庭的形成，贵族、王族与富族的出现，每个家就有了与社会利益相矛盾的乃至对抗的特殊利益。因而父祖对子孙与家庭其他成员的教育，除了包含一般的社会要求之外，还带上了家庭、家族的独特内容，并在世世代代延续、演进的过程中，不断沉淀下来，累积起来，形成了各具特色的家道、家约、家训、家风、家规、家法、家范、家诫、家劝、户规、族规、族谕、庄规、条规、宗式、宗约、公约、祠规、祠约，等等。从现在掌握的资料看，中国古代的家训，萌芽于五帝时代，产生于西周，成型于两汉，成熟于隋唐，繁荣于宋元，明清达到鼎盛并由盛转衰。至清末，传统家训发生了革命性的变化。

一

经过几千年的立言、沉积，传统家训资料卷帙极其浩繁，蕴含的思想十分丰富，其基本内容可概括为以下十七个方面：

（一）孝亲敬长，睦亲齐家。与传统伦理所倡导的"以孝为本"及"齐家"思想相适应，西汉以来的许多家训非常强调睦亲齐家的重要性。例如，柳玭指出："立身以孝悌为基"，"肥家以忍顺"①。孙奇逢说：

---

① 柳玭：《诫子弟书》。

"父父子子，兄兄弟弟，元气团结"是"家道隆昌"① 的必不可少的条件。王夫之指出："孝友之风坠，则家必不长。"②

（二）治家谨严，勤劳节俭。与齐家紧密联系的是治家、理家。从豪门显贵到普通百姓，一般都教导子孙不要奢侈浪费，要勤俭持家。许汝霖《德星堂家订》要求家人衣着朴素；来客时中午只以"二簋一汤"招待，婚嫁、葬祭一切从简，不许"鼓乐张筵"，将省下的钱济孤寡、助婚丧、立家塾。司马光认为治家之道应"制财用之节，量入以为出……裁省冗费，禁止奢华"③。

（三）糟糠不弃，寡妇可嫁。婚姻家庭作为宗法的载体，在传统家训中占有重要地位。这方面的训诫封建毒素较多，如强调父为子纲、夫为妻纲，"三从"一终，男尊女卑，宋明以后还反对寡妇再嫁。但也有一些积极因素。如不少家训反对溺死女婴；《袁氏世范》规定，不可在儿女幼小之时就议定婚姻，因为"男女之贤否须年长乃可见，家庭贫富变化亦不可预见"。《药言》主张一夫一妻制，说"一夫一妻是正理"；"结发糟糠，万万不宜乖弃"。纳妾是不得已而为之；"若年四十而无子，不可不娶一妾。"《温氏母训》认为："少寡不必劝之守（节），不必强之改（嫁）"，应尊重寡妇本人的意向。《蒋氏母训》则提出了寡妇自愿再嫁，"亲属不许阻挠"的主张。这些都是其民主性精神的体现。

（四）贵名节，重家声。重视名誉与节操、倡导良好家风、维护美好家声是古代家训的一个鲜明特点。气节、节操问题在西汉时已受到重视，《史记·汲郑列传》就赞扬大臣汲黯"好学，游侠，任气节，内行修洁"。宋以后民族矛盾与统治集团内部矛盾激化，身名美恶问题十分突出。欧阳修首先把"守道义、行忠信、惜名节"④ 并列起来予以强调。明代名士罗伦说："有好名节，与日月争光……足以奠苍生，足以

---

① 孙奇逢：《孝友堂家训》。
② 王夫之：《船山遗书·姜斋文集补遗》卷一。
③ 司马光：《居家杂仪》。
④ 欧阳修：《朋党论》。

垂后世。"① 明代李应升在《付逊之儿手笔》中告诉儿子："吾居官爱名节，未尝贪取肥家。"他为政公平廉洁，被奸臣魏忠贤害死。明末瞿式耜在《与子书》中批评儿子执行清统治者的剃发令是做了有损民族"名节"的"亏体辱亲"之事。珍惜名节是家风、家声乃至中华民族精神的重要内容。

（五）勤政谦敬，安国恤民。这在帝王与仕宦家训中很突出，如周公戒子伯禽"无以国骄人"，劝成王勤政无逸。李世民的《帝范》和清康熙的《庭训格言》都诫令皇子、皇族要认真处理国务，关心百姓生活。《许云邨贻谋》要求子弟中的为官者，"不论尊卑，一以廉恕忠勤，报国安民为职"。

（六）清廉自守，勿贪勿奢。《论语》中廉字仅出现一次，仅表示一个人有棱角不能触犯。战国时出现了反贪问题。《孟子》中廉字出现五次，有廉洁、不贪等义。如"陈仲子岂不廉士哉"②！"可以取，可以无取，取伤廉"。③ 廉即不苟取、不贪婪。田稷子母教子退贿即属此意。两汉以后，又有三国孟仁母、晋陶侃母退鲊教子等范例。宋包拯诚曰："后世子孙仕宦有犯赃滥者，不得放归本家；亡殁之后，不得葬于大茔之中"④。清末吴汝纶也在《谕儿书》中说："作官之钱，皆取之百姓，非好钱也。故好官必不爱钱。"

（七）抵御外侮，维护统一。传统家训很注重对子孙进行爱国主义教育。南宋陈元桂在守卫临江（辖今江西省内）抵御元军猛烈进攻时，情势十分危急，他训诫其亲属道："与其死于饥馑、死于疾病、死于盗贼，孰若死于守土之为光明俊伟哉?"⑤ 明末朱舜水（1600—1680）抗清失败后定居日本讲授中国传统文化，在七十八岁时还作家书教诲孙辈保

① 罗伦：《戒叔父等书》。
② 《孟子·滕文公下》。
③ 《孟子·离娄下》。
④ 《补遗》，见《包拯集》卷十。
⑤ 《宋史·陈元桂传》。

持民族气节，说百事皆可为，"惟有虏官不可为耳"①！爱国教育的一个
重要内容，是维护统一，反对分裂。这是在国家政局动荡不定、割据势
力乘机裂土称王时期，少数民族首领家训中的一大瑰宝。如越族冼夫人
一生以维护国家统一为己任，每年都将历朝之赐物展示于子孙，教导
道："汝等宜尽赤心向天子。……今赐物具存，此忠孝之报也，愿汝皆
思念之。"要求他们拥戴天子，护卫朝廷。辛亥革命前后，家训中的爱
国内容剔除了忠君的成分而充实了民族、民主革命的因素。黄花岗七十
二烈士之一的林觉民（1887—1911）被捕后，在狱中写了《与妻书》，
希望她善抚子女，"教其以父志为志"，把反清革命进行到底。秋瑾训导
其侄壬林说：不要丢掉中文专学英文，"但凡爱国之心，人不可不有，
若不知本国文字、历史，即不能生爱国心也"②。

（八）依法完粮纳税，严禁乱砍林木。这类守法教育在明清时期的
家训中很多，如"谚云：'若要宽，先完官'。钱粮切不可拖赖，吾家世
来先完钱粮"③。这固然有利于增加官府的财政收入和封建剥削统治，
但从提高国民的法律意识看，也有一定意义。有些家规还反对商品交易
中弄虚作假等违法行为："族人凡有交易，斗秤平准，出入如一，尤戒
银钱使用搀低搭假。其有轻出重人、暗侮愚弱者，初戒，再处责，三犯
首官。"④ 为使水土不被破坏，以保护农业生态环境，有些宗族法规定，
族人必须保护山林，秋天防火，春天护苗，砍伐草木讲求季节，违者
"重责三十板，验价赔还"⑤。

（九）立志清远，励志勉学。王夫之说："读书教子，是传家长久之
道。"⑥ 两汉尤其是东汉以来，许多家训都激励子弟立大志、勤读书、

---

① 《朱舜水集·谕诸孙》。
② 秋瑾：《致秋壬林书》。
③ 姚舜牧：《药言》。
④ 江苏《陈氏宗谱·家规》。
⑤ 江西南昌：《魏氏宗谱·宗式》。
⑥ 王夫之：《又与我文侄》。

成大器。嵇康的《家诫》指出："人无志，非人也。"诸葛亮要求外甥："志当存高远，慕圣贤"；对儿子说："非学无以广才，非志无以成学"①。明代王守仁专著《示弟立志说》以勉其弟王守文树立"为圣人之志"。志要通过勤学来实现。随着读经热的兴起，诫子读书在家训中的比重逐渐上升，到南朝时几占诫子书的三分之一。《颜氏家训》、《曾国藩家书》等对此都有极细致的指导。

（十）习业农商，治生自立。传统家训历来推崇孝悌力田，耕读并重，反对子弟好逸恶劳、坐享其成。如明代《霍韬家训》就对那些一进学校就耻于耕作的子侄做了严格的惩罚规定；《庞氏家训》等甚至还写入了一些农副业生产的经验。"治生商贾"在《史记·淮阴侯列传》中已经提出，经宋元时叶梦得、许衡力倡，到明清时蔚然成风，连一些士大夫也鼓励子弟习业商贾，以求裕家旺族。如安徽祁门《彭氏宗谱·义庄规条》规定："子孙始习业而无力者"，助钱予以支持、鼓励，其父母妻子居家生活困苦者，也能得到接济。当然，一旦业成富有，其亦有帮助族人立业谋生的义务。教诫子弟立志、勉学、治生，都是为了使他们自强、自立、自主，穷则自食其力，达则光宗耀祖，而避免出现许衡说的情况："我虽贵显，适足祸汝。"②

（十一）崇尚科技，贬拒迷信。这部分内容包括两个方面，一是经世务实的仕宦之家，要求子弟具备必要的科技知识素养，以备将来为官之用。如颜之推要求子弟涉猎农工商技便是如此。二是科技家学世传，让子孙赖以立业。如北宋初洛阳人王处讷治星历、占候之学，被任为国子尚书博士、判司天监事，其子王熙元"幼习父业"③，甚有造诣，补司天历算。元代浑源（今属山西省）人孙威善为兵甲，得到元太祖铁木真的任用，其子孙拱"巧思如其父"④，发明了一种能张敛折叠、易于

---

① 诸葛亮：《诫子书》。
② 许衡：《鲁斋遗书·与子师可》。
③ 《宋史·方伎传》。
④ 《元史·方伎传》。

行军持执的盾，受到元世祖忽必烈的币帛赏赐。技术世传常与绝技保密相结合，如唐初宣州（今安徽宣城）名匠诸葛氏所制的为士大夫视为珍玩的"宣笔"，至北宋时又由其后代诸葛高创成"散卓笔"，因严守秘密，使他人无法仿制，此笔历经六百多年而盛名不衰。与崇尚科技相对应，反对占卜迷信也是其有价值的内容，这在曾国藩、康熙等人家训中有较充分的体现。

（十二）审择交游，近善远佞。不少家训都注意到了社会环境、友邻品行对子弟成长的重要影响，因而教诲他们交友要慎重。如朱熹《给长子书》中就告诫儿子要交"敦厚忠信，能攻吾过"的"益友"，而不要交"谄谀轻薄，傲慢亵狎，导人为恶"的"损友"。

（十三）宽厚谦恭，谨言慎行。由于官场凶险，稍有不慎便有丧身毁家之祸，故许多家训都一再叮嘱子弟要谦恭谨慎，宽厚待人，不可妄言妄传他人之恶，任意评论政事得失。张履祥说："子孙以忠信谨慎为先，切戒狷薄。不可顾目前之利而妄他日之害，不可因一时之势而贻数世之忧。"[①] 这些话很有代表性。

（十四）和待乡邻，善视仆隶。两汉以后特别是明清时期，不少家训告诫子弟要与邻家交好，不要计较小事。在处理主仆关系时，除强调对仆人严加管束外，也要善待他们。袁采叮嘱家人，婢女大了要送还其父母，仆隶无家可归者应养其老。

（十五）救难济贫，助人为乐。包括商贾家训在内的许多家训都体现了扶危济困、捐资公益的传统美德，如《郑氏规范》告诫子弟不要随意增加佃户的地租，借粮给穷苦乡亲不得收息；经营的药店免费医治穷人的疾病；修桥补路"以利行客"；周济那些鳏寡孤独、生活无着的乡邻；每年炎夏时节，在大路旁设茶水站"以济渴者"，等等。

（十六）洁身自好，力戒恶习。教育子弟进德修身，诵圣贤之言，绝邪淫之行。《蒋氏家训》规定："宜戒邪淫，家中不许留蓄淫书，有即

---

① 《杨园先生全集·训子语》。

焚之。"这对于青少年的身心健康是有积极作用的。包括商贾家训在内的不少家训还教育子弟不要染上嫖赌及吸毒等恶习，清代《鲍氏户规》规定："赌博财物，开设赌坊，教而不改者，杖八十，免祀。"1898年订立的《香山沙尾乡张氏大同戒鸦烟会约章》规定：族中子弟沾染烟瘾者，限在一年内戒断；戒断者奖十银元，否则，"当永远革胙，以示严惩"。

此外还有养生、健身等方面的训导。从以上内容看，传统家训涉及领域极其广泛，其核心是修身、治家、立业，本质上是伦理教育和人格塑造，基本倾向是积极的，体现了优秀的中华民族精神。

二

传统家训不仅内容丰富，而且遵循了一些行之有效的教育原则与许多具体的方式方法。主要有：

（一）爱教结合的根本原则。先秦已经提出爱子有方、教子正道问题。《颜氏家训》对此原则做了系统总结。历代家训指出了因违背这一原则的曲爱、溺爱、偏爱、宠爱而失教之危害性。如《袁氏世范》说："人之有子，多于婴啼之时，爱忘其丑……日渐月渍，养成其恶，此父母曲爱之过也。"吴汝纶指出：官家之"子孙往无德，以习于骄恣浇薄故也"①。或因妄憎、虐待而失教致祸，如孩子微有疵失，便生憎怒，偶有小过，视为大恶；后母因妒心而虐待前妻之子等，都会导致家庭不和，怨恨乃至仇杀。以下原则均为此根本原则之延伸：

（二）胎教与早教的原则。教有早教与晚教的问题。传统家训主张养正于蒙，并将早教上延至胎教。周初太任是中国家训史与医学史上最

---

① 吴汝纶：《谕儿书》。

早进行胎教并获得成功的母亲，使"文王生而明圣"，"卒为周宗"。汉代贾谊《新书·胎教》、戴德《大戴礼记·保傅》、刘向《列女传·周室三母》和王充《论衡》中《命义》、《气寿》诸篇，发展了周初的胎教思想，提出了别就"宴室"、环境清静、饮食有节、情绪稳定、慎感外物等包含有优生优育的有价值思想。不过，其着眼点仍是伦理道德。孙思邈《千金要方·养胎第三》首先从医学角度研究胎教，他从胎儿生长发育的不同阶段，提出了对孕妇的不同要求，为后来的学者（多为医家）研究胎教开辟了新的途径。清末形成了以经验为基础、有一定科学意义的胎教理论。早教思想在周代便提出，后由《颜氏家训》做了历史性总结。明代教育家金铉的《胎教说》认为，胎教作用是有限的，"其义大、其功微"，必须与早教相结合，其功乃显。

（三）严慈相济的原则。教也有慈教、严教的问题。古人最初将父母并称"家严"，后来大体上以严父、家严称父，以慈母、家慈称母，因为父亲教子多严格、暴戾，母亲教子多感化、诱导。严、慈问题是指训导子弟过程中的严格、宽松问题。传统家训主张将这两者融合起来，既有严格要求，又有爱心感化，因为只慈不严或只严不慈都收不到好的效果："慈母有败子"①、"孝子不生慈父之家"②、"父母之爱，不足以教子"③、"鞭朴之子，不从父之教"④。鉴于上述经验教训，《颜氏家训》总结道："父母威而有慈，则子女畏惧而生教矣。""父子之严，不可以狎；骨肉之爱，不可以简。简则慈孝不接，狎则怠慢生焉。"《袁氏世范·睦亲》进一步指出："子幼必待以严；子壮无薄其爱。"在子女成长的不同阶段，严、慈的侧重点应有区别。南陈时王旸一族几十人，订立有必须共同遵循的"规训"，但"居家笃睦，每岁时馈遗，遍及近亲，

---

① 《韩非子·显学》。
② 《慎子·内篇》。
③ 《韩非子·五蠹》。
④ 刘向：《说苑·杂言》。

敦诱诸弟，并禀其规训"①。他采用的就是严慈结合的原则。

（四）言传身教并施的原则。教又有怎样教的问题。传统家训主张不仅要用口头的或书面的语言，更要用自己的实际行动教导子弟，尤以率先垂范、榜样带头作用最为紧要。清人申涵光《格言仅录》说："教子贵以身教，不可仅以言教。"魏源《默觚·学篇》说："身教亲于言教。"不过，无论身教还是言教，都要教以正道，否则，教之反害之、祸之。明代吕得胜《小儿语》说："老子偷瓜盗果，儿子杀人放火。"清人汪汲《座右铭类编·贻谋》也说："父兄暴戾，子弟学样。父兄幸或免祸，子弟必有贻殃。"

（五）读书与躬行结合的原则。教还有知与行的问题。前者主要是指导子弟诵读诗文、摹帖练字、学写诗文，包括开列书目、介绍字帖、推荐范文及读书方法等。在这方面，颜之推与曾国藩等人很有代表性。后者指实际行动，包括参加家务劳动（如洒扫庭院）、耕种土地、习技经商等，其目的是使子孙自立自强，既能自力谋生，又能报国为民。

上述五大家训原则，贯穿于许多具体的方式方法中。这些方式大体上分为四类。一是语言形式。如面对面的赞扬鼓励、批评斥责、讲明道理、互相讨论、临终遗言等。这里有两种方法值得注意：1. 听歌。如金世宗完颜雍为了使诸子不忘女真族纯直、朴实的旧风，常命他们听用女真语演唱的歌词，训诫道："汝辈……不知女真纯实之风，至于文字语言或不通晓，是忘本也。"② 2. 听训辞。如宋代陆九韶"以训戒之辞为韵语。晨兴，家长率众子弟谒先祠毕，击鼓诵其辞，使列听之"③。还有的家庭让子孙念先人遗训、背家训歌诀。

二是文字形式。以文体而言，包括：1. 铭。将训诫内容刻在器物上，以供子孙经常观看。周武王最先用铭教子，《梁书·王褒传》说：

① 《陈书·王旸传》。

② 《金史·世宗本纪》。

③ 《宋史·陆九韶传》。

"古有盘盂有铭（文），几杖有诫（语），进退循焉，俯仰观焉。"这是指武王将训语刻在几杖上以便子弟随时观看。铭教按器物不同又有门铭、几铭、盘铭、杖铭、矛铭、武库铭，等等。2. 诰。以文告形式进行训诫勉励，如周公劝勉康叔的《康诰》、《酒诰》。3. 敕。主要指上命下、君主王侯对子臣之告诫，如刘邦《手敕太子文》。4. 令。以命令形式教训子孙家人，如曹操的《内诫令》。5. 诫。用于警戒子弟家人的文体，如嵇康的《家诫》。6. 疏。用阐发前言往事的方法教导子弟，如陶渊明的《与子俨等疏》。7. 诗。将训诫内容作成诗让子孙咏读。诗教起自《诗经》，陆游的《示儿》诗是一代表作。8. 联。用写对联的方式教导子弟，如良商义贾在家中贴上"泪酸血咸悔不该手辣口甜只道世间无苦海，金黄银白但见了眼红心黑哪知道头上有青天"的对联，希望子孙不要赚黑心钱。9. 法。以成文的赏罚明确的家法、族法的形式强制子孙、族人遵守规定的行为准则，如唐代的《陈氏家法三十三条》。10. 书。以书信或遗书教导不在身边的子弟。家信始于战国，两汉后广泛使用，如诸葛亮《与兄瑾言子乔书》、元稹《诲侄等书》。11. 名。通过给子弟或屋宇取名的方式进行引导。如晋商乔映霞针对诸弟拘谨、保守、自满、依赖等缺点，分别建立了"不泥古斋"、"知不足斋"、"自强不息斋"、"一日三省斋"进行劝导；颜之推给儿子取名"思鲁"，要他不忘故乡鲁地，也是名教之一范例。

三是实物形式。通过直观或改变器物引导子弟领悟其中包含的义理，包括：1. 展示有纪念价值的物品，如五代时后唐大将符存审历战疆场，中矢百余，他把这些箭头都拔出来保存起来，让子弟观看，并训导道："予本寒家"，年少时持一剑闯天下，万死一生，才"位极将相"①。意思是今天的富贵生活来之不易，要好好珍惜。2. 饮水思源，如唐太宗见太子李治将要吃饭，便问："汝知饭乎？"接着便告诉他农民种粮食的艰苦，要懂得以农为本、勿夺农时的道理。3. 折筷喻理，如

---

① 《旧五代史·唐书·符存审传》。

在宴饮时让子弟能否折断筷子说明兄弟和睦团结、全家同心同德、互相帮助的重要性。

四是实践锻炼。让子弟参加实践活动以学到知识，增长才能。如曹操、诸葛亮等让子、侄外出担任一定的官职，使他们在亲自处理军政事务中锻炼成长。或通过特定生活阅历让儿子吸取教训、了解人情世故，如徽商马逢辰将儿子马山带到苏州经商，先是不惜重金让儿子结识一妓女，后又让他敝衣破鞋去找她帮助，结果被逐出妓院。这一经历，使马山懂得了"世态炎凉"、"当择人而交，谨慎处世"的道理，从此勤俭持家，"数年致富巨万"。

这四种形式，是与许多具体方法结合在一起的。首先，从影响子弟成长的因素看，既采用选择良好的外界环境的方法，又重视启发内在自觉性的方法，即所谓"非以绳束之也，导其自适而已"①。前者如：1.慎重交友；2.广交贤能；3.远离邪佞；4.创造自食其力的环境，如孙叔敖、萧何、疏广等人，都不为子孙留下过多的家产，或置田宅于穷僻处，让子孙自强自立，到条件差的地方去艰苦创业。后者如：1.填写功过格。即在簿本上划出若干小格，分功格、过格两类，要求子弟在晚上将当天的功与过分别填入，至月末累计，视功、过多少，以达到"日日知非，日日改过"、提高品德修养的目的。2.讨论总结。如孙奇逢问诸子："居家勤俭，孰为居要？"一子曰俭为要，另一子曰勤为要，不相让，于是他总结道："二者皆要"，然其源在"无欲"，要从源头处着力。这样就把道德讨论与探求义理结合起来。重视外在影响与调动内在积极性是可以统一的，孟母三迁与断机教子，就是这两种方法结合使用的典范。

其次，从训导的力度看，既采用了道德激励的方法，又重视法规约束的方法。前者润物细无声，力度较弱，重在启发自觉，收效较慢，但能恒远；后者风紧雨猛，硬性执行，力度较强，收效快，但不能久长。

①　魏象枢：《傅氏家训序》。

前者主要指情感召化，如王陵母以伏剑而死激励儿子忠心跟随刘邦平定天下；司马谈临死时哭着嘱咐司马迁要继承世传家学，担当起修史重任，完成自己的遗志；昭帝的大臣隽不疑为京兆尹，常到县里审核囚犯罪状，每次回家，其母都要问及平反情况，若说平反较多，她就高兴，否则就发怒、不吃饭，以情感变化启示儿子断狱要不忘"仁德"。后者主要是将家庭或家族的行为准则法规化，运用奖惩机制特别是惩罚机制强制执行，如《郑氏规范》规定，择四十岁以上端严公明可服众者一人为"监视"，掌管记录每个家庭成员的功过是非的《劝惩簿》；同时制两块木牌，一刻劝字，记善事，一刻惩字，记恶事，挂在堂中，"三日方收，以示赏罚"。又立记录家庭成员的"图谱"，"子孙出仕，有以赃墨闻者，生则于图谱削去其名，死则不许入祠堂"。关于惩罚的种类与形式，据费成康主编的《家法族规》① 一书记述，主要有：1. 警诫类，包括叱责、警告、立誓、罚祭、记过；2. 羞辱类，包括请罪、贬抑、标志、押游、共攻；3. 财产类，包括罚钱、罚物、赔偿、充公、拆屋；4. 身体类，包括罚跪、打手、掌嘴、杖责、枷号、磴锁、砍手指或手臂；5. 资格类，包括斥革、革胙、罚停、革谱、出族、驱逐；6. 自由类，包括拘禁、工役、兵役；7. 生命类，包括自尽、勒毙、打死、溺毙、活埋、丢开（锁在木板上丢入江河，其生死碰运气）、闷死（塞进缸中盖上）、枪毙。此外，还有送官严究或"鸣官处死"等。惩罚不仅种类繁多，而且还非常残酷。这两类方法的结合，也就是恩威并施、情法兼用。

再次，在各种家训形式与方法中，贯穿着正身率下、典型引导的方法。司马光说："凡为家长，必谨守礼法，以御群子弟及家众。"② 清代戴翊清说："为父者一动一言循规矩以表率之，子自相劝而化。若所令

---

① 《中国的家法族规》，上海社会科学出版社1998年版。
② 司马光：《涑水家仪》。

返（反）其所好，亦徒费口舌而已。"① 他们都非常注重父辈的榜样带头作用。传统家训引用的典型分正反两类：《女范捷录》引用了历代在母仪、孝行、贞烈、忠义、慈爱、秉礼、智慧、勤俭、才德九个方面上百名有突出事迹的妇女作为女子效法的榜样。明代罗伦《戒叔父等书》劝勉叔父子侄："谓有好名节……如汴宋之欧阳修、如南渡之文（天祥）丞相者是也"；反之，"所谓恶子弟……如宋之蔡京、秦桧"，他们"污朝廷、祸天下、负后世，甚至子孙者不敢认。"《戒叔父等书》应效法前者而以后者为训。

三

从上述内容与原则、方式方法可以看出，传统家训具有不少特点或优点，因而在中国古代社会发挥了重要作用。特点主要有：

一是教家立范与修、齐、治、平的统一。教家立范是传统家训的宗旨，修、齐、治、平为家训所要达到之人格理想与社会理想。由于齐、治、平以修身为本，"教家立范，品行为先"②，而"一家之教化，即朝廷之教化"③，故历代家训都把家庭成员的道德修养置于突出的地位而加以强调。二是亲情感化与约束惩罚的统一。家训以血亲伦常为基础，教育者与受教育者关系最为亲密、情况最为了解，故能爱之深而教之切，做到循循善诱，关怀备至，即使采取必要的惩戒、强制，也常常是关爱的一种特殊形式。三是内容要求的一致性与形式方法的多样性的统一。历代家训大致都包括睦亲、治家、勉学、立业、为官、处世等共同的内容要求，但形式方法则多种多样。四是晓谕勖勉和榜样示范的统

① 戴翊清：《治家格言绎义》。
② 孙奇逢：《孝友堂家规》。
③ 魏象枢：《寒松堂集·奏疏》。

一，不少古代家训教诲子孙怎样修身做人，往往既明确行为准则，又力图讲清其中道理，且父兄身体力行，率先垂范。五是抽象的哲理训导与具体的可操作性的统一。传统家训把正心、修身作为为人处世之基础，并进而提出经世致用、治国平天下的要求，具有浓郁的哲理色彩。鉴于父兄对子弟的言行举止、优长缺短比较了解，故教诫具有很强的针对性和可操作性。一般来说，语言明白易懂，准则具体细致，方式灵活机动，易于掌握和践行。如《德星堂家订》训诫家人勤俭持家，就详细规定了"宴会"、"衣服"、"婚娶"、"凶丧"、"安葬"、"祭祀"等的具体规格和标准，很容易遵守。六是教诫的一贯性与具体内容的阶段性的统一。家训开始最早，持续最长，在一定意义上可说是"终身教育"。如唐武宗时的浙西观察使李景让，从小受到母亲的严格教育，他当上大官时虽头发斑白，但"小有过，不免捶楚"①，还要受到母亲责打。子弟在身心发育不同阶段，训导的内容是不同的。例如，婴儿"养蒙之节，教始于饮食"。首先是教之饮食，然后是教以言，教走路，教礼仪。司马光教子女，未冠笄者，令鸡鸣而起，佐尊长供养祭祀。"若既冠笄，则皆责之以成人之礼。"② 七是现实性与理想性相结合。不少传统家训虽然有的放矢，着眼于解决子弟当下的问题，但并未停留在目前这些外在行为本身，还有着长远的内在要求，具有超越现实的理想性。例如，既要子弟立业成家，又不要让他们"争目前之事，则忘远大之图；深儿女之怀，便短英雄之气"。既鼓励子弟求取功名，又要他们懂得"功名之上。更有地步"③；在义利关头，要去利存义，做仁义之人；国难当头，要做忠臣烈士。就是说，通过家庭生活、读书作文、处世为人、入仕为官等践履，积小善而成大德，直到成为圣贤。家训的作用主要表现在：

---

① 王谠：《唐语林》卷七。
② 司马光：《涑水家仪》。
③ 吴麟征：《家诫要言》。

第一，传播了以儒学为核心的中国传统文化，推动了科学与教育的发展。儒学的传承主要通过父子相继的家学世传、招生授徒的"家教"、学校教育和国家官制、奖惩等途径。先秦儒学的传承主要是前两者。子思对儒学的继承既受教于父祖，又得益于孔子的弟子曾参，而孟子对儒学的发展则与受教于子思的门生有关。汉代经学的兴起除国家鼓励外，儒学世传及经学家们私家教授门生也起了很大作用。特别在朝代更替、学校兴废不定的时期，家学的意义更是重大。颜之推先祖以"儒雅为业"，代代相传；其八世祖颜含，以孝友著称；虽然战乱不断，子孙却世守儒业。直到颜之推六世孙颜诩时，仍有"子侄二十余人皆服儒业"①。值得一提的是，为了使子孙理解接受，许多家训文都写得深入浅出，只要粗习文墨便能读懂领悟，它们流传到社会上后，客观上起到了普及儒学的作用。从宋代起，有些学者自觉地将治学训子与对社会儿童的启蒙教育结合起来，使一些家训著作成为私塾蒙馆的教材（如朱伯庐的《治家格言》等），这也在一定程度上推动了儒学的社会化。

第二，有助于文学艺术的发展。在中国文学史上享有盛名的"唐宋八大家"中，北宋的苏洵、苏轼、苏辙父子就占了三大家，被誉为"三苏"。他们的成功得益于程氏的相夫教子。苏洵之妻程氏系大理寺程文应之女，小时候受到良好的家庭教育，喜读书，通经、史，有气节，为人忠厚，有远见卓识。司马光在《程夫人墓志铭》中说："（程氏）生十八年，归苏氏。程氏富，苏氏极贫。"但苏洵却穷不思变，不事治生，如他在《祭亡妻程氏文》中所言："昔予少年，游荡不学，子虽不言，耿耿不乐。我知子心，忧我泯没。"于是翻然悔悟，从二十五岁起发奋读书。洵游学四方后，程氏"勉夫教子"，②担负起养家糊口、教育儿子的责任。她在眉山城南纱縠巷租了房舍，以经营布帛织物谋生，③而

---

① 马令：《南唐书》卷一五。
② 司马光：《程夫人墓志铭》，见《传家集》卷七十八。
③ 《东坡志林》卷五。

不求助于娘家，以免使丈夫难堪。

苏母教子，首重道德，培养远大志向。据《宋史·苏轼传》记载，苏轼小时，"程氏读东汉《范滂传》，慨然太息，轼请曰：'轼若为滂，母许之否乎？'程氏曰：'汝能为滂，吾顾不能为滂母邪？'"她希望儿子成为范滂式的名士，自己亦做范滂式的母亲。范滂少厉清节，敦厚质朴，因反对宦官专权而被捕，其时母慨然对他说："既有令名，复求寿考，可兼得乎？"范滂后死于狱中，留名青史。苏轼以范滂为榜样，为官清正廉洁，勤政爱民，在任杭州知府时，率民兴修水利，筑西湖苏公堤，百姓感其德，家家挂其画像，并建生祠纪念他。

苏氏父子的贡献主要在文学方面。宋仁宗嘉祐二年（1057），父子三人一同赴京应试，两个儿子同榜得中进士，苏洵带去的文章也得到文坛领袖欧阳修等赏识，于是名动京师，北宋王辟之在其《渑水燕谈录·识才》中有"苏氏文章擅天下"之誉。苏洵、苏辙主要以散文著称，洵笔力雄健，辙简洁秀丽。轼则不仅善散文，还以诗、词、书、画闻名于世。其诗清新雄放，善用夸张比喻；其词豪气四溢，开豪放一派；长于行、楷，与蔡襄、黄庭坚、米芾并称"宋四家"；爱画竹，喜作枯木怪石。苏轼博学多才，对医药亦有研究，与北宋科学家沈括（1031—1095）合集有《苏沈良方》多卷留世。值得注意的是，苏轼之诗画成就也与其母的教育有关，他在《东坡志林》卷二中说：自己少时所居书室前，"有竹栢杂花，丛生满庭，众鸟巢其上"。程氏"恶杀生，儿童婢仆皆不得捕鸟雀，数年间皆巢于低枝，其鷇可俯而窥也。"沐浴于这种优美的环境之中，人的审美情趣极易油然而生，这对触发诗画创作灵感无疑是有裨益的。

第三，家学世传也包括自然科学知识的传承。科技的发展是继承与创新的统一。家学的父传子承有利于自然知识的长期保存与不断积累，从而站在科技前沿进行创新。如祖冲之精通历数，认为南朝刘宋天文学家何天承的《元嘉历》粗疏，便修改为较精确的《大明历》；其子祖恒之继续其业，最后完成了修订工作并使之施行于世，还首先得出计算球体积的正确公式，比欧洲人早一千年。祖恒之子祖皓也传家学，精通历算。祖氏一族对我国古代天文学、数学的发展作出了历史性贡献。又如医学，父祖子孙世代相传的更多。北宋名医陈自明（1190—1270）家三世业医，家有藏书数千卷，他继承家传良方，又遍行江南各地博采验方，编著成了我国医学史上第一部妇产科专书《妇女大全良方》（共二十四卷），并在此书中首次将胎教立为医学中的一个门类，促进了医学与教育学的发展。明末清初的建筑匠师雷发达（1619—1693）在参加北京故宫太和殿等工程的重建中，积累了丰富的经验，表现出精工巧思、风格独特的才能，被任为工部营造所的长班，其后代继承其业。北京圆明园与颐和园中大部分建筑均为雷氏子孙设计，被称为"样式雷"。直到其七世孙雷廷昌（1845—1909），还参加了北海、中海、南海三海工程的扩大和亭台楼阁增建的设计。在二百余年中，雷氏家族对我国宫殿建筑的发展起了积极作用。

　　第四，维系了家庭与家族共同体的团结与稳定，发挥了巩固与延续封建制度的作用。《孟子·离娄上》说："天下之本在国，国之本在家，家之本在身。"《礼记·大学》进一步把家训提高到国家兴亡的高度，指出："其家不可教，而能教人者无之。故君子不出家而成教于国……一家仁，一国兴仁；一家让，一国兴让。"家庭是社会的细胞，宗法家庭与家族是整个封建制度的基石。家庭和睦团结，家族之间友好亲善，有助于封建社会的太平与繁荣。明代名士罗伦在《戒叔父等书》中说："何谓齐家？不争田地、不占山林、不尚争斗、不肆强梁、不败乡里、不陵宗族、不扰官府、不尚奢侈、弟让其兄、侄让其叔、妇敬其夫、奴恭其主，只要认得一'忍'字、一'让'字，便齐得家也。"如果家家如此，族族如此，封建制度岂非坚如磐石？据《宋史·陆九韶传》记载：陆家"子弟有过，家长会众子弟责而训之，不改，则挞；终不改，度不可容，则言之官府，屏之远方焉"。这表明，宗法家族制度与封建政治制度是密切相关的。一方面，家训使许多经济上与政治的矛盾在家族内部得到化解，防止矛盾激化而破坏封建社会的正常秩序；另一方面，国家也有惩治不法子弟以维护宗法家庭的稳定与延续的责任，而这两者均是为了巩固封建制度。

　　第五，培养了一批忠君爱国、秉公执法、清正廉洁的治国人才，捍卫与改善了封建统治秩序。"家"与"国"是紧密关联、不可分割的。家是国的缩小，国是家的扩大。封建君主对国家的治理不过是宗族的组织、管理形式的应用。因此，对父母的"孝"和对君王的"忠"在本质上是一致的，"资父事君，忠孝道一"①。"孝"是"忠"的缩影，"忠"是"孝"的放大，"忠臣出于孝门"。这种移孝作忠、忠孝一本的观念，正是自然经济下的家训的核心内容。封建家长为维护其绝对权威和家族的兴盛需要孝子贤孙，封建君王为长治久安、传位万世，需要良将贤相。于是，《孝经》、《忠经》应运而生。向子弟灌输孝亲敬长、忠君报国被提到至高无上的位置。做到忠孝双全也就成了理想人格的典范。岳飞（1103—1142）少时，其母在其背上刺了"深入肤里"的"精忠报国"四个大字，父亦训曰："汝为时用，其殉国死义乎。"②在父母的勉励下，岳飞勇敢杀敌，成为伟大的民族英雄。他以"文臣不爱钱，武臣不惜死"自律、励人、诫子，五个儿子个个成才；岳云转战各地，屡立奇功，其余四子或武或文，亦不辱岳门。明末大将卢象昇（1600—1638）为报国恩，抗击清军，在"炮尽矢穷"时仍率军奋战，"身中四矢三刃"殉职。在他的激励下，卢氏"一门先后赴国难者百余人"，"从弟象同及其部将陈安死尤烈"③。至于历代家训要求为官的子弟奉公守法、清正廉洁、体恤百姓，亦有助抑制腐败，改善吏治，减轻劳动人民痛苦。总之，在父兄教导下成长起来的忠臣烈士、贤臣廉吏、名士鸿儒，有助于地主阶级夺取政权，捍卫政权，改良政治，缓和阶级矛盾，延续其封建统治。他们的道德情操与人格品性，包含有优秀的民族精

---

① 《魏书·文聘传》注。
② 《宋史·岳飞传》。
③ 《明史·卢象昇传》。

神，对后世发生了深远的影响。

第六，将儒家伦理贯彻到一般家庭，改善了社会习俗与道德风尚。儒家伦理中有不少积极的内容，适用于自然经济条件下调整家庭关系与社会人际关系。这些内容在唐宋以来的一些大家族所制定的家法、族规中多有体现。如江州义门陈姓家族，以三十三条《家法》治家睦族，曾创造了十九代聚族而居、三千七百多口人共食的世界奇迹，北宋初皇帝赐"玉音"匾，题"真良家"赠之，在社会上产生了很大的影响。由于国家提倡，平民中也出现了类似的家庭，如宋代郓州农民张诚，其家世无为官者，以耕田捕鱼为业，不读书，无积蓄，但人人孝悌友顺，所以在二百多年中能六世同居，一百余口人"内外无间言，衣裳无主"，过着团结和睦的生活。这些大家族，其家风、家规中都有不少合理的因素，如同治年间《东阳潘氏宗谱》的族规中诸如"族属同气，休戚与共，凡遇水火、盗贼、诬枉，一切患难，须协力相助"等内容，即是如此。因而能够为安土重迁的族人和乡里们所接受，达到"正风敦俗"的目的。

四

从传统家训的内容、原则、方法与特点、作用看，其演进是有规律可循的。表现在：

其一，家训的内容随着社会政治、经济、文化的发展而充实。家训作为与学校、社会并列的三大教育体系之一，形式上虽在家庭内部进行，但其内容本质上却是社会的。人是社会的人，无论家长还是家人。都不能离开社会而生存、发展，必然要受到社会的影响与制约。在西周时的分封制下，父兄对子弟十分注重维护尊卑长幼的礼制教育，却无必要进行反对贪污受贿的教育。郡县制代替分封制后，封赏不是凭出身高贵而看实际功绩，贪赃行贿也有了可能性，因而鼓励子弟学文习武以求荣禄，"责子受金"、"苟得"① 便成为家训新内容。宋元以后，随着官僚集团日益腐败，廉洁奉公便成为官宦家训的基本内容。社会经济也影响家训。隋唐时期尤其是唐代建立并推行科举制后，父兄教育子弟读书考进士便蔚然成风。明清时期，由于人口与读书人激增而贡生、举人、进士名额没有相应增加，仕途越走越窄，取得功名越来越难，而经商致富的门径却既多且宽，出现了"士而成功也十之一，贾而成功也十之九"的情况②，因而在手工业、商业的发达地区，历来以耕读为支柱的士大夫家训，增添了教子"弃儒就贾"的新内容。文化发展也是如此，印度佛教在东汉末年传入中国后，在上层仕宦的家训中很快得到反映，南朝颜延之（387—465）、张融（444—497）、徐勉（446—535）先后将之引人家训中。张融甚至称"吾门世恭佛"并专门作《门律》训诫子侄："可专遵于佛迹而无侮于道本。"③ 同时，反佛思想也出现在家训中。明清时期西方近代科学技术传入中国后，家训中也发生类似的变化。在上述诸种变化中，最突出的是由于明清时期资本主义萌芽在封建经济关系中破土而出，儒家纲常名教受到冲击，统治者便竭力强化思想道德教育以维系人心。这种情况反映在家训尤其是女训方面非常明显。据《中国丛书综录》记载，从南北朝到清代共有家训著作一百一十七种，其中清代占六十一种，为前代总数之一倍还多；从汉代到清代共有训女书三十四种，其中明代六种，清代二十四种，后者为前代总数之二点四倍，明代之四倍，表现出封建礼教强化的趋势。

其二，家训重点随着社会斗争需要与家庭境况不同而不同。社会政治、经济、文化对家训的影响与制约，是通过家长的认同与选择而实现的。家长处境的差异必然产生家训的差异。东汉初年，天下一统，战事已息，太子刘庄问父皇用兵布阵之事，光武帝刘秀说此"非尔所及"，

---

① 刘向：《列女传·母仪传》。
② 转引自余英时：《现代儒学论》，上海人民出版社 1998 年版，第 60 页。
③ 《门律》，见《弘明集》卷六。

意思是现在应致力于文治。但到三国时，群雄割据，兵战频繁。出于形势需要，曹操、刘备、孙权等无不博览群书，精通兵法，并以此教诫子弟。刘备临终前教导太子刘禅多读法家、兵家著作便是一例。南北朝时世家大族急剧衰落，贵族子弟多流离失所、冻饿而死，有一技之长的下层劳动者却"触地而安"。于是，一向鄙薄技艺的士大夫把掌握知识、技艺列入家训的内容。宋元之际，明清之交，民族矛盾激化，防止外族入侵、保卫疆土或收复失地是当时社会中心问题，于是教诫子孙忠君爱国就成为家训的新重点。在同样的社会背景下，家长的品格不同，对子弟的训导重点也会不同。唐代韩愈训子以勤学苦读、为公为相、"飞黄腾达"为中心，而白居易则劝告子侄，人的衣食住行之需是有限的，要知足常乐，不要贪得无厌、追求高官厚禄。

其三，家训由个别、分散的诫言而向广泛的社会规范与系统的理论教导全面深入。古代家训从其广度、深度而言，经历了一个由个别到一般、由贫乏到丰富、从分散到系统、从浅表到深层的过程。开始比较简单，只是针对某一行为进行训诫，且多是耳提面命式的。从两汉开始，出现了教子家书与训女书文。如《戒子歆书》（刘向）、《戒兄子严敦书》（马援）、《女诫》（班昭）等。有学者认为，"教子"一语始见《白帖》卷八七（《太平御览》卷六三〇），与专门教诲女子的《女诫》、《女训》相区别。三国时期以刘备的《遗诏敕后主》为代表，教子的内容已不局限于儒家或道家思想的某一侧面，而是扩大到全面了解儒、兵、法等家的思想。但这时还比较笼统，内涵还未充分展示出来。南北朝时，出现了颜延之的《庭诰》与魏收（506 或 505—572）的《枕中篇》等教子文与徐勉的《戒子崧书》，其特点与价值不仅在于文字较多，内容较丰富，说理较充分，因而成为《颜氏家训》、《帝范》等家训著作的过渡形式，而且在于在文化史上，《庭诰》首次将佛教思想和论学衡文纳入家训的内容①，

---

① 蔡雁彬：《从诫子书看魏晋六朝学术文化之变迁》，见《学人》第十三辑，江苏文艺出版社 1998 年版。

《戒子崧书》除了掺杂佛教内容（如说："释氏之教，以财物谓之外命。"）外，还将思想道德上的谦谨清白与物质财富上的经营产业结合起来，可以说是高层官僚训子"治生"的先驱。唐宋以后，家训著作大量涌现，其中袁采的《袁氏世范》、仁孝文皇后（1362—1407）的《内训》、王刘氏的《女范捷录》、康熙皇帝的《庭训格言》、《曾国藩家书》以及商贾家训，分别将平民家训、女子家训、帝王家训与仕宦家训推向历史的高峰。这几大方面的家训不局限于内室、宫闱、豪族和皇族，它深入普通民众家庭，其内容涵盖了整个社会经济、政治、法律、文化、教育、科技等诸多方面，理论化、系统化程度大大提高，说服力、感染力也大大增强了。

其四，家训主要是在以儒家思想纠正、防范子弟的不良倾向和提高他们的品德能力中发展的。从价值导向看，道家的避世隐居、佛教的出世修行在家训中占的比例较小，其目的是惧祸避难，也有以退为进、走"终南捷径"的。在封建社会中，虽然有不少家训教诫子弟不要信奉佛道，不要烧香拜佛、修道成仙，但几乎没有人反对子弟读书学儒。魏晋时期一些名士本人的言行虽然冲击了封建道德，但他们仍然要求子弟遵行纲常名教。自刘邦《手敕太子书》开始，经汉武帝"罢黜百家，独尊儒术"，在全国范围内尊孔读经，便蔚然成风，成为不可阻挡的潮流。用儒家纲常名教训导子弟修齐治平、孝悌力田、忠君报国、清正严慎、宽仁恤民、谦谨勤劳、节俭和顺，纠正或防范他们的骄、奢、佚、淫、贪、掠、虐、暴等不良倾向，禁止他们奸佞、欺诈、抢劫、偷盗、赌博、吸毒、嫖娼、寻衅斗殴等违法犯罪行为，通过耕读等途径进德修身，提高才能，以立业谋生、为官任职、创业垂世，构成了中国传统家训的主体性内容。可以说，正是培养造就"贤子孙"、防止出现"败家子"的良好愿望，才推动历代家长们——上至帝王将相、世家大族，下至一般士人、普通百姓——苦口婆心地对子弟谆谆教导的。而道德上的高扬善良、抑遏邪恶和人格上的褒奖崇高贬斥卑下乃是推动中国传统家训前进的直接动力。

这里应该指出的是，尽管传统家训中包含有许多有价值的道德观念和伦理思想，但由于受到特定历史条件的限制和封建地主阶级局限性的影响，也存在着不少糟粕。第一，片面要求臣子服从君父、卑幼服从尊长，进行愚忠愚孝的封建纲常和奴化教育。曹端《家规辑略》强调："子受长上诃责，不论是非，但当俯首默受，毋得分理。"还有些家训要求子弟对父兄无理的斥骂、杖责也须逆来顺受。从而塑造出一批唯唯诺诺、墨守成规、昏庸无能的官吏，乃至汉代就出现了"朝廷大臣上不能匡主，下亡（同无）以益民，皆尸位素餐"① 的情况。第二，宣扬明哲保身的处世哲学、听天由命的宿命论思想和因果报应的封建迷信。由于高度集权的封建专制制度的高压政策，以及统治阶级内部的争权夺利、尔虞我诈，因而许多家训都教诫子弟心存戒备，对人要深自韬晦。刘禹锡戒子侄"可以多食，勿以多言"②。高攀龙告诫家人："多说一句不如少说一句，多识一个人不如少识一个人。……人生丧家亡身，言语占了八分。"陆九韶《居家正本》说："富贵贫贱自有定分。"这类教育造就了一批安于现状、不思进取、畏首畏尾、缺乏自主意识的"贤子弟"。第三，灌输男尊女卑、从一而终的禁欲主义思想。不少家训宣扬"忠臣不事二国，烈女不更二夫"③，反对寡妇再嫁。李昌龄《乐善录》甚至污蔑："大抵妇人、女子之性情，多淫邪而少正，易喜怒而多乖。"加上统治者大力提倡节烈，赐立贞节牌坊，使大批殉夫尽节的贞女烈妇和因所谓淫乱被活埋、"沉潭"冤屈而死的妇女，可悲地做了传统家训的牺牲品。第四，灌输鄙视体力劳动、工商技艺的剥削阶级思想。《颜氏家训》告诫儿子："若能常保数百卷书，千载终不为小人也。"否则，只能做"耕田养马"的"小人"。这类教育使大批士人知行脱节，德才分离，知识贫乏，能力低下，只知诵读诗书，少有真才实学。这些人充实到官

---

① 《汉书·朱云传》。
② 《刘禹锡集·口兵戒》，上海人民出版社1975年版。
③ 王刘氏：《女范捷录》。

吏队伍中后，多无理政统兵本领，一旦国难当头，其忠心可嘉者也于国事无补，只能以死报效君王。第五，上述家训内容，常常与棍棒主义的教育方法联系在一起。尤其是宋代以后，家规族法中一般都列有体罚条规，且日益增多而严密。轻则笞责，重则逐出家门，迁出族谱，甚至处死。清宣统三年（1911）订立的湖北麻城《鲍氏户规》共四十八条，每条均有惩罚种类，奖励的一条也没有，目的是保证家规族法的强制贯彻。

上述保守的、禁欲的、迷信的、不平等的、专制主义的说教与做法，扭曲了人的本性，压抑了人的正当欲求，遏制了人的进取精神与历史主动性、创造性的发挥，阻碍了独立人格的形成与个性的发展，滞阻了中国社会尤其是宋明以后的中国社会向前发展。不仅如此，其沉积下来的盲目顺从、逆来顺受、家族认同、男尊女卑、卑商轻技等保守落后的心理，至今仍然在政治生活、经济生活、家庭生活等一些方面发生着消极影响。总之，中国古代家训并非"篇篇药石，言言龟鉴"，而是良莠并存、金沙相杂，应该以历史唯物主义的态度给予清除、整理，取其精华、舍其糟粕，在摒弃其反科学、反民主、反人性的封建主义与唯心主义毒素的同时，以科学的方法继承先人们留下的这份宝贵的遗产，对于我们今天的家德家风建设、家国重新整合乃至整个社会的精神文明建设，都是有启迪和借鉴意义的。

第一编

产生时期：先秦家训

第一章
先秦家训概述

先秦时期是指从远古时起，到公元前 221 年秦始皇统一中国为止的时期，大致可分为三个阶段，一是公元前 5000 年左右原始公社时期，父权制家庭开始出现；二是夏、商、西周阶段，这是中国奴隶制由产生、发展到鼎盛时期；三是春秋、战国阶段，这是中国奴隶制走向衰落、灭亡，封建制产生、发展并在各主要的诸侯国确立的时期。中国传统家训思想就是在这历史大背景中萌生的。

一、先秦的社会制度

家训是随着家庭的产生而出现的一种重要的教育形式，它同社会制度有着密切的联系。

中国的父权制家庭是在"三皇"即燧人氏、伏羲氏、神农氏依次更替过程中形成的。父权制家庭的形成有利于生产的发展、财富的积累，加速了私有制的产生，阶级与国家的出现。夏禹子夏启继天子位后，变帝位的禅让制为世袭制，标志着中国奴隶社会的诞生。夏朝从夏启算起共经十六帝、十三代，传至夏桀时被商汤所灭亡。商朝从创建者汤到末

代王纣，共经三十王、十七代，被周朝所取代。夏、商、周的更迭特别
是小邦周取代大邦商表明，一个朝代的兴起，都由其祖辈世代功德积累
与"明教训"①、有贤嗣相联系，而其灭亡则与之相反。商朝的腐败、
衰微不是一朝一夕的事，只是到商纣王时达到了极点，纣王尽管"资辨
捷疾，闻见甚敏；材力过人，手格猛兽；知足以拒谏，言足以饰非；矜
人臣以能，高天下以声，以为皆出己之下"②。但这种智、力却没有用
在正道上。他以天命自恃而不重德行，"好酒淫乐，嬖于妇人"，惟妲己
之言是从。"以酒为池，悬肉为林，使男女倮（裸）相逐其间，为长夜
之饮。"又厚征赋税，百姓不堪负担，导致上下不满、朝野怨恨，众叛
亲离。周武王顺应民心，于公元前 1045 年率军伐纣，次年 1 月 9 日纣
王兵败牧野③，"赴火而死"④。武王灭商后两年便病死，因子成王年幼，
便由周公摄政。周公总结了夏、商兴亡的经验教训，不是依靠"天命"
治理国家，而是从"人事"与"德行"着手，制定了一系列制度。

一是推行分封制。分封制萌芽于殷商；当时有邦伯等封号。周武王
灭商和周公东征平定叛乱后，大规模地实行分封制，把周王朝大部分土
地连同其上的居民划分为大小不同的许多诸侯邦国，分封给周天子的子
弟、同姓亲属以及异姓功臣。如武王封"其兄弟之国者十有五人，姬姓
之国者四十人。皆举亲也"⑤。还封申、吕、齐等许多姜姓舅氏诸侯，
以及黄帝、尧、舜、夏、商之后⑥。周公摄政，"兼制天下，立七十一
国，姬姓独居五十三人"⑦。西周初期，除直接控制宗周（以今陕西西
安为中心的关中平原）与成周（以今河南洛阳为中心的河、洛、伊、瀍

---

① 刘向：《列女传·母仪传》。
② 《史记·殷本纪》。
③ 《商周断代年：公元前 1044 年》，见《信息日报》1999 年 1 月 14 日。
④ 《史记·殷本纪》。
⑤ 《左传·昭公二十八年》。
⑥ 《礼记·乐记》。
⑦ 《荀子·儒效》。

一带）的地区即王畿外，在全国各地共封国"四百余，服国八百余"①。这样，姬姓诸侯国之间的关系，就具有兄弟或伯叔侄之间的血缘关系；而姬姓诸侯国与异姓诸侯国之间的关系，由于允许通婚，也都有舅甥关系。从而使政治关系与血缘关系交织在一起，可以利用家庭父子、兄弟、叔侄、舅甥等亲属关系的纽带，来巩固西周中央政权。不过，奴隶社会毕竟不同于氏族社会，家庭成员一旦受封，在家中虽然是父子、叔侄、兄弟关系，在朝廷上却是君臣上下关系，而且后者具有更大的权威性。

诸侯在其封国内固然有世袭的统治权，但对天子则要服从命令、定期朝贡、供奉力役等。诸侯又在其封国内把土地与其上的人口划分若干块，分封给卿、大夫。卿、大夫也可以分封士。士是最低级的贵族。诸侯国君主与卿大夫、卿大夫与士也是君臣关系。君主之命要高于父母之教。郑国正卿叔向想娶美女夏姬，其母不同意，但晋平公却命他娶夏姬，叔向便从君命。这就是说，在君王之命与父母之教发生矛盾时，叔向服从了君王之命。

二是建立嫡长制。贵族婚姻实际上是奉行多妻制，但其中只有一个正妻称嫡，其余均为庶妻。她们所生的孩子中，能继承君位的，必须是嫡妻长子，而不管其贤与不贤。如果嫡妻未生子，那么嗣君就在庶妻所生的庶子中挑选。庶妻有贵贱之别，嗣君必须是贵妾所生之庶子，而不管其子年龄长幼，就是所谓"立嫡以长不以贤，立子以贵不以长"②。建立嫡长继承制的目的在于通过对储君的"定分"，避免诸子与诸弟因争夺王位继承权而发生祸患。因为嫡长子只有一个，嫡长子一确定，争夺不仅归于无用，而且也属大逆不道。

三是建立宗法制。把天子与诸侯的这种嫡长子继承制推广运用于卿、大夫、士，就是宗法等级制，这是维护贵族世袭统治的一种制度。

---

① 《吕氏春秋·先识览》。
② 《公羊传·隐公元年》。

继承君位的嫡长子世代相传，构成"君统"，其余诸子则要另立"宗统"以示区别。宗统中也实行嫡长子继承制，嫡长子称宗子，其世代相袭的宗称大宗，大宗的宗子统率诸别子全族。嫡长子以外的诸子各自组成小宗，在小宗中也实行嫡长子继承制。小宗要尊礼大宗，宗子在全族中享有最大的权力。所以，在宗法中，血缘关系高于政治关系，如大夫的政治地位虽高于士，若士是宗子，大夫是庶子，那他虽比士富贵，仍必须礼尊这个士，而不是相反。

上述宗法等级关系体现在《周礼》中。《周礼》总的原则是"礼不下庶人，刑不上大夫"①。规定："亲亲、尊尊、长长，男女之有别，人道之大者也。"② 其核心就是在血缘关系上亲其所亲，在政治关系上尊其所尊、贵其所贵，"名位不同，礼亦异数"③。当时，礼制是重要的制度，所以教育子孙遵行礼法就成为家训的根本任务。

西周经历了文、武、成、康诸王的统治，逐渐走向衰落。康王去世后，昭王即位，他不思祖训，"王道微缺"④。到周幽王（前781—前771年在位）时，积聚汇总起来的奴隶主与奴隶的矛盾、贵族内部的矛盾和民族矛盾总爆发，结果幽王被杀，西周灭亡。周平王即位后，东迁洛邑，是为东周，中国历史便进入春秋时期。"平王之时，周室衰微，诸侯强并弱，齐、晋、秦、楚始大，政由方伯。"⑤ 周天子已失去"天下宗主"的威仪，各诸侯国之间互相攻伐，战争不断；诸侯国内部臣弑君、子弑父，纷争不已。奴隶制急剧衰落，逐渐被封建制所取代，中国进入战国时期。这一时期，天下大乱，"礼崩乐坏"，各国经过拼杀、分裂、兼并，最后由春秋时的周、鲁、齐、晋、秦、楚、宋、卫、陈、燕、吴、越等国，演化为韩、赵、魏、齐、秦、楚、燕七大强国。到公

---

① 《礼记·内则》。
② 《礼记·服丧小记》。
③ 《左传·庄公十八年》。
④ 《史记·周本纪》。
⑤ 同上。

元前 221 年秦始皇统一中国为止，这些强国为保卫本国、并吞别国，都或先或后、程度不同地进行了封建主义的变法改革，奖励军功，废除世卿世禄制。其中最突出的是商鞅辅助秦孝公（前 361—前 340 年在位）在秦国变法：（一）奖励军功，"有军功者，各以率受上爵……宗室非有军功论，不得为属籍"。不论是平民还是宗亲，爵位与俸禄都以有无军功及军功大小而定。（二）奖励农耕，"僇力本业，耕织致粟帛多者复其身，事末利及怠而贫者，举以为收孥"。多生产粟帛者可免除徭役，奴隶可转为庶民；从事商业与因懒怠贫困者，全家收编为奴婢。（三）变革家庭。"民有二男以上不分异者，倍其赋。"① 家有两个男劳动力以上的不分家，加倍征收赋税。商鞅变法十年后，秦国迅速强大起来，为吞灭六国、统一天下创造了条件。

二、先秦的家庭

与上述社会情况相联系，主要有三种类型的家庭：一是贵族家庭。它源自氏族或部落首领与其妻妾、儿女们组成的大家庭。如黄帝共娶有四个妃子，生有二十五子。"其中十四人共得十二姓。所谓得姓，大概是子孙繁衍，建立起新的氏族来。"② 这表明，大家庭成员增加到一定限量时，必然会分裂出一部分成员而组成新的父权制家庭。而这种分裂会不断进行下去。这些新的家庭或者迁到新的地区独立生活，或者在同一地区与原来的家庭分而不离，异居分处，聚族共居。这样，有着共同的父系祖先而共居在同一地区的各个家庭便逐渐演化为宗族。

贵族家庭在西周与春秋战国主要指卿大夫采邑。《尚书》中有三十

---

① 《史记·商君列传》。
② 范文澜：《中国通史》第一卷，人民出版社 1996 年版，第 17 页。

六处谈到家，其中"王家"、"邦家"、"国家"、"大夫之家"等有三十四次；《论语》中有十次，其中"邦家"（二次）、"大夫之家"（七次）共九次；《墨子》中有一百九十五次，其中大夫之家（六十一次）、"国家"（六十四次）共一百二十五次；《孟子》中有三十次，其中"国家"（六次）、"邦家"（一次）、"大夫之家"（十三次）共二十次①。"王家"即国王之家；"邦家"、"国家"为诸侯之家，一般用"国"称谓。东汉赵岐在注《孟子·离娄上》关于"天下国家。天下之本在国，国之本在家"时说："国为诸侯之国，家谓卿大夫之家也。"从西周至战国，所谓家或者说家庭的主要形态是卿大夫家庭。"卿大夫称家"，"家——大夫之采地"②。家的形成与封赏或掠夺有关。如诸侯在其封国内把土地与其上的人口划分若干块，封给自己非嫡长子、亲属、有宠者与有功者为卿大夫采邑，如齐侯赏给一个大夫二九九邑；又如管仲用争夺的方法，得伯氏三百邑。卿大夫在采邑内收族聚党，建立起宗族性大家庭。采邑或家有大有小，小者如"十室之邑"；大者有"百乘之家"、"千乘之家"③。卿大夫拥有的邑也有多有少，他们自己住大邑，农夫居小邑。

卿大夫家由三部分构成：（一）妻妾、子女以及管理家务的家臣、供服役的奴隶，这是家的中心部分。（二）拥有的土地、作坊与农民、农奴、隶农、工匠、商业奴隶；农民为族人，农奴为非本族的农夫，隶农为农业奴隶，这是家的经济保证。（三）保护家的军队和各种管理人员或官吏，包括替自己管宗事的"宰"或"宗老"，"管祭祀的祝、史，管军事的司马，管手工业的工正，管商业的贾正"④。这些家臣、官吏大都由其子弟或族人也就是"士"来担任。士与农民等也有自己的小家。可见，贵族大家庭实际上是由许多相对独立或附属的家庭所构成的家庭群体。

---

① 张怀承：《中国的家庭与伦理》，中国人民大学出版社 1993 年版，第 40 页。
② 郑玄注《周礼·方士》。
③ 《孟子·梁惠王上》。
④ 范文澜：《中国通史》第一卷，第 107 页。

卿大夫虽然对诸侯国负有缴纳贡赋等义务，但在其采邑内部却享有统治权。采邑既是家庭组织，又是诸侯国中的地方政权组织。就后者看，他们俨然是"小国"之君；就前者看，乃为"大家"之长。合而观之，则集君主与家长于一身。其特点是血缘关系与政治关系的结合，宗统与君统的统一。不仅统治着其地域中的臣民，而且作为家长或宗子，还支配着由若干小家庭组成的整个宗族。而作为家臣或士的子弟与作为卿大夫的父兄的关系，不仅存在血缘关系，而且也有着政治关系，故父兄对子弟的教诫，同时也是君对臣的命令；他们只对宗子效忠，而不向诸侯国君负责，所谓"家臣也，不敢知国"[①]。

士是最低等贵族，故士之家庭也属贵族家庭范围。"天下建国，诸侯立家，卿置侧室"[②]，卿大夫分出一些土地人口，给庶子们作"食邑"，让他们以食若干田的租税为其生活来源，同时建立自己的"室家"。如公鉏既是鲁国正卿季武子的长庶子，又是他的马正。公鉏请父亲季武子去他家喝酒，季武子带了贵重的饮酒器具前往，酒宴散后，他把这些器具全部留下，使公鉏得到一大笔财富。

二是依附性家庭。就是依附卿大夫宗族性大家庭的小家庭，主要是农民、农奴的家庭。士的"食邑"不是世袭私产，他们去职时必须归还给宗主，故士的子孙未必都是士，有些人会降为庶人、农民，以耕种宗主的土地为生，难以自由迁徙，因为脱离宗族的庇护便难以生活。这些农民属于同一祖先，各自组成一个个小家庭。《诗经·周颂·良耜》可以帮助我们了解这方面情况："畟畟良耜，俶载南亩。播厥百谷，实函斯活。""黍稷茂止，获之挃挃。""积之栗栗，其崇如墉。其比如栉，以开百室。百室盈止，妇子宁止。"意思是集体耕种庄稼，拔除杂草，妇女送饭到田间，终于获得丰收。稻垛堆积如山，粮仓都装满了粮食，老婆孩子生活安宁。诗中两次提到的"百室"，据东汉经学家郑玄的注释，

---

① 《左传·昭公二十五年》。
② 《左传·桓公二年》。

"百室，一族也。百室者，出必共洫间而耕，入必共族中而居，又有聚醮合醵之欢"。即一族人协同耕作，一起收割，过着合食共饮的生活。

三是自由民家庭。自由民家庭作为不同于依附性家庭的独立的小家庭，主要是指能够自主地从事农业、手工业、商业等职业的家庭。这类小家庭在家庭改革以后大量涌现，其理想的模式是《孟子·梁惠王上》所说的"八口之家"，大体上是三代人一起生活。也有一些是贵族家庭衰亡逐渐形成的"贫士"家庭。如孔子及其学生伯氏、颜渊、闵子骞、曾晳父子等，先祖原是奴隶主贵族，后来没落破败，沦为没有公职的贫士。颜渊的远祖邾武公附庸鲁国改称颜氏后，前后十四世均为鲁卿大夫，到颜回时已沦为贫士，"一箪食，一瓢饮"[①]，苦读在陋巷中。曾晳父子先祖是故鄫国鄫太子巫的子孙，到他们时已败落为庶民，曾晳种田，曾母纺织，曾子则在力田之余学儒。

还有一些自由民家庭是历史传统的产物。如东周洛阳一带的风俗，"治产业，力工商，逐什二以为务"[②]。大概苏秦就生活在这类家庭中，与父母、兄弟、嫂、妹等住在一起。这类家庭有强烈追求名利的欲望，没有严肃的礼仪约束。家境与苏秦差不多的魏国人张仪，外出学成后游说楚王，被误以为盗贼，"掠笞数百"，窘困而归。其妻悲叹道：唉！如果你不读书游说，"安得此辱乎？"张仪不以为然，故意问："视吾舌尚在不？"其妻笑曰："舌在也。"[③] 这段对话很有情趣，说明夫妻关系宽松、和谐，礼教不严。

不同家庭，对子弟有不同的训导。但由于依附性家庭的家训资料不足，故本章只能对贵族与自由民的家训作些介绍。

---

① 《论语·雍也》。又据陈士元《论语类考》卷六云：颜渊等八名孔子门人，皆系孔子母族。
② 《史记·苏秦列传》，又见《战国策·秦策一》。
③ 《史记·张仪列传》。

三、先秦家训概况

先秦是中国传统家训产生时期，主要表现在：

(一) 形成了家、家门、家长和家道等概念

家是一个象形会意字，甲骨文写作“”，其原始含义为畜养猪的猪圈。一说以猪、狗祭祀祖先的正室。许慎在《说文解字》中说：“家，居也。从宀，豭省声。”“宀”像屋之形，屋下养“豕”（猪）。这是农牧经济的象征，也是集体养猪转为家庭私有的表现。家的本意是人的居室。顾野王《玉篇》说：“家，人所居，通曰家。”这里讲的人，首先是夫妇，家是夫妇共居的屋室。故《诗经》将家与室连起来合用，通称“家室”[1] 或“室家”[2]。孔颖达疏云：“《左传》曰：女有家，男有室，室家谓夫妇也。”难怪我国纳西族把家写作，即房子里有一对男女[3]。据此，也可以把家定义为以男女婚姻关系为基础的父母子女在一起劳动与生活的组织。家既指个人家庭，也指同姓亲属，合称家门。家门一词初见于《左传·昭公三年》：“政在家门，民无所依。”又见于《史记·夏纪》：夏禹治水，“居外十三年，过家门不敢入”。同姓亲属也称家族，《管子·小匡》云：“公修公族，家修家族，使相连以事，相及以禄。”有了家，就有了“家计”[4]、家长、家道等问题。

家是由家长来领导与管理其家庭事务并教育其家中成员的。有关家长的思想虽在西周时已产生，但作为一个明确的概念则在战国时才形成。《诗经·小雅·斯干》中有“室家君王”，《诗经·周颂·载芟》中有

① 《诗经·大雅·緜》。
② 《诗经·周南·桃夭》。
③ 阴法鲁等：《中国古代文化史》（二），北京大学出版社 1991 年版。
④ 《晋书·甘卓传》。

"侯主侯伯"等说法；关于"主"，孔颖达疏曰："《坊记》云：'家无二主'，主是一家之尊，故知'主，家长也'"。《墨子·天志上》首先明确提出家长概念："若处家得罪于家长，犹有邻家所避逃之。然且亲戚兄弟所知识，共相儆戒，皆曰不可不戒矣，不可不慎矣。恶有处家而得罪于家长而可为也。"战国时期，由于不少小家庭已成为不受宗子支配而独立的经济实体，处理家庭中一切事务的权利的主体已经转移，这就需要有一个反映其地位与作用的概念，这就是家长。家长治理家庭之道，称为"家道"。家道初见于《易·家人》："父父，子子，兄兄，弟弟，夫夫，妇妇，而家道正。"意思是父子兄弟夫妇各守其位，各尽其责，是治家之正道。

（二）确定了家训的主体与客体

《易·家人》指出："家人有严君焉，父母之谓也。"表明父亲与母亲都是家教的主体。从男性来说，如周公、召公教侄成王，成王教堂弟君陈、蔡仲等。如果作为家训主体的父兄不进行家教，那就是失职。据《左传·襄公三年》记载：晋悼公之弟杨干在作战中扰乱军阵，被中军司马魏绛杀了他的驾车人。晋悼公认为此事自己负有责任，说："寡人有弟，弗能教训，使干大命，寡人之过也。"从女性方面说，也有母教子、婆教儿媳等多种情况。春秋时贤母教诫子女的事例很多，也取得很大成效，值得总结。

（三）明确了家训的立足点与依据

小邦周灭亡大邦殷这一惊心动魄的历史变故，给西周统治者以诸多的经验教训。其中最重要的一条就是统治天下不能靠天命而要靠德行。殷臣祖尹曾对纣王说：老天好像终止了我们的国运，这是王您过分地奢侈游乐而自绝于天，所以被天抛弃。纣王回答说："我生不有命在天乎！"[1]

---

[1] 《史记·殷本纪》。

他自恃享有天命，认为人们不能把他怎样。周初的统治者看到了人事的重要，民众的力量，便以夏、殷两代特别是殷的兴衰存亡为"监"，来观察、总结与反思。周公说："我不可不监于有夏，亦不可不监于有殷。"① 又说："人无于水监，当于民监。"② 周公、召公和成王都从天人关系的角度考虑问题，初步认识到天命是不可靠的，"天命靡常"，"皇天无亲，唯德是辅。民心无常，唯惠是怀"③。重要的是民心向背。要享有天命，做到长治久安，就要以德配天，要讲德行，对王嗣要进行德训。许多贵族也以前人的国破、家亡、身丧为鉴，加强了对子弟的"臣德"教育。在这里，周公的贡献最大，首开了帝王家训与仕宦家训之先河。

（四）提出了胎教与早教的思想

西周贵族妇女怀孕后，"目不视于邪色，耳不听于淫声，夜则令瞽诵诗，道正事。"④ 这种重视外界环境对胎儿影响的观点，已为现代科学实验所证实。《周易·蒙》说："蒙以养正，圣功也。""蒙，君子以果行育德。"认为从小就教以正道，有助于培育孩子的德行，应在教育实践中加以贯彻。

（五）孕育了家训的主要内容与基本原则

先秦的家训大体上包括君王家训、一般贵族家训、自由民家训三个层面。这三个层面的内容虽存在某种共同点，但却有很大的区别。

君王家训，主要是治国方略的传授与君德的培养。西周时，殷民一直不服输、不服管、不安分，不仅周公时是这样，到康王时，还存在

① 《尚书·召诰》。
② 《尚书·酒诰》。
③ 《尚书·蔡仲之命》。
④ 刘向：《列女传·母仪传》。

"邦之安危，惟兹殷士"① 的问题。因此，周公等经常教诫王嗣与王族成员要有忧患意识，慎重治理殷民，《尚书·酒诰》就是他专门为教导康叔如何改变殷地奢靡之风而作的。而君道即"为人上之道"②，择官用人的"官人之道"、刑德相济的治人之道，则是帝王家训的重点。一般贵族家训，主要是围绕保身、立身、处世、全家、免祸，维护或恢复其世卿世禄地位进行，包括教导子弟学诗识礼、忠于君主、敬重尊长、勤事所职、谦恭谨慎、力戒骄奢等。自由民家庭的家教，主要是鼓励子弟通过读书、习武等途径，成为国之用材，求得功名利禄。变法改革后的诸侯国任官授职不是凭出身高贵而是凭实际功绩，没有功绩或者斗争失败的贵族急剧衰落，直到降为庶民百姓。据《国语·晋语九》记述，晋国范氏、中行氏不体恤百姓，在与赵氏斗争中失利，其子孙流落到齐国，变为在田间耕作的农夫。反之，学文习武后有一技之长和有功业者则是另一番景象。刘向《说苑·建本》说，郑国中牟有个叫宁越的农民，难忍"苦耕之劳"，就问他的朋友：如何能"免此苦"？其友回答说："莫如学。学三十年，则可以达也。"宁越说不用这么多年，"人将休，吾将不休；人将卧，吾不敢卧。"就这样学了十五年，果真功到名就，连周考王（前440—前426年在位）的侄子周威公都拜他为师。卫国人吴起（？—前381）"家累千金，游仕不遂，遂破其家"。在离开卫国前向母亲"啮臂而盟曰：'起不为卿相，不复入卫'"③。史书虽然未载其母如何教导他求取功名的具体事迹，但从吴起耗尽家财游学求仕、终成一代名将的情况看，倘若没有母亲的支持与鼓励，那是不可能做到的。

这一时期还提出了以身作则、爱教结合、慈严结合等家训原则问题。《论语·子路》说的"其身正，不令而行；其身不正，虽令不从"。

---

① 《尚书·毕命》。
② 刘向：《说苑·君道》。
③ 《史记·孙子吴起列传》。

就是强调上行下效的榜样示范作用。而"曾父烹豕以存教"① 和孟母买肉食子"明不欺"②，则是身教重于言教的体现。爱与教、慈与严有许多讨论。如卫国石碏主张爱教结合，他对卫庄公说："臣闻爱子，教之以义方，弗纳于邪。"庄公不听，将爱教分离开来。《周易·家人卦》说"有严君而后家道正"，主张家训要严，而《管子·五辅》则相反，说"为人父者，慈惠以教"。但总的倾向是严，认为母厚爱者，"子多败"；"父薄爱教笞，子多善，用严也"。③ 这些言论，包含着家教规律与原则、方法的探索。

（六）道德教育与法律惩罚相结合的倾向

上述家训的内容与方法是相辅相成的，在具体运作过程中，呈现出家训中德、法相济的倾向。周公在训诫康叔时所说的"元恶大憝，矧惟不孝不友……刑兹无赦"④ 正是这一倾向的最初表现，而他诛管叔、囚蔡叔，则表明他的教诫不是虚言。春秋时期，楚国王族家训中已形成了用法律约束子弟行为以维护其政治统治的传统。楚文王征伐邓国，命王子革、王子灵去摘野菜，他们看见有个老人头上顶着筐野菜，便向他乞讨，老人不给，两人便"搏而夺之"，楚文王"闻之，令皆捕二子，将杀之"。这时有位大夫进谏说，两位王子虽有罪，但罪不当死，"杀之非其罪也"。可是老人却说："邓为无道，故伐之。今君公子搏而夺吾畚，无道甚于邓。"说罢"呼天而号"，喊天叫地大哭起来。楚文王说："讨有罪而横夺，非所以禁暴也；恃力虐老，非所以教幼也；爱子弃法，非所以保国也；私二子，灭三行，非所以从政也。"⑤ 慈爱自己儿子而抛弃法律，这不能保卫国家。他请老丈宽恕自己，表示将在军门斩二子以

① 《晋书·皇甫谧传》。
② 韩婴：《韩诗外传》卷九。
③ 《韩非子·六反》。
④ 《尚书·康诰》。
⑤ 刘向：《说苑·至公》。

赔罪。楚庄王继承祖训，重视对太子的法制教育。庄王有令："群臣大夫，诸公子人朝，马蹄踩霤者，斩其辀而戮其御。"有一天，太子入朝时，马蹄正好踩到屋檐下，刑狱官依法办事。太子向庄王哭诉此事，要求杀掉刑狱官。庄王便训诫他道："法者，所以敬宗庙，尊社稷。"刑狱官执法没错，是"社稷之臣也，安可以加诛？夫犯法废令，不尊敬社稷，是臣弃君，下陵上也。臣弃君而主失威，下陵上则上位危。社稷不守吾何以遗子"①？法令是守护社稷的，社稷不守，我拿什么来传给你？太子这才认识到守法的重要性，立即承认错误，退避下去。

大臣、士人们亦如此。楚国令尹子文的族人犯法，廷理把他拘捕起来后，因"闻其令尹之族而释之"。子文责备廷理说：你是掌管王令国法的，释放犯法者是"为理不端，怀心不公也"。"今吾族犯法甚明"，你却因我的关系而释放他，这是使我的不公之心昭著予国人。与其让我活着不行道义，不若让我死了好。于是把族人绑交廷理，说你若再不执行刑法，"'吾将死。'廷理惧，遂刑其族人"②。楚成王知道后，来不及穿鞋子就急忙赶到子文家里，责己用人不当，还罢黜了廷理，请子文亲自治理宗族内部事务。

战国时期，这一倾向得到加强，如居住在秦国的墨子学派首领腹䵍之独子杀了人，按法当死。但秦惠王打算宽大处理，对腹䵍说：先生已年老了，而且没有其他儿子，"寡人已令吏弗诛矣"。先生就听我的话吧。腹䵍回答说："墨者之法曰：'杀人者死，伤人者刑'，此所以禁杀、伤人也。夫禁杀、伤人者，天下之大义也。"大王您"虽为之赐，而令吏弗诛"，但我"腹䵍不可不行墨者之法"③。

先秦的家训是中国传统家训的"原点"，处于产生阶段，有些方面还没有展开（如对女子的教育等）；有些内容比五帝时期弱化（如贵族

① 刘向：《说苑·至公》。
② 《吕氏春秋·去私》。
③ 同上。

家训淡化知识技术而专注于政治、伦理）；还有些明显地反映出剥削阶级的局限性（如轻视体力劳动者、灌输迷信思想、提倡父子相隐等）。上述思想，不管是精华还是糟粕，都对后世发生了深刻的影响。

第二章
五帝至西周的家训萌芽

家训是以家庭的存在为其前提与基础的。我国父权制家庭产生于黄帝时期。从五帝①到西周，是我国传统家训萌生时期，禅让帝位与世传家学是其主要表现。

一、父权制家庭的出现

家庭是原始社会发展到一定阶段上才出现的。初民在群居杂处时并无家庭。《吕氏春秋·恃君》指出："昔太古尝无君矣……无亲戚兄弟夫妻男女之别，无上下长幼之道，无进退揖让之礼，无衣服履带宫室蓄积之便，无器械舟车城廓险阻之备。"就是说，原始人群处于杂婚状况。《管子·君臣》说："古者未有君臣上下之别，未有夫妇妃（妃通配）匹之合，兽处群居，以力相征。"《列子·汤问》也说：这时"男女杂游，不媒不聘"。总之，人类没有完全从动物界分化出来，还没有家庭，更谈不上家训。

---

① 在司马迁《史记·五帝本纪》中，五帝指黄帝、颛顼、帝喾、唐尧、虞舜。

从传说中的燧人氏到伏羲氏时期，母权制家庭逐渐产生。东汉学者郑玄（127—200）在《昏礼注》中说："天地初分之后，燧皇之时，则有夫妇。"燧皇为传说中的燧人氏的尊称，相当于距今约七十万至二十万年的周口店北京猿人时期。据《古史考》载，到距今约一万八千年的山顶洞人时期，"伏羲制嫁娶，以俪皮为礼。"用成对的鹿皮作为聘礼，说明这时有了嫁娶的礼仪制度，已有婚姻家庭。这一时期，妇女从事采集活动，养老抚幼，管理氏族内部事务，因而普遍地受到尊敬。以妇女为中心的血缘亲族世系是维系氏族的纽带，使氏族组织成为比较固定的集团。由于这时还不是一夫一妻的固定婚制，一母所生的子女属于多个父亲，所以"人但知其母，不知其父"①，家庭不过是个雏形，而家训也只是子女幼小时自然而然地跟着母亲接受传统、习俗和简单的生产劳动的教育。大约距今六千至五千年左右，随着磨光石器与弓箭的普遍使用，以及农业、畜牧业与手工业的发展，男子在劳动中的作用不断加强并居于主导地位，妇女在生产中逐渐居于被支配地位。这种变化引起男子谋求私有财产的占有权与家庭和社会生活的统治权，并把这种占有权与统治权传给自己子女。于是，我国的母系氏族公社就为父系氏族公社所替代，对偶婚家庭就被一夫一妻制家庭所取代。按母系计算世系的方法和母系的继承权，亦被按父系计算世系的方法与父系的继承权所替代。在以黄帝为各部落共同首领的黄河中下游的中原地区，这时已进入父系氏族公社时期。这一历史巨变，意味着女性的世界性的失败。

父系氏族公社是原始社会向奴隶社会过渡的桥梁。由于血缘关系固定，父母及其子女构成的家庭有条件成为独立的生产单位，于是一个个家庭从氏族中分化出来，而家庭之贫富分化，是奴隶与奴隶主产生的重要途径。据1988年1月17日《光明日报》关于河南濮阳西水坡墓葬遗址发掘的报道，男性墓主的墓坑中有女性人殉。说明此时炎黄部落中的女性已失去了家长地位而从属于男性了。黄帝为"君臣上下之仪，父子

---

① 《白虎通·号篇》。

兄弟之仪，夫妇匹配之合"①，从此有了正式的家庭教育。黄帝有四妃，即"元妃西陵氏女，曰嫘祖；次妃方雷氏女，曰女节；次妃彤鱼氏女；次妃嫫母"②。黄帝共生了二十五个儿子，其中嫘祖"生二子，其后皆有天下：其一曰玄嚣，是为青阳，青阳降居江水；其二曰昌意，降居若水"③。在这众多的儿子中，由谁来继承首领的地位？根据什么标准来选择继承者？当时实行择贤禅让的制度，把首领之位让给贤能的子弟。源远流长的中国传统家训，正是在这种禅让制中初露端倪的。

二、五帝"禅让"中的家训端倪

禅让制表明子孙或幼弟如果不遵循父祖、兄长之训，缺乏德行，是不能承续大位的。据《史记·五帝本纪》记载，继黄帝之位的昌意之子帝颛顼高阳有"圣德"，"静渊以有谋，疏通而知事；养材以任地，载时以象天，依鬼神以制义，治气以教化，絜诚以祭祀"。故"动静之物，大小之神，日月所照，莫不砥属"。继高阳之位的帝喾高辛，能"普施万物，不于其身。聪以知远，明以察微。顺天之义，知民之急。仁而威，惠而信，修身而天下服"。高辛之长子帝挚"不善"，其位便由其弟放勋即帝尧取代。因为尧"其仁如天，其知如神"。"富而不骄，贵而不舒"。"能明驯德，以亲九族"，所以"百姓昭明，合和万国"。但尧之子丹朱却"顽凶"。"尧知子丹朱不肖，不足授天下，于是乃权授舜。"肖的含义就是像、类似；不肖就是不像、不类似。尧认为其子丹朱不像自己那样有德行，若"授丹朱，则天下病而丹朱得其利"，他不能"以天

---

① 《商君书·画策》。
② 司马贞：《索隐》引皇甫谧语。
③ 《史记·五帝本纪》，又见《周语·晋语》。

下之病而利一人"①。

舜是黄帝次子昌意之六世孙，与尧是同一个祖先。所谓禅让，实际上是氏族贵族首领从同族中选择那些经过考验而符合自己意愿、德行高尚的后代，来继承自己的帝位。传说舜二十岁以孝顺闻名四方，三十岁被推荐给尧，尧说："吾其试哉。"便将两个女儿嫁给舜，观察他怎样治家；又派九个儿子与他共处，考察他怎样处世。结果，"尧二女不敢以贵骄事舜亲戚，甚有妇道。尧九男皆益笃。舜耕历山，历山之人让畔；渔雷泽，雷泽上人皆让居；陶河滨，河滨器皆不苦窳"。尧还"使舜慎和五典，五典能从。乃遍入百官，百官时序"。经过三年考察，尧才召见舜说："女谋事至而言可绩"，你考虑事情周密，说到的必定能做到，"女登帝位"。尧对舜的考察与训导，从家训的角度看，是前辈对后辈的教诫。

舜之"子商均亦不肖"②。商均的德行不像舜，因而舜将帝位传于夏禹。而禹的祖先也是黄帝。"禹者，黄帝之玄孙而帝颛顼之孙也。""禹为人敏给克勤；其德不违，其仁可亲，其言可信。"德行是很高尚的，而舜也对禹进行过劝诫。如舜对禹说：你千万不要像丹朱那样骄傲自大，只是爱佚游，在家中聚众淫乱。我不能听任他这种行为，因而断了他世代相传的爵位③。

氏族贵族的不肖子孙不仅不能继承父祖之位，而且其中凶恶者，还要受到惩处。"昔帝鸿氏有不才子，掩义隐贼，好行凶慝，天下谓之浑沌。少暤氏有不才子，毁信恶忠，崇饰恶言，天下谓之穷奇。颛顼氏有不才子，不可教训，不知话言，天下谓之梼杌。此三族世忧之。至于尧，尧未能去。缙云氏有不才子，贪于饮食，冒于货贿，天下谓之饕餮。天下恶之，比之三凶。舜宾于四门，乃流四凶族，迁于四裔，以御

①《史记·五帝本纪》。
② 同上。
③《史记·夏本纪》。

螭魅。"① 舜就流放了这四个凶族，将他们赶到偏僻的四境，去抵御山林中的精怪。

从上述禅让情况看，"五帝"对子孙的要求是很高的，也是经过考察与训导的，这种考察、训导，虽然具有君臣、上下的性质，但从氏族内部角度看，包含着长辈对幼辈训诫的含义。

三、五帝至西周的世传"家学"

中国古代的家学或知识、技术，主要包括农业、天文学、数学、医学、手工业等科学、技术知识和经学、法学等社会知识。其中有些知识技术在原始社会后期，尤其是在黄帝时期，是以萌芽的形式出现的。因为黄帝和他的元妃嫘祖就是多种知识技术的创造发明者。黄帝之所以能成为中原各族的首领，一个氏族之所以能够世代相继并逐渐昌盛，一个重要原因，就是因为他们掌握了某种或某几种知识技术，或多或少给人们带来了福利。

首先看农业知识。西周农业知识是通过父传子承和发展农业生产而逐渐丰富的。这一家学传统，可追溯到其先祖——尧、舜时期的姜原。传说姜原是邰氏部落首领的女儿，为黄帝之曾孙"帝喾元妃"②。她"清静专一，好种稼穑"；生下的儿子弃，幼年时喜欢玩种植麻、菽的游戏。姜原便因势利导，"教之种树桑麻。弃之性明而仁，能育其教，卒致其名"③。弃对母亲的教导能领悟化育，长大后"遂好耕农，相地之宜，宜谷者稼穑焉，民皆法则之"。尧听说弃是位种田能手，遂任命他为"农师"，主管农业，"天下得其利，有功"。尧死后，舜即位，对他

---

① 《史记·五帝本纪》。
② 《史记·周本纪》。
③ 刘向：《列女传·母仪传》。

说："弃，黎民始饥，尔后稷播时百谷。"并封赐他在邰地（今陕西省武功县）立国，"号曰后稷，别姓姬氏"。后稷把农业知识技术传给其子不窋，不窋也以农继位。时值夏禹的孙子"太康失国，废稷之官，不复务农"。不窋因失其官而奔走于戎狄之间。至其孙公刘时，"复修后稷之业，务耕种，行地宜，自漆、沮度渭，取材用，行者有资，居者有蓄积，民赖其庆。百姓怀之，多徙而保归焉。周道之兴自此始"①。从公刘起至古公亶父，凡十代，都立国于豳（今陕西旬邑西）。古公亶父继承"后稷、公刘之业，积德行义，国人戴之"。后因逃避戎狄攻略，迁居岐山下的周原（今陕西省岐山县），百姓纷纷前来归附。因其国在周原，从此国号称周。古公之子公季"修古公遗道，笃于行义，诸侯顺之。"其子姬昌"遵后稷、公刘之业，则古公、公季之法……士以此多归之"。总之，周国从姜原起，不仅以农业知识传授子孙，而且以农业立国，得到百姓、士人拥戴，"至周文、武而兴为天子"②。

与农业密切相关的气象知识传授亦如此。传说舜的祖先"虞幕能听协风，以成乐物生者也"③。虞幕能够听辨和风，掌握候风知识，可以预报气象，有助于培育与收获农作物，因而得到人们的拥护。据《左传·昭公八年》，其后代承袭了这种"听协风"的知识，"自幕至瞽瞍，无违命。"舜的父亲瞽瞍继承了这一家学，故世袭虞君。黄模在《国语补韦》中说："瞽告有协风至，此云能听协风，即无违命之实也。"瞽瞍虽双目失明，但他没有废失父祖传下的家学，能预报气象。舜承继了父辈的候风知识，故"尧使舜入山林川泽，暴风雷雨，舜行不迷"。他在暴风雨中能辨别方向，"尧以为圣"④。尧授予舜帝位与此有关。

与农业相关的水利知识传授亦如此。帝尧时洪水滔天，百姓深受其

① 《史记·周本纪》及注。
② 《列女传·母仪传》。
③ 《国语·郑语》。
④ 《史记·五帝本纪》。又见毛礼锐等：《中国教育通史》第一卷，山东教育出版社1985年版。

害。鲧与其子禹有世传的水利知识，鲧被人们荐举去治水，治了"九年而水不息，功用不成"。禹承"续鲧之业"① 接着治。他总结其父失败的教训，改筑坝"陻洪水"为疏导，终于取得成功。舜授禹帝位与治水有功有关。

天文历算知识不仅为生产与生活所需要，而且也与占卜迷信紧密相连，当时最受重视。相传黄帝的许多创造发明中，就包括天文历法，其子孙也大都继承了这方面知识。黄帝"考定星历，建立五行，起消息；正闰余，于是有天地神祇物类之官，是谓五官"。他把天象与官职联系起来。其孙帝颛顼高阳登位后，"命南正重司天以属神，命火正黎司地以属民"②。有研究者认为，当时以黄昏时分大火星从东方地平线升起时作为一年春天的来临，"火正"就专事观察大火星的工作③。黎氏与重氏被任命为天文历法官后，其子孙便承继其业。后来因社会动乱天官被废，历法失序。故尧登位后，"乃命羲、和，钦若昊天，历象日星辰，敬授人时"④。羲、和乃重、黎之后代，"重即羲，黎即和，虽别为氏族，而出自重、黎也"⑤。至夏代，羲、和之后代仍为主管天地四时历数之官。传说在夏禹的曾孙仲康为帝时，"羲、和湎淫，废时乱日，胤往征之"⑥。他们酗酒享乐，玩忽职守，搞乱了季节时令，所以仲康派胤侯率军征讨。这一传统，一直持续到商、周。"唐虞之际，诏重、黎之后，使复典之，至于夏、商，故重、黎氏世序天地。其在周，程伯休甫其后也。当周宣王时，失其守而为司马氏。司马氏世典周史。"⑦ 司马彪《史记正义》序指出：司马氏为黎氏后代，"南正黎，后世为司马氏"。这是司马迁的远祖。直到西周。司马氏因承袭家学而垄断了专门

① 《史记·夏本纪》。

② 《史记·历书》。

③ 陈久金：《西周月名日名考》，载《自然科学史研究》1985 年第 2 期。

④ 《尚书·尧典》。

⑤ 《史记·五帝本纪》及注。

⑥ 《尚书·胤征》。

⑦ 《史记·太史公自序》。

的天文历法知识。

幽王、厉王之后，周室衰微，这种传代久远的家学便分散到各诸侯国。"陪臣执政，史不记时，君不告朔，故畴人子弟分散，或在诸夏，或在夷狄，是以其机祥废而不统。"① 这里讲的"畴人"是指"同类之人明历者也"，也就是古代的"知星人"，世代懂天文星象者。裴骃集解引如淳曰："家业世世相传为畴。律，年二十三傅之畴官，各从其父学。"② 畴人子弟虽然散布各地，但"父子畴官，世世相传"③ 的家学传统在封建时代并未废弃。有学者对阮元（1764—1849）在其《畴人传》中记载的自黄帝至清初的二百四十三位天文历算专家进行过分析研究，指出"其中自西汉至明中叶约一百五十人，出身于官学的'司天学生'和'星历生'仅有二人，出身于'司天官属'和'司天役人'的也只有二人（唐，郭献之；宋，张奎）。再如汉武帝订'太初历'时，除了征用司马迁等畴官外，还征募了唐都、邓平等二十余名民间天文历算家"④ 因为封建官学的教育目标是培养官吏，所以造就天文人才的任务便落到民间家学的肩上。

有些手工技术或器物的发明者或改良者、著名的手工业管理者也名留后世，在历史传说中得到某种反映。陶器是先民不可或缺的器物，其受到社会的普遍重视是很自然的。《史记·五帝本纪》云："舜……陶河滨，河滨器皆不苦窳。"陶即制作陶器。河滨之地陶器质量粗劣，尧派舜去解决问题，舜帮助陶匠改进了制陶技术并加强了管理，使河滨生产的陶器不再粗劣。舜在提高陶器质量方面的操作技艺与管理经验被其子孙所继承，代代相传，绵延不绝，至于西周，以此立业为官，封公建国。《左传·襄公二十五年》曰："昔虞阏父为周陶正，以服事我先王。我先王赖其利器用也，与其神明之后也，庸以元女大姬配胡公，而封之

---

① 《史记·历书》。
② 《史记·律书》及注。
③ 《史记·龟策列传》。
④ 毛礼锐等：《中国教育通史》第一卷。

陈，以备三恪，则我周之自出，至于是赖。"虞阏父为舜之后代，他以其高超的制陶技术和管理陶业的才能，被周武王任为陶正，掌管周王朝的制陶业。周武王以其烧制优质的陶器为王朝作出了贡献，又是舜帝之后，便将自己的长女大姬许配给阏父之子妫满为妻，并封之于陈地。《史记·陈杞世家》云："（周武王）得妫满，封之于陈，以奉帝舜祀，是为胡公。"由于手工技术、技巧和管理经验的积累是一个长期的过程，在无学校进行技艺教育的条件下，其承袭与流传也需要采取父传子、子传孙等形式，以代守其业，进一步积累技术经验，完善管理知识，制作出精美的手工业品。这样便形成了工匠家族与手工业管理者家族。这类家族，当与家学之形成在时间上并行不悖，而见之文字记载的，则至迟在商代。《左传·定公四年》所记述的周初大分封，其中有分鲁公以"殷民六族：条氏、徐氏、萧氏、索氏、长勺氏、尾勺氏"；分康叔以"殷民七族：陶氏、施氏、繁氏、锜氏、樊氏、饥氏、终葵氏。"这些殷民家族多为手工业家族，如陶氏即如此。不过，从武王、周公起，上层社会家训中之科技内容逐渐淡出，而修德齐家、理政治国的训诫则日益彰显。技艺教育大体上被限于农、工、商等平民家庭中进行，故农、工、商之子恒为农、工、商成为生活的常态。汉武帝独尊儒术以后，儒学成为仕宦家训的核心内容，即使是医学等技艺世家，也主要接受儒家的价值导向。

第三章
周公：开中国传统家训之先河

　　中国远古"五帝"禅让与家学世传虽然孕育了传统家训的萌芽，《尚书·五子之歌》也载有夏禹之孙、夏启之子追忆其先祖大禹的三则遗训①，但周初王室的家训，包括太任与武王妃的胎教，文王教武王，武王、周公教成王，成王教子弟，尤其是周公训诫子侄、劝勉其弟，才真正有了开始的意义。

---

① 《五子歌》云：夏启之子太康沉湎于游乐田猎，不顾民众疾苦，被羿驱逐而失去帝位。太康外出打猎被阻，他的五个弟弟在洛水之北等了100多天未见他回来，心中充满了怨恨与不满，于是追忆祖训，"述大禹之戒以作歌。"其一曰："皇祖有训，民可近，不可下，民惟邦本，本固邦宁。予视愚夫愚妇一能胜予，一人三失，怨岂在明，不见是图。……为人上者，奈何不敬？"皇谓伟大，皇祖指其父之父大禹。训示以民众为立国的根本，要求上位者不要轻视民众，而要以畏惧的心态对待他们，有失误要在不太明显时就考虑改正。这是大禹对子孙在建立邦国的指导思想上的训诫。其二曰："训有之：内作色荒，外作禽荒。甘酒嗜音，峻宇彫墙，有一于此，未或不亡。"谓迷乱女色，醉心游猎，纵情饮酒，嗜好歌舞，营建大屋，彩饰高墙，这中间只要有一项，就没有不亡国的。这是大禹对子孙在生活方面的训诫。其三是治国之道："明明我祖，万邦之君。有典有则，贻厥子孙。关石和钧，王府则有。"大禹还留给子孙以治国的典章法则，使民众所生产的、供制作器物用的铜石、供衣食之需的米粟、布帛，多余的用来相互交换、以通有无，王府也能富有。不过，太康的五个弟弟的名字以及作歌的时间、地点均没有具体记载，对夏禹的训诫也只是回忆、追述，可能有不太准确的问题。尽管如此，这一资料十分宝贵，可说是夏、商、周三代中最早的邦国或王室家训。

一、文王、武王的家训

周文王姬昌初为商之西伯，立 42 年而称王①，世称周文王，时年 89 岁，称王第九年病终。因"惧后祀之无保"②，便重视训诫子孙。文王的家训，见之于《尚书·酒诰》和《逸周书》等古籍的记述。《酒诰》云：鉴于殷人酗酒乱德，荒政失国，"文王诰教小子有正、有事：无彝酒；越庶国；饮惟祀，德将无醉。……惟土物爱，厥心臧。"小子谓文王的子孙。意思是：文王教诫在朝廷当大臣、小臣和在诸侯国任职的子孙们，不要经常饮酒；要有酒德，不要喝醉。……要爱惜粮食，思想善良。文王的家训的重点是太子姬发即后来的周武王，其价值目标是通过发展生产，惠施百姓，提倡礼义仁爱，来确保周国长治久安、称王天下。《逸周书·文儆解》载文王"诏太子发曰"：追逐私利会引起"抗"、"夺"、"乱"、"亡"、"死"等种种恶果："私维生抗，抗维生夺，夺维生乱，乱维生亡，亡维生死。"要慎重引导民众"非利"、"非私"的意向，预防或制止争夺与乱亡的发生，而使"利维生痛，痛维生乐，乐维生礼，礼维生义，义维生仁。"③ 文王教诫太子的主要内容，集中在他的终临遗言中。文王称王第九年暮春病重，便在鄗召太子发曰："吾语汝我所保与吾所守，传之子孙。"文王毕生所保与"所守"的有四条：一、厚德；二、广惠；三、忠信；四、志爱。这四条是"人君之行"即君王的德行。与此相匹配的是三不："不为骄侈，不为泰靡，不淫于美。括柱茅茨，为民爱费。"三不归结为一点：生活俭朴，节用财物。与此同时，一要发展农业、手工业和商业。要合理利用土地资源，使"土不失宜"，各种植物悉长之："润湿不谷，树之竹苇莞蒲；砾石不可谷，树之葛木，以为絺绤，以为材用。"要使"山以遂以材，工匠以为其器，百

---

① 皇甫谧：《帝王世纪》。

② 《逸周书·文儆解》，齐鲁书社 2010 年版，第 21 页。

③ 同上。

物以平其利，商贾以通其货。工不失其务，农不失其时，是谓和德。"
二要保护生态环境，维护生物资源的再生能力，做到时禁、时取："鱼
鳖归其泉，鸟归其林"；"山林非时不升斤斧，以成草木之长；川泽非时
不入网罟，以成鱼鳖之长；不麛不卵，童不夭胎；马不驰骛。"马不践
踏植物，可使其正常生长繁茂。三要使土地与人口保持平衡，土地资料
与人力资源得到充分而合理的开发利用，"故凡土地之闲者，圣人裁之，
竝为民利。""土多民少，非其土也；土少人多，非其人也。是故土多，
发政以漕四方，四方流之；土少，安帑而外其务，方输。"土地多而民
人少，土地便会空置，不能发挥其产物的功用；这就需要使人口从别处
迁移流入；土地少而民人多，民人无地可耕，也发挥不了增殖财物的作
用，这就需要迁移别处从业就食。文王指出，为政以人土相称为善，这
是一条宝贵历史经验：夏禹之箴戒书"《夏箴》曰：'中不容利，民乃外
次。'《开望》曰：'土广无守，可袭伐；土狭无食，可围竭。'"四要积
材用，聚谷蔬，备荒备战。训诫道："天有四殃：水、旱、饥、荒，其
至无时。非务积聚，何以备之？《夏箴》曰：'小人无兼年之食，遇天
饥，妻子非其有也（按：卖妻鬻子）；大夫无兼年之食，臣妾舆马非其
有也。'戒之哉！弗思弗行，至无日矣。不明开塞禁舍者，如其天下何？
人各修其学而尊其名，圣人制之。"握有天下的道理也是如此。要把握
时机，珍惜动植物资源，不误春耕、夏耘、秋收、冬藏，贮备粮食、器
物，制而业用。"无杀夭胎，无伐不成材，无堕四时，如此者十年。有
十年之积者王，有五年之积者霸，无一年之者亡。"依三年发生一次饥
荒计，有十年之积，则可保三十年内无虞。文王又云："生十杀一者，
物十重；生一杀十者，物顿空。十重者王，顿空者亡。"有了充裕的物
资储备，便能富国强兵，"兵强胜人，人强胜天。能制其有者，则能制
人之有；不能制其有者，则人制之。"做到兵强胜人，不被人制而能制
人，就能称霸称王。文王的家教，从培养太子的君德入手，使他懂得发
展生产、繁荣商业、厚积资财、施惠于民的重要，掌握"令行禁止，王

始也"①的治国手段的必要，以达到富国强兵、平定天下的目的。

武王遵行父亲的遗训，完成了文王未竟的称王天下的大业。据《大戴礼记》（卷六）记载，"武王践作三日"，便"召士大夫"询问："有什么约言"能"行万世而犹得其福"、"可以为子孙恒者乎？"诸大夫均对曰："未得闻也。"武王便召师尚父（即姜尚，又称姜太公、太公望）而问之，"师尚父曰：'在丹书'，王欲闻之，则斋矣。"武王于是斋戒三日，端冕下堂东面而立，姜尚端冕奉书而入，西面负屏而立，向武王诵读丹书："敬胜怠者强，怠胜敬者亡；义胜欲者从，欲胜义者凶。凡事不强则枉（按：凡事不能自强而执于此，则枉也。枉谓邪恶，不正直。），不敬则不正。枉者灭废，敬者万世。藏之约，行之行可以为子孙恒者，此言之谓也。"意谓处事端肃、恭敬、警戒，可以万世长保，而邪恶不正，则会废止、灭亡。先帝之道，庶闻要约之旨，可传之万世、行之得福之言，就是这些。接着，姜尚劝谏武王施行仁道："且臣闻之，以仁得之，以仁守之，其量百世；以仁得之，以不仁守之，其量十世。"这两种情况，"皆谓创基之君；十百世谓子孙无咎，誉者于十百之外。天命则有兴改，其废立大节依于此。"第三种情况是"以不仁得之，以不仁守之，必及其世，谓止于其身也。"即当世便身丧国灭。武王闻之，"惕若恐惧，退而为戒书，讬于物以自警戒不忘也"。"讬于物"即在席、机等许多器物上刻写铭文，用于自我警戒与训诫子孙。

一是"于席之四端为铭焉"：其于席前左端之铭为："安乐必敬"。谓安不忘危；前右端为："无行可悔。"谓朝夕恭敬，怀安为戒；后左端为："一反一侧，亦不可以忘。"谓言虽反侧，道不可忘；后右端为："所监不远，视迩所代。"谓殷亡之鉴，近在眼前。二是于几（小桌、几案）之铭曰："皇皇惟敬，口生垢。口戕口。"垢通诟，耻辱。戕，残害。谓言论关系荣辱，说话不当会遭祸，应以慎言为戒。三是鉴铭："见尔前，虑尔后。"谓镜子虽能照到正面，却不能照见背面，而看不见

---

① 《逸周书·文传解》第23页。

的地方往往隐伏着祸患。四是盘铭："与其溺于人也，宁溺于渊。溺于渊犹可游也，溺于人不可救也。"谓溺于民众，乃人君之祸，应日学自新为戒。五是楹铭："毋曰胡残，其祸将然；毋曰胡害，其祸将大；毋曰胡伤，其祸将长。"谓营建宫室要慎选其楹，君临天下难用其相。六是杖铭："恶乎危，于忿疐；恶乎失道，于嗜欲；恶乎相忘，于富贵。"谓忿怒乃绊倒之道，拐杖可扶倒，身杖相资，应依道而行；失道乃嗜欲所致，应戒以安乐。七是带铭："火灭修容，慎戒必恭，恭则寿。"虽解衣带息歇，其容止不可苟且，应恭敬慎戒，不要放纵，以延年益寿。八是履屦铭："慎之劳，劳则富。"富、福音义两施互取，谓行走躬劳，躬劳福寿。慎履不费财，屦下尤劳辱，能此可得福与富。九是觞豆铭："食自杖，食自杖，戒之憍，憍则逃。"要自食其力，无求醉饱，力戒骄逸。十是户、牖铭："夫名难得而易失"；"随天之时，以地之财。敬祀皇天，敬以先时。"谓随任天时而得地财，敬畏天时而先祭斋之。十一是剑铭："带之以为服，动必行德，行德则兴，倍德则崩。"谓诛杀必须随德而为，不可逆德而行。顺德则兴盛，违德则崩败。十二是弓铭："屈伸之义，废兴之行，无忘自过。"谓屈伸因势而作，兴废因时而行，不要错过时机。十三是矛铭："造矛造矛，少间弗忍，终身之羞。"① 谓以君子于杀之中礼恕存焉。武王这些铭文，不仅自警，还将"予一人所闻，以戒后世子孙"，把自己的感悟刻之于物，训诫子孙后代。其主要精神，就是要子孙以殷商的败亡为鉴戒，做到依道而行，顺德诛杀，敬谨谦恭，忍忿制欲；安不忘危，瞻前顾后；伸屈兴废，依时而行；慎言语，免招辱；毋残害，杜祸患，从而永保周室。

　　武王还对诸弟尊长养老、奉行孝悌进行训导。他"食三老、五更于大学"；"袒而割牲，执酱而馈，执爵而酳，冕而總干，所以教诸侯之弟也。"②武

① 《大戴礼记》卷六。
② 《礼记·乐记》。郑玄注："三老五更，互言之耳，皆老人，更知'三德'、'五事'者也。"老人指年八十岁以上者，《左传·昭公三年》杜预注："三老谓上寿、中寿、下寿，皆八十已上。"《左传·僖公三十二年》孔颖达疏："上寿百二十岁，中寿百，下寿八十。"三德指正直、刚、柔。五事指貌、言、视、听、思。

王灭殷后，"遂设三老、五更，群老之席位焉。"① 他在大学中用食礼加以款待，亲自袒衣为之割牲切肉，捧着酒肉献给他们吃，以示尊长养老，还亲自戴着冕拿着盾牌跳舞，使他们高兴，为的是教育诸侯弟奉行孝悌之道。

二、周公的家训

　　文王、武王的家训，虽然规定了帝王家训的价值目标，但文王直接训诫太子的时间很短，次数极少；而武王去世时，成王尚幼②，难以直接接受训诫，故他只能间接地留下铭文，待成王长大后去体悟君道。周公则不同，他不仅是位杰出的政治家、军事家，还是中国古代第一位伦理思想家。作为文王十子中的第四子，他排在长兄伯邑考、二兄武王姬发、三兄管叔鲜之后。③ 周公不仅才能非凡、功勋卓著，且深得武王的器重。他在成王年幼时任摄政王有七年之久，待成王长大后又归政于他，表现出杰出政治家的非凡气度与大公无私的道德品质。周公继承与发展了父祖的家训思想，从天人关系的角度吸取了殷亡周兴的历史经验教训，立足于周王朝长治久安的宏伟愿景，凸显了以德育人的核心内

① 《礼记·文王世子》郑玄注："三老、五更各一人也，皆年老更事致仕者也，天子以父兄养之，示天下之孝悌也。"
② 据《路史·发挥》，"案《竹书纪年》武王年五十四"即灭殷第六年崩。《御览》八十四引《帝王世纪》："（武）王崩于镐，时年九十三岁。"又一说卒年为九十四岁。不管何种说法接近真理，武王崩时成王年幼是肯定的，据王国维《今本竹书纪年疏证》，武王在其去世的那年才"命王世子诵于东宫"。故平时难以进行治国之道的训诫。
③ 《孟子·公孙丑下》："周公，弟也；管叔，兄也。"《史记·管蔡世家》亦持此说。而刘向《列女传·周室三母》则认为，周公是兄，管叔是弟："太姒生十男，长伯邑考，次武王发，次周公旦，次管叔鲜，次蔡叔度……"。这种转变，可能是由汉代奉行"以孝治天下"的国策，思想家为迎合统治者的需要而篡改历史造成的。因为周公在平叛过程中诛杀了管叔鲜，这是有违"孝悌"原则的。而由诛兄变为诛弟，则有助于树立周公崇高的道德形象。

容，从而在帝王家训方面作出了许多新的宝贵的贡献。周公对子、侄、弟之长期的、多方面的、卓有成效的直接训诫与以身作则的人格力量，对周初的王室家训起着承上启下和系统化、总结性的作用，也对尔后仕宦家训有着多方面的启迪，从而成为中国传统家训的真正开创者。其家训思想主要反映在《尚书》中的《康诰》、《酒诰》、《梓材》、《多士》、《无逸》、《君奭》、《立政》等篇以及《史记》等古籍中。

（一）诫子伯禽"无以国骄人"

据《史记·鲁周公世家》和《史记·周本纪》记述，武王灭商后，"封弟周公于曲阜曰鲁"。但他未去封国，而是"留佐成王"，代他主持国事。于是便派其长子伯禽（一称禽父）代替自己去鲁国就封执政。据《荀子·尧问》（此篇或系荀子门人弟子所记，可供参考研究）记述，伯禽到鲁国去之前，周公对他的老师说，你将远行，何不谈谈我儿子的"美德"？"对曰：'其为人宽；好自用；以慎。'"周公不以为然，说："彼其宽也，出无辨矣"，这是对外无以致治的办法；"彼其好自用也，是所以窭小也"，这是气量狭小；"彼其慎也，是其所以浅也"，办事拘谨是由于知识浅薄。据此，他对伯禽有针对性地进行训导：

1. 礼贤下士。周公说："我，文王之子，武王之弟，成王之叔父，我于天下亦不贱矣。然我一沐三捉发，一饭三吐哺，起以待士，犹恐失天下之贤人。子之鲁，慎无以国骄人。"[①] 我洗一次澡要三次束扎头发，吃一顿饭要三次放下饭碗，起身接待来访的士人，即便如此，还害怕失去天下的贤者。你到了鲁国，千万不可因是一国之主，就对人骄傲无礼。周公还以亲身体验训诫他："我所执贽而见者十人，还贽而相见者三十人，貌执之士百有余人，欲言而请毕事者千有人，于是吾仅得三士焉，以正吾身，以定天下。"[②] 是以敬其见者，则隐者出矣。我手提礼

---

①　《史记·鲁周公世家》。
②　《荀子·尧问》。《韩诗外传》卷三等也有类似记述。

品登门拜见的有十二人，进献给尊长礼品的有三十人，以礼相见的士人有上百人，尽心听取意见的有上千人。其中只有三人帮助我改正缺点，以定天下。正因为我能敬重来求见我的人，所以隐居在山林中的贤者都出来了。周公说这些话，就是希望儿子能任贤使能，治理好鲁国。

2. 培育谦德。要做到礼贤下士，就必须谦以待人。周公训导说："吾闻德行宽裕，守之以恭者荣；土地广大，守之以俭者安；禄位尊盛，守之以卑者贵；人众兵强，守之以畏者胜；聪明睿智，守之以愚者善；博闻强记，守之以浅者智。夫此六者，皆谦德也。"① 在这里，周公指出了贵族容易产生骄矜的六种情况，要求伯禽用六种谦德来防骄破满。其大意是：宽施恩德而保持对人恭敬的态度，就一定荣盛；占有广阔富饶的土地而能生活俭朴，家国就能安宁；官高禄厚而能保持谦卑，人就更显高贵；百姓多、兵甲强而能保持畏惧之心警戒自己，作战一定胜利；聪慧邃智而能以愚鲁的态度去处世，就可以获大益；博闻强记，而能以浅薄自谓，见识就广。周公向伯禽指出："夫贵为天子，富有四海，由此德也。不谦而失天下亡其身者，桀纣是也，可不慎欤！"实行谦德的好处是，"大足以守天下，中足以守其国家，近足以守其身"。这是因为，"夫天道亏盈而益谦，地道变盈而流谦，鬼神害盈而福谦，人道恶盈而好谦"。这就是《易》说的："谦亨君子有终吉。"②

实行谦德的必要条件是不争。周公说："君子力如牛，不与牛争为；走如马，不与马争走；智如士，不与士争智。"③ 有了谦以待人、为而不争的品德，就能克服"好自用"的缺点，胸怀宽广地待人接物。他特别向伯禽指出："君子不施（同弛）其亲，不使大臣怨乎不以。故旧无大故，则不弃也。无求备于一人。"④ 意思是不要怠慢自己的亲属，不要使大臣怨恨没有被任用。故老旧臣没有重大故失，不要弃而不用。也

---

① 《韩诗外传》卷三，又见《戒子通录》。
② 同上。
③ 《鉴诫》，见《艺文类聚》卷二三。
④ 《论语·微子》。

不要求全责备一个人。总之，任官施政，要用人之长，舍其所短，做到人尽其才。

（二）教侄成王勤政"毋逸"

成王姬诵是武王之子。周公既是成王之叔，又是成王之师，负有重要的教育责任。据《礼记·文王世子》记述，成王幼小时，周公让他与伯禽一起接受教育，他"抗世子法于伯禽，欲令成王之知父子、君臣、长幼之道也。成王有过，则挞伯禽，所以示成王世子之道也"。用相当于世子应循的礼法教育伯禽，以使成王懂得如何处理父子、君臣、长幼的关系。成王有过失，周公不便对他惩罚，就通过鞭打伯禽的方法，向成王表明世子之道是什么。成王长大后，周公虽"还政成王，北面就臣位"，但仍然以长辈、师傅的身份对他进行劝诫。他"恐成王壮，治有所淫佚，乃作《多士》，作《毋逸》"，指出："为人父母，为业至长久，子孙骄奢忘之，以亡其家，为人子可不慎乎！"① 他着重劝诫成王：

1. 吸取夏、商兴衰存亡的经验教训。他说："我闻曰：'上帝引逸'，有夏不适逸，则惟帝降格，向于时夏。弗克庸帝，大淫泆有辞。惟时天罔念闻，厥惟废元命，降致罚；乃命尔先祖成汤革夏，俊民甸四方。"② 意思是，我听说上帝制止淫逸，夏桀不节制淫乐，上帝就降下教令劝导他。可是他不听从，仍大肆游乐，因此上帝就不再悯恤他，废除了赐予夏的大命，并降罪惩罚，命令殷民先祖成汤革除了夏，任用杰出的人才治理天下四方。据《史记·鲁周公世家》记述，周公向成王指出：殷商许多贤王都讲求德行。如："殷王中宗，严恭敬畏天命，自度治民，震惧不敢荒宁，故中宗飨国七十五年。"中宗太戊是殷代第五世贤主，他严谨恭敬，怀着戒惧的态度治国治民，不敢荒废政事、贪图安

① 《史记·鲁周公世家》。
② 《尚书·多士》。本文《尚书》译文参考了《今古尚书全译》，贵州人民出版社1990年版。

逸，故在位长达七十五年之久。殷十一世贤主高宗武丁与百姓共同耕种，了解民间疾苦，又有居丧三年不言的孝行，即位后也"不敢荒宁"，因而臣民皆和，"小大无怨，故高宗飨国五十五年"。① 武丁之子、殷十二世贤主祖甲，一度逃亡民间，当了很长时间的平民百姓，知道民众的痛苦与愿望，所以即位后"能保施小民，不侮鳏寡，故祖甲飨国三十三年"。但这以后，如《尚书·无逸》所述，继位的殷王大多是"生则逸，不知稼穑之艰难，不闻小人之劳，惟耽乐之从"。由于逸乐过度，这些殷王没能长寿，享国只有"或十年，或七八年，或五六年，或四三年"，最后，纣王"诞罔显于天，矧曰其有听念于先王勤家，诞淫厥泆，罔顾于天显民祗，惟时上帝不保，降若兹大丧"②，他不明白上帝的旨意，更不能听从、顾念先王勤劳家国的训导，淫游逸乐，不顾天意民疾，因此上帝不保佑他，降下这巨大的丧乱，使殷商灭亡。这就告诫成王，淫逸不是生活小事，而是关系到国家存亡、治乱的大事。

2. 牢记先王创业立国的艰辛。周公劝诫说："厥亦惟我周太王、王季，克自抑畏。文王卑服，即康功田功。徽柔懿恭，怀保小民，惠鲜鳏寡。自朝至于日中昃，不遑暇食，用咸和万民。文王不敢盘于游田，以庶邦惟正之供。文王受命惟中身，厥享国五十年。"③ 意思是说，只有我周国的祖先太王、王季能够克己谦逊，敬畏天命。文王穿着普通人的服装，开荒种地。他和善柔顺，温良谦恭，保护百姓，惠及鳏、寡、孤、独者。每天从早到晚，忙得没有空闲时间吃饭，为的是万民和谐。他不敢纵情于游乐田猎，不敢将各国的进贡用于自己享受，他中年受命登位，为王当政五十年。在这里，周公以历代先王为楷模，从正面激励成王继承祖先的事业，把周国治好。

3. 戒逸乐，恤百姓。周公教诫成王："君子所，其无逸。先知稼穑

---

① 《史记·鲁周公世家》。又，《尚书·无逸》说是五十九年。
② 《尚书·多士》。
③ 《尚书·无逸》。

之艰难，乃逸，则知小人之依。相小人，厥父母勤劳稼穑，厥子乃不知稼穑之艰难，乃逸乃谚。既诞，否则侮厥父母曰：'昔人之无闻知。'"[①]君子居官不可贪求安逸、淫乐。要先了解种庄稼的艰难，然后再享乐，便可知百姓的痛苦。有些年轻人不了解自己的父母耕种收获的艰难，就追求享受，还慢慢轻侮起他们的父母，说老人不懂什么。在这里，周公用种庄稼的艰辛比喻先祖创业不易，要成王关心百姓疾苦，勤于王政，其具体要求，一要做到四无："无淫于观、于逸、于游、于田。"就是不沉溺于观赏，不纵情于逸乐，不无节制地嬉游，以及不分时令地田猎。不能只享用百姓的进献而不顾民生疾苦，并且宽慰自己说：只是"今日耽乐"。这不是百姓所能顺从和上天所能依从的。二要做到三胥："胥训告，胥保惠，胥教诲"。即彼此劝导、彼此爱护、彼此教诲，而不是互相欺骗、互相迷惑。不能凭自己的意愿随便改变先王的政令。否则百姓就会内积怨恨、同声诅咒。三要克己自重。在"小人怨汝詈汝"时，即百姓怨你骂你时，要像文王那样，"皇自敬德"，更加谨言慎行；在人们指出自己的过错时，"不啻不敢含怒"，要乐于听取，以知为政得失。四是罚杀宽仁。《尚书·无逸》指出：不要"乱罚无罪"，乱"杀无辜"，避免在各种狱讼和敕戒方面犯错误。

4. 健全官制，任用贤人。据《史记·鲁周公世家》记载，周公晚年，天下日趋安定。但"周之官政未次序"，官制不健全，于是，"周公作《周官》，官别其宜；作《立政》，以便百姓，百姓说"。《尚书·立政》就是周公为训导成王如何设官理政、任用贤人而作的。周公告诫成王，为政以用人为要，而用人则以知人为先。一是知其德。夏代先王教诫其属下"知忱恂于九德之行"，要懂得按九种道德准则行事，即"宽而栗，柔而立，愿而恭，乱而敬，扰而毅，直而温，简而廉，刚而塞，强而义"。故政兴人和。后来，夏桀"是惟暴德，罔后"。任用暴虐的人，故亡国绝后。商汤登上帝位后，任用贤能俊才，圣德传遍天下。但

---

① 《尚书·无逸》。

纣王却任用许多失德的人，受到了上帝的惩罚。文王、武王为百姓选用祥和、善良的人，成就了王业。因此，必须以德任官，而不是只靠"谋面"，听言观色，凭外表取人。二是考其绩。要"宅乃事，宅乃牧，宅乃准"①。对"事"即治事之官，要考察他能否善于处理事务；对"牧"即牧民之官，要考察他能否使民安居乐业；对"准"即执法之官，要考察他能否公正司法。尤要注意"宅心"，考察思想。文王、武王就能"克知三有宅心，灼见三有俊心"，既知道事、牧、准这三种官吏的思想，也清楚地了解他们部属的思想，因而能任用贤人立官为长。他告诫成王："孺子王矣！……立政用憸人，不训于德，是罔显在厥世。继自今立政，其勿以憸人，其惟吉士，用劢相我国家。"你现在已是君王了。若任用的官员是奸倭小人，而不是有德之士，那是一辈子不会有显著的成绩的。所以，从今以后不要任用"憸人"，而要任用"吉士"，即和详善良的贤人，以尽力治理国家。三是恪尽其职。当年商汤任用"三有宅，克即宅"；"三有俊，克其俊"，就是使治事官、治民官、执法官及其属吏，都能各就其位而不旷其职。先祖"文王罔攸兼于庶言；庶狱庶慎，惟有司之牧夫是训用违；庶狱庶慎，文王罔敢知于兹"②。文王不兼管各种教令，诸种狱讼案件与敕戒之事，都由主管官员去办理、裁决。意思是你也应该信任下级官吏，发挥他们的才能，不要干扰他们行使职权，以便将自己的注意力集中于把握国之大体、军政要事和审慎地考察、选用官吏上。

5. 言而有信，保持君王的威严。周成王曾与其小弟一起站在树下，他拿了一片桐叶给他说：我封你。周公听见了，便拜见成王说："天王封弟，甚善。"成王说："吾直与戏耳。"我不过是与他开个玩笑而已。周公便严肃地说："人主无过举，不当有戏言，言之必行之。"君王言行举止不应有过失，不应有开玩笑的话，说过的话一定要做到。于是，成

---

① 《尚书·立政》。
② 同上。

王封小弟为应侯。这件事使成王没齿不忘，直到老死都"不敢有戏言，言必行之"①。

（三）劝导同母弟康叔勤政爱民

康叔即姬封。周武王同母兄弟十人，康叔排行第九。周公平定管叔、蔡叔与武庚禄父联合叛乱后，"以武庚殷余民封康叔为卫君，居河、淇间故商墟"②。周公担忧康叔年纪太小，无治国经验，贪图享受，怠于国事；而卫国又是殷商故地，社会风尚奢靡，遗民不服管辖，康叔不能胜任，因而作《康诰》、《酒诰》、《梓材》进行训诫，希望他勤政爱民。具体说，有以下几个方面：

1. 勤于国事，勿贪逸乐。周公教导说，为政治国，"若稽田，既勤敷菑，惟其陈修，为厥疆畎。若作室家，既勤垣墉，惟其涂暨茨。若作梓材，既勤朴斫，惟其涂丹获。"③ 治理国家好比种庄稼，既然已勤劳地开垦、播种，那就应整治土地，修划田界，挖掘水沟。又如建房造屋，既然已辛勤地砌起了墙壁，那就应该涂上泥巴，盖上茅草。还好比制作上好的木器，既然已辛苦地砍削成了，那就应该再涂上油漆彩饰。意思是应该有计划、有步骤地艰苦工作，不能有一点偏废，才能把国家

---

① 《史记·梁孝王世家》褚少孙补。又：《史记·晋世家》有不同记载："成王与叔虞戏，削桐叶为珪以与叔虞，曰：'以此封若。'史佚（按：史佚为周武王时太史尹佚）因请择日立叔虞。成王曰：'吾与之戏耳。'史佚曰：'天子无戏言。言则史书之，礼成之，乐歌之。'于是遂封叔虞于唐。"就周公训诫本身而言，柳宗元认为此教不可取，指出："且周公以王之言，不可苟焉而已，必从而成之耶？设有不幸，王以桐叶戏妇寺，亦必将举而从之乎？凡王者之德，在行之何若。设未得其当，虽十易之不为病；要于其当，不可使易也，而况以其戏乎？若戏而必行之，是周公教王遂过也。吾意周公辅成王，宜以道，从容优乐，要归之大中而已，必不逢其失而为之辞。又不当束缚之，驰骤之，使若牛马然，急则败矣。"（《柳宗元集》第一册，中华书局1979年版，第105—106页。）
② 《史记·卫世家》。
③ 《尚书·梓材》。

治理好。要像父亲文王那样，"庸庸，祗祗，威威，显民"①，任用那可任用的人，尊敬那可尊敬的人，畏惧那应畏惧的人，尊宠人民，使"惠不惠，懋不懋"，不顺从的人顺从，不效力的人效力，这样才能治理好百姓。

2. 敬天爱民，尚德重教。周公教诫说："肆汝小子封。惟命不于常，汝念哉！"努力吧！年轻的封，天命无常，不会专门福佑你，要小心啊！"今惟民不静，未戾厥心，迪屡未同，爽惟天其罚殛我。"现在殷民不安定，经过多次教导，仍不和顺，老天爷将要惩罚我们了。你去卫地后，要重教化，"必求殷之贤人君子长者，问其先殷所以兴，所以亡，而务爱民"②。"不敢侮鳏寡"。周公告诫道："封，敬哉！无作怨，勿用非谋非彝，蔽时忱。丕则敏德，用康乃心，顾乃德，远乃猷，裕乃以。"③ 你要谨慎啊！不要造成怨恨，不要采用不良的计谋、非法的措施，闭塞自己的诚心。要努力实施德政，以安殷民之心，顾念其善德，宽缓其徭役，丰足其衣食。同时，要教育百姓"无胥戕，无胥虐"④，不要互相残害，互相虐待。百姓受到教化后就会善良安定的。

3. "明德慎罚"，"义刑义杀"。看待臣民犯罪，如同自己生了病一样；保护臣民，"若保赤子"⑤。一定要"罔厉杀人"，不滥杀无罪的人。为此：第一，对犯罪要进行分析，区别小罪与大罪、故意与过失、一贯与偶犯。"人有小罪，非眚，乃惟终，自作不典；式尔，有厥罪小，乃不可不杀。"对经常、故意的犯法，即使小罪，也要杀掉。反之，"乃有大罪，非终，乃惟眚灾"；对因过失而犯了大罪，并且愿意悔改的人，"乃不可杀"。第二，要亲自掌握刑杀大权，做到不是你下令刑人杀人，

---

① 《尚书·康诰》。
② 《史记·卫康叔世家》。
③ 《尚书·康诰》。
④ 《尚书·梓材》。
⑤ 《尚书·康诰》。

就"无或刑人杀人"；不是你有言要割鼻砍脚，就"无或劓刖人"①。第三，囚禁犯人要慎重，必须"服念五六日至于旬时，丕蔽要囚"。考虑五六天甚至十来天时间，才决定囚禁的问题。第四，要准确掌握刑律。一是对犯有偷窃、抢夺、内外作乱、杀人越货罪行的人，要顺从民愤进行刑罚。二是对于"元恶大憝"、"不孝不友"者，要"刑兹无赦"，赶快惩罚，不要赦免。三是对犯有"不率大戛"即不遵守国家大法的诸侯国之"庶子"、"训人"、"小臣"、"诸节"等官员，"汝乃其速由兹义率杀"②。你也应当根据这些条例迅速加以捕杀。四是诸侯若不能教育好他们家人和内外官员，"惟威惟虐"，完全违背王命，也应当惩罚。五是对以往的"奸宄、杀人、历人，宥"，要宽恕；"肆亦见厥君事、戕败人，宥"。③ 对残害人身体和以往泄露国君大事的也要宽恕。对"不孝不友"的罪犯，其父子兄弟不要受株连，"罪不相及"④。六是无妻无夫的老人、孕妇，即使犯了罪，也要"合由以容"⑤，教导与宽恕他们。

4. 厉行禁酒，破除恶习。殷末纣王营造酒池肉林，酗酒淫乐，刮起了一股奢华之风，遗害甚烈。周公决心改变这种腐败的风气，在卫国厉行戒酒。他告诫康叔，"纣所以亡者以淫于酒，酒之失，妇人是用，故纣之乱由此始。"⑥ 应吸取这一教训。今天，"我民用大乱丧德，亦罔非酒惟行；越大小邦用丧，亦罔非酒惟辜"。我臣民平时大乱失德，没有不以酗酒为口实；大小国家的灭亡，也没有不以酗酒为罪过。周公命康叔告诫各级官员："矧汝刚制于酒！"你们都要强行戒酒。若发现有聚众饮酒的事，"汝勿佚。尽执拘以归于周，予其杀"⑦。你康叔不要放纵他们，要把他们尽行逮捕并押解到周的都城，让我将他们处死。

---

① 《尚书·梓材》。
② 《尚书·康诰》。
③ 《尚书·梓材》。
④ 《尚书·康诰》。
⑤ 《尚书·梓材》。
⑥ 《史记·卫康叔世家》。
⑦ 《尚书·酒诰》。

不过，实行禁酒，要区别不同情况：一是"惟殷之迪诸臣惟工，乃湎于酒，勿庸杀之，姑惟教之"。对于殷商旧臣、工匠，不要杀掉，先教育他们。若劝诫后还不戒酒，那同样处死。二是允许在诸侯国任职的子孙们"祀兹酒"，在祭祀时饮酒，但不要喝醉，要有酒德。三是百姓在农闲时赶着牛车到外地经商以孝养父母，父母高兴，"致用酒"，可以饮酒。四是官员进献酒食给老人和君主，"尔乃饮食醉饱"[①]，可以喝醉吃饱。官员如果能限制自己饮酒行乐，便可以长期在王朝任职。

（四）周公家训的特点与价值

周公家训的显著特点，一是既有父子之爱、叔侄之亲、兄弟之情，又有君臣之义、长幼之别。作为帝王家教，它以"诰"的形式出现，带有很大的权威性，是神圣不可违的。但与此同时，这种诰命毕竟具有长辈对幼辈教导的性质，因而又洋溢着血缘亲情，很有感染力。据说，伯禽与康叔封去叩见周公，"三见而三笞"，三次叩见都被用竹鞭打了三次。康叔封很惧怕，便去向贤人商子请教为什么挨打，商子"令观桥梓之树"，桥树巍然耸立、干枝高大，梓树生机勃勃、结实低矮，两种树表现出的是父子之道，两人这才感悟，原来自己叩见时"失子弟之道"，有骄悖傲慢之举，于是再次叩见周公时，便"入门而趋，登堂而跪。周公拂其首，劳而食之"[②]。进门后小步疾走，上厅堂就跪拜，周公看到他们已认识错误，遵从礼法，便抚摸两人的头，还给他们东西吃。这种威严性与慈爱性相结合的做法，也是整个传统家训的一大特点。

二是教育的及时性、针对性。如对儿子伯禽的训诫，先掌握其弱点，再有目的地提出要求。对侄子成王的训导，在幼小时着重教他为人之道；到成年时，又主要教他为人君之道。据刘向《说苑·修文》的记述，成王举行冠礼时，祝官按周公之命朗诵祝辞道：让君王"近于民，

---

① 《尚书·酒诰》。
② 刘向：《说苑·建本》。

远于佞，啬于时，惠于财，任贤使能"。这实际上是利用举行成年礼的时机，对成王进行一次严肃的君道教育。

三是教育的全面性、具体性。以往太任等王妃的"胎教"、文王与武王的家训，主要限于某个方面，也比较琐碎，没有周公那样的全面、系统、具体、深刻。他对伯禽的训诫不同于对成王的训导；对卫康叔的教诫也有别于对召公的劝导。如成王年幼，伯禽、卫康叔都无治国经验，对他们除了戒之以骄怠淫佚外，还授之以具体的治国经验与具体的政策。召公年龄较大，又有政治经验，要解决的是合力辅政的问题。召公姬奭是文王庶子，因采邑在召（今陕西岐山西南）而称召公。周公摄政，召公有疑，"不悦"。为此，周公特作《君奭》以明心迹，要召公认识周室面临着"无疆惟休，亦大惟艰"，既有无限吉庆的前途，也存在无比艰难的问题，希望他与自己齐心协力，共同辅佐成王。他说：每个朝代的明君都需要有贤臣辅助，如商汤时有伊尹，太甲时有保衡，太戊时有伊陟和臣扈，祖乙时有巫贤，武丁时有甘盘，所以殷商得以治理，延续了许多年代。我周国先祖文王则因"有虢叔、闳夭、散宜生、泰颠和南宫括"等贤臣辅助，才取代了殷国的大命。到武王时，文王的几位贤臣还健在，因而天下都赞美武王的恩德。现在，我们"若游大川，予往暨汝奭其济"，好像在渡过一条凶险的大河，我要与你一起游过去，"嗣前人，恭明德，在今"①。继承祖先的事业，奉行明德，就在今天。由于周公针对召公的疑虑进行了诚恳耐心的劝告，"召公乃说"②，便与周公一起尽力辅政。

周公家训的重要意义在于，一是培养了比较明智的王位继承者与一些诸侯国创建者，从而巩固了西周王朝的统治。据历史记载，周成王由于受到良好的家训，在德行与治国才能上有很大长进。亲政之后，承接文、武之业，听从周公、召公的劝勉，继续大封诸侯，加强宗法统治，

---

① 《尚书·君奭》。
② 《史记·燕召公世家》。

使西周王朝各项典章制度臻于完善。伯禽到鲁国后也不负父亲的教诲，当淮夷、徐戎起来叛乱、鲁国东郊不安宁时，他果断地组织军队，率师征伐，平定了这次叛乱。《尚书·费誓》就是他在鲁国费地出征前发布的诰命。伯禽努力推行礼制，经过三年勤政不怠，治好了鲁国，成为鲁国的实际创建者。康叔在周公的教导下也很快成熟起来，他在卫国明德慎罚，注重教化，"能和集其民，民大说"。成王亲政后，"举康叔为周司寇，赐卫宝祭器，以章有德"①。成为卫国的始祖。召公经过周公的劝勉，不仅支持平定管、蔡之乱，受命营建洛邑，镇守东都，而且在成王亲政后与周公分陕而治，功绩卓著。史载："召公之治西方，甚得兆民和。召公巡行乡邑，有棠树，决狱政事其下，自侯伯至庶人各得其所，无失职者。召公卒，而民人思召公之政，怀棠树不敢伐，哥（歌）咏之，作《甘棠》之诗。"② 后来，召公、成王也重视家训，这对于提高西周初期王室成员的素质，起了良好的作用。

二是对周王室成员乃至上层贵族具有思想解放的意义。周公认识到殷商所信奉的天命不可恃，所蔑视的民情不可侮，从而提出了"惟命不于常"、"以德配天"、"敬德保民"、"明德慎罚"等一系列全新的观念，实现了由殷商的尊天命到周代的重人事的观念大转变。虽然周公还没有否定天命上帝，但他把周王朝的命运主要不是寄托在天命上帝上，而是放在社会人事上、民众情绪上、统治者的德行上。这一思想理论上的历史性转变成果，首先通过家训的途径，由王嗣、王族子弟接受下来，并贯彻于典章制度与政策措施中，化为卿大夫、士的思想行动，从而开启了中国古代的人治或德治传统。在西周与春秋时期的贵族、士人的家教中，都贯穿着周公德教思想的主线。例如，春秋时孙叔敖的母亲用"皇天无亲，唯德是辅"（此语为成王所言，系对周公思想之发挥）③ 鼓励

① 《史记·卫康叔世家》。
② 《史记·燕召公世家》。
③ 《尚书·蔡仲之命》。

儿子做好事，孙叔敖成为楚庄王的令尹后，又用"国君骄士"与"士骄国君"的危害性进谏庄王，庄王也以"寡人岂敢以褊国骄士民哉"[①] 作为回答。春秋时鲁国贤母敬姜用"周公一食而三吐哺，一沐而三握发，所执贽而见于穷闾隘巷者七十余人，故能存周室"[②] 的范例来教育其子公父文伯。孔子、荀子等都在其著作中引用了周公的家训思想，赞扬他"身贵而愈恭，家富而愈俭，胜敌而愈戒"[③] 的榜样示范作用，其家训思想在先秦的影响由此可见一斑。

三是规定了中国传统家训的基本定式。有文字记载的中国传统家训的主干，由帝王家训与仕宦家训所构成。周公家训中的勤政无逸、戒骄戒奢、明德慎罚、审慎刑杀、体恤百姓、宽缓徭役、礼贤下士、择官授职等，规定了尔后帝王家训或贤臣进谏的基本内容。如荀子十二世孙、东汉荀爽在上书汉桓帝（147—168 年在位）时说："周公之戒曰：'不知稼穑之艰难，不闻小人之劳，惟耽乐之从，时亦罔或克寿。'是其明戒。"[④] 以此劝谏桓帝省财用、宽赋役、安百姓。唐太宗也肯定周公对成王成长的重要作用。[⑤] 可以说，周公家训不仅开创了中国帝王家训的先河，对于教育帝子王孙治天下、理邦国有重要的启迪作用，而且其中所包含的有关戒骄满、防怠惰、禁酗酒、重谦谨等个人品德修养，父慈子孝、兄友弟恭等家庭伦理规范，勤于王事、宽政爱民等官吏道德准则，也开启了仕宦家训的大门，具有更为广泛的社会意义。而周公所采的亲情感染、以物喻理、率先垂范、榜样引导、以身作则等家训原则与方法，也为后人所效仿，甚至他的一些粗暴做法（如动辄鞭笞子弟），也为不少家庭所采纳。因此，我们大体上可以这样认定，颜之推的《颜

---

① 刘向：《新序·杂事二》。

② 刘向：《列女传·母仪传》。

③ 《荀子·儒效》引孔子语。

④ 《后汉书·荀韩钟陈传》。

⑤ 吴兢：《贞观政要·尊敬师傅》：太宗曰："成王幼小，周（公）、召（公）为保傅，左右皆贤，日闻雅训，足以长仁益德，使为圣君。"

氏家训》不是"家训之祖",而是仕宦家训之集大成者;唐太宗的《帝范》则是帝王家训的集大成者,而这两者的基本点都可以追溯到周公。

三、召公、成王对周公家训思想的继承与丰富

召公的家训集中反映于他对成王的劝诫:一是家教要早。他说:"若生子,罔不在厥初生,自贻哲命。"这里的生,指养育、教养。意思是教养孩子没有不在刚开始时,就亲自给予明哲的教导更能收到良好的效果的。召公提出父母亲自及早教育孩子的观点,是对"周室三母"家训思想的发展。二是敬德忧民,实行德政,忧思民生。他接受与发挥了周公关于欢乐与忧患并存的思想,劝诫成王道:周国面临着"无疆惟休,亦无疆惟恤"的形势,既有无穷的吉祥,也有无尽的忧患,因而"曷其奈何弗敬"?怎能不谨慎呢?"王敬作,所不可不敬德。"王治理国家,不可不认真行德。过去夏桀、殷纣王"惟不敬厥德,乃早坠厥命",因为不谨慎行德,才失去了福命。"肆惟王其疾敬德!王其德之用,祈天永命。"现在王应该赶快推行德政,以自己的美德,向上帝祈求永久的福命。召公训诫成王:"勿以小民淫用非彝,亦敢殄戮用又民,若有功。"不要使庶民多行违法之事,也不要用杀戮来治理老百姓,这样才会有功绩。三是"上下勤恤"[1]。就是君臣要共同勤劳,一起忧患,这样才能接受上帝长久的大命。这些劝诫,对成王治国起了良好的作用。

成王的家训,主要表现在他对自己的堂兄弟伯禽、君陈和蔡仲的劝诫上。首先是劝诫伯禽以"为人上之道"。伯禽是周公长子,与成王有着堂兄弟与君臣双重关系。他先是代周公去鲁国执政,后来被成王封为鲁公,成为鲁国第一代国君。"公"为西周诸侯封爵中的第一等,位高

---

① 《尚书·召诰》。

势重。成王在封伯禽后召见他，劝诫道："尔知为人上之道乎？凡处尊位者，必以敬下。顺德规谏，必开不讳之门，蹲节安静以藉之。谏者勿振以威，毋格其言，博采其辞，乃择可观。夫有文无武，无以威下；有武无文，民畏不亲。文武俱行，威德乃成。既成威德，民亲以服，清白上通，巧佞下塞，谏者得进，忠信乃畜。"① 这段话有四个要点：身居高位的人，一是要谦恭地对待属下，这一点是与周公教诫伯禽"无以国骄人"是一致的。二是要听从有德者的正言劝诫，心境平静地对待进谏者，广泛地听取意见，选择其中有价值的加以采纳。三是文治武功不能偏废。只有兼用两者，威势与德政才能建立起来。四是要让正派高尚者顺利地得到晋升，使奸猾谄媚者遭到贬逐。这样，劝谏者会得以举荐，忠信者会靠近你。周成王对伯禽的训诫，包括了君德修养和治国方略等许多方面，是对周公家训思想的继承与补充。

其次是教君陈以慎治殷民之法。周公在平定武庚叛乱后，为稳定政局，曾把一部分殷商遗民迁徙到周王都洛邑（今河南洛阳）的东郊成周邑，亲自监督、管辖和教化。周公去世后，成王命自己的堂弟君陈继任周公的职务治理成周邑，并在任命时做了如下的训导：一是要继承周公遗训，敬德保民。成王说："君陈，惟尔令德孝恭。惟孝友于兄弟，克施有政。命汝尹兹东郊，敬哉！昔周公师保万民，民怀其德。往慎乃司，兹率厥常，懋昭周公之训，惟民其乂。"意思是你君陈具有孝顺父母、友爱兄弟的优良品德，要把它移用于政事。我命你治理国都的东郊，要谨慎啊。当年周公教诲、安抚百姓，百姓一直怀念其恩德。你要"无依势作威，无倚法以削"，不要施行苛政，执法要"宽而有制，从容以和"。这样，百姓就安定了。二是要"惟日孜孜，无敢逸豫"。每天都要孜孜不倦地工作，不要贪图安逸享乐。因为"图厥政，莫或不艰，有废有兴，出入自尔师虞，庶言同则绎"。处理政事没有一件不是艰难的，无论兴办还是废除，都要和众人反复商量，对众人相同的意见，要考

---

① 刘向：《说苑·君道》。

察、深思后再施行。三是要进献嘉谋于内，声扬君惠于外。你有好的谋略，要入宫报告君王，而在外面施行时，要说："斯谋斯猷，惟我后之德。"这些谋略是我们君王的德惠。如此，便能"惟良显哉"！做到臣良君显。成王关于臣下要宣扬君上恩德的训诫，说明他已注意到舆论的重要，丰富了政德的内容。四是要慎于执法，宽严得当。若殷民犯了罪，判决、处罚要适中、合理。"有弗若于汝政，弗化于汝训，辟以止辟，乃辟。"有人不服从你的政令，不接受你的教化，若处罚他们可以制止再犯罪的，就要惩罚。其中，"狃于奸宄、败常、乱俗，三细不宥。"对经常犯法作乱、败坏常德、扰乱风俗这三种人，即使小罪也不赦免。同时，"尔无忿疾于顽，无求备于一夫。必有忍，其乃有济。有容，德乃大"①。你不要痛恨顽固不化的人，也不要求全责备一个人。一定要有所忍耐，才能成功；有所宽容，德才宏大。因为百姓的本性是敦厚的，你若重视常典，讲求德行，殷民是能改变的。这样，你的德教便会上升到大道境界。

再次是训勉蔡仲"惟忠惟孝"。周公平息管叔、蔡叔作乱后，杀管叔而流放蔡叔，直到去世。蔡叔之子胡吸取父亲败亡的教训，"率德驯善，周公闻之，而举胡以为鲁卿士，鲁国治"。于是周公请命成王，复封胡为蔡国国君，以承奉蔡叔的祭祀，这就是蔡仲。蔡仲是成王的堂弟。成王在册命蔡仲时训勉他说：一要"率德改行，克慎厥猷"。要遵行祖先的美德，一反父亲的恶行，谨守为臣之道，到自己封地后要谨慎治国，"惟忠惟孝"②，不要像你父亲那样违抗王命。二是要"克勤无怠"，惠施百姓。成王教诫道："皇天无亲，惟德是辅"，上天不会谁都亲爱，只是辅佐贤德之人。因为"民心无常，惟惠之怀"。民众的心中没有常主，他们只归顺惠爱自己的君主。"为善不同，同归于治；为恶不同，同归于乱。尔其戒哉！"做好事虽各不相同，但都会达到天下大

① 《尚书·君陈》。
② 《尚书·蔡仲之命》。此篇虽属伪古文，但所反映的周初家教思想可供研究。

治，做坏事虽互不相同，但都会遭致国家大乱，你要戒惧啊！三要遵行中和之道。要"睦乃四邻，以蕃王室，以和兄弟，康济小民"。这就要"率自中，无作聪明乱旧章"①，采用中道，按先王成法办事。这些教诚，继承与丰富了周公的家训思想。

周成王去世较早，他临终前留下遗言，要求其叔父召公、毕公（名高，周文王庶子，时为太师）辅助其子姬钊即周康王"嗣守文（王）、武（王）大训，无敢昏逾"，以"济于艰难"，"柔远，能迩，安劝大小庶邦"②，安定远邦，友善近邻，劝导大小邦国，用礼法治理国家。召公与毕公按照遗嘱辅政，在成王去世后率领诸侯与太子（即康王）相见于祖庙中，教诚他"王业之不易，务在节俭，毋多欲，以笃信临之，作《顾命》"③。康王接受这四条训诚，励精图治，使周初出现了历史上著名的"成、康之治"。

---

① 《尚书·蔡仲之命》。此篇虽属伪古文，但所反映的周初家教思想可供研究。

② 《尚书·顾命》。

③ 《史记·周本纪》。

第四章
孔门家训

春秋时期，礼崩乐坏，官失其守，奴隶制渐趋衰落，上层奴隶主贵族在社会动荡中下降为士与庶民，从而导致学术文化下移，私学兴起；士与庶民经过学文习武、建立功绩的途径也能受到封赏，提高自己的社会地位。孔子就是其代表者。他创办私学，招生授徒，建立了儒家学派，以诗、礼名扬四方。孔门家训主要指孔子及其后代亲自对子弟进行教导，也包括他的学生与他姓的父兄用孔子儒家思想对子弟所作的训诫。可以说，从两汉起，中国古代家训主要是以儒学为指导的家训。

一、孔子以诗、礼传家

孔子（前 551—前 479）是春秋末年的大思想家、大教育家，儒学的创立者。名丘，字仲尼，鲁国昌平乡陬邑（今山东曲阜东南）人。先祖为宋国贵族，至孔子五世祖时，因遭家难，便迁到鲁国，定居于陬邑，直到孔子父亲叔梁纥，五世皆为鲁大夫。叔梁纥以勇力闻名诸侯，先娶施氏，生九女而无一男，妾生的一个儿子又是跛足。他六十多岁

时，因妻、妾不能再生育，便休了施氏，向颜家求婚，与其小女颜徵在
"野合"而生孔子。孔子三岁时其父亡故，家境衰落，由母亲徵在抚育
长大。他看管过牛马，当过会计，靠努力奋斗与刻苦学习而享誉鲁国；
十九岁时，娶宋人亓官氏为妻；第二年生了个儿子，国君鲁昭公专门派
人送来鲤鱼以示祝贺。据《孔子家语》的说法，孔子为纪念此事，为儿
子取名鲤，字伯鱼。孔子有丰富的家训思想，但有关亲自教子的记载却
不多。

（一）性相近，习相远

孔子家训的理论基础是性习论。

《论语·阳货》说："性相近也，习相远也。"又说："少成若天性，
习贯（惯）如自然。"① 意思是说，人生来就有的本性是大体相近、相
差不大的，只是由于后天学习的不同、习俗的区别与积习的增多，才发
生智愚与善恶的分野；人习于善则善，习于恶则恶，人的善恶是"习"
造成的。因此，教育孩子习善还是习恶，就成为父母首先要重视的问
题。同时，善恶的形成与习惯、与朋友的影响也有很大的关系，所以应
该结交益友。《论语·季氏》说："乐节礼乐，乐道人之善，乐多贤友，
益矣。"以得到礼乐的调节为快乐，以宣扬别人优点为快乐，以多交贤
能的朋友为快乐，便有益了，这"贤友"便是"益友"。孔子指出，益
友有三种："友直，友谅，友多闻，益矣。"与正直者交友，与有信者交
友，与见闻广博者交友，就有益了。反之，损友也有三种："友便辟，
友善柔，友便佞，损矣。"② 与谄媚逢迎者交友，与当面恭维背后诽谤
者交友，与夸夸其谈者交友，那就有害了。因此，教育孩子择友而交是
很重要的事情。

---

① 引自贾谊：《新书·保傅》。
② 《论语·季氏》。

（二）过庭之训

据《论语·季氏》记载，孔子的学生"陈亢问于伯鱼：'子亦有异闻乎'"？您在老师那里，能得到独特的传授吗？孔鲤回答道："未也。"但有一天，我从院子里经过，父亲正好一个人站在那里，便问我："学《诗》乎？"我说："未也。"他说道："不学《诗》，无以言。"你不学《诗》，便不会与人交谈。他还问我："女为《周南》、《召南》矣乎？人而不为《周南》、《召南》，其犹正墙面而立也与？"① 你学过《诗经·国风》中的《周南》、《召南》没有？如果没学过，就会像面对墙壁而立着，既看不见东西，也走不通路。又有一天，孔鲤又从院子里经过，孔子也正好一个人站在那里，又问道："学礼乎？"答曰："未也。"他又训诫道："不学礼，无以立。"② 不学礼无法立足于社会。为什么？孔子说："鲤，君子不可以不学，见人不可以不饰，不饰则无根，无根则失理，失理则不忠，不忠则失礼，失礼则不立。"③ 意思是说，品行高尚的人不可以不学习，接待宾客时不可以不修饰，不修饰便无好的仪表，没有好的仪表便会失去理性，失去理性便会不忠诚，不忠诚便不能立身处世。只有学诗、学礼、循礼、讲求仪表、待人忠诚，才能很好地立身处世。

此外，孔子家训中还有防淫逸的内容。如当他听说鲁国敬姜训诫其子公父文伯勤劳勿怠，"无废先人之业"时，便说："弟子志之，季氏之妇不淫矣。"④ 要求弟子们（当然也包括其儿子）记住她的话，不要纵情享乐。

孔子家教的显著特点是从做人的根本与基础入手。春秋时期家训的最基本内容是各种礼的教育，孔子以"诗礼传家"，正是这一背景的表现。孔子家训中对礼的重视，还可以从他对当时鲁国贤母敬姜的评论中看出。敬姜是鲁国大夫公父穆伯之妻，鲁国正卿季康子之叔祖母。她以

---

① 《论语·阳货》。
② 《论语·季氏》。
③ 刘向：《说苑·建本》。
④ 《国语·鲁语下》。

身作则，善于进行家教。有一次，季康子来探望她，敬姜开着寝门与他说话，两人都不跨过门槛。孔子听说后，赞扬她遵守了男女有别的礼节。敬姜的丈夫与儿子去世后，按《礼记·坊记》"寡妇不夜哭"的规定，她晚上哭儿子，早上哭丈夫，对此，孔子称赞道：敬姜"可谓知礼矣。爱而无私，上下有章"①。她爱自己的儿子与丈夫，却没有私欲，哭祭他们时合乎尊卑上下的礼节。孔子的过庭之训、诗礼之教影响深远，直到清代，还被康熙皇帝引用来教导诸皇子："诗之为教也，所从来远矣。……思夫伯鱼过庭之训、小子何莫学夫诗之教，则凡有志于学者，岂可不以学诗为要乎？"②

（三）鞭扑之子，不从父教

耐心引导、循循善诱是孔子教学方法的一大特点。这一方法反映在家训上，就是反对粗暴专横、鞭答杖击。刘向：《说苑·杂言》引"孔子曰：鞭扑之子，不从父之教；刑戮之民，不从君之政。言疾之难行。"受过鞭打的儿子，内心不会听从父亲的训导；受到刑戮的百姓，内心也不会顺从君主的政令。意思是教育操之过急，是难以行得通的。孔子反对父母用鞭打方法训诫子弟，而子弟对于父母伤害自己身体的重罚，则应设法逃避，以免因己之死伤而陷父母于"不义"。

（四）"父为子隐，子为父隐"

据《论语·子路》记述，叶公对孔子说，我家乡有个坦率正直的人，其父偷了羊，他就去官府告发。孔子回答道，我家乡则不同："父为子隐，子为父隐，直在其中矣。"父亲为儿子隐瞒，儿子为父亲隐瞒，坦率正直也就在这里。孔子的意思是，父子的直道是父慈子孝，而父子

① 《国语·鲁语下》。
② 康熙：《圣祖仁皇帝庭训格言》。

相隐，互为包庇，就体现了这种直道。鲁国的敬姜怕人们说自己的独生子公父文伯是因贪恋女色而早死的，便训诫儿子的妾侍们在祭礼上不要表现出过分的悲哀，只是默默地随着行礼。孔子听说后，对这家丑不准外扬、母为子隐的做法很是赞赏："公父氏之妇智也夫！欲明其子之令德。"这个妇人真是有智慧啊！她这样做是为了使人了解儿子的美德①。这种弄虚作假的做法，不利于防止与克服家庭成员悖德违法的行为。

可惜的是，孔鲤先于孔子去世，其妻亦随之改嫁，留下十来岁的儿子孔伋（字子思，约前 483—前 402）由孔子抚育。传说孔伋在祖父的熏陶下非常懂事，勤学好思。有一天，他看到孔子独坐长叹，便跪问道：祖父长叹，是担心孙儿不努力学习，不能继承祖业，还是忧虑尧舜之道不能行于天下呢？孔子说：你小孩子家哪里懂得我的志向？孔伋答道：您常讲做父亲的辛辛苦苦把木柴劈开，儿子却不知道把它背回家，这是不肖子孙。孔子听了大喜，对着孔伋说：好啊！你再也不用忧愁了。祖业不废，不但有人继承，而且还会有人发扬光大。② 孔子去世后，孔伋师从其学生曾子学习，甚得儒学之精粹。有学者认为，作为《四书》之一的《中庸》和《礼记》中的《表记》、《坊记》就出自孔伋之手。而继承与发展了孔子学说的"亚圣"孟子（约前 372—前 289）的老师，则又是孔伋的门生，故孔伋在儒学传继中起着承前启后的作用，被后世誉为"述圣"。

二、曾晳的耕教与曾子的身教

曾子（前 505—前 436），鲁国人，名参，字子舆，孔子的学生，鄪

---

① 《国语·鲁语下》。

② 刘瑞林：《孔氏家族》，华语教学出版社 1993 年版，第 48—49 页。

国太子邶巫的后代。鄫国在今山东苍山西北，公元前 567 年为莒国所灭，曾氏遂流落于鲁国，到曾子出生时，鄫国已灭亡七十多年，曾子的父亲曾皙已沦为庶民。曾皙与孔子年龄相仿，是孔子的早期弟子。他中年生下曾子，曾子两三岁时，曾皙就教他识字断文；长大后就让他拜孔子为师。曾子青年时期过的是耕读生活：一面跟着父亲种田，一面师从孔子读书。

　　曾皙对曾子的教育非常严厉。刘向《说苑·建本》中记有一则曾皙教子事："曾子芸瓜而误断其根。曾皙怒，援大杖击之。曾子仆地，有顷乃苏，蹶然而起，进曰：'曩者参得罪大人，大人用力教参，得无疾乎？'退而屏鼓琴而歌，欲令曾皙听其歌声，令知其平也。"意思是曾子锄草时，误把瓜秧根锄断，被其父用大棒打昏在地里，他苏醒后很快爬起来，弹琴唱歌，想用歌声使父亲知道他安然无恙。孔子对曾子的这种做法很不满意，特叮嘱门人："参来，勿内（同纳）也。"不让曾子见他。曾子自以为无过，便托人向孔子求问。孔子说："汝不闻瞽叟有子名舜？舜之事父也，索而使之，未尝不在侧，求而杀之，未尝可得。小箠则待，大箠则走，以逃暴怒也。"意思是舜侍奉父亲瞽叟，只要父亲找他干事，从来没有不在他身边的，但凡父亲想找他来杀掉他，却从来没有被找到过。小的处罚他等待着，大的处罚他就跑掉，以逃避其父的盛怒。所以舜父不犯杀子之罪，舜也不失孝子之名。可是你怎样呢？"今子委身以待暴怒，立体而不去，杀身以陷父不义，不孝孰是大乎？汝非天子之民耶？杀天子之民罪奚如？"[1] 父亲暴怒你站着不逃走，用杀身来使父亲陷于不义的境地，还有哪种不孝比这更大呢？你难道不是天子的黎民百姓吗？杀死天子的黎民，这罪责该是什么？"曾参闻之曰：'参罪大矣。'遂造孔子而谢过。"[2]

　　顺便指出，孔子反对棍棒主义的家训方法，认为过度体罚会造成严

---

① 刘向：《说苑·建本》。

② 王肃注：《孔子家语·六本》。

重的恶果，导致父亲不义与犯罪，这一思想对后人影响很大。东汉虎贲中郎将崔钧因为转说了句时人不敬的话触到父亲崔烈的痛处，"烈怒，举杖击之"。他狼狈而逃，被父亲骂为不孝，便用孔子的话为自己辩护："舜之事父，小杖则受，大杖则走，非不孝也。"于是，"烈惭而止"①，其父为自己背离圣言的做法感到惭愧，不再追打儿子。

　　曾子接受师训，改变了其父棍棒教育的方法，首先是以自己的榜样作用来训导其子与学生。这里有两个事例：一是杀猪教子以存"信"。曾子娶公羊氏为妻，生下儿子曾华、曾元等。当时家境贫困，他"布衣组袍未得完，糟糠之食、藜藿之羹米未得饱"，"衣敝衣以耕"②。连粗布衣服与乱麻絮制成的袍子也不完整，酒糟、谷皮之类的食物与菜汤也吃不饱，穿着破旧的衣服在田里耕作，平时根本谈不上杀猪吃肉。有一天，他妻子到集市上去，儿子哭着要一起去，她就哄他说，你回去，我回来后杀猪给你吃。妻子回家时，曾子正要杀猪。她说，你不要信以为真，我"特与婴儿戏耳"。曾子说："婴儿非与戏也。婴儿非有知也，待父母而学者也，听父母之教。今子欺之，是教子欺也。母欺子，子而不信其母，非所以成教也。"③ 意思是对孩子是不能开这种玩笑的，孩子正在听你的教诲，今天你欺骗他，就是教他学欺骗，他就会不相信你，这不是成功的教育方法。于是，便杀了猪给儿子肉吃。这种说到做到、言行一致的家训方法，是非常可贵的。

　　二是易席训子以德礼。曾子病危于床时，他的学生乐正子春和儿子曾元、曾申在身边侍候，童仆手持火把在旁听命。童仆对曾子说："华而睆，大夫之簧与？"您睡的席子多么华贵光滑，是大夫用的吧？乐正子春叫他不要说，可曾子还是听见了，马上回答道："然。斯季孙之赐也，我未之能易也。元，起易簧。"曾子是士，卧在只有大夫才能用的

<hr />

① 《后汉书·崔骃列传》。
② 刘向：《说苑·立节》。
③ 《韩非子·外储说左上》。

席上而死，是违背礼制的，所以命曾元扶他起床把这席子换掉。曾元说，父亲的病很危急，不便移身，请到天亮再换吧！曾子不同意，说："尔之爱我也，不如彼。君子之爱人也以德，细人之爱人也以姑息。吾何求哉？吾得正而毙焉，斯已矣。"你爱我还不如童仆。只有小人爱人才姑息迁就。我能符合正礼而死就可以了。于是，大家"举扶而易之"，曾子"反席未安而没"①。在最后一息，他对儿子与学生进行了闻过即改、坚守德礼的教育。

再次，导之以道，近情远貌。曾子说："君子之于子，爱之而勿面，使之而勿貌，导之以道而勿强。"② 意思是父母对儿子的爱怜不要显露在表情上，要深藏于内心，以使他不被娇宠坏；但也不要颐指气使，厉以辞色，强迫他做什么、不做什么，而要"导之以道"，用正确的道理引导他，让他生活在良好的环境中，即"宫中雍雍，外焉肃肃，兄弟必愉，朋友切切，远者以貌，近者以情"③。家中和谐亲睦，出外仪态庄重，兄弟间欢欢喜喜，朋友间恳切相待，对疏远者有礼貌，对亲近者有情谊，在这样内外和睦亲切的氛围中，孩子就能健康成长。

曾子家训的显著特点是重视表率作用，做到身教重于言教。他以孝道闻名于世；在家境得到改善后，使其父饮食"必有酒肉"。为了保持父慈子孝、兄弟和睦的氛围，曾参在妻子死后不再复娶，并"谓其子曰：吾不及吉甫，汝不及伯奇"④。吉甫即尹吉甫，周宣王的大臣，伯奇是其长子。吉甫妻死后，又娶妻生子。后母为了自己儿子的利益，挑拨尹吉甫与伯奇的关系，造成父子矛盾，使伯奇遭到放逐。曾子用这个历史故事与自己的行为，教诫儿子慎勿后娶，以维护嫡长制的伦常关系。儿子们在曾子言传身教的感染下，对父亲也非常孝敬；"曾元养曾

---

① 《礼记·檀弓上》。
② 《荀子·大略》。
③ 《大戴礼记》卷四。
④ 见《颜氏家训·后娶》。

子"，也"必有酒肉"。对此，孟子评论说："事亲若曾子者，可也。"①
曾子在元文宗时被追封为"宗圣"。

三、孟母教子成名儒

孟子的母亲是先秦孔门家训的最大代表，在中国乃至世界家训史上
也享有盛誉。孟子（前372—前289）名轲，邹（今山东邹县）人。春
秋时鲁桓公的庶子孟孙氏的后代。战国时，随着鲁国的衰落，孟孙氏也
今非昔比，无奈举家迁到邹邑。孟子就出生在邹邑的凫村。他三岁丧
父，家道中落，由母亲仉氏抚养成人。仉氏是魏国人，温慈贤良，知书
明礼，见识不凡，负起了家庭生活与教育孟轲的双重责任。

（一）胎教

孟母训子，始于胎教。她说："吾怀妊是子，席不正不坐，割不正
不食，胎教之也。"② 她怀孟轲后，铺垫摆得不正不坐，食物切得不方
不吃，为的是教育胎儿行为端正。这是对周初胎教的继承。古人认为，
胎儿对母亲言行与外界环境有感受，"感于善则善，感于恶则恶"。故孕
妇"必慎所感"，这样生下的儿子才能"形容端正"、"大德"过人。现
代医学实验表明，胎儿在妊娠中期就对外界有感知能力；七个月时能听
声音，故《大戴礼记·保傅》也有"古有胎教，王后腹之七月，而就宴
室"之说。这时母亲可以与之沟通信息，进行"音乐胎教"、"语言胎
教"，用良好的心态、情绪和充足的营养促进胎儿大脑与神经系统的发
育，达到优生的目的。胎教虽然基本上属优生学范畴（也涉及教育学、

---

① 《孟子·离娄上》。
② 《韩诗外传》卷九。

心理学），尚不能保证胎儿必定有良好的品德，但孕妇饮食有节，注意心理调节，坐、行、卧保持正确的姿势等，对胎儿健康生长无疑是有益的。孟母胎教的成功证明了这一点。

（二）择居教

生下孟轲后，孟母更是注意教育。她家在凫村较冷僻的地段，附近是墓地，故"孟子之少也，嬉游为墓间之事，踊跃筑埋"。在墓地里嬉戏玩耍时，模仿人们哭丧、送殡鼓吹、埋棺堆土，孟母觉得"此非吾所以居处子也"。便把家搬到了凫村西南的庙户营，住在市场附近，东邻是屠户。孟子受其影响，"其嬉戏为贾人炫卖之事"，模仿杀猪，吆喝买卖。孟母感到这里也不利于儿子的成长，又移居"学官之傍"（即今邹城南门外子思书院旁），学宫中书声琅琅，礼仪隆重，孟子耳濡目染，"其嬉戏乃设俎豆揖让进退"，在戏耍游玩中摆弄祭器，模仿祭祀，学行礼节，孟母这才满意地说：此"真可以居吾子矣"。孟母三迁表明，她很重视居住环境对孩子思想道德的影响。

（三）断机教

南宋王应麟（1223—1296）在其《三字经》中有"昔孟母，择邻处，子不学，断机杼"之褒言。"择邻处"如上所说，"断机杼"是指孟母教子的又一典故：有一天，她在家织布，孟子在旁边读书，织布声很大，学习难以专心，便到外面去玩了。孟母"知其喧也，呼而问之曰：'何为中止'"？孟子回答说："有所失复得"，我有样东西丢了，想把它找回来。孟母很是失望，"引刀裂其织"，剪断织布机上的线。孟子害怕，忙问其故。孟母曰："子之废学，若吾断斯织也。"你废弃学业贪玩，不求上进，就像我剪断织布一样，只能成为废物。因为"夫君子学以立名，问则广知。是以居则安宁，动则远害"。你"今而废之，是不免于斯役，而无以离于祸患也，何以异于织绩而食？中道废而不为，宁能衣其夫子而长不乏粮食哉"！现在你废弃学业，将来难免沦为服劳役、供使唤的卑下者，难以远离祸患，这与女子织布缉麻中途停顿，不能使丈夫穿上衣服、长期缺粮食有什么不同？而女子如不提供衣食，男子若不培养德义，便会沦为盗贼，变成奴婢。孟轲听后很惧怕，从此便不顾织布机噪声而"勤学不息"；拜子思的门人为师，学习与钻研礼、乐、射、御、书、数"六艺"，他后来之所以"成天下之名儒"，与母亲断机而教有很大关系。

（四）家礼教

孟子长大成人后，孟母为他择女成婚。一天，孟子到卧室去，见"其妇袒而在内"，妻子裸露着上身在里面。"孟子不悦，遂去不入。"其妻见状，向孟母诉说道："妾闻夫妇之道，私室不与焉。今者妾窃堕在室，而夫子见妾，勃然不悦，是客妾也。妇人之义，盖不客宿，请归父母。"刚才我躺在卧室里，他看见后很不痛快，这是将我作为客人来对待。按照对妇人的道义要求，我是不能作为客人住宿在这里的，请您让我回到娘家去。孟母熟悉家礼，知道这是儿子失礼，就把孟轲叫来，教诫他说："夫礼，将入门，问孰存，所以致敬也；将上堂，声必扬，所以戒人也；将入户，视必下，恐见人过也。今子不察于礼，而责礼于人，不亦远乎？"按照家礼的要求，推开卧室门时，眼睛要向下看，以防看到别人隐私。你自己不懂礼，却以礼责人，这不是离礼太远了吗！孟母并不偏袒一方，对儿子、儿媳一视同仁，公正不偏。她的有理有据的批评使孟轲认识到自己失礼，便向妻子道歉，留住了她。

（五）支持孟子的理想追求

孟子继承孔子的仁学，把它扩展为仁义之道，并以仁政作为社会理想与道德理想来追求。但他在齐国当官时，齐王不采纳他的主张，故面带忧色，靠着柱子叹息。孟母问他为什么？他答："轲闻之，君子称身而就位，不为苟得而受赏，不贪荣禄，诸侯不听则不达其上，听而不用则不践其朝。今道不用于齐，愿行而母老，是以忧也。"我的主张不能在齐国实行，想到别的地方去试试，可是母亲老了，所以我感到很为难。孟母很理解儿子的心情，她说："夫妇人之礼，精五饭，幂酒浆，养舅姑，缝衣裳而已矣，故有闺内之修，而无境外之志。……妇人无擅制之义，而有三从之道也。故年少则从乎父母，出嫁则从乎夫，夫死则从乎子，礼也。今子成人也，而我老矣。子行乎子义，吾行乎吾礼。"[①]按照礼义的要求，妇人只是料理家内的事务，而不过问闺阁外的大事，不应独断专行。而今你已长大成人，你去行你的大义，我则行我的妇礼。她理解孟子的抱负，支持孟子到诸侯国去推行自己的主张。在母亲的谅解与鼓励下，孟子除在母亲去世后归丧三年外，大部分时间带领弟子奔走列国，游说了齐、魏、宋、滕、鲁等国君主。但到六十多岁时，其仁义学说与仁政主张均没有被采纳。在重力不重德的战国时代，儒家学说的重要性还没有被各国统治者所认同。于是，孟子理想寄托于弟子们身上；晚年回到故乡，与门生公孙丑等将自己多年的言论整理成《孟子》一书，发展了儒家思想，后人将子思、孟轲并提，称思孟学派，孟子便成为仅次于孔子的"亚圣"。

孟母作为古代家庭道德教育成功的典范，其创造性的家训方法为后人提供了不少有益的启示，具有重要的现代价值。首先是以身作则、言而有信的教育原则。据《韩诗外传》卷九记述，有一回，孟轲的东邻家宰猪。他问母亲："东家杀豚何为？"答曰："欲啖汝。"杀猪是为了给你肉吃。刚说完话，她就后悔自己失言，因为这明明是欺骗孩子，"是教之不信也"。为了培养孩子诚实不欺的优良品德，她"乃买东家豚肉以食之，明不欺也"。孟母言出必行、教子有信的做法，对孟轲成长起了良好的作用，是"贤母使子贤也"。很显然，如果父母言而无信，说而不行，行而无果，这是无法培养子女诚实的品德的。

———————

① 以上均引自刘向：《列女传·母仪传》。

其次是说理性强。据《韩诗外传》记述,"孟子妻独居,踞"①。被孟子看见,于是对其母说:"妇无礼,请去之。"要求将她"休了"。孟母曰:"何也?"曰:"踞。"曰:"何知之?"曰:"我亲见之。"根据孟子的回答,孟母弄清了情况,便严肃地向他指出:"今汝往燕私之处,入户不有声,令人踞而视之,是汝之无礼也,非妇无礼也。"这个故事与上面讲的"妇辞孟母而求去"的情节虽有所不同,但孟母所讲的道理却是相同的,这就是她用家礼的要求,结合孟子的行为,指出孟子责难妻子"无礼"的理由不能成立,使"孟子自责,不敢去妇"。孟母有理有据地分析孟子的错误所在,层层深入,逻辑严密,思辨性强,从而使孟子心悦诚服地作出自我批评,取消休妻念头。这种耐心教育、以理服人而不是粗暴武断的教育方法,是有价值的。

再次是非常重视外界环境对孩子成长的影响。在这之前,孔子看到朋友对一个人的行为有重大影响,故强调慎交友。墨子则从蚕丝"染于苍则苍,染于黄则黄"中得到启示,认为"非独染丝然也。(治)国亦有染也。……非独国有染也,士亦有染"②。染即外物、社会环境的影响。在他看来,人性如素丝,受善的影响则善,受恶的影响则恶。人君染于"当"者则国治名显,染于"不当"者则国破身死;士染于好仁义者则家益身安,染于骄佞者则家损身危,因此,他要求人们"慎染",谨慎地对待环境的影响,不要沾上不良的嗜好与习惯。孟母把这种"慎染"的思想引入家训,通过三迁其居为儿子选择了一个有利于诵读书诗、习行礼仪、培养品德的良好环境,这在中国家训史上是个创造。这一思想与实践,后来被荀子概括为"蓬生麻中,不扶而直;白沙在涅,与之俱黑。……故君子居必择乡,游必就士"。也就是《颜氏家训·风操》所说的,"蓬生麻中,不劳翰墨",士大夫礼仪修养,

---

① 踞可能有三种情况,一是蹲在地上;二是踞坐:两脚底和臀部着地,两膝上耸;三是箕踞:坐时两脚直岔开,或屈膝张足而坐,形似簸箕,可视为轻慢态度。孟子看到的可能是箕踞。

② 《墨子·所染》。

是由耳闻目睹的熏染而潜移默化地形成的。应该指出，这里虽然有夸大环境对人的教育、忽视人对环境的能动作用的缺憾，但就它肯定社会环境、人际交往对儿童思想品德有重要影响来说，是很有价值的思想。

孟母的家教思想也存在某些缺陷。如轻视体力劳动者，轻视商贾，认为这都是小人干的事，因而在家教的价值目标选择上，存在着明显的片面性。又如认同"三从之道"，否认妇女独立人格等。但这种历史的局限性，并不影响孟母家训的巨大成功。在中国古代文化史上，常常孔孟并提，孟子关于中国要"定于一"的大统一目标、"施仁政"的社会理想、"民为贵"的民本主义、做"大丈夫"的人格精神等宝贵思想，影响了一代又一代志士仁人的思想与行动。为了弘扬孟母的教子精神，后人在孟轲的故乡修建了孟母断机处、孟母三迁处、孟母殿，1992年11月22日还在邹县成立了山东省孟母教子研究会。孟母训子的事迹在国外也有广泛的影响：日本人把她视为家训的典范，加以大力宣传，在京都市有条六里长的马路上，树立了三块特大的宣传牌，上面斗书："昔孟母三迁，今已不能，为可爱的孩子创造良好的环境吧！"在尊师重教的新加坡的一处公共场所，则挺立着十八尊中华民族英雄的铜像，孟母与孔子、岳飞、文天祥等英雄一起受到敬仰。在韩国也筑有孟母坟，以纪念这位伟大的母亲。

四、先秦名儒远训子

孔子、曾子、孟子、荀子等先秦儒家著名代表人物，在他们的著作、言论中尽管有丰富的家训思想，但亲自训导子弟的事迹却不多，这是为什么？孔子的学生陈亢说的一句话大体上可以回答这个问题。他在听完孔鲤叙述其父要他学诗识礼后非常高兴地说："问一得三，闻诗，闻礼，又闻君子之远其子也。"① 在这里，"君子之远其子"是什么意思？杨伯峻先生把它解释为"君子对他儿子的态度"②；有的学者则解释为"君子对自己的儿子并不特别亲近"③；还有的学者解读为"与自己的儿子保持距离，以免偏私、溺爱。""君子疏远自己的儿子而不偏私。"④ 这些说法过于笼统、简单。其实，这里包含有丰富的家训思想。《颜氏家训·教子》明确地说："或问曰：'陈亢喜闻君子之远其子，何谓也。'对曰：'有是也。盖君子之不亲教其子也，《诗》有讽刺之辞，《礼》有嫌疑之诫，《书》有悖乱之事，《春秋》有邪僻之讥，《易》有备物之象；皆非父子可通言，故不亲授耳。'"意思是说，父亲是不亲自教导自己儿子的，因为《诗经》里有讽刺、骂人的词句；《礼记》中有不便言传的戒语；《尚书》中记载有悖乱之事；《春秋》中有对淫邪之行的谴责；《周易》中有备物致用的卦象，这些都是有德行的父亲所不宜于向儿子亲自具体讲述的。

　　孟子早就碰到这个问题。学生公孙丑问他："君子之不教子，何也？"他回答说："势不行也。教者必以正。以正不行，继之以怒。继之以怒，则反夷矣。"这首先是因为情势行不通：做父亲的必然要教儿子以正道，儿子不行正道，他随即就要发怒，这样反而伤感情。其次，由于自己"身不行道"，不起表率作用，儿子就会埋怨："夫子教我以正，夫子未出于正也。"这样，父子相夷，感情就会恶化。故"古者易子而教之，父子之间不责善。责善则离，离则不祥莫大焉"⑤。

　　孟子之后，班固又有新的阐发。他说："父所以不自教子何？为恐渎也。又授之道，当极说阴阳夫妇变化之事，不可父子相教也。"⑥ 为

---

① 《论语·季氏》。
② 杨伯峻：《论语译注》，中华书局 1980 年版，第 179 页。
③ 刘俊田等：《四书全译》，贵州人民出版社 1988 年版，第 299 页。
④ 孙钦善：《论语本解》，生活·读书·新知三联书店 2009 年版，第 217 页。
⑤ 《孟子·离娄上》。
⑥ 班固：《白虎通德论·辟雍》。

的是怕在教导时发生轻慢问题；因为所训导的道理，要具体地涉及男女构精、万物化生等性教育问题，而这不是父亲可以相教的。恐怕正是因为这样，先秦儒家的著名代表很少亲自教子，流传下来的这方面的记载自然便极少了。

这里需要补充说明的是，家庭中性教育问题，后来得到关注，至迟在明代已见之于书籍①。

---

① 参见姚舜牧《药言》。又见［荷］高罗佩《中国古代房内考》（上海人民出版社1990年版，第350—360页）：明代有位很有头脑、对妇女观察细致入微的人，有四条关于性教育的家训，"（1）……督米盐细务，首饰粉妆，弦素牙牌。以外所乐，止有房事欢心。是以世有贤主，多达其理，每御妻妾，必候彼快……（2）街东有人，少壮魁岸，而妻妾晨夕横争不顺也。街西黄发伛偻一叟，妻妾自竭以奉之，何也？此谙房中微旨，而彼不知也。（3）近闻某官内妾，坚扃重门，三日不出，妻妾反目。不如节欲，姑离新近旧，每御妻妾，令新人侍立象床。五六日如此，始御新人。令婢妾侍侧，此乃闺阁和乐之大端也。（4）人不能无过，况婢妾乎！有过必教，不改必策，而策有度有数也。……以闺门为刑房，不可不慎也。（《秘戏图考》卷二，90页）"

接着，高罗佩对这一材料做了以下评论："第一条家训强调的是，由于女人的大部分时间都是在家里度过，生活过于单调，惟一的消遣是一起在屋里娱乐各种流行于明代的游戏。如弹琴、下棋、玩麻将、打纸牌。因此性生活对她们来说，要远比对她们的主人更为重要。因为他在外面有各种各样的乐趣，如工作、交朋友，等等。就我所知，这在当时是一种新鲜的想法。别的作家一般都认为，妇女与世隔绝、生活单调乃是理所当然的。第二条家训指出，对于大多数女人说来，男人的性交技术要比他的年轻漂亮更重要。而性无能会使女人变得喜欢争吵和难以驾驭。尽管房中书亦有类似说法，但没有此书讲得这样清楚。第三条家训证明，作者很善于揣摩人的心理。男人应当防止他的妻子多疑，以为新妾有什么神奇魅力，足以夺其宠。故主人应从一开始就讲清她们的地位要优于新来者。当他为新妾破身时，也叫其他女人在场，好让她们亲眼看到她并不比她们别有所长。从最后一条家训可以看出，作者很替女人着想，他主张体罚应适度，要施之于不会造成重伤的部位，女人应只裸露部分身体。……这一文献对研究中国明代的道德风尚很有价值。但愿有一天人们能获睹这篇家训的全文。"

第五章
《国语》、《左传》和《战国策》中记载的家训

　　周代包括西周与东周两个历史时期。东周从公元前 770 年周平王东迁洛邑（今河南洛阳）开始，到公元前 256 年被秦所灭为止。其中又分春秋、战国两个时期。一般以周平王元年（前 770）至周敬王四十四年（前 476）为春秋时期，以周元王元年（前 475）至秦始皇二十六年（前 221）统一中国为战国时期。东周是中国由奴隶社会向封建社会过渡的历史时期，其间大国争霸激烈，兼并战争频繁。《国语》、《左传》和《战国策》在很大程度上反映了这一历史过程和家训情况。

一、《国语》和《左传》中的家训内容与方法

　　《国语》是我国最早的一部国别史，它按排列先后，分别记载了周、鲁、齐、晋、郑、楚、吴、越八国，上自约公元前 967 年西周穆王征犬戎，下至公元前 453 年赵、魏、韩三家灭除智氏，其间约 515 年部分历史人物的言论与史事，可能是战国初期熟悉各国历史掌故的无名氏学者根据史料选编加工而成的著作。《左传》乃《春秋左氏传》的简称，是

一部以鲁国为纪元写成的编年体历史名著，它记载了春秋时期上自鲁隐公元年（前722），中经桓公、庄公、闵公、僖公、文公、宣公、成公、襄公、昭公、定公十个国君，下至鲁哀公二十七年（前468），约254年间周王室及各诸侯国的军事、政治、外交等各方面历史，可能是由战国初期一位失明的杰出的历史学家与文学家，根据春秋时期各国史料编写而成的。《国语》、《左传》反映了中国奴隶社会衰落过程中，统治者之间因兼并土地、争夺霸权而发生的矛盾斗争。据《春秋》记载，列国之间的军事行动有四百八十三次；"弑君三十六，亡国五十二，诸侯奔走不得保其社稷者不可胜数"①。在这种角斗中，贵族自身或其子弟因骄满不谦、有失戒惧、怠于政事、违背礼法等因素，而致丧身、毁家、灭族、亡国之事反复不断地发生。许多贵族为了保身免祸，维持其世卿世禄地位，都十分注意家训。

（一）以礼敬、谦勤为主的家训内容

具体来说，一是恪守礼教。周公制礼作乐，重视礼教；礼是当时典章制度、礼节仪式与道德规范之综合。它要求人们以谦恭辞让的态度，维护尊卑、贵贱、亲疏的社会等级秩序。从周公至春秋时期，礼成为治国、齐家、立身、处世的行为准则，故"君子勤礼"②。《国语》、《左传》中所记载的家训核心，就是使子弟恪守君尊臣卑的礼制。楚国令尹斗成然为楚王所诛，其次子斗怀下决心要报杀父之仇。吴楚之战中，吴军攻入楚国都城。这时平王已死，即位的昭王逃到郧地（今湖北安陆县境内），即斗成然的长子郧公斗辛处。斗怀对其兄斗辛说：昭王在国都是国君，在外面是仇人，见仇人不杀，不是人。斗辛不同意，劝诫斗怀说："夫事君者，不为外内行，不为丰约举，苟君之，尊卑一也。且夫

---

① 《史记·太史公自序》。
② 《左传·成公十三年》，本章资料与译文参考了王守谦等译注的《左传全译》，贵州人民出版社1990年版。

自敌以下则有仇，非是不仇。下虐上为弑，上虐下为讨，而况君乎！君而讨臣，何仇之为？若皆仇君，则何上下之有乎？吾先人以善事君，成名于诸侯，自斗伯比以来，未之失也。今尔以是殃之，不可。"大意是，臣侍奉君，不能因他在国都内、国都外或兴盛、衰弱而改变态度，君尊臣卑的道理任何时候都是一样的。如果因家事而仇恨君王，那还有什么君上臣下的区别呢？我们祖先因为用礼义事君有功，才在各国诸侯中享有美名。弑君祸害我们家族的名声，那可不行。斗怀不听，斗辛便护卫楚昭王逃到了随国。其实，兄弟俩的行为虽然是对立的，但都有合乎礼法的一面。所以昭王回到国都后，不仅以"礼于君"奖赏了斗辛，而且也以"礼于父"① 奖赏了斗怀。

教诫子孙遵行家礼、宾礼是礼教的重要方面。据《国语·鲁语》记述，有一天，鲁国敬姜之子公父文伯举行家宴，尊鲁国大夫露赌父为上客。然而，"羞鳖焉，小"。进献他吃的鳖却比其他客人要小些，有失宾礼。露"赌父怒，相延食鳖，辞曰：'将使鳖长而后食之。'遂出"。客人们正在吃鳖时，他说：等鳖长大后我再来吃它吧，便退席走了。敬姜知道后，怒责儿子道："'祭养尸，飨养上宾。'鳖于何有？而使夫人怒也！"祭祀最尊敬的是神主，宴饮最敬重的是上宾，你进献鳖用的是什么礼节？使贵客如此生气啊！便把儿子逐出家门。五天后，因为有大夫请求才允许他回家。又有一天，敬姜去侄孙季康子家。季康子在议事厅遇见这位叔祖母，与她说话，她不答；跟着她走到内厅门口，与她说话，还是不答；便一直紧随到内室拜见她说：我听不到您的教导，是不是有罪了？敬姜回答说："自卿以下，合官职于外朝，合家事于内朝；寝门之内，妇人治其业焉。上下同之。夫外朝，子将业君之官职焉；内朝，子将庀季氏之政焉，皆非吾所敢言也。"外朝是你办理君主交给的政务的场所，内朝是你治理季氏家政的地方，这均非我说话之处。只有

---

① 《国语·楚语》，本章的译文参考了黄永堂译注的《国语全译》，贵州人民出版社 1995年版。

内室之中，才由妇人管理内部事务。敬姜以其言行对季康子进行了别男女、分内外的家礼教育。

二是臣忠于君。这里的"君"，泛指占有土地并掌握权力的各级统治者，从天子、诸侯直到卿、大夫，而受其统管的下级对其上级来说，均为"臣"。臣忠于君是政治生活中基本的道德要求，也是恪守礼教的重要内容。忠君必须竭其心力，专一不二。据《左传·僖公二十三年》记述，晋怀公即位后命令逃亡在外的臣下如期回国，否则不赦免。大夫狐突的两个儿子跟随其"君"晋公子重耳出逃在秦国已有六年，怀公命狐突叫他们返回晋国，狐突反对说："子之能仕，父教之忠，古之制也。策名委质，贰乃辟也。……父教子贰，何以事君？"意思是父亲必须教育为官的儿子一心一意地忠于其君主，如果教他们三心二意，那他如何事君呢？事君必须无私。据《左传·隐公四年》记述，卫庄公庶子州吁骄、奢、淫、泆；大夫石碏禁止其子石厚与他交游。石厚不听，州吁作乱时助其"弑桓公而立"。石碏恨其子乱国，派家臣杀死石厚。他这种"大义灭亲"的无私行为，在历史上被誉为"纯臣"。

三是谦敬长老。贵族、官吏之间的尔虞我诈、钩心斗角，使仕途充满了险情，稍有不慎，即会招来杀身之祸。因此，训诫子孙谦恭尊上，言行谨慎，礼让长老，懂得"盈必毁，天之道也"[①] 的道理，就显得十分重要。据《国语·晋语》记述，有一天，晋国范武子见儿子范文子很晚才回家，便问他为什么才退朝？回答说：秦国宾客在朝堂上打哑谜，大夫们都回答不了，我却解答了他三个问题。武子听后大怒道："大夫非不能也，让父兄也。尔童子，而三掩人于朝，吾不在晋国，亡无日也。"大夫们不是不能回答，而是对元老重臣的礼让。你年纪轻轻三次抢先说话，掩盖别的优长，我家败亡就在眼前了。便"击之以杖，折委笄"。范文子对父亲的教导牢记在心，从此谦虚谨慎，有功不争，礼让他人。在晋齐靡笄之战中，作为副帅的范文子建有重大战功。然而，在

---

① 《左传·哀公十一年》。

晋军凯旋时，范文子却最后回到都城。这是为什么？他对父亲说："师有功，国人喜以逆之。先人，必属耳目焉，是代帅受名也，故不敢。"①意思是，我先到都城一定会惹人注目，有代替主帅郤克受功夺誉之嫌，故后回来。范武子听后高兴地说："吾知免矣。"我知你已懂得礼让可以免祸的道理了。范文子后来也成为晋国的重臣。他效法父训，也对其子范宣子严加教导。晋、楚鄢陵之战时，楚军直逼晋营，晋军战地狭窄，难以布阵，形势危急。这时，范宣子快步走进军帐中献策道："塞井夷灶，阵于军中，而疏行首。晋、楚唯天所授，何患焉？"②把营地上汲水的井眼填塞，挖的灶坑铲平，在自己的军中布列阵势，并疏散前面的行列，担心什么？范文子见儿子如此自大，又怒又急，一面操戈将他逐出军营，一面责骂道："国之存亡，天命也。童子何知焉？且不及而言，奸也，必为戮。"③轮不到你小孩子多嘴，干扰军国大事，一定砍你的头。范宣子接受父训，后来也谦卑为人，勤于国事。

四是敬戒贪求。处于高位而骄横奢侈不已、求取无止，是当时许多贵族败亡的重要原因。郑国大夫公孙黑肱认识到这一点，故在病终前召集室老、宗人立其子公孙段为继承人时，要他们减少家臣和从简祭祀，以节省费用；留下一部分必需的土地，把其余的封邑主动归还给郑简公，教诫儿子等说："吾闻之，生于乱世，贵而能贫，民无求焉，可以后亡。敬共事君与二三子。生在敬戒，不在富也。"④据《国语·晋语》记述，晋国范氏的警戒意识也很深。范宣子处理政事、家事得力于家臣訾祏。后来訾祏死了，他很伤心，对儿子范献子说："鞅乎！昔者吾有訾祏也，吾朝夕顾焉，以相晋国，且为吾家。今吾观女也，专则不能，谋则无与也，将若之何？"你以后怎么办呢？范献子回答道："鞅也，居处恭，不敢安、易，敬学而好仁，和于政而好其道，谋于众不以贾好，

①　《左传·成公二年》。
②　《左传·成公十六年》。
③　《国语·晋语》。
④　《左传·襄公二十二年》。

私志虽衷，不敢谓是也，必长者之由。"表示会恭敬地处世，不会贪图安逸；自己志向虽远大，但不敢自以为是，一定按照长者的意见去做。范宣子听了儿子的这些话后说：你可以免遭灾祸了。不过，范献子的德行不如乃父，竟然贪财受贿，至其子范吉射时，范氏遭到灭族之灾。

五是勤劳俭朴。与奢求淫乐相联系的，是当时的明智之士提出了"民生在勤，勤则不匮"、"文王犹勤，况寡德乎"① 等许多诫语，劝导为官任职的子弟不要怠惰放荡。公父文伯见母亲敬姜正在纺麻，就说：我们这样的人家主母还要纺麻，恐怕会被人笑话我"不能事主"的。敬姜不禁叹道：鲁国快要亡了，让你这样的人当官！便叫儿子坐下，教导他："昔圣王之处民也，择瘠土而处之，劳其民而用之，故长王天下。夫民劳则思，思则善心生；逸则淫，淫则忘善，忘善则恶心生。沃土之民不材，逸也；瘠土之民莫不响（同向）义，劳也。"意思是安逸会使人放荡，滋生邪恶。故圣王选择贫瘠的土地安置百姓，让他们从事艰苦的劳动，向往道义，从而能长久地统治天下。那时，男人上至天子、三公九卿、诸侯、卿大夫、士，下至庶人，都"明而动，晦而休，无日以怠"②。"男女效绩，愆则有辟，古之制也。君子劳心，小人劳力，先王之训也。自上而下，谁敢淫心舍力？"男女都要作出成绩，有过失要受到惩罚，这是先王的训诫。我希望你说"必无废先人"，而你却说"胡不自安"，我真怕你父亲的基业被你葬送了。敬姜教子勤劳勿怠的目的固然是为了保住家庭的利益，"君子劳心，小人劳力"的训导也并不可取，但她反对儿子好逸恶劳，认为勤劳有助于培养良好的德行的观点却是正确的。难怪孔子要"弟子志之"，记住她的话。

（二）以表率作用和强迫命令为主的原则与方法

首先是以身作则。春秋时期，以强凌弱，互相攻伐，大国鲸吞小国

---

① 《左传·宣公十二年》。
② 《国语·鲁语》。

的事件不断发生。为了减少内耗、化解矛盾，对付外敌，教导子弟礼让不争、安内攘外是很必要的。据《国语·晋语》记述，晋国范武子为晋景公的执政卿时，大夫郤克奉君命出使齐国。郤克跛足，齐顷公让自己母亲在帷幕后面看他登上台阶进见的丑态，其母看了便大笑起来。郤克受辱大怒，发誓要报此仇，回国后请求攻打齐国，晋景公不同意。范武子见此，就要求告老归政，让郤克执掌国柄，并以此教导其子士燮即范文子说："燮乎！吾闻之，千人之怒，必获毒焉。夫郤克子之怒甚矣，不逞于齐，必发诸晋国，不得政，何以逞怒。余将致政焉，以成其怒，无以内易外也。尔勉从二三子，以承君命，唯敬。"意思是郤克如果不掌国政，就会将不能向外发泄的怒气转到国内，引起朝廷不安；我这样做，是让他达到泄愤的目的。他以让出自己权位的行动教育儿子，要把国内的事与国外的事区分开来，以化解国内矛盾对付国外矛盾。这种做法，是有合理因素的，后来便成为范氏的传统。据《左传·襄公十三年》记载，晋侯委任范武子之孙范宣子为中军统帅时，宣子不受而辞让给荀偃，自己辅佐他。此事受到朝野好评："让，礼之主也。范宣子让，其下皆让……晋国以平，数世赖之。"宣子谦让不争，他下面的人也随之谦让不争，晋国因而上下团结，几代人因此太平。

其次是强迫命令。通过斥责、鞭笞、逐出家门迫使子弟服从自己的教诫，而不准其申辩理由，自主发表意见。上面提到的敬姜、范武子、范文子等是这样，郑国的子国也得这样。据《左传·襄公八年》记载，郑国的子国、子耳率军侵袭蔡国胜利，举国欢庆，惟独子国之子子产不附和众人，表示忧伤，认为"小国无文德，而有武功，祸莫大焉。……自今郑国不四五年弗得宁矣！"表现出这位年轻政治家独到的战略眼光。但子国以为儿子对军国大事没有发言权，因而怒责道："尔何知？国有大命，而有正卿。童子言焉，将为戮矣。"[①] 意思是你懂什么，国家有发兵的命令，又有执政的正卿，小孩子说这样的话，是会被砍头的。在

---

① 《左传·襄公八年》。

这位既是父亲又是权臣面前，子产是只能俯首听命而无独立发言权的。

二、《战国策》中家训的进展

西汉末年刘向（前77—前6）编订的《战国策》，记载了战国时期东周、西周、秦、齐、楚、赵、魏、韩、燕、宋、卫、中山十二国策，"继春秋以后，讫（同迄）楚、汉之起，二百四十五年间之事"①。《战国策》是一部先秦的国别史料，全书共计四百九十七章。此书虽主要是叙述战国时游说之士的计谋与言论，但也记录有不少家训情况。

（一）增添了功利性的内容

一是教子忠君。这一时期，忠君与慈孝发生激烈冲突。但忠于国君仍是一般家教的基本内容。因为通常认为忠是君对臣恒久不变的要求，也是臣必须恪守的政治原则与道德规范。公元前284年，齐闵王被燕军打败后逃到莒国，被相国淖齿杀死。其家臣、年才十五岁的王孙贾因不知闵王出逃后的下落，受到了其母的责备："女朝出而晚来，则吾倚门而望；女暮出而不还，则吾倚闾（闾谓里门）而望。女今事王，王出走，女不知其处，女尚何归？"② 你侍奉君王而不知其下落，还回来干什么？后来，王孙贾知道闵王为淖齿所杀，就跑到市场上对大家说："淖齿乱齐国，杀闵王，欲与我诛者，袒右！"想要与我一起去杀淖齿的人，将右臂露出来。"市人从者四百人"，最后将淖齿"刺而杀之"。王孙贾以实际行动实现了母亲关于忠君的教诫。

① 刘向：《战国策》叙录。
② 《战国策·齐策六》，本章译文参考了王守谦等：《战国策全译》，贵州人民出版社1992年版。

　　忠于国君与孝亲爱子常会发生矛盾。当父子分事二国，而这二国又处于战争状态时，臣忠于君的政治伦理与父慈子孝的家庭伦理便难以双全。据《战国策·魏策四》记载：魏国久攻秦地管邑不下。魏国的附属国安陵有个叫缩高的，其子在管邑任防守官。魏国信陵君派使者命安陵君叫缩高去魏国当官。安陵君叫使者自己去说。缩高回答使者道：这是器重我，派我去攻打管邑，但"父攻子守"，人们会耻笑的。"子见臣而下，是倍（同叛）主也。父教子叛，亦非君主所喜也。"儿子见到我而献出城邑，是背叛君主。父亲教儿子背叛君主，也不是君主所喜欢的，因而推辞了。对此，信陵君大怒，命安陵君把缩高捆送到魏国，否则要发十万大军攻安陵。缩高感到此事将酿成国祸，便说："吾已全己，无违人臣之义矣。岂可使吾君有魏患也。乃之使者之舍，刎颈而死。"意思是我虽已保全了父子之亲情，但也决不违背人臣的大义，为不使君主遭到魏国所施加的祸患，便来到使者住所，自杀而死。缩高以消极的方式，解决了父子之亲与臣不叛君的道德冲突，从而丰富了忠的内容。

　　不过，在处理忠、慈的道德矛盾中，并非每个父亲都能像缩高那样。公元前 408 年，魏将乐羊奉魏文侯之命攻打其子所在的中山国。"中山君烹之，作羹致于乐羊，乐羊食之。"中山君把乐羊的儿子煮了，做成肉羹送到乐羊军中，乐羊为了忠于魏王，坐在大帐中喝了一碗。有人称赞道："乐羊食子以自信，明害父以求法。"他以此举坚定自己作战的信心，表明即使损害父慈之道，也要保全军法的尊严。魏文侯也说："乐羊以我之故，食其子之肉。"但有人却持相反的看法，认为乐羊"其子之肉尚食之，其谁不食"！还有谁的肉不会吃呢？故以攻下中山后，"文侯赏其功而疑其心"[1]。这从另一侧面丰富了忠的内容。

　　二是训导王子"有功于国"。战国时期一个重要特点，就是西周以来的世卿世禄制度的崩溃。为了在兼并战争中求得生存与发展，各国都进行变法，使财产与权力的分配主要不是按血缘亲疏进行，而是以兵战

―――――――――――

① 《战国策·魏策一》，又见《战国策·中山策》。

等功绩行赏封赐。这样就淡化了血缘的亲疏等级。新法的推行为贫士、庶人上升为新贵族敞开了大门，同时也向贵族子弟提出了如何保持与提高自己地位的问题。这一特点使家训的内容由春秋时重礼教、别尊卑，转变为重实践、讲功业。据《战国策·赵策二》记述，赵武灵王（前325—前299在位）为了在赵国变法图强，胡服骑射，开拓胡地，教育王子进行改革，便选定了享有"父之孝子、君之忠臣"美名的周绍为王子傅，他对周绍说："寡人以王子为子任，欲子之厚爱之，无所见丑。御道之以行义，勿令溺苦于学。"我将辅佐王子的任务交给您担任，想让您厚爱他，不要让他出现丑恶的言行；要引导他实行道义，不要让他沉溺于诵习之事而感困苦。武灵王讲的道义，主要指顺从自己的意志，力行革新。因此，他赐给周绍胡服衣冠，让他引导王子在实践中增长治国的本领，以振兴赵国。当时，明智的统治者、权贵重臣都注意创造条件，让子孙为国家建功立业。如据《战国策·赵策四》记述，秦国进攻赵国，"赵氏求救于齐"，齐国要求赵国以赵太后（即赵威后）的小儿子长安君当人质后才派兵。但赵太后却舍不得。左师触龙通过谈家常的方法，问道："今三世以前，至于赵之为赵，赵主之子孙侯者，其继有在者乎"？从现在往上推，直到赵氏创建赵国的时候，赵君的子孙封侯的，他们的子孙还有继承侯位的吗？太后答"无有"。那么赵国之外的各"诸侯有在者乎"？太后又说，"老妇不闻也"。我没有听说过。触龙说，造成这种情况的原因，"岂人主之子孙则必不善哉？"那是因为他们"位尊而无功，奉厚而无劳，而挟重器多也"。所以，现在太后"尊长安君之位，而封之以膏腴之地，多予之重器，而不及今令有功于国。一旦山陵崩，长安君何以自托于赵"？意思是给予长安君尊位、沃地、财宝，不如让他现在为赵国建立功业。否则，您百年之后，长安君凭什么立足于赵国？赵太后感到触龙说得有理，便同意长安君去齐国当人质。于是，"齐兵乃出"。时贤评论此事说：人主之子"犹不得恃无功之尊、无劳之奉，而守金玉之重也，而况人臣乎"？"人臣"更是要以功绩来保持或晋升自己的官位，而一般的士、庶民百姓则也可以用自己的才能与功业进入上层统治集团。

这种情况也发生在燕国。燕国大臣陈翠为了使燕、齐联合，建议让燕昭王的弟弟去齐国做人质。燕太后知道后大怒道：陈翠怎能分"离人子母者"，我要整治整治他。陈翠便入宫拜见她说："人主之爱子也，不如布衣之甚也。非徒不爱子也，又不爱丈夫子独甚。"人主爱子女不如老百姓爱得深，尤其不爱男孩子。因为"太后嫁女诸侯，奉以千金，赍地百里，以为人之终也"。嫁妆这么丰厚，因为这是人的终身大事。而"今王愿封公子，百官持职，群臣效忠，曰：'公子无功不当封。'今王之以公子为质也，且以为公子功而封之也。太后弗听，臣是以知人主之不爱丈夫子独甚也。"意思是现在大王要想封赏公子，但百官忠守其职，认为公子无功不当封。让公子去当人质，就是为了使他立功而封赏他。可是太后不同意，这不是您尤其不爱自己的男孩子吗？如今，"太后与王幸而在，故公子贵"；可是一旦太后与王千秋之后，太子即位，那时公子就"贱于布衣"，故太后与君王现在不封公子，则"公子终身不封矣"。燕太后恍然大悟，说："老妇不知长者之计"[①]，就下令为公子准备行装，让他去齐国当人质。

三是教以兵事。随着世卿世禄制的瓦解，在下层官吏、富裕家庭与贫寒之士中出现了一股强烈的求名逐利的思想欲望，表现在家训中，就是教育或鼓励子弟通过学习各种实用知识的途径以实现其愿望。春秋时期，士人最注意的是礼乐而不是兵战。卫灵公曾向孔子请教军队列阵问题，孔子回答说："俎豆之事，则尝闻之矣，军旅之事，未之学也。"[②]礼仪的事情，我曾听说过；但军队的事情，从来没有学习过。所以他对其子孔鲤主要教之以诗礼。战国时期，由于奖励军功政策的普遍实施，熟习兵战成为立功扬名之门径。据《战国策·赵策三》记述，郑国游说之士郑同到赵国去，赵惠文王对他说："子南方博士也，何以教之？"您

①　《战国策·燕策二》。
②　《论语·卫灵公》。

用什么教导我呢？他回答说：我小时候，父亲曾教给我兵法。赵王说，"寡人不好兵。"郑同便问道："今有强贪之国，临王之境，索王之地，告以理则不可，说以义则不听。王非战国守围之具，其将何以当之？王若无兵，邻国得志矣。"当强国兵临边境，并且不听从道义劝告的时候，君王用什么来抵挡敌人？赵王觉得有理，就说："寡人请奉教。"① 可见，懂得兵战既是统治者的需要，也是士人谋取功名的需要，因而成为家教的新内容。正因为这样，冶铸与买卖兵器的知识也受到重视。有个管铸冶的官吏函冶氏替齐太公买了把宝剑，太公不识货，就把剑退还给他并要回了买剑的钱。后来，有个越国人"请买之千金"，函冶氏一算，认为不够本，便"折而不卖"。他临死时似乎认识到商品宣传的重要性，就嘱咐儿子："必无独知"②，意思是一定不要只有自己知道，也要让人们知道这把宝剑的价值。这实际上是进行兵器广告意识的教育。

与此相适应，子弟好勇尚武也受到家庭的鼓励，所以出现了诸如荆轲、聂政等著名的勇士。聂政是个有抱负的贫士，因"避仇隐于屠者之间"。他之"所以降志辱身，居市井者，徒幸而养老母"，因为老母还需要照顾才没有外出以求显达。母亲去世归葬后，聂政为韩国大臣严遂刺死其政敌相国韩傀，随即毁容自杀，被官府"尸暴于市"、悬赏千金以求知其名。聂"政姊闻之，曰：'弟至贤，不可爱妾之躯，灭吾弟之名'"。我不能因为爱惜自己身躯，而埋没我弟弟之英名，因而来到韩国。她看到聂政的尸体说：真是勇武啊！这浩壮的气概，超过孟贲、夏育，也高于成荆，但"今死而无名，父母既殁，兄弟无有，此为我故也"，他是为了不连累我才这样做的，我不能"爱身不扬弟之名"。"乃抱尸而哭之曰：此吾弟轵深井里聂政也"，说罢，"亦自杀于尸下"。③ 姐弟之情，成就了勇士、烈女之名。这一事件表明，以勇武立身扬名在贫士之

① 《战国策·赵策三》。
② 《战国策·西周策》。
③ 《战国策·韩策二》。

家是得到鼓励的。

四是读书学文"以取尊荣"。战国时期是我国古代史上学术文化繁荣的时期，诸子百家争高竞长，招生授徒，使平民子弟有可能通过读书学文的道路提高自己的社会地位。苏秦是城市平民通过求师问学而飞黄腾达的一个代表。史籍虽没有记载其父母对他的具体训导，但他离家师从鬼谷先生所需的费用、学成后游说秦王时所穿的"黑貂之裘"和所带的"黄金百斤"，无疑是父母提供的，没有父母生活上的支持与最初的鼓励，他显然是不可能走上这条道路的。苏秦起先用"连横"的主张游说秦惠王，连续上书十次均告失败，弄得"黑貂之裘弊，黄金百斤尽，资用乏绝，去秦而归"。他缠着裹腿，穿着草鞋，背着书籍，挑着担子，"形容枯槁，面目犁（犁通黧，黑色）黑，状有愧色"。到家后"妻不下纴，嫂不为炊"，兄弟嫂妹妻子都背地里笑话他，父母也大失所望，不与他讲话。这种冷遇，从反面激发了他发愤学习："读书欲睡，引锥自刺其股，流血至足。……期年揣摩成。"① 便以"合纵"的主张游说诸侯联合"以抑强秦"，竟获成功，挂上了六国相印。苏秦的显贵为他两个弟弟苏代与苏厉树立了榜样，他俩也努力学习其兄的纵横术，并且也获得很高的名位。

不过，也有淡泊名利的。战国时期，无论是平民百姓，还是王室、贵族之家，婚姻道德比较混乱，私通之事时有发生。如有个齐国人对田骈说："臣邻人之女，设为不嫁，行年三十而有七子，不嫁则不嫁，然嫁过毕也。"② 这个女子说不出嫁，可是到三十岁时却生了七个孩子，比已经出嫁的还要多。为此，有些家庭要求子女恪守婚礼，婚配必须有父母之命，媒妁之言。齐闵王被杀后，其子法章隐姓埋名，逃到莒地太史敫家当仆人，在园中做杂工，太史敫的女儿很怜爱他，在衣食上给予照顾，并与他私通。法章后来被立为齐襄王（前283—前265 在位），她

---

① 《战国策·秦策一》，又见《史记·苏秦列传》。
② 《战国策·齐策四》。

也被立为王后，还生了太子建。但其父却说："女无媒而嫁者，非吾种也，污吾世也。"① 她虽然贵为王后，但却由于没有媒妁之言而出嫁，被太史敫视为污辱了自己的世族，因而不承认这个女儿，终身不见她。这一做法丰富了礼教。

（二）加强了说理性的方法

《国语》、《左传》的家训方法以强迫命令与棍棒主义为主，耐心说服与平等交流非常罕见。晋国小臣介子推跟随公子重耳（后来的晋文公）长期流亡，备受艰辛。重耳即位后，论功行赏从亡者。"介子推不言禄，禄亦弗及"，在封赏时被漏掉了。他心中怨愤不平。其母见状，劝儿子也去求赏。他说：我已指责那些人是贪天之功窃以为己有，怎能效法他们？其母说："亦使知之，若何？"那也应使晋侯知道，你看如何？他答道：我"身将隐，焉用文之，是求显也。"那样做是追求利禄显达。其母见儿子决心隐退，也不勉强，便说：我与你一起去。"遂隐而死"②。母子间这样亲切、细致、平等的思想交流，儿子的不听劝告，母亲的爱怜支持，虽然感人至深，流传久远，但说理性明显不足。《战国策》在一定程度上改变了这种情况。如宋国有个年轻人出外求学三年，回来不敬其母，竟然直呼母名。母亲并不责骂、杖击他，只是问他为什么？儿子答道："吾所贤者无过尧、舜，尧、舜名。吾所大者无大天地，天地名。"我知道的贤者没有贤过尧、舜的，而尧、舜可呼其名字，大的东西也没有大过天地的，而天地也可直呼天地，现在母亲贤超不过尧、舜，大也超不过天、地，为什么不能直接称呼母亲的名字呢。母亲平静地说："子之于学者，将尽行之乎？……将有所不行乎？愿子之且以名母为后也。"③ 你对于学到的知识准备都实行吗？准备有些暂

---

① 《战国策·齐策六》。
② 《左传·鲁宣公十二年》。
③ 《战国策·魏策三》。

时不实行吗？希望你姑且把直呼母亲名字放在后面吧。她通过细致分析儿子讲的理论与实际行为的矛盾，指出其错误所在，很婉转地教育儿子尊重自己。

在当时战争频繁、祸乱横生的情势下，家庭的显达与衰败难以预料，父子、兄弟、叔侄都面临着荣辱、存亡的问题。在乱世中如何求得生存与成功，这不是打骂所能解决问题的，而是需要家庭成员都面对现实，冷静思考，共同努力。据《战国策·赵策》记述，秦昭王准备攻打韩国，他征求其兄公子他说："韩亡在我，心腹之疾，吾将伐之，何如？"公子他说："王出兵韩，韩必惧，惧则以不战而深取割。"韩国一定因恐惧而求和，这样可以不战而胜，多割取土地。昭王于是出兵攻韩。父子、叔侄之间也互商大事、研究对策，不乏子侄对父辈的劝谏，表现出某种以理服人的民主性因素。如据《战国策·魏策一》记述，张仪想使楚国陈轸在促成齐、楚联盟时陷于困境，便让"魏王召而相之，来将囚之"。先让魏王召陈轸来当相国，到了魏国就把他囚禁起来。陈轸之子陈应觉察到这一阴谋，便向其父献计道：父亲到了宋国，"道称疾而毋行，使人谓齐王曰：'魏之所以追我者，欲以绝齐、楚也'"。陈轸采纳了儿子的意见，到宋国后称病不行，派人向齐王报告说：魏国此举是为了破坏齐、楚结盟。齐王听说后便派人用自己的车迎接陈轸，并封赏他。在这里，实际上是"子教父"而不是父教子了。最典型的是赵国武灵王说服叔父支持改革的故事。据《战国策·赵策二》记述，武灵王为继承祖先的功业，占领胡地、中山国以扩大疆土，便决心"胡服骑射以教百姓"。他带头改穿胡服，从教育公族人手，先派赵国公族王孙绁告诉叔父公子成说：我将穿胡服坐朝，也想让叔父您穿胡服，因为"今寡人作教易服而叔不服，吾恐天下议之也"。但公子成不同意，说"袭远方之服，变古之教，易古之道，逆人之心，畔（通叛）学者，离中国，臣愿大王图之"。武灵王见公子成不服从，便亲自到他家中，耐心地对他说：改穿易于射箭的胡服，近可以戒备上党这形势险要之处，远可以报复中山国侵犯我领土之凤怨，而叔父却顺从传统风俗而违逆先祖"简（指赵简子）、襄（指赵襄子）之意，恶变服之名，而忘国事之耻，非寡人所望于子"！公子成觉得武灵王说得在理，便同意说：臣下愚昧，不明白大王的谋划。是大王承继"简、襄之意，以顺先王之志"，我岂敢不听命令。武灵王"乃赐胡服"。

三、《国语》、《左传》和《战国策》
中家训的特点与缺陷

（一）德教为先

上述三部历史名著表明，德教是家训的核心内容与根本特点。殷商时期的家训情况目前发现的材料虽然甚少，但殷人重视天命鬼神甚于伦理道德是大体可信的。《礼记·表记》说："殷人尊神，率民以事神，先鬼而后礼，先罚而后赏，尊而不亲。"殷亡使西周统治者认识到人伦道德的重要性，认为只有有德之人才能享有天命，故周王室重视"君德"的教育。春秋战国时期各国贵族发展了这种思想，认识到"臣德"的重要性，要保持世卿世禄的地位或获得尊荣，靠的不是天命而是德行与功业，从而形成了家训以德教为核心的共识。卫庄公对其庶子州吁宠禄过分，使他骄奢好武。卫大夫石碏谏庄公注意家训，否则会带来祸患："臣闻爱子，教之以义方，弗纳于邪。骄、奢、淫、泆，所自邪也。四者之来，宠禄过也。"又说："夫宠而不骄，骄而能降，降而不憾，憾而能眕者鲜矣。且夫贱妨贵，少陵长，远间亲，新间旧，小加大，淫破义，所谓六逆也。君义臣行，父慈子孝，兄爱弟敬，所谓六顺也。去顺效逆，所以速祸也。"① 庄公不听，后来州吁果然谋逆。

---

① 《左传·隐公三年》。

　　家训中重视德教的倾向，还表现在教育子弟以道德作为观察、评判和对待人事的标准。晋襄公曾孙周子为周室单襄公之家臣。单襄公经过长期的观察，认为周子是个有文德的人，故在临死前嘱咐其子单顷公说：周子"其行也文，能文则得天地。天地所胙，小而后国。夫敬，文之恭也；忠，文之实也；信，文之孚也；仁，文之爱也；义，文之制也；智，文之舆也；勇，文之帅也；教，文之施也；孝，文之本也；惠，文之慈也；让，文之材也。象天能敬，帅意能忠，思身能信，爱人能仁，利制能义，事建能智，帅义能勇，施辨能教，昭神能孝，慈和能惠，推敌能忠，此十一者，夫子皆有焉。"他不仅具备这十一种文德，而且操行也很好，"晋国有忧未尝不戚，有庆未尝不怡"。而"为晋休戚"，是"不背本也"。因此，他会得到天地的庇护而君临晋国的，你必须"早善晋子"①，及早结交和善待他。后来，周子果然被晋人接回国并立之为君，这就是晋悼公。他不仅察人以德，而且择人以贤，把德行作为任官的必备条件。晋国中军尉祁奚告老退休，晋悼公问他谁可以接替他的职务，祁奚回答说，"择臣莫若君，择子莫若父"，我的儿子祁午可当此任，因为"（祁）午之少也，婉以从令，游有乡，处有所，好学而不戏。其壮也，强志而用命，守业而不淫。其冠也，和安而好敬，柔惠小物，而镇定大事，有直质而无流心，非义不变，非上不举。若临大事，其可以贤于臣。"②祁午小时候能听从我的教导，长大后有正直的品质，处理军国大事又超过了我。从这段话中可以看出，祁奚看重儿子的主要是道德品质。而晋悼公的用人标准也是如此，所以任命祁午为中尉。总之，《国语》、《左传》展示了西周以来家训的价值导向，就是在内容上主要是进行德、礼教育。《战国策》中家训的内容虽然有丰富发展，但这一基本定势始终没有改变。

---

① 《国语·周语》。
② 《国语·晋语》。

（二）三大消极因素

一是灌输迷信思想。据《国语·晋语》记述，晋国叔向之母生下三子叔鱼时，看到他的面相，就说："'是虎目而豕喙，鸢肩而牛腹，谿壑可盈，是不可餍也，必以贿死。'遂不视。"这孩子长得眼如虎而嘴如猪，肩如鹰而腹如牛，意味着私欲不能满足，长大后一定因为受贿而被处死，因而不亲自抚养教育他。后来，叔向生杨食我时，他母亲听到孙子的哭声，便说这是"豺狼之声"，将来一定有野心，会使我们羊舌氏宗族灭绝的，便不肯看他与教他。此两例虽然为后来韩愈等思想家作为宣扬先验论的例证，但以婴儿相貌奇特与声音怪异而放弃教育的思想与做法是不科学的。因为一个人的命运，不是由长相与声音而是由德行与社会环境决定的。二是教子临阵逃命。晋楚交战，晋军失败。晋国逄大夫与其两个儿子一起乘战车逃走，并令儿子"无顾"！儿子没有听他的话，回头发现后面有人也需要乘车，逄"怒之，使下。指木曰：'尸女于是！'"[1] 把两个儿子赶下车，指着树木说：你们就死在这里。第二天，晋军在树下发现了兄弟俩被杀的尸体。这种贪生怕死的做法，是令人发指的。三是要求子为父隐、妻为夫隐。据《左传·襄公二十年》记述，卫国大夫宁惠子在病危时，把其子宁喜叫到床前嘱咐说：我和孙林父驱逐国君，此事已载在诸侯的简册上，"吾得罪于君，悔而无及也"。不过，你若能让国君回国，就能掩盖此事。"若能掩之，则吾子也。"否则，就不是我的儿子。假若有鬼神的话，我宁愿当饿鬼，也不来吃你供奉的祭品。宁喜"许诺"了父亲的要求。其实，已犯的罪过是客观存在而无法抹杀的，隐匿是无济于事的。鲁国敬姜则教诫子妾隐掩其子贪恋女色的行为。公父文伯不幸早死，他的许多侍妾都非常悲痛。敬姜为了儿子的荣誉，对儿妾们说："吾闻之，好内，女死之；好外，士死之。今吾子夭死，吾恶其以好内闻也。……请无瘠色，无洵涕，无搯膺，无

---

[1] 《左传·宣公十二年》。

忧容，有降服，无加服。从礼而静，是昭吾子也。"① 宠溺妻妾的人，女人能为他而死；勤于外事的人，士人能为他而死。我厌恶别人说他是死于女色的。所以你们不要痛哭流涕，不要捶胸顿足，愁容满面，要安安静静地行丧礼，这样才能显扬我儿子的德行。父子、夫妻、亲属之间互相包庇违法悖德的言行，是历史留给我们的一个沉重的包袱。

这些消极成分与积极因素是交融在一起的。三书中重视对孩子德行的培养、爱子以教、以身作则与平等讨论的原则与方法等，都是值得我们重视的。

---

① 《国语·鲁语》。

第六章
先秦的贤母家训

中国古代的母亲教育子女，可以追溯到原始时代。在"民知其母、不知其父"① 的母系氏族社会，母亲对子女的教育，对于氏族社会生产技术与生活知识的传授、氏族生活的稳定与社会的延续，起了极其重要的作用。进入父系氏族社会后，一个氏族的向前发展，仍然与母亲对子女的耳提面命紧密相连。如简狄对其子契的天文地理知识的教育对于商族的兴起，姜嫄对其子弃的种植桑麻技能的教育对于周族的兴起就是如此。而涂山对其子夏启的良好教育，影响更是深远。夏禹由于外出治水而无暇顾家，其妃"涂山独明教训而致其化焉。及启长，化其德而从其教，卒致令名"②。夏启后来登上天子位，建立了夏王朝。无论商代、西周还是春秋、战国时期，贤母教子连绵不断，内容不断丰富，形式也多种多样，成为中国古代家训史上值得研究的一个重要课题。先秦时期的贤母训子；反映在《国语》、《左传》、《战国策》、《韩诗外传》、《列女传》等诸多古籍中，其教子的具体情况，除上面论述的以外，本章再集中作一介绍。

---

① 《庄子·天下篇》。
② 刘向：《列女传·母仪传》。

一、西周初年的胎教

（一）文王母太任的胎教

西周王朝的基业由弃的十二代孙古公亶父所奠定。古公亶父之子季历娶挚国国君之女太任为妃。她是位有德行的贤妇。"太任之性，端一诚庄，惟德之行。"她怀上姬昌（即后来的周文王）后，"目不视恶色，耳不听淫声，口不出敖言，能以胎教，溲于豕牢而生文王。文王生而明圣，太任教之，以一而识百。君子谓太任为能胎教。"她目不看丑恶之色，耳不听淫靡之音，口不大声说话，能够进行胎教，在茅厕里便溺时生下了文王。所以文王生来就聪明智慧，对于母亲的训导，能闻一知百，触类旁通。古人认为胎儿能被其母言行感化，故孕妇所感受的外界事物对婴儿有重大影响，"感于善则善，感于恶则恶。人生而肖万物者，皆其母感于物，故形音肖之。文王母可谓知肖化矣。"① 孕妇感触的事物善，生下的婴孩亦善，感触的事物邪恶，生下的婴孩也就邪恶。人生下来而形容、声音之所以类似某些事物，就是因为其母亲感触了这些事物的缘故。故孕妇必须谨守礼仪，"必慎所感"，以给胎儿良好的影响。看来，文王的母亲当时已经懂得这种胎教的道理。

（二）武王妃、成王母的胎教

文王生了武王，武王之妃也重视胎教。"周后妃任成王于身，立而不跛，坐而不差，独处而不倨，虽怒而不詈，胎教之谓也。"② 武王妃怀周成王时，站、坐端正，就是独处也不失其仪容，高兴时不放声大笑，发怒时不出口骂人，很重视胎教。为了使胎教能世代相传，周王室

---

① 刘向：《列女传·母仪传》，又见《史记·周本纪》。
② 《大戴礼记》卷三。跛谓抬起脚后跟站着。

便将其"胎教之道，书之玉版，藏之金柜，置之宗庙，以为后世戒。"①
周初的胎教，给后世以巨大影响。当然，孩子要成为有用之才，更重要
的是有赖于后天的教育。成王生下后，"仁者养之"，此仁者指乳母；
"孝者绲之"，此孝者指保母；"四贤傍之"②，此四贤指慈母及子师。再
加上其他的教育与实践，成王后来成长为贤明之君。

二、春秋战国期间的贤母教子

按刘向《列女传》等古籍的记述，具有代表性的主要有：

（一）臧文仲母教子施恩避祸

春秋时鲁国大夫臧文仲，历官鲁庄公、闵公、僖公、文公四朝，平
时刻薄少恩，任威显势。后来，鲁君派他出使齐国。临行前，其母对他
说："汝刻而无恩，好尽人力，穷人以威"，得罪了许多人，鲁国不能容
忍你的为所欲为，所以让你出使齐国。她向儿子指出："凡奸将作，必
于变动，害子者其于斯发事乎？汝其戒之。"意思是凡奸诈事发生时，
一定乘职务变动之机，害你的人大概就在此时动手，你要有所戒备。鲁
国与齐国相邻，怨恨你的鲁国宠臣大多与齐国的大臣相勾结，他们必然
会使齐国图谋鲁国而"拘汝留之"，你必须先"施恩布惠"，而后才能请
求帮助。文仲听从母亲的教诚，拜托了鲁桓公的后代孟孙氏、叔孙氏、
季孙氏三家，又厚交了士大夫们，然后才去齐国。齐国果然把文仲囚禁
起来，并"兴兵欲袭鲁"。他及时写了密信，暗中派人把这一情况报告
鲁君。于是，鲁君在边境上驻军严阵以待。齐国知道鲁国已有准备，

---

① 贾谊：《新书·胎教》。
② 《大戴礼记》卷三。

"乃还文仲而不伐鲁。君子谓臧孙氏母识微而见远"①。贤母的远见卓识、严肃教诫与周密谋划，使儿子避免了丧身之祸。

（二）田稷子母诫子廉洁勿贪

齐宣王（前319—前301在位）的相国田稷子，接受了下级官吏贿赂的上百镒钱，拿回家交给母亲。其母说：你为相已"三年矣，禄未尝多若此也。岂修士大夫之费哉"？你的俸禄从未如同现在这样多，难道这是从士大夫那里收取来的？你是怎么得到的？田稷子跪着回答道："诚受之于下。"确是从属吏的贿赂中得来的。其母听了严肃地批评他说："吾闻士修身洁行，不为苟得；竭情尽实，不行诈伪；非义之事，不计于心；非理之利，不入于家；言行若一，情貌相副。今君设官以待子，厚禄以奉子，言行则可以报君。夫为人臣而事其君，犹为人子而事其父也。尽心尽能，忠信不欺，务在效忠，必死奉命，廉洁公正，故遂而无患。今子反是，远忠矣！夫为人臣不忠，是为子不孝。不义之财，非吾有也；不孝之子，非吾子也。子起！"在这里，田稷子母以忠君为中心，向儿子讲了许多官德准则和为人之道：第一，仕人应当修养自己的品德，提高自己的操行，不取不义之财；第二，做人要忠诚老实，不虚伪欺诈；第三，不符合道义的事，不在心中计谋；第四，要言行相符，表里如一；第五，臣事君应如事父，恪尽职守，廉洁公正。只有这样，才能一生通达，平安无事。她斥责田稷子道：如今你却与此相反，背离了忠的要求。而为臣不忠，就是为子不孝。不义之财，我是不该有的；不孝之子，也不是我子，你起来走吧！经过母亲的一番训斥，田稷子无比羞惭地走出家门，马上把钱退还给原主，并主动向齐宣王坦白自己的贪污罪行，请予刑戮。齐宣王知道此事的原委后，非常赞赏田稷子母的义举，赦免了田稷子的罪行，"复其相位"，并"以公金赐母"②。

---

① 刘向：《列女传·仁智传》。
② 刘向：《列女传·母仪传》。

拿出国库的钱赏赐这位贤良的母亲。在中国古代家训史上，田稷子母亲为人们树立了用忠正、清廉、正直教育儿子并感化别人的榜样，说明仕人连无功受禄的事都不能做，更不用说接受别人贿赂的钱物了。

（三）孙叔敖母勉子行仁德

楚庄王（？—前591）的令尹、期思（今河南省淮滨东南）人孙叔敖，小时候有次出去玩耍，看到一条两头蛇，心里很害怕，就把它打死埋掉了。回家后，他向母亲哭诉道："我闻：见两头蛇者死，今者出游见之。"其母问：那条蛇现今在哪里？他回答说："吾恐他人复见之，杀而埋之矣。"母亲鼓励他说："汝不死矣！夫有阴德者，阳报之。德胜不祥，仁除百祸，天之处高而听卑。《书》不云乎：'皇天无亲，惟德是辅。'尔嘿矣，必兴于楚。"① 意思是，别担心，你死不了！做好事而不让人知道的人，一定会得到报答。好的德行可以战胜凶险，仁爱可以消除各种祸患，天在高处能处理地上低处的事情。《尚书·蔡仲之命》不是说过吗？上天绝不偏爱任何人，惟独辅助有德行的人，你不要再害怕了，将来一定会在楚国发迹。孙叔敖听了母亲的话，懂得了积善行德的意义，后来果然成为楚国名臣。他不计个人进退荣辱，曾三任令尹而不喜，三次去职而不悔，大胆劝谏庄王谦慎治国，防止君骄臣傲。庄王采纳了他的建议，表示愿意与大臣们"共定国是"，"寡人岂敢以褊国骄士民哉！"② 并在孙叔敖的辅助下改革内政，兴修水利，发展农业生产，富国强兵，后来在邲地（今河南荥阳东北）打败了晋军，成为代晋而起的霸主。

后来，孙叔敖也言传身教，善于教子。他生活俭朴，不讲排场，常坐马拉的竹木车，也不看看拉车的马是公的还是母的。"昔孙叔敖乘马（车）三年，不知牝牡，称其贤也。"③ 据《吕氏春秋》记述，他在病疽

---

① 刘向：《列女传·仁智传》。

② 刘向：《新序·杂事二》。

③ 房立中主编：《诸葛亮全书》，学苑出版社1996年版，第203页。

将死时教诫其子说："我死，必封汝。汝无受利地，荆楚间有寝丘者，其为地不利，而前有妒谷，后有戾丘，其名恶，可长有也。"意思是楚王封你时，不要因为我的功绩而接受肥沃多利的封地。荆、楚间有块地叫寝丘（今河南省固始、沈丘两县之间）的，贫瘠荒芜，环境恶劣，你要求封在那里，自己艰苦创业，子孙才可长保有食。孙叔敖死后，其子遵从父命，辞受"肥饶之地"，而"请有寝之丘"①。于是，王"封之寝丘四百户，以奉其祠"。楚国之俗，"功臣封二世而收"，但因寝丘之地甚恶，王不夺，故孙氏子孙"十世不绝"②。孙叔敖的做法，实际上是对公父文伯母关于圣王择瘠土而处民，"故长王天下"③ 这一训诫的继承与丰富。东汉丁綝受此影响，在光武帝论功行赏时，"帝令各言所乐，诸将皆占丰邑美县，唯綝愿封本乡。"他说："昔孙叔敖敕其子，受封必求墝埆之地；今綝能薄功微，得乡亭厚矣。"于是，被封为"定陵新安乡侯，食邑五千户"④。

（四）子发母诫子爱士卒

楚宣王（前 369—前 340 在位）的将军子发攻打秦国，一度粮草断绝。他派人向楚王请求支援，使者顺便代子发探望了他母亲。子发母问道："士卒得无恙乎？"对曰："士卒并分菽粒而食之。"又问："将军得无恙乎？"答曰："将军朝夕刍豢黍粱。"子发得胜回来，其母紧闭大门不让他进家。并派人责备他说："子不闻越王勾践之伐吴耶？客有献醇酒一器者，王使人注江之上流，使士卒饮其下流；味不及加美，而士卒战自五也。异日，有献一囊糗糒者，王又以赐军士，分而食之；甘不逾嗌，而战自十也。"越王勾践攻伐吴国时，有一天，有人献上一桶醇酒，

---

① 《淮南子·人间训》。

② 《史记·滑稽列传》。

③ 《国语·鲁语》。

④ 《后汉书·丁鸿列传》及注。

他派人把酒倒在江水的上游，让士兵在下游喝，味道虽然不醇美，但他们却因此受到鼓励，人人都一以当五；又有一天，有人献上一袋干粮，越王又把它赐给士卒，虽然只分着一点点，但作战时却人人都一以当十。而今你身为将军，让士兵吃豆粒，自己却吃肉吃细粮；让部下拼力效死，自己却在享乐，虽然战争取得了胜利，但这并非是你用兵术所致。你"非吾子也。无人吾门"①！母亲一番严肃的批评，使子发认识到自己的错误，他连忙赔礼请罪，母亲这才让他进入家门。

（五）如耳母教子进谏尽忠

魏哀王（前 318—前 296 在位）为太子娶妃，发现太子妃美丽非常，便想占为己有。魏大夫如耳的母亲知道此事后，便教导儿子说："王乱于无别，汝胡不匡之？方今战国，强者为雄，义者显焉。今魏不能强，王又无义，何以持国乎？王，中人也，不知其为祸耳。汝不言，则魏必有祸矣。有祸必及吾家，汝言以尽忠，忠以除祸，不可失也。"意思是这扰乱了长幼之序、男女之别，你为什么不去进谏匡正呢？魏王是平庸之人，不知此事会引起祸患。有祸患一定会波及我家，你必须进谏以尽忠，尽忠以免祸。如耳听从了母亲的教导，但一时找不到进谏的机会，便奉命出使齐国了。于是，他母亲直接上书哀王道：我听说男女之别，乃国之大节。"今大王为太子求妃而自纳之于后宫，此毁贞女之行而乱男女之别也。""君臣、父子、夫妇三者，天下之大纲纪也。三者治则治，乱则乱。今大王乱人道之始，弃纲纪之务，敌国五六，南有从楚，西有横秦，而魏居其间，可谓仅存矣。王不忧此，而从（同纵）乱无别，父子同女。妾恐大王之国政危矣。"②哀王觉得她说得在理，便采纳了她的意见，还回太子妃，赐给如耳母亲三十钟（一钟为六石四斗），并给如耳进了爵位，并从此注意自我修养，勤勉治国，在位期间使齐、

---

① 刘向：《列女传·母仪传》。
② 刘向：《列女传·仁智传》。

楚乃至秦国都不敢轻易进犯。

三、"母师"、傅母劝行妇德

先秦时期，史籍所载多为贤母教子的事迹，对于女子的规范性要求尽管在《周易》、《礼记》等典籍中已明确提出，可是在家教中却极少体现，就是在《列女传》中也只有三个"个案"值得我们重视。一是傅母规劝庄姜防"淫泆之心"、"邪僻之行"。卫庄公（前757—前735在位）的夫人庄姜是齐国太子得臣的妹妹，按照当时的教育制度，国君的子女生下后，就选择德行良好的妇女专门负责抚育，傅母就是专事这一工作的。庄姜长得很漂亮，刚嫁到卫国时，妖艳容饰，"操行衰惰"。"傅母见其妇道不正"，为防患于未然，就对她说：你的家庭"世世尊荣，当为民法则"；你"聪达于事，当为人表式"；你"仪貌壮丽，不可不自修整"。现在"衣锦绚裳，饰在舆马，是不贵德也"。她劝诫庄姜："砥厉女之心以高节，以为人君之子弟，为国君之夫人，尤不可有邪僻之行焉。"[①] 庄姜为傅母的话所打动，从此注重自我修养，还严于教子。

二是慈姑为儿媳妇改嫁送行。《列女传·母仪传》又记述，卫定公（前588—前577在位）的夫人定姜，为儿子娶妇后，儿子不幸早亡，媳妇又没有生孩子，所以在她服丧三年后，便劝儿媳妇改嫁，还"自送之，至于野"。可见，当时寡妇改嫁并不违背妇德，而劝寡妇改嫁也是合德的行为。因此，定姜受到时贤的赞美，称她是位"慈姑"，给予儿媳妇以厚爱。

三是"母师"身教妇德。鲁穆公（前406—前373在位）时，鲁国有位寡母，生有九个儿子。腊日（周代以农历十月为岁末之月。腊日是

———————

① 刘向：《列女传·母仪传》。

十月最后一天，为祭祀百神之日）那天，全家按礼仪祭祀百神后，她把儿子们叫来说："妇人之义，非有大故，不出夫家。然吾父母家多幼稚，岁时礼不理，吾从汝谒往临之。"我娘家的孩子都还小，过年时的一些礼常往来不能料理，我想和你们一起去看看。九个儿子都叩头同意后，她又把儿媳妇们叫来说："妇人有三从之义，而无专制之行，少系于父母，长系于夫，老系于子。今诸子许我归视私家，……诸妇其慎房户之守，吾夕而反（同返）。"她叮咛媳妇们小心看守家门，说自己傍晚时就回来，便让小儿子驾着车，回娘家帮助料理家务。因为天阴下来，所以她提早离开娘家返回，车到里巷口时，因天色尚早，就在那里停了很长时间，到傍晚才进家门。鲁国有位大夫站在高台上看到这些情况，感到很奇怪，便派人进行查访，发现这位母亲"礼节甚修，家事甚理"。大夫便把她找来，问她为什么到傍晚才回家？她答道："妾不幸早失夫，独与九子居。"那天与儿子们回娘家，和媳妇们讲好傍晚回来，"妾恐其醺醲醉饱，人情所有也。妾返太早，不敢复返，故止闾外，期尽而入。"因回来太早失约，又不敢再去娘家，故等到约好的时间才进家。大夫赞美她的所为，并把此事奏告穆公。穆公也感到她家训可嘉，便赐予"母师"的称号；穆公的夫人、诸姬也以她为师。这样，"母师能以身教"[1] 的事迹便称誉鲁国。

四、贤母在家训中的主体地位及其原因

先秦贤母家训内容丰富，形式多样，历史作用深远，给后人以诸多启示。说明在奴隶社会与封建社会，妇女虽然处于从属于男子的地位，但仍然是家训的主体，有着教育儿女、规劝丈夫的责任与义务。南宋王

---

[1]　刘向：《列女传·母仪传》。本章译文参考了张涛的《列女传译注》，山东大学出版社1990年版。

应麟（1223—1296）在其《三字经》中认为，"养不教，父之过"，对子
女养而不教，是父亲的过失。这样，母亲在家训中的主体地位便被忽视
了、淡化了。其实，虽然父权制奴隶社会的建立，从整体上标志着妇女
对家庭与社会的主导权的失落，但由于中国的奴隶制在很大程度上保留
着氏族制的残余，不少贵族妇女不仅并未完全退出政治舞台，而且在家
训中更是处于重要的地位。仅《国语·鲁语》中记述敬姜教诫其子、子
妾、侄孙的故事就有七个，内容涉及政治、道德、礼法等许多方面。鲁
国执政卿季康子对这位叔祖母十分敬畏，曾亲自登门求教。敬姜对他
说："吾能（尊）老而已，何以语子。"康子曰："虽然，肥愿闻于主。"
对曰："吾之先姑曰：君子能劳，后世有继。"孔子的学生子夏听到这话
后说："古之嫁者，不及舅姑，谓之不幸。""夫妇，学于舅姑者也。"古
时出嫁的女子把未能侍奉公婆与听不到公婆教诲称之为"不幸"，因为
她们本来可以向公婆学到很多东西。这种主体地位，在典籍中有明确说
明，如《周易·家人》说："家人有严君焉，父母之谓也。"将父母并称
为严君。严君专指父亲是后来的事。再如，"父母之爱子，则为之计深
远"①。"孝子不生慈父之家"②。"慈母有败子，小不忍也"③。都说明父
母都有教子的责任，而母亲的责任最初甚至重于父亲。

　　母亲在家教中的主体地位表现在：一是"教子宜自胎教始"④，母
亲能对胎儿进行胎教，这是最有德才的父亲也无法替代的。而胎教对孩
子健康成长的作用，已为现代生理学、医学与心理学、教育学所证明。
二是一般士人、庶民家庭的孩子生下来后，生活上要由母亲来照顾，从
而与生活相关的知识技能主要由母亲来传授。三是父亲因谋生与职务的
需要不能经常在家，"女正位乎内，男正位乎外"⑤ 的格局使母亲能够

---

① 《战国策·赵策》。
② 《慎子·内篇》。
③ 《盐铁论·周秦》。
④ 《许云邨贻谋》。
⑤ 《周易·家人》。

经常接触子女，也负有更多的教育责任。这一点，在当时已成为上下共识。据《列女传·辩通传》记述，春秋末期，晋国大夫赵襄子的家臣佛肸反叛，襄子便把其母亲抓来，以"母不能教子，故使至于反"的罪责，要处以死刑，佛肸母不服，申辩说："妾闻子少而慢者，母之罪也；长而不能使者，父之罪也。今妾之子少而不慢，长又能使，妾何负哉？"我儿子小时勤而不怠，长大后能为官任职，我还负什么责任？赵襄子觉得说得有理，就释放了她。就是说，母亲教子不尽责是要受到惩罚的。战国时也是这样。班固《白虎通德论·辟雍》说，齐国学者尹文子（约前 360—前 280）"生子不类，怒而杖之"。说："此非吾子也，吾妻殆不妇，吾将黜之。"他把子之不肖没有视为自己家教不严，而是归罪于其妻教子怠惰，准备将妻子休了。这也说明，母亲在孩子小时候负有主要的家教责任。四是在王室与上层贵族之家，母教对子女的命运有时会发生决定性的影响。如据《左传·昭公元年》记述，芮国国君芮伯万之母芮姜厌恶儿子不听教诲，拥有宠姬太多，"故逐之，出居于魏"。把他赶到魏城去住，更立新君。又如，据《国语·周语》记述，密国国君康公陪周恭王出游，有三个美女奔就他，其母教诫他说："必致之于（恭）王。……王田不取群，公行下众；王御不参一族。夫粲，美之物也。众以美物归女，而何德以堪之？王犹不堪，况尔小丑（谓小人物）乎？小丑备物，终必亡。"意思是你一定要把美女献给周王。小人物享用过分美好的东西，是会招致灭亡的。她希望儿子以此表示对恭王谦卑、尊敬而保全自己。康公不从母教，仅过"一年，王灭密"国。[①] 再如，秦国的后子是秦景公之弟，权高势重，和景公如同平列的君王。后子的母亲

---

① 对于这则贤母教子故事，历来褒贬不一。刘向《列女传》将她收录于《仁智传》中，赞扬道："君子谓密母为能识微。"她见微知著、见安思危、防微杜渐，有强烈的忧患意识。故"颂曰：密康之母，先识盛衰。非刺康公，……俾献不听，密果灭殒。"但柳宗元却不然，他在其《非国语》中"非曰：康公之母诚贤耶？则宜刺之以淫荒失度命其子，焉用惧之以数？且以德大而后堪，则纳三女之奔者，德果何如？若曰'勿受之'，则可矣。教子而媚王以女，非正也。左氏以灭密微之，无足取者。"这一批评是很有见地的。（见《柳宗元集》第四册，中华书局 1979 年版，第 1266 页。）

懂得天无二日、国无二君的道理，便教导儿子说，你若不主动离开秦国，恐怕要遭到放逐。后子听从母亲的劝告，便出奔晋国退避远祸。

母亲的教诫，对女儿的行为也是举足轻重的。郑厉公忧患祭仲专权，便派祭仲的女婿雍纠把他杀掉。雍纠准备在郊外宴请祭仲时行事。此事被其妻雍姬知悉。雍姬在母亲的开导下，又将它泄露给父亲，于是，"祭仲杀雍纠"①，并暴尸于都城的水池中。郑厉公出逃蔡国，郑昭公回到郑国。母教使郑国的政局发生了重大变化。

贤母之所以成为家训的重要主体，首先是因为她们一般具有较高的文化素质、政治素质与良好的道德修养，熟悉文化典籍、礼义制度，因而在家教时不仅有亲情的感染力，而且有很强的说服力。鲁国大夫公父文伯之母敬姜就是如此。据《列女传·母仪传》记述，她见儿子游学回家时，其友尾随他进了堂屋，捧着剑，对他立正，所行礼节如同侍奉父兄一样，认为这是儿子骄傲自大、不求上进的表现。便叫来训诫道："昔者武王罢朝，而结丝袜绝"，脚上系袜的带子断了，他环顾左右的人，"无可使结之者"，便自己弯腰俯身将带子重新系上，"故能成王道"。"周公一食而三吐哺，一沐而三握发"，还拿着礼物到庶民百姓中去拜访了七十多人，"故能存周室"。齐桓公有三个净友，五个谏臣，还有三十个每天都指出其过失的人，"故能成伯（同霸）业"。"彼二圣一贤者，皆霸王之君也，而下人如此，其所与游者皆过己者也，是以日益而不自知也。"上面讲的二圣一贤都是有霸王才能的君主，尚且这样甘居人下，而你呢，年纪轻轻，职位低微，结交的都是些供你使唤的人，这对你长进有什么益处！公父文伯向母亲承认了自己的错误，"乃择严师益友而事之，所与游处者，皆黄耄仇齿也"，还恭恭敬敬地亲自馈送给他们食物。从敬姜引用历史人物故事指导儿子择师交友来看，她具有较高的历史文化修养，因而说理充分，能使儿子心悦诚服。其次是因为她们胸怀宏志，节操高尚。不少贤母关心军政大事，熟悉列国情况，目

———————

① 《左传·桓公十五年》。

光敏锐，见微知显。如鲁国臧文仲母对朝臣内部矛盾与鲁、齐两国关系的分析，并由这种分析作出对策，让儿子依计而行，从而避免了一场灾祸。齐国田稷子母公私分明，大义凛然，痛斥其子接受贿赂，使齐宣王也为之感动，因而化险为夷，母子双保，反之，如果其母也见利忘义，笑纳贿金，那么一旦东窗事发，就会落得个双双引颈受诛的下场。

第二编

定型时期：两汉三国家训

第七章
两汉三国时期家训概述

　　秦始皇以法治国，奖励耕战，采用军事手段统一了中国，但施法严酷，耗费民力过多；秦二世昏庸、暴虐，终于激发了农民大起义，企图东山再起的各国旧贵族乘机反秦。经过反复角逐，刘邦摘取了胜利的果实，中国历史翻开了新的一页。

一、社会状况

　　这一时期的社会历史状况可概括为：西汉的大统一——东汉末年的大分裂—三国统一于晋。汉初的统治者致力于医治战争创伤，实行与民生息、"无为"而治的方针，减轻了对农民的剥削与压迫，使社会经济逐步得到恢复与发展。刘邦重视儒学，修改秦律，使法律与道德相辅并用，这在总体上决定了两汉三国时期家训的价值导向。但他分封了很多同姓王、异姓王，后来形成大小割据势力，不利于国家的统一。汉惠帝、文帝、景帝都恪守定策，讲求节俭，对匈奴采取"和亲"政策，又平定了"七国之乱"，使国家呈现出一派欣欣向荣的景象。到刘邦曾孙汉武帝时，西汉进入鼎盛时期。武帝一方面加大了对割据势力、豪强地主的打击力度，发动了大规模的反击匈奴和开辟西域的战争，另一方面又采取董仲舒"罢黜百家，独尊儒术"的建议，于公元前 124 年建立太学，设五经博士，招学生五十人；儒生公孙弘被任为丞相，封侯；研究《春秋》等经书的学问成为显学。从此要做官必须学经，儒学成为人仕的敲门砖，学儒读经热便逐渐兴起。汉宣帝兼用儒法而多任文法吏，"以刑名绳下"。据《汉书·元帝纪》记载，汉元帝为太子时向父皇谏曰："陛下持刑太深，宜用儒生。"宣帝怒曰："汉家自有制度，本以霸、王道杂之，奈何纯德教，用周政乎！且俗儒不达时宜，好是古非今，使人眩于名实，不知所守，何足委任！"不禁叹息道："乱我家者，太子也！"其实，元帝也不是废弃刑法，只是更重视儒学。他把太学生从宣帝时二百人增至千人，所用公卿多是熟习经术者，从而兴起了读经热潮。到成帝时，太学生增至三千人。东汉章帝召开白虎观会议，统一儒学经学各派。顺帝时，太学有二百四十房，一千八百五十室，学生多达三万人。

元帝开始，豪强大族势力抬头，朝廷权力削弱，社会危机加深，到孺子刘婴（6—8 在位）时，大权落到了外戚王莽手中。王莽（9—23 在位）的姑母是汉成帝的母亲、元帝的皇后。王氏集团权倾朝野，有九人封侯，五人为大司马，地方官也多由王家委派。王莽称帝后，上下左右种种矛盾尖锐起来，特别是他连年用兵，搜刮民财，使农民忍无可忍，终于爆发了大起义。公元 23 年，长安城破，屠户杜虞攻人宫中割了王莽的头，义军切碎分食了王莽的舌。他从篡位到灭亡，前后才16 年。

农民起义的结果是光武帝刘秀（25—57 在位）建立东汉。刘秀是刘邦九世孙，南阳豪强地主的著名代表。他先是参加绿林义军并建有奇功，后逐渐扩张自己势力，反过来消灭各路义军，于洛阳自立称帝。他统一中国后，采取许多措施缓和社会矛盾，在一定程度上抑制了豪强势力。但他大封功臣、外戚共四百多人，并通过婚姻结亲，与刘氏宗室皇族联结起来，组成了一个新的大豪强集团，使皇后、太后等母家势力逐渐膨胀，种下了外戚专权的祸根；同时，为集中权力，刘秀将三公（太尉、司徒、司空）架空，而另设官位不高的六位尚书分掌全国政事实权，宦官由于能阅呈文书、传达口诏，也逐渐形成一个重要的集团。汉和帝（89—105 在位）时，窦太后临朝，其"兄（窦）宪、弟笃、景，并显贵，擅威权，后遂密谋不轨"①。永元四年（92）汉和帝与宦官邓众密谋诛灭窦氏集团；宦官集团开始参与朝政。以后，由于继位的新君大多年幼，皇太后临朝，外戚执掌大权。一旦太后去世，皇帝与宦官便诛灭外戚，如此循环反复，成为一种规律性的现象，这种斗争使上层统治集团两败俱伤。在汉灵帝、献帝时，经历了宦官杀外戚何进、袁绍尽杀宦官两千多人、董卓立汉献帝杀何太后等一系列事件之后，宦官与外戚作为两大政治集团已基本被消灭。如何防范突然降临的灾祸，增强子孙全家保身的忧患意识，是这一时期贵族、官僚家训的重要内容。

统治集团间的互相残杀给下层民众带来了深重的灾难，引起了黄巾农民大起义。在镇压黄巾军、讨伐董卓的过程中，各地豪强拥兵自重、割地称雄，并互相攻伐吞灭，使中国陷于大分裂、大混战、大破坏的局面。曹操挟天子以令诸侯，在官渡之战中大败袁绍，进而统一北方；又在赤壁之战中受挫，使孙权在东吴的地位更加巩固，刘备则建立起以成都为中心的蜀汉政权。献帝建安二十一年（216），曹操受封为魏王；他死后，长子曹丕（220—226 在位）在洛阳称帝。次年，汉王刘备（221—223 在位）在成都自称汉皇帝。吴王孙权也在黄龙元年（229）于武昌自称吴皇帝（229—252 在位）。中国历史便进入了三国鼎立与兼并的历史新时期，到司马炎代魏建晋时才得以统一。这种背景使帝王、名臣的家训具有新的特色。

———————————

① 《后汉书·章德窦皇后传》。

二、家庭状况

这一时期的家庭状况可概括为：宗族性家庭的衰落——异财别居的小家庭涌现——合财共居的大家族出现，成为国家提倡的理想的家庭模式。

（一）异财别籍的小家庭

战国时期商鞅推行家庭改革以后，父子两代或祖孙三代男耕女织式的小家庭大量涌现。汉承秦制，为增殖人口、发展生产、增加赋税，国家继续推行小家庭制度。惠帝甚至规定："女子年十五以上至三十不嫁，五算。"① 即赋税由一百二十钱提高到六百钱。小家庭促进了农业生产的发展。因为"分地则速，无所匿迟也"②。父子兄弟一家人同财共居，吃大锅饭，劳动好的得不到鼓励，也就没有积极性，活干得慢；异财别居，干多收获多，劳动积极性就来了。小家庭作为独立的经济单位和社会细胞，提高了家长的社会地位和子孙独立谋生的积极性，有利于生产的发展与国家财政收入的增加，因而得到了臣民的赞同。汉初大臣陆贾便是一个代表。《汉书·陆贾传》说，他生有五子，把家安置在土地肥沃的好畴（治所在今陕西乾县东），将自己出使南越所得的珠玉宝物卖得千金，给每"子两百金，令为生产"。自己骑着马，带着侍者，轮流到诸子家小住，由他们提供酒食、饲料。但是，小家庭经济实力小，经不住疾病、灾荒等变故，容易发生贫富两极分化；而父子兄弟各私其家，又易导致亲情疏远，礼法沦丧。所以贾谊说："家富子壮则出分，家贫子壮则出赘。借父耰锄，虑有德色；母取箕帚，立而谇语。抱哺其子，与公併倨。妇姑不相说（同悦），则反唇而相稽。其慈子耆利，不

---

① 《汉书·惠帝纪》。
② 《吕氏春秋·审分》。

同禽兽者亡几耳。"① 家境富裕的，儿子长大了就分家另过；贫困的，便出去做上门女婿，而这两者都会使父子离散；儿子借给父亲锄、耙，便表现出施恩的神情；母亲使用其簸箕、扫帚，必须站着告诉他。儿媳妇抱着孩子喂奶，与公公并排而坐；与婆婆计较得失，顶嘴吵架。看来，人与禽兽稍微有区别的地方，只有慈爱其子和贪图财利了。

两汉前期家庭规模不大，每户平均近五人："汉兴，因秦制度，……迄于孝平……民户千二百二十三万三千六十二，（人）口五千九百五十九万四千九百七十八。汉极盛矣。"② 人口从西汉初年（约前206）的六百万增加到汉平帝（1—8 在位）时的近六千万，平均每户约四点七八人。另有资料表明，全国每户平均人口数，"西汉五人，东汉五人，魏晋六人"③。这种小家族家庭很容易解体。西汉大臣晁错（前200—前154）说："今农夫五口之家，其服役者不下二人，其能耕者不过百亩，百亩之收不过百石。春耕夏耘，秋获冬臧（同藏），伐薪樵，治官府，给繇（同徭）役；春不得避风尘，夏不得避暑热，秋不得避阴雨，冬不得避寒冻，四时之间亡（同无）日休息；又私自送往迎来，吊死问疾，养孤长幼在其中。勤苦如此，尚复被水旱之灾，急政暴虐，赋敛不时，朝令而暮改。当具，有者半贾而卖，亡者取倍称之息，于是有卖田宅、鬻子孙以偿责（同债）者矣。"④ 为此，两汉统治者虽然没有废除儿子成年必须与父亲分居别籍的律令，但在执行时却不那么严格，而是逐渐松动与宽恕；同时加强孝悌力田等伦理道德教育，使父子兄弟互相关心。故西汉前期，小家族家庭虽然为主流家庭，但民间二男以上的家庭未异财别居的并不少见。不仅如此，国家还对人口多的官僚贵族家庭给予减免赋税等鼓励。至东汉时，祖父子孙三世四世共居同财的大家庭逐渐增多，出现了以经学入仕、累世高官的世家大族即士族。

---

① 《汉书·贾谊传》。
② 《汉书·地理志》。
③ 转引自刘广明：《宗法中国》，上海三联书店1993年版，第49页。
④ 《汉书·食货志》。

（二）共财合居的大家庭

如果说，商鞅的家庭改革是小家族家庭代替宗族大家庭的标志，那么，三国时曹操的孙子魏明帝（226—239在位）曹睿下令废"除异子之科，使父子无异财"①，则是大家族家庭被确立的标志，这是大家庭逐渐增多后的法律表现。这类大家庭有两种形式，一种是普通平民大家庭。据《后汉书·独行列传》记载，东汉和帝时，陈留（治所在今河南开封东南陈留城）人李充"家贫，兄弟六人同食递衣。妻窃谓充曰：'今贫居如此，难以久安，妾有私财，愿思分异。'"李充伪允，"请呼乡里内外，共议其事"。客至，李充当众跪向母曰："此妇无状，而教充离间母兄，罪合遣斥。"② 随即将其妻休逐了。兄弟六人不分家为乡里所认同，故主张分家的妻子被遣逐得到公允。同时期的汝南召陵（今河南郾城东）人缪肜"少孤，兄弟四人，皆同财业。及各娶妻，诸妇遂求分异，又数有斗争之言。肜深怀愤叹，乃掩户自挝……弟及诸妇闻之，悉叩头谢罪，遂更为敦睦之行。"③ 维持了这个平民家庭的完整性。第二种是士族或官僚地主大家庭。这种家庭形成有很长的历史过程。汉文帝下诏"举贤良方正"，汉武帝复诏举贤良文学，董仲舒奏请举孝廉，在官僚大家庭形成过程中发挥了重要作用。东汉章帝时，世家豪族（又称阀阅。世族官宦家在大门外立有张贴家族功绩的柱子，左边的一根叫阀，右边的一根叫阅。阀阅显示家族功绩丰伟，权位显赫，成为名门豪族的代名词）的地位进一步增强。"豪人之室，连栋数百，膏田满野，奴婢千群，徒附万计。"④ 数世同居共财、名闻闾里的大家庭逐渐出现。例如，东汉末年的名士蔡邕"与叔父从弟同居，三世不分财，乡党高其

———————————

① 《晋书·刑法志》。
② 《汉书·李充传》。
③ 《后汉书·缪肜传》。
④ 《后汉书·仲长统传》。

义"①。从而成为世族大家庭的典范。三国时魏文帝曹丕实行"九品官人法"，其子曹睿明令废除父子异财别居的小家庭制度，到曹睿之子曹芳（239—253）时，把持朝政的司马懿在各州设大中正，进一步以门第高低作为选人任官的标准，造成了"上品无寒门，下品无势族"的恶劣后果，大家族家庭便迅速发展起来，并成为历代封建统治者所推崇的理想家庭。有文字记载的中国传统家训，主要是大家族家训、官僚地主家训。

三、家训进展

两汉三国时期是我国传统家训定型时期。这一时期，儒学逐渐占据独尊地位，封建礼教得到重视，家训中的许多基本概念也产生了。父家长制的大家庭世代延续，使内容各具特色的家训发展起来，并相对地定型化、伦理化。表现在：

（一）提出了家教、家训、家学、家戒、门法、门风、家声等基本概念

"家教"一词，最初指在家庭中以《诗》、《礼》教导学生与子孙。西汉初年，鲁国申公少年时向齐人浮丘伯学《诗》，后为楚太子刘戊师。戊不好学，痛恨申公，被立为楚王后，便侮辱他，"申公耻之，归鲁，退居家教，终身不出门"。他在家"以《诗》为训以教"，"弟子自远方至，受业者百余人"。家教也包括教导自己的子孙。如鲁国徐生以《礼》授子至孙，"是后能言《礼》为容者，由徐氏焉"②。可见，家教包括在

①《后汉书·蔡邕列传》。
②《史记·儒林列传》。

自己家中教授弟子与训导子弟两方面内容。将教导子孙的内容从家教中剥离出来而形成家训概念是在东汉。虽然《尚书·酒诰》中"祖考之遗训"、《尚书·君陈》中"周公之训"等语已包含有家训的意思，但明确将家与训两字连在一起的，最早要算蔡邕。据《后汉书·边让传》载，蔡邕（133—192）在向何进推举贤才边让时，说他"髫龀夙孤，不尽家训"。幼时即孤，没有受到充分的家训。世世代代以学问技能训导子孙则称家学或家业。如《后汉书·孔昱传》所述，西汉孔安国以《尚书》传子孙，故其七世孙孔昱自称"昱少习家学"。三国时孙瑞"扶风人，世为学门，瑞少传家业，博达无所不通仕历显位。"① 不过，家业还有家传产业的含义。家训内容偏重于戒条或引以为戒的便称家戒或家诫，如三国时杜恕著的《家戒》即是如此。西汉时还形成门风（门亦谓家，门风通家风）、门法的概念。战国以来，仕宦之家或家族延续的结果，逐渐形成了各个家庭或家族所特有的世代相传的风尚、习惯，即门风。门风有优劣之分。优良的门风传播于外，就享有"家声"，如西汉李陵父祖世代为将，甚有名声，及至他投降匈奴，即"陵其家声"②，使他家的美好声誉颓丧了。严格要求子孙秉承家风，维护家声，便产生了门法或家法。据《魏书·杨播传》记载，西汉有"万石门风"，东汉有"陈纪门法"。

（二）家训内容多样化，显现出重儒的趋势

西汉从刘邦开始，最高统治者已认识到秦王朝严刑酷罚、苛法猛政的危害性，实行德治宽政、礼法并用的重要性，故采取清静无为、轻徭薄赋、与民生息的政策，兼用依托黄帝、老子的黄老思想和法家思想、儒家思想，经学、律学等得到重视。这些都对两汉三国的家训发生了重大影响，故有的以经学训子传家；有的以律学教子兴族；有的以道家思

---

① 《三国志·魏书·董卓传》注。引《三辅决录注》。

② 《汉书·司马迁传》。

想诫子全身避祸。如疏广以治《春秋》著名，征为博士，汉宣帝时任太子太傅；其侄疏受也为太子少傅。"（叔）父（侄）子并为师傅，朝廷以为荣。"① 其时，汉宣帝以法治吏，大臣稍有过失即被诛。疏广见此，便劝诫侄子说："吾闻'知足不辱，知止不殆'，'功遂身退，天之道也。'今仕至二千名，宦成名立，如此下去，惧有后悔，岂不如父子相随出关，归老故乡，以寿命终，不亦善乎?"他用老子物极必反、知足常乐的思想作为自己的人生哲理并用以训导侄子，和侄子一起辞官回乡，而得善终。

　　不同时期或同一时期不同人物，家训的侧重点也不同。三国时刘备训诫其子刘禅要多读《六韬》、《商君书》等兵家、法家著作，更要奉行儒家以德服人，做到"勿以恶小而为之，勿以善小而不为"。曹操则一切"以王法从事"，对"儿子亦不欲有所私"，以律令为主要内容训导诸子，但也要求他们学习《诗》、《书》。而其子魏文帝曹丕则以儒术训诫太子曹睿，故选当时的大儒郑称为太傅，以使他像成王幼时那样，"咳笑必合仁义之声，观听必睹礼仪之容"②。从总体看，从刘邦手敕太子读书学习、礼敬老臣到刘彻"罢黜百家，独尊儒术"，至曹丕择大儒教曹睿，呈现出家训以儒家为导向的发展趋势。总的特点是封建礼教的强化。从西汉初《孝经》的问世，到东汉班固《白虎通德论》、班昭《女诫》、马融《忠经》等著作的出现，教子读经习儒热的兴起，最高统治者"以孝治天下"与举荐孝廉政策的推行，使三纲五常、忠孝贞节、三从四德成为家训的价值导向。汉高祖诏令"民得卖子"，加强了家长对子女的支配权，父亲可以出卖子女，子女则只能顺从，如《汉书·韦贤传》所说"父之所尊，子不敢不承；父之所异，子不敢不同"。孝子可以受到各种奖励，仅《后汉书》所记载的，自汉惠帝至汉顺帝，国家对孝悌的褒奖、赐爵就有三十二次之多。这样，家长对子女的训诫就有了

① 《汉书·疏广传》。
② 严可均：《全三国文》。又见《太平御览》卷四百四十七。

极大的权威性。尽管依照法律，父母杀子与杀凡人同罪，但权臣杀子却往往无罪。所以在家庭中，父兄以"不孝"为名鞭挞子弟是常事。汉灵帝时，北州名士崔烈以钱五百万买了个司徒做，"声誉衰减"，他问其子崔钧这是为什么？钧答："论者嫌其铜臭"，崔烈听后恼羞成怒，"举杖击之。钧时为虎贲中郎将，服武弁，戴鹖尾，狼狈而走。烈骂曰：'死卒，父挞而走，孝乎？'"① 一个在朝的武将因说了句实话使父亲不高兴尚且要挨打，其他的更不用说了。

（三）重视对女子的训诫，产生了专门的女训著作《女诫》

在先秦，无论父亲还是母亲，很少重视对女儿、儿媳的训导，故古籍中记载训女的事例很少。其实，从男权主义的视角看，起码有两大问题尚待解决：一是女主干政，如秦昭王时宣太后依靠其异父弟魏冉支持，摄理朝政；嗣后，秦孝文王后对朝政也有很大影响力。赵、韩、齐、宋等国也有类似情况。二是王室与贵族中婚姻两性关系严重违背礼法，私通乃至乱伦之事甚多，包括嫂嫂与小叔私通、父亲占儿媳为己有、兄妹乱伦，以及交换妻室通奸等伤风败俗之事。这种家庭道德的沦丧是政治腐败的表现，它引起了乱政、杀君、亡国等严重后果。西汉建立后，不仅女主干政的问题没有解决，而且还发展到外戚擅权。先是刘邦死后吕后临朝称制，吕氏亲属六人为王，六人为侯，一度使刘氏王朝岌岌可危；后是在汉成帝时，又有皇后赵飞燕及其妹赵昭仪奢侈、乱宫。外戚擅权导致王莽篡政，西汉灭亡。东汉时，这种情况也很突出。为解决这两大问题，刘向（前77—前6）撰写了《列女传》，如《汉书·楚元王传》所说，此书虽然是指向赵氏姊妹和王氏集团而非专为训诫女儿或儿媳所写的，但也反映了他对训女的基本要求，妇女在处理与公婆、丈夫、叔妹、子女关系时应遵守的主要准则。《列女传》中虽有

---

① 《后汉书·崔骃传》。

不少民主性、情理性、人民性和婚嫁方面合人性的因素，但这些在历史
发展过程中却逐渐被淡化或抛弃；而"夫死不嫁"、"从一而终"、"贞
操"、"守节"等消极思想，后来则被片面强调并用来训诫妇女。班昭
（约49—约120）的《女诫》作为母亲训导自己女儿的系统著作，就是
这一意向的最初典型表现。而父亲对女儿、婆母对儿媳的训导也逐渐多
起来。

（四）广泛采用了新的家训形式

一是家约。家约这一概念产生于西汉初期。据《史记·货殖列传》
记述，当时，富豪任氏不事奢侈，"折节为俭"，制订"家约"以训诫子
弟："非田畜所出弗衣食，公事不毕则身不得饮酒食肉。"汉文帝时，大
臣陆贾也与其子订立家约，规定父子间彼此的权利与义务。贾"谓其子
曰：'与女（同汝）约：过女，女给人马酒食'"……①在这里，家约就
是由家长提出的、全家人互订共守的一种家训形式。二是广泛采用"家
书"或"家信"的形式训诫子弟。书信作为传递信息的工具，很早就产
生了。湖北云梦战国晚期秦墓中发现的由黑夫和惊兄弟俩书写的一封家
信，分别用毛笔书写在两块木牍上，是从淮阳（今河南淮阳）寄给安陆
（今湖北安陆、云梦一带）家中一位名叫衷的人，有二百五十个字。秦
始皇病危时，"令赵高为书赐公子扶苏曰：'以兵属蒙恬，与丧咸阳而
葬。'"他命长子扶苏将兵权移交蒙恬后，回咸阳举行丧礼安葬自己。这
封未发出的遗诏，也可视为带有帝王家训性质的家书。"家书"一词产
生较晚，初谓家中的藏书，如西汉孔安国《尚书序》："我先用藏其家书
于屋壁。"家信则初谓家中传信之人，如《周书·刘璠传》说"家信至
云其母病"。家书与家信通用，见于杜甫《春望》中诗句"烽火连三月，
家书抵万金"。但家书作为仕宦家训的一种重要形式，早在两汉时期就

---

① 《汉书·陆贾传》。

流行了。当时，在外地做官的父兄教诫家中的子弟，或者在家的父兄训导在远方的子弟，往往通过家书进行。如西汉孔臧的《戒子琳书》、刘向的《戒子歆书》、东汉马援的《戒兄子严、敦书》、郑玄的《诫子益恩书》、蜀国诸葛亮的《诫子书》等，都是千古流传的佳作。它们情真意切，语重心长，说理透彻，针对性强，很有感染力、说服力，不失为指导子侄们立身处世的金玉良言。

这一时期的家训思想有不少值得后人借鉴的优点。例如，不少帝王和一般官吏、士人，都遗言对己简葬、薄葬，其中包含的唯物论、无神论思想是很宝贵的。又如教导子孙家人学习技艺，培养独立谋生的能力；西汉太傅疏广带着数百两黄金以病回乡，终日酒宴，不置田产，为什么？他说：吾家有"旧田庐，令子孙勤力其中，足以共衣食，与凡人齐"。如果再为他们多置产业，乃是"教子孙怠惰耳。贤而多财，则损其志，愚而多财，则益其过"①。陆贾生前则将财产均分给五子，"令其生产"。东汉权臣邓禹（2—58）也教诫子孙"各守一艺"，具备独自谋生的能力。这些思想，在今天也是有价值的。

---

① 《汉书·疏广传》。

第八章
从刘邦到曹操、刘备的帝王家训

秦始皇消灭六国，统一天下，但二世而亡。秦王朝的统治只不过短短十五年。刘邦建立西汉后，君臣们对这一历史巨变进行了认真的反思，吸取经验教训，除了在政治上、经济上和思想上采取对策以救时弊外，还加强了对太子的教育，以防出现像秦二世胡亥这样的昏庸之君葬送刘汉帝业。中国古代历史发展的一个重要特点，就是每当旧王朝被推翻，新王朝刚建立，新的统治者多数重视对嗣君的训导，君德的培养。文武周公是这样，刘邦、刘秀也是这样。所以，改朝换代之初，一般来说，政治比较清明，经济比较繁荣，社会比较稳定，这方面，帝王家训功不可没。

一、汉高祖刘邦手敕太子读书练字

刘邦（前256—前195）即汉高祖，西汉开国皇帝，沛（今江苏省丰县）人。他除秦苛政，巩固了封建中央集权制度，恢复了社会经济。他手敕太子刘盈：

（一）"汝可勤学习，每上疏宜自书"

他告诉刘盈："吾遭乱世，当秦禁学，自喜谓读书无益。"秦始皇以法为教，以吏为师，奖励耕战，焚书坑儒，使"读书无益"渐成时俗。刘邦身处乱世，年轻时不好读书，也不学书法，还在刚起兵时轻蔑地称儒生为"竖儒"，常拒绝接见他们。据《史记·郦生陆贾列传》记述，"沛公不好儒，客冠儒冠来者，沛公辄解其冠，溲溺其中"。粗暴地把儒生的帽子摘下来把尿撒在里面。称帝后，大夫陆贾时时在他面前称赞《诗》、《书》。刘邦骂他说：老子的天下是骑着战马打出来的，何必去读《诗》、《书》！陆贾答道："居马上得之，宁可以马上治之乎？且汤、武逆取而以顺守之，文武并用，长久术也。""昔者吴王夫差、智伯，极武而亡"；秦并吞天下后如果"行仁义，法先圣，陛下安得而有之"[1]？加上叔孙通进说"夫儒者难与进取，可与守成"[2]，刘邦觉得都说得有理，从此态度大变，命陆贾著书，论说"秦所以失天下"，吾何以得之者，以及古时国家成败等问题。陆贾"乃粗述存亡之征，凡著十二篇"。每写奏一篇，刘邦就读一篇，无不"称善"[3]。刘邦感到读书对治国有益，"追思昔所行，多不是"。希望太子不重犯自己的过失，不仅爱读书，还要勤练字。说自己的字虽写得"不大工整"，然而大体上也过得去，但"今视汝书，犹不如吾"[4]。你以后要勤奋学习，呈上的奏议应自己动手写，不要使唤别人代劳。刘邦这一训诫，标志着刘汉王朝对儒家文化的重视与文治武功并举的开始，为汉武帝"罢黜百家，独尊儒术"奠定了思想基础，意义深远。

---

[1] 《史记·郦生陆贾列传》。
[2] 《史记·刘敬叔孙通列传》。
[3] 《史记·高祖本纪》。
[4] 刘邦：《手敕太子文》载《全汉文》卷一。

（二）礼敬老臣

据《史记·高祖本纪》记载，刘邦登基后，要求群臣毫无隐瞒地回答为什么他"有天下"而项羽"失天下"？臣下都未能提供完满的答案，于是他说："夫运筹帷幄之中，决胜千里之外，吾不如子房；镇国家，抚百姓，给馈饷，不绝粮道，吾不如萧何；连百万之众，战必胜，攻必取，吾不如韩信。此三者，皆人杰也，吾能用之，此吾所以取天下也。项羽有一范增而不能用，此所以为我擒也。"刘邦成功的一个重要经验，就是能任用贤能大臣。他把这一经验传授给刘盈，训导道："汝见萧（何）、曹（参）、张（良）、陈（平）诸公侯，吾同时人"，年龄大你一倍，见到时都要以礼相拜，并告诉你的弟弟们也这样做。群臣都称誉你的朋友商山（今陕西商县东南）四皓，我不能把他们招来，而他们却被你迎来，这是因为你可以担任大事啊！刘邦说这些话，是教导刘盈敬贤礼长。

（三）哀怜"如意母子"

就是要怜爱与照顾自己的宠妃戚夫人及其爱子赵王如意。因为吕皇后"最怨戚夫人及其子赵王"，使母子俩处境险恶，所以刘邦特别加以嘱咐。然而，刘盈仁弱，无法完成这个遗嘱。刘邦死后，吕后先将赵王毒死，然后"断戚夫人手足，去眼，煇（通熏）耳，饮瘖药，使居厕所中，命曰'人彘'"。还召刚即位的惠帝刘盈去观看，惠帝看后"大哭，因病，岁余不能起"，从此"以此日饮为淫乐，不听政"[1]，实权便落到了吕后及其兄弟手中。这一情况反映了宫廷斗争的残酷无情，也提出了如何巩固皇权和约束后妃外戚势力的问题。

———————————

[1] 《史记·吕太后本纪》。

二、汉文帝刘恒遗诏薄葬

秦末天下大乱，社会经济凋敝，财物匮乏，连天子也不能坐有四匹同样颜色的马所驾的马车，将相则坐牛车，至于普通百姓，更是没有什么积蓄。在这种情况下，统治者便采取与民生息的政策，提倡俭朴的道德风尚。在这方面，汉高祖刘邦之中子汉文帝刘恒（前180—前157在位）做得相当突出。他《遗诏》对己薄葬、简葬，以免劳民伤财。

（一）"死者天地之理"，厚葬不取

训诫道："朕闻，盖天下万物之萌生，靡有不死。死者天地之理。物之自然，奚可甚哀？"但人们都好生恶死，大办丧事，费财厚葬，这是无益有害的。"厚葬以破业，重服以伤生，吾甚不取！"况且我生前"不德"，对百姓无助；死后又让他们冒着寒暑，减少饮食，不祭鬼神，长久地服丧痛哭，这会加重我的"不德"，如何对得起天下父老百姓！

（二）丧事要简约

令天下吏民，在接到诏命后，"出临三日，皆释服"；不要禁止娶妇、嫁女、祠祀饮酒食肉；前来哭临的，不要光着脚；丧服上的麻布带子不得超过三寸；不得用布围罩车与兵器；不要让百姓到宫殿中哭丧；应当来殿中哭丧的，皆早晚各哭泣十五声，行礼完毕作罢；禁止擅自哭丧。

（三）葬品"皆以瓦器"

汉文帝生前节俭，在位二十三年，其宫室、苑囿、狗马、衣服、车驾都没有添加。费用高的，就废除以利民。曾想建露台，召工匠计算费用，需要黄金百斤，便说："百金，中民十家之（财）产。"我奉守先帝的官室，还常怕有羞于此，还筑露台干什么，便停止了修建。他"常衣绨衣，所幸慎夫人，令衣不得曳地，帷帐不得文绣，以示敦朴，为天下先"。这种俭朴的作风，也反映在丧葬上。文帝生前令人为自己在霸陵修墓园，规定随葬物"皆以瓦器，不得以金、银、铜、锡为饰"，也不修高大的坟冢，以便节省开支，不烦扰百姓。临终前又在《遗诏》中重申，"霸陵山川因其故，毋有所改"①。也就是依山势不起坟墓，不增修建筑物。汉文帝关于薄葬、俭约的训诫，对后来的帝王如刘秀、曹操等，有重大的影响。

三、光武帝刘秀训诫太子刘庄重文勤政

光武帝刘秀（25—57在位），字文叔，南阳蔡阳（今湖北省枣阳西南）人。汉高祖刘邦九世孙。新莽末年爆发了农民大起义，刘秀以恢复汉家制度为号召，击败义军，建立东汉王朝。旋即削平割据势力，统一了中国。建武十九年（43）立刘庄为太子，并注意对他进行教诫：

（一）不事攻战

据《后汉书·光武帝纪》记载，东汉初年，百姓因兵战疲耗，思休养生息，所以他"非儌急，未尝复言军旅"。只是"退功臣（指武将）而进文吏，戢弓矢而散牛马"，致力于文治、礼制。太子"尝问攻战之事"，他答曰："昔卫灵公问陈（同阵），孔子不对，此非尔所及。"当年卫灵公曾问孔子布阵打仗的事，孔子不回答。意思是这不是你所能做到的。据《论语·卫灵公》记载，孔子没有正面回答卫灵公的这一提问，

———————————

① 《史记·孝文本纪》。

只是说："俎豆之事，则尝闻之矣；军旅之事，未之学也。"孔子之所以这样，是因为他认为治理好国家不能靠武力，只能用德治、礼治。刘秀借用这个典故，也是为了使太子明白，现在战事已平，以往领军打仗的事，不是你所要做的了。你所要做的事主要不是武功，而是孔子讲的"俎豆之事"，也就是文治。

（二）乐此不疲

刘秀勤于朝政，尽管"苦风眩，疾甚"[①]。苦于高血压病，头痛目眩很厉害，但仍"每旦视朝，日仄乃罢；数引公卿、郎、将讲论经理，夜分乃寐"。刘庄见父皇如此勤劳不息，便劝谏道："陛下有禹、汤之明，而失黄、老养性之福，愿颐爱精神，优游自宁。"请求他注意养生之道，爱惜精力，悠闲一些，以求身心安宁。但刘秀却表示："我自乐此，不为疲也。"我自己乐于此事，没有感到疲劳。这既是刘秀勤劳国事、"总揽权纲"的写照，也是以自己的实际行动教导太子，要关心礼乐经义，勤于国事，不得怠惰。

（三）遗诏简葬

汉代自汉文帝后，诸帝皆活着时预作陵墓，光武帝亦如此。他于建武二十六年（50）初作寿陵时诫皇族臣下："古者帝王之葬，皆陶人瓦器，木车茅马，使后世人不知其处。太宗识始终之义，景帝能述尊孝道，遭天下反覆，而霸陵独完受其福，岂不美哉！今所制地不过二三顷，无为山陵，陂池裁令流水而已。"意思是远古帝王的陪葬物，都用陶人、瓦器、木车，扎束茅草为人马，以使后人不关心他们的陵墓，不知道其葬在何处。汉文帝遗诏薄葬霸陵，景帝不改其制，故虽遭天下动乱，赤眉军入长安，惟独霸陵未遭盗掘，能够完整地保留下来。现在寿

---

① 《资治通鉴·汉纪三十五》。

陵占地不过二三顷，不修筑高大的陵墓，坟只用土堆成斜面，让水流掉就行。光武帝临终前遗诏说：我无益于百姓，殡葬皆如汉文帝定下的制度，"务从约省"①。

不过，太子刘庄继位后，将他厚葬于原陵。原陵在洛阳城外十五里，方三百二十步，高六丈，有封树，后遭盗掘，故魏文帝曹丕谓"原陵之掘，罪在明帝"②。

四、汉明帝刘庄诫皇族任人唯贤

刘庄（57—75），是光武帝第四子，建武十九年（43）立为太子，刘秀死后即继帝位，是为汉明帝。刘庄继承刘秀的家训思想，"遵奉建武制度，无敢违者"。

（一）任非其人，"民受其殃"

刘秀鉴于前代权臣太盛，外戚干政，上乱朝纲，下危臣民，故令皇后族阴、郭之家不过九卿，亲属荣位也不及大臣。刘庄遵行这一制度，"后宫之家，不得封侯与政"。但刘秀之女、刘庄之姐馆陶公主却为子求任郎官，刘庄"不许可，而赐钱千万"。为什么？他向群臣解释道："郎官上应列宿，出宰百里，官非其人，则民受其殃，是以难之。"郎官与天上列宿相应，主宰方圆百里的土地人口，如果任用不当，老百姓就要遭殃，所以我就难以答应了。刘庄不徇私情，任人唯贤，只是赏赐陶馆公主很多钱，而没有任外甥为郎官。

---

① 《后汉书·光武帝纪》。
② 《三国志·魏书·文帝纪》。

（二）遗命薄葬

刘庄初作寿陵，制令流水而已，石椁广一丈二尺，长二丈五尺，无得起坟。"万年之后，埽（同扫）地而祭，杅水脯糒而已。"死了以后，祭时用水与干饼就行了。过了一百天，只在四季祭奠，安排几名吏卒供给、洒扫，不要修路开道。如不从命，"敢有所兴作者，以擅议宗庙法从事"，处以"弃市"①，即在闹市执行死刑，并暴尸街头示众。不过，刘庄虽然"遗诏无起寝庙"，对己薄葬，却违背其父刘秀的遗令，在即位后第二个月，便厚葬其父于原陵。刘庄子章帝刘炟也效法乃父，"葬孝明皇帝于显节陵"②。显节陵离洛阳三十七里，方三百步，高八丈，尽管方比寿陵少二十步，但却高出两丈。这说明，封建帝王实行薄葬极不容易，即便薄葬，也耗资巨大，一般官宦与富家是无法企及的。

五、刘备遗诏太子泛览兵、法各家书

刘备（161—223）是汉景帝子中山靖王刘胜之后，三国时期政治家。字玄德，涿郡涿县（今河北涿县）人。幼年家贫，与母贩鞋织席为业。东汉末起兵镇压黄巾农民起义军有功，得授安喜尉。后得到诸葛亮辅助，在赤壁之战中联合东吴打败了曹操，夺取益州和汉中。曹操子曹丕称帝的第二年他也称帝，国号汉，建都成都。临终前有遗诏，训诫太子刘禅。

（一）"增修"智量

刘备说：一个人活到五十岁死不算早死，我已有六十多岁，还有什

① 《后汉书·显宗孝明帝纪》。
② 《后汉书·肃宗孝章帝纪》。

么遗恨？又有什么可悲伤的呢？只是挂念你们兄弟罢了。他勉励刘禅："丞相叹卿智量，甚大增修，过于所望，审能如此，吾复何忧！勉之，勉之！"丞相诸葛亮称赞你的智慧与胆识都有很大长进，超过了我对你的期望，果真是这样，那我还有什么可忧虑的呢？你再努力吧，努力吧！刘备担心刘禅的智慧与胆识不足为君，勉励他继续在这方面下工夫。

（二）"勿以恶小而为之，勿以善小而不为"

《周易·系辞下》说："善不积不足以成名，恶不积不足以灭身。小人以小善为无益而弗为也，以小恶为无伤而弗去也。故恶积而不可掩，罪大而不可解。"刘备此训是对这段话的提升。他告诫刘禅，要加强德行修养，对任何事情，既不要因为是小恶而去做它，也不要因为是小善而不去做它。这两句流传千古的名言，包含着量变引起质变的哲理：小恶不断积聚下去，就会陷于大恶而招祸，而积小善便能成大德而赢得美名，铸成伟业。刘备告诫道："惟贤惟德，能服于人。汝父德薄，勿效之。"只有自己贤明德高，才能使人信服。你父亲德行浅薄，你不要效仿。这些话语重心长，很有教育意义。

（三）读书益智

刘备教导刘禅读《汉书》、《礼记》；空闲时泛览诸子、《六韬》、《商君书》，因为这些书"益人意智"，可以增加智慧。刘备对法家与兵家的著作非常重视，他听说诸葛亮丞相抄写好的《申子》、《韩非子》、《管子》、《六韬》等书，还未及送来，便在半道上丢失了，就命刘禅自己找来阅读，以增长这方面的知识。因为在三国鼎立、战争频繁的历史条件下，帝王如不懂兵战，不以法治国治军，就不能保住政权，更不用说统治天下了。从刘备给儿子提供的书单看，其用心也是良苦的。这里顺便指出，刘备重视法家思想，但不主张严刑酷罚。张飞爱敬君子而不恤士卒、下人，刘备常戒之曰："卿刑杀既过差，又日鞭挞健儿，而令在左右，此取祸之道也。"但"飞犹不悛"，没有悔改，结果是"暴而无恩，以短取败"①，被帐下将士所杀。

不过，刘禅（223—263 在位）毕竟智量不足，又昏庸无能，在诸葛亮死后，信用宦官，朝政不修，国势日衰。炎兴元年（263），魏将邓艾率大军进逼成都，刘禅用谯周策投降，其子北地王刘谌谏曰："当父子君臣背城一战，同死社稷，以见先帝可也。"② 刘禅不纳，遂送玺绶，蜀国败亡。刘谌哭于宗庙，先杀妻子，而后自尽。

六、魏武帝曹操教子任贤、用法

曹操（155—220）字孟德，沛国谯（今安徽亳县）人，少时机警有术。参与镇压黄巾起义军，壮大了自己势力。官至宰相，受封魏王，子曹丕称帝后，追尊为魏武帝，以法治家训子，重视实践锻炼。

（一）"一夫之用，何足贵也"

曹操精通孙、吴兵法，熟知商、韩思想，认为"定国之术，在于强兵足食"③。但他并不否认儒学，废弃仁义，在建安八年（203）说："不见仁义礼让之风，吾甚伤之。"便下了"修学令"，兴办教育，以使"先王之道不废，而有以益于天下"④。对儿子们也是一样，很重视他们的文才。曹操共生有二十五个儿子，其中三子曹植，"年十余岁，诵读《诗》、《论》及辞赋数十万言，善属文"，作赋"援笔立成，可观"。曹

---

① 《三国志·蜀书·关张马黄赵传》。
② 《三国志·蜀书·后主传》。
③ 《曹操集·置屯田令》，中华书局 1959 年版。
④ 《曹操集·修学令》。

操对他十分宠爱，抱有厚望。七子曹冲聪慧好学，仁爱识达，曹操"数对群臣称述，有欲传后意"①。然年少病亡，他十分哀伤。二子曹彰"少善射御，膂力过人，手格猛兽，不避险阻。数从征伐，志意慷慨"。但曹操让他读《诗》、《书》，他却对左右说：大丈夫当为卫青、霍去病式的大将，率领"十万骑驰沙漠，驱戎狄，立功建号"，而不是"作博士"。在曹操"问诸子所好，使各言其志"时，他直言不讳地答："好为将。"曹操大笑，不以为然，训诫曹彰道："汝不读书慕圣道，而好乘汗马击剑，此一夫之用，何足贵也。"曹操虽然重视兵战，也赞扬曹彰的武功是"大奇"，但并不希望儿子当一介武夫，而要求他成为文武兼备的栋梁之才。

（二）"儿子亦不欲有所私"

曹操在勉子读书进德的同时，又选拔其中素质良好者到地方上挂职锻炼。建安二十一年（216），他下令诸子："今寿春（治所在今安徽省寿县）、汉中（治所在今陕西汉中东）、长安（今西安市西北），先欲使一儿各往督领之。欲择慈孝不违吾令，亦未知用谁也。儿虽小时见爱，而长大能善，必用之。吾非有二言也，不但不私臣吏，儿子亦不欲有所私。"② 这就明确告诫儿子们：谁慈孝，有能耐，又不违法令，就选谁去督率，治理其中某个重镇。你们小时候我都喜爱，长大后若有好的德才，我必定用他。我是说一不二的，不但对部下不徇私情，对儿子也是这样。

在诸子中，三子曹植（192—232）最有才华。"操尝出征，丕、植并送路侧，植称述功德，发言有章，左右属目，操亦悦焉。"曹操非常宠爱曹植，欲立为太子，所以在建安十九年（214）南征东吴孙权时，派曹植留守魏都邺城（今河北省临漳县西南），给他以实际锻炼和展示

---

① 《三国志·魏书·武文世王公传》。
② 《曹操集·诸儿令》。

才能的机会。在临行前特作书训诫他道："吾昔为顿丘（今河南省清丰县西南）令，年二十三，思此时所行，无悔于今。今汝年亦二十三矣，可不勉欤！"① 我任顿丘县令时，才二十三岁。回想当时的所作所为，今天也是没有什么可后悔的。现在你也二十三岁了，能不努力吗？把曹植留守邺城与自己当年做县令相比，鼓励他趁年轻多建功绩，以继大业，其用心十分良苦。

（三）"以王法从事"

曹操任人唯贤，重视法制的作用，并以此教诫诸子。建安二十三年，曹操任二子曹彰为北中郎将，行骁骑将军，北征代郡乌桓，在曹彰出发前教诫他道："居家为父子，受事为君臣，动以王法从事，尔其戒之！"对于三子曹植，虽"以才见异"，但由于他"任性而行，不自彫（同雕）励，饮酒不节"；又触犯法令，"尝乘车行驰道中，开司马门出。太祖大怒，公车令坐死。由是重诸侯科禁，而植宠日衰"。并颁布《曹植私出开司马门令》严加训斥："始者谓子建，儿中最可定大事。""自临菑侯植私出，开司马门至金门，令吾异目视此儿矣。"② 起初，曹操认为曹植是诸儿中最能成就大事的人，自从私开司马门走到金门后，便改变了对他的看法。曹操不仅处死了管理司马门事务的官员公车令，而且《又下诸侯长史令》③，进一步对诸子严加约束。随后又下了《立太子令》，正式宣布立曹丕为太子。不过，曹操仍然没有放弃对曹植的教育。建安二十四年（219），曹仁的军队被关羽包围，曹操命曹植率领大军前往救援，给他以补过的机会。据《魏氏春秋》记述，"植将行，太子饮焉，偪而醉之。王召植，植不能受王命，故王怒也。"看来，曹丕怕曹植建功后又得宠，故在他出发前，以送行为名逼他喝醉，致使曹植

---

① 《曹操集•戒子植》。
② 《三国志•魏书•任城陈萧王传》及注。
③ 《资治通鉴•汉纪六十》。

醉卧不醒，延误了领军出征的时间，从而完全失去了曹操的信任。曹操教子，赏罚分明，令行禁止。

（四）令后宫节俭不奢

曹操"雅性节俭，不好华丽，后宫衣不锦绣，侍御履不二采，帷帐屏风，坏则补纳（同衲），茵蓐取温，无有缘饰一。"为了使家人、内宫力戒奢侈，他专门下了《内戒令》。此令共有八条，从自己注重节约谈起，规定家人、内宫乃至官吏百姓都不得铺张浪费，内容十分具体。曹操还反对嫁娶奢侈，其女嫁人，"皆以皂帐，从婢不过十人。"①

（五）"遗令"明己功过，实行薄葬

据《三国志·魏书·武帝纪》记载，建安二十五年（220），曹操自觉病重，便立下《遗令》："吾在军中执法是也，至于小忿怒，大过失，不当效也。"他在历史上以执法严峻著称，"无功望施，分毫不与，四方献御，与群下共之"。违法悖令，诛杀无赦。不过，他错杀了一些人，如错杀名医华佗便是一例。此事他当时就后悔。不久，七子曹冲得重病无人能治，他叹曰："吾悔杀华佗，令此儿疆死也。"② 临死前，曹操希望诸子、家人、官吏们引以为鉴，不要效法。这说明曹操尚有自知之明，也能解剖自己。

《遗令》对丧葬等后事做了安排。当时，兵战不断，凶荒连年，资财乏匮，他告诫家人："天下尚未安定，未得遵古也。"不要遵古厚葬，要薄葬、简葬；"葬毕，皆除服"。安葬完毕便脱去丧服。边境上"将兵屯戍者，皆不得离屯部"，不要离开驻地；"有司各率其职"，各部门官员要坚守岗位，各尽其职。入殓时穿与时令相合的一般衣服，棺木埋在

---

① 《三国志·魏书·武帝纪》注，引《魏书》、《傅子》言。
② 《三国志·魏书·方伎传》。

邺城西面的山冈上，与西门豹的庙相近，"无藏金玉珍宝"。曹操对夫人、婢妾和歌舞艺人也做了安排。命将多余的熏香"分与诸夫人"；各房的人无事可做，"可学作组履卖也"，就是学习纺织丝带与做鞋子出卖，自谋出路。

曹操家训思想的特点，除了重视实践锻炼、针对性强、要求具体、便于操作外，还注意现身说法、以身作则、带头示范。尤其采用训诫与执法相结合的方法。如训诫诸子与将士、部属恪守法令就是如此。有一次曹操率军经过麦田，下令不准践踏败坏麦田，"犯者死"。但他自己的马却"腾入麦（田）中"，便令主簿议罪，"主簿对以《春秋》之义，罚不加于尊。"曹操不同意，说："制法而自犯之，何以帅下？然孤为军帅，不可自杀，请自刑。"① 随即用剑割发弃地以代刑。

七、曹丕、曹睿、曹衮对曹操家训
思想的继承与丰富

曹操死后，其子曹丕（187—226）嗣位丞相、魏王。旋即代汉称帝，是为魏文帝。他实行九品中正制，确立与巩固士族豪强在政治上的特权；爱好文学，所著《典论·论文》对我国的文学评论颇有贡献。在家训方面发挥了曹操的思想：

一是有过不改，任官亦难。他说："父母于子，虽肝肠腐烂，为其掩避，不欲乡党士友闻其罪过。然行之不改，久矣人自知之，用此任官，不亦难乎？"② 儿子有过失，父母虽然尽力为他掩盖，不使乡亲、士人、朋友知晓，但若他继续违犯而不改正，那么任用这样的人以官

---

① 《三国志·魏书·武帝纪》注。
② 《全上古三代秦汉三国六朝文》卷七。

职，不是很难的吗？在这里，他继承了曹操任人唯贤、不徇私情的思想，表明儿子如果不贤能，我再慈爱他，也是不能任官授职的。

二是反对厚葬，主张薄葬。据《三国志·魏书·文帝纪》记载，曹丕在黄初三年（222）预作《终制》，为自己定下丧葬的礼制，告诫其子、皇族、官吏：不要封树与藏宝。"夫葬也者，藏也，欲人之不得见也。"丧葬就是死后不让人看见，使"易代之后不知其处"。我选择了首阳山（今山西永济县南）东这块丘墟不食之地为寿陵。寿陵要以古代圣王为榜样，不封不树，即不堆土为坟墓，不植树为标记。"昔尧葬谷林，通树之；禹葬会稽，农不易亩。故葬于山林，则合乎山林。封树之制，非上古也，吾无取焉。寿陵因山为体，无为封树，无立寝殿"，人死后，"骨无痛痒之知，冢非栖神之宅……为棺椁足以朽骨，衣衾足以朽肉而已"。不要安放贵重的随葬品，"无藏金银铜铁，一以瓦器"；"饭含无以珠玉，无施珠襦玉匣"。棺材只漆三遍就可以了。曹丕总结了历史上厚葬的危害性，指出："光武之掘，原陵封树也；霸陵之完，功在释之；原陵之掘，罪在明帝。是释之忠以利君，明帝爱以害亲也。"应引以为戒，才能"安君定亲，使魂灵万载无危，斯则贤圣之忠孝矣"。西汉文帝实行薄葬，所以霸陵完好无损，东汉光武帝的原陵被盗掘，罪过在其子明帝厚葬封树。厚葬之所以不可取，就在于"自古及今，未有不亡之国，亦无不掘之墓也。丧乱以来，汉氏诸陵无不发掘，至乃烧取玉匣金缕，骸骨并尽，是焚如之刑，岂不重痛哉！祸由乎厚葬封树"。因此，你们违背我的《终制》，"妄有所变改造施，吾为戮尸地下，戮而重戮，死而重死。臣子为蔑死君父，不忠不孝，使死者有知，将不福汝。"妄图改变我这一诏令，这是为臣不忠，为子不孝，如果我死后有知，将会不福佑你们的。曹丕死后，"葬首阳陵。自殡及葬，皆以《终制》从事"。他的薄葬思想是历史教训的总结，饱含唯物辩证的观点，很有价值。

曹丕死后，子曹睿（207—254）即位，是为魏明帝，与曹操、曹丕并称为魏之"三祖"。他生在帝王之家，已忘记先祖创业之艰难，抛弃了节俭，在位期间，虽"百姓凋敝，四海分崩"，却奢靡是务，屡兴土木，力役不已，致使农桑失时，虽群臣屡谏，然终不听。不过，魏明帝尚有人君之雅量，大臣犯颜极谏，也不加罪过。他继承曹操训导与法制相结合的家教方法，推崇马援遗训，对皇族耐心诚诲。主要有：一是劝诫皇叔曹斡慎独谨行。赵王曹斡是曹操之子，为陈妾所生。陈妾在曹丕立为太子中起重要作用。曹操病危时嘱咐丕："此儿三岁亡母，五岁失父，以累汝也。"① 所以他特别亲待曹斡，隆于诸弟。曹睿遵父遗规，对这位叔父也常加恩意。但曹斡疏于律己，"青龙二年"（232），私通宾客，为有司所奏。为此，明帝以诏书的形式诚诲曹斡道：太祖深明国家治乱、存亡的根源、机理，在初封诸侯时，就"训以恭慎之至言"，希望诸王、侯约束自己的言行；效法马援之遗训，勿议人长短，不讥讽朝政；守诸侯宾客交通之禁，以私下与宾客交往为犯妖恶之罪。这不是薄骨肉之情，"徒欲使子弟无过失之愆，士民无伤害之悔耳"。高祖即位后，"申著诸侯不朝之令"，我亦有"若有诏得诣京都"的诏文，规定诸侯无诏不得到京都。在曹魏时期，诸侯之间一般不能交通往来；诸侯游猎不得超过三十里外，并有专门的监国之官伺察之。所以曹斡与曹纂、王乔等在自己家中集合，私自交往，"或非其时，皆违禁防"。不过，曹睿宽宥了他，说：叔父"幼小有恭顺之素，加受先帝顾命"，所以我赐以恩礼。"且自非圣人，孰能无过？已诏有司宥王之失。"但做人必须注意自我修养，处事谨慎，言行敬畏，战战兢兢，"戒慎乎其所不睹，恐惧乎其所弗闻"，这样，"称朕意焉"② 。我就称心满意了。

二是激励皇叔曹茂悔昔之非，修善将来。乐陵王曹茂为曹操之子，曹睿之叔。他"性傲很，少无宠于太祖。及文帝世，又独不（封）王"。后来，因为曹茂小所改进，故明帝封其为聊城王，并在诏书中诚诲道："昔象之为虐至甚"，而大舜犹封他为侯；西汉淮南王等逆反，而惩罚之

---

① 《三国志·魏书·武文世王公传》注。
② 《全上古三代秦汉三国六朝文·全三国文》卷一〇。

所以未及于身，乃至复其国，"斯皆敦叙亲亲之厚义也"，这都是为了和睦上下、长幼、亲戚之深情厚谊。"聊城公茂少不闲礼教，长不务善道"；所以在文帝时兄弟中只有曹茂不封王。但近来其"少知悔昔之非，欲修善将来。君子与其进，不保其往也。今封茂为聊城王"。后徙封乐陵王。曹茂子多，为解决其生活困难，曹睿给予"增户七百"①。

三是劝诫皇叔曹据既过能改、改行无怠。曹据是曹操之子，封为彭城王。景初元年（237），他遣司马董和带珠玉到京师多作禁物，交通工官，逾侈非度，轻视法令，明帝绳之以法，下诏削县二千户。与此同时，诏书又动之以情，晓之以理，表示对此"不宁于心"，虽是"少疵"，但如忽略而不觉悟，那是会积聚成大的过失的。若"常虑所以累德者而去之，则德明矣；开心所以为塞者而通之，则心夷矣；慎行所以为尤者而修之，则行全矣"。常常思虑把损害道德的因素除去，那道德就昭明了；打开蔽塞心灵的东西而使通之，那心境就怡然平和了；谨慎对待发生错误的原因而进行修养，那行为就完善了。此三者，王都能具备。"仲尼论行，既过能改。王改其行，茂昭斯义，率意无怠。"② 孔子评论人的行为，看重的是有了过失能够改正。王改正错误的行为，要顺着孔子的话去做，切勿怠惰。

曹睿家训的显著特点，是重诫诲而轻惩罚。如中山恭王曹衮"来朝，犯京都禁"，被"诏削县二，户七百五十"。他甚是忧惧，有悔改表现。曹睿嘉奖其意，于次年恢复其所削之县。当然，皇族如果图谋篡逆，那是绝不宽容的，楚王曹彪企图另立朝廷，建都许昌，曹睿"赐彪玺书切责之，使自图焉，彪乃自杀"③。就是突出的事例。

曹魏的帝王家训，集中反映于曹操、曹丕、曹睿"三祖"。曹氏子孙人才很少，没有留下多少家训思想，只有中山恭王曹衮尚有可观者。

---

① 《三国志·魏书·武文世王公传》。
② 同上。
③ 同上。

他"少好学，年十余岁能属文。每读书，左右常恐以精力为病，数谏止之，然性所乐，不能废也"。他为人谦虚、谨慎，常以"夫生深宫之中，不知稼穑之艰难，多骄逸之失"自诫。下属上表赞美他，"衮闻之，大惊惧"，责备道："修身自守，常人之行耳，而诸君乃以上闻，是适所以增其负累也。且如有善，何患不闻？而遽共如是，是非益我者。"临终前又诫令其世子曹孚道：你尚幼小，不懂事，却"早为人君，但知乐，不知苦；不知苦，必将以骄奢为失也"。今后，一要礼贤下士，"接大臣，务以礼；虽非大臣，老者犹宜答拜"。二要"事兄以敬，恤弟以慈；兄弟不有良之行，当造膝谏之。谏之不从，流涕喻之；喻之不改，乃白其母。若犹不改"，就应当上奏皇帝，并辞去所封国土。因为与其守护宠赐遭到灾祸，不如贫贱而保住性命。当然，这是指"大罪恶耳，其微过细故，当掩覆之"。三要"奉圣朝以忠贞，事太妃以孝敬"。四要敕令亲属官吏，按朝廷"终诰之制"薄葬，不违自己"好俭"家风[①]。曹衮从全身保国出发，重视情理结合而以训导为主，不追究细微的过失而不放过重大的罪恶，这一点与刘备"勿以恶小而为之"的遗诫是不同的。

综观两汉三国的帝王家训，内容虽然比先秦丰富得多，说理性也有所加强，对社会的影响也很大，但总的来说还比较琐碎，并未形成较完整的体系。

---

① 《三国志·魏书·武文世王公传》。

第九章
东汉、曹魏的后妃与外戚家训

中国历史上有些朝代，后妃与外戚在政治舞台上扮演着极为重要的角色，起着举足轻重的作用。

外戚特指帝王的母族或妻族。外戚擅权骄横及其所遭的灭族之灾，是中国封建社会特别是两汉政治中的一个极为重大的问题。"汉世外戚，自东西京十有余族，非徒豪横盈极，自取灾故，必于贻衅后主，以至颠败者，其数有可言焉。"① 高帝吕后、昭帝上官后、宣帝霍后、成帝赵后、平帝王后、章帝窦后、和帝邓后、桓帝窦后、顺帝梁后、灵帝何后等娘家亲族，有的贵盛骄奢，有的位高权重，多以盈极被诛。鉴于"权族好倾，后门多毁"② 的教训，明智的后妃与外戚总是战战兢兢，敬惧畏哉，训诫子孙谦俭克己，慎交远佞，修身远祸，以得善终。

一、明德马皇后的家训

明德马皇后（? —82）是东汉明帝刘庄（6—75）的皇后，伏波将

---

① 《后汉书·邓寇列传》。
② 《后汉书·樊宏阴识列传》。

军马援小女。少丧父母，十三岁时选入太子宫，明帝永平三年（60）立为皇后。章帝即位尊皇太后。马后聪慧，"能诵《易》，好读《春秋》、《楚辞》，尤善《周官》、《董仲舒书》。"① 她受其父马援和汉高祖刘邦等影响，重视帝王家教，尤重对"外亲"的训诫，主要表现在：

（一）躬亲率先，戒奢从俭

马皇后鉴于西汉以来不少外戚屡屡败亡的历史教训，又目睹自己外亲中骄奢之风正在滋长，便严加训诫。她注意从自身做起，"常衣大练，裙不加缘"，诸王亲家来朝拜，远远看到马后粗疏的衣袍，以为很华丽，但走近一看，不禁都笑起来。她解释说：这种丝织品染色很好，"故用之耳"。其实是为了带头俭约："吾为天下母，而身服大练，食不求甘，左右但著帛布，无香熏之饰者，欲身率下也。"马皇后本以为这样一来，"外亲见之，当伤心自敕"，自克、自律、自制，改奢从俭，不料他们反"笑言太后素好俭"。她经过北宫外濯龙门，看见外亲来拜问者"车如流水，马如游龙，苍头衣绿褠，领袖正白"，真是车水马龙，奴仆穿着绿的臂套，白色的衣服领子与袖子，而再看看自己身边的侍从，"不及远矣"。于是，她采取对策，"绝其岁用而已，冀以默愧其心"，断绝其一年的费用，希望他们能愧对其心，不再铺张浪费。其兄马廖等办理母亲的丧葬，修造的坟稍微高大了些，经马皇后过问，廖等"即时削减"。反之，"其外亲有谦素义行者，辄假借温言，赏以财位"②。

对皇子、公主也是如此，处罚奢侈，奖励俭约。新平公主穿的衣服是用天青色的细绢做的，外衣是直领，马皇后训斥了她，并下令不得给予厚赐。汉明帝子广平王刘羡、世鹿王刘恭、乐成王刘党入宫问起居，"车骑鞍勒昆黑色，无金银采饰，马不逾六尺"，朴素无华，马皇后就

———————————

① 《后汉书·皇后纪》。
② 同上。

"赐钱各五百万"。于是，内外从化，由奢变俭。"教化不严而从，以躬亲率先之故也。"①

（二）"人未必当自生子，但患爱养不至耳"

马皇后无子，汉明帝将他与贾贵人所生的第五子（后为汉章帝）令马皇后抚养。马皇后说：人不一定要自己亲生儿子，所忧虑的不是不生儿子，而是对孩子爱抚、养育不到位。她对章帝尽心抚育，辛劳超过亲生的母亲。后来，章帝也竭尽孝道。母子慈爱，丝毫无间。马皇后"教诸小王，试其诵论，衍衍和乐，日夕论道，以终厥身"。她终生教诲年幼的王子们学习经书，十分和乐。故君子评论马皇后："在家则可为众女师范，在国则可为母后表仪。"② 在家庭可作为妇女们的榜样，在国家可作为母后的表率。

（三）诫章帝慎封外亲

马皇后以汉室为重，在明帝永平年间，克己辅佐，不以娘家利益干涉朝政。当时，其兄马廖和其弟马防、马光在朝为官，她从不为其请求升迁，故其兄弟于明帝在位期间没有晋升。章帝即位后，欲封爵诸舅，马太后不同意。不久，公卿等又上书，依汉旧典，外戚以恩泽封侯，她也不同意，认为这是请封者们"皆欲媚朕以要福耳"。当年，"田蚡、窦婴，宠贵横恣，倾覆之祸，为世所传。故先帝防慎舅氏，不令在枢机之位"。田蚡是汉景帝的王皇后同母弟，封武安侯，为丞相，甚贪骄，汉武帝曾说："使武安侯在者，族矣！"窦婴是汉文帝的窦太后侄，封魏其侯，为丞相，因罪被诛弃市。他们都因宠骄横，而遭败亡之祸。所以，先帝不让舅氏掌握重权，任机要之官。后来，章帝因大舅年高，二舅、

---

① 刘向：《列女传·明德马后》。
② 《列女传·明德马后》。

三舅有大病，又请求太后准予封赐他们。马太后回答说：我难道只是想得到谦让的名声，而不使你受到只施恩外亲的嫌疑吗？以前窦太后想封汉景帝的王皇后之兄王信，丞相、条侯周亚夫不同意，说汉高祖曾与功臣相约，"无军功，非刘氏不侯"。现在，"马氏无功于国"，岂能封侯？吾"常观富贵之家，禄位重叠，犹再实之木，其根必伤"。而且，人们之所以愿意封侯，就是想上祭祀祖先，下求得温饱。现在这些都富足有余。"夫至孝之行，安亲为上。今数遭变异，谷价数倍，忧惶昼夜，不安坐卧，而欲先营外封，违慈母之拳拳乎！"你只想先封外亲，这是对慈母的孝心吗！此事等到"阴阳调和，边境清静"时再做吧！到建初四年（79），天下丰收，四边无事，章帝"遂封三舅廖、防、光为列侯"。马太后知道后说："吾少壮时，但慕竹帛，志不顾命。今虽已老，而复'戒之在得'。"自己青壮年时怀慕古人，书名竹帛，而不顾生命之长短；现在老了，要戒贪啬。意思是更加吝惜封爵，不想滥封亲戚，以不负先帝，"所以化导兄弟，共同斯志，欲令瞑目之日，无所复恨。"①马太后就是这样谆谆教导章帝，节制其舅父们的权势、财利的。

据《后汉书·马援列传》载，在马皇后劝诫与马援训导下，马廖忠诚、畏慎，不屑毁誉，每有赏赐，都辞让不敢当，颇得称誉，但其性宽缓，不能教育子孙。马防在章帝时虽建有战功，但他与马光生活"奢侈，好树党与"；"奴婢各千人已上，资产巨亿，皆买京师膏腴之田，又大起第观，连阁临道，弥亘街路，多聚声乐……刺史、守、令多出其家"。后遭奏劾"奢侈逾僭，浊乱圣化"，被免官遣归封国。

明德马皇后对外亲的训诫，对魏文帝曹丕的郭皇后等有很大影响。后人在刘向《列女传》的基础上，增补了《续列女传》，把明德马皇后的许多事迹，作为续《母仪传》收录其中。

---

① 《后汉书·皇后纪·明德马皇后》。

二、卞皇后与郭皇后的家训

曹操的卞皇后（160—230）出身卑微，"本倡家，年二十，太祖于谯（今安徽亳县）纳后为妾。后随太祖至洛"。建安二十四年拜为王后。曹操废嫡妻丁夫人后，"诸子无母者，太祖皆令（卞）后养之"。卞皇后便担当起了抚养诸王子的重任。其长子曹丕既有才华又有权术，被立为太子，左右都来庆贺邀赏，卞皇后却冷静地说："王自以丕年大，故用为嗣，我但当以免无教导之过为幸耳，亦何为当重赐遗乎！"曹操知道后赞扬她说："怒不变容，喜不失节"，真是难能可贵。当时民生凋敝，库财贫乏，曹操提倡俭朴，卞皇后率先节俭以训导亲属。卞"后性约俭，不尚华丽，无文绣珠玉，器皆黑漆"。她"减损御食，诸金银器物皆去之"。曹操常将得到的一些妇女装饰品，让她从中挑选一具，她便取中等的，"问其故，对曰：'取其上者为贪，取其下者为伪，故取其中者。'"卞皇后每见娘家亲戚，常言"居处当务节俭，不当望赏赐，念自佚也。外舍当怪我遇之太薄，吾自有常度故也"。有一次，魏文帝曹丕为其舅父即卞皇后的弟弟卞秉造宅第，建成后，卞太后去他家，并请诸家外亲吃饭，都不过是平常的饭菜，"无异膳"。而太后左右的人，则是"菜食粟饭，无鱼肉，其俭如此"[1]。

三子曹植聪明过人，才华横溢，诗文出众，卞皇后与曹操非常宠爱他。但曹植任性而行，不仅在曹操在世时，而且在曹丕称帝后，都触犯过律令。他有一次犯法，被朝廷官员检举揭发，曹丕将此事通报卞太后；她知道后不仅没有为他求情宽宥，而是说：告诉皇帝，不要因为我爱他而破"坏国法"[2]，意思是让曹丕依法惩处。

卞后为人仁慈、宽容。起先，丁夫人为曹操嫡妻，对卞氏母子不厚

---

① 《三国志·魏书·后妃传》注。
② 同上。

道。丁氏被废，卞后"不念旧恶，因太祖出行，常四时使人馈遗，又私迎之"，让丁氏坐正位而己屈下位，迎来送去，有如昔日，这使丁氏很感激。丁氏亡故，卞后又请求曹操厚葬。这种宽容与大度，也为中国古代皇后树立了榜样。

曹丕的郭皇后（184—235）出身于官宦之家，早年父母双亡，丧乱失所，曹操为魏公时，得入东宫，颇有智数，曹丕"定为嗣，后有谋焉"。因而得到宠幸，赐死甄皇后而立为皇后。郭后"性俭约，不好音乐，常慕汉明德马后之为人"。她对外亲训导甚严，常敕戒道："汉氏椒房之家，少能自全者，皆由骄奢，可不慎乎！"郭后的姐姐去世，姐子孟武"欲厚葬，起祠堂"，郭后制止道："自丧乱以来，坟墓无不发掘，皆由厚葬也。"要他进行薄葬。

郭后还教诫外亲婚姻要门当户对，不得借权势与他方通婚，高攀、低就，也不得随便纳妾。"后外亲刘斐与他国为婚"，郭后知道后训诫道："诸亲戚嫁娶，自当与乡里门户匹配者，不得因势强与他方人婚也。"孟武回乡欲娶小妾，她不仅予以制止，还因此训诫诸外亲："今世妇女少，当配将士，不得因缘取以为妾也。宜各自慎，无为罚首。"东汉末年战乱遍地，百姓死于非命，妇孺死伤尤多，在这种情况下，郭后反对外戚多纳妾，以便将她们许配给将士，应该说这是明智之举，也很有人情味。

黄初六年（225），曹丕率军征伐吴国，郭后留居谯宫，由从兄奉车都尉郭表负责保卫工作。郭表想筑堤遏水取鱼，郭后制止说："水当通军漕，又少材木，奴客不在目前，当复私取宫竹林作梁遏。今奉车所不足者，岂鱼乎？"意思是这样做不仅有害船只通航运输，还会私取官家竹木违反法纪，而你所缺少的，难道是鱼而不是别的什么吗？这些话意味深长，很有教育意义。

可惜，郭后因得宠而立为后，又因失势而遭厄运。曹丕死后，魏明帝曹睿即位。他知道其母甄后是因失宠而被其父逼杀后，"心常怀忿"，遂将郭太后逼杀，且殡葬亦如甄后故事："被发覆面，以糠塞口。"① 结局十分悲惨。

与贤明的后妃重视对外亲训诫的同时，明智的外戚为全身保家、远祸避害，也注意对子弟的教育。樊宏、马援等人就是如此。

三、樊宏父子家训

樊宏（？—57）是光武帝刘秀（25—57 在位）之舅父。南阳湖阳（治今河南唐河南湖阳镇）人。刘秀即位后，拜光禄大夫，位特进，封寿张侯。樊宏父亲樊重是当地著名的大地主、大商人，家教"有法度，三世共财，子孙朝夕礼敬，常若公家"。其"外孙何氏兄弟争财，重耻之，以田二顷解其忿讼。县中称美，推为三老"。曾借人钱数百万，临终"遗令焚削文契"，债家来还，诸子遵父嘱咐，"竟不肯受"。樊宏秉承家风，为人谦柔畏慎，不求苟进；经常教诫其子："富贵盈溢，未有能终者。吾非不喜荣势也，天道恶满而好谦，前世贵戚皆明戒也。保身全己，岂不乐哉！"一个人富贵享受到了极点，没有能善终的。我并非不喜欢荣耀与权势，但天道厌恶骄满而尚好谦谨，前代贵戚外家的可悲下场都足以为诫。保全自己的身家性命，这不是快乐的事情吗！樊宏自愧无功封侯、"享食大国，诚恐子孙不能保全厚恩"，所以处事敬慎，"每当朝会，辄迎期先到，俯伏待事，时至乃起"。凡上书政事得失，都亲手书写，"毁削草本"，不留痕迹。"宗族染其化，未尝犯法"。

其子樊儵"谨约有父风，事后母至孝"；删定《公羊严氏春秋》章句，世称"樊侯学"，教授门徒前后三千余人。但他有很强的忧患意识，当听说其弟樊鲔为子樊赏求娶楚王刘英之女敬乡公主时，便立即加以劝止，说：光武帝时，"吾家并受荣宠，一宗五侯。时特进一言，女可以

---

① 《三国志·魏书·后妃传》注。

配主，男可尚主，但以贵宠过盛，即为祸患，故不为也"。你只有一个儿子，"奈何弃之于楚乎？"但樊鲔不从。后来，楚王果然出事。因为樊儵制止过这门婚事，反对侄子当楚王的女婿，故其诸子未受牵连。樊儵自己也不攀高枝，"无所交结"。当时，光武帝之诸王子为扩展自己势力，"各招引宾客，以儵外戚，争遣致之"，争着与他搞好关系，但樊儵不动心，不为他们所左右，"清静自保，无所交结"。后来，有所交结的"贵戚子弟多见收捕，儵以不豫得免"。樊儵的子孙和睦共处，互相扶助。其次子樊梵"悉推财物二千余万与孤兄子"，官至大鸿胪；族孙樊准"少励志行，修儒术，以先父产业数百万让孤兄子"[①]。特补尚书郎。樊氏作为乡里著姓，是封建大家族的典范。樊氏子孙世代为官、承袭侯爵，是与其注重家训、处处时时慎畏谦谨分不开的。

四、马援家训

马援（前14—49），字文渊，扶风茂陵（今陕西省兴平县东北）人。其小女为汉明帝之马德皇后。马援少有大志，有名言"丈夫为志，穷当益坚，老当益壮"留世。他以"当今之世，非独君择臣也，臣亦择君也"的人生哲理，在乱世中走上政治舞台，最后归顺刘秀，在东汉王朝建立过程中，战功赫赫，历任陇西太守、伏波将军，封新息侯。马援以自己的曲折经历，在征途中写下的《诫兄子马严、马敦书》，是古代家训名篇，对后世有较大影响。

（一）"虽贵，何得失其序也"

他教诫儿子遵长幼之序，行上下之礼。有一回，他有病，光武帝的

---

① 《后汉书·樊宏阴识列传》。

女婿梁松来问候，未经传唤进房，拜于床下，马援没有答礼，梁松没趣地离开后，诸子问曰：梁公"贵重朝廷，公卿以下莫不惮之，大人奈何独不为礼？"他回答说："我乃松父友也。虽贵，何得失其序乎？"我是梁松父亲的朋友，梁松虽尊贵，但怎么能失长幼之序、不行上下礼？按礼制要求，尊敬父之执友，应如事己父。因为按照《礼记》，"见父之执友，不谓之进不敢进，不谓之退不敢退，不问不敢对"。很显然，马援在这里是教诫诸子遵行礼法。

（二）"好议人长短，此吾所大恶也"

马援有三位兄长，马余早亡，留下马严、马敦两个儿子，一度由马援抚育。马援远征交趾期间，听说这两个侄儿"并喜讥议，而通轻侠客"，感到很不安，便在万里之外写家书教诫道："吾欲汝曹闻人过失，如闻父母之名，耳可得闻，口不可得言也。好论议人长短，妄是非正法，此吾所大恶也，宁死不愿闻子孙有此行也。"你们听到别人的过失，好像听到父母的名字，耳可听到，而口不得说道。好议论人家长短，妄加讽刺朝政，这是我所最厌恶的事情，我宁死也不愿听到子孙有这种不良的行为。我所以重复说这些话，是重"申父母之戒"，使你们不再遗忘。

（三）勿效"天下轻薄子"

马援要侄子们学习贤者敦厚、正直、谦俭、廉正的品质："龙伯高敦厚周慎，口无择言，谦约节俭，廉公有威，吾爱之重之，愿汝曹效之。"愿你们效法龙伯高的德行。但我不愿你们效法杜季良。杜季良也是京兆人，任越骑司马。他虽然"豪侠好义，忧人之忧，乐人之乐，清浊无所失"，但行为浮泛、轻薄，其父去世，遍告亲友，有几郡人来参加丧礼，"不愿意汝曹效也"。因为"效伯高不得，犹为谨敕之士，所谓刻鹄不成尚类鹜者也。效季良不得，则陷为天下轻薄子，所谓画虎不成反类狗者也"①。

马援生有四子：廖、防、光、客卿。客卿有"将相器"，可惜早亡。长子马廖听从教诲，时人有称誉。二子马防、三子马光不听教诲，奢侈逾僭，备受谴责，但能保住家门。侄子马严、马敦后来很有长进，学识、义行受到京师长老们的称赞。马敦官至虎贲中郎将。马严专心研读经典，览百家群言，通《春秋左氏》，能交结英贤；马援"常与计议，委以家事"。入朝为官后多有功绩，拜陈留太守，迁将作大臣，后为权贵窦宪兄弟所忌，在窦太后临朝后"退居自守，训教子孙"。马严生有七子，其中以续、融知名。马续通《论语》、明《尚书》、善《九章术》，协助班昭作成《天文志》，为最终完成《汉书》的编写工作贡献了力量。马融（79—166）曾受教于班昭，是东汉大经学家，著述甚多，为我国的文化事业作出了重要贡献。

马援的家训思想，后来受到曹魏君臣与南朝梁元帝萧绎等的重视，王昶在其《家诫》中大段摘引了马援的诫言，认为"斯戒至矣"。南朝宋史学家裴松之在评论王昶的家训思想时，也兼评了马援的诫言，他在肯定其"可谓切至之言，不刊之训也"的同时，又指出：马"援诚称龙伯高之美，言杜季良之恶，致使事彻时主，季良以败，言之伤人，孰大于此？与其所诫，自相违伐"②。这是指后来杜季良的仇人上书皇帝，讼其"为行浮薄，乱群惑众"，并附上了马援此诫兄子的家书。杜季良因而被免除官职，而龙伯高则由此"擢拜零陵太守"③。马援在家书中的美言、恶语，导致其两位好友一个升官、一个免官，而其恶言之伤人，与其诫侄不言人之恶是相违背的，裴松之这一批评是很有道理的。

应该指出，外戚家训对于子弟贤不肖乃至荣辱成败虽然有重要作

---

① 《后汉书·马援列传》及注。
② 《三国志·魏书·徐胡二王传》及注。
③ 《后汉书·马援列传》。

用，但决定性因素还在于本人的听从程度与政局情势。邓训一族的盛衰便是一例。

五、邓训与梁商的家训

邓训（40—92）是汉和帝邓皇后之父。其妻阴氏，光武帝阴皇后从弟女。南阳新野（今河南新野南）人。邓禹（2—58）第六子。邓禹追随刘秀征战，屡建奇功，后被任为大司徒，封高密侯；明帝即位，拜为太傅。邓"禹内文明，笃行淳备，事母至孝。天下既定，常欲远名势。有子十三人，各使守一艺。修整闺门，教养子孙，皆可以为后世法。资用国邑。不修产利"。邓训继承了父亲的为人、处世、理家、训子的思想，对五个儿子与女儿都严加教育。他"虽宽中容众"，"谦恕下士，无贵贱见之如旧"，"而于闺门甚严，兄弟莫不敬惮，诸子进见，未尝赐席接以温色"。对朋友子也视同己子，"有过加鞭扑之教"。邓训的五子邓阊，有孝行，官侍中；四子邓弘，"治《欧阳尚书》，授帝禁中，诸儒多归之"。长子邓骘（？—121），在其妹邓绥立为皇后以后，迁虎贲中郎将，拜车骑将军，执掌军事，常居宫中，邓氏一族从邓禹后累世宠贵。总的来说，邓氏子孙能听从训诫，"皆遵法度，深戒窦氏，检敕宗族，阖门静居"①。此处窦氏指章帝窦皇后，窦勋女，祖父（窦）穆及叔父俱尚公主。窦穆交通轻薄，属托郡县，干乱政事，后并坐怨望谋不轨被诛。故邓氏深以为戒，严格约束子孙的行为，没有像窦皇后兄弟窦宪、窦笃、窦景那样作威作福，横暴京师，密谋不轨。然而，建光元年（？—121）邓太后死后，安帝与宦官李闰却合谋诛灭邓氏，邓骘兄弟与子孙七人皆自杀，宗族先后免官归故里。

---

① 《后汉书·邓寇列传》及注。

但也有自取其祸者。如梁商（？—141）一族。梁商的姑母为和帝生母，女儿为顺帝皇后。以外戚拜郎中，迁黄门侍郎，官至大将军。梁商虽以贵戚居大位，但为人谦柔，虚己进贤，"每有饥馑，辄载租谷于城门，赈与贫馁，不宣己惠"。颇有政声，"称为良辅"。病笃时遗令其子梁冀等曰："吾以不德，享受多福。生无以辅益朝廷，死必耗费帑藏，衣衾饭唅玉匣珠贝之属，何益朽骨。百僚劳扰，纷华道路，只增尘垢，虽云礼制，亦有权时。方今边境不宁，盗贼未息，岂宜重为国损！气绝之后，载至冢舍，即时殡敛。敛以时服，皆以故衣，无更裁制。殡已开冢，冢开即葬，祭食如存，无用三牲。孝子善述父志，不宜违我言也。"这里有几点值得注意：一是梁商虽享有"贤辅"之名，却自称"不德"，对朝廷没有多少"辅益"，这实际上是对梁冀等进行谦德教育。二是丧葬要节省财物。说自己已享受了过多的福禄，死后还耗费库藏，对朽骨没有什么好处。这虽是礼制所规定的，但也应权时变通。现在边境大不安宁，哪能再为国家造成损失呢？这是教育梁冀等不要只求家族荣耀，而要以国家利益为重。三是简葬、薄葬。寿衣用平时穿过的旧衣服，不要再裁做新的。祭祀的食品不要用牛、羊、猪。你们作为孝子，要顺从我的心志，不要违背我的遗言。

然而，梁冀不从父训，"少为贵戚，逸游自恣。性嗜酒……好臂鹰走狗，骋马斗鸡"。梁太后临朝后，便辅助朝政。梁"冀一门前后七封侯，三皇后，六贵人，二大将军，夫人、女食邑称君者七人，尚公主者三人，其余卿、将、尹、校五十七人。在位二十余年，穷极满盛，威行内外，百僚侧目，莫敢违命，天子恭己而不得有所亲豫"。他权倾朝野、骄横侈暴、诛镎异己、贪婪凶淫，从而招致顺帝的"不平"与"大怒"，遂与宦官单超等人谋诛。梁冀被捕后自杀，诸梁宗亲皆弃市，公卿列校刺史等连死者数十人，故吏宾客被免黜者三百余人，多至"朝廷为空"①。

综上所述，光武、明帝世，由于帝王明智果断，权归朝廷，外戚子

① 《后汉书·梁统列传》。

弟多数亦听从训诫，制约欲望，尚能善终。在这以后，善终的就很少了。其原因，一是如梁冀那样，不遵父训，贵盛盈极，擅权骄主，以致颠败。二是外戚握有重权，嗣君幼小时尚能容忍，长大后渐生不满。这时外戚若有良好的家训，能谦谨畏恭，遵守礼法，退避归权，或可免祸；若继续把持朝政，获罪于新君，一旦太后去世，必遭倾覆，邓氏被诛便是一例。三是外戚一般承恩于先帝，而不注意结恩于后主，故很难得宠于新帝，加上谗人构罪，祸总难免。四是新帝有新宠，欲授之要职，然先代权臣占据要位，必须除旧方得授新。由于以上原因，多数权重一时的外戚也就在劫难逃了。

第十章
世代相传的德业训子

汉初，天下一统，武事渐息而文儒遂兴。汉高祖刘邦训子读书，"于是诸儒始得修其经学，讲习大射乡饮之礼。叔孙通作汉礼仪"。文帝选用文学之士，武帝罢黜百家，独尊儒术，"而公孙弘以治《春秋》为丞相封侯，天下学士靡然乡风矣"。从高祖到武帝，"言《易》自淄川田生；言《书》自济南伏生；言《诗》于鲁则申培公，于齐则辕固生，燕则韩太傅；言《礼》则鲁高堂生；言《春秋》于齐则胡母生，于赵则董仲舒。"① 他们不仅传学子孙，而且招生授徒，使经学世代相传。在这里，家训在经学等各种知识与技术的继承与传播中起着极为重要的作用。

一、欧阳生、平当、桓荣以《尚书》教子传家

（一）欧阳生五世孙地余："以廉洁著，可以自成"

欧阳生，千乘（今山东高青县内）人，汉文帝时师事济南伏生学

---

① 《汉书·儒林列传》。

《尚书》。伏生曾为秦博士，秦始皇焚书，他将《尚书》藏于墙壁夹层中，散佚数十篇，剩得二十九篇，"即以教于齐、鲁之间，齐学者由此颇能言《尚书》"。"伏生教济南张生和欧阳生，张生为博士，而伏生孙以治《尚书》征。"欧阳生再授倪宽，倪宽反过来"授欧阳生子，代代相传"；欧阳生曾孙欧阳高，承继祖业，为博士。而欧阳高孙欧阳地余则以《尚书》授太子，为博士。地余官至少府，清廉自守，戒其子曰："我死，官属即送汝财物，慎毋受。汝九卿儒者子孙，以廉洁著，可以自成。"[①]地余死后，"少府官属共送数百万"，其子遵守遗嘱，洁身自爱，一概不受。地余少子在王莽时为讲学大夫，于是《尚书》有欧阳氏学流传。

（二）平当：不受侯印，"所以为子孙也"

济南人林尊师事欧阳高，后为博士，官至少府、太子太傅，以《尚书》授平陵（今陕西咸阳市西北）人平当（？—前5）。平当"以明经授博士"，西汉哀帝时官至丞相。平当病笃时，哀帝正要封他为关内侯，家人劝他为子孙而强起受印，他不同意，教诫道："吾居大位已负素餐之责矣。起受侯印，还卧而死，死有余罪。今不起者，所以为子孙也。"我身居高位，不劳而食，已经有负职责，现在勉强起来接受侯印，回来卧病而死，死了也有余罪。现在不起来受印，正是为子孙着想啊！他认为，自己无功受禄，使子孙坐享其成，这只会贻害子孙。后来，其子平晏主要依靠自己的努力，"以明经历位大司徒，封防乡侯"[②]。平当还授《尚书》于九江朱普、上党鲍宣，而朱普又授桓荣。

（三）桓荣：子孙五代治《尚书》，"显乎当世"

桓荣是东汉名儒，春秋时齐桓公之后。他"少学长安，习《欧阳尚

---

① 《汉书·欧阳生传》。
② 《汉书·平当传》。

书》，（师）事博士九江朱普"。桓荣少年时"贫窭无资，常客佣以自给，精力不倦，十五年不窥家园"。朱普死后，桓荣在九江教授弟子，"徒众数百人"。东汉光武帝时，为太子刘庄讲授《尚书》，刘庄即位后，"尊以师礼"，敬为"太师"，拜为"五更"，"封荣为关内侯，食邑五千户"。其门徒多至公卿。其子桓郁"敦厚笃学，传父业。以《尚书》教授，门徒常数百人"。桓郁"经授二帝"，为章帝与和帝师。桓荣"受朱普学章句四十万言，浮辞冗长，多过其实"，曾删"减为二十三万言"；桓郁仍觉冗长，故在授章帝时，"复删省定成十二万言。由是有《桓君大小太常章句》"一书。郁受"赏赐前后数百千万，显于当世。门人杨震、朱宠，皆至三公"。桓郁生有六子，而以第三子桓焉"能世传其家学"，"明经笃行，有名称"；"弟子传业者数百人，黄琼、杨赐最为显贵"。焉之孙典"传其家业，以《尚书》教授颍川，门徒数百人"。赐关内侯，迁光禄勋。焉之兄孙彬是与蔡邕齐名的著名学者，有《七说》留世。

自伏生开始，许多名儒以习《尚书》取爵位，训子孙求廉正以传家，而以"桓氏尤盛，自荣至典，世宗其道，父子兄弟代作帝师，受其业者皆至卿相，显乎当世"[1]。

二、韦贤父子以《诗》荣身耀祖

汉初，对《诗经》有研究的申培公、辕固生、韩婴等都招生授徒，故治《诗》者甚众。鲁国申公"少与楚元王（刘）交俱事齐人浮丘伯受《诗》"。刘交是汉高祖刘邦的同父异母弟，受封元王以后，以申公为中大夫，又派王子刘郢客与申公向浮丘伯学《诗》。"文帝时，闻申公《诗》最精，以为博士。元王好《诗》，诸子皆读诗，申公始为《诗》

---

[1] 《后汉书·桓荣丁鸿列传》。

传，号"鲁诗"。元王亦次之《诗》传，号曰"元王诗"。"① 这推动了申公对《诗》的研究；并得以招收弟子传世后人。其弟子为博士者十余人，为官者以百数，其中不少人"皆有廉洁称"。门生中，瑕丘、江公尽能传申公《诗》、《春秋》，"徒众最盛"；而许生、徐公，亦"皆守学教授"。

鲁国邹（今山东邹县）人韦贤，师事江公、许生治《诗》，"兼通《礼》、《尚书》，以《诗》教授，号称邹鲁大师"，征为博士，"直授昭帝《诗》"，官至大鸿胪。汉宣帝以其先帝师，甚见尊重，任为代理丞相，封扶阳侯，食邑七百户。在他七十多岁退休时，又赐以黄金百斤。韦贤生有四子，第四子韦玄成"少好学，修父业"，继其学，"以明经历位至丞相。故邹、鲁谚曰：'遗子黄金满籯，不如一经。'"

韦玄成曾因受牵连被黜十年，到元帝（前48—前7在位）即位后才复以明经"继父相位，封侯故国，荣当世焉"。他百感交集，便作诗一首，"以戒示子孙"：

一是畏忌是申，供事靡惰。他在诗中首先做了自我反省，使子孙了解自己"既德靡逮，曾是车服，荒嫚以队"。德行不及君子却还荒嬉轻慢，以至失去祖上受赐的车服。但英明的天子不究前非，恢复了我原有的爵位。"我既兹恤，惟夙惟夜，畏忌是申，供事靡惰。"我既然已担任了这个职务，只有早晚警戒自己，畏惧敬慎，自我约束，恪尽职责，不敢怠惰。以此教诫子孙，对以往过失与今天的荣誉所应采取的态度。

二是戒尔车服，无惰尔仪。他坦示了自己重登高位的复杂心态："我既此登，望我旧阶，先后兹度，涟涟孔怀。"我登上丞相之位，想起先父也曾任此职务，不禁泪流湿襟，忧思满怀。我虽尽力担负起丞相的职事，但这不是我所能胜任的，所以担心贬退无日，以前我失去官职，害怕的不是这些，今天，却总是战战兢兢，内心十分恐惧。只有"戒尔车服，无惰尔仪，以保尔域"。因为天命无常，惟善是佑，要享有爵位，

---

① 《汉书·楚元王传》。

丝毫也不能荒怠。要戒慎车服，勿惰仪容，以求保住封地。

三是惟肃惟栗，以蕃汉室。他对子孙说："我之此复，惟禄之幸。于戏后人，惟肃惟栗。无忝显祖，以蕃汉室！"我这次恢复爵位，是幸运地得到了上天的福佑，你等不要效法我过去的怠慢，要严肃谨慎，不要有愧于显赫的祖先，要尽心尽职地藩卫汉室。

韦玄成向子孙祖露自己的心迹，反省自己的过失，同他们交流思想感情，希望他们吸取自己的经验教训，没有后来的"天下无不是的父母"的说教。他对子孙的教育，也是情理交融。其中"命其靡常"几句，是对周初家训思想的继承与发挥。韦贤父子家学世代相传；玄成兄韦弘之子韦赏以《诗》授哀帝，官至"大司马车骑将军，列为三公，赐爵关内侯，食邑千户，亦年八十余，以寿终"①。宗族官二千石者十余人。韦氏是一个以精通《诗》荣身耀祖的家族。

三、司马谈嘱子修《史记》

司马谈（？—前110），西汉史学家、思想家。夏阳（今陕西韩城南）人。其远祖可追溯到颛顼时任天文官的黎氏；周宣王时，因"失其守而为司马氏，司马氏世典周史"。后来司马氏散居列国；至司马谈，任太史公。司马谈曾从唐都学天文，从杨何学《易》，从黄生习黄老之术，所以知识渊博，学问造诣很深。其《论六家之要旨》，阐述了阴阳、儒、墨、名、法等先秦诸家学说，认为它们各有短长，只有道家才能"采儒、墨之善，撮名、法之要，与时迁移，应物变化，立俗施事，无所不宜，指约而易操，事少而功多"②。晚年根据《国语》、《世本》、《战

① 《汉书·韦贤传》。
② 《史记·太史公自序》。

国策》等古籍撰写史书。司马谈在儿子司马迁十岁时，就教以"诵古文"；二十岁时，鼓励他外出考察。司马迁南游江、淮，上会稽山，探大禹穴，觅迹九嶷山舜的葬地，渡过沅水、湘水，又北渡汶水、泗水，"讲业齐、鲁之都"，与当地学者讨论学术文化，观察孔子留下的遗风，参加孟子故居的乡射大典，到过鄱县、薛县、彭城等地。这一考察使他开阔了眼界，增长了见识，采集到流散于民间的大量史料与传说。元封元年（前110），汉武帝去泰山封禅，司马谈被留在周南（今河南洛阳），不得从驾参与这一盛典，便忧愤而死。临终前，司马迁恰好西征回来探望父亲，司马谈紧紧握住儿子的手，哭着嘱咐他说：

（一）要继承祖业

他告诉儿子："余先周室之太史也。自上世尝显功名于虞夏，典天官事。后世中衰，绝于予乎？汝复为太史，则续吾祖矣……为太史，无忘吾所欲论著矣。"我司马氏的先祖本是周朝的太史。在远古舜、禹时功名显赫，主天官职事。后世中衰，难道祖业就断送在我手里了吗？你若能重做太史，就可继承祖传家学了，你当上太史后，切莫忘了我想完成的著作啊！

（二）要孝亲立身

教诫道："孝始于事亲，中于事君，终于立身。扬名于后世，以显父母，此孝之大者。"孝道要从侍奉父母开始，接着就是忠于君王，最终便是做贤能的人，流芳后世，显扬父母，这是最大的孝。天下人之所以赞扬周公，就是因为他能歌颂父祖文王、武王的功德，直到尊敬始祖后稷。

（三）要修史继绝

他训导说，周王、厉王以后，王道缺，礼乐衰，孔子便整理《诗》、

《书》，编撰《春秋》，学者们至今奉以为法典。可是，自孔子至今四百多年，诸侯相兼，战事频繁，没有人过问历史方面的事。"今汉兴，海内一统，明主贤君忠臣死义之士，余为太史而弗论载，废天下之史文，余甚惧焉，汝其念哉！"[1] 现在汉朝兴起，国家统一，这期间许多值得褒扬的人和事件，我作为太史，没能给予论述记载，从而中断了天下的史事，这使我感到非常恐惧；你要经常放在心上啊！司马迁低下头流着泪回答说："小人不敏，请悉论先人所次旧闻，弗敢阙。"儿子虽不才，但决心将先人所积存下来的史料，全部进行编撰，不敢缺略。

司马谈去世的第三年（前108），司马迁继父职任太史令。他说："先人有言：'自周公卒五百岁而有孔子。孔子卒后至于今五百岁，有能绍明世，正《易传》，继《春秋》，本《诗》、《书》、《礼》、《乐》之际？'意在斯乎！意在斯乎！小子何敢让焉。"意思是在周公、孔子之后，有人能整理《易传》、承接《春秋》，本着《诗》、《书》、《礼》、《乐》的精义进行述作吗？其意旨就在其中了，我怎敢轻易辞让呢？他对上大夫壶遂说：我专掌史籍，而不记载明君的圣明大德，埋没功臣贤大夫的业绩而不传述于后世，忘却先父的遗言而不承祖业，"罪莫大焉"。因此，他日复一日、年复一年地埋头研读历史资料和藏在石室金柜里的古籍，整理世代的传记，于汉武帝太初元年（前104）开始编撰《史记》。

然而，汉武帝天汉二年（前99），名将李广之孙、骑都尉李陵率兵五千出击匈奴，遇敌骑十万而陷重围，因粮尽矢绝被俘投降。司马迁为李陵败降事辩解，触怒武帝，被下狱施以宫刑。他痛心疾首，叹息自己身体遭到毁伤，成为无用废人。但冷静下来以后，想到父亲的遗愿和自己的志向尚未完成，又想到历史上周文王被商纣王拘囚羑里而推演出《周易》；"孔子厄陈、蔡，作《春秋》；屈原放逐，著《离骚》；左丘（明）失明，厥有《国语》；孙子膑脚，而论兵法；（吕）不韦迁蜀，世传《吕览》；韩非囚秦，作《说难》、《孤愤》；《诗》三百篇，大抵圣贤

---

[1] 《史记·太史公自序》。

发愤之所为作也"①。他们都是在内心积愤已久而没有得到发泄时，才叙述往事，以此昭示人们的。于是精神振作起来，出狱后便发愤著书，历时十二年，终于实现了父亲的遗愿，于武帝征和二年（前91）写成我国史学史上第一部纪传体通史，当时称为《太史公书》，三国以后称为《史记》。全书上起黄帝，下讫汉武帝，记三千多年史事，共有一百三十篇，五十二万六千多字。全书分为"本纪"、"表"、"书"、"世家"、"列传"五大类。《史记》开创了纪传体史书的形式，为后世学者提供了传记文学的典范，其影响极为深远。

四、杨震父子德业世传

杨震（59—124），字伯起，东汉弘农华阳（今陕西华阴东）人。八世祖杨喜，汉高祖刘邦时因有功封赤泉侯。高祖杨敞，汉昭帝时为丞相，封安平侯。父杨宝，习《欧阳尚书》，终生隐居授学，征召不仕。杨震"少好学，受《欧阳尚书》于太常桓郁，明经博览，无不穷究"，被诸儒誉为"关西孔子"。他五十岁才应征，官至司徒太尉，克己奉公，刚直不阿。汉安帝（107—125在位）乳母王圣及中常侍樊丰等骄奢不法，他上疏切谏；帝舅耿宝等荐其亲近于杨震，均不从命。后来终因被樊丰等人诬陷而被罢官，遣归本郡，行至长安城西几阳亭时，愤然饮鸩而卒。

杨震家训的核心，是要求子孙廉正、清白、除奸、去恶。他自己一生清正。昌邑令王密因报杨震推荐之恩，"至夜怀金十斤以遗震"，曰："暮夜无知者。"震曰："天知，神知，我知，子知。何谓无知！"拒不接受。他家生活并不富裕，"子孙常蔬食步行"。故旧长者见其子孙吃饭经

---

① 以上均引自《史记·太史公自序》。

常没有鱼肉荤菜，出门没有车坐，想为他家开辟生财门路，杨震不同意，说："使后世称为清白吏子孙，以此遗之，不亦厚乎！"让后人称他们为清官子孙，以此作为遗产传给他们，不是很厚重的吗！他宁愿让子孙过俭朴、清淡的生活，不为他们谋求与积聚财富。杨震以诛灭奸佞为己任，在自杀前"慷慨谓其诸子门人曰：'死者士之常分。吾蒙恩居上司，疾奸臣狡猾而不能诛，恶嬖女倾乱而不能禁，何面目复见日月！身死之日，以杂木为棺，布单被裁足盖形，勿归冢次，勿设祭祠。'"希望门人、子孙继其遗志，像自己一样嫉恶如仇，为朝廷除奸去恶。我死后，你们只要用杂木做棺材，布单遮盖住形体就可以，棺材就地埋葬，不要建造用于祭礼的祠堂。

杨震子孙能遵行其遗训。他生有五子，长子杨牧为汝南郡富波相，长孙杨奇在汉灵帝（168—188在位）时为侍中，灵帝曾问他："朕何如枢帝？"对曰："陛下之于桓帝，亦犹虞舜比德唐尧。"意思是舜的德行不如尧，皇上您也不如桓帝（147—167在位）。灵帝不悦，说："卿强项，真杨震子孙！"杨奇后来"从献帝西迁，有功勤"。杨震少子之子杨敷，"笃志博闻"，能传世家业。敷子众，"亦传先业"。杨震之中子杨秉"少传父业，兼明《京氏易》，博通书传，常隐居教授"。四十多岁才应召为官，像杨震一样，忠心耿直，生活俭朴，不饮酒，夫人早丧，然不复娶，他说："我有三不惑：酒、色、财也。"他"计日受俸，余禄不入私门，故吏赍钱百万遗之，闭门不受，以廉洁称"。杨秉之子杨赐亦"少传家学，笃志博闻。常退居隐约，教授门徒"，后官拜太尉，封临晋侯。杨赐之子即杨震之曾孙杨彪，也"少传家学"，以"博习旧闻"著称，汉献帝（189—220在位）时官至太常。杨彪之子杨修"好学，有俊才，为丞相曹操主簿，用事曹氏"。但曹操妒忌杨修才能超己，且又为"袁术之甥，虑为后患，遂因事杀之"。其所著赋、颂、碑、赞、诗、哀辞、表、记、书凡十五篇。

杨震一族自八世祖杨喜起，到曾孙杨彪（？—225）时曹丕称帝代汉，作为东京名族，绵绵四百多年。"自震至彪，四世太尉，德业相继，与袁氏俱为东京名族云。"但是,"袁氏车马衣服极为奢僭",终归败亡。
而杨氏则"能守家风,为世所贵"①。杨震之畏"四知",其子杨秉之
"去三惑",可谓千古不刊之论,为历来士人身心修养的要诀。

五、黄霸、尹赏、张汤、杜周以律令训子传家

两汉时期的家训,除了以经学教子外,还有以法律与科技传家的。
而经学与法律则是德业的核心部分。西汉的律令训子,从大的方面看,
存在两种倾向,一是教子宽平治狱,二是教子严暴治狱。前者以黄霸
(?—前51)为代表,后者以尹赏为代表。

(一)黄霸:持法宽平

他"少学律令","又受尚书"。昭帝时,霍光"遵武帝法度,以刑
罚痛绳群下",于是俗吏以严酷为能干,"而霸独用宽和为名"。宣帝
"闻霸持法平,召以为廷尉正",掌管刑狱。他"力行教化而后诛罚",
甚得人心,后官至丞相。黄霸死后,子孙秉承其业。子黄赏为关都尉,
孙黄辅至卫尉九卿,曾孙黄忠嗣侯,"讫王莽乃绝,子孙为吏二千石者
五六人"②。

(二)尹赏:用法威严

尹赏以严暴治狱著称。成帝永始、元延年间(前14—前9),"上怠
于政,贵戚骄恣";"长安中奸猾浸多,闾里少年群辈杀吏,受赇报仇";
"剽劫行者,死伤横道",社会治安极其混乱。酷吏尹赏一到任,便命地

———————
① 《后汉书·杨震列传》及注。
② 《汉书·循吏传》。

方官、乡里父老、同伍之人检举揭发长安城中"轻薄少年恶子"、"无市籍商贩"和身穿凶服、手持兵器者，列有名籍者数百人，分行收捕诛杀，并在埋尸处标著其姓名。尹赏"视事数月，盗贼止"。后因"所诛吏甚多，坐残贼免"，即施刑过于残酷而被罢官。他病笃时教诫诸子曰："丈夫为吏，正坐残贼免，追思其功效，则复进矣。一坐软弱不胜任免，终身废弃无有赦时，其羞辱甚于贪污坐臧，慎毋然！"意思是因严酷用刑而被罢官，朝廷以后回想其功绩，可能还会被起用，但因软弱无能而且被免职，则一辈子也不会再被任用，这比贪赃枉法更耻辱，你们不要犯这样的错误。他的四个儿子恪守父训，"皆尚威严，有治办名"[①]。在社会秩序极其混乱的情况下，尽管错杀了一些无辜，但以铁的手腕对待凶人，却有合理的一面。故《汉书·酷吏传》最后说：他们尽管"皆以酷烈为声"，但却能"引是非，争大体"，"据法守正"，"虽酷，称其位矣"。还算得是称职的司法官。故当时有些著名的酷吏如张汤、杜周等，得以"子孙贵盛"。

（三）张汤：治狱酷厉

张汤（？—前115），杜陵（治所在今陕西西安市东南）人。其父为长安丞，常治狱理案，这使张汤从小就对审理案件发生兴趣。有一次，父亲出外办事，命他守家看户。张汤看家不经心，被老鼠偷吃了肉，其父回来发现后大"怒，笞汤"。张汤便寻找老鼠报复，挖洞烟熏，"得鼠及余肉，劾鼠掠治，传爰书，讯鞫论报，并取鼠与肉，具狱磔堂"。他像审理案件那样，将捕获的老鼠作被告，以挖出的剩肉为物证，仿照公堂审理人犯的程序，追逮赴对，以文书代口辞，考问定案，写成治狱文书，将老鼠处以磔刑，分尸堂下。其"父见之，视文辞如老狱吏，大惊，遂使书狱"。父亲在一旁看到他审鼠的经过，又审视其写的状纸，

———————————

① 《汉书·酷吏传》。

发现所用文辞如老狱吏，知道他有审案断狱的天赋，便让他书写狱状，学习律令。

后来，张汤成为严厉的治狱官，并以此传子兴家。他与赵禹共定诸律令。历任长安史、廷尉、御史大夫。最终因遭朱买臣等陷害而自杀。张汤为官清廉，"家产直（同值）不过五百金，皆所得奉赐"，没有多余的东西。"昆弟诸子欲厚葬；汤母曰：'汤为天子大臣，被恶言而死，何厚葬为！'"于是薄葬，"载以牛车，有棺而无椁。"汉武帝听说后，便说："非此母不生此子。"遂为张汤平反。张汤子张安进"少以父任为郎"，后擢为尚书令、迁光禄大夫，封富平侯。他为官"精力于职"，谨慎周密，匿其名迹，谦俭自律，不受私谢。"谥曰敬侯"。"安世子孙相继，自宣、元以来为侍中、中常侍、诸曹散骑、列校尉者凡十余人"；直到其玄孙张纯，还"恭俭自修，明习汉家制度故事，有敬侯遗风……汉兴以来，侯者百数，保国恃宠，未有若富平者也"①。

（四）杜周：治狱尚暴

杜周先为张汤属下廷尉史，办案"内深次骨"，以治狱尚暴教子。他用法严酷，论杀甚多，其方法类似张汤。他审理案件，"专以人主意指为狱"。因"逐捕桑弘羊、卫皇后昆弟子刻深，上以为尽力无私，迁为御史大夫"②。杜周的三个儿子也习律令。其两个儿子为郡守，"治皆酷暴，唯少子延年行宽厚云"。杜延年"明法律"，汉昭帝初年当主狱官，因告发上官桀父子、燕王等谋乱有功，封建平侯。当时大将军霍光秉政，"光持刑严，延年补之以宽"，他"议论持平，合和朝廷"；后又和霍光、张世安等拥立宣帝，受到赏赐数千万。杜延年生有七子，六子皆为高官，惟中子杜钦少好经书，不好为吏。有《小杜律》传世。杜钦子及昆弟支属官至二千石者有十人。

---

① 《汉书·张汤传》。
② 《汉书·杜周传》。

张汤、杜周并起文墨小吏，致位三公，爵位尊显，继世立朝，均属以律令世传的家族。从张汤、杜周治狱严峻到杜延年"补之以宽"，显示出治狱由严向宽的发展趋势。到东汉时，这一倾向居于主导地位。

六、郭躬、陈宠世传法律

东汉时，以习法律世代为官、训子传家者也为数不少。郭躬、陈宠等便是其重要代表。

（一）郭躬：子孙明习法律，"兼好儒学"

郭躬（1—94）是东汉颍州阳翟（今河南禹县）人，出身于衣冠仕宦家庭。其父郭弘，习西汉杜延年之《小杜律》，"断狱至三十年，用法平。诸为弘所决者，退无怨情，郡内比之东海于公，年九十五卒"。于公指西汉宣帝时丞相于定国之父，他为州郡审理案件，判决公平。郭躬"少传父业，讲授徒从常数百人"。他秉公审案，以独到的见解纠正了一些错判的案件，得到皇帝的赏识，章帝"元和三年，拜为廷尉。躬家世掌法，务在宽平，及典理官，决狱断刑，多依矜恕，乃条诸重文可从轻者四十一条事奏之，事皆施行，著于令"。在廷尉任上，他将重刑改为轻刑的有四十一条，奏请朝廷，均被采纳颁行。郭躬之中子郭晊，"亦明律令，至南阳太守，政有名迹"。晊侄郭镇，"少修家业"，忠贞刚毅，殄灭奸党有功，封定颍侯，官至廷尉。郭镇长子郭贺也官至廷尉；次子郭祯"亦以能法律至廷尉"。镇侄郭禧，"少明习家业，兼好儒学，有名誉"，桓帝延熹中亦为廷尉。郭禧的儿子郭鸿，亦明律令，官至司隶校尉，封城安乡侯。

总之，郭氏一族从郭弘习《小杜律》而为治狱吏起，"数世皆传法律，子孙至公者一人，廷尉七人，侯者三人，刺史、二千石、侍中、中郎将者二十余人，侍御史、正、监、平者甚众"。《后汉书》在评论郭躬的业绩时指出："郭躬起自佐吏，小大之狱必察焉。"他审人犯罪状，推己及人，不以得情为喜，反生哀矜之心；因而刑罚宽平，"法家之能庆延于世，盖由此也"！①

（二）陈宠："世典刑法，用心务在宽平"

与郭躬同时的陈宠（？—106）也习祖业，明律令。他是沛国洨（今安徽灵璧南）人。曾祖父陈咸，在汉成帝、汉哀帝年间以律令为尚书，为官正直忠节，王莽篡位，他不仅不应召，而且令三个儿子陈参、陈丰、陈钦辞去官职，一起回归乡里，闭门不出，并"收敛其家律令书文，皆壁藏之"。陈咸性仁恕，常戒子孙曰："为人议法，当依于轻，虽有百金之利，慎无与人重比。"光武帝建武初年（25），陈咸之孙陈躬承继其训，为廷尉左监。陈躬生陈宠，家业开始兴旺。陈宠"明习家业，少为州郡史"，后"掌天下狱讼。其所平决，无不厌服众心"。他为司徒鲍昱撰写了《辞讼比》七卷，"公府奉以为法"。鉴于当时"吏政尚严切，尚书决事率近于重"，他上书章帝，建议改变上世烦苛之法，"帝敬纳宠言，每事务于宽厚"。永元六年（94），陈宠代郭躬为廷尉。他性仁矜，治狱务从宽恕，"济活者甚众"。还整理律令条法，要求朝廷删除苛严的条令，但因免官而"未及施行"。其中子陈忠秉承祖训，亦"明习法律"；"以世典刑法，用心务在宽详"。他任廷尉正时，为改变"苛法稍繁，人不堪之"的情况，精略地依照其父的意见，"奏上二十三条，为《决事比》"，作为判刑的范例。还上奏"除蚕室刑"，废除宫刑；"狂易杀人，得减重论"，对因精神失常改变本性而杀人者减其重罪，以"母子兄弟相代死"等，"事皆施行"。后人赞扬这两个以律令传世的家族说："陈、郭主刑，人赖其平。宠矜枯胔，躬断以情。忠用详密，损

① 《后汉书·郭陈列传》。

益有程，施于孙子，且公且卿。"不过，陈宠"开父子兄弟得相代死，斯大谬矣。是则不善人多幸，而善人常代其祸，进退无所措也"①。

七、后继乏人的科技教子

两汉时期，家学世传的主要内容是经学、律令；与远古时代相比，科技知识方面的内容已退居次要地位，也不是史家关注的重点，故其父传子继的情况记载很少。不过，工匠技术的父子相传应该是比较多的。《国语·齐语》所记载的情况："令夫工，群萃而州处，审其四时，辨其功苦，权节其用，论比协材，旦暮从事，施于四方，以饬其子弟，相语以事，相示以巧，相陈以功。少而习焉，其心安焉，不见异物而迁焉。是故其父兄之教不肃而成；其子弟之学不劳而能。夫是，故工之子恒为工。"由于"父兄之教"与"子弟之学"而技术世传，使"工之子恒为工"的情况，在整个中国古代是恒久存在的。其他科技知识领域有：

一是医学。如西汉"楼护，字君卿，齐人。父世医也，护少随父为医长安，出入贵戚家。护诵医经、本草、方术数十万言，长者咸爱重之"②。他是由父亲言传身教、耳提面命而成长为医术高明的医生的。

二是天文气象知识。如"任文公，巴郡阆中人也。父（任）文孙，明晓天官风角秘要。文公少修父术，州辟从事"。风角是根据对风的观察以卜吉凶的一种迷信术数，但包含着依据气象情况预测灾害的某些科学知识。文公运用父亲传给他的这方面知识观察气象，预见到当地某日要发大水，乃预为其备，"独储大船，百姓或闻，颇有为防者"。果然，这一天"日将中，天北云起，须臾大雨，至晡时，湔水涌起十余丈，突

---

① 《后汉书·郭陈列传》。
② 《汉书·游侠传》。

坏庐舍，所害数千人。文公遂以占术驰名"。宣帝时被辟（辟谓征召）司空橼；以后政局动荡，他称疾归家。去世前常会聚子孙，设酒食。①其子孙是否承继其家学，史无所载。

东汉时还有郎颛之父郎宗，"学《京氏易》，善风角、星算、六日七分，能望气占候吉凶，常卖卜自奉。安帝征之，对策为诸儒表，后拜吴令"。他预计到有暴风，京师当有大火，后"果如其言"，于是征为博士，但他耻以"占验见知"，遂辞官终身不仕。郎颛"少传父业，兼明经典，隐居海畔，延致学徒常数百人。昼研精义，夜占象度，勤心锐思，朝夕无倦"。看来是位既熟悉儒学又研究天文气象并教授门徒的学者，他关心国家大事，上书朝廷多有谏言，汉顺帝虽"特诏拜郎中"，但未见采纳其主张，因而"辞病不就，即去归家"②。后为凶人所杀。其学是否家传亦史无记载。

科技世传所以出现断代或记述不详的情况，主要是习科技者无世代高官、位高权重者，从而使子孙失去继承的动力，史学家也缺乏记述的兴趣。且社会上亦存在重官阶轻技艺的倾向，上面提到的西汉楼护，其医术虽受到长者的爱重，但他们都劝他弃医从政，"共谓曰：'以君卿之材，何不宦学乎？'"于是，他辞其父，学经传后，"为京兆吏数年，甚得名誉"③。两汉以后，鼓励子弟读书做官成为传统家训的主流与定势。

---

① 《后汉书·方术列传》。
② 《后汉书·郎襄列传》。
③ 《汉书·游侠传》。

第十一章
东汉时期的女训

先秦时期，家训集中于训导儿子，对女儿的教育没有引起足够的重视。虽然《易经》、《周礼》、《礼记》等对妇女在政治、家庭与婚姻生活中应循的行为准则有许多明确的规定，但在王室、贵族中实施很差。这种情况到西汉时以刘向（约前77—前6）的《列女传》问世为标志，开始发生转变，经东汉班昭《女诫》的出现，荀爽、蔡邕等名士的提倡，历时一百多年，才基本上建立起了女训的理论框架，受到后世的重视。而女训作为专门以文字与语言的形式训诫女子的这一概念，才得以完整确立。

一、班昭的《女诫》

班昭（约49—约120）是东汉著名的史学家、文学家，一名姬，字惠班。扶风安陵（今陕西咸阳东北）人。其父为东汉著名史学家班彪（3—54），长兄为著名史学家、文学家班固（32—92），次兄为东汉名将、外交家班超（32—102）。她自幼聪颖，勤奋好学，在父兄的熏陶下，成长为远近闻名的才女。但她的婚姻生活并不幸福：十四岁时嫁同郡曹世叔为妻，不幸夫君早亡。班昭守节不嫁，悉心教育子女，同时又完成父兄未竟之业。

班彪，字叔皮，沈重博古，才高而好著述，因《史记》"自太初以后，阙而不录"，"乃继采前史遗事，傍贯异闻，作后传数十篇"①。可惜，班彪只写了史记后传六十五篇便去世了。其长子班固继承家学，亦长史籍，奉汉明帝之诏，秉其父遗志，经过二十多年的辛勤笔耕，基本上撰成了《汉书》，开创了断代史的体例。不幸的是，当时外戚窦宪专权，而班固曾为窦宪幕僚；他又疏于家教，"诸子多不遵法度，吏人苦之"；家奴仗势欺人，使洛阳令种兢遭到侮辱。后来汉和帝诛灭窦氏，窦宪失势自杀，班固受到牵连，被种兢逮捕，"遂死狱中"，以致《汉书》的八表及《天文志》稿本比较散乱，未能完成。班昭奉诏与同郡人马续一起最后完成了这一历史巨著。《汉书》初出，读者都不通晓，她亲授马续弟马融等诵读；后马融成为一代宗师，马融弟子郑玄亦为名儒。班昭多次被汉和帝召入宫中，"令皇后诸贵人皆师事焉，号曰大家"②。史称曹大家。"大家"同大姑，为古代女子的尊称。班昭五十多岁时得了重病，她生怕正当出嫁的女儿们"不闻妇礼"，失容夫门，"取耻宗族"，便写了《女诫》③进行教导，要求她们每人抄写一遍，以有助于修身，规范自己的言行。《女诫》除序言外，共分七篇：《卑弱》第一，《夫妇》第二，《敬慎》第三，《妇行》第四，《专心》第五，《曲从》第六，《和叔妹》第七。《女诫》突出男尊女卑，宣扬夫为妻纲，被后代封建统治者奉为女子修身的必读书。具体来说：

（一）妇教至要

班昭教诫女儿们，夫妇之道，阴阳配合，乃天地之大经，"人伦之大节也"。人伦始于夫妇，故"不可不重"。夫妇的相互关系是：夫御

---

① 《后汉书·班彪列传》。
② 《后汉书·列女传·曹世叔妻》。
③ 全文见《后汉书·列女传》。

妇，妇事夫，而御与事的基础与前提则是"贤"。她说："夫不贤，则无以御妇；妇不贤，则无以事夫。夫不御妇，则威仪废缺；妇不事夫，则义理坠阙。方斯二事，用其一也。"这就是说，夫妇关系是双向互动的，夫不贤明，则威严废失，不能节制妇；而妇不贞淑，则义理荡逸，无以敬奉夫，所以两者均不可不贤。然而，"察今之君子，徒知妻妇之不可不御，威仪之不可不整，故训其男，检以书传"。时贤君子只知道检取古书经传训导其子孙，却忽略对女子的教育。所以无女教之书，致使女子鲜知事夫之义，未明闺门之礼，这种"但教男而不教女，不亦蔽于彼此之数乎"？《礼记》规定男儿"八岁始教之书，十五而至于学矣。独不可依此以为则哉"①? 男孩子自八岁起，入小学学习，十五岁则入大学。应以男子"为则"，像教男子一样来教女子。这样才能不偏于教男而废于教女，使夫妇均知诗书礼仪。也就是说，不能只教女子做饭、缝纫技术，而无诗书之教。

（二）男尊女卑

班昭要女儿们懂得，与天尊地卑相对应的是男尊女卑。卑弱是女子之正义。"男以强为贵，女以弱为美。"② 如果不甘于卑而欲自尊，不伏于弱而欲自强，那就会违背正义。她引用并发挥《诗经·小雅·斯干》中"乃生男子，载寝之床，载衣之裳，载弄之璋"，"乃生女子，载寝之地，载衣之裼，载弄之瓦"所表达的思想说："古者生女三日，卧之床下，弄之瓦砖，而齐告焉。"之所以让女婴卧在床下，睡在地上，是使她从来到人间就"明其卑弱，主人下也"，当执卑下之礼；之所以让女婴弄摸瓦砖，是使她"明其习劳，主执勤也"，将来纺纱织布，勤苦劳作。此外，还有"斋告先君，明当主继祭祀也"。就是在丈夫祭祀时，要帮他准备好洁净的酒食。这三者均为"女人之常道，礼法之典教矣"。

---

① 班昭：《女诫·夫妇》，下引《女诫》只注篇名。
② 《敬慎》。

卑弱之道的要求，一是"谦让恭敬"，不对人傲慢不敬；二是"先人后己"，安守本分，不敢僭越；三是"有善莫名"，即使有善行，也切莫炫耀自己；四是"有恶莫辞"，若奉尊者之命去做恶事，也不要推辞，应承命而行；五是"忍辱含垢，常若畏惧"，忍受耻辱而不为自己辩解，居安思危而不敢贪图安逸。这样，就尽了卑弱下人之道。

对于由卑弱而来的执勤要求，一是"晚寝早作，勿惮夙夜"，不怕辛劳至深夜；二是"执务私事，不辞剧易"，做各种细事杂务，不辞繁重；三是"所作必成，手迹整理"，所做之事不管难易，都勤力操作而按期完成，手迹完善，精美而不粗率。这样就尽了执勤之道。对于由卑弱与执勤而来的继祭祀的要求，就是"正色端操，以事夫主，清静自守，无好戏笑，洁齐酒食，以供祖宗"①。这样，名誉便彰著于内外，而黜辱则远离于己矣。

（三）敬顺夫君

班昭从社会地位与人格上的男尊女卑出发，进一步展开了女子卑下习勤的内容，告诫女儿们，在家庭伦理方面，妇对夫应遵守敬顺的准则。"敬顺之道，妇人之大礼也。"为什么？"修身莫如敬，避强莫如顺……夫敬非它，持久之谓也；夫顺非它，宽裕之谓也。持久者，知止足也。宽裕者，尚恭下也。"敬为修身之本，顺为事夫之本。敬非一时，必须恭敬而长久；顺亦非一时，必须宽容安分。于夫无求全之心而恭下久远，则夫妇偕老不离。敬顺夫君的必要性在于："夫妇之好，终身不离。房室周旋，遂生媒黩。"夫妇在闺房亲热、嬉戏过程中，妻子容易发生轻慢、忤触丈夫的言行；轻慢即不敬，忤触即不顺，敬顺有亏，就会言语骄慢，"纵恣必作"。放纵肆恣而无忌，必然凌侮丈夫，从而发生是非曲直的争执，言语加侮而忿怒相向。结果是，"侮夫不节，谴呵从之；

---

① 《卑弱》。

忿怒不止，楚挞从之……楚挞既行，何义之存？谴呵既宣，何恩之有？恩义俱废，夫妇离矣"①。这些都是由于妇不知足而求全责备、不安分而放纵好强而发生的。很显然，班昭这种说法是有失公允的。

（四）妇有四行

敬顺内主于心，行则外见于事。这就是四行，后人称之为四德，即妇德、妇言、妇容、妇功。班昭对四德作了具体说明："妇德不必才明绝异也……清闲贞静，守节整齐，行已有耻，动静有法，是谓妇德。"就是说，妇德乃心之所施，它不必才辩美巧过人，只要求清肃整饰，缜密有节，敬慎无失，行止有常，合于礼法。又说："妇言不必辩口利辞也……择辞而说，不道恶语，时然后言，不厌于人，是谓妇言。"就是说，妇言乃口之所宣，它不必伶牙俐齿，只要求选择恰当的言词，说话不失礼义，不恶语伤人，又适时而言，虽言之周详而人们不会厌烦。还说："妇容不必颜色美丽也……盥浣尘秽，服饰鲜洁，沐浴以时，身不垢辱，是谓妇容。"就是说，妇容乃貌之所饰，它不必衣饰美丽，只要求衣服洗濯洁净，以时沐发浴身，不因身体垢污而取辱。最后，"妇功不必工巧过人也……专心纺织，不好戏笑，洁齐酒食，以奉宾客，是谓妇功"。就是说，妇功乃身之所务，它不必技巧过人，只要求专心学习，从事纺织，戒谨戏笑，宾客来时，能用整齐洁净的酒食加以款待。

班昭指出，上述四行，为"女人之大德，而不可乏之者也"②。必须全部具备而不可缺一，只要留存于心，是容易做到的。

（五）专心于夫

班昭不仅主张社会地位上男尊女卑，道德上敬顺丈夫，而且还提倡

---

① 《敬顺》。
② 《妇行》。

夫主妇从的人身依附关系，即妻子从属丈夫。她引用了《礼记》和《仪礼》等古籍的有关论述指出："夫有再娶之义，妇无二适之文，故曰夫者天也。天固不可逃，夫故不可离也。"妇人以夫为天，天命不可逆；夫亡再嫁，是背离丈夫，违反天命。"行违神祇，天则罚之，礼义有愆，夫则薄之。"要做到专一于夫而心无二意，就要懂得丈夫的心志而不失其意。求其心志不是以巧佞媚说去苟取欢爱，而是靠"专心正色"，做到"礼义居洁，耳无涂听，目无邪视，出无冶容，入无废饰，无聚会群辈，无看视门户"。非礼勿听，非礼勿视，出门无艳媚之姿容，在家不以暗室而弛废仪饰，既不聚女伴嬉游，也不随便窥视户外情景。如果"动静轻脱，视听陕输，入则乱发坏形，出则窈窕作态，说所不当道，观所不当视，此为不能专心正色矣"①。这样就会失意于丈夫。

（六）曲从公婆

班昭教诫诸女：出嫁后不仅要敬顺丈夫，而且要顺从乃至曲从公婆。为什么？不失意于丈夫，固然可以夫妇和谐，白头偕老。然而，"夫虽云爱，舅姑云非，此所谓以义自破者也"。丈夫虽甚爱自己，但公婆却不爱自己，那就会离恩破义，这种恩爱是无法继续下去的。所以必须讨得公婆的欢心，而要做到这一点，最好的办法是"莫尚于曲从矣"。什么叫曲从？"姑云不尔而是，固宜从令；姑云尔而非，犹宜顺命。勿得违戾是非，争分曲直，则所谓曲从矣。"② 若公婆所言本非而言是，当服从公婆之言；若公婆行事本非而言是，亦当听从公婆之令而行之，而不要同公婆明辨是非，争论曲直。儿媳妇之顺从公婆，应如影之随形，响之应声，这样，就可得其意而蒙其赏。

---

① 《专心》。
② 《曲从》。

（七）和睦叔妹

叔妹指丈夫的弟妹。这里之所以只言弟妹而不言兄姐，是因为一般来说，兄已娶妻，姐已嫁人，而弟妹幼小，常在公婆身边，所以尤应重视。指出："妇人之得意于夫主，由舅姑之爱已也；舅姑之爱己，由叔妹之誉己也。"和睦弟妹，得其欢心而称誉自己，便可使公婆爱己，从而"得意于夫主"。因此，"我臧否毁誉，一由叔妹，叔妹之心，复不可失也"。贤淑之妇，能推广夫君之义，公婆之恩，与叔妹相结和好，这样自己的美善便会彰显，而瑕过则得到掩蔽，公婆称善，夫君嘉美，"声誉曜于邑邻，休光延于父母"。相反，愚蠢之妇，于叔则以嫂自居，而有矜高尊大之心，于妹则自恃得宠于夫，而显骄盈傲慢之色，这必然引起与叔妹不和，从而恩义相违，美善日隐，过咎日显，公婆愤恨，丈夫愠怒，自己蒙受羞耻，父母遭到羞辱，故和睦叔妹乃"荣辱之本，而显否之基也。可不慎哉"！班昭教诫道："求叔妹之心，固莫尚于谦顺矣，谦则德之柄，顺则妇之行。"[①] 谦恭与逊顺二者不失，便能和合于叔妹。

（八）历史地位

班昭的《女诫》在中国家训史上占有重要的地位，对妇女道德教育发生了深远的影响。应该说，在班昭之前，男尊女卑、男外女内、夫天妇地、夫主妇从、从一而终等思想，已散见于许多古籍之中。如《周易》："《象》曰：妇人贞吉，从一而终也。""《彖》曰：《家人》，女正位乎内，男正位乎外，男女正，天地之大义也。"又如《礼记·郊特牲》："信，妇德也。壹与之齐，终身不改，故夫死不嫁。""男帅女，女从男，夫妇之义由此始也。""妇人，从人者也，幼从父兄，嫁从夫，夫死从子。"班昭兄班固等编撰的《白虎通德论》解释董仲舒提出的"三纲"

---

① 《和叔妹》。

道："三纲者何也？……《含文嘉》曰：'君为臣纲，父为子纲，夫为妻纲。'"此外，刘向《列女传》也对妇女提出了许多道德要求。在实践中，汉宣帝、汉安帝都诏赐过贞妇、顺女，这是中国历史上皇帝最早用法令形式褒奖贞妇、顺女的举动①，表现出封建统治者对女训的价值导向。不过，上述有关女训的理念与实践，只是零乱、分散地反映了对妇女的一些粗略的要求，还没有形成系统、完整的理论。而从理论上加以总结提高，写成有条理的女教著作以训导女儿的，当首推班昭的《女诫》。它以男尊女卑为立足点，以"从一而终"为归宿点，对女子从婴儿开始，到出嫁后如何处理与丈夫、公婆、叔妹的关系，提出了一系列的妇德规范与行为准则，其目的是使妻子从属丈夫，儿媳妇顺从公婆，嫂子谦顺叔妹，从而达到婚姻巩固，家庭和睦，自己善美，父母荣耀。很显然，这种贤名是以丧失独立人格为代价的，是用屈辱与血泪换来的，因此，《女诫》问世后，一方面，受到明智人士的批判，如班昭的小姑"曹丰生，亦有才惠，为书以难之，辞有可观"②。另一方面，也被历代封建统治者用做迫使女性依附男性的枷锁，奴性自律的教材。后世的女训或训女著作，如唐代宋若莘的《女论语》、明成祖徐皇后的《内训》、明代王刘氏的《女范捷录》以及清代的《闺训千字史》、《改良女儿经》等，无不受《女诫》的影响，应该说，《女诫》在中国历史上起的消极作用是十分明显的，简直是一篇男子压迫妇女的宣言书，班昭也因而被封建统治者推崇为"女圣人"。

不过，《女诫》中有些内容，如主张男女都有受教育的平等权利，妇女要注意修身；妇德要"行已有耻"；妇言要"择辞而说，不道恶语"；妇容要"盥浣尘秽，服饰鲜洁"；妇行要"洁齐酒食，以奉宾客"等，都包含有一些合理的因素，可以批判地继承、吸取。

① 在此之前，秦始皇以巴寡妇清"能守其业，用财自卫，不见侵犯"为"贞妇"，命筑怀清台加以表彰，其贞妇的含义与后世不同。见《史记·货殖列传》及注，"巴，寡妇之邑；清，其名也。"又见《汉书·货殖传·巴寡妇清》。
② 《后汉书·列女传》。

二、荀爽的《女诫》

班昭《女诫》之后，对女儿的教育也逐渐引起父亲们的重视。东汉文学家荀爽（128—190）与蔡邕（132—192）就是其著名代表。荀爽是战国时著名学者荀子的十二世孙，字慈明，颍阴（今河南许昌）人。自幼好学，年少时就通《春秋》、《论语》，在兄弟八人中最有才能，时称"荀氏八龙，慈明无双"[①]。董卓专权时，为笼络人心，便征用荀爽。他想逃去，未获成功。后来与王允等合谋除董卓，不幸病死。著有《礼》、《易传》、《诗传》、《尚书正经》等，"遂称为硕儒"。其著作多所亡缺，家训有《女诫》等留世。

荀爽女训思想的中心是男尊女卑、夫唱妇随。《后汉书》荀爽传中记载了他这方面的思想："孔子曰：'天尊地卑，乾坤定矣。'夫妇之道，所谓顺也。"他引用孔子有关言论，并牵强附会地以自然现象进行论证："今观法于天，则北极至尊，四星妃后"；"察法于地，则崐山象夫，卑泽象妻"；"睹鸟兽之文，鸟则雄者鸣鸲，雌则顺服"；"兽则牡为唱导，牝乃相从"。故"阳尊阴卑，盖乃天性"；"以妻制夫，以卑临尊，违乾坤之道"。这些话，论证与发挥了班昭《女诫》夫尊妻卑的思想。从上述立论出发，荀爽着重教育女儿：

（一）男女有别，非礼不动

他说："圣人制礼，以隔阴阳。七岁之男，王母不抱；七岁之女，王父不持。亲非父母，不与同车；亲非兄弟，不与同筵。非礼不动，非义不行。"圣人制订礼仪，就是为了把男女阳阴分开，所以男子到七岁，祖母便不抱了，女孩到七岁，祖父也不扶持了，不是自己亲生父母，就不同车出行；不是自己同胞兄弟，就不同桌吃饭。总之，不符合礼仪的

---

① 《后汉书·荀韩钟陈列传》。

就不做。苟爽为女儿树立了一个学习榜样。他说：春秋时，宋伯姬遭火不下堂，"知必为灾，傅母不来，遂成于灰"。据刘向《列女传·宋恭伯姬》记述，伯姬为鲁宣公之女，鲁成公之妹，嫁宋恭公。至宋平公时，有一夜遇失火，左右侍从呼喊她出堂屋避火，伯姬说："妇人之义，保傅不来，夜不下堂。"后来，保母至，而傅母未至，左右侍女再次呼喊她走出堂屋避火，伯姬又说："妇人之义，傅母不至，不可下堂，越义求生，不如守义而死。"结果被火烧死。故"春秋书之，以为高也"①。《春秋穀梁传·襄公三十三年》记载了这件事，表彰宋伯姬以贞为行，能尽妇道。

（二）正身洁行，志为顺妇

苟爽为顺妇立了六条标准，他说："竭节从理，昏定晨省，夜卧早起，和颜悦色，事如依恃，正身洁行，称为顺妇。"② 意思是出嫁婚配丈夫后，要尽力守节，办事从理；早晚向公婆请安问好；晚睡早起，料理好家务；对家人要和颜悦色，态度和谐；体态端正，行为合乎道德。这样，便可成为"顺妇"。

苟爽的《女诫》反映了封建社会男子对女子的单方面要求，具有浓厚的不平等色彩，但"非义不行"、"正身洁行"等训导，也含有合理的因素。

三、蔡邕的《女训》

蔡邕（133—192）是东汉著名文学家、书法家。字伯喈，陈留圉

---

① 《全上古三代秦汉三国六朝文·全后汉文》卷六七。
② 同上。

（今河南杞县南）人。六世祖蔡勋，好黄老之术；父蔡棱，有清白行。蔡邕"性笃孝"，"少博学，师事太师胡广"①。喜好辞章、数术、天文，妙操音律。汉灵帝熹平四年（175），蔡邕因经籍年代久远，与杨赐等奏求皇帝正定《六经》文学。灵帝允准。他写经于碑，使工匠刻石立于太学门外，世称《熹平石经》，一时轰动朝野。董卓专权时任侍御史，拜左中郎将，封高阳侯。董卓死后，被认为犯有对卓"怀其私遇，以忘大节"之罪而予以拘捕，含冤死于狱中。他针对女孩特点所作的《女训》和《训女鼓琴》，与同时代的荀爽等人一起，开名儒作文以教育女儿的先河。

（一）饰面修心

蔡邕训导女儿说：人的心就像人的头与脸面一样，是需要认真地修饰的。"面一旦不洗饰，则尘垢秽之；心一朝不思善，则邪恶人之。"脸面一天不修饰，就会被灰尘弄脏，人的内心一天没有善念，就会被邪念浸染，故"人咸知饰其面而不修其心，惑矣"。人们只知道修饰自己的面容而不去修养自己的心灵，这真是糊涂啊！"夫面之不修，愚者谓之丑；心之不修，贤者谓之恶。愚者谓之丑犹可，贤者谓之恶将何容焉？"愚蠢者说你丑还过得去，贤智者说你恶就难以容身天地间了。

（二）理发思心

蔡邕进一步教诫道："故览照试（试同拭）面，则思心之洁也；傅（通敷）脂，则思其心主和也；加粉，则思其心之鲜也；泽发，则思其心之顺也；用栉，则思其心之理也；立髻，则思其心之正也；摄鬓，则思其心之整也。"你对着镜子洗脸时，就要想到自己的心灵是不是纯洁；涂敷脂粉时，就要思量自己的心情是不是平和；抹粉时，就要考虑自己

---

① 《后汉书·蔡邕列传》。

的心志是不是鲜明；润泽头发时，就要思考自己的心境是不是安顺；用梳子梳头时，就要想想自己的心思是不是有条有理；扎结发髻时，就要想到自己的心态是不是端正；护理鬓发时，就要思量自己的心意是不是严整。蔡邕紧扣女孩子梳洗打扮全过程的各个环节，展开了心灵的各个侧面，要求女儿在注意外表美的同时，更要注意自己的心灵美，做到洁、和、鲜、顺、理、正、整。其比喻巧妙而恰当，思想细腻而深刻，真是耐人寻味，发人深思。

（三）鼓琴有礼

蔡邕精通音律，善于弹琴。有人烧桐树煮饭，"邕闻火烈之声，知其良木"，因而请工匠裁截为琴，"果有美音，而其尾犹焦，故时人名曰'焦尾琴'"。他稍有空闲，便教女儿弹琴。他把弹琴技巧与家庭礼仪的教育结合起来。训导女儿：公婆若叫你为他们鼓琴，"必正坐操琴而奏曲。若问曲名"，则把琴放下来，高兴地回答说是某曲。弹琴的音量大小要视公婆坐的远近而定。小曲鼓奏五遍而止，大曲鼓奏三遍而止。不论弹多少曲子，"尊者之听未厌，不敢早止"。若公婆听了没有兴趣，"顾望视他，则曲终而后止"，不要中途停止。琴要经常调音，"尊者之前，不更调张"。卧室如果靠近公婆居处，"则不敢独鼓"；若离得远，公婆听不到声音，则可以"独鼓"①。在蔡邕看来，操琴击鼓虽然是一种娱乐活动，但也有涉女德，所以在公婆、尊长面前要注意各种礼节。他教女留意鼓琴中诸细枝末节，使尊敬公婆长者的家庭道德增强了可操作性。

蔡邕教女的特色，不是进行生硬的说教，而是结合女性的特点，着眼于提高其道德心理与思想文化素质。他的两个女儿也不负父教，都成为很有修养与才学的女子，一个成为西晋名将羊祜之母，一个就是蔡琰

————————

① 《全上古三代秦汉三国六朝文·全后汉文》卷七四。

即蔡文姬。文姬博学多才，妙于音律，先嫁河东卫仲道，夫亡无子，回归娘家。当时，天下丧乱，她被胡骑所获，沦落匈奴十二年，与左贤王生二子。曹操素与其父蔡邕友善，痛惜其无子嗣，就派遣使者用金玉把她赎回来，再将她嫁于董祀，后来，蔡文姬奉曹操之命，凭记忆将其父已散佚的书稿整理、缮写出四百余篇[1]；她还作有《悲愤诗》与《胡笳十八拍》等名篇，为中华民族的思想文化发展作出了重要贡献。

四、杜泰姬诫女与儿妇

东汉时，对女儿与儿媳妇的教育，母亲与婆婆也很重视。南郑（今陕西南郑）人、太守赵宣之妻杜泰姬就是如此。她不但重视教子，使他们认识到，"中人情性，可上下也，在自其检耳"。就是说，上人之性是善的，下人之性是恶的，中人之性是可善可恶的，而趋善向恶的关键，就在于是否"自检"即自我约束。"若放而不检，则入恶也。"儿子们在她的教诲下，个个成材。杜泰姬把自己教子的体验传授给女儿与儿媳们：一要正顺抚爱，威仪礼貌。她说："吾之妊身，在乎正顺。"我怀孕后进行胎教，做到正顺。"及其生也，恩存于抚爱"；孩子生下后，用抚爱使他们感到父母的恩情；孩子懂事后，"威仪以先后之，礼貌以左右之"。二要恭敬勤恪，孝顺忠信。孩子成人后，"恭敬以监临之，勤恪以劝之，孝顺以内之，忠信以发之，是以皆成，而无不善。汝曹庶几勿忘吾法也"[2]。在孩子长大成人的过程中，要随时随地监督他们恭敬，劝勉他们勤奋，训诫他们对内孝顺，对外忠信，所以儿子们没有一个不优秀的。

---

① 《后汉书·列女传·董祀妻》。
② 《全上古三代秦汉三国六朝文·全后汉文》卷九六。

杜泰姬教子，从胎教开始，由外而内、由浅而深、由近而远，使孩子们逐步由情感上的熏陶，到礼仪上的模仿，直至思想上的接受，行动上的践履，最后成为有德之人。她要求诸女与儿媳掌握这个独到的方法，以教育子孙成为德才兼备的人，这是有积极意义的。

中国传统女训萌芽于先秦，经过西汉董仲舒、刘向等人的工作，东汉班固《白虎通德论》的提升，到班昭《女诫》的进一步创造，基本上建立起了女德规范体系，奠定了理论基础，而荀爽、蔡邕等名士的身体力行，对于推动女训的发展，也起了重要作用。

第十二章
三国时期的名臣名士家训

三国时期，天下动荡，群雄角逐，英才辈出，魏、蜀、吴都涌现出了一批贤相名将，高才名士，其中有些人很重视家训，现择其要者略加介绍。

一、诸葛亮与向郎家训

（一）诸葛亮诫子侄：养德明志，宁静致远

诸葛亮（181—234）是刘备最得力的助手，三国时蜀汉政治家、军事家。琅琊阳都（今山东沂南南）人。汉司隶校尉诸葛丰之后。其父诸葛珪，汉末为太山郡丞。他生于乱世，很小失去双亲，十四岁时便跟随叔父诸葛玄生活，但叔父也不久病死。十七岁时在荆州（今湖北襄樊）隆中盖了几间草屋住了下来，躬耕读书。常自比管仲、乐毅，时人称之为"卧龙"。被刘备"三顾茅庐"所感动，遂离开隆中辅佐他打天下。刘备称帝后，他以功拜丞相。刘备死后，他辅佐其子刘禅，主持蜀汉军国大事，励精图治。建兴十二年（234）与魏将司马懿在渭南对阵期间，病死于五丈原（今陕西勉县西南）军中，葬定军山。有《诸葛亮集》传

世。诸葛亮勤于家训,在政事、军事之余,写下了《诫子书》等家训经典名篇。其家训思想主要有五个方面:

一是勉子侄成为国之"重器"。诸葛亮早年无子,故要求在吴国为官的兄长诸葛瑾(174—241)将其次子诸葛乔过继自己为适子。后来,诸葛亮有了两个亲生子,即长子诸葛瞻(227—263)和次子诸葛京。而诸葛瑾之子诸葛恪被诛于吴,子孙皆尽,所以诸葛亮将诸葛乔之子诸葛攀还复,以为诸葛瑾之后代。诸葛亮对子、侄都很喜欢,希望他们成为国之"重器"。他在《与兄瑾言子瞻书》中说道:诸葛"瞻今已八岁,聪慧可爱,嫌其早成,恐不为重器耳"。这封短短的家书,生动地反映出了诸葛亮疼爱儿子的殷殷之情,关心他成长的拳拳之心,惟恐其成不了国家栋梁之材的隐隐忧心。为了使子侄能成为国之重器,诸葛亮让他们担任一定的职务,在兵战中锻炼成长。他在《与兄瑾言子乔书》中,禀告诸葛瑾:诸葛"乔本当还成都,今诸将子弟皆得传运,思惟宜同荣辱。今使乔督五六百兵,与诸子弟传于谷中"①。乔儿本来该回到成都。但现在诸将子弟都要参加后勤运输,我考虑他宜与大家荣辱与共。故现在派其督率五六百名士卒,与各位将军的子弟一起在山谷中运输粮草等军用物资。诸葛乔跟随养父诸葛亮在汉中征战,成长很快,拜驸马都尉;其子诸葛攀,官至行护军翊武将军。

二是静学广才,养德明志。诸葛亮幼小时颠沛流离,经受了许多磨难,这锻炼了他的性格、意志,丰富了他的人生阅历,而在隆中隐居耕读期间,又提高了自己各方面的修养水平,在道德经济文章、兵书阵法韬略、天文地理历史方面无所不通。他就用自己的这些体会训诫子侄,引导他们正确处理德、才、学、志的关系,指出:"夫君子之行,静以修身,俭以养德,非澹泊无以明志,非宁静无以致远。夫学须静也;才须学也。非学无以广才,非志无以成学。"一个人格高尚的君子的操行,便是以宁静来修养身心,以生活节俭来涵养品德。不能淡泊就无法树立

---

① 《三国志·蜀书·诸葛亮传》注。

远大的理想，不能恬静就无法达到远大的目标。学习知识必须有安静的心境，而才干必须从学习中得到。所以不学习就无法增长才干，没有志向就不能成就学业。在这里，志向起着主导的作用，所以诸葛亮在写给外甥庞涣的家信中教诲他说："志当存高远，慕先贤，绝情欲，弃凝滞，使庶几之志，揭然有所存，恻然有所感……若志不强毅，意不慷慨，徒碌碌滞于俗，默默束于情，永窜伏于凡庸，不免于下流矣。"[①] 一个人的志向应当崇高、远大，应当仰慕前代圣贤，使他们的宏志伟愿在自己身上得以显著地体现。如果志向不刚强坚毅，意气不慷慨激昂，那便会碌碌无为地拘泥于时俗，默默无闻地束缚于情欲，永远处于平凡的人群之中，甚至沉沦为庸俗下流之辈。

三是励精治性，戒逸除骄。为了树立崇高的志向，使自己成为济世之重器，不仅要仰慕学习先贤，而且还要加强具体的修养，首先是戒淫慢，"淫慢则不能励精"。只有不骄纵，不淫逸，励精图进，才能振奋精神，使学问精益求精。其次是戒"险躁"，"险躁则不能冶性"，只有不偏急，不浮躁，才能陶冶性情，使学业精进。再次是生活节俭，恬静寡欲，也就是在《诫外甥书》中讲的"绝情欲"，摒弃私情邪欲。鉴于骄逸损志、奢侈致祸的历史教训，他不为子弟置过多的资产，曾上书刘禅说，自己在"成都有桑八百株，薄田十五顷，子弟衣食，自有余饶……若臣死之日，不使内有余帛，外有赢财，以负陛下"[②]。这些田产在常人固然不算少，但对于一位宰相来说，则是很微薄的。再其次是"弃凝滞"、"去细辟"，就是不多疑固执，不为小事烦恼，以应对各种考验，能屈能伸。最后是"广咨问，除嫌吝"，就是广泛地向他人求教，消除憎恶别人、怨天尤人的心理。做到这些以后，"虽有淹留，何损于美趣，何患于不济"？即使得不到升迁重用，又何损于你高尚的志趣？也何必担忧你事业不能成功？他谆谆教导儿子：要在年少时抓紧学习修养，不

---

① 《诸葛亮全书·辑诸葛亮文》，学苑出版社1990年版。
② 《三国志·蜀书·诸葛亮传》。

要让时间白白流逝，"年与时驰；意与日去，遂成枯落，多不接世，悲守穷庐，将复何及！"年岁随时光飞逝而去，意志随岁月增长而不断消磨，青春枯萎而学识无成，那多半不会被社会所接纳，只能悲怆地守着贫困的家，即使悔恨也来不及了。

四是饮酒可醉，"无致迷乱"。诸葛亮教子节俭，诫甥绝情欲，并不是要他们摒弃一切享受。他认为，合于礼节的宴饮也是可以的。"夫酒之设，合礼致情，适体归性，礼终而退，此和之至也。主意未殚，宾有余倦，可以至醉，无致迷乱。"① 这可以说是中国古代酒文化的至论。他要儿子懂得：摆酒设宴，既要合于礼仪与表达感情，又要适合身体与性格的需要。礼节已尽而退席，这就达到彼此和谐的极致了。若主人的酒兴未尽，或者宾客尚有余量，酒一直可以饮到微醉，但不能过度，以致神志不清，昏迷错乱。这就是说，饮酒要讲求酒德与宾礼，以沟通感情，也有益于身体。

五是遗命薄葬、简葬。诸葛亮在征战中病卒，临终前遗命家人"葬汉中定军山，因山为坟，冢足容棺，敛以时服，不须器物"。墓穴只要容纳棺材就可以，入棺时只须穿适合时令的寿服，不要用器物随葬。诸葛亮毕生廉正俭约，生活俭朴，饮食清淡，家无金银财宝。其"随身衣食，悉仰于官，不别治生，以长尺寸"。"及卒，如其所言。"其清正廉洁，可见一斑，遗命薄葬正是这种精神的体现。

在诸葛亮言教与身教的熏陶下，子孙们德才兼备，忠君爱国。其子诸葛瞻"工书画，强识念"，年十七任骑都尉。官至尚书仆射，加军师将军。景耀六年（263），魏将邓艾大举攻蜀，诸葛瞻督诸军与魏军战于绵竹（今四川绵竹东南）。邓艾遗书诱降，他怒斩来使。后战败临难死义，年仅三十七岁。诸葛瞻长子也就是诸葛亮长孙诸葛尚亦不负国之重恩，驰赴魏军而死。对此，史学家评论道："瞻虽智不足以扶危，勇不

---

① 《诸葛亮全书·辑诸葛亮文》，学苑出版社 1990 年版。

足以拒敌，而能外不负国，内不改父之志，忠孝存焉。"①《晋泰始起居注》载晋武帝司马炎赞曰："诸葛亮在蜀，尽其心力，其子瞻临难死义。天下之善一也。"诸葛亮次孙诸葛京，后为晋郿令，尽心所事，有称誉，官至江州刺史。

诸葛亮的家训思想影响深远，一直为后人所称道。其"静以养身，俭以养德"、"非澹泊无以明志，非宁静无以致远"、"志当存高远"等成为激励士人修养的至理名言。十六国时西凉政权的建立者李暠（351—417）书写诸葛亮家训以教诸子道："周孔之教，尽在中矣。为国足以致安，立身足以成名，汝等可不勉哉!"②周公、孔子的教导都在诸葛亮的家训中了，用以治国，可使国家安定，用来立身，可使自己成名，你们难道可以不用来勉励自己吗?

（二）向郎训子："贫非人患，惟和为贵"

向郎（168—247），三国时蜀名臣。字巨达，襄阳宜城（今湖北省宜城）人。曾师事司马德操。刘备时任巴西太守等职，刘禅即位后为长史。他"素与马谡善，谡逃亡，郎知情不举，亮恨之，免官还成都"。几年后，为光禄卿。诸葛亮去世后，徙左将军，封显明亭侯，位特进。他被免长史后，优游无事二十年，潜心于典籍，孜孜不倦，朝野之士敬重之。有《遗言诫子》留世。向郎家训突出一个"和"字。教诫道："传称师克在和不在众"，作战胜利在于团结不在于兵多，此言"天地和则万物生，君臣和则国家平，九族和则动得所求、静得所安。是以圣人守和，以存以亡也"。意思是说，万事万物以和为贵，天地阴阳调和则万物滋长，君臣协和则国家太平，九族和睦则动能得到所求，静能得到安逸。圣人之所以恪守和顺，是因为它关系到存亡大事。我小时父母早亡，幸得二位兄长的教养。使自己的品性、行为不受利禄左右。现在家

---

① 以上引自《三国志·蜀书·诸葛亮传》注引干宝评论。
② 《晋书·凉武昭王传》。

庭生活贫困，"贫非人患，惟和为贵。汝其勉之"。贫穷不是人的祸害，只有家庭和睦才是最宝贵的。你要努力啊！其子向條秉承父教，"亦博学多识"，在后主刘禅景耀年间任御史中丞，至晋代为江阳太守、南中军司马。其侄向宠也受"和"教影响，为诸葛亮所信用。亮上后主《出师表》说："将军向宠，性行淑均，晓畅军事，试用于昔，先帝称之曰能，是以众论举宠为督，愚以为营中之事，悉以咨之，必能使行阵和睦，优劣得所也。"[1] 后迁中领军。向宠忠于蜀汉，于延熙三年（240）在征战中遇害。

二、陆逊与张纮的家训

（一）陆逊："子弟苟有才，不忧不用"

陆逊（183—245）是三国时吴国名将，字伯言。吴郡吴县华亭（今上海松江）人。出身江南士族。为孙权兄孙策之婿。善谋略，先与吕蒙共谋袭取了荆州，后又任大都督，利用火攻大破刘备军于猇亭（今湖北宜都北），不久又破魏扬州牧曹休于石亭（今安徽境内），官至丞相，封娄侯。他因屡谏孙权不要废太子，不仅未被采纳，还受到谴责，六十三岁时便忧愤而死，"家无余财"。其家训突出一个"才"字：有人建议陆逊拉关系、走后门，为子弟谋求官职，他不同意："逊以为子弟苟有才，不忧不用，不宜私出以要荣利；若其不佳，终为取祸。"我以为子弟如果真有才能，不必忧愁自己不被任用，所以不应该私自外出为其谋荣势、财利；如果子弟没有才干，而为之私谋荣利，最后也只会给他带来祸害，因而为古人所"厚忌"。这种认为子弟有才能的终有施展其抱负

---

[1] 《三国志·蜀书·霍王向张杨费传》及注。

的时候、无才干而谋私利的只会自取其祸的观点，在封建时代虽然未必都如此，但作为一种人生价值导向，无论在古代还是在今天，都是很有价值的。陆逊长子早亡，次子陆抗袭爵。陆抗文武兼备，"咸有父风"，为一代名将，官至大司马、荆州牧。陆抗子陆晏、陆景、陆玄、陆机、陆云均为吴将。尤以陆景"澡身好学，著书数十篇"①，口碑颇好。

（二）张纮：知进谏之难，三思而后行

张纮（153—220）字子纲，广陵（今江苏扬州北）人。少年时饱学《京氏易》、《欧阳尚书》、《韩诗》、《礼记》、《左氏春秋》，受到孙策重视，任正议校尉。孙权时任长史，并为其定徙都秣陵（今江苏南京市）之计。有《瑰材枕赋》存世。病危时留下书信，教诫其子张靖：一要知进谏善言之难。他说："自古有国有家者，咸欲修德政以比隆盛世，至于其治，多不馨香。非无忠臣贤佐，暗于治体也，由主不胜其情，弗能用耳。"自古以来，所有君主都想修治德政，以与兴隆盛世相媲美，然而大多没有好的声誉。这不是忠贤的臣辅不明白治国的道理，而是由于君主受情欲的支配而不能采用。"夫人情惮难而趋易，好同而恶异，与治道相反。传曰：'从善如登，从恶如崩'，言善之难也。"大凡人的感情，都害怕困难而喜欢容易，爱好相同而厌恶相异，这与治国的道理正相背离，所以进谏善言是很难的。为什么？国君承袭了累世的基业，依据自然形成的权势，掌握着驾驭群臣的威力，陶醉于那种自己容易做的事情与别人顺从的欢乐，而无求于他人。因此，"忠臣挟难进之术，吐逆言之言，其不合也，不亦宜乎？"忠臣进谏他难以采用的方式，说着他不喜欢听的话，其违背君主的旨意，也就自然产生了。二要三思而行，推广仁德。他指出：这种背离治道，"眩于小忠，恋于恩爱，贤愚杂错，长幼失叙"，是由于"情乱"而造成的，一旦明君觉悟了，就会

① 《三国志·吴书·陆逊传》。

"求贤如饥渴，受谏而不厌，抑情损欲，以义割恩"，这时，善言可进，治道可行。所以，你要三思而行，"含垢藏疾，以成仁覆之大"。要忍含耻辱，饱受痛苦，适时进谏，方能将仁德推广。

张纮讲治国辅政之道，着重讲臣下进谏之难。实际上是要儿子懂得，只有贤明的君王才能纳谏，故进善言时要慎之又慎，忍之又忍，可行而后谏。张纮生有数子，史载其子张玄，虽才不如纮，但清介高行，官至南郡太守、尚书。张玄子即张纮孙张尚，有俊才，言语辩捷，孙皓时官至侍中、中书令。时孙皓（242—283）专横残暴，奢侈荒淫，令张尚学琴。尚秉承父教，婉转进谏，在宴会上说："晋平公使师旷作清角，旷言吾君德薄，不足以听之。"① 孙皓听了不悦，后来便借他事加以诛杀。

三、嵇康、阮籍和王昶的家训

（一）嵇康：立志高雅，守志不移

嵇康（224—263），魏晋时期文学家、思想家、名士、"竹林七贤"之一。字叔夜，原姓奚，谯国铚（今安徽宿县西南）人。"家世儒学"，少有俊才，博学多通。刚肠疾恶，"尚奇任侠"，"好老庄之学，恬静无欲。性好服食，尝采御上药。"② 主张"越名教而任自然"，抛弃儒家的伦理纲常，放任人的情欲自然发展。他娶曹操孙曹纬的女儿为妻，官至中散大夫。因不愿投靠当权的司马氏集团，后遭诬陷，被司马昭以"言论放荡，非毁典谟"的罪名所杀。有《嵇中散集》留世。其家训思想，突出立志处世，这集中反映在他给儿子的《家诫》中：

---

① 《三国志·吴书·张纮传》。
② 《三国志·魏书·嵇康传》及注。

1．"人无志，非人也"。他训导嵇绍，每个人都应立志，而立志当善，守志当固。指出："人无志，非人也。但君子用心，所欲准行，自当量其善者，必拟议而后动。"① 一个人如果没有志向，就算不上真正的人。但君子运用心志时，所思量的是有标准的，就是应当考虑其善良的方面，且一定先计议，然后才付诸行动。"若志之所之，则口与心誓，守死无二，耻躬不逮，期于心济。"如向着立志所要达到的目的去做，就应心口如一，至死不变，耻于办不到，一定要务求成功。"若心疲体懈，或牵于外物，或累于内欲，不堪近患，不忍小情，则议于去就。"若精神疲倦，行动松懈，或被身外物利所牵制，或被内心欲念所拖累，不能忍受身边的微小忧患，就会在心中产生坚持还是放弃志向的矛盾。这矛盾一产生，两种思想就发生斗争，两种思想一斗争，那心志就会被原来在头脑中的情欲所战胜，发生半途而废或功亏一篑的结果。有了这种矛盾的心志，"以之守则不固，以之攻则怯弱，与之誓则多违；与之谋则善泄，临乐则肆情，外逸则极意。故虽繁华熠耀，无结秀之勋；终年之勤，无一旦之功。斯君子所以叹息也"。总之，人有志而志不专一，或守志不固，虽然表面上显得纷华夺目，但不会结出美好的果实，整年勤劳却一事无成，这就是君子为什么为之感叹的道理所在。

2．守志之典范。嵇康在批评了守志不固的观念并指出其危害性后，便向嵇绍介绍了一些守志的典型事迹和人物，作为他学习的榜样："若夫申胥之长吟，夷、齐之全洁，展季之执信，苏武之守节，可谓固矣。"申胥即申包胥，春秋时楚国的贵族，据《左传·定公四年》载，公元前506年，吴国打败楚国，申包胥为了楚国的存亡去秦国请求救援，秦不发兵，他便鹄立秦廷作"长吟"，痛哭了七天七夜，勺饮不入口，终于使秦出车五百乘援楚复国。夷、齐指伯夷、叔齐，其事迹见《庄子·让王篇》。武王伐纣，兄弟俩叩马而谏，认为父丧用兵是不孝、不仁；武王不听，他俩便发愤不食周粟。武王灭商后又逃到首阳山（今山西永济

---

① 嵇康：《嵇中散集·家诫》，下引该篇不另注。

南），采薇隐居，最后饿死于此山，被后人视为志行高洁的典范。展季指柳下惠，本名展获，字禽。春秋时鲁国大夫，其事迹见《吕氏春秋·审己篇》，他为官任劳任怨，不以官小职低而卑屈。曾三次被罢黜，但仍忠信于鲁。苏武（？—前60）是西汉大臣，天汉元年（前100）奉命持节出使匈奴，被扣长达十九年，曾被遣放到北海（今贝加尔湖）牧羊。虽受威胁利诱、历尽苦难艰辛，但他始终持节不屈，最后获释回朝，保持了民族气节，其守志"可谓固也"。这些都说明，志必须"心守之一"，身体力行，才能"临朝让官，临义让生"，铸成像东汉末年孔文举即孔融（153—208）那样"求代兄死"的忠臣烈士之气节。

3. "秉志之一隅"。嵇康不仅教诫嵇绍立志、守志，还教导他如何行志。他从两个方面说明了秉志之隅，即将所执持的心志，如何推广运用于人事方面。一是在志的指导下处理好与上级、与同僚、与朋友的关系。首先是礼敬长吏。"所居长吏，便宜敬之而已矣。"长吏是地位较高的官吏，不能得罪他，但也"不当极亲密，不宜数往，往当有时，其有众人，又不当独在后，又不当在前"。为什么？长吏喜问外事，若有人被检举揭发，你容易遭人怀疑而被怨恨，"无以自免也"，所以要慎备自守，寡言少语，立身清远。别人有请托，一般"当谦言辞谢"。若有怨、急事，拒绝于心不忍，则"可外违拒，密为济之"，表面拒绝而暗中办之。这样可以断绝一般人过多的请求，使自己没有过失，这是"秉志之一隅"。二是"凡行事先自审其可"。若宜行此事，而人欲易之，当说宜易之理。"若其理不足"，即使托人求情，亦"当坚持所守，此又秉志之一隅也"。嵇康言志，不离实惠，他教诫嵇绍：若有人来告穷乏"而有可以赈济者，便见义而作"。不过，如果有人随从我而有所欲求者，则要先考虑：若济之而"损废多，于今日所济之义少，则当权其轻重拒之"。然而，大凡"人之告求，皆彼无我有，故来求我，此为与之多也"。如果为了情面之故，轻率地给予，不忍心当面拒绝，"未为有志也"。

4. 言语乃志之表现。人的志向不仅存之于心，行之于事，而且表露于言语。他教诫嵇绍道："夫言语，君子之机。机动物应，则是非之形著矣，故不可不慎。"言语为君子机智权变的工具，机巧动而事物变，是非就显露出来了，所以不可不谨慎。对不了解的事，应当戒惧估计不到的过失，"且权忍之"，不要说。坐在一起谈话，小有异同，不要附和、答理。若双方互相争辩，而自己"未知得失所在"，慎勿参与，轻易发表意见。对于有些正确但不完全正确，有些错误但不完全错误的言论，可以不发表意见而等待之。若有人问你，便"当辞以不解"。参加酒宴，"见人争语，其形势似欲转盛"，便当离席，因为这是将发生斗殴的征兆，"坐视必见曲直"，"有言必是在一人"；而理曲的人"方自谓为直，则谓曲我者有私于彼，便怨恶之情生矣。或便获悖辱之言……故当远之也。"争论不休者大多是小人，他们漫无边际又无标准的争论，"虽胜何足称哉"？如果不能远离，那就"取醉为佳"。若对方一定要知道你的看法，也要守住口，"不知不识，方为有志耳"。

5. "鬻货徼欢，施而求报，君子之所大恶也"。嵇康告诫嵇绍，要谨交往，慎馈赠。一个人远离富贵荣华，就会对人少欲求，除非极其急切，要做到终身不求于人，那最为善美。与人相处，"不须作小小卑恭，当大谦裕；不须作小小廉耻，当全大让"。每个人都有公有私，如见人"窃言私议"，便应起身离开，以免使人顾忌。有时有人强迫你与他一起说话，"若其言邪险，则当正色以道义正之"。为什么？一则"君子不容伪薄之言"，二则"一旦事败，便言某甲昔知吾事"，所以要深加防备。人们私下交谈，"无所不有"，就事先注意；因为偶尔知道别人私事，赞同则不可，不赞同则别人怕事情会泄露，"思害人以灭迹也"。

朋友有饮酒之意，送薄礼之好，"此人道所通，不须逆也"。但是，如果超出礼尚往来的范围，如"匹帛之馈，车服之赠，当深绝之。何者？常人皆薄义而重利，今以自竭者，必有为而作。鬻货徼欢，施而求报，其俗人之所甘愿，而君子所大恶也"。至于饮酒，不要强劝人饮；"若人来劝"，也不必推拒，即使自己不想饮，也应拿起酒杯，表现出高兴的样子。看到别人醉醺醺就停止劝酒，不要喝至"困醉，不能自裁也"。

嵇康家教的核心是"志"教。志存于内而表于言，支配着立身、处事、待人等各个侧面，守志、行志的基本要求是"慎"，言语、取予、交往乃至饮酒都要谨慎小心，处处提防，考虑到方方面面情况及其应付的办法。嵇绍（353—404）虽十岁丧父，但受其父志诚之影响甚深。他少知名，有文思，"平简温敏"，"最有忠正之情"。后官至侍中，跟从惠帝（290—306 在位）"北伐成都王，王师败绩，百官皆走"①，惟嵇绍一人为保护惠帝，以身迎枪，血溅帝衣，死于帝侧，终成忠臣烈士之志节，而为历代推崇为忠君的典范。

（二）阮籍：不准子侄学己放达不饰

阮籍（210—263）是文学家、思想家、名士，"竹林七贤"之一。与嵇康齐名。字嗣宗，陈留尉氏（今河南尉氏）人。其父阮瑀是建安七子之一，为曹操的心腹幕僚。阮籍在曹魏时任散骑侍郎，封关内侯。他"本有济世志"，但当时"天下多故，名士少有全者，籍由是不与世事，遂酣酒为常"。虽也不满司马氏集团的统治，但由于小心谨慎，巧于应付，或纵饮佯狂，醉卧不醒；或"发言玄远，口不臧否人物"，才免遭杀害。阮籍不拘礼法，任性不羁，放浪形骸，"时人多谓之痴"，"礼法之士疾之若仇"。其实，这是表面现象，是形势所迫才这样做的。他本质上并不反对封建名教。其"性至孝，母终……饮酒二斗，举声一号，吐血数升"。乃至"毁瘠骨立，殆致灭性"②。但是，他并不希望子侄像自己那样处世行事。其子阮浑"有父风。少慕通达，不饰小节"，他的"风气韵度似父，亦欲作达"。阮籍"盖以浑未识己之所以为也"③ 的原由，训导他说："仲容已豫吾此流，汝不得复尔！"④ 他不希望儿子复走

---

① 《三国志·魏书·嵇康传》及注。
② 《晋书·阮籍传》。
③ 刘义庆：《世说新语·任诞》。
④ 《晋书·阮籍传》。

此路。仲容指阮籍的侄子阮咸（字仲容），竹林七贤之一。据《晋书·阮籍传》载：阮"咸任达不拘，与叔父籍为竹林之游，当世礼法者讥其所为"。其所为与阮籍同流。阮咸耽于弦歌酒宴，有一次与宗人共饮，不用杯子而"以大盆盛酒"，圆坐相向，大酌更饮。时有群豕来饮其酒，但他不嫌脏，竟然与猪"共饮之"①。阮咸"群从昆弟莫不以放达为行，（阮）籍弗之许"。司马炎称帝后，"以咸耽酒浮虚，遂不用"。而其子阮浑则于"太康中，为太子庶子"。

应该指出，嵇康与阮籍生活在魏晋之际极其混乱、动荡的年代，上层统治集团间斗争尖锐、复杂，你死我活。由于他们所拥护的曹魏王朝日益没落，所反对的司马氏集团则权倾朝野，所以内心相当恐惧，处处戒备，生怕大祸临头。这种矛盾的心情，反映在他们的家训中，就是希望子侄在险恶的社会政治生活中，既能保持高尚的志向节操，又能善于权变，求生免祸，全家保族。因此，像嵇康这样"刚肠疾恶，轻肆直言"②，非常高傲的人，在其《家诫》中却要儿子处处小心，事事设防，显得相当庸俗，十分世故。这种双重人格隐藏着难言的痛苦。对此，鲁迅在《魏晋风度及文章与药及酒之关系》中评论说："批评一个人的言论实在难，社会上对于儿子不像父亲，称为'不肖'，以为是坏事，殊不知世上正有不愿意他的儿子像自己的父亲哩。试看阮籍、嵇康，就是如此。这是因为他们生于乱世，不得已，才有这样的行为，并非他们的本态。但又于此可见魏晋的破坏礼教者，实在是相信礼教到固执之极的。"③

（三）王昶诫子侄："屈以为伸，让以为得"

王昶（？—259），字文舒，晋阳（今山西太原）人。魏文帝时任散

---

① 刘义庆：《世说新语·任诞》。
② 嵇康：《嵇中散集·与山巨源绝交书》。
③ 《鲁迅全集》第三卷，人民文学出版社1981年版，第515页。

骑侍郎、洛阳典农等职。魏明帝时因功官至司空，封京陵侯。著有《治论》二十余篇、《兵书》十余篇。王昶与其兄各生有两子，他为子侄"作名字，皆依谦实，以见其意，故兄子默字处静，沈字处道；其子浑字玄冲，深字道冲"。要求他们"遵儒者之教，履道家之言，不敢违越"①。他的家训思想内容丰富，论说精当。现择其要如下：

1."子道"有三。指出："夫人为子之道，莫大于宝身全行，以显父母。"就是爱惜身体、保守善行、显扬父母。这三条人人都知道其善，但为什么有些人会招致"危身破家，陷于灭亡之祸"呢？这是因为他们所效法习行的不是"孝敬仁义"之道，而这四字却是"百行之首，行之而立，身之本也。孝敬则宗族安之，仁义则乡党重之，此行成于内，名著于外者矣。"人们如果不笃行孝敬仁义而妄求名利、背本逐末，陷于浮华，结成朋党，那就会丧身败家。因为浮华则会陷于虚伪，朋党则会相互倾轧，"此两者之戒，昭然著明"。但为什么不顾前车之鉴而覆车者甚多呢？"皆由惑当时之誉、昧目前之利故也。"这都是被暂时的荣誉所诱惑，当前的私利所蒙蔽而造成的。

2."知足常足"。王昶要求子侄戒除名利，他训导道："夫富贵声名，人情所乐。"然而，君子有时能得到而不去求取，这又是为什么呢？"恶不由其道耳。"就是因为厌恶它不符合道义。人之大患，是"知进而不知退，知欲而不知足，故有困辱之累，悔吝之咎"。由于"如不知足，则失所欲"，不知满足就会丧失所欲求的东西，"故知足之足常足矣"，所以知道满足，这满足便足以常使人满足了。王昶向其子指出：不知足是很危险的。"览往事之成败，察将来之吉凶，未有干名要利，欲而不厌，而能保世持家，永全福禄者也。"在这里，他发挥了《老子》关于"祸莫大于不知足，咎莫大于欲得。故知足之足常足矣"的思想，希望子侄懂得知足常乐、知足不殆可以长久的道理。王昶对他们说："欲使汝曹立身行己"，把儒家的追求功名利禄与道家的知足保身结合起来，

---

① 《三国志·魏书·王昶传》。

"故以玄、默、冲、虚为名",希望你们时刻牢记,用无过行。

3. "君子不自称,恶其盖人也。"自称即自我赞美,盖人即掩盖别人的长处。博求名利的人,大多会自称而盖人。王昶教诫道:"夫人有善鲜不自伐,有能者寡不自矜;伐则掩人,矜则陵人。掩人者人亦掩之,陵人者人亦陵之。"意思是人一有擅长,少有不自夸的,人一有才能,也少有不自傲的,自夸就会掩蔽别人长处,自傲则会欺侮别人。然而,掩蔽别人者也会被别人掩蔽,欺侮别人者也会被别人欺侮。"故君子不自称,非以让人,恶其盖人也。"他举例说,春秋时,"若范匄对秦客而武子击之,折其委笄,恶其掩人也"①。晋国年轻的范燮在朝廷上三次抢在大夫之先回答秦客的哑语,其父范武子憎恨儿子目无父兄,三次盖过了尊长者的才能,惧怕因此会招致败亡,所以极为愤怒,用杖打他,折断他插在头上用以挽住头发和弁冕的簪子。王昶指出,过去"三郤为戮于晋,王叔负罪于周,不惟矜善、自伐、好争之咎乎"?晋国三个大夫郤犨、郤至、郤锜依势欺人,族人多怨,因而都为晋厉公所杀戮;周灵王的卿士王叔陈生,也在争权斗争中失势而逃亡。这些都不是因为凭借自己的长处而自傲、自夸、好与别人争功的结果吗?

4. "屈以为伸,让以为得"。王昶教导子侄说,凡事有自身的发展法则,不能人为地强求。"夫物速成则疾亡,晚就则善终。朝华之草,夕而零落;松柏之茂,隆冬不衰。是以大雅君子恶速成。"自然界的事物迅速长成的便很快死亡,迟缓长成的则茂密不衰,人也是如此。所以,高雅君子厌恶急于求成。孔子把求益上进的人与急于求成的人区分开来,肯定前者而否定后者。不求速成就不会自矜、自伐、掩人、陵人。如果能够顺应自然,曲折前进,"屈以为伸,让以为得,弱以为强,鲜不遂矣"。以一时的屈己求得长远的伸展,以暂时的退让作为今后的取得,以一时的软弱作为求得未来的强大,很少有不能达到的目的和办不成的事情。

---

① 据《国语·晋语》,对秦客者是范燮(范文子)而非范匄(范宣子),此处有误。

5. "闻毁己而忿，不如默然自修"。在处理毁誉荣辱问题上，王昶教诫子侄慎之又慎，他说："夫毁誉，爱恶之源而祸福之机也。是以圣人慎之。"赞美或诋毁一个人，会引起爱恶，触发祸福，所以连圣人也非常慎重。《论语·宪问》说："子贡方人。赐也贤乎哉，我则不暇。"子贡议论别人的过恶，孔子批评他道：你就贤德了吗？我却没有这个闲工夫去讥评他人。圣人尚且这样，更何况凡庸之辈，当年伏波将军马援戒其兄子严、敦道："汝曹闻人过失，如闻父母之名；耳可得闻，口不可得言也。'斯戒至矣。"① 这个劝诫是至理名言，你不能轻率地赞扬或诋毁一个人。不过，如果碰到别人诋毁自己，那该如何处理呢？王昶训导道："人或毁己，当退而求之于身。若己有可毁之行，则彼言当矣；若己无可毁之行，则彼言妄矣。"别人说自己坏话时，应当退一步在自己身上找原因，若自己有让人指责的行为，那人家就说得得当；若自己没有让人毁誉的行为，那么他的话是虚妄不实的。得当就不要怨恨对方，虚妄也无害自己，又何必加以报复？而且，"闻人毁己而忿者，恶丑声之加人也，人报者滋甚，不如默而自修己也"。听到别人诋毁自己而愤怒，反过来用恶丑的语言施加别人，别人的报复也更加厉害，这只能使自己的名声更坏，倒不如保持沉默，加强自我修养。谚语说："救寒莫如重裘，止谤莫如自修。"要使自己不寒冷，不如穿上厚厚的皮衣，要使别人不诽谤，不如加强自身的修养，这话是千真万确的。如果说，与那些搬弄是非、凶恶阴险的人交往、接近都不应该，那么与这些人去对质、核实是非，危害就更大了。

6. 承继祖训，择贤而学。王昶告诫子侄，你们的先祖世代为仕宦，"惟仁义为名，守慎为称，孝悌于闺门，务学于师友"。应该承继祖训，经世济用。古今贤士不少，有些人是可仰慕而不可学的，像伯夷、叔齐、介子推等，"虽可以激贪励俗，然圣人不可为，吾亦不愿也"。有的人是可亲昵而不可学的。如郭嘉（170—207）之子"颍川郭伯益，好尚

---

① 《后汉书·马援传》。

通达，敏而有知。其为人弘旷不足，轻贵有余；得其人重之如山，不得其人忽之如草。吾以所知亲之昵之，不愿儿子为之"。有的人可爱重而不可慕，如"东平刘公幹，博学有高才，诚节有大意，然性行不均，少所拘忌，得失足以相补。吾爱之重之，不愿儿子慕之"。而有些人则是可以学而遵行的。王昶为儿子选择了两个学习榜样。一个是"北海徐伟长，不治名高，不求苟得，澹然自守，唯道是务。其有所是非，则托古人以见其意，于时无所褒贬。吾敬之重之，愿儿子师之"。另一个是"乐安任昭先，淳粹履道，内敏外恕，推逊恭让，处不避洿，怯而义勇，在朝忘身。吾友之善之，愿儿子遵之"。

不过，这只是个别的典范，必须"引而伸之，触类而长之"，举一反三，推广而用之。这就是他最后归纳的十个要点。一是财物要先用于九族；二是施舍务必要周全窘急的人；三是出入要关怀故旧长老；四是发表议论贵在不贬损他人或政事；五是为官任职要崇尚忠节；六是选取人才务求平实合道；七是为人处世要戒除骄奢淫逸；八是家境贫贱不要忧愁悲伤；九是为官进退要适合时宜；十是做任何事情要多方面地反复思考。"如此而已，吾复何忧哉？"[1] 做到这十条，我还有什么可忧虑的呢？

王昶的家训思想，旨在使子侄通过遵行封建伦理道德，保持谦慎平实的心态，约束自己的行为，以求得在乱世中既能全身保家，维护既得利益，又能在适当的时机升迁，获得更大的权势。这后一方面是与谦实、知足的心态相悖的，这反映在其教子时，把谦让作为进取的手段，在要求勿掩人、勿自伐、贵无毁的同时，又对人进行贬损，尽管自己"亲之昵之"、"爱之重之"，却不愿儿子"为之"、"慕之"。南朝宋史学家裴松之，在其《三国志》注中正确地指出：王昶模仿马援的思路，"显言人之失……郭伯益、刘公幹，虽其人皆往，善恶有定；然既友之于昔，不宜复毁之于今，而乃形于翰墨，永传后叶，于旧交则违久要之

---

① 《三国志·魏书·王昶传》。

义，于子孙则扬人前世之恶。于夫鄙怀，深所不取"。裴松之紧接着把东方朔诫子与王昶、马援相对比，并赞扬道："善乎东方之诫子也，以首阳为拙，柳下为工，寄旨古人，无伤当时。方之马、王，不亦远乎!"当然，王昶的立意虽比不上东方朔高远，但他为人谦实、教子严正的优点，也是应该肯定的，而向儿子提出的许多要求，也能经世致用。所以，其家诫不失为一大精品，为历代所推崇。

第十三章
两汉的家训方法

两汉三国时期，与家训内容进展相对应的，是家训方法的多样化。而家训方法的改进，是使家训收到良好效果的重要条件。

一、王陵母与赵苞母的亲情感动法

（一）王陵母：伏剑激子事汉王

王陵（？—前181）是秦末沛（今江苏丰县）的豪强，汉高祖刘邦微贱时，曾对他事之似兄。刘邦在沛起兵，王"陵亦聚党数千人，居南阳"。后来，他率领自己的兵马归从汉王刘邦，共同抗击楚王项羽的进攻。项羽便拘捕王陵的母亲，作为人质留置军中。王陵派使者至项羽军中交涉。项羽在接见使者时，让王陵的母亲朝东而坐，以示尊敬，"欲以招陵"。王陵母偷偷地来探望使者，临别时哭泣着说："愿为老妾语陵，善事汉王。汉王长者，毋以老妾故持二心。"希望您替我转告陵儿，好好跟随汉王做事，汉王是位仁厚的人，不要因为我的缘故而怀有二心。说罢，"遂伏剑而死"。项羽大怒，烹煮了王陵的母亲。在母亲的激励下，王陵"从汉王定天下"[①]，立下了汗马功劳。汉王朝建立后，位

---

① 《汉书·王陵传》。

至丞相，封安国侯。

（二）赵苞母：以死励子全忠义

王陵母伏剑勉子的事迹，对后世影响很大，东汉赵苞母不惜牺牲自己生命励子为国杀敌，便是一例。赵苞（？—177），字威豪，东汉桓帝、灵帝间人。他在调任辽西太守时，派人迎接母亲和妻子至其任所。路过柳城时，其母、妻不幸为鲜卑人劫持作为人质，押人囚车中来攻打他防守的郡城。赵"苞率步骑二万，与贼对阵"。他悲号着对母亲说，儿子本想"以微禄奉养朝夕"，不料反使母亲受到祸害，我万死也无法逃脱罪过。其母虽身陷敌阵，但毫不畏惧，遥对儿子说："威豪，人各有命，何得相顾，以亏忠义？昔王陵母对汉使伏剑，以固其志，尔其勉之！"意思是人各有自己的遭遇，不能因为互相照顾而亏损忠义大节，当年王陵母亲对着汉使伏剑自尽，以坚定儿子服事汉王的志向，你也应当自勉。母亲的话增添了赵苞的勇气，他立刻率军进击，"贼悉摧破。其母、妻皆为所害"[1]。

这两位节义之母通过精当的说理，用自己的生命，激起儿子强烈的责任感，去为国家统一、安定建立功绩，她们的事迹与方法，受到后人的颂扬。

二、萧何、吴汉和张纯创设的自立条件法

（一）萧何：不为子孙谋财利

萧何（？—193）是汉初名相，沛（今江苏丰县）人。秦时为沛吏，

---

[1] 《后汉书·独行列传》。

与刘邦一起举兵反秦。入咸阳后，"诸将皆争走金帛财物之府分之，何独先入收秦丞相御史律令图书藏之"。因而使刘邦得以掌握全国山川险要、郡县户口和百姓情况。楚汉相争时，他以丞相留守巴蜀，输兵运粮，保证供给，对刘邦战胜项羽，建立汉朝立有首功。他虽然贵极人臣，但能清廉自守，不为子孙积聚财利，史载"何买田宅必居穷辟处，为家不治垣屋"。购置的田宅在穷乡僻壤，建造的房屋不修垣墙。为什么？他说："后世贤，师吾俭；不贤，毋为势家所夺。"① 子孙后代如果贤能，就会效法我过勤俭的生活；如果不贤能，也不会因权势人家眼红而被夺走。他用这种方法引导子孙自食其力，真是用心良苦，也反映了一些贤臣对子孙谋生能力的重视。

（二）吴汉：斥责妻子多买田宅

吴汉（？—44）是东汉武将，南阳宛县（今河南南阳）人。王莽末年，亡命渔阳（今北京密云）。"资用乏，以贩马自业"。后归附刘秀，多有战功，被任为大司马，封广平侯。吴汉在前方打仗，妻、子却在家多置田产，他回家后发现此事，便严加责备说："军师在外，吏士不足，何多买田宅乎！"我领军在外征战，将吏士卒的供养并不充足，你们为什么在家乡多买田宅？后来，他把妻子所购田宅"尽以分与昆弟外家"②。全部分给兄弟与外祖父母家。吴汉为人俭朴，不事张扬，房屋只修里宅，不建高大的府第；夫人先死，他薄葬小坟，不作祠堂。吴汉不为子孙购置田宅，也是为了防止他们躺在祖先的功劳簿上坐享其成，促使他们好学上进，自谋生路。

（三）张纯：死后"勿议传国"

与吴汉同时代的名臣张纯（？—56），身历三朝，官至大司空，封

---

① 《汉书·萧何传》。
② 《后汉书·吴汉传》。

武始侯。为人谦逊自重,用官皆"知名大儒",对东汉初的礼仪"多所正定",还"上穿阳渠,引洛水为漕,百姓得其利"。他临终前遗令:"司空无功于时,猥蒙爵土,身死之后,勿议传国。"[1] 我身为大司空,却无功于时政,死后不要议论子孙传袭侯国之事。他不把爵位与封土当做私产传世子孙,让他们自强自立,以业绩去取得功名。

名臣名士不为子孙置产业,求爵禄,也是为了让他们清白地做人、为官,"使后世称为清白吏子孙"。

三、石奋与隽不疑母的默示自责法

(一)石奋:"对案不食,然后诸子相责"

西汉石奋(? —前124),自高祖至孝景帝历官四朝,其恭谨礼法,举世无比。生有四子,"皆以驯行孝谨,官至二千石",连同石奋本人,一门五人官俸一万石,故"凡号奋为万石君"。他告老退休后,仍谨守礼制,治家很严。"子孙有过失,不谯让,为便坐,对案不食。"他不加责备,只是坐在一边,面对桌子不吃东西,以此启示"诸子相责",进行批评与自我批评,直到其中有过失的认识错误,"改之,乃许"。四子石庆在诸子中最不严谨,有一次喝醉归家,"入外门不下车。万石君闻之,不食。庆恐,肉袒谢请罪,不许。举宗及兄建肉袒……乃谢罢庆"。这才算了结。这种启发自觉、严格要求的方法,使家中礼仪井然,"子孙胜冠者在侧,虽燕(燕通宴)必冠,申申如也。僮仆䜣䜣如也,唯谨。上时赐食于家,必稽首俯伏而食,如在上前。其执丧,哀戚甚。子孙尊敬,亦如之"。这使石奋家以孝谨闻名于各郡国,齐、鲁诸儒自愧

---

[1] 《后汉书·张纯传》。

不如。后来，石庆出任齐相，"齐国慕其家行，不治而齐国大治，为立石相祠"。汉武帝时，石庆官至丞相；其"诸子孙为小吏至二千石者十三人"[①]。

（二）隽不疑母：以喜怒示子行仁德

隽不疑是西汉儒臣，渤海（治所今河北沧县）人。汉武帝末年为青州刺史，汉昭帝（前87—前74在位）时任京兆尹。他认为，"凡为吏，太刚则折，太柔则废"，故必须恩威并施。昭帝即位时，郡国贵族、豪绅谋反，他尽力收捕，使之伏法。任京师长官后，他每次审核、记录囚犯的罪状回家，其母亲总是要询问他为囚犯平反的情况，"活几何人"？有多少人免除了死罪？若回答"多有所平反，母喜笑，为饮食言语异于他时。或亡所出，母怒，为之不食"。如果有很多人被平反活了下来，其母就高兴地笑起来，吃饭说话不同于平常。相反，如果回答说没有囚犯被释放出狱，其母就发怒，不吃东西。在母亲的启示下，隽"不疑为吏，严而不残"[②]。虽然执法甚严，却并不残暴。所以，"君子谓不疑母能以仁教"[③]。赞扬她能够用仁德教育儿子，使他不乱杀无辜，从而受到京师吏民的敬重。

四、陈寔与范冉的正反典型引导法

（一）陈寔："人不可不自勉，梁上君子者是矣"

陈寔（104—187）是东汉名士。颍州许（今河南许昌东）人。有志

---

① 《汉书·石奋传》。
② 《汉书·隽不疑传》。
③ 刘向：《列女传·隽不疑母》。

好学，曾任太丘长。党锢祸起，"事亦连寔。余人多逃避"，他说："吾不就狱，众无所恃"，便自请囚禁，承担责任，后"遇赦得出"。汉灵帝多次征召他入朝为官，皆辞不就。"寔在乡间，平心率物，其有争讼，辄求判正"，口碑甚佳。有年其家乡发生饥荒，一盗贼"夜入其室，止于梁上"，被陈寔发现，他立即起床，装束整齐，"呼命子孙，正色训之曰：'夫人不可不自勉。不善之人未必本恶，习以性成，遂至于此。梁上君子者是矣！'"他从性习论出发教诫子孙：人要自勉上进；做坏事的人未必生来就是恶的，而是后来的坏习惯逐渐养成的，这位躲在房梁上的"君子"就是如此。盗贼听后，大惊失色，便自己下来，五体投地，叩头请罪。陈寔慢慢开导盗贼道："视君状貌，不似恶人，宜深剋己反善。然此当由贫困。"看你的样子不像坏人，要深刻自责，反归于善，这次大概出于贫困。说罢，叫家人给"绢二匹"以示接济。陈寔对盗贼说的这番话，也是讲给子孙听的。他抓住"梁上君子"这个反面典型，以生动直观的事实，使子孙们懂得，平时如不加强自我修养，今后很有可能走上邪路，沦为恶人。陈寔"有六子，纪、谌最贤"。陈纪官至侍中、大鸿胪，"亦以至德称。兄弟孝养，闺门雍（同雍）和，后进之士皆推慕其风"。陈谌"与纪齐德同行，父子并著高名，时号三君"[1]。豫州（治所在今安徽亳县）许多城中都有他们父子三人的画像。而以陈纪为代表的陈氏孝谨清正之家训、门风，被后人称之为"陈纪门法"[2]。

（二）范冉遗令："知我心者，李子坚、王子炳也"

范冉（112—185），东汉名士。陈留外黄（治今河南民权西北）人。字史云。年轻时到南阳受业于樊英。又"游三辅，就马融通经，历年乃还"。始为县小吏，一度在太尉府任职。虽有宏志大愿，终因政治腐败，去官流浪。党锢祸起，"遂推鹿车，载妻子，捃拾自资"，靠拾取东西为

---

① 《后汉书·陈寔传》。

② 《魏书·杨播传》。

生。"有时粮尽，穷居自若，言貌无改，闾里歌之曰：'甑中生尘范史云，釜中生鱼范莱芜。'"蒸煮食物的炊具甑与釜都积了灰尘、生了虫鱼，可见其生活之窘困。但他贫不改志，死后被谥为"贞节先生"①。临终前训诫其子曰："吾生于昏闇之世，值乎淫侈之俗，生不得匡世济时，死何忍自同于世。"希望儿子不要效仿时俗安葬自己。范冉又说："知我心者，李子坚、王子炳也。"② 王子炳生平事迹不详。李子坚即李固（94—147），他年少有志，徒步千里，寻师问学，博览典籍，精通五经，"四方有志之士，多慕其风而来学"。范冉与他友善，尊重他的学识与为人。李固曾多次不应征辟；后任议郎、荆州刺史、太尉等职。终因政见不同为外戚梁冀（？—159）嫉恨、诬陷，下狱杀害。李固作为忠正鲠直之臣，不顾生命危险，为力除弊政而同黑暗势力进行了坚决的斗争，他的壮举为清流名士坚守节操树立了榜样。他的洁身自好、不同流合污与范冉是一致的，但勇于挺身而出而不明哲保身，又比范冉高出一头。所以范冉在以"生不得匡世济时"而自责的同时，说了解自己愤慨心情的是李固，这实际上是要儿子将他作为学习的典范。

五、朱宠与张奂的回忆对比法

（一）朱宠：忆昔嘱拒馈赠

东汉大臣朱宠，出身贫寒，年少好学，治《欧阳尚书》。汉安帝时任大司农，大鸿胪；汉顺帝时任太尉，封安乡侯。临终前在遗嘱中回忆一生说："吾本寒贱诸生，才非周干，横受朝恩，位过其任，不能竭身报国，负责深重。"自己本是一介寒生，没有多大能耐，但受到朝廷恩

---

① 张守节：《史记正义·谥法解》："清白守节曰贞"，"好廉自剋曰节。"
② 《后汉书·独行列传》。

赐，职位超过了才干，而又未能尽到责任，有负国恩深重。一个封侯大臣在离开人世时不以功自矜，只是自责未报国恩，这种谦虚坦诚的态度是值得赞扬的。由此出发，他教诫子孙家人：我"身没之后，百僚所赗赠，一无所受"。你们不要收受钱财，铺张浪费；葬事要简办，"素棺殡敛，疏布单衣，无设绂冕。敛毕，便以所有牛车，夜载丧还乡里，勿告群僚，以密静为务"①。回忆对比法对于缺乏生活阅历的官家子孙了解过去、珍惜现在、面向未来是有好处的。

（二）张奂：对比口碑使知过

朱宠的学生张奂（104—181），也善于运用回忆对比法进行家教。张奂"师事太尉朱宠，学《欧阳尚书》，以文辞得闻"。年少有志，曾对士友说："大丈夫处世，当为国家立功边境。"他领兵临危不惧，以"安坐帷中，与弟子讲诵自若"，来稳定军心，在抗击匈奴中建立了奇功，因此享有勋名。但后来被"陷以党罪，禁锢归田里"，以讲学授徒，著书立说，终其一生。

张奂很注意对子侄的教诫。由于他的训导，其长子张芝被誉为"少持高操，以名臣子勤学，文为儒宗，武为将表"。芝好草书，"临池学书，水为之黑"，在池塘边练习写字，因洗笔把池水都染黑了。其字"为世所宝，寸纸不留"，被誉为"草圣"②。

张奂侄行为不端，他知道后立即写了《诫兄子书》，直截了当地指出：你"早失贤父，财单艺尽，今适喘息"。你早年丧父，生活窘困，现在刚喘过气来，就"轻傲耆老，侮狎同年，极口恣意"。傲视老人，侮辱同僚，说话放肆，故敦煌来人都说你叔在任时"宽仁"。对比之下，我听后又喜又悲："喜叔时得美称，悲汝得恶论。"但你不仅"不自克责"，却反而说"张甲谤我，李乙怨我，我无是过尔"，是人们诽谤怨恨

---

① 周武：《中国遗书精选》，华东师大出版社1994年版，第23页。
② 《后汉书·张奂传》及注引王愔《文志》语。

我，我并没有这些过错。张奂训导侄儿："当崇长幼，以礼自持。"应崇奉长幼之道，礼敬长辈；要谦虚乡里，像孔子那样，"于乡党，恂恂如也。恂恂者，恭谦之貌也"。你父亲亦很谦虚，"汝父宁轻乡里邪？"又要像春秋末年卫国大夫蘧伯玉那样认识错误，"年五十，见四十九年非"①。要勤于改过，于时无忤，去除恶名。这封家书通过不同口碑的对比，针对侄儿的缺点，充分说理，远有历史典范，近有父辈榜样，这对于善恶不分的侄子来说，是很有教育意义的。

但也要看到，由于封建礼教的逐渐强化，上述这些富有情理的方法只反映了一个侧面，更基本的方面则是斥责、体罚、鞭挞甚至杀死。汉武帝的宠臣金日磾长子为武帝弄儿，长大后放纵不羁，"自殿下与宫人戏，日磾适见之，恶其淫乱，遂杀弄儿"②，便是一例。

六、东方朔、刘向等的突出重点法

两汉、三国时期，各类家庭由于家长的社会政治、经济、地位、思想道德修养、学术文化水平等情况不同，子孙的品性与境遇的差异，家训的重点也各有千秋，于是就产生了抓住主要之点进行教诫的突出重点法。

（一）东方朔的"中"教

东方朔（前154—前93），平原厌次（今山东惠民东北）人。汉武帝时为太中大夫，常以正道讽谏武帝，但因未受到重用，内心充满苦闷。故诫其子凡事要守中道，"随时之宜"，不可强求，他说："明者处

---

① 《全上古三代秦汉三国六朝文·全后汉文》。
② 《汉书·金日磾传》。

世，莫尚于中。"莫不崇尚中道。凡事要顺其自然，不可走极端，"首阳为拙，柱下为工①；饱食安步，以仕易农；依隐玩世，诡时不逢"。伯夷、叔齐不食周粟，饿死在首阳山，这是愚拙；老子为周柱下史，清高不问政事，与隐居无异，故终身无患，这是智巧。你吃饱饭后安静地散散步；以当官取代务农，遇事不依不违，生活便可放逸不羁，而若背时直言正谏，则与富贵无缘了。东方朔告诫儿子："才尽者身危，好名者得华。"用尽才能者危困，好求名声者浮华，因而凡事要留有余地，不要偏执一端，"圣人之道……与物变化，随时之宜，无有常家"②。一切都应顺从自然，无为无求，这样才能不累生，不失和，做个优哉、游哉之人。东方朔用这种人生哲理教育儿子，固然是官场的险恶情势造成的，但却是消极的，于世无补的。

（二）刘向的"敬事"教

刘向（约前77—前6），本名更生，字子政，沛人。汉高祖刘邦同父弟楚元王刘交四世孙，经学家、目录学家、文学家。元王好《诗》，诸王子皆读《诗》，其孙辟疆"亦好读《诗》，能属文"，"常以书自娱乐，不肯仕"。辟疆子即刘向的父亲刘德，"修黄老之术，有智略"，持老子"知足不辱"以立身，认为"富，民之怨也"。故以百万家财帮助贫困的昆弟，招待宾客食饮。刘向在父祖的熏陶下，精心研读经书，造诣很深，遂讲论《五经》，著《新序》、《说苑》、《列女传》等。历任郎中、谏议大夫等官职，但他的政治主张一直未能实现。元帝时外戚骄纵，宦官弄权，刘向受到陷害，一度被捕下狱；成帝时外戚王凤"秉政，倚太后，专国权"，刘向居列大夫官前后三十多年，虽屡屡进谏，天子亦心知其忠精，然终不能用他。刘向以家学传子，三个儿子皆好

---

① 《全上古三代秦汉三国六朝文·全汉文》卷二五载此《诫子》诗中，"柱下为工"句为"柳惠为工"。

② 《古今图书集成·明伦汇编·家范典》。

学，尤以"少子歆，最知名"①。刘歆（约前 53—23）年轻有为，因通诗书得到成帝的召见，任为黄门郎，在政治与学术方面均有光明前途。在众人一片祝贺声中，刘向特意写了封家书《戒子歆书》，教导他：

要谦虚谨慎，不要忘乎所以。为什么？因为吊贺相随。他引用董仲舒"吊者在门，贺者在闾"、"贺者在门，吊者在闾"的话教诫道：所谓吊丧的人在家门口，贺喜的人在里巷，是"言有忧则恐惧敬事，敬事则必有善功，而福至也"。而所谓贺喜的人在家门口，吊丧的人在里巷，则是"言受福则骄奢，骄奢则祸至，故吊随而来"。为了说明这一吊贺相随、祸福转化的道理，刘向还举历史事实告诉刘歆：齐顷公凭借"霸者之余威，轻侮诸侯"，羞辱晋国使臣郤克，让自己母亲躲藏在帷帐后观看他跛足走路，招致晋、鲁、卫联合攻打齐国，在今山东历城将齐国打得大败，这便是所谓贺者在门，吊者在闾也。齐顷公"兵败师破，人皆吊之；恐惧自新，百姓爱之，诸侯皆归其所夺邑，所谓吊者在门，贺者在闾也。"他告诫儿子：现在你年纪轻轻，却担任黄门侍郎这样显要的官职，故"新拜皆谢，贵人叩头"，但"若未有异德，蒙恩甚厚，将何以报"②？只有谦虚谨慎，战战栗栗，时时戒惧，才能不负皇恩。

刘歆牢记父训，多有著述，编成我国历史上第一部图书分类目录著作《七略》，还有天文著作《三统历谱》等。为官谨慎，封红休侯，后为国师。虽受王莽重用，但不同流合污；地皇末年（23），因谋诛王莽事泄，遂自杀。

（三）朱晖的"信教"

朱晖（？—89），汉南阳宛（治所在今河南南阳市）人。出身世族之家。明帝时官至尚书令。生活俭朴，布衣蔬食；重信义，乐助人。他与同县士人张堪有交往；张堪生前曾拉着朱晖的手臂，托他照顾自己的

---

① 《汉书·楚元王传》。
② 《全上古三代秦汉三国六朝文·全汉文》卷三六。

妻子、儿女。后来，张"堪卒，晖闻其妻子贫困，乃自往候视，厚赈赡之"。其小儿子朱颉不解，问父亲道："大人不与堪为友，平生未曾相闻，子孙窃怪之。"朱晖回答说："堪尝有知己之言，吾以信于心也。"张堪将我作为知己，向我说过以妻子相托的话，我内心早已信诺了。意思是对朋友要诚信，答应过的话要实行。朱晖与同郡陈揖友善，揖早卒，有遗腹子陈友。他非常哀痛，后来南阳太守召其子朱骈为吏，朱晖改而推荐陈友。由于有良好的家训，子孙淡于财利。朱颉"修儒术"，在汉安帝时官至陈相；孙朱穆爱读书，有孝称，"父母有病，辄不饮食"；官至尚书，清正廉洁，"禄仕数十年，蔬食布衣，家无余财"。朱穆子朱野也"少有名节，仕至河南尹"[①]。

（四）张霸的"敬畏"教

张霸是蜀郡成都（治所在今四川成都市）人，字伯饶。博览五经，随其习经之门人曾达千人。张霸知孝让，有志节，和帝时任会稽太守，官至侍中，去世前留下遗训，教导儿子："人生一世，但当敬畏于人，若不善加己，直为受之。"人生在世，一辈子都应当尊敬佩服别人，始终畏惧谦谨，如果骄傲自满，不善于增益自己，就会身受其害。其子张楷遵行父训，有志节，他通《严氏春秋》、《古文尚书》，门徒常百人。宾客来访者很多，车马填塞了街道。贵戚权势之家"皆起茅巷次，以候过客往来之利。楷疾其如此，辄徙避之"。张楷虽家贫，常乘驴车至县城卖药以谋衣食，但不愿入仕为官。官府屡次征召，皆推辞不应，而以隐居山野授徒讲学终其一生。敬畏别人不等于在邪恶势力面前委曲求全。张楷之子、张霸之孙张陵有父祖之风，官至尚书，刚直不阿，不向权贵卑躬屈膝，"大将军梁冀带剑入省，陵呵叱令出"，并"即刻奏冀"。结果，梁冀被处以一年俸禄赎罪。张陵胞弟张玄"深有才略，以时乱不

---

① 《后汉书·朱乐何列传》。

仕"①，终身隐居山中。

（五）郑玄的"学"教

郑玄（127—200）是东汉著名经学家、教育家。北海高密（今山东高密西南）人。世称后郑，以别于郑兴、郑众父子。他曾去陕西扶风拜马援的后代马融为师，遂博通群经，尽得所授而归，马融叹曰："郑生今去，吾道东矣！"四十岁时聚徒讲学，弟子多达数百千人。党锢之祸起，郑玄与同郡孙嵩等四十余人俱被禁锢，长达十四年。于是隐修经业，潜心著述，以古文经说为主，兼采今文经学，刊改漏失，遍注群经，被称为"通儒"、"纯儒"，成为汉代经学之集大成者，史称"郑学"。所注经中以《毛诗笺》、《三礼注》影响最大。灵帝（168—188 在位）末年党禁解除后，他被多次召用，皆不就。袁绍与曹操官渡之战中被袁绍逼迫随军同行，在途中病死。郑玄重视家训，他在疾笃时写下的《戒子益恩书》，通过回顾平生、概述志业，告诉儿子：

"（虽）蒙赦令，举贤良方正有道，辟大将军三司府。公车再召，比牒并名，早为宰相。"尽管同时受召的早当上了宰相，但自己的志趣不在为官："吾自忖度，无任于此，但念述先圣之元意，思整百家之不齐，亦庶几以竭吾才，故闻命罔从。"我只是想着记述先圣们思想的本意，收集整理诸子百家的著作，所以从未应征为官。郑玄不是鼓励儿子求取显荣而讲自己无意入仕，其用意是很清楚的。在这基础上，他向儿子嘱咐家事，教他如何做人、治学、持家，他说："今我告尔以老，归尔以事，将闲居以安性，覃思以终业……家事大小，汝一承之。咨尔茕茕一夫，曾无同生相依。其勖求君子之道，研钻勿替，敬慎威仪，以近有德。显誉成于僚友，德行立于己志。若致声称，亦有荣于所生，可不深念邪！可不深念邪！吾虽无绂冕之绪，颇有让爵之高。自乐以论赞之

---

① 《后汉书·张霸传》。

功，庶不遗后人之羞。"大意是说，现在我已年老力衰，准备闲居以安神养性。家里大事小事，都由你承担，可叹的是你孤单一人，无同胞兄弟互相依靠，希望你孜孜以求君子之道，不断研钻，勿要废止，要恭敬、谨慎，仪容庄重，逐渐成为有道德的人。好名美誉固然成就于同僚朋友，德行高尚却立足于自己的志向。倘若你能得到良好的声望，也会给生养你的父母带来荣耀，你能不深思吗！我虽无高官显位的功绩，但有辞让爵位的清高。自己感到快乐的是在论述与赞扬先圣方面有些功绩，幸而没有遗留下可使后代羞愧的地方。在这里，郑玄以自己的理想追求与德业功绩，教育儿子"勖求君子之道"，做一个知识丰富、德行高尚的人。

郑玄在家书中还告诉益恩，自己还有两件愤愤不满的事情，一是"亡亲坟垄未成"，父母遗骨还没有安葬好。二是"所好群书率皆腐敝，不得于礼堂写定，传与其人"。自己爱好的很多书都霉腐散乱，不能整理抄写清楚，传给爱好者。这实际上是希望儿子继承自己的事业，完成自己这两个遗愿。最后，他希望儿子勤俭持家，自食其力："家今差多于昔，勤力务时，无恤饥寒。菲饮食，薄衣服，节夫二者，尚令吾寡恨。"[1] 郑玄家教的中心，是要求儿子通过读书耕田，俭朴生活，在乱世中做一个正人君子。郑益恩牢记父训，后为孔子二十世孙孔融举为孝廉，可惜为黄巾军所杀。郑玄的门人多著称于世，其学说尤为齐、鲁所宗，对中国文化发展起了重要作用。

（六）王修的"时"教

王修字叔治，北海营陵（今山东昌乐东南）人。二十岁游学南阳。汉献帝时孔融召以为主簿，迁高密县令。归附曹操后任魏郡太守，大司农郎中令等职。为官重忠节，立身求信义，临危不惧，知人善任。其家

---

[1] 《后汉书·郑玄传》。

训突出惜时，有训导其子王忠的《诫子书》留世，说：

自从你走了以后，我怨恨不乐。为什么？"我实老矣，所恃尔等也。"将来依靠的就是你们了。"人之居世，忽去便过，日月可爱也。故禹不爱尺璧而爱寸阴，时过不可还，若年大不可少也。"人活在世界上，一会儿就过去了。岁月真是可爱啊！所以夏禹不爱直径一尺的珍贵美玉，而爱惜短暂的时光。时间过去后就不会再返还，正像年纪老了不能再回到少年一样。希望你珍惜光阴，早有成就，将来一定要读书，并且学会做人。做人一定要"效高人远节，闻一得三，志在善人。左右不可不慎。善否之要，在此际也"。效法高尚者的远大节操，举一反三，立志做善良的人。处世要慎思谨行，善恶的关键就在这里。"行止与人，务在谨之。言思乃出，行详乃动，皆用情实道理，违期败矣。"行动举止、与人交往，务必要谦谨。言论要经过思考以后才发表，行动要考虑周密才实施，这些都要符合情理，违背了就要失败。你要懂得父亲的心愿："父欲令子善，唯不能杀身，其余无惜也。"[①] 王忠不负父教，官至东莱太守、散骑常侍。另一子王仪，高风亮节，文雅耿直，为司马文王加罪所杀。王仪子即王修孙王裒，"少立操尚"，有志节，"痛父不以命终，绝世不仕"；"家贫躬耕，计口而田，度身而蚕"；"立屋墓侧，以教授为务"[②]。有门徒从者千余人。

七、杨王孙的以事说理法

杨王孙，汉武帝时人。"学黄老之术，家业千金。"针对当时厚葬成风、盗墓致富的不良俗尚，他提倡裸葬，以矫时弊；在自己将要病终时

---

① 《诫子通录》。
② 《三国志·魏书·王修传》及注。

对儿子说："吾欲裸葬，以反吾真，必亡（无）易吾意。死则为布囊盛尸，入地七尺，既下，从足引脱其囊，以身亲土。"我想裸露着身体埋葬，以返归于我本然的状态，我死后，你用布袋装进尸体，埋入地下七尺深处后，再从脚部把布袋拉出来，使我身体直接亲近泥土。其子想不执行遗嘱，又觉得父命难废；想服从父亲的训诫，又于心不忍，于是去问父亲的好友祁侯怎么办。祁侯便写信劝谏杨王孙道：听说您死后要孩子将您裸体埋葬，我认为是不妥当的。"令死者亡（无）知则已，若其有知，是戮尸地下，将裸见先人，窃为王孙不取也。"如果人死了没有知觉，那倒也罢了；但倘若还有知觉，那等于使尸体蒙受惩罚与屈辱，还有什么脸面去见祖先呢？杨王孙看了信后回答说：

首先，厚葬无益于死者，只能让活人炫耀自己。远古圣王因为人情不忍心裸葬死去的亲人，才制订了以棺椁衣裳丧葬的礼法，但现在人们却违背古圣人制订的礼法厚葬，我是以裸葬来矫正世俗的这种做法。"夫厚葬诚亡益于死者，而俗人竞以相高，靡财单（殚）币，腐之地下，或乃今日入而明日发，此真与暴骸于中野何异！"他们用尽钱财，却让它们在地下腐烂掉，有的尸体今天刚埋葬，明天就被盗墓人发掘出来，这和暴尸荒野又有什么区别！

其次，死是人死后物类的归宿。"且夫死者，终生之化，而物之归者也"。人死不过人生终止后的物化，属于物类的归宿。归宿是达到终极，物化是肉体的转化，是物类各返归其本真状态。"反真冥冥，亡形亡声，乃合道情。"本真状态是渺渺茫茫、无形无声、看不见也听不到的，符合天道的真实情况，而厚葬只是以外表华丽的装饰夸耀于众，隔离了本真，使返归者不能返归，物化者不能转化，这是使物类各失其本真的蠢举啊！

再次，尸体没有知觉。杨王孙指出："精神者天之有也，形骸者地之有也，精神离形，各归其真，故谓之鬼，鬼之为言归也。其尸块然独处，岂有知哉！裹以弊帛，隔以棺椁，支体络束，口含玉石，欲化不得，郁为枯腊，千载之后，棺椁朽腐，乃得归土，就其真宅。"魂魄飞升上天，肉体化土地下，精神与肉体相分离后，就各归其本真状态，所以叫做鬼，所谓鬼，就是回归的意思。尸体本来是单独存在的，哪有什么知觉！但人们却用钱财包裹尸体，再用棺椁与大地隔离，把肢体束缚起来，在嘴里塞上玉石，尸体不得转化返本，郁结而成枯腊，直到千年以后，棺椁腐朽，尸体才能归土，回到其原来的住所。由此看来，厚葬的做法是多余的。

最后，杨王孙说："昔帝尧之葬也，窾木为椟，葛蔂为缄，其穿下不乱泉，上不泄臭。故圣王生易尚，死易葬也。不加功于亡用，不损财于亡谓。今费财厚葬，留归鬲至，死者不知，生者不得，是谓重惑。于戏！吾不为也。"远古埋葬尧时，凿空了木头做匣子盛装尸体，再用葛藤捆住；下挖的墓穴，深度不到水源，上面盖的土，厚度也只是不泄漏臭气。所以，古圣王活着时容易受人崇尚，死后也容易埋葬，既不给人增加负担，也不使人无谓地损失钱财。但现今却浪费财物厚葬，使生死相隔，死去的人不知道用，活着的人又不能用，可以说，这是最大的迷惑，我是不会干这种蠢事的。

杨王孙提倡对己的裸葬在当时是惊世骇俗之举，它以极端的形式对厚葬弊俗进行了猛烈的抨击。由于他讲的道理渗透着朴素唯物主义精神，有理有据，层层深入，终于说服了他的好友祁侯。"祁侯曰：'善。'遂裸葬。"① 于是后来得以裸葬。顺便指出，东汉的名士赵咨继承了杨王孙反对厚葬的思想与理论，临终时留下遗书，从生死观的角度，教子对己薄葬，其说理性也很强，结果也为儿子所接受。

---

① 《汉书·杨王孙传》。

第三编

成熟时期：两晋至隋唐家训

第十四章
两晋至隋唐家训概述

　　三国对峙的局面，最后以司马炎在公元 265 年建立西晋宣告结束。但西晋统治中国不过半个多世纪。公元 317 年，东晋建立。中国陷入了战争连年不断、政权更替频繁的十六国、南北朝的大分裂时期，其间二百六十多年，到隋、唐才重新走向统一。这一时期，大家族家庭得到充分发展，士族势力从顶峰开始下滑。身处乱世中的明智的帝王、有远见的名族乃至一般士大夫为立身免祸、传家保国，都很重视对子弟的训导，从而使家训理论趋于成熟。

一、社会状况

　　这一时期的社会政治状况可概括为：三国归晋—大分封、大动乱—大分裂、大统一。曹操死后，司马氏逐渐掌握了曹魏朝政。公元 265 年，司马昭的长子司马炎废魏帝曹奂自立，建立了西晋。公元 280 年，晋武帝司马炎发兵攻吴，吴主孙皓投降，吴国灭亡，中国统一。接着，他采取了一系列措施，使"天下无事，赋税平均，人咸安其业而乐其事"①，

---

① 《晋书·食货志》。

这是有利于生产发展与社会进步的，也一度出现了"太康繁荣"。但他所推行的两个制度却不是如此。一是分封制。晋武帝看到曹魏禁锢诸王，使帝室外失去藩卫，所以一上台就大封皇族二十七人为国王，诸王可以在自己国内选用文武官员，按规定建立军队。又分封异姓士族五百多人立国，也有封地、官属、军队。他希望皇族与士族这两股势力既互相制约，又互通婚姻，彼此结合，而为自己所用。二是士族制。士族是东汉以来所形成的享有特权的大姓家族。魏文帝制订九品官人法，使高级士族子孙都能世代为高官；司马氏集团进一步实行荫亲属制，使高官之同族人、司马氏宗室、名门世家子孙和先贤后代，可按门阀高低荫庇其亲属（连同田地、佃客），多的九族，少的三代。得到荫庇的亲属，可不向国家而只向荫庇者纳租税、服徭役。结果是大量的户口、赋税、官职乃至军队为大小王国与世家豪族所掌握，对中央朝廷构成了巨大的威胁。司马氏以先祖军功显荣，而士族以积世文儒雅贵。为提高自己门第清誉，司马氏便与士族联姻。如司马师娶东汉名士蔡邕的外孙女羊氏为妻，司马炎娶华阴名门杨氏女杨艳为妻，杨艳死后，又立其妹杨芷为后，让杨芷父杨骏执掌军事大权，立近似白痴的司马衷为太子，后为晋孝惠帝（290—306 在位）。司马衷妃贾南风忌杨骏，密诏惠帝弟楚王司马玮进京诛灭杨氏，杀杨党数千人，由此引起长达十六年的司马氏诸王互相攻杀的"八王之乱"。匈奴、鲜卑、羯、氐、羌等北方少数民族贵族乘机夺取政权，立国称帝，灭亡西晋。司马炎的曾孙司马睿（317—322 在位）在建邺（今江苏南京市）建立起东晋后，北方先后经历了北魏、东魏、西魏、北齐、北周五朝，南方在公元 420 年东晋灭亡后渐次建立了宋、齐、梁、陈诸朝。

公元 581 年，杨坚取代北周建立隋朝，是为隋文帝。公元 599 年，隋灭陈，全国统一。杨坚采取了许多改革措施，如废除九品中正制，实行科举制；推行北魏以来的均田制，减轻租赋徭役；限制世家大族特权等。但在隋炀帝杨广（604—618 在位）即位后，由于滥用民力，三伐高丽，四出巡游，残杀大臣，纵欲挥霍，致使民怨沸腾，爆发了农民大起义，炀帝自己也被部将缢杀。李渊（618—626 在位）父子乘机起兵反隋，建立了唐朝。玄武门事变后，唐太宗（627—649 在位）即位，他吸取隋亡教训，加强对诸王宗室的训导，又把杨坚的改革推向前进，励精图治，从而出现了"贞观之治"的繁荣局面。唐代在玄宗（712—756）"开元"、"天宝"年间达到鼎盛，但在"安史之乱"后逐渐走下坡路，在 907 年灭亡后，中国又进入五代十国的分裂时期。

二、家庭概况

这一时期的家庭状况可概括为：小家庭人口增加—平民大家庭发展—士族大家庭盛极而衰。其特点是，魏明帝明令"除异子之科，使父子无异财"以后，大家族家庭迅速发展起来，形成了许多累世高官的名门望族，但在朝代更替过程中，氏族由盛而衰，同时小家庭的规模也有扩大的趋势。

（一）小家族家庭

从全国总体看，大多数家庭属祖孙三代的小家庭，其规模从两汉时的户均 5 人增加到唐代时 7 人。有关资料显示，两汉时每户平均为 5 人。三国时期户均约 5.2 人①。西晋武帝太康元年（280），共有户 2459840，口 16163863，户均约 6.7 人②。北魏孝明帝初年（516—519），户 5000000，口 33000000，户均为 6.6 人③。隋代有所降低，户均为 5 人，但到唐代很快增加：唐玄宗天宝十四年（755），户 8914709，口

---

① 《通典·食货》。
② 《晋书·地理志》。
③ 《通典·食货》。

52919309，每户为 5.9 人；安史之乱中，小家庭大量亡散，故唐肃宗乾元三年（760），户 1933174，口 16990386，户均增加到 8.79 人①。据唐代天宝年间敦煌户籍残卷资料，有一女性户主徐庭芝，与小男、妹、婆、母、两个姑姑一起生活，这是一户三代七口之家；另一男性户主刘智新，与祖母、母、妻、弟、两个妹妹、一个儿子、两个女儿一起生活，为一四代十口之家。② 这两个都是均田制下的平民家庭。

（二）大家族家庭

这类家庭是东汉以来封建政治、经济发展的产物，唐代更是大力提倡，《唐律》规定："诸祖父母、父母在而子孙另籍异财者，徒三年。"③父母尚在而兄弟分家，不仅道德上要受到谴责，而且法律要予以惩罚。即使父母死了，兄弟们在丧服未除期间分家，也属违法行为："诸居父母丧，兄弟别籍异财者，徒一年。"④ 同时，还有相应的经济处罚措施。唐玄宗天宝元年敕文："如闻百姓之内，有户高丁多，苟为规避，父母见在，乃别籍异居。宜令州县勘会。其一家之中，有十丁已上者，放两丁征行赋役；五丁已上，放一丁。即令同籍共居，以敦风教。"⑤ 虽然十丁中放免了两丁徭役，但却可得其余八丁庸绢十二匹，这比起析几户分居来，不仅有助于家庭稳定，还可多得庸绢，使朝廷财政收入不是减少而是增加了。这是禁止"别籍异居"、"以敦风俗"的实质所在。由于国家强制推行，使过户均人口数的大家庭，在全国各地发展起来，其中既有平民百姓的，又有一般地主、普通仕宦的。

平民百姓之大家庭如北魏"东郡小黄县人董吐浑、兄（董）养，事亲至孝，三世同居，闺门有礼。景明初（500），畿内大使王凝奏请标

① 《简明中国人口史》，中国广播电视出版社 1989 年版，第 84 页。
② 《敦煌资料》第一辑，中华书局 1961 年版，第 42 页。
③ 《唐律·户婚》。
④ 同上。
⑤ 《旧唐书·食货志》。

异，诏从之"①。这种家庭也有传世久远的。如雍州万年（今陕西西安市内）人宋兴贵"累世同居，躬耕致养，至兴贵已四从矣。高祖（李渊）闻而嘉之，武德二年（619）诏曰：'宋兴贵立操雍和，志情友穆，同居合爨，累代积年，务本力农，崇谦履顺。弘长名教，敦励风俗，宜加褒显，以劝将来。可表其门闾，蠲免课役。布告天下，使明知之'"②。所谓同居合爨，是指在同一灶具上烧水煮饭，几代人在一起吃喝。唐代瀛洲饶阳（今河北省中部偏南，滹沱河流域）人刘君良也属这类同居、共财、合爨的大家庭。他家"累代义居，兄弟虽至四从，皆如同气，尺布斗粟，人无私焉"。其家"有六院，惟一饲，子弟数十人，皆有礼节"；唐太宗贞观六年（632）"诏加旌表"。③

一般地主的大家族家庭最典型的当属唐代张公艺。郓州寿张人"张公艺，九代同居。北齐时，东安王高永乐诣宅慰抚旌表焉。隋开皇中，大使、邵阳公梁子恭亦亲慰抚，重表其门。贞观中，特敕吏加旌表。麟德中，高宗有事泰山，路过郓州，亲幸其宅，问其义由。其人请纸笔，但书百余'忍'字。高宗为之流涕，赐以缣帛"。据《旧唐书·张公艺传》，从北齐到唐代的一百多年中，张公艺一门不断受到旌表、赏赐，成为封建统治者树立的大家族家庭的典型。唐高宗"问其所以睦族之道"，张公艺将维持九世合族同居的经验总结为一个"忍"字。意思是"宗族所以不协，由尊长衣食或有不均，卑幼礼节或有不备，更相责望，遂为乖争，苟能相与忍之，则家道雍睦矣"④。

仕宦、士族大家庭由于妻妾成群、传世久远与外出任官就职等原因，在规模与形式上与上述两类家庭有所不同。从总体看，规模大、形式多。如十六国时前秦桑虞，"诸兄仕于石勒之世……虞五世同居，闺门邕穆。

① 《北史·孝行传》。
② 《旧唐书·宋兴贵传》。
③ 《旧唐书·刘君良传》。
④ 曹端：《夜行烛》。

符坚青州刺史苻朗甚重之，尝诣虞家，升堂拜其母，时人以为荣"①。又如，赵州元氏（今河北南部、太行山东麓）人李知本，从六世祖李灵任后魏洛州刺史以来，经隋至唐玄宗，其兄弟、子侄、孙及侄孙，一门八代皆为官食禄，同居共财，他"事亲至孝，与弟知隐甚称雍睦。子孙百余口，财物僮仆，纤毫无间"，世称"义门"②。唐代郭子仪，历官玄宗、代宗、德宗三朝，官至中书令，尊为"尚父"，赠太师，因武功卓著而成为新士族的代表。其子共"八人，婿七人，皆朝廷重官"。孙子有数十人，群孙前来问安，他竟不能"尽辨，颔之而已"，只是向他们点点头。"家人三千，相出入者不知其居。"③ 除共财同居外，还有异居同财等形式。如唐代莱州刺史赵弘智，在父母死后，"事兄弘安，同于事父，所得俸禄，皆送于兄处。及兄亡，哀毁过礼，事寡嫂甚谨，抚孤侄以慈爱称"④。因而受到唐高宗重视，令讲《孝经》，赐彩绢二百匹，名马一匹，迁国子祭酒。

然而，无论同居或异居，数世共财吃大锅饭，子弟衣食全仰父兄给予，最容易滋长他们的依赖性，使之只知分利而不去生财，造成子弟愈多而父兄愈困。于是，明智的父兄不图虚名而务实效，采取同居异财乃至异居异财的形式。如北魏士族裴叔业，有子八人，有兄子及侄孙多人。他们同族而居，各立门户，其侄裴植在外为官，"自州送禄奉母及赡诸弟，而各别资财，同居异爨，一门数灶，盖亦染江南之俗也"⑤。同一祖先的后人聚居一起而又各自独立成家的结果，是异财异居。唐代名相姚崇（650—721）留下遗言道：亲见一些达官贵人"身亡以后，子孙既失覆荫，多至贫寒"，竟然为了斗米尺布互相争夺不已，而共有的庄田水碾却互相推诿，不去经营，或致荒废。这"岂唯自玷，仍更辱先，无论曲直，俱受嗤毁"。西汉陆贾、西晋石苞，"皆古之贤达也，所

---

① 《晋书·孝友传》。
② 《旧唐书·李知本传》。
③ 《旧唐书·郭子仪传》。
④ 《旧唐书·赵弘智传》。
⑤ 《魏书·裴叔业传》。

以预为定分，将绝其后争"。他引以为训，生前"分其田园，令诸子侄各守其分"①，独立生活。

应该指出，异财分居虽然有助子弟成才与家业兴旺，但也有导致孝友失常的弊端。为维护封建纲常名教，不仅皇帝下诏加以禁止，许多士大夫也进行抨击。"隋卢思道聘陈，以诗嘲南人，有'共甑分炊饭，同铛各煮鱼'之句。唐李义山《杂纂》以父母在，索要分析为愚昧。宋刘安世劾章惇父在别籍异财，绝灭义理。"② 上述几种家庭价值观，深刻地影响着这一时期的家训内容与方法，其世代相传、积聚沉积，便形成各具特色的家规、家法、门风，推动家训思想的发展。

三、家训发展

从东汉末年至两晋南北朝，战乱愈演愈烈，朝代更迭日趋频繁，官学兴废无时，对子弟教育的任务便逐渐由家庭来承担。明人张一桂在《颜氏家训》序中说："迨夫王路陵夷，礼教残阙，悖德覆行者接踵于世。于是，为之亲者恐恐然虑教敕之亡素，其后人或纳于邪也，始丁宁饬诫，而家训所由作矣。"当然，家训不仅限于消极防范不肖子孙之"悖德覆行"，还有鞭策贤嗣在乱世中创业裕后、光宗耀祖的作用。后者在唐代确立与推行科举后更为突出。经科举考试取士与选举官吏的制度，虽然创立于隋代，始自炀帝置进士等科③，但真正作为一种制度被确立起来却在唐代。科举所设立的科目，据《新唐书·选举志》记载，"有秀才，有明经，有俊士，有明法，有明字，有明算，有一史，有三史，有开元礼，有道举，有童子。而明经之别，有五经，有三经，有二

---

① 《旧唐书·姚崇传》。
② 张亮采：《中国风俗史》，东方出版社1996年版，第52页。
③ 见《旧唐书·薛登传》，又见顾炎武《日知录·科目》。

经，有学究一经，有三礼，有三传，有史科"。还有不少专为文、武、
吏治、儒学、贤良忠直等"非常之才"所特设的科目，真是名目繁多。
不过，在总共五六十种科目中，作为常设并经常举行考试的，则只有秀
才、明经、进士、明法、明字、明算六种科目。而在这六种科目中，最
为士子所青睐的，又只有明经、进士两种，而尤以后者为重。"进士科
始于隋大业中，盛于贞观、乐徽之际，缙绅虽位极人臣，不由进士者，
终不为美"①。"是以进士为士林华选，四方视听，希其风采，每岁得第
之人，不浃辰而周闻天下，故忠贤隽彦蕴才敏行者咸出于是"②。正因
为这样，报考进士科的士子极多，每年"多则两千人，少犹不减千人"。
可是登第的难度很大，大抵为百人中取一二人，而明经则容易得多，
"得第者十一二"③。与隋代轻视儒学不同，唐太宗特别重视儒学，精选
天下文儒为学官，给予很高的荣誉与待遇，并"数幸国学"，听祭酒、
司业、博士讲论，"各赐以束帛"④。生徒通一大经以上也都任以官职。
他之所以大力实行科举制，目的是为了变"重门第"为"重才学"，把
权力从豪门士族手里夺过来，扩大李唐王朝统治的社会基础，巩固中央
集权制度。李世民"尝私幸端门，见新进士缀行而出，喜曰：'天下英
雄入吾彀中矣'"⑤。科举考试推动了学校教育与家庭教育。而读书人尤
其是寒门读书人也乐此不疲。这是普通士人步入上层士大夫殿堂的敲门
砖。在这种社会政治文化背景下，全社会父教其子、兄教其弟、读书考
进士蔚然成风。与此同时，"造请权要"，打通关节；匿名造谤，蓄意陷
害；挟藏入试，侥幸得中等各种营私舞弊也接踵而来。而防范这些弊
端，也成为正直的士大夫训诫子弟的一大内容。

这一时期，家教中已积累起极丰富的正面经验与反面教训，对之加

---

① 《散序进士》，《唐摭言》卷一。
② 《历代制下》，见《通典·选举三》卷一五。
③ 同上。
④ 《贞观政要》，上海古籍出版社1978年版，第216页。
⑤ 《述进士篇》，见《唐摭言》卷一。

以概括、提炼、升华的条件已经具备，于是产生了系统化、理论化的家训著作，使中国传统家训趋于成熟。主要表现在：

（一）仕宦家训形成了体系

主要生活在南北朝时期的颜之推以丰富的人生阅历、深厚的家学底蕴与长期进行家训的亲身体验，在晚年写成了《颜氏家训》一书。此书在我国传统家训史上，第一次全面、系统、完整地论述了仕宦家训的目的意义、主要内容、基本原则与方法，不仅教导子孙如何读书治学、经世致用、立身处世、为官从政，做到父慈子孝、兄友弟恭、夫义妇顺，有着重要价值，而且对一般家训也具有参考意义。故清人王钺在其《读书丛残》中说，"凡为人子弟者可家置一册，奉为明训，不独颜氏"。

（二）帝王家训产生了完整的著作

我国的帝王家训源远流长，从"五帝"时代的禅让、文武周公的家训、《周易·乾》提出君德概念，到刘邦令子读书习文、曹操诫子守法尚贤、南北朝诸帝训诫太子宗室，延绵数千年，但在唐代以前，始终没有产生系统、完整的帝王家训著作。唐太宗李世民完成了这一历史任务，他通观前古而直接以隋亡为戒，在晚年为使"义方有阙，庭训有乖"、"未辨君臣之礼节，不知稼穑之艰难"的太子李治能够继承帝业，撰写成了《帝范》一书。范有范式、规范、榜样、模范等涵义，帝范便是皇帝遵守的规范。此书系统地论述了帝王如何修身、治家、理国、平天下的问题，对后世帝王家训具有重要影响。

（三）丰富了家风概念，制订了成文家法

家风也称"门风"、"父风"、"兄风"。虽然远古留有"遗风"[1]，汉

---

① 《史记·吴太伯世家》。

有"万石门风"①，然直到西晋潘岳作《家风诗》，才被誉为"始述家风"②。家风作为以父兄为代表的传世久远的家庭或家族之独特而稳定的传统习惯、生活风尚、行为准则与处世之道的综合，其丰富内容、重要作用直到两晋才展示开来。这一时期，家风一词不仅出现，而且被广泛使用，如《晋书·刘寔传》称刘智"贞素有兄风"。《晋书·山简传》说山简"性温雅，有父风"。《晋书·何曾传》称何劭"骄奢简贵，亦有父风"。揭示出家风功能的两重性。《颜氏家训》之《名实》篇、《治家》篇对"风教"、"风化"即家风的教育功能和父母的熏陶感染作用及其实现途径作了总结："笃学修行，不坠门风"；"劝一伯夷，而千万人立清风焉；劝一季扎，而千万人立仁风矣；劝一柳下惠，而千万人立贞风矣；劝一史鱼，而千万人立直风矣。"

若家风严谨凌厉且形成有奖惩作用的不成文或成文的条目，家风便转变为门法、礼法或家规、家法。汉有"陈纪门法"③，然语焉不详。晋人吴隐之，身居高官，但家无资财，"勤苦同于贫庶"，子孙就以"廉慎为门法"④。韩愈有"诸男皆秀朗，几能守家规"⑤，后来又出现了著名的《柳氏家规》。家规或家法作为整治家庭、家族的法规、"训令"，最初指士大夫救正其子弟骄纵之法，其最基本特点是严峻，违者要受各种形式的惩罚，直至处死。故人们也将家长责打子弟与家人的用具称为家法。这在官僚贵族中比较突出。如唐初名将李勣（594—669）临终前遗嘱其弟道："我见房玄龄、杜如晦、高季辅皆辛苦立门户，亦望诒后，悉为不肖子败之。我子孙今以付汝，汝可慎察，有不厉言行、交非类者，急榜杀以闻，毋令后人笑吾，犹吾笑房、杜也。"⑥ 严训子弟的结

---

① 《魏书·杨播传》，又见《汉书·石奋传》。石奋与其四子皆官二千石，合计万石，故号万石君。
② 庾信：《哀江南赋序》。
③ 《魏书·杨播传》。
④ 《晋书·吴隐之传》。
⑤ 韩愈：《寄崔二十六立之诗》。
⑥ 《新唐书·李勣传》。

果，是导致唐昭宗时成文家法的产生。

（四）加强了对女子的训诫

对女诫的重视始于封建礼教形成的汉代。魏晋时期，尽管有三国时魏国名吏程晓的《女典》，强调"妇人四教，以备为戒。妇德阙则仁义废矣；妇言亏则辞令慢矣；妇工简则织纴荒矣。……若夫丽色妖容，高才美辞，貌足倾城，言以乱国"，那就"在邦必危，在家必亡"[1]。因而必须加以严训。西晋裴頠（267—300）的《女史箴》，也强调女子"服美动目，行美动神"，既要注意外在美，更要注重内在美。但总的来说，由于社会动荡不安，女训有所削弱。唐代少数民族遗风较重，社会生活相对富足，贵族妇女骄奢淫逸问题突出，女诫也就自然地提到议事日程。从唐太宗李世民与长孙皇后起，不少皇帝都重视对公主的教育，以约束她们干政、扰政和淫乱、奢靡的行为，在下嫁仕宦之家后入乡随俗，遵守礼法，孝敬公婆，[2] 服侍丈夫，不搞特殊化，并对其中违法犯罪者进行惩治。正是在此背景下，唐玄宗时期产生了郑氏为劝导其策为永王李璘之妃的侄女而撰的《女孝经》，唐德宗时才女宋若莘为教诲其四位妹妹而撰的《女论语》。从班昭的《女诫》到此两书的出现，以及唐昭宗"公主、县主有子而寡不得复嫁"[3] 的诏令，显示出封建礼教有进一步加强的趋势。在这方面，唐代名将西平王李晟（727—793）教女可称典型。他为将三朝，"治家整肃"；规定家中主奴"皆不许时世妆梳"，服饰穿戴、梳妆打扮不准赶潮流。有年他过生日，已出嫁的一个女儿因回来为他祝寿，未去照顾突然生病的公公。李晟闻之大怒，说："汝为人妇"，却不去为公公煎汤熬药，接待宾客，而来为我拜寿！"我

---

[1] 《全上古三代秦汉三国六朝文·全三国文》。
[2] 据司马光《家范》，公主下嫁，向公婆执礼，行盥馈之道，自唐代礼部尚书王珪子王敬直尚南平公主始。
[3] 《新唐书·诸帝公主》。

不幸有此女，大奇事。"便立即命她赶回夫家，自己也去探病，并为教女不严而向亲家谢罪。李晟"理家以严称"，时人赞之为"西平礼法"①。

（五）家学世传有了新的进展

尽管由于政局动荡不定，官学兴废不时，读经热因受到玄学、佛教与道教的冲击而降温，家学逐渐发展起来，学术文化趋于地方化、家庭化和多样化。但教子学儒仍是家学的重点。如《梁书·范缜传》所载，范缜（约450—约510）"博通经术，尤精《三礼》"，在南梁"为中书郎、国子博士"，其子范胥"传父学"，为太学博士。律学在家训中仍有相当地位，如《晋书·高光传》所载，魏太尉高柔子高光，"少习家业，明练刑理"。晋武帝"以光历世明法"，任以廷尉；惠帝时迁尚书左仆射。但光子韬不习家业，放佚无检，犯事伏诛。文学世传以应贞为代表，如《晋书·应贞传》所载，这一族"自汉至魏，世以文章显，轩冕相袭为郡盛族"。应贞在西晋武帝时官至散骑常侍；其弟应纯为黄门郎；其侄孙应詹，弱冠知名，"以学艺文章称"，官至平南将军、江州刺史。史学家传如南朝王彪之，他"博闻多识，练悉朝仪，自是家世相传"，子、孙均为朝廷命官，曾孙王淮之把累世积聚的南朝旧事、礼仪制度等档案资料垄断起来，"缄之青箱，世人谓之'王氏青箱学'"。秘传家学使"淮之究识旧仪，问无不对"②，宋文帝时任侍中、都官尚书等要职。书法世传以东晋王羲之为代表，他集历代书法之大成，时人誉为"书圣"；次子凝之，"亦工草隶"；五子献之，"工草隶，善丹青"，被称为"小圣"。唐代欧阳通学习其父欧阳询书法很有成效，时人号之"大小欧阳体"③。佛学作为辅助教育，在有的家训中也有一定地位。

这一时期，技术作为立业谋生之具，而受到人们的重视。有的还

---

① 王谠：《唐语林》卷一，又见《新唐书·李晟传》。
② 《宋书·王淮之传》。
③ 《新唐书·欧阳询传》。

"能以技自显于一世"①，故子承父业者不少。医学如梁高平令姚菩提，久病成医，受到梁武帝的礼待。其子僧垣"传家业"，为一代名医，享誉域外；自梁至隋，任官封公，其孙"受家业。十许年中，略尽其妙。每有人造请，效验甚多"②。天文历算以祖氏一族最为典型。祖冲之（429—500）之祖父昌，为刘宋大匠卿，掌管官室、宗庙等土木营建。冲之"有机思"，擅长制造，"特善算"，为南齐制订《大明历》；其子暅之，"少传家业，究极精微，亦有巧思"，修订《太阳历》，并与父冲之共同求得球的正确体积。其孙祖皓也"少传家业，善算历"③，任广陵太守。后因讨伐侯景叛乱被执缚射，"箭遍体，然后车裂以徇"，成为梁室忠烈。唐李淳风（602—670）精天文历算，创制德麟历，任太史令，其学传世，"子谚，孙仙宗，并擢太史令"④。

此外，由于战争频繁，武学兵法也代有传人，出现了不少"家世将帅"⑤、"家世世为将"⑥ 的将门。

（六）儒家思想成为少数民族代表人物家训的重要内容

两晋至隋唐是我国各民族之间既激烈冲突又互相融合的时期；一些少数民族在保留其优秀的民族文化的同时，也认同并吸取汉族文化，特别是儒家文化，以充实其家训的内容。北魏文成帝拓跋濬（452—465在位）的冯皇后（438—490）是其中一个代表。她作为太后临朝称制后，教育与指导孝文帝拓跋元宏（467—499）采用汉制，改革鲜卑族生活习惯；并"作《劝戒歌》三百余章，又作《皇诰》十八篇"⑦ 教诫孝

---

① 《新唐书·方伎列传》。
② 《周书·姚僧垣传》。
③ 《南史·祖冲之传》。
④ 《新唐书·李淳风传》。
⑤ 《宋书·朱龄石传》。
⑥ 《南史·沈演之传》。
⑦ 《魏书·皇后列传》。

文帝。后来，孝文帝也重视帝王家训。这母子两人的家训特点，是大量引用汉族典籍中历史故事与儒家伦理观念，以提高皇族的文化素质与道德素质。如冯太后教诫咸阳王拓跋禧说："汝兄继承先业，统御万机，战战兢兢，恒恐不称。汝所治虽小，亦宜克念。"孝文帝也要他"修身慎行，勿有乖爽"，说"周文王小心翼翼，聿怀多福。如有周公之才，使骄且吝，其余无足观。汝等宜小心畏惧，勿有骄怠"。他还在其四弟拓跋雍出任相州刺史时劝诫他说："为牧之道，亦难亦易。其身正，不令而行，故便是易。其身不正，虽令不从，故便是难。又当爱贤士，存信约。"这里就有《诗经》、《尚书》、《论语》中的官德思想。不过，少数民族的家训仍然有其特点，尚武习兵便是其中之一。孝文帝曾"诏诸弟及侍臣，皆试射远近"，射远的予以"嘉之"[1]。后赵建立者羯人石勒（274—333）训诫其二子石弘，"不专以文业"，还命"刘征、任播授以兵书，王阳教之击刺"[2]。前秦国王氐人苻坚（338—385）之长庶子苻丕"聪慧好学，博综经史。（苻坚）与言将略，嘉之，命邓羌教以兵法"[3]。这种尚武的传统，使少数民族的许多贵族子弟从小就熟习骑射。唐高祖李渊作为夷狄后代，精骑射，在一次战斗中"所射七十发，皆应弦而倒，贼乃大溃"[4]。其子李世民等不仅武艺高强，还精通兵法。又如，藏族家训中的某种宗教色彩和对"鬼魅"、"邪魔"的批判，也是其特色的表现。

　　各少数民族在保持其民族习俗的同时又接受汉族文化，是他们由立国自治走向拥戴与归属汉族朝廷、达到中华民族团结统一的思想基础。据《晋书·姚弋仲传》记载，十六国时的羌族首领姚弋仲（280—352）虽在西晋八王之乱期间（291—306）东徙榆眉（今陕西千阳东），自称扶风公，但他一直有归属东晋的意愿。姚"弋仲有子四十二人，常戒诸

---

① 《魏书·献文六王列传》。
② 《晋书·石勒传》。
③ 《晋书·苻丕传》。
④ 《旧唐书·高祖本纪》。

子曰：'吾本以晋室大乱，石氏待吾厚，故欲讨其贼臣以报其德。今石氏已灭，中原无主，自古以来未有戎狄作天子者。我死，汝便归晋，当竭尽臣节，无为不义之事。乃遣吏请降'"。东晋永和七年（351），被任以六夷大都督、车骑大将军等职，封高陵郡公。生活在南朝梁代、陈代和隋文帝时期的南越爱国首领冼夫人，也是少数民族维护团结统一的一个典范。这里应该指出的是，"未有戎狄作天子者"一语是有其历史局限性的。但从另一角度看，却包含着反对割据分裂、追求国家统一的合理思想。

（七）家训的形式、方法有了新的进展

一是提出了家规概念，韩愈在《寄崔二十六立之》诗中有"诸男皆秀朗，几能守家规"句，这里的家规作为重要的家训形式，是指子女家人应遵循之规矩法度；二是出现了成文家法，使对子弟、族人的奖惩有章可循；三是盛行"诗教"，即大量运用诗歌的形式训诫子弟，其最大的优点是避免了生硬粗暴的做法，用亲切婉转、朗朗上口的诗句，将子弟置于温馨的氛围中，潜移默化地受到感染、熏陶。它虽然不像有些教子文那样直截了当地使子弟心灵受到震撼，但其润物细无声的特点也足以使孩子得到启迪、感悟。正因为如此，直到当代，"诗教"还是家训的一种重要形式。

在方法上，以《颜氏家训》与舒元舆（？—835）之《陶母文版文》为代表，对严慈结合、恩威并用的原则与方法之利弊得失作了深入的研究，并得出了有益的结论。在具体方法上也有可观处，一是善于运用直观形象法；生活在唐末后唐之间的名将符存审，征战一生，中箭百余，"临终，戒其子曰：'吾少提一剑去乡里，四十年间取将相，然履锋冒刃、出死入生而得至此也。'因出其平生身所中矢镞百余而示之曰：'尔其勉哉！'"[①] 他将从自己身上拔下的长年积聚的一百多个箭头展示出

---

① 《新五代史·符存审传》。

来，使儿子们通过观看这些触目惊心的实物，懂得今日之富贵来之不易，以激励他们杀敌立功，维护家族的地位与荣誉。二是采用以事喻理法，北魏时的吐谷浑阿豺，有子二十人，他临终前令取二十支箭，先命其弟慕利延："汝取一枝箭折之。"其弟随手就把它折断了。又曰："汝取十九支箭折之。"慕利延不能折断。阿豺曰："汝曹知否? 单者易折，从者难摧，戮力一心，然后社稷可固。"① 只有加强家庭、家族与宗室内部团结、一致对外，才有可能在群雄逐鹿的战乱中保住江山社稷。三是采用寓言方法，如反映晋人家训思想的《列子·汤问》所描写的北山愚公以身垂范、带领子孙每日挖山不止，以移去横在他家门前阻挡去路的两座大山，通过自己双手劳动创造美好的生活，便是一例。

---

① 司马光:《家范》卷一。

第十五章
两晋官宦世家的家训

两晋时期，社会虽渐趋稳定，但贵族官僚家庭的盛衰、成败仍变动不定。其历史传统与现实处境不同，使他们的家训呈现出不同的特点。本章主要研究王祥、羊祜和陶渊明的家训。

一、王祥训子：五德立身

王祥（184—268）字休徵，琅玡临沂（今山东临沂）人。先祖世代高官，至其父王融，"公府辟不就"。王祥在曹魏时为司空，封睢陵侯。入晋后拜太保，封睢陵公。他生有五子（肇、夏、馥、烈、芬），平时注意对他们教诫，病危时又写了《遗令》训子孙。其家训内容主要有：

（一）以五德为立身之本

《遗令》曰："夫言行可覆，信之至也；推美引过，德之至也；扬名显亲，孝之至也；兄弟怡怡，宗族欣欣，悌之至也；临财莫过乎让：此五者，立身之本。"意思是言行一致可以验察，这是最大的诚信；把美誉推给别人，将过失自己承担，这是最高的道德；高扬声名，光宗耀祖，这是最大的孝；兄弟、宗族相处融洽、欢乐，这是最好的顺从；碰到财产取舍，最重要的是让而不是争。这五条是立身的根本。

（二）反对愚孝

王祥是历史上有名的孝子，他生母早亡，"继母朱氏不慈"，多次说他的坏话，"由是失爱于父"。然而，他很恭谨孝顺，"父母有疾，衣不解带，汤药必亲尝"。继母常想吃活鱼，"时天寒冰冻"，王祥就脱掉衣服卧在冰上，用自己的体温使河冰解冻，于是"双鲤跃出，持之而归"。"继母又思黄雀炙"，想吃烤黄雀，他又捕黄雀供母。王祥便以笃孝继母而闻名乡里。这"卧冰求鲤"的故事，从元代起被作为"二十四孝"中的一个典范来宣扬，在中国家训史上影响深远。不过，王祥并不希望儿子对自己愚孝，临终遗令对己薄葬、简葬，不要过分哀毁："夫生之有死，自然之理。吾年八十有五，启手何恨。……无毗佐之勋，没无以报。气绝但洗手足，不须沐浴，勿缠尸，皆浣故衣，随时所服。"历年来朝廷"所赐山玄玉佩、卫氏玉玦"等都不要作随葬品，也不要让家人们送葬。他向诸子提出：哀伤是孝的表现，但过了头就变为愚孝："高柴泣血三年，夫子谓之愚。闵子除丧出见，援琴切切而哀，仲尼谓之孝。故哭泣之哀，日月降杀，饮食之宜，自有制度。"就是说，对己厚葬与丧哀过度不是孝的本质，德行高尚，扬名显亲，才是最大、最根本的孝。

（三）重在鼓励

其四子烈、五子芬"并幼知名，为祥所爱"，但早于王祥同时而亡。"将死，烈欲还葬旧土，芬欲留葬京邑。祥流涕曰：'不忘故乡，仁也；不恋本土，达也。惟仁与达，吾二子有焉。'"认为两人的愿望都很好，都值得肯定。在儿子临死时，他还从德行上鼓励他们。有人赠送王祥一柄佩刀，送前对他说："苟非其人，刀或为害，卿有公辅之量，故以相与。"王祥逝世前将这佩刀授予其同父异母弟王览，鼓励他说："汝后必兴，足称此刀。"意思是你今后一定会发达，成为辅弼之臣，配得上这柄刀。

王祥家教有方，子孙多贤才。其长子肇官至太守，长孙俊为太子舍人，封永世侯。三子馥为太守，"卒谥曰孝"，馥子根为散骑郎。王祥与弟王览非常亲睦。其继母在祥丧父后，见他"渐有时誉"而"深疾之，密使酖祥"，想毒死他。"览知之，径起取酒。祥疑其有毒，争而不与"，以防他中毒。在王祥影响下，"览孝友恭恪，名亚于祥"。官至"太中大夫，禄赐与卿同"。览生有六子，均为官任职，王祥、王览一族，遂"兴于江左矣"①。

二、羊祜诫子："树私则背公，是大惑也"

羊祜（221—278）字叔子，泰山南城（今山东费县西南）人。祖父羊续在东汉灵帝时任庐江、南阳郡太守；父亲羊衜（衜为道的古字）为上党太守；母亲是东汉名士蔡邕的女儿，同父姐为晋武帝司马炎之景献皇后。羊祜在魏末任相国从事中郎。晋武帝建立西晋后，以尚书左仆射参与筹划灭吴，都督荆州诸军事，出镇襄阳。他安抚士庶，屯田，储粮，为灭吴做了充分的准备，死后为吏民深切怀念、建庙立碑，成为一代名臣。

羊祜幼年不仅受益于父亲的启蒙教育，而且也受到母亲的义行熏陶。羊祜的亲母蔡氏很慧淑，有义行。羊祜之前母系孔子二十世孙、"建安七子"之一孔融（153—208）之女，生羊祜同父兄羊发。小时候，羊祜的同母兄羊承与羊发都得重病，蔡氏估计发、承"不能两存，乃专

---

① 《晋书·王祥传》。

心养发,而承竟死"①。她因专心护养羊衜前妻之子而无精力照顾亲生子,结果羊承夭亡。羊发得救,后官至都督淮北护军。母亲的这一义行,对羊祜思想产生了深刻影响。羊祜在十二岁时父亲去世后,谨事叔父羊耽,也受到叔母辛氏的训导。辛氏为魏国侍中辛毗之女,字宪英,聪慧明智,有才识。三国末年,魏国镇西将军钟会率军伐蜀,宪英问羊祜:钟会"何故西出"?祜答曰:"将为灭蜀也。"她告诫道:钟会"在事骄恣,非持久处下之道,吾畏其有他志也"。这使羊祜对钟会日后反叛有了警惕。羊祜曾送叔母一条锦被,"宪英嫌其华"②,便归还给他;这既表明她有不事奢华的美德,又注意对羊祜进行俭朴教育。羊祜有女无子,以兄子为嗣。他对子女、弟侄要求甚严,有《诫子书》等留世。其主要内容有:

(一)"人臣树私则背公,是大惑也"

羊祜的女婿曾劝他:"有所营置,令有归戴者,可不美乎?"要求岳父建置些产业,以便将来享用。羊祜默不作声,没有答应。退而对诸子说:"此可谓知其一,不知其二。人臣树私则背公,是大惑也。汝宜识吾此意。"人臣建置私产,这是一个人最大的困惑,你们要懂得我的用意。羊祜此举来自祖训;他家先祖"至祜九世,并以清德闻"。曾祖羊儒在汉桓帝时为太常;祖父羊续为官清廉,从不收礼受贿,当时兵荒马乱,他的积蓄只有布被子、破短衣以及几斛盐麦,常常粗茶淡饭,乘坐瘦马拉的破车,其妻携子羊秘投奔到他所,他"闭门不内",不让妻子进门;只是对儿子说:"吾自奉若此,何以资尔母乎?"我用来养活自己的东西就这么一点,拿什么来供养你的母亲呢?羊续临终前留下遗言:"薄敛,不受赠遗。"对自己进行薄葬,不要收受别人送来的丧葬礼物。羊祜继承了祖上遗留下来的清廉、俭朴的好家风,"立身清俭,被服率

① 《晋书·羊祜传》。
② 《晋书·列女传》。

素，禄俸所资，皆以赡给九族，赏赐军士，家无余财"。为什么？因为羊祜还深受西汉太傅疏广的教子名言——"贤而多财，则损其志；愚而多财，则益其过"的影响，认为给子侄多留遗产有害无益，所以在给从弟羊琇的家书中说："既定边事，当角巾东路，归故里，为容棺之墟。以白士而居重位，何能不以盛满受责乎？疏广是吾师也。"在国家统一、边境安定后，当告老还乡，没有功绩而据重权，怎能不获罪责！疏广是我学习的榜样。可见，他这样做，表面上是不关心子侄，实际上是为他们作更深层的、更长远的考虑。

（二）"恭为德首，慎为行基"

羊祜以自己读书修身的经历训诫子侄道："吾少受先君之教，能言之年，便召以典文，年九岁，便诲以诗书。"刚会说话，父亲便呼唤自己学文，九岁时就教以读《诗经》、《尚书》。然而，即便如此，"尚犹无乡人之称，无清异之名"，还没有得乡里的称赞，享有操行出众的美名，在这方面，"吾不如先君远矣，汝等复不如吾"。羊祜进一步指出，虽然你们在政事国策上无多大本领，在才艺方面也无独特之处，但在德行方面，却可以进行修养，要懂得"恭为德首，慎为行基"；"言则忠信，行则笃敬"[①]。谦恭是品德之首，谨慎是办事的基础，言论要忠信，行为要笃敬。这些也都是羊祜为人处世的经验之谈；晋武帝泰始初年，羊祜被封为尚书右仆射，当时前朝元老甚多，"祜每让，不处其右"，甘居下位。他为官忠贞无私，疾恶邪佞，简约自重，在军中"常轻裘缓带，身不披甲"，侍卫也不过十多人。有天夜间想独自出营，被军司徐胤手执兵器挡住营门不准出去，对此羊祜不仅没有发怒，反而"改容谢之"，礼辞回帐。他率军与吴兵交战，不用掩袭之计，"将帅有欲进谲诈之策者，辄饮以醇酒，使不得言"，为的是打信义之仗。羊祜曾追斩吴将陈

---

① 《全上古三代秦汉三国六朝文·全晋文》。

尚、潘景，但"美其死节而厚加殡敛。景、尚子弟迎丧，祜以礼遣还"。这些做法，使"吴（人）翕然悦服，称为羊公"①，而不直呼其名。因此，他上面说的这些话，实际上是希望子侄效法自己，做到"恭慎"、"忠信"、"笃敬"，成就大功美名。

（三）无言人过，思而后动

羊祜受马援家训思想的影响，反对背后议人长短是非，认为这是"败俗伤化"的行为。他要求子侄"无传不经之谈，无听毁誉之语。闻人之过，耳可得受，口不得宣"。言行要有信义，要三思而后行，"无口许人以财"，以免说了做不到。"若言行无信，身受大谤，自入刑论，岂复惜汝，耻及祖考！"如言行没有信用，那便会受到众人的指责，甚至刑法的惩罚。我这样说难道仅仅是为了顾惜你们吗？因为这些耻辱还会殃及先祖！"思乃父言，纂乃父教。各讽诵之。"② 总之，要好好深思你们父亲的教诲，并把这些教诲编纂起来，各人都要经常背诵，牢记在心。羊祜子侄孙甚众，大多成才。

三、陶渊明教子：贫不失志

陶渊明（365 或 376—427），东晋大诗人。一名潜，字元亮。寻阳柴桑（治今江西九江）人。《晋书》、《宋书》都说他是陶侃（259—334）之曾孙。亦有疑此说者。侃"少怀高尚，博学善属文，颖脱不羁，任真自得，为乡邻之所贵"。陶渊明曾任江州祭酒、镇军参军、彭泽令等职。

---

① 《晋书·羊祜传》。
② 《全上古三代秦汉三国六朝文·全晋文》。

因不满当时官场的腐败，决心"不能为五斗米折腰"①，毅然辞官归隐。他生有五子（俨、俟、份、佚、佟），很注意对他们的教导，其《与子俨等疏》是中国传统家训史上的经典名篇，训导说：

（一）乐天安命

"天地赋命，生必有死。自古圣贤，谁能独免？子夏有言曰：'死生有命，富贵在天。'四友之人，亲受音旨，发斯谈者，将非穷达不可妄求，寿夭永无外请故耶？"四友指孔子周围的人，他们得到孔子的教诲。子夏讲"死生有命，富贵在天"，难道不是因为命运好坏顺逆不可妄求、寿命长短不能分外求取的缘故吗？陶渊明说这段话，是希望儿子们安于命运安排，不要想入非非，妄求富贵荣华。

（二）贫不失志

陶渊明出身于没落贵族家庭，故对诸子说，吾"少而穷苦，每以家弊，东西游走"，以谋生计。但自己性格刚直，触犯人颇多，因想到将来会招致祸患，故辞去官职，清贫自守，从而使你们"幼而饥寒"。不过，"余尝感孺仲贤妻之言，败絮自拥，何愧儿子"。孺仲指后汉隐士王霸，他"少有清节，及王莽篡位"，朝廷屡征不至，终身过着"隐居守志，茅屋蓬户"的生活。王霸年轻时与同郡令孤子伯是好友，后来，子伯当上了楚相，其子亦为郡功曹。有一天，子伯之子坐着马车，穿着华贵的服装，举止大方地来见王霸，而自己的儿子刚从野外耕田回家，"见令孤子，沮怍不能仰视。霸目之，有愧容"。王霸见己子在友人子面前懊丧自卑的样子，感到有愧于子，"父子深恩，不觉自失耳"。其妻安慰道：夫君"少修清节，不顾荣禄。今子伯之贵孰与君之高"②？现在

① 《晋书·隐逸传》。
② 《后汉书·王霸妻传》。

子伯虽然富贵，但怎能比得上夫君志节之高？怎么忘却平素的志愿而为儿女惭愧呢？这一番话消除了王霸的内疚。陶渊明每看到儿子们"稚小家贫，每役柴水之劳，何日可免"时，也像王霸一样，虽然"良独内愧"[1]，但还是要求他们，宁可贫困终生，也不要丧失志节，不要去与黑暗的官场同流合污。

（三）毋不好文术

陶渊明作为名臣儒将之后，其辞归耕吟，并不表明只是向往过安闲超脱的山村生活。他那"刑天舞干戚，猛志固常在"的诗句，透露出深藏于胸怀的刚烈雄武、为国效力的内心呐喊。他是希望儿子们有所作为的，故写了《命子》诗，教诫诸子勤奋学习。但诸子却均不喜欢读书、写字、作文，这使他既失望又生气，便作《责子》诗道："白发被两鬓，肌肤不复实。虽有五男儿，总不好纸笔。阿舒已二八，懒惰固无匹。阿宣行志学，而不爱文术。雍端年十三，不识六与七。通子垂九龄，但觅梨与栗。天运苟如此，且进杯中物。"[2] 对于诸子不能成才表现出一副无可奈何的样子。

（四）兄弟和睦共居

陶渊明晚年多病，自感"疾患以来，渐就衰损。亲旧不遗，每以药石见救，自恐大分将有限也。"想到自己来日无多，又考虑到自己五个儿子不是一母所生，身后可能失和冲突，所以教诫他们道："汝等虽不同生，当思四海皆兄弟之义。"兄弟之义首先表现在家财方面，应学习"鲍叔、管仲，分财无猜"。鲍叔即鲍叔牙，春秋时方国大夫，管仲的好友。管仲与他合伙经商，常多分利润，鲍叔牙不认为他贪财，因为知道

---

[1] 《与子俨等疏》，见孙钧锡：《陶渊明集校注》，中州古籍出版社1986年版。
[2] 《古今图书集成·家范典》卷一七。

他家境贫困需要钱，故两人未因分利多寡而失和。其次是在遇到患难时，要学习"归生伍举，班荆道旧"。据《左传·襄公二十六年》记载，归生即春秋时蔡文公之孙蔡声子，其父是蔡国太子师子朝。伍举是楚国大夫，其曾祖伍参与子朝是好友。后来，伍举害怕牵连犯罪而逃奔郑国，准备再逃到晋国。声子恰好要去晋国，在郑国郊外遇上伍举，两人便把荆草铺在地上一起吃东西，叙谈楚国往事。在声子的游说下，楚国不仅给伍举进了爵，还把他接了回去。"遂能以败为成，因丧立功。他人尚尔，况同父之人哉！"不是一家人尚能如此，更何况一父所生的弟兄！为此，他在《与子俨等疏》中向诸子树立了两个学习榜样：一个是"颍州韩元长，汉末名士，身处卿佐，八十而终，兄弟同居，至于没齿"。据《后汉书·荀韩钟陈列传》记载，韩元长即韩融，韩韶之子，汉献帝时官至太仆，兄弟同居到老终。另一个是"济北氾稚春，晋时操行人也。七世同财，家人无怨色"。氾稚春即氾毓，勤修儒学，敦睦九族。七世同居共财，时人称他家"儿无常父，衣无常主"，家贫而志大，清静自守，屡荐不仕，家人都能和乐相待。陶渊明把上述两人选为诸子的效法典范，表现出他的兄弟世代和睦共居的大家庭理想。但他的理想未能实现。陶渊明可能因经常酗酒，影响了优生，诸子呆笨，庸碌无为。然而从《责子》诗看，他并未领悟到这是贪饮杯中的的结果。一说陶氏晚年已认识到："后代之鲁钝，善缘于杯中物所贻害。"但查阅《陶渊明集校注》及相关著作，尚未见到出处。

第十六章
南朝君臣的家训

南北朝时期，南朝（420—589）经历了宋（420—479）、齐（479—502）、梁（502—557）、陈（557—589）四朝，前后共一百七十九年。这一时期，执掌统治大权的土族地主总的来说已经腐朽，但其中有些家训尚有可观处。

一、宋文帝与颜延之的家训

（一）宋文帝诫子弟：家国事艰，守成未易

宋文帝（407—453）刘义隆，字车儿，生于京口（今江苏镇江）。南朝宋的建立者宋武帝刘裕（363—422）第三子。刘裕疏于家训。"前无严训"的太子即位后，朝政荒废；叛军入宫时，他还在"与左右引船唱呼，以为欢乐"①，结果被执遇害。刘义隆于424年被大臣拥立为帝后，吸取教训，躬勤政事，励精图治，使经济文化得到发展，被誉为"元嘉之治"。他有子十九人，有弟江夏王刘义恭等，很注意对他们的

---

① 《南史·少帝本纪》。

训诫。

一是戒骄奢。其父刘裕出身贫苦，"性俭，诸子饮食不过五盏盘"①。但对五子也就是文帝之弟义恭"特所钟爱"，有求必应，这使他"骄奢不节"。为此，宋文帝与书诫之曰："骄侈矜尚，先哲所去"；"声乐嬉游，不宜令过"；"园池堂观，计无须改作"；"汝一月日自用不可过三十万，若能省此益美"②。对于诸王子，则教育他们懂得民生之艰难。445 年，他在武帐堂举行酒宴，"敕诸子且勿食"，到宴会上再赐给食物。然而，"日旰，食不至"，一直等到傍晚，食物还未送来，一个个面"有饥色"。这时，文帝才教诫道："汝曹少长丰佚，不见百姓艰难，今使尔识有饥苦，知以节俭期物。"③ 用这个方法让王子们尝尝饿肚子的苦处，以懂得节约的重要。

二是传授统治经验。元嘉六年（429），年仅十六岁的弟弟刘义恭出任封疆大吏，刘义隆与书诫之曰："汝以弱冠，便亲方任。天下艰难，家国事重，虽曰守成，实亦未易。隆替安危，在吾曹耳。"这封家书除劝他戒奢侈外，还教了他不少识别贤愚、鉴察邪正、尽君子之心、收小人之力的任官为政之道，如：1. 要"亲礼国士，友接佳流"。指出："豁达大度，汉祖之德；猜忌褊急，魏武之累。……关公、张飞，任褊同弊。行己举事，深宜鉴此。"2. 辅佐朝廷，"当周公之事"。要求他"苟有所怀，密自书陈。若形迹之间，深宜慎护"。3. 审案治狱，应"虚怀博尽，慎无喜怒加人"。要择善而从，"不可专意自决，以矜独断之明也"。4. 慎守机密："君不密则失臣，臣不密则失身。"指出："人有至诚，所陈不可漏泄，以负忠信之款也。"属下互相谗构，"勿轻信受。每有此事，当善察之"。5. 官职不可轻授："名器深宜慎惜，不可妄以假人。昵近爵赐，尤应裁量。"6. 勿盛气凌人："以贵陵物物不服，

---

① 《南史·江夏文献王义恭传》。

② 同上。

③ 《南史·宋文帝本纪》。

以威加人人生厌。"7. 多接见佐吏，以广视听。因为不多接见"则彼我不亲，不亲则无因得尽人，人不尽，复何由知其众事"①。

应该指出，宋文帝诫子弟虽讲求方法，针对性强，但失之过宽，收效甚差。义恭骄奢依旧，所费甚巨，他还要增拨款项满足他。据《南史·元凶劭传》记载太子刘劭，"意之所欲，上必从之"。后"刻玉为上形象"，埋于地下，为"蠱诅巫咒之言"，发展到弑父篡位。其他诸子，也多在夺权斗争中被杀。

（二）颜延之：作《庭诰》以训子

颜延之（381—456），家延年，文学家。琅玡临沂（今山东临沂北）人。颜含为其曾祖父，颜之推为其第五代族孙。少孤贫，好读书。以才学见遇。从宋武帝起历官四朝，任金紫光禄大夫等职。诗文与谢灵运（385—433）齐名。颜延之因性褊急，肆意直言，常触犯权贵要人，仕途不顺。与陶渊明、谢灵运友情甚厚。平时不营财利，虽"居身俭约，布衣蔬食"，坐"赢牛笨车"，犹"居常罄匮"②。有明人所辑《颜光禄集》存世。颜延之生有四子，竣、测、㚟、跃。他"闲居无事，为《庭诰》之文"。诰谓上告下，一种告诫性文章。"《庭诰》者，施于闺庭之内，谓不远也。"也就是"诰尔在庭"，用以教诫身边诸子。其主要内容有：

一是儒、佛一致，"达见同善"。颜延之精通佛理，并参与佛事活动，这一情况必然反映到他的家训中。《庭诰》与以往家训不同之处，就是它在坚守儒家伦理的同时，在中国家训史上首先引入佛学思想作为其重要理论基础。指出：以往家训之立论方规，我"不复续论"，"今所载，咸其素蓄，本乎性灵，而致之用"。就是说，《庭诰》是采用佛家的性灵真义、归心返真作为指导思想之一来教导其子修德、立身、处世、

———————————

① 《宋书·江夏文献王义恭传》。

② 《宋书·颜延之传》。

治家的。他说:"道者识之公,情者德之私。公通可以使神明加向,私塞不能令妻子移心。是以昔之善为士者,必捐性反(同返)道,合公屏私。"在这里,他崇道公而抑情私,认为只有捐情反道,即达到佛家提倡的终极彻悟之境,才能解决为人处世中的种种问题。如"夫以怨诽为心者,未有达无心救得丧,多见诮耳。……故当以远理胜之",只有以"远理"战胜"以怨诽为心",不患得患失,才能不被责备,不陷于"庸品",也不会使"业习移其天识,世服没其性灵"。颜延之用佛家思想教子,并不排斥儒学。在他看来,儒、佛"达见同善,通辩异科。一曰言道(指对整个世界看法),二曰论心(对人的心性看法),三曰校理(对事物关系看法)。……从而别之,缅途参陈,要而会之,终致可一"。虽然两者有殊异,但从终极而言,则是"可一"的。"天之赋道,非差胡华;人之禀灵,岂服外内?"① 因而用胡、华与内外之别来排斥佛教是没有道理的。颜延之这一做法,丰富了家训的内容,对后来的家训产生了相当的影响。比他稍晚的南朝齐武帝萧赜(443—492)和张融(444—497),北朝颜之推等都将佛义引入他们的家训。如张融的《门律》明确告诫子弟:"吾门世恭佛,舅氏奉道。……欲使魄后余意,绳墨弟侄,故为《门律》。"② 在这里,门律是指"以律其门",即佛门之律,它是与佛教联系在一起的,不同于以往的"家训"、"家诫",表现出这一时期家训的一大特点。

二是欲求孝友,先行慈悌。颜延之《庭诰》的核心内容,是对诸子进行封建伦理道德教育。他强调指出,在处理父子兄弟关系时,父兄应该以身作则,在子弟面前起表率作用。指出:"欲求子孝必先慈,将责弟悌务为友。虽孝不待慈,而慈固植孝;悌非期友,而友亦立悌。"这就是说,慈孝与友悌是双向互动而以孝友为先的。

---

① 蔡雁彬:《从诫子书看魏晋六朝学术文化之变迁》。载《学人》第十三辑,江苏文艺出版社 1998 年版,第 425 页。
② 《弘明集》卷六。

　　三是才高慎处，交游以义。延之负才自傲，吃亏不少，故希望诸子谦恭为人，稳重处事，指出："言高一世，处之逾默，器重一时，体之滋冲，不以所能干众，不以所长议物"，此为"士之上也"。"敬慕谦通，畏避矜踞"，"文理精出，而言称未达，论问宣茂，而不以居身，此其亚也"。最次的是那些"言不出于户牖，自以为道义久立；才未信于仆妾，而曰我有以过人"，无才无德而又想入非非，抱怨自己是不得志的人，"行近于此者，吾不愿闻之矣"。

　　交游择友应以义为基础。"游道虽广，交义为长。得在可久，失在轻绝。久由相敬，绝由相狎。""辅以艺业，会以文辞，使亲不可亵，疏不可间，每存大德，无挟小怨。率此往也，足以相终。"友朋"声乐之会，可简而不可违"。不参加背离人情，"将受其毁"，参加则应约束自己，不能因"谐调哂谑"过分而"失敬致侮"。要"言必诤厌，宾友清耳，笑不倾抚，左右悦目"。这样就不会受到怨恨侵侮，"此亦持德之管籥，尔其谨哉"！择友要慎重。友能影响习行，"蒸性杂身"、"移智易虑"，"故曰'与善人居，如入芝兰之室，久而不知其芬。'与之化矣。'与不善人居，如人鲍鱼之肆，久而不知其臭。'与之变矣。是以古人慎所与处"。

　　四是清心寡欲，恬淡生活。他要求诸子注意调节心性，如"喜怒者有性所不能无……然喜过则不重，怒过则不威，能以恬漠为体，宽愉为器，则为美矣"。又如"富则盛，贫则病矣"。贫者外表粗黑，内心沮丧，朋友疏远，家人讥笑，调节的方法"莫若怀古。怀古之志，当自同古人，见通则忧浅，意远则怨浮，昔者有琴歌于编蓬之中者，用此道也"。调整心性有助于节制欲望，使自己近平淡而远奢华。指出："欲者，性之烦浊，气之蒿蒸，故为其害，则熏心智，耗真情，伤人和，犯天性。……故性明者欲简，嗜繁者气惛，去明即惛，难以生矣。是以中外群圣，建方所黜，儒道众智，发论是除。"要清心寡欲，就必须"不慕贵厚"，过淡泊的生活："温饱之贵，所以荣生"；"浮华怪饰，灭质之具；奇服丽食，弃素之方"，应予以摒弃。指出："凡养生之具，岂间定实，或以膏腴夭性，有以菽藿登年。"这种选择，取决于心。"所足在内，不由于外。是以称体而食，贫岁愈嗛；量腹而炊，丰家余飧。""虽十旬九饭餐，不能令饥，业席三属，不能为寒。"饮食节制还有助养生，嗜欲则有害身体。如饮酒，"酒酌之设，可乐而不可嗜，嗜而非病者希"。

五是流言谤议，反悔在己。"流言谤议，有道所不免"，难以防备，无处可逃。若做到"反悔在我，而无责于人"，就可以使人们逐渐了解事实真相。"日省吾躬，月料吾志，宽默以居，洁静以期，神道必在，何恤人言。"但是，对于那些"朝吐面誉，暮行背毁，昔同稽款，今犹叛戾"和权重时献媚巴结，势衰时又"毁之无度"、"实蠹大伦"的小人，便只能是"每思防避，无通间伍"，严加防范，躲得远远的。

颜延之作《庭诰》，目的是让诸子吸取自己的仕途教训，更好地为人处世。他先是"坐事屏斥，复蒙抽进"而"怨悱无已"，后又"坐启买人田，不肯还直"，被奏闻宋文帝，以"讼田不实"、"交游阘茸"、"诋毁朝士"、"骄放不节"而一度被罢免官职。这就不难理解，为什么像参加宴饮、缴纳公税、对待奴仆等"琐事"，他在《庭诰》中也不轻易漏过。教诫道："务前公税，以远吏让，无急傍费，以息流议"，不要以不缴或迟缴税款而遭到官吏查催，受到人们非议。又指出："以富贵之身，亲贫薄之人，非可一时同处"，但对仆役婢女等要适当对待。因为"蚕温农饱，民生之本，躬稼难就，止以仆役为资，当施其情愿，庀其衣食，定其当治，递其优剧，出之休飨，后之捶责，虽有劝恤之勤，而无霜曝之苦"。对待下人，首先要劝恤，"率下多方，见情为上；立长多术，晦明为懿。虽及仆妾，情见则事通；虽在畎亩，明晦则功博"。必要的、恰当的赏罚亦不可无。"罚慎其滥，惠戒其偏。罚滥则无以为罚，惠偏不如无惠。"①

颜延之诸子多成才。宋文帝问他："卿诸子谁有卿风？"延之对曰：

----

① 《宋书·颜延之传》，又见《全宋文》。

"竣得臣笔，测得臣文，㷱得臣义，跃得臣酒。"① 后来长子颜竣"权倾一朝"，忘却父训，自恃才足干时；延之常不愿见他，说："平生不喜见要人，今不幸见汝。"竣营造宅第，又诫曰："善为之，无令后人笑汝拙也。"② 宋孝武帝（454—464 在位）"多所兴造，竣谏争恳切，无所回避，上意甚不说，多不见从"。于是，他"每对亲故，颇怀怨愤，又言朝事违谬，人主得失"③。最后被陷赐死，子亦被杀。

二、萧嶷与王僧虔的家训

（一）萧嶷训子：戒骄奢，笃和睦，供佛僧

萧嶷（443—492），字宣俨。南齐高帝萧道成（479—482 在位）第二子。由刘宋到齐，先后任尚书左户郎、钱塘令、大司马等职，封豫章郡王。他为官宽厚，不乐闻人过失，左右投书相告，置靴中，竟不视，取火焚之，有大成之量。高帝死后，"武帝奢侈，后宫万余人，犹以为未足。嶷后房亦千余人"。有个名叫荀丕的官员献书嶷"极言其失"，他感叹良久，"为之减遣"。有养子子廉、子恪等，很注意对他们的训诫。他总结了两汉以来许多侯王子弟丧身灭族的教训，向诸子指出："凡富贵少不骄奢，而约失之者鲜矣。汉世以来，侯王子弟以骄恣之故，大者灭身丧族，小者削夺邑地，可不戒哉！"骄奢的祸害如此，你们可要引以为戒啊！齐武帝永明十年，萧嶷病危，临终时诫诸子道："吾无后，当共相勉励，笃睦为先。"一个人"才有优劣，位有通塞，运有富贫，此自然理，无足以相凌侮"。人与人之间有种种差别，这是很自然的，

---

① 《宋书·颜竣传》。
② 《宋书·颜延之传》。
③ 《宋书·颜竣传》。

不能成为彼此欺凌、侮辱的理由。你们兄弟应当互相勉励，忠诚和睦。还要"勤学行，守基业，修闺庭，尚闲素，如此足无忧患"。萧嶷的帝王家训具有信奉佛教的时代特点，他嘱咐诸子：自己死后，丧事从简，但要做三天道场；"后堂楼可安佛，供养外国二僧"；自己留下的"服饰衣裘，悉为功德"，① 全部作为信佛、敬佛的捐献。

（二）王僧虔训子："吾不能为汝荫，政应各自努力耳"

王僧虔（426—485），琅琊临沂（今属山东）人。晋王羲之四世族孙。承继先祖书法，善正楷、行书，为时人所推崇。宋时官至尚书令，入齐转侍中、湖州刺史。其子为学颇自负，他很不安，特写了家书教诫他：对于学问，即使"自少至老，手不释卷，尚未敢轻言"，而你打开"《老子》卷头五尺许，未知辅嗣（王弼）何所道，平叔（何晏）何所说，马（融）、郑（玄）何所异"，就滔滔不绝，"自呼谈士，此最险事"。假如袁令让你谈《易经》，谢灵运请你论《庄子》，张吴兴问你《老子》，你真能再说没有读过吗？何况论注有上百家，荆州就有八套，又有才性四本，你能说得上吗？"六十四卦未知何名，《庄子》众篇何者内外，八帙所载凡有几家……终日欺人，人亦不受汝欺也。"王僧虔对其子的这些批评，带有时代特点，说明南朝士大夫对玄学的重视；而其子弟学风浮华、夸夸其谈的毛病，在当时士族中是普遍存在的，他们饱食终日无所用心，不学无术而清淡玄理，根本没有独立谋生的本领，只是凭着门第父荫当官。

王僧虔训子，旨在勉励他们勤奋读书，自强自立。他说，我们王氏家族中，也有"少负令誉、弱冠越超清级者"，幼小时就享有美名，到二十来岁时就超越一般人。那时，"王家门中，优者则龙凤"，差的也犹如"虎豹"，自失荫封后，哪里还有"龙虎之议？况吾不能为汝荫，应

---

① 《南史·齐高帝诸子上》。

各自努力耳"。他劝诫儿子：有人虽曾担任过三公要职，然结果却默默无闻；有人出身"布衣寒素"，但"卿相"却向他躬腰敬礼；有人则"父子贵贱殊，兄弟声名异"，这是为什么？"体尽读数百卷书耳"，就在于是否一辈子精读数百卷书罢了。你已到了立业之年，正当为官从政，但有妻室拖累，不能闭门读书，这可以一面做官，一面学习，并希望鞭策你的弟弟们。

王僧虔教子，重在启发自觉。他认为"重华无严父，放勋无令子，亦各由己"①。舜虽没有好的父亲，但不失为圣王，尧虽为圣王，然其子不肖，所以贤不肖的关键在于自己。因此，他运用了许多人物、事例比喻，企求消除诸子的依赖心，勉励他们提高才智德行，以求有所成就。

三、南梁三帝与徐勉的家训

（一）梁武帝教子："汝等未达稼穑之艰，安知天下负重"

梁武帝萧衍（464—549），字叔达。南兰陵（今江苏常州市西北）人，西汉相国萧何的后代，南朝齐的建立者萧道成之族弟。南齐末年，朝政荒废，他乘机于 502 年自立为帝。即位后，尊儒崇佛，朝纲不举，赏罚无章，政以贿成。549 年侯景叛军攻破台城，他被围困饿而死。不过，萧衍生活朴素，"膳无鲜腴"，"一冠三载，一被二年"，这在古昔帝王人君中"罕或有焉"②，其家训亦有可观者。

萧衍虽然信佛，三次舍身同泰寺，使南梁佛教盛行，但也有头脑清醒、约束自己的一面。其子上书请他讲佛学时，他却回书加以拒绝，说

———————

① 《南齐书·王僧虔传》。
② 《梁书·武帝本纪》。

现在"率土未宁，菜食者众"，"数术多事，未获垂拱"，国家多事，尚未安宁，我"岂得坐谈"！他向儿子指出："庸主少君，所以继踵颠覆，皆由安不思危，况复未安者邪！"因此，目前还不能座谈佛理，等到将来"道行民安，乃当议耳"。萧衍训诫其子，要忧国忧民，不要只知讲论佛理。他说："汝等未达稼穑之艰，安知天下负重！"要懂得迷恋佛理的危害性，"殷鉴不远，在于前代。吾今所行虽异曩日，但知讲论，不忧国事，则与彼人异术而同亡。"① 我今天信奉佛教虽与以往殷纣王所为不同，但如果只知讲论佛理而不为国事忧虑，那就会因不同的做法，遭到与他同样的灭亡。应该指出，萧衍这些教导虽然未能改变南梁迅速覆灭的命运，但这些认识还是可贵的。

（二）梁简文帝训子："可久可大，其唯学欤"

梁简文帝萧纲（503—551），字世缵。南兰陵（今江苏常州市西北）人。梁武帝第三子，太清三年（549）即皇帝位。大宝二年（551）为侯景所害。萧纲重视对诸王子的教育，明人所辑的《梁简文帝集》载有他的《戒子当阳公大心》。大心为萧纲次子，以皇孙封当阳县公，萧纲训诫他："汝年尚幼，所缺者学。可久可大，其唯学欤！"你缺少的是学习，而对一个人可久远而大有用处的，也就是学习吧！所以，孔子说："吾尝终日不食，终夜不寝，以思，无益，不如学也。"② 孔子曾整天不吃、整夜不睡地冥思苦想，觉得没有收获，认为还不如学习。意思是说，你年幼更当努力去学。否则，"若使墙面而立、沐猴而冠，吾所不取"。好比人对着墙壁立着，目无所见；猕猴戴着帽子，虚有人表，这是我所不取的。萧纲向儿子指出，立身之道与著文之道不同："立身先须谨重"，不能放纵自己；但"文章且须放荡"，必须不受约束。

这些教诫，可说是他读书为文的总结。史载他从小酷爱学习，七岁

---

① 《全上古三代秦汉三国六朝文·全梁文》。
② 《论语·卫灵公》。

就有"诗癖"，长大后博览群书，"九流百氏，经目必记，篇章辞赋，操笔立成。博综儒书，善言玄理"。但其文"以轻华为累，君子所不取焉"①。

（三）梁元帝诫子：慎言避祸，读书自省

梁元帝萧绎（508—554），字世诚。南兰陵（今江苏常州西北）人，梁武帝第七子，封湘东王。简文帝遇害后，萧绎一面消灭萧纶、萧纪等宗室势力，一面命王僧辩等平息了侯景之乱，于公元552年在江陵即帝位。两年后，被雍州刺史萧詧引西魏军击败而杀。他极博群书，好玄谈，魏兵至，犹讲《老子》，"百官戎服以听"。常言"我韬于文士，愧于武夫"。论者以为"得言"②。他重视对诸子的训导，有《金楼子·戒子篇》留世。其主要内容：

一要慎言避祸。"后稷庙堂金人铭曰：'戒之哉！无多言，多言多败；无多事，多事多患。勿谓何伤，其祸将长；勿谓何害，其祸将大。'崔子玉座右铭曰：'无道人之短，无说己之长，施人慎勿念，受恩慎勿忘。……他指出："凡此两铭，并可习诵。"为了使其子做到慎言，他还引用了马援等人的教子语。二要孝敬仁义。他引用王昶的训子语："孝敬仁义，百行之首，而立身之本也。孝敬则宗族安之，仁义则乡党重之，行成于内，名著于外者矣。未有干名要利，欲而不厌，而能保于世，永全福禄者也。"三要兄弟和睦。他引用陶渊明的诫子语说："当思四海皆为兄弟之义。鲍叔、管仲，分财无猜……他人尚尔，况其父之人哉！颍川韩元长，汉末名士，身处卿佐，八十而终，兄弟同居，至于没齿；济北氾稚春，晋时操行人也，七世同居，家人无怨色。"这些榜样值得效仿。四是读书自省。他教诫道："凡读书必以五经为本，所谓非圣人之书勿读，读之百遍，其义自见。此外众书，自可泛观耳。"如览

① 《梁书·简文帝纪》。
② 《资治通鉴·梁纪二十一》。

史书"可见得失成败",这是治国之所急,是"五经"之外尤宜留意的。同时要与内省克己相结合。萧绎引前人语录说:为人要谦恭、节俭,单襄公年轻时"自得如山,忽人如草",晚年"甚悔之,以为深戒";颜延年曰:"流言谤议",在所难免;应付之法,"必先本己……日省吾躬,月料吾志,斯道必存,何恤人言"? 每日、每月内省责己,就不怕别人议论,这就是"御寒莫如重裘,止谤莫如自修"①。《戒子篇》共约两千两百字,却引用了二十多段名人名言,可见读书之广,研究之精。

综观南梁三帝的家训,其基本特点是教子读书做人,而与一般帝王家训侧重于传授统治经验,着眼于任贤使能、治国安民以承建帝王大业相区别。究其原因,恐怕是因为当时朝代更替频繁,帝位朝不保夕,因而提高思想文化素质,学会为人处世,以求保身免祸更为重要。然而,乱世中更需要兵法、武功。优于诗文的梁代诸帝及其皇子们少有幸存者,可能与这一缺陷有关。萧绎兵败之后,愤而"命舍人高善宝焚古今图书十四万卷(一说七万卷)"。有人问他"'何意焚书?'帝曰:'读书万卷,犹有今日,故焚之'"。② 这就又走向另一个极端了。

(四)徐勉:"人遗子孙以财,我遗之清白"

徐勉(466—535),字修仁,东海郯(治今江苏镇江市)人。幼孤贫,早励清节,时人称之为人中骐骥。梁武帝时任中书侍郎、侍中、左仆射中书令等职。梁师北伐时,"参掌军书,劬劳夙夜,动经数旬,乃一还家。群犬惊吠。"对于家犬因不识自己而吠,他感叹道:"吾忧国忘家,乃至于此。若吾亡后,亦是传中一事。"③ 他选官公正无私,曾与门人夜集,客有求官者,"勉正色答云:'今夕可谈风月,不宜及公事'"。他"虽居显职,不营产业,家无蓄积,俸禄分赠亲族贫乏者"。

---

① 萧绎:《金楼子·戒子篇》。
② 《资治通鉴·梁纪二十一》。
③ 《南史·徐勉传》。

门人故旧劝他置营产业求利，徐勉答曰："人遗子孙以财，我遗之清白。子孙才也，则自致辎軿，如不才，终为他有。"他的家训思想受叔孙敖、萧何、杨震等人影响，也有些佛教痕迹。其教诫长子徐崧的《戒子崧书》是家训中的名篇。其主要内容是：

第一，继清廉门风，以清白传家。徐勉的祖父徐长宗和父亲徐融，在南朝刘宋时为官清廉，家境不富裕。故训子说："吾家本清廉，故常居贫素。至于产业之事，所未尝言，非直不经营而已。"今日之尊官厚禄，"仰籍先门风范及以福庆，故臻此尔。古人所谓'以清白遗子孙，不亦厚乎'。又云'遗子黄金满籯，不如一经'。"[①] 这确实不是空话。我遵此古训，"不敢坠失"，所以显贵三十年来，门人故旧，或让我"创辟田园"；或劝我"兴立邸店"；"又欲触舻运致，亦令货殖聚敛"。凡此种种，其皆拒绝不采纳。他指出："古往今来，豪富继踵，高门甲第，连闼洞房，宛其死矣，定是谁室？"那些显贵的豪华宅第，都无声无息地消失了，能说一定是谁家的屋室？所以留给子孙清白的家风与高尚的人格才是最珍贵的。徐勉讲的清白，是指为官清廉，不贪赃枉法，以权谋私，不是完全不置产业。他原来的门宅不大完整，故中年时在东田开辟营建了一个具有相当规模的园林，其中"桃李茂密，桐竹成阴，膡陌交通，渠畎相属"。但这不是为了种植作物以求利，而是挖池栽树以寄情志；建造住宅、小房，退休养老；诵佛念经、修行布施。同时，他像疏广那样，也给儿孙留点财产，告诉徐崧："近修东边儿孙二宅"，还剩下一点钱财，现在分给你去"营小田舍"。他不反对儿子通过正当手段生财致富，说："闻汝所买湖熟田地，甚为潟卤，弥复可安？"听说儿子买的田地含有盐碱成分过多，不宜种庄稼，表示心里很不安。但又指出："虽事异寝丘，聊可仿佛。"这虽与当年孙叔敖教子求封寝丘那里瘠薄之地不同，但从创业来说大体是相同的。故勉励儿子："孔子曰：'居家理事，可移于官。'既已营之，宜使成立；进退两亡，更贻耻笑。"营

① 《南史·徐勉传》。

理家业有成就，可以使为官者羡慕。你既然经营了，就应当成功；经营失败，是进退两失，更让人耻笑。

第二，"汝既居长"，当使内外和谐。"凡为人长，殊复不易，当使内外谐缉，人无间言，先物后己，然后可贵。"你如果经营获利，那可要注意分配："若有所收获，汝可自分赡内外大小，宜令得所，非吾所知。又复应沾之诸女尔。"分利时还要照顾到女儿们。"老生云：'后其身而身先。'若能尔者，更招巨利。"有利在后，有事在先，若能这样做，便会招来更大的利益。

第三，见贤思齐，善全吾志。徐勉训诫徐崧：你当自我勉励，向贤人看齐，忽略这一点，是"以弃日也。弃日乃是弃身"。弃日就是虚度时光，而虚度时光就是抛弃自身，关系到身名美恶，这"岂不大哉！可不慎欤"！徐勉虽然支持儿子经营产业，但在处理物质财富与精神财富关系问题上，他的志趣偏重于精神财富。希望子孙能继承廉洁清白的家风，所以在家书的最后说："自兹以后，吾不复言及田事，汝亦勿复与吾言之。"[1] 今后我不再谈及经营田产事，就是遇到水灾、旱灾、歉收、丰收，都统统不要让我知道。

杨震的以清白遗子孙，经过徐勉的发挥，到隋代房彦谦的"人人皆以禄富，我独以官贫，所遗子孙，在于清白"[2]，直至明代于谦"千锤万凿出深山，烈火焚烧若等闲。粉身碎骨浑不怕，要留清白在人间"的《咏石灰》诗，成为传统家训中的一大精华。

---

① 《南史·徐勉传》。
② 徐炫：《五代新说》。

第十七章
中国仕宦家训的成熟著作《颜氏家训》

南北朝时期，国家分裂，战乱频繁，改朝换代风波迭起，士族急剧衰落，颜之推所撰的《颜氏家训》是这个动荡年代的直接产物。

一、长于乱世，"三为亡国之人"

颜之推（531—约591），字介，祖籍琅琊临沂（今山东临沂市）。先祖鲁国人，九世祖颜含随晋元帝渡江，寓居建康（今江苏省南京市）。父亲颜协为南朝梁湘东王萧绎属官。颜氏"世以儒雅为业"[①]，历来有良好的家风与家学传统："吾家风教，素为整密。"颜含以孝友著称，封侯，谥靖，尊之为靖侯，很重视家教。颜之推从小就受家风熏陶："昔在龆龀，便蒙诲诱，每从两兄，晓夕温清，规行矩步，安辞定色，锵锵翼翼，若朝严君焉。"[②] 而父母也"赐以优言，问所好尚，励短引长，莫不恳笃"。他九岁时父母亡故后，便由兄长颜之仪教养。十九岁时

---

① 王利器：《颜氏家训集解·诫兵》，上海古籍出版社 1980 年版，下引此书只注篇名。
   又：本章译文参考程小铭《颜氏家训全译》，贵州人民出版社 1993 年版。
② 《序致》。

为萧绎属官，二十一岁时在侯景叛乱中被俘，次年，梁元帝萧绎即位，他被任为散骑侍郎，奏舍人事，奉命校书，两年中尽读秘阁藏书。二十四岁时北魏兵陷江陵，元帝遇害，之推被俘。他不愿为北魏效力，在二十六岁时乘黄河水涨南逃，但此时梁为陈灭，便留居北齐，官至黄门侍郎，主文林馆事，主编《修文殿御览》，然而"为勋要者所嫉，常欲害之"。四十七岁时北周灭北齐。五十岁时被任为御史上士。入隋后被召为学士，隋开皇十一年卒。之推历任四姓，"一生而三化"，"三为亡国之人"①。他从自己坎坷的经历、士族统治集团的腐败、乱世里官学衰落、贵族子弟的悲惨结局中，看到了家训的必要，学习知识技能与修养德性的重要，因而大致从北齐武平三年（572）起至去世的这近二十年时间里，陆续写成了《颜氏家训》一书。此书共七卷，二十篇，以儒家的修身、齐家、治学、为人、处世、任官之道，教育子孙。他在前言中说："夫圣贤之书，教人诚（诚即忠。因避讳隋文帝父杨忠名，改忠为诚）孝、慎言、检迹、立身、扬名，亦已备矣。……吾今所以复为此者，非敢轨物范世也，业以整齐门内，提撕子孙。"

他认为，家训有着其他教育所不可代替的特殊功能："夫同言而信，信其所亲；同命而行，行其所服。禁童子之暴谑，则师友之诫，不如傅婢之指挥；止凡人之斗阋，则尧舜之道不如寡妻之诲谕。吾望此书为汝曹之所信，犹贤于傅婢寡妻耳。"② 同样的话，人们相信的是自己亲近的人，同样的指令，他们听从的是自己敬佩的人。父祖与子孙息息相通的血缘基础，祸福荣辱与共的利益关系，朝夕相处的亲情关系，使家教的信度高于其他任何人。颜之推对子孙说，我讲的话总要比侍婢与自己妻子高明一点，企望你们接受。

———————

① 《北齐书·颜之推传》及注。
② 《序致》。

二、《颜氏家训》的主要内容

（一）务先王之道，成国之用材

颜之推重视家训的目的，是为了使子孙们成为"国之用材"。《勉学》篇说："人生在世，会当有业。农民则计量耕稼，商贾则讨论货贿，工巧则致精器用，使艺则沈思法术，武夫则惯习弓马，文士则讲议经书。"各行各业都有其必备的知识技能，读书人也不例外。《务涉》篇说："士君子之处世，贵能有益于物耳，不徒高谈虚论，左琴右书，以费人君禄位也。"而有益于他人、国家的人才，大体上有六类："一则朝廷之臣，取其鉴达治体，经论博雅"，能精通国政，对政事提出处理方案；"二则文史之臣，取其著述宪章，不忘前古"，能起草各种法规文件，吸取前代治国经验；"三则军旅之臣，取其断绝有谋，强于习事"，决策果断，深谋远虑，精通兵战；"四则藩屏之臣，取其明练风俗，清白爱民"，能体察民情，廉正爱民；"五则使命之臣，取其识变从宜，不辱君命"，能随机应变，不辜负国君的委托；"六则兴造之臣，取其程功节费，开略有术"，能按期完成工程，并节约经费。"此皆勤学守行者所能辨也。人性有长短，岂责具美于六涂哉？但当皆晓指趣，能守一职，便无愧耳。"人各有长处与短处，怎能都具备这些才干呢？但只要大体上了解它们的要领，而精通、胜任其中一种职务，就可以无愧于一生了。

颜之推这一家训目标，固然反映了其名门士族的立场和"学而优则仕"的人生价值观，但其经世致用、希望子孙成为国家有用人才的务实精神，是值得肯定的。他家在战乱中一度"朝无禄位，家无积财"，其子颜思鲁要求停学经史，外出做工，以挣钱养家。颜之推不同意，在《勉学》中训导他说："子当以养为心，父当以学为教。使汝弃学徇财，丰吾衣食，食之安得甘？衣之安得暖？若务先王之道，绍家世之业，藜羹缊褐，我自欲之。"你若能继承家业，读书做官，我即使以野菜为食，以粗麻为衣，也心甘情愿。当时，上层官僚们尸位素餐、高谈虚论，贵族子弟只求享受，不涉世务；许多读书人讲起来头头是道，管理实际事务却往往不称职，"居承平之世，不知有丧乱之祸；处庙堂之下，不知有战阵之急；保俸禄之资，不知有耕稼之苦；肆吏民之上，不知有劳役之勤，故难可以应世经务也"①。他们根本不了解军国大事和民间疾苦，难以担当治国重任。《勉学》篇指出："世人但见跨马披甲，长稍强弓，便云我能为将"；"但知承上接下，积财聚谷，便云我能为相"；"但知私财不入，公事夙办，便云我能治民"；"但知抱令守律，早刑晚舍，便云我能平狱"。这种无知与狂妄，真是不自量力，十分可笑。他告诫子孙，不懂世务，养尊处优，对国对己都无益有害。

颜之推对子孙们说，东晋士族"至今八九世，未有力田，悉资俸禄而食耳。假令有者，皆信僮仆为之，未尝目观起一坡土，耕一株苗；不知几月当下，几月当收，安识世间余务乎？故治官则不了，营家则不办，皆优闲之过也"。他还指出：梁朝的士大夫们，"出则车舆，入则扶侍"，及"侯景之乱，肤脆骨柔，不堪行步；体羸气弱，不耐寒暑，坐死仓猝者，往往而然"。建康令王复从未骑过马，见马嘶鸣跳跃，非常害怕，竟然视之为虎，对人说："正是虎，何故名为马乎？"②这些人在战乱时连自己都保不住，怎能为国效力呢！颜之推要子孙们引以为训。那么，如何培养国之用材？

（二）家训宜早，始自婴孩

颜之推的家训思想，是以其对人性的认识为理论基础的。他赞成类似性三品说的观点，在《教子》篇中说："上智不教而成，下愚虽教无益。中庸之人，不教不知也。"在他看来，包括他子孙在内的多数人属

---

① 《涉务》。
② 同上。

于中庸之人，必须严加教育，而其切入口则是节制其欲望，在《止足》篇中说："宇宙可臻其极，情性不知其穷。唯在少欲知足，为立涯限尔。"人的情欲不会满足，这必然遭致祸害，故应教其知足而止。这种训导应从胎儿开始。《教子》篇说："古者，圣王有胎教之法：怀子三月，出居别官，目不邪视，耳不妄听，音声滋味，以礼节之。书之玉版，藏之金匮。生子咳㖞，师保固明，仁孝礼义，导习之矣。"不过，对于一般家庭，胎教是没有条件实行的。即使如此，也宜早教："凡庶纵不能尔，当及婴稚，识人颜色，知人喜怒，便加教诲。"古今许多事实证明，大多数婴儿生下二至三个月，对于父母朝他有意说话和表示喜怒，都有积极的反映；到七八个月时，能听懂大人的一些话语，领悟某种示意，并表现出悲与喜、哭与笑，这时就可以进行言词方面的教育。《音辞》篇告诉子孙："吾家儿女，虽在孩稚，便渐督正之；一言讹替，以为己罪矣。云为品物，未考书记者，不敢辄名，汝曹所知也。"这样做，可以避免发生音韵舛错，以及由此引起的避讳纷纭。

《教子》篇指出，早教效果比较好，能"使为则为，使止则止"，因为"人生小幼，精神专利，长大以后，思虑散逸，固须早教，勿失机也。"① 《慕贤》篇又说："人在少年，精神未定，所与款狎，熏渍陶染，言笑举动，无心于学，潜移默化，自然似之。"所以孔子说："少成若天性，习惯如自然。"俗谚所说的"教妇初来，教儿婴孩"② 也一点不假。

（三）勉子自立，读书致用

经历了乱世沉浮的颜之推，以自己的经验教训教诫子孙："父兄不可常依，乡国不可常保，一旦流离，无人庇荫，当自求诸身尔。谚曰：'积财千万，不如薄伎在身。'伎之易习而可贵者，无过读书也。"又说："自古明王圣帝，犹须勤学，况凡庶乎！……士大夫子弟，数岁已上，

① 《勉学》。
② 《教子》。

莫不被教，多者或至《礼》、《传》，少者不失《诗》、《论》。"读书首先要读儒家经典，"明《六经》之旨，涉百家之书"①。但对于佛学，也不要忽视。《归心》篇说："家世归心，勿轻慢也。"因为佛家五禁和儒家五常是一致的："仁者，不杀之禁也；义者，不盗之禁也；礼者，不邪之禁也；智者，不酒之禁也；信者，不妄之禁也。"可见，"归周（公）、孔（子）而背释宗，何其迷也。"②故专门写了《归心》篇对子孙"略重劝诱"。

其次是学习书法、数学、医术、绘画、琴瑟、下棋、射箭、投壶等"杂艺"，因为这不仅为一个称职的官员所必需，而且也是士大夫生活的重要内容。不过，这些不应成为供人享用、为己谋生的手段，虽可兼习却不要专精。《杂艺》篇向子孙系统地讲了这些问题，如医药，"微解药性，小小和合，居家得以救急，亦为胜事"，但"取妙亦难"；如算术，虽为"六艺要事"，然"可以兼明，不可以专业"；而射飞禽、截狡兽太危险，"不愿汝辈为之"；至于占卜迷信，"何足赖也"，不值得费心；而且技艺若闻名于世，便会被权贵役使，失去人格尊严，自取其辱；比如书法，"此艺不须过精。夫巧者劳而智者忧，常为人役使，更觉为累"。绘画精了也如此，"与诸工杂处"，蒙受其羞。琴瑟也"唯不可令有称誉，见役勋贵，处之下坐，以取残杯冷炙之辱"。

颜之推劝导子孙：读书虽在幼年时效果好，但年纪大了也不要自暴自弃。《勉学》篇指出："孔子云：'五十以学《易》，可以无大过矣。'……荀卿五十，始来游学，犹为硕儒；公孙弘四十余，方读《春秋》，以此遂登丞相。"可见，只要发愤努力，老而弥笃，仍然可以大器晚成；"幼而学者，如日出之光，老而学者，如秉烛夜行，犹贤乎瞑目而未见者也。"

读书可以"开心明目"、"修身利行"。未知养亲者能效法古人"怡

---

① 《勉学》。
② 《归心》。

声下气，不惮劬劳"，孝敬父母；未知事君者能效法古人"守职无侵，见危授命，不忘诚谏，以利社稷"；素骄奢者，能效法古人"卑以自牧，礼为教本"，谦敬恭俭，"敛容抑志"；素鄙吝者能效法古人"忌盈恶满，赒穷恤匮，赧然悔耻，积而能散"；素暴悍者能效法古人，"含垢藏疾，尊贤容众，苶然沮丧，若不胜衣"；素怯懦者能效法古人，"立言必信，求福不回，勃然奋厉，不可恐慑也"。总之，读书学习可使人为己，以补不足也，为人，行道以利世也。然而，"世人读书者，但能言之，不能行之，忠孝无闻，仁义不足，加以断一条讼，不必得其理；宰千户县，不必理其民；问其造屋，不必知楣横而梲竖也；问其为田，不必知稷早而黍迟也；……军国经论，略无施用：故为武人俗吏所共嗤诋"。为了避免这种情况，他要求子孙放下架子，向下层劳动者学习，掌握各种实际知识："爰及农商工贾，厮役奴隶，钓鱼屠肉，饭牛牧羊，皆有先达，可为师表，博学求之，无不利于事也。"① 这些看法是明智的，有价值的。

（四）以"中庸"治家、处世

颜之推教育子孙的归宿点则是"绍家世之业"光宗耀祖。他要子孙懂得处理好夫妇、父子、兄弟这三种家庭关系的重要性，《兄弟》篇指出："一家之亲，此三而已矣。自兹以往，至于九族，皆本于三亲焉，故于人伦为重者也，不可不笃。"调节这些关系的道德准则是：父慈子孝、兄友弟恭、夫义妇顺。就是说，三者之间的道德义务是双向的而非单向的，并且前者对后者应起导向和表率作用："夫风化者，自上而行于下者也，自先而施于后者也。是以父不慈则子不孝，兄不友则弟不恭，夫不义则妇不顺矣。"② 在这个前提下，他教导子孙欲不可满，志不可纵，要少私知足，以中庸之道来整治家庭。一是家业、奴婢要适

---

① 《勉学》。
② 《治家》。

中。二十口之家，奴婢"不可出二十人，良田十顷，堂室才蔽风雨，车马仅代杖策，蓄财数万，以拟吉凶急速，不啻此者以义散之；不至此者，勿非道取之"。他警告道：历来帝王富有四海，"不知纪极，犹自败累，况士庶乎"？二是官位只要中品。先祖颜含有"仕宦不可过二千石，婚姻勿贪势家"的遗训，不要自取"因托风云，侥幸富贵，但执机权，夜填坑谷"的祸事。故"仕宦称泰，不过处在中品，前望五十人，后顾五十人，足以免耻辱，无倾危也。高此者，便当罢谢，偃仰私庭"①。若官位高于中品，便应辞谢告退，回家安居。三是家庭消费不吝不奢。奢侈不好，吝啬也不好，"如能施而不奢，俭而不吝，可矣"。四是对家人宽严有度。"笞怒废于家，则竖子之过立见"，但也不能过严。"梁元帝世，有中书舍人，治家失度，而过严刻，妻妾遂共货刺客，伺醉而杀。"妻妾们受不了其严厉苛刻，便合伙收买刺客，乘其酒醉时将他杀死了。但宽仁也不能过度。"世间名士，但务宽仁；至于饮食饷馈，僮仆减损，施惠然诺，妻子节量，狎侮宾客，侵耗乡党。"② 宽到这种程度，便成为家中的大害了。五是不出家而修佛戒。既希望子孙归心佛教，又要求他们顾及世俗的责任，不抛弃家庭、妻子，以达到"兼修戒行，留心诵读，以为来世津梁。人生难得，勿虚过也"③。总之，一切都要不偏不倚，无过无不及。

（五）贵节操，一名实

颜之推希望子孙们为家庭争得好名声，故很重视他们的节操问题。《教子》篇告诉子孙，齐朝有位大夫对我说："我有一儿，年已十七，颇晓书疏，教其鲜卑语及弹琵琶，稍欲通解，以此伏事公卿，无不宠爱，亦要事也。"当时，有些北方士人为迎合鲜卑族上层官僚的需要，教子

① 《止足》。
② 《治家》。
③ 《归心》。

学习鲜卑语与音乐知识，以此献媚奉承谋求一官半职。对此，颜之推嗤之以鼻："若由此业自致卿相，亦不愿汝曹为之。"指出："德艺周厚，则名必善焉。"现在，有些人"不修身而求令名于世"，这好比相貌丑陋的人想在镜子里看到自己美丽一样。还有些人外表忠厚老实，内心却奸诈异常。他们有时虽能骗得虚名，但不能真正获得美名。因为"人之虚实真伪在乎心，无不见乎迹"；名实不符、表里不一、言行相违，总有一天是会暴露出来的。而一旦被人看透了，"巧伪不如拙诚，承之以羞大矣"。例如，"近有大贵，以孝著声，前后居丧，哀毁逾制"。这虽已超过了一般人，但他觉得不够，还"以巴豆涂脸，遂使成疮，表哭泣之过"。他身边的童仆不能掩盖这件丑事，更"使外人谓其居处饮食"方面表现出的孝心，都不可信。所谓"一伪丧百诚者，乃贪名不已故也"①。再如，读书不多、知识贫乏而用酒肉珍玩交结名士来提高自己的名望；为子弟修改文章以提高其名声；以及用小恩小惠收买民心来增进荣誉等，这些虚名最后也都会丧失掉，应引以为训。

（六）养生惜生，不可苟生

对于与节操、声名相联系的生死问题，颜之推向子孙指出：虽然道家宣扬的"神仙之事，未可全诬"，然而"学如牛毛，成如麟角。华山之下，白骨如莽，何有可遂之理"？意思是道家修行成仙的说教是大可怀疑的。又说："考之内教，纵使得仙，终当有死，不能出世，不愿汝曹专精于此言。"神仙最后还是要死的，你们不要把精力专注于此。不过，倘若"爱养神明，调护气息，慎节起卧，均适寒暄，禁忌食饮，将饵药物，遂其所禀，不为夭折者，吾无间然"。依身体素质服用健身的药物，不致短命早死，我是没有意见的，而且这些也"不废世务也"。

---

① 《名实》。

养生的前提是有生、保身。"夫养生者先须虑祸，全身保性，有此生然后养之，勿徒养其无生也。"为此，就必须养德。"嵇康著《养生》之论，而以傲物受刑；石崇冀服饵之征，而以贪溺取祸，往世之所迷也。"这两位前代人都不能将养生与养德结合起来，真是糊涂啊。他告诫子孙："夫生不可不惜，不可苟惜。"那种"涉畏险之途，干祸难之事，贪而见贼，谗慝而致死，此君子之所惜哉"。而"名臣贤士，临难求生，终不为救，徒取窘辱"，则实在使人愤懑。

但是，有些死是值得的，操守比生命更重要。为了正义事业而罹难，则应受到褒扬。他说："行诚孝而见贼，履仁义而得罪，丧身以全家，泯躯而济国，君子不咎也。"① 对这种死，君子是不会怨恨的。

还有扶危济困、救人于祸难也是值得做的。伍子胥从楚国逃往吴国，为大江所阻，渔人让他上船过江；西汉季布被刘邦捉拿，周氏把他置于送棺枢的大车中使他脱险；东汉张俭被迫四处逃亡，年仅十六岁的孔融收留了他；东汉赵岐被宦官追捕，孙嵩将其藏在家中夹墙里。这些都为"前代之所贵，而吾之所行也，以此得罪，甘心瞑目"。另外，亲友若遇到危险，也应不吝财力相助。但像游侠那样意气用事，为朋友报私仇而死，则"非君子所为也。如有逆乱之行，得罪于君亲者，又不足恤焉"。总之，一切"当以仁义为节文尔"②。

三、家训的原则与方法

颜之推总结了历史上家训的经验教训，在教诫子孙时，采用了行之有效的原则与方法。

---

① 《养生》。
② 《省事》。

（一）寓爱于教

他主张爱教结合，反对只爱不教，并指出了溺爱子女的表现及其危害性："吾见世间无教而有爱，每不能然；饮食运为，恣其所欲，宜诫翻奖，应呵（责）反笑。"到子女懂事时，还误以为理应如此，"逮于成长，终为败德"。如"梁元帝时，有一学士，聪敏有才，为父所宠，失于教义。一言之是，偏于行路，终年誉之；一行之非，掩藏文饰，冀其自改。年登婚宦，暴慢日滋，竟以言语不择，为周逖抽肠衅鼓云"。儿子说对了到处宣扬，做错了则掩盖起来，这使他为官后愈加傲慢、凶暴，以致说话不知轻重，被上司周逖杀了抽出肠子，以血涂鼓。又如齐武成帝三子高俨，"生而聪慧，帝及后并笃爱之，衣服饮食，与东宫相准"，宠爱使他"骄恣无节"①，所玩所吃所用都要与皇帝相比；又因讨嫌宰相，就假传圣旨把他杀掉，最后自己也因罪被诛。这都是溺爱不教造成的恶果。

（二）严慈相融

颜之推指出："父母威严而有慈，则子女畏慎而生孝矣。"在家教的宽严问题上，他倾向于严教，认为"凡人不能教子女者，亦非欲陷其罪恶；但重于诃怒，伤其颜色，不忍楚挞惨其肌肤耳。当以疾病为谕，安得不用汤药针艾救之哉？又宜思勤督训者，可愿苟虐于骨肉乎？诚不得已也。"一般不能教育子女的人，也不是想把他们置于罪恶的境地，只是不想看到子女受到责备后的可怜相，不忍心见其被抽打皮肉受苦而已。其实，严教可出孝子，鞭笞可出忠臣："王大司马母魏夫人性甚严正，王在湓城时，为三千人将，年逾四十，少不如意，犹捶挞之，故能成其功业。"为了实行严教，他主张父子之间不能过于亲昵，不能不拘礼节："父子之严，不可以狎；骨肉之爱，不可以简。简则慈孝不接，

———————

① 《教子》。

狎则怠慢生焉。"① 这是不利于教育的。

（三）均爱诸子

严之推教诫子孙说：爱子还有偏爱与均爱的问题，应慎重对待。"人之爱子，罕亦能均，自古及今，此弊多矣。贤俊者自可赏爱，顽鲁者亦当矜怜。有偏宠者，虽欲以厚之，更所以祸之。"例如：赵王刘如意之被戮，其实是刘邦偏爱他，想以他代太子刘盈使然；"刘表之倾宗覆族"，是宠爱次子刘琮引起的；"袁绍之地裂兵亡"②，也是偏宠幼子袁尚，引起兄弟反目造成的。这些都是可资借鉴的教训。

（四）经验传授

颜之推重视"风教"、"风化"的功能，上行下效的表率作用，以及亲身经历与感受对子孙的潜移默化的影响，所以常用自己的所见所闻所为熏陶他们，如《勉学》篇、《治家》篇谈读书、爱书："吾七岁时，诵《灵光殿赋》，至于今日，十年一理，犹不遗忘"；"借人典籍，皆须爱护，先有缺坏，就为补治，此亦士大夫百行之一也"。又如《养生》篇谈养生："吾尝患齿，动摇欲落，饮食热冷，皆若疼痛。见《抱朴子》牢齿之法，早朝叩齿三百下为良；行之数日，即便平愈，今恒持之。此辈小术，无损于事，亦可修也。"再如《治家》篇谈弃溺女婴：我有个远亲，待姬妾生育时，派人"窥窗倚户，若生女者，辄持将去，母随号泣，使人不忍闻也"。又谈反对迷信："吾家巫觋祷请，绝于言议，符书章醮，亦无祈焉，并汝曹所见也。勿为妖妄之费。"③ 这些事例，立足点高，言之凿凿，亲切可信，容易为子孙所接受。

---

① 《教子》。
② 同上。
③ 《治家》。

（五）典型引导

颜之推看到了典型人物、典型事例的教育功能，他既重视正面典型的劝勉作用，也不忽视反面典型的警示意义。因此，他选择了许多榜样人物供子孙仿效，列举了不少丑恶事例让子孙引以为戒。

四、继业传家的颜氏子孙

颜氏家族"世以儒雅为业"。孔子的七十二名高徒中，颜姓就占了八人；后来，尚武的均致祸害，崇儒的家业世传。故颜之推希望"子孙志之"[①]，而子孙亦听命父祖之训，继业传家。

（一）德业三子

颜之推生有三子：长子颜思鲁在隋为东宫学士，入唐后，任李世民秦王府记室参军，为其父编订文集、作序。[②] 次子颜愍楚在隋代官内史省，后贬居南阳，清贫自守，饥荒年中，全家被朱粲兵所啖食[③]，著有《征俗音略》二卷。[④] 三子颜游秦隋时为典校秘阁，唐高祖时历任廉州刺史、郓州刺史。邑里有歌赞道："廉州颜有道，性行同庄、老。爱人如赤子，不杀非时草。"著有《汉书决疑》十二卷，卒于任所。

（二）贤忠诸孙

颜之推之长孙即思鲁长子颜籀（581—641），字师古，"少传家业，

---

① 《诫兵》。
② 《旧唐书·温大雅传》、《旧唐书·颜师古传》。
③ 《旧唐书·朱粲传》。
④ 《旧唐书·经籍志》。

博览群书，尤精诂训，善属文"①。唐太宗时官至中书侍郎，奉命考订《五礼》文；撰《五经定本》，著有《汉书》注、《匡谬正俗》八卷等。师古弟颜相时，亦有学业，为李世民秦王府学士，有诤臣之风，官至礼部侍郎。

颜之推五世孙颜杲卿（692—756），性刚直，甚忠义，唐玄宗天宝十四年（755），摄常山（今河北正定）太守时，安禄山反叛，杲卿恐他直攻潼关，危及关中，与被贬为平原太守的从弟颜真卿（709—785）约同起兵。次年，杲卿被执，他坚强不屈，严责安禄山："汝本营州一牧羊羯奴耳"，"天子负汝何事而汝反耶？"结果被"节解之，比至气绝，大骂不息"②。杲卿幼子颜诞等亦都被先截手足而后杀害。颜真卿也是忠烈之士，他是唐开元进士，历任监察御史、御史大夫等官职。事亲甚孝；刚直不阿，多次被贬；清正廉洁，任高官还举家食粥。善书法，正楷端庄雄势，行书遒劲郁勃，世称"颜体"，有《颜鲁公文集》留世。真卿在玄宗时遭杨国忠排斥，出为平原（今山东平原）太守，虽身处逆境，仍忠于国事，在平息安史之乱中建有功勋；唐德宗时李希烈叛乱，他临危不惧，前往宣谕，遂为"缢杀"。③

（三）《颜氏家训》之延伸

颜之推子孙保持了祖先重视家训的传统，并有所丰富发展。如颜真卿写有劝学诗："三更灯火五更鸡，正是男儿立志时；黑发不如勤学早，白发方悔读书迟。"要求子孙刻苦读书；在赴贬所时又手书《守政帖》训诫他们："政可守，不可不守。吾去岁中言事得罪，又不能逆道苟时，为千古罪人也。虽贬居远方，终身不耻。汝曹当须会吾之志，不可不守

---

① 《旧唐书·颜师古传》。
② 《旧唐书·颜杲卿传》。
③ 《旧唐书·颜真卿传》。

也。"① 意思是，我去年因直言不讳得罪了权臣，现在虽然被贬到远方，却并不以此为耻辱。你们应当理解我的志趣，为官不可不忠于自己的职守。颜真卿以不向邪恶势力屈服的坚贞品质、以身殉国的高尚节操，既践履了"泯躯而济国，君子不咎也"的祖训，又为儿孙们为官任职树立了榜样。

之推的六世孙颜诩，因颜真卿曾谪庐陵，故诩为吉州永新人。他从小在"儒雅"的家庭氛围熏陶下，也"谨礼法，多循先业"，但他不采取先祖偏于重罚严责的主张，子弟有失礼教，他不加斥责，只是启发他们认识错误，"使之自愧"，在保持他们人格尊严的情况下使之自觉改正。据《南唐书》记载，颜诩"一家百口，男女异序，少长敦睦，子侄二十余人皆服儒业"。又据《宋史·孝义》，诩"兄弟数人，事继母以孝闻。一门千指，家法严肃，男女异序，少长辑睦，匦架无主，厨馔不异。义居数十年，终日怡愉，家人不见其喜愠，年七十余卒。"这在五代十国的混乱时期是很少见的。

五、《颜氏家训》的历史地位

自周公开我国家训之先河后，历代仕宦之家不乏长辈教诫幼辈的诗文与范例，但总的来说，或仅针对一事，或局限某些方面，并未形成完整的理论体系。《颜氏家训》则不同：主张家训应从胎教开始，实行早教，并对教育的主要内容、原则方法、达到目标，进行了系统论述，其中既有历史经验教训的总结、颜氏家族的传统的承袭，还有纠正时弊的对策。所以，此书不只适用于颜氏一家一族，还可推广于封建社会的千家万户，"足令顽秀并遵，贤愚共晓"，因而受到文人学士的普遍重视，

---

① 《颜鲁公文集》。

给予很高的评价。王钺《读书丛残》称它为"篇篇药石，言言龟鉴，凡为人子弟者，可家置一册，奉为明训，不独颜氏"。沈揆《宋本跋》说："此书虽辞质义直，然皆本之孝悌，推之事君上，处朋友乡闾之间，其归要不悖《六经》，而帝贯百氏。至辨析援正，咸有根据。"《明嘉靖甲申傅太平刻本序》也认为："乃若书之传，以提身，以范俗，为今代人文风化之助，则不独颜氏一家训乎尔！"

具体来说，它有许多优点：一是内容全面详备，立论平实公允。故晁公武《郡斋读书志》说其"述立身治家之法，辨正时俗之谬"，多为时人与后世所认同，久远而不废。二是力戒空谈，务实切用。其要求子孙广泛接触实际，了解民生艰难，不仅切中时弊，而且也有助于他们成为称职的官员。三是具体细致，便于操作。如对学习方法的指导，《勉学》篇提出了眼学、勤学、苦学、问学等方法，反对"贵耳贱目"的时弊："谈说制文，必须眼学，勿信耳受。"在《文章》篇又说："古人勤学，有握锥、投斧、照雪、聚萤、锄则带经、牧则编简，亦为勤笃。"关于问学，"《书》曰：'好问则裕。'《礼》云：'独学而无友，则孤陋而寡闻。'盖须切磋相起明也。见有闭门读书，师心自是，稠人广坐，谬误差失者多矣"。如学写文章，应"先谋亲友，得其评裁，知可施行，然后出手。慎勿师心自任，取笑旁人也"①。像这样的具体指导，在以往的家教中是很少的。四是丰富了前人的家训思想。如在《风操》篇中从"周公一沐三握发，一饭三吐餐"②，引申出"门不停宾，古所贵也。失教之家，阍寺无礼"，指出家风、门风包括手下人的思想作风，希望子孙对看门人、僮仆加强管教，防止他们在客人来访时，以主人正在"寝、食、嗔怒"为由，拒绝为客人通报。而在接待时，也应注意进退礼仪、言辞表情的严肃恭敬。再如，对儿女婚姻，颜之推一反"门当户

---

① 《文章》。

② 据刘恕《通鉴外纪》，此风操始自大禹："（禹）一馈而十起，一沐而三捉发，以劳天下之民。"胡宏《皇王大纪》亦有类似说法："（禹）或一馈而十起，或一沐而三捉发，延接四方之士，曰：'吾不恐贤者留于中道，恐其留吾门也。'"

对"的士族旧俗，教导儿孙婚姻勿择权势之家，勿辱贫寒之户。在《归心》篇中指出，有人因儿媳嫁妆少，就"骂辱妇之父母"，这样做，实际是"教妇不孝己身，不顾他恨。但怜己之子女，不爱己之儿妇"。在《治家》篇中又说："近世嫁娶，遂有卖女纳财，买妇输绢，比量父祖，计较锱铢"，这种买卖婚姻，使招来的女婿猥琐鄙贱，娶来的媳妇凶悍霸道，"贪荣求利，反招羞耻，可不慎欤"①！颜之推还反对弃溺女婴，指出："世人多不举女，贼行骨肉"，这等做法，能指"望福于天乎"？这些教导，在今天看来也有重要价值。

颜之推家训思想最可贵之处，是希望子孙为官时保持自己的人格尊严，不要为了高官厚禄而不择手段地走门子，到处钻营。北齐末年，许多人以财货交结外戚打关节，觅嫔妃走门路，当上了郡守、县令，"荣兼九族，取贵一时"。但他们"既以利得，必以利殆"，常常是"纵得免死，莫不破家"。因此，他告诫子孙："君子当守道崇德，蓄价待时，爵禄不登，信由天命。"②

颜氏家训也存在不少明显的糟粕。主要有：一是重官轻民。他勉励子孙博学杂艺，为的是使他们避免浮躁空疏，不涉实务，当一名称职的官员，不至沦为"贱民"。《勉学》等篇说："有学艺者，触地而安。自荒乱以来，诸见俘虏，虽百世小人，知读《论语》、《孝经》者，尚为人师；虽千载冠冕，不晓书记者，莫不耕田养马。以此观之，安不可自勉耶？若能常保数百卷书，千载终不为小人也。"二是重男轻女。他虽然反对弃溺女婴，但却对子孙说：生女是个负担，会拖累致贫；妇人不能主持家政。《治家》篇说：所谓"妇主中馈，唯事酒食衣服之礼耳"，妇人的责任只是烹调饮食，缝洗衣服而已。"国不可使预政，家不可使干蛊"。如有聪明才智，识达古今，当辅助丈夫，助其不足，"必无牝鸡晨鸣，以致祸也"。三是宣扬佛教因果报应。他在《归心》篇中向子孙讲

① 《治家》。
② 《省事》。

了许多荒谬的迷信故事，如：北齐有一官吏，"家甚豪侈，非手杀牛，啖之不美。年三十许，病笃，大见牛来，举体如被刀刺，叫呼而终"。某官守护麦田，只要抓到偷麦子的，"辄截手腕，凡戮十余人"。后遭报应，妻子生一男孩，"自然无手"。这类故事虽然客观上有某种劝导作用，但其立论的基础却是不科学的。四是灌输明哲保身的处世哲学。为了使子孙在乱世中求得自保，他在《省事》篇中引用了孔子在周朝太庙里所看到的刻在铜人背上的铭文："无多言，多言多败；无多事，多事多患。"向他们指出，向君主上书谏诤、讼诉、对策、游说，即使"幸而感悟人，为时所纳，初获不赀之赏"，然而"终陷不测之诛"，没有好结果。这里虽有慎言谨行的合理因素，但自守求安的消极思想十分明显。当然，这些并不影响颜氏家学之美、家教之善、家风之清，也不妨碍它成为传统家训理论的奠基著作，乃至被认为："古今家训，以此为祖。"[1] "家法最正，相传最远。"[2] 宋代袁采的《袁氏世范》，朱熹的《童蒙须知》、《小学》，清代陈宏谋的《养正遗规》等家训名著都受《颜氏家训》的影响。《颜氏家训》集以往仕宦家训之大成，它与集以往帝王家训之大成的《帝范》一起，标志着我国古代家训的成熟。颜之推以其自成的一家之言，新创的家训文体，持久的儒雅家风，在中国传统文化发展史上写下了光辉的一页。

---

① 陈振孙：《直斋书录解题》，台湾影印文渊阁《四库全书》。
② 袁衮：《庭帏杂录》卷下，见《丛书集成初编》。

第十八章
两晋至隋唐的母训

两晋至隋唐时期，国家分裂，社会动荡，在乱世中远祸避害、求生存、图发展的欲念，驱使人们去斗争，去拼搏。为了家国与子女前途，上至皇后仕女，下至平民妇女，其贤明者莫不精勤于对子孙的训导。她们的智慧才华与远见卓识，在家训中焕发出奇光异彩。

一、皇甫谧叔母励侄成名医

皇甫谧（215—282）是魏晋间著名医学家、学者，字士安，幼名静，安定朝那（今甘肃平凉西北）人。东汉太尉皇甫嵩之曾孙。他少年时不喜欢读书，"游荡无度，或以为痴"。有人便认为他是傻子。但有孝心，"尝得瓜果，辄进所后叔母任氏"。得到一些瓜果，就去敬献其所过继的叔母任氏。叔母教诫他说："《孝经》云：'三牲之养，犹为不孝。'汝今年余二十，目不存教，心不人道，无以慰我。"意思是说：即使天天用猪、牛、羊来赡养我，还不能完全称孝，瓜果又算得上什么呢？你已年过二十，眼不观圣贤之书，心不学仁义之道，没什么可安慰我的。又禁不住叹息说："昔孟母三徙以成仁，曾父烹豕以存教，岂我居不卜邻，教有所阙？何尔鲁钝之甚也？修自笃学，自汝得之，于我何有？"
从前孟母三次搬家，使孟子成为有仁德学问的人；曾子的父亲履行诺
言，以杀猪吃肉对儿子进行诚信的教育。难道是因为我居不择邻、教导
有缺陷，你才这样的吗？你为什么愚昧不化到这种程度呢？你修养品
德，刻苦学习，只是使自己得到好处，对我又有什么用呢？说着说着，
便对着他失声痛哭起来。这一番话使皇甫谧深受感动，从此悔过自新，
师从乡人席坦学儒，读书"勤力不怠"。他家境贫困，便"躬自稼穑，
带经而农，遂博综典籍百家之言。沉静寡欲，始有高尚之志，以著述为
务，自号玄晏先生"。皇甫谧中年时患风痹疾，瘦弱不堪，为战胜疾病，
便钻研医学，"手不辍卷"，"披阅不息"，"忘寝与食，时人谓之书淫"。
因没有经验，他曾服用与体质相抵触的药物"寒石散"，以至精神萎靡，
困顿不振，悲怨不已，一度欲伏刃自杀，幸得"叔母谏之而止"。

　　在叔母的劝勉下，他打消了自尽的念头，重新振作起来钻研医学。
有人曾劝他不要丧精费神地研究学问，说："先生年迈齿变，饥寒不赡，
转死沟壑，其谁知乎？"还不如去广交朋友，提高声誉，入朝为官。皇
甫谧用孔子的话回答道："朝闻道，夕死可矣。"[①] 他拒绝了多次征召，
终身不仕，废寝忘食，钻研典籍，表现出淡泊功名利禄、毕生追求真理
的崇高品德。他研究了《黄帝内经》中的《素问》、《针经》和《明堂孔
穴针灸治要》等典籍，发现前人针灸著作中"文多重复，错互非一"，
便抱着"删其浮辞，除其重复，论其精要"的目的，参阅其他著作，结
合个人医疗经验，著成《黄帝三部针灸甲乙经》（简称《甲乙经》共十
二卷、一百一十八篇）。此书在总结前人成就的基础上，进一步阐述了
经络理论，明确了穴位（单穴四十九个，双穴三百个）名称和位置，详
述了多种疾病的针灸疗法。这部中国现存最早的针灸经典著作，对于推
动我国针灸学的发展，起了重要的作用。皇甫谧对中国医学与文化的杰
出贡献，与其叔母的教育、勉励是分不开的。

---

① 《晋书·皇甫谧传》。

二、陶侃母教子成名臣

陶侃（259—334），字士行，庐江寻阳（今湖北省黄梅西南）人。早年丧父，贫而有志，为政缜密，治军智勇，忠于职责，勤谨奉公，常勉人爱惜光阴，毋酗酒、赌博。官至侍中、太尉，都督八州军事。陶侃取得功名荣禄，得益于母亲的训诫。

陶侃母湛氏是豫章新淦（今江西省中部）人，她"虔恭有智算"，"贤明有法训"①。陶侃父陶丹曾为扬武将军，他死后陶家败落，生活窘困，湛氏常靠纺绩得来的钱供给陶侃，让他交结胜过自己的人。有个大雪天，鄱阳的孝廉范逵慕名来访陶侃，留宿陶家。可是，"陶室如悬罄"，家中空空的，而范逵的仆人、马匹又多，没有酒食款待来客。湛氏命陶侃出去招待客人，自己则把床上铺的薪草扯下来，亲自把草铡了来喂马匹；她长有一头拖地的秀发，这时便"密截其发卖与邻人，供肴馔。"暗地里剪下自己的长发卖给邻居做假发，换得米与酒菜，以招待范逵及其仆从。范逵"乐饮极欢"，"虽仆从亦过所望"，离去时，陶侃又"追送百余里"。范逵事后知晓后感叹说："非此母不生此子！"② 没有这样贤惠的母亲，就生不出这样有才干的儿子！后来，由于范逵的赞扬与推荐，陶侃才得以晋升，受到重用。

陶侃年轻时在寻阳当县吏，监管鱼梁，叫人将一坩鲊带给母亲吃。"湛氏封鲊及书，责侃曰：'尔为吏，以官物遗我，非惟不能益吾，乃以增吾忧矣。'"③ 便退回腌鱼，并写了这封短信让来人捎去，责备他说：你身为县吏，以官家的东西给我享用，这不但对我没有益处，相反却增加了我的忧虑。她以此举教育儿子为官廉洁奉公、不牟取私利。陶侃遵从母训，后来领军出征，"凡有所获，皆分士卒，身无私焉"。遇"有奉

---

① 《世说新语·贤媛》及注。
② 《晋书·列女传》，又见《晋书·陶侃传》。
③ 《晋书·列女传》。

馈者，皆问其所由。若力作所致，虽微必喜，慰赐参倍；若非理得之，则切厉诃辱，还其所馈"。湛氏对儿子的生活行为也进行严格管束。陶侃在武昌与佐吏宴饮时，饮酒都有限量；有人劝他再饮一些，他"凄然良久，曰：'昔年少曾有酒失，二亲见约，故不敢逾限'"①。少年时曾因酒醉犯有过失，为此，父母就限定他的酒量。以后，陶侃饮酒便不敢过量，常对部下说："大禹圣者，乃惜寸阴，至于众人，当惜分阴，岂可逸游荒醉，生无益于时，死无闻于后，是自弃也。"一旦发现"诸参佐或以谈戏废事者，乃命取其酒器蒲博之具，悉投之于江，吏将则加鞭扑"②。

陶母教子的事迹对后世影响很大。唐代官吏舒元舆（？—835）路过陶母墓时，想到历来教子，"常母之道恩胜威"，母亲常偏于恩慈而威严不足，所以孩子不服管教，容易滋生骄气，而陶母与孟母一样，采取恩威并用的方法，使家训获得成功。有感于此，故写了《陶母坟版文》这篇短文，专门探讨母训之法之长短优劣，指出陶母是教子的楷模，"可以卓往赫来，为千万年光"③。

三、郑善果母教子为"清吏"

郑善果母，崔姓，北周清河（今河北清河县）人。十三岁时嫁给郑诚，生子善果。二十岁时郑诚战死疆场，她立志守寡。其父崔彦穆想让她改嫁，她怀抱善果对父亲说：妇人无再嫁之义，夫君"虽死，幸有此儿。弃儿为不慈，背死为无礼。宁当割耳截发以明素心，违礼灭慈，非敢闻命"。断然拒绝了她父亲的劝告，专心教养自己的儿子。崔氏"性

---

① 《世说新语·贤媛》及注。
② 《晋书·陶侃传》。
③ 《全唐文》卷七二七，中华书局1982年版。

贤明，有节操，博涉书史，通晓治方"。她既有节操德行，又有较高的文化政治素质。善果因父死王事，故几岁时便袭开封县公；隋文帝开皇（581—600）初年，又进封武德郡公。"年十四，授沂州刺名，转景州刺史，寻为鲁郡太守。"但这种倚仗父祖功业与地位得来的官职，并不表示他具备治理州郡的才能与德行。善果母亲深知这一点，所以对他进行严格训导，希望善果能够继承父业，成为国之忠臣。她教导儿子说："知汝先君，忠勤之士也。守官清恪，未尝问私，以身徇（同殉）国，继之以死，吾亦望副其此心。"我也盼望你有你父亲那样的心志。我年轻守寡，对你只有慈爱而无威严，使你不懂礼法训示，这怎能承袭忠臣留下的功业呢？为此，她要求儿子：

一要以父亲为榜样，为国效力，勿"心缘骄乐，堕（同惰）于公政。"善果身负重任，经验缺乏，其母很不放心，便在他登堂听事时，"恒坐胡床，于鄣（同障）后察之，闻其剖断合理，归则大悦，即赐之坐，相对谈笑"。她经常坐在屏风后面可以折叠的交椅上，观察儿子处理公务的情况。当听到他剖析、判断合乎理法，回来便非常高兴，赐他坐下，互相谈笑；相反，"若行事不允，或妄嗔怒，母乃还堂，蒙被而泣，终日不食"。如果办事不公平，或随便瞪目发怒，其母便回到堂屋，蒙被躺卧哭泣，整天不进饮食。这时候，善果便跪伏床前，聆听母亲的训诫。母亲便起床对他说：我这并非是生你的气，而是觉得愧对你们郑家。你年幼就承袭了你父亲的封地，官也做到了刺史、太守，这些难道都是靠你自身的才能与功绩取得的吗？你不想想这些是怎么得来的？现在你"妄加嗔怒，心缘骄乐，堕于公政"，一心只知骄横、纵乐，怠于公平地处理政务，这样做，"内则坠尔家风，或亡失官爵，外则亏天子之法，以取罪戾。吾死之日，亦何面目见汝先人于地下乎"！对内则破坏了你郑家的家风，丧失位爵，对外则损害了朝廷的律法，而自取罪责。我死后有什么脸面到地下去见你父亲呢？这番话使郑善果十分震惊，此后，他处理政务便谦恭谨慎，尽量做到"清公、平允"。

二不要独自享用俸禄。郑善果母自丈夫去世后，便不擦脂粉，穿着朴素，平时不食酒肉，还"恒自纺绩，夜分而寝"。善果见此，对母亲说："儿封侯开国，位居三品，秩俸丰足，母何自勤如是邪？"我被朝廷封侯立国，官位高达三品，俸禄也很丰足，母亲为什么还要如此勤劳辛苦呢？其母不禁叹息道：唉！"吾谓汝知天下之理，今闻此言，故犹未也。至于公事，何由济乎！"意思是听到你说出这样的话，说明还不懂天下的事理，以此处理公事，怎能办得好呢！"今秩俸乃天子报汝先人殉命也。当散赡六姻，为先君之惠，妻子奈何独擅其利，以为富贵哉！"你今天的俸禄是天子为回报你父亲献身所给予的恩赐，应当用来散发供奉六亲，以作为你父亲的惠施，妻子怎么能够独自享用这种福利，而显示其富贵呢？至于"丝枲纺织，妇人之务，上自王后，下至大夫士妻，各有所制，若堕业者，是为骄逸。吾虽不知礼，其可自败名乎"？丝麻纺织是女人的事，不管地位高低，都应各有其制作，如果荒废此事，就称之为骄奢安逸，我虽不懂得礼法，难道可以败坏自己的声誉吗？善果母亲这番话，与春秋时鲁国贤母敬姜教育其子鲁大夫公父文伯的话大同小异，其用意都是反对儿子好逸恶劳的思想与行为，这在统治阶级中是难能可贵的。

史载郑善果母虽然自己生活节俭，对"亲族礼遗，悉不许入门"，但若"内外姻戚有吉凶事"，均"厚加赠遗"。这些身教言传，对郑善果影响很大；他在州郡为官任职，都自备酒食"于衙中食之。公廨所供，皆不许受，悉用修治廨宇及公给僚佐"。官府所供给的粮米，自己不接受，都用之修理官署的房屋和分配给属吏享用。由于能克己奉公，"号为清吏"。所以，隋炀帝特派遣御史大夫张衡慰劳他，考核为天下最优等。后来官至光禄卿、大理卿。不过，郑善果在其母去世后，因失去监督、约束，便"渐骄恣"[①]，清公平允亦不如往昔了。这从反面说明了郑母家训的积极作用。

---

① 《北史·列女传》，又见《隋书·列女传》。

四、李歆母教子慎兵战

李歆字士业，凉后主。其母为西凉武昭王李暠（字玄盛，400—417年在位）之妻，尹姓，天水冀（今甘肃甘谷县东南）人。"幼好学，清辨有志节。"初嫁扶风马元正，元正去世后，又嫁李暠为继室。尹氏因再嫁之故，"三年不言"，后为李玄盛创立王业谋划献策，多有辅助，因而享有"李、尹王敦煌"之誉。她勤于教养诸子，尤其是"抚前妻子逾于己生"①。晋安帝隆安四年（400），李暠为群雄所推，自称凉公，在敦煌建立西凉政权。"兵无血刃，坐守千里"，使河西十郡政治一统，经济发展，"年谷频登，百姓乐业"，为开发我国西部地区作出了贡献。他去世后，因其长子李谭早卒，便由"第二子士业嗣"位，是为凉后主，朝廷封他为"酒泉公"。李歆"用刑颇严，又缮筑不止"，大量耗费钱财，不惜民力；部属进谏，又刚愎自用，拒绝采纳。其时，北凉的创建者匈奴贵族沮渠蒙逊（401—433在位）兵力强盛，企图吞灭西凉。李玄盛在世时，两者虽有战事，但他"志在以德抚其境内"，采取与之"通和立盟"②、避免交战的政策，故政局稳定。李歆则不同，他对蒙逊不断进犯失去忍耐，又闻其出兵南伐，便乘机亲率步骑兵三万，出酒泉，向其都张掖进军，企图侥幸取胜。其母尹氏认为，"蒙逊骁武"，"汝非其敌"，劝他不要进兵。

尹氏首先向李歆分析了双方的形势，指出："汝新造之国，地狭人稀，靖以守之，犹惧其失，云何轻举，窥冀非望？"西凉从李玄盛称凉公起，到李歆进攻蒙逊（420），前后二十年，只占领酒泉、安西、玉门等甘肃极西部之地，是新建立的小国，土地不广，人口稀少，安定内部把它守住，尚且害怕做不到，为什么还轻举妄动，暗存非分之希求？她

---

① 《晋书·列女传》。
② 《晋书·西凉昭王李玄盛传》。

警告其子：蒙逊骁勇善战，"吾观其数年已来，有并兼之志，且天时人事，似欲归之"。在这种不利形势下进兵北凉，是会吃亏的；"汝此行也，非唯师败，国亦将亡"。

其次，她用《老子》思想劝导儿子："知足不辱，道家明诫也。""今国虽小，足以为政"，现在国家虽小，但也足以你处理政务了；"不如勉修德政，蓄力以观之"，还不如修治德政，积蓄力量，观察蒙逊的动向；"彼若淫暴，人将归汝"①，他如果淫逸暴虐，那么百姓将会前来归附你。因而应该致力于内政，把国家治理好。

最后，尹氏还用李暠的遗嘱训诫他："深慎兵战，俟时而动。"

李暠是陇西狄道（今甘肃临洮）人，西汉名将李广之十六世孙，他"少而好学，性沈敏宽和，美器度，通涉经史，尤善文义。及长，颇习武艺，诵孙吴兵法"。他既向东晋纳贡称臣，又修文练兵，广田积谷，为东伐北凉作准备。李暠儿子众多，对他们教诫也很严。仅《晋书》就载有他三次诫子的言论。第一次是晋元帝义兴三年（404），他手令诫诸子道：你们年纪还不算大，若能克己修学，也可成就事业，否则，纵然白头到老，亦一事无成。故"古今成败，不可不知，退朝之暇，念观典籍，面墙而立，不成人也"。为了避免目无所见，一要读书修己，"节酒慎言，喜怒必思，爱而知恶，憎而知善，动念宽恕，审而后举"。二要审慎用人，"众之所恶，勿轻承信，详审人，核真伪，远佞谀，近忠正"，"僚佐邑宿，尽礼承敬，宴飨馈食，事事留怀"。三要亲问刑赏存恤，"蠲刑狱，忍烦扰，存高年，恤丧病，勤省案，听讼诉。刑法所应，和颜任理，慎勿以情轻加声色。赏勿漏疏，罚勿容亲"。四要关注内外，"耳目人间，知外患苦；禁御左右，无作威福，勿伐善施劳"。五要力戒骄纵，"广加咨询，无自专用，从善如顺流，去恶如探汤。富贵而不骄者至难也，念此贯心，勿忘须臾"。第二次是在击败蒙逊入侵军、俘获其将之后，手写诸葛亮训诫以勉励诸子，动情地说：我负荷艰难，平定

---

① 《晋书·列女传》。

天下的功勋尚未建立；军政事务甚多，想到要巩固城池，就应兼用亲近与贤明的人；"故使汝等未及师保之训，皆弱年受任"，使你们来不及接受师保之训，在年轻时就担负重任，所以"常惧弗克，以贻咎悔"，经常害怕你们不能胜任，留下祸害与懊悔。你们必须懂得："古今之事不可以不知"，阅"览诸葛亮训励，应璩奏谏，寻其始终，周、孔之教尽在中矣"。用它"为国足以成致安，立身足以成名"。他们的文章质朴简略，容易通晓，一看就懂，虽然言论发自古人，但你们可以师法的道理也就在这里了。而且，对于经史道德，如同在田野中采藿一样，勤力者收获便多，"汝等可不勉哉"！第三次在他临终前，遗嘱顾命大臣宋繇辅助李歆，完成其未竟之业："死者大理，吾不悲之，所恨志不申耳。居元首之位者，宜深诫危殆之机。吾终之后，世子犹卿子也，善相辅导，述吾平生，勿令居人之上，专骄自任。军国之宜，无使筹略乖张，失成败之要。"[1] 李暠最关注的事，就是希望宋繇使李歆把握危殆之机，避免谋略失误；其次就是不要高高在上，骄傲自大，独断专行。

　　李歆父亲的上述训导，在其母尹氏的劝诫中得到了集中的反映。尤其是警告他不要轻易用兵，要等待时机成熟才行动："汝苟德之不建，事之无日矣。"[2] 但李歆一意孤行，出兵东伐，终为蒙逊所害，家破国亦亡。李暠、尹氏教子不可谓不尽心、不恳切，说理也不可谓不充分、不细密，然收效甚微，乃至归于失败。这说明家教不是万能的。子女若不接受劝诫，再好的教育也是不起作用的。当然，西凉国灭亡的原因是多方面的，李歆不听谏言、谋划不当只是一个重要方面。

---

[1] 《晋书·凉武昭王李玄盛传》。

[2] 《晋书·列女传》。

五、崔卢氏教子为官"忠清"

　　唐代胡苏县令崔行谨之妻、武则天时大臣崔玄暐之母崔卢氏，明礼法，有贤操。丈夫去世后，便担负起抚育与训导儿子的任务，使崔玄暐"少有学行"，"举明经，累补库部员外郎"，当上了管理朝廷物资的官员。为此，崔卢氏谆谆教诫他：一要懂得生活贫乏是好事。他告诉儿子，我听姨兄屯田郎中辛玄驭说：儿子在外当官，有人说他"贫乏不能存，此是好消息"。相反，"若闻货货充足，衣马轻肥，此是恶消息"。我平时很重视这些话，"以为确论"。因为当官穷，说明他廉洁，所以是好事。相反，家财富足，穿绸缎，骑肥马，就可能花的是不义之财，这便是坏消息了。我最近看见亲戚中做官的，"多将钱物上其父母，父母但知喜悦，竟不问此物从何而来"。如果"非理而得，此与盗贼何别"？这即使不造成巨大的祸患，难道就"不内愧于心？孟母不受鱼鲊之馈，盖为此也"。三国时吴国官吏孟仁任鱼官的时候，自己结网捕鱼，制成腌鱼寄给母亲，其母不食，说："汝为鱼官，而以鲊寄我，非避嫌也。"她害怕儿子的腌鱼不是正当所得，因而退还给他。二要懂得"不能忠清，何以戴天履地"。她说，你今天入朝为官，"坐食俸禄，荣幸已多"，如果不能做到忠诚清廉，以什么立身于天地之间？正如孔子所说，即使每天杀牛、宰羊、屠猪来奉养父母，也还是不孝。你应该"修身洁己"，不要违背我的心意。

　　崔玄暐遵奉母亲教诫，介然自守，不受私谒，官至宰相，"以清谨见称"。他与其弟崔昇"甚相友爱，诸子弟孤贫者，多躬自抚养教授"，为时人所赞扬。崔玄暐子崔璩"颇以文学知名，官历中书舍人、礼部侍郎"[1]。孙崔涣简淡自处，亦官至宰相。

------

① 《旧唐书·崔玄暐传》。

六、李景让母教子勿"无劳而获"

　　唐武宗（841—846 在位）时的浙西观察使李景让，"母郑氏，性严明，早寡，家贫"。有一年下大雨，数日不停，"宅后古墙因雨陵陷，得钱盈船"。大雨毁坏了老墙，露出了一个木槽，里面装满了钱币，多达数十万。"奴婢喜走告母"。这一本来可以使全家过上富裕生活的发现，却没有为郑氏所接受，她说："吾闻无劳而获，身之灾也。天必以先君余庆，矜其贫而赐之，则愿诸孤他日学问有成，乃其志也，此不敢取！"于是，叫人将木槽内的钱仍封藏于墙内。母亲不取非劳之财以免灾祸、用学问谋取福禄的一番言论与实际行动，使景让与其弟景温、景庄深受教育；后兄弟三人发愤读书，皆有成绩。

　　郑氏教子极严。"景让官达，发已斑白，小有过，不免捶楚"，还要受鞭打的痛苦。他在浙西为官，有"左都押牙连景让意，景让杖之而毙。军中愤怒，将为变。母闻之"。这一天，景让登堂办公，"母出坐听事，立景让于庭而责之曰：'……国家刑法，岂得以为汝喜怒之资，妄杀无罪之人乎！万一致一方不宁，岂惟上负朝廷，使垂年之母御羞人地，何以见汝之先人乎！'命左右褫其衣坐之，将挞其背"。由于将佐苦苦求情，此事才算了结，军队也安定下来。三子景庄科举考试屡屡失败，每次落榜，"母辄挞景让"。但景让终不肯为其弟走后门。他说：朝廷取士自有公道，岂敢托人打关节！过了很久，宰相对主管科举考试的官员说："李景庄今岁不可不收，可怜彼翁每岁受挞！"[1] 这样，景庄才中进士。

────────────

[1] 《资治通鉴·唐纪六十四》。又见《唐语林》卷七。

七、虞潭母教子"舍生取义"

虞潭母，吴郡富春（治所在今浙江富阳）人，孙权（182—252）之族孙女。其夫虞忠去世后，"孙氏虽少，誓不改节"，抚养虞潭，"训以忠义"，为朝野所称。西晋怀帝永嘉（307—312）末年，虞潭任南康（治所在今江西于都东北）太守，正值醴陵令杜弢叛逆，便率兵讨伐，"孙氏勉潭以必死之义"，并倾家中钱财以馈战士，鼓励他们杀敌立功，使虞潭打了胜仗。后来，东晋成帝时的武将苏峻叛乱，时值虞潭防守吴兴，受命征峻；其母孙氏又戒之曰："吾闻忠臣出孝子之门，汝当'舍生取义'，勿以吾老为累也。"你要牺牲自己生命以换取爱国大义，不要因为我老了而被拖累。她发派了全部家僮跟随儿子作战，还"贸其所服环佩以为军资"，卖掉自身所佩带的珠宝玉饰以充军费。当时，会稽内史王舒遣子允之以为督护。孙氏听说后，又责问儿子为什么不也这样做？虞潭即让儿子虞楚也为督护出征，与王允之联合作战。

苏峻之乱被讨平后，虞潭母"拜武昌侯太夫人，加金章紫绶"。"咸和（326—334）末卒，年九十五。成帝遣使吊祭，谥曰定夫人。"[①]

八、越族冼夫人诫子孙"赤心向天子"

冼夫人（？—601），又名谯国夫人，高凉（今广东阴江西）人，父祖世代为"南越首领"，统管"部落十余万家"。她生活在战乱频繁的南北朝与隋文帝时期，从小学文习武，史书称赞其"幼贤明，多筹略，在父母家，抚循部众，能行军用师"；"每劝亲族为善，由是信义结于本

---

① 《晋书·列女传》。

乡"。其兄冼挺任南梁州刺史，"恃其富强，侵掠傍郡，岭表苦之。（冼）夫人多所规谏，由是怨隙止息，归附者千余洞"。南梁大同年间，冼夫人嫁给罗州（今广东化县东北地区）刺史（汉人）冯融之子高凉太守冯宝为妻。她协助丈夫处理郡务，"诫约本宗，使从民礼"。在与冯宝一起判决辞讼时，"首领有违法者，虽是亲族，无所舍纵。自此政令有序，人莫敢违"。

冼夫人一生以维护国家统一为己任，规劝丈夫、训诫子孙忠君爱国。梁武帝时侯景叛乱，梁高州（今广东阳江西）刺史李迁仕乘机割据称雄，诱骗冯宝与他共同起兵作乱。冯宝在冼夫人劝阻下拒绝参加这种分裂行为，并与夫人一起配合梁军平定了李迁仕叛乱。冯宝在陈朝取代梁朝后不久去世。558年，冼夫人派儿子冯仆与众首领去京城朝拜陈武帝（503—559），陈武帝封冯仆为阳春（今广东阳江西北）太守。后来，广州刺史欧阳纥谋反，冯仆被他阴谋召去，欲"诱与为乱"。冯仆派人回去将此事告诉了母亲，冼夫人说："我为忠贞，经今两代，不能惜汝辄负国家。"她不顾儿子被杀的危险，毅然发兵抗拒，亲率百越酋长们配合朝廷官兵打败了叛军，活捉了欧阳纥，救出了儿子，冯仆因而被"封信都侯，加平越中郎将，转石龙太守"。冼夫人也被封为中郎将、石龙太夫人，并受到驷马安车一乘、鼓吹一部等许多赏赐。母亲大义胜于私情的行为，对儿子是一次既生动又深刻的忠于国家统一的教育。

冯仆死后，冼夫人又教导其孙冯魂忠君爱国，维护民族团结与国家统一。隋朝统一中国后，有的在南越的陈将不服。冼夫人接受隋文帝杨坚的安抚，派冯魂迎接隋总管韦洸"入至广州，岭南悉平"。未几，"番禺人王仲宣反，首领皆应之，围洸于州城"，冼夫人派孙子冯暄率军救援。冯暄因与逆党陈佛智"素相友善"，故意驻留不进，冼夫人知道后大怒，一面下令将他逮捕入狱，一面派其孙冯盎领兵"出讨佛智，战剋，斩之"。接着又与隋军会合，"共败仲宣"，平定了岭南。隋文帝大喜，"拜盎为高州刺史，仍赦出暄，拜罗州刺史。追赠宝为广州总管、谯国公，册夫人为谯国夫人"。皇后则"以首饰及宴服一袭赐之，冼夫人并盛于金箧"，与梁、陈时的朝廷赐物各藏于一库。每岁时大会，她将这些赐物陈列于庭，向子孙们展示，教导道："汝等宜尽赤心向天子。我事三代主，唯用一好心。今赐物具存，此忠孝之报也，愿汝皆思念之。"冼夫人通过展示珍贵无比的三朝赏赐物品，使子孙们懂得只要赤胆忠心卫护朝廷，拥戴天子，就会获得优厚的"忠孝之报"；而用实物展览进行爱国教育，在家训方法上也是一个创造。

601年，冼夫人去世，隋文帝"赙物一千段，谥为诚敬夫人"。她训诫子孙忠孝为国，开发岭南的功绩永存史册；不仅古代百越人称她为"圣母"①，而且现代人对她也怀有敬仰之情，广州博物馆至今还挂有她的画像。

---

① 《隋书·列女传》。

第十九章
唐代的帝后家训

帝王家训发展到唐代趋于成熟，其标志是唐太宗为教诫太子李治而撰的《帝范》一书的刊行。太宗与其后诸帝对公主的训诫，长孙皇后对太子与外戚的训诫，也有新的特色。

一、唐太宗集前代帝王家训之大成

唐太宗（599—649）李世民，唐朝的第二代皇帝，祖籍陇西成纪（今甘肃秦安西北）人，一说陇西狄道人。十八岁随父在太原起兵反隋，屡建奇功。唐建国后，封秦王，成为消灭割据势力、统一中国战争中的主要统帅。在"玄武门之变"中杀死太子李建成和齐王李元吉，迫使其父李渊让位。在位期间（627—649），居安思危，任用贤能，虚心纳谏，推行均田制与租庸调法，轻徭薄赋，崇尚节俭，兴修水利，发展生产，协调民族关系，促进中外经济文化交流，出现了历史上有名的"贞观之治"。但在晚年，他逐渐奢侈，营建日广，连年向高丽用兵，激化了阶级矛盾。皇室内部也不平静，皇子与诸王中有的作恶多端；有的争夺皇位继承权；有的企图举兵谋反。隋亡的教训与皇室的矛盾都使他感到，为了李唐王朝长治久安和皇室内部不骨肉相残，教育太子、诸王是一个迫切需要解决的重大问题，便写下了《戒皇属》、《帝范》等帝王家训的经典名篇。其主要内容包括四个方面：

（一）人之善恶诚由近习

唐太宗的帝王家教思想，立足于隋炀帝身亡国灭的历史教训和他的朴素唯物主义认识论。他认为，人的知识、品德不是与生俱来的，而是经过后天的学习获得的。古代的明君圣帝之所以功垂万世，就是因为他们善于向师傅学习，"黄帝学大颠，颛顼学录图，尧学尹寿，舜学务成昭，禹学西王国，汤学威子伯，文王学子期，武王学虢叔。前代圣王，未遭此师，则功业不著乎天下，名誉不传乎载籍"。今天也是如此，"夫不学，则不明古道，而能政致太平者未之有也"[1]！唐太宗头脑比较清醒，认为自己的智慧比不上圣人，若不向师傅学习，没有大臣辅助，就不能治理好天下。他对魏征说："公独不见金之在矿，何足贵哉？良冶锻而为器，便为人所宝。朕方自比于金，以卿为良工。"[2] 而诸王和太子更是需要教育与学习。

唐太宗认为，教育、学习对一般人起着决定性的影响。"上智之人，自无所染"，能够自律和抵制诱惑，自能为善，"但中智之人无恒，从教而变"，从善人学则为善人，从恶人学则为恶人。当年，"成王幼小，周、召为保傅，左右皆贤，日闻雅训，足以长仁益德，使为圣君"。相反，"秦之胡亥，用赵高作傅，教以刑法，及其嗣位，诛功臣，杀亲族，酷暴不已，旋踵而亡。故知人之善恶诚由近习"[3]。诸王、太子不过是中智之人，所以教育引导十分必要。他对魏征说："自古侯王能自保全者甚少，皆由生长富贵，好尚骄逸，多不解亲君子远小人故尔。朕所有

---

① 吴兢：《贞观政要》，上海古籍出版社 1978 年版，第 117、33、118 页。
② 同上。
③ 同上。

子弟欲使见前言往行，冀其以为规范。"他命收集编写古来帝王子弟得失、成败事，名为《自古诸侯王善恶录》。魏征在此书序言中有这样的话："凡为藩为翰，有国有家者，其兴也必由于积善，其亡也皆在于积恶。故知善不积不足以成名，恶不积不足以灭身。然则祸福无门，吉凶由己，惟人所召，岂徒言哉！……见善思齐，足以扬名不朽；闻恶能改，庶得免乎大过。从善则有誉，改过则无咎。兴亡是系，可不勉欤？"太宗阅后称善，教诫诸王说："此宜置于座右，用为立身之本。"① 并向于志宁、杜正伦提出了在教育太子承乾时应注意的问题与具体要求。他说："卿等辅导太子，常须为说百姓间利害事。……太子生长深官，百姓艰难，都不闻见乎？且人主安危所系，不可辄为骄纵。"对老百姓艰难一生无知，容易产生骄纵；你们要使他了解做什么事对百姓有害，做什么事对百姓有利。"每见有不是事，宜极言切谏，令有所裨益也。"② 贞观中期，小皇子们多授以都督、刺史的官职。谏议大夫褚遂良根据汉代的经验，建议将年纪太小、不能任职的皇子暂时留在京师进行教育，以使他们在能判事时再赴任。唐太宗重视他"积习为人"的思想，采纳了他的建议。

（二）戒皇属去骄奢以保富贵

唐太宗的诸弟及庶子将近四十人③，其中皇子十四人。十四人中，他和长孙皇后生的有三人，即长子李承乾、四子李泰、九子李治。承乾八岁时被立为太子，他幼年"性聪敏"，太宗"甚爱之"，稍长，太宗便让他学习处理朝政。但由于过着养尊处优的生活，尤其是受到太宗的特别宠爱，因而"及长，慢游无度"④，"不循法度"⑤。言行越来越出轨。

---

① 《贞观政要》，第 127、124、116 页。

② 同上。

③ 同上。

④ 《旧唐书·恒山王承乾传》。

⑤ 《旧唐书·孔颖达传》。

太宗曾下诏规定，太子承乾的所用财物，"所司勿为限制"，从而使他生活"骄奢之极"，东宫"龙楼之下，惟聚工匠；望苑之内，不睹贤良"①，却同阉宫群小亵狎，还招亡奴偷盗农民的牛马，与手下亲信烹煮而食。辅弼太子的张玄素、于志宁、孔颖达等一再规谏，承乾不但不采纳，相反却非常恼怒，竟然派"户奴夜以马槌击之"，几乎把老师张玄素打死。还派刺客张师政、纥干承基去杀另一位老师于志宁。唐太宗逐渐觉察到李承乾失德悖法的行径，便产生了改立魏王李泰的想法。李泰"腰腹洪大，趋拜稍难"，太宗特许乘小舆至朝所，甚至每月给魏王府的料物超过东宫，一时"宠冠诸王，盛修第宅"②。这使李泰产生了"潜怀夺嫡之计"。失宠的承乾为了保持自己的地位，得宠的李泰为提高自己的地位，便"各树朋党"③，朝臣也因此分裂为两派。事态竟然发展到承乾企图发动宫廷政变来谋取皇位的地步，而唐太宗之姐子赵节、驸马都尉杜荷等皇亲国戚皆参与其谋反。与此同时，又发生了齐州都督齐王李佑的未遂叛乱。

李唐皇室内部这种争夺帝位、皇储的斗争，与封建专制制度有关，即地主阶级不能直接选择自己的最高政治代理人，而皇位的嫡长继承制的本意虽然是为了防止皇子们因争夺帝位而酿成祸乱，但由于它只承认嫡长而不管贤否，不能保证储君必圣必贤，所以不能较好地解决皇位继承权的问题。斗争双方都有一些皇子或皇族成员支持；斗争的结局，总有一些失败的皇子或皇族成员被惩处。贞观年间，唐太宗诸子中就因此而三个被杀，一个自杀，一个被幽禁。这说明，严格教育皇族、太子关系到唐王朝的稳定与巩固。唐太宗认识到了这一点。贞观十年，他对房玄龄说："朕少小以来，经营多难，备知天下之事，犹恐有所不逮。至于荆王诸弟，生自深宫，识不及远，安能念此哉？朕每一食，便念稼穑

---

① 《旧唐书·张玄素传》。
② 《旧唐书·岑文本传》。
③ 《旧唐书·恒山王承乾传》。

之艰难；每一衣，则思纺织之辛苦，诸弟何能学朕乎？选良佐以为藩弼，庶其习近善人，得免于愆过尔。"① 为此，他于贞观十二年写了《戒皇属》一文："朕即位十三年矣，外绝游观之乐，内却声色之娱。汝等生于富贵，长自深官。夫帝子亲王，必须克己。每著一衣，则悯蚕妇；每餐一食，则念耕夫。至于听断之间，勿先恣其喜怒。朕每亲临庶政，岂敢惮于焦劳。汝等勿鄙人短，勿恃己长，乃可永久富贵，以保贞吉。先贤有言：'逆吾者是吾师，顺吾者是吾贼'，不可不察也。"② 综合上面两段言论可以看出，唐太宗对皇属的基本要求是：第一，善克己。如果胆大妄为，言行放纵，会遭灭身之灾。第二，惜民力。勿夺农时，勿滥用民力，使百姓安居乐业。第三，戒骄奢。去除过度的游猎女乐，辛勤处理政事。不以自己的长处去鄙视别人的短处。第四，慎听断。审理案件不要感情用事，要虚怀纳谏，以保"永久富贵"。

（三）作《帝范》为太子立则

唐太宗晚年多病，太子李治虽仁惠、"孝爱"，但秉性懦弱，又无治国经验，因而放心不下。为使他成为守业之主，唐太宗便在贞观二十二年即他去世前一年，特作《帝范》赐给李治，对他进行完整、系统的教诚。《帝范》共四卷、十二篇，另有《前序》与《后序》。唐太宗在前序中指出了李治的不足与自己写此训的目的："汝以幼年，偏钟慈爱。义方多阙，庭训有乖，擢自维城之居，属以少阳之任，未辨君臣之礼节，不知稼穑之艰难。余每此为忧，未尝不废寝忘食。"所以不辞辛劳，"披镜前踪，博采史籍，聚其要言，以为近诚云尔"③。正文十二篇讲必须遵守的十二条准则。指出："修身治国，备在其中，一旦不讳，更无所

---

① 吴兢：《贞观政要·教戒太子诸王》，第130页。
② 《戒子通录》。
③ 吴云、冀宇：《唐太宗集》，陕西人民出版社1986年版，下引此书之《帝范》只注篇名。

言矣。"① 其主要内容如下：

1. 君体。即君王的体态容貌，引申为君王的人格威力。《君体》篇要李治懂得君王之庄严宏伟："人主之体，如山岳焉，高峻而不动；如日月焉，真明而普照。"为"兆庶之所瞻仰，天下之所归往"。要保持君体，就必须"宽大其志，足以兼包；平正其心，足以制断"；"抚九族以仁，接大臣以礼"；"奉先思孝，处位思恭；倾己勤劳，以行德义"②。这样才能持威德以"致远"，用慈厚以"怀民"。

2. 建亲。唐太宗总结了历史上分封制的利弊得失，要李治懂得封建亲戚、以为藩卫的道理。《建亲》篇指出："重任不可独居，故与人共守之。"分封诸王，给他们以一定权力，可收"安危同力，盛衰一心；远近相持，亲疏两用"之效。例如，周代"割裂山河，分王宗族"，"故卜祚灵长，历年数百"。秦始皇"不亲其亲，独智其智"，故"颠覆莫恃，二世而亡"。但封建亲戚不能过度。刘邦"广封懿亲，过于古制"，结果是诸侯地广而强，帝室弱而见侵，反为叛乱创造了条件。曹操试图改变这种情况，但又走向另一个极端，"子弟无封户之人，宗室外无立锥之地"，从而被司马氏夺取了政权。可见，"夫封之太强，则为噬脐之患；致之太弱，则无固本之基。由此而言，莫若众建宗亲而少力，使轻重相镇，忧乐是同，则上无猜忌之心，下无侵冤之虑"。而"邦家俱泰，骨肉无虞，良为美矣"。

3. 求贤。要李治懂得举贤、任贤、敬贤的重要性。《求贤》篇指出："夫国之匡辅，必待忠良。"匡辅之臣上佐君王，中总百官，下抚兆民，非忠良不能担此重任。所以"明君傍求俊义，博访英贤，搜扬侧陋，不以卑而不用，不以辱而不尊"。如伊尹生于空桑，耕于村野，为商汤所用，光启殷朝；吕望贫贱年迈，渔钓渭边，为文王所师，会昌周室；管仲曾被捆绑于狱，齐桓公释而用之，而成一匡之业。故寸珠之

---

① 《资治通鉴·唐纪十四》。
② 《帝范·君体》，下引此书只注篇名。

珍，黄金累千，"岂如多士之隆、一贤之重？此乃求贤之贵也"。

4. 审官。要李治懂得人君的责任在于知人善任，以安黎民。《审官》篇指出："得其人，则风行化洽，失其用，则亏教伤人。"为此，首先必须人尽其才，各用其长，让各类人才为己效力："智者取其谋，愚者取其力，勇者取其威，怯者取其慎，智愚勇怯兼而用之。"做到"良匠无弃材，明主无弃士"。其次，要对任职的官员进行全面审察，"不以一恶忘其善，勿以小瑕掩其功"，这样才能委任责成，不劳而化。

5. 纳谏。《纳谏》篇教诫道：帝王居于深宫，耳目受阻，有过不闻，有缺难补，故应广开言路，"倾耳虚心，伫忠正之说"。采言纳事不能以地位高低而要以正确与否取舍。只要"其议可观"，便"不责其辩"；"其理可用"，便"不责其文"。这样做的好处是："忠者沥其心，智者尽其策，臣无隔情于上，君能遍照于天下。"他警告李治：昏乱之君自以为"德超三皇，材过五帝"，对"说者拒之以威，劝者穷之以罪"，致使"大臣惜禄而莫谏，小臣畏诛而不言"。其目自瞽，其耳自聋，对所犯错误蒙然无知，以"至于身亡国灭"。

6. 去谗。唐太宗对谗邪深恶痛绝，他在《贞观政要》中说过，"谗佞之徒，皆国之蟊贼也。若暗主庸君，莫不以之迷惑，忠臣孝子所以泣血御冤"。在《帝范·去谗》篇中，他进一步列举了谗佞者的主要表现："争荣华于旦夕，竞势利于市朝。以其谄谀之姿，恶忠贤之在己上；怀其奸邪之志，恐富贵之不我先。朋党相持，无深而不入。比周相习，无高而不升；令色巧言，以亲于上；先意承旨，以悦于君。"为了去谗杜邪，他希望李治懂得："逆耳之辞难受，顺心之说易从。彼难受者，药石之苦喉也；此易从者，鸩毒之甘口也。明王纳谏，病就苦而能消；暗主从谀，命因甘而致殒。"这是应该引以为戒的。

7. 诫盈。盈即满，满则易奢纵。《诫盈》篇训导李治说：人君虽富有四海，但若"好奇技淫声、鸷鸟猛兽，游幸无度，田猎不时"，那就会徭役繁重，人力枯竭，农桑荒废。人君若"好高台深池，雕琢刻镂，珠玉珍玩"，也会因赋敛重而民生匮、饥寒生。他指出："乱世之君，极其骄奢，恣其嗜欲"，"故人神怨愤，上下乖离，佚乐未终，倾危已至"。他发挥诸葛亮的家训思想说："俭以养性，静以修身。俭则人不劳，静则下不扰"，希望李治戒盈满，防奢纵。

8. 崇俭。俭者去奢从约之谓。唐太宗在《崇俭》篇中用周公的思想教诫李治："夫圣代之君，存乎节俭。富贵广大，守之以约。睿智聪明，守之以愚。不以身尊而骄人，不以德厚而矜物。茅茨不剪，采椽不斫，舟车不饰，衣服无文，土阶不崇，大羹不和。"这并非憎恶荣华、厌恶美味，为的是以淡泊、行俭示天下。他指出：俭奢二者是"荣辱之端。奢俭由人，安危在己"；故"桀纣肆情而祸结，尧舜约己而福延。可不务乎"？

9. 赏罚。酬功曰赏，黜罪曰罚。刑赏示君王之权威，为治国之大柄。唐太宗极其重视赏罚的导向价值，在《赏罚》篇中教诫李治：君王之御众，"显罚以威之，明赏以化之。威立则恶者惧，化行则善者功"。实行赏罚，要以国家利益而不以个人好恶为标准，"适己而妨于道，不加禄焉；逆己而便于国，不施刑焉"。适己赏无功者，无以劝善；罪及利国者，无以惩恶。对有功者，虽仇必赏；对有罪者，虽亲必罚。这样，"赏者不德君，功之所致也；罚者不怨上，罪之所当也"。唐太宗一生慎赏慎罚，大体上做到赏罚得当，为李治树立了学习的榜样。

10. 务农。唐太宗总结了历史上的以农立国、足食为政的治国经验，推崇重农抑商的经济思想，在《务农》篇中要李治懂得，"食为人天，农为政本。仓廪实则知礼节，衣食足则知廉耻"。国无九岁之储，不足备水旱；家无一年之服，不足御寒暑。因此，要躬耕东郊，敬授人时，勿夺农时。否则，"求什一之利，废农桑之基，以一人耕而百人食，其为害也，甚于秋螟"。所以，必须"禁绝浮华，劝课耕织，使人还其本，俗反其真，则竞怀仁义之心，永绝贪残之路，此务农之本也"。对此，人君应起带头示范作用，因为"上不节心，则下多逸志"，君"先正其身"，则臣民"不言而化矣"。

11. 阅武。唐太宗在《阅武》篇中向李治指出："夫兵甲者，国之凶器也。"不得已才用之。一个国家尽管土地广大，人口众多，"好战则人凋"。但若国家安全时忘了兵战，也同样危险。所以，"凋非保全之术，殆非御寇之方"，正确的原则是兵"不可以全除，不可以常用"。历史上越王勾践练兵习武，"卒成霸业"；而徐偃王只知修文，"遂以丧邦"。应该在农闲时讲武习威，孔子说："不教人战，是谓弃之。"用未经训练的民众去同敌人作战，就是叫他们去白白送死。"故知弧矢之利，以威天下，此用兵之机也。"保持武力的威慑作用，就是把握了用兵的机要。

12. 崇文。武功重要，文术也不可偏废。"斯两者递为国用"，交替而为治国之具。《崇文》篇指出：当兵甲烽起，"成败定乎锋端，巨浪滔天，兴亡决乎一阵"时，"则贵干戈，而贱庠序"；而当天下太平时，"则轻甲胄，而重诗书"。这就是"功成设乐，治定制礼"。而"礼乐之兴，以儒为本"。因为宏广风化，导引风俗，"莫尚于文；敷教训人，莫善于学"。所以，必须"建明堂，立辟雍，博览百家，精研六艺。……此文术也"。总之，"文武二途，舍一不可，与时优劣，各有其宜。武士儒人，焉可废也。"

唐太宗在《帝范·后序》中，吸取与发挥了《尚书·商书·说命中》关于"非知之艰，行之唯艰"的思想，对李治说："此十二条者，帝王之大纲也。安危兴废，咸在兹焉。古人有云：'非知之难，惟行之不易。行之可勉，惟终实难'。是以暴乱之君，非独明于恶路；圣哲之主，非独见于善途。良由大道远而难遵，邪径近而易践。"意思是善始善终地遵行这十二条是很困难的。他像刘备教诫刘禅那样，饱含着希望与忧虑，谆谆嘱咐李治道：自己登位以来，亦甚有深过，故汝"当择哲主为师，毋以吾为前鉴。取法于上，仅得为中；取法于中，故为其下。自非上德，不可效焉。"还指出："汝无我之功勤而承我之富贵，竭力为善，则国家仅安；骄惰奢纵，则一身不保。且成迟败速者，国也；失易得难者，位也，可不惜哉！可不惜哉"[①]！

———————————

[①] 《资治通鉴·唐纪十四》。

（四）训诲方法

唐太宗在训诫太子、诸王过程中，使用了许多方法，概括起来就是情理结合，德法相济。具体来说：

1. 以物喻理。他在立李治为太子的第二年即贞观十八年，对侍臣说："古有胎教世子，朕则不暇。但近自建立太子，遇物必有诲谕。"[①] 为了使十五岁的李治明白事理，他采用了以事明道、以物喻理的教育方法。见他将要吃饭，便问："汝知饭乎？"答曰："不知。"便告诉他："凡稼穑艰难，皆出人力，不夺其时，常有此饭。"以此使太子明白以农为本的道理。看到李治乘马，又问："汝知马乎？"李治答："不知。"便告诉他：马是"能代人劳苦者也，以时消息，不尽其力，则可以常有马也"。以此使他懂得爱惜人力物力的重要性。看到李治乘船，又问："汝知舟乎？"答曰："不知。"又开导他："舟所以比人君，水所以比黎庶，水能载舟，亦能覆舟。尔方为人主，可不畏惧！"以此要他畏惧民众的力量，力戒骄纵。看到李治在弯曲的树木下休息，又问："汝知此树乎？"李治还是回答："不知。"唐太宗又耐心启发他："此木虽曲，得绳则正，为人君虽无道，受谏则圣。"以此使他虚怀纳谏，防止独断专行。这种教育方法比较直观，通俗易懂，有助于缺少生活经验的青少年由感性认识上升到理性认识，较快地明白寓于其中的深刻道理。

2. 以古圣贤为鉴。唐太宗认为，以古为镜，可以知兴替；以人为镜，可以明得失，因而重视历史上圣主明君等榜样人物的教育作用。如《帝范》的《求贤》篇在讲选贤任能的重要性时列举了尧、舜、商汤、周文王、齐桓公因善于用人而成就王霸之业的事迹；在《纳谏》篇讲如何听取臣下意见时，引用了因为进谏，汉成帝时的朱云攀折了殿槛、魏文侯时的师经投瑟撞坏了窗子、魏文帝时的辛毗扯着曹丕的前襟等故事，指出他们都不仅没有获罪，反而得到表彰，从而使君臣相通，忠者

---

① 吴兢：《贞观政要·教戒太子诸王》，第125页。

竭其忠，智者尽其智。

3. 亲情感化。唐太宗对诸王与太子寄予厚望，经常用亲情感化他们，现身说法，讲述自己的经历、体会，并常常自我剖析。如在去世前一年在《帝范·后序》中对太子说："吾在位以来，所制多矣。奇丽服玩，锦绣珠玉，不绝于前，此非防欲也；雕楹刻桷，高台深池，每兴其役，此非俭志也；犬马鹰鹘，无远必致，此非节心也；数有行幸，以亟劳人，此非屈己也。斯事者，吾之深过，勿以兹为是而后法焉。"一个创业的君王，能向儿子做这样的自我批评，是难能可贵的。因为这不是故意自贬，而是符合他晚年实际情况的。不过，他又说：我虽然有此过失，"但我济育苍生，其益多；平定寰宇，其功大。益多损少，人不怨；功大过微，德未亏。""然犹之尽美之踪，于焉多愧；尽善之道，顾此怀惭。"① 意思是总的来说，我功大于过，所以天下太平。但毕竟没有做到尽善尽美，所以回顾起来多有惭愧。这些出自肺腑的话对于无功于国、无德于民而准备继大位的李治来说，能不感动吗？

4. 以法制恶。帝王的家庭关系具有内为父子、外为君臣的特点，因而在家教时，既有父对子的亲情感化，又有君对臣的言出令行。唐太宗训诫荆王李元景、汉王李元昌、魏王李泰等就有这一特点，他说："汝等位列藩王，家食实封，更能克修德行，岂不具美也？且君子小人本无常，行善事则为君子，行恶事则为小人，当须自剋励，使善事日闻，勿纵欲肆情，自陷刑戮。"② 事实果真如此。"汉王元昌所为多不法，上数谴责之，由是怨望"。劝太子李承乾反，后因齐王李祐反于齐州，牵扯到承乾谋逆篡位，并涉及元昌，唐太宗当机立断，废承乾为庶人，赐元昌"自尽于家"。③ 对于这种"赏不避仇雠，罚不阿亲戚"的做法，唐太宗对吴王李恪也说得很清楚："父之爱子，人之常情，非待

---

① 《帝范·后序》。
② 吴兢：《观政政要·教戒太子诸王》，第129页。
③ 《资治通鉴·唐纪十三》。

教训而知也。子能忠孝则善矣！若不遵教诲，忘弃礼法，必自致刑戮，父虽爱之，将如之何？"① 在温情脉脉的父子之情背后，寒光闪闪的刀剑在静候着。

（五）历史评价

自周公强调君德、开帝王家训先河之后，历代明君、贤臣和著名思想家、教育家都程度不同地关注君德，主张对王室成员尤其是王储加强训导。《管子·君臣》说："道德立于上，则百姓化于下矣。"意思是君德有重要的教化作用。《礼记·大学》要求君王与百姓都要进行道德修养："自天子以至于庶人，壹是皆以修身为本。"两汉、三国和南北朝的一些帝王也留下了宝贵的思想。但都比较简单、零星、不系统。唐太宗吸取了历史上的家训思想，总结了隋王朝败亡的教训与自己对王子们的教育经验，写下了《帝范》、《戒皇属》等经典名篇，集中国前代帝王家训之大成，把帝王家训推进到新阶段。首先，他把朴素唯物主义的认识论、性习论、性三品论与帝王家训结合起来，认识到生长在深宫中的皇子、皇弟和公主，从小娇生惯养，不谙世事，不懂百姓艰难，不辨君子小人，只有严加教育，才可能产生正确的认识与良好的德行。这与以往家训相比，有了比较完满的理论基础。其次，从内容看，包括政治、经济、军事等各个方面，尤其是对太子李治的教诫全面而系统。再次，方法也比较多样，尤其是面对面教育比较多，这也为以往帝王所不及。正因为这样，唐太宗的家训思想在历史上产生了深远的影响。特别是作为帝王家训的第一部系统化、理论化著作的《帝范》更是如此。

据《旧唐书·敬宗本纪》记载，宝历二年（826）五月，"秘书省著作郎韦公肃注太宗所撰《帝范》十二篇进，特赐绵彩百匹"。《新唐书·

---

① 吴兢：《贞观政要·教戒太子诸王》，第130页。

艺文志》则载有贾行注。可见，唐代很重视这部著作，有两个注本。但后来一度被冷落，到宋代乃佚其半。直至元泰定二年（1325），吴莱谓征云南僰夷时，才得完书；元代还有无名氏注，虽较繁琐，但援引颇详洽。《帝范》在明代受到青睐，明成祖朱棣赞扬唐太宗"其思患也，不可谓不周，其虑后也，不可谓不远。作《帝范》十二篇以训其子曰：'饬躬阐政之道，备在其中。'详其所言，虽未能底于精一执中之蕴，要皆切实著明，使其子孙能守而行之，亦可以为治，终无闺门、藩镇、阉寺之祸"①。清代有的皇帝也重视唐太宗的家训思想。

　　不过，唐太宗的家训思想也存在一些局限性。首先，他进行家训的主要目的是巩固李唐王朝的统治，保护既得利益，使子孙后代长保富贵。因而他忧虑的不是皇储能否开新宇，成为创业之主，而是能否守基业，当"继业守成之君"，所以强调的都是接受前代的经验教训，而不是鼓励开拓进取，这就不可避免地带有保守性。其次，与此相联系，在内容上着重于统治经验的传授，如怎样治国、用人以及为此而具备的道德修养等，而忽视其他知识、技能的教育，带有片面性，这也是中国传统家训的通病。再次，在传授有价值的政治经验的同时，也夹杂一些帝王权术，表现出对大臣的虚伪态度。如唐太宗去世前一个月，他给太子李治一个遗策："李世勣才智有余；然汝与之无恩，恐不能怀服。我今黜之，若其即行，俟我死，汝于后用为仆射，亲任之；若徘徊顾望，当杀之耳。"于是，依计外放"李世勣为叠州都督"。世勣也不糊涂，受诏后"不至家而去"。李治一即位，即委之以"特进、检校洛州刺史、洛阳宫留守"，旋即为"开府仪同三司、同中书门下三品、左仆射"。② 当然，上述这些局限性，并不影响唐太宗在中国家训史上特别是帝王家训史上的重要地位。

---

① 《明实录·明太宗实录》。
② 《资治通鉴·唐纪十五》。

二、长孙皇后的家训

　　唐太宗的长孙皇后（601—636），河南洛阳人，其祖先"魏拓跋氏，后为宗室长，因号长孙"。其父长孙晟，涉书史，善兵战，在隋代为右骁卫将军。她从小喜欢读书，"视古善恶以自鉴，矜尚礼法"。未出嫁时曾"闻太穆勤抚突厥女，心志之"。太穆指唐高祖李渊的太穆窦皇后。窦皇后幼时虽爱读《女诫》、《列女》等书，受儒家思想影响很深，却并不鄙视少数民族。当时，周武帝以"突厥女为后，无宠"。她密谏武帝为了国家利益，"愿抑情抚接"，被嘉纳。长孙皇后对此事牢记在心，常对父亲说，窦皇后是"明睿人，必有奇子，不可以不图昏（婚）"①。故长孙晟把她嫁给李世民。她为秦王妃时，尽心孝敬高祖，谨慎奉事李渊诸妃。在玄武门事变中，李世民组织队伍时，她亲自前去慰勉参与事变的将士们，使他们备受感动。长孙皇后不仅是唐太宗政治上的贤内助，而且也重视对宫中诸子、公主与妃嫔、外戚的教育。

（一）训诸子廉俭为先，诫命妇勤劳朴素

　　长孙皇后"性约素"，"务存节俭，服御取给而已"。唐太宗登位的第二年（627），她"服鞠衣"，"帅内外命妇亲蚕"，带领宫廷中的妃嫔与宫廷外的官吏们的母亲、妻子养蚕，以身教兴勤劳节俭之风。长孙皇后"训诸子常以廉俭为先"②，力戒他们骄横奢侈。太子李承乾"嬉戏过度"，"数亏礼度，侈纵日甚"③，但其乳母遂安夫人却还认为东宫器用少，奏请长孙皇后增加什器。长孙皇后回绝说："太子患无德与名，器何请为？"④ 意思是太子缺少的不是器物，而是没有高尚的德行与美

① 《新唐书，后妃上》。
② 《资治通鉴·唐纪十》。
③ 《贞观政要》，第141页。
④ 《新唐书·后妃上》。

好的名声，为什么替他要求增添器物？对公主也是如此，不随便增加其
服饰。长孙皇后生的长乐公主，为太宗所特别宠爱。唐初因百姓死于战
乱而致人丁稀少，为增加人口，国家实施早婚的政策，规定男子二十
岁、女子十五岁便可结婚。但在实际生活中，年龄小于二十岁、十五岁
便结婚的男女大有人在。帝王、权贵之家也不例外。长乐公主刚刚十三
岁，就被下嫁给长孙皇后的嫡侄长孙冲。太宗特别重视此事，命令有关
官员置办嫁妆，费用比唐高祖之女永嘉公主多一倍。魏征感到不妥，向
太宗进谏说，这样做是对永嘉公主的不尊重，有违礼制。太宗将魏征的
话告诉长孙皇后，她感叹说："尝闻陛下敬重魏征，殊未知其故，而今
闻其谏，乃能以义制人主之情，真社稷臣矣。"太宗也"大悦"，于是长
孙皇后请求并得到太宗允准，赏赐给魏征"帛五百匹"① 并派人送到他
的府第。这里应该说明的是，帝王的"节俭"是以礼制为尺度的，在礼
制规定范围内享用再多，也不算奢侈。

（二）以仁厚之心管教后宫妃嫔

长孙皇后能宽厚地对待太宗的妃嫔、宫人们。据《新唐书·后妃
上》记载，若宫人犯有罪过，在太宗盛怒之下受到责罚时，她"必助
帝怒请绳治，俟意解，徐为开治，终不令有冤"。表面上顺着太宗心
意把宫人关押起来；但等他怒气平息后，就慢慢为之说情、开脱，不
使他们受到冤枉。她还把训导与关怀结合起来，"妃嫔以下有疾，后
亲抚视，辍己之药膳以资之，宫中无不爱戴"②。她不仅亲自去探望抚
慰，还中断自己用药以帮助他们，所以宫中都爱戴她，感怀长孙皇后的
仁德。

---

① 吴兢：《贞观政要·公平》，第 166—167 页。又据《新唐书·诸帝公主》，此次赏"帛四
  十匹，钱四十万。"
② 《新唐书·诸帝公主》。

（三）劝兄勿掌重权

长孙皇后熟悉历史变故，深知后妃参政、外戚专权的危险，所以平时不干朝政。《新唐书·后妃上》说，她与太宗谈话，有时涉及天下大事，总是不发表意见，"辞曰：'牝鸡司晨，家之穷也，可乎？'"她衣中藏着毒药，以备太宗驾崩时殉身，不当吕后式的人物。长孙皇后反对娘家兄弟掌握重权。她认为，东汉马德皇后"不能检抑外家，使与政事，乃戒其车马之侈，此谓开本源，恤末事"。马德皇后训诫外戚只是抑制其生活上车如流水马如龙，而未遏制其执掌大权，使之贵盛无比，这是开其腐败之源而防其奢华末流，因而使其教诫收效甚微。这个批评真是一语中的。其兄长孙无忌与太宗"本布衣交"，为平民百姓时就有交往，后从李世民征讨有功，又参与谋划玄武门事变，帮助他夺得帝位，故与太宗关系十分亲密，经常出入皇宫内室。后来，"帝将引以为辅政，后固谓不可"。说：我身为皇后，"尊贵已极，不愿私亲更据权于朝。汉之吕氏、霍氏，可以为诚"。意思是西汉吕后封兄、侄为王，诸吕势力膨胀后谋反，招致灭门之祸；霍后也因谋权而罹祸。所以长孙皇后反对兄长辅政，是非常明智的。但"帝不听，自用无忌为尚书仆射"[1]。长孙皇后便私下劝诫其兄辞让，太宗这才收回成命。

但封建政治的发展是不以人的意志为转移的，人的进退、祸福、荣辱也是难以预料的。长孙无忌还是高居显位，故一直为其当皇后的妹妹所忧虑，以至她在去世前还要求太宗："姜之本宗，因缘莨莠以致禄位，既非德举，易致颠危，欲使其子孙保全，慎勿处之权要，但以外戚奉朝请足矣。"但太宗不听劝言，临终遗诏长孙无忌与褚遂良等辅弼高宗，执掌政事。后长孙无忌因反对高宗立武则天为皇后，被诬谋反罪，先是流放黔州，继而迫令自杀。

---

① 《新唐书·后妃上》。

（四）教诫太子勿信佛、道，勿轻赦罪人

长孙皇后素有气疾，后渐加剧。太子承乾建言母后道："医药备尽而疾不瘳，请奏赦罪人及度人入道，庶获冥福。"① 想通过大赦罪犯与祈求佛、道保佑使母后去病消灾。她不同意，说："赦者国之大事"，既不能任意实施，也不可频频进行。"岂以吾一妇人而乱天下法，不能依汝言。"她自己不信奉，也教育太子不要迷信："死生有命，非人力所加。若修福可延，吾素非为恶者；若行善无效，何福可求？"② 这表明，人的寿夭、福祸与信佛修道是没有内在联系的。她还告诫太子："道、释异端之教，蠹国病民，皆上素不为，奈何以吾一妇人使上为所不为乎？"倘若"必行汝言，吾不如速死"。唐太宗虽未禁绝佛、道，但推崇的却是儒学，尊尧、舜、周、孔之教。后来知道太子的奏言，"欲为之赦，后固止之"。因而没有实行。

（五）遗言薄葬

贞观十年（636）冬，长孙皇后病危。她在临终前对唐太宗说："妾生无益于人，不可以死害人。愿勿以丘垄劳费天下，但因山为坟，器用瓦木而已。"为了不让子女们诀别时伤心，她嘱咐太宗："儿女辈不必令来，见其悲哀，徒乱人意。"③

长孙皇后很重视修身，曾采集古妇人得失事，写成《女则》三十卷，十篇，作为自己阅览修养之用，"常诫守者：'吾以自检，故书无条理，勿令至尊见之。'"不让太宗看到此书。她去世后，宫司将《女则》奏之，"上览之悲恸，以示近臣曰：'皇后此书，足以垂范百世。'"可惜此书已经失传。

---

① 《资治通鉴·唐纪十》。
② 吴兢：《贞观政要·赦令》，第252页。
③ 《资治通鉴·唐纪十》。

三、唐代诸帝对公主的训诫

唐代公主们大都视野广阔，兴趣多样，在军事、政治、文学、教育、宗教等各个领域都留下了她们的足迹。其中既有犯上作乱的阴谋者，骄奢淫靡的放荡者，也有静身出家的修行者，恪守礼法的贤淑者。从唐代诸帝对公主们的教育来看，他们所企盼的不是前三类人，而是力图把她们塑成第四类人。表现在：

（一）"无鄙夫家"，遵行礼法

在唐太宗之前，"公主下嫁，皆不以妇礼事舅姑"。之后，情况发生了变化。太宗长女襄城公主"下嫁萧锐，性孝睦，动循矩法"，能够自觉地"妇事舅姑如父母"，太宗很是满意，令"诸公主视为师式"①，向她学习。由于太宗提倡，到他三女儿南平公主下嫁礼部尚书之子王敬直起，便成为一种规范要求，就是公主下嫁到仕宦之家后，不能以帝王公主自居，不仅不可要求公婆、丈夫对自己行君臣之礼，相反要对公婆、丈夫行妇礼。王珪说："今主上钦明，动循礼法，吾受公主谒见，岂为身荣，所以成国家之美耳。"乃与其妻就席坐，令公主执笲行盥馈之礼。"是后公主始行妇礼，自珪始。"② 于是，诸帝也对公主进行妇礼教育。如，唐宣宗（847—859 在位）的长女万寿公主下嫁郑颢，唐宣宗虽然宠爱她，但还是下诏，不准她在夫家搞特殊化："先王制礼，贵贱共之。万寿公主奉舅姑，宜从士人法。"嫁到民间后，必须遵守士人的家法，侍奉公婆。万寿公主进见时，宣宗总是谆谆训导她："无鄙夫家，无忤时事。""执妇礼，皆如臣庶之法。"③ 不要以公主自居，鄙视丈夫、公

---

① 《新唐书·诸帝公主·太宗二十一女》。
② 《资治通鉴·唐纪十》。
③ 《新唐书·诸帝公主·宣宗十一女》。

婆，不要干扰国家政事。然而，郑颢的弟弟郑颛病危时，万寿公主却
"在慈恩寺观戏场"。宣宗大怒，叹息道：怪不得士大夫家不想与我家通
婚！他马上"召公主人宫，立之阶下，不之视。公主惧，涕泣谢罪。上
责之曰：'岂有小郎病，不往省视，乃观戏乎！'"于是"贵戚皆兢兢守
礼法，如山东衣冠之族"①。

（二）不与民争利，勿进献求荣

唐代达官权贵之家，侵占民田、损害民利的情况比较严重。如唐代
宗（763—778 在位）时，权贵之家沿泾水建造了许多磨房，堵塞河道，
妨碍农民耕种水田，"民诉泾水为硙雍不得溉田"，此事上闻朝廷，代宗
下"诏撤硙以水与民"。当时，下嫁给郭暖的其四女儿"昭懿公主及
（郭）暖家皆有硙"，她乞求父皇不要拆除己硙。代宗训诫公主不要与民
争利，说："吾为苍生，若可为诸戚唱（同倡）！"② 我为天下百姓的利
益着想，你怎么可以为外戚们开先例！唐宪宗即位后，昭懿公主又进
"献女伎"，以求显荣。宪宗说，"太上皇（谓代宗）不受献，朕何敢违？
还之"③。

（三）"使知俭啬"，节约生活

唐玄宗采取的方法是缩减对公主的封赏，以限制其消费，他在开元
年间施行"新制"，规定长公主封户二千，皇子封户三千，其余公主减
半。"左右以为薄。帝曰：'百姓租赋非我有，士出万死，赏不过束帛，
女何功而享多户邪？使知俭啬，不亦可乎？'于是，公主所禀殆不给车
服。"④ 唐宣宗也是如此。在他之前的礼制规定，公主乘坐的"车舆以

---

① 《资治通鉴·唐纪六十四》。
② 《新唐书·诸帝公主·代宗十八女》。
③ 同上。
④ 《新唐书·诸帝公主·玄宗二十九女》。

镶金扣饰"，车舆之环扣都用纯美之银装饰。宣宗改革旧制，命对车舆环扣以铜装饰。说："我以俭率天下，宜自近始，易以铜。"

（四）"无忏时事"，勿参朝政

唐宣宗诏令诸女"无忏时政"，不准参与政事。警告道："太平、安乐之祸，不可不戒！"[1] "太平"指唐高宗与武则天所生之女太平公主（？—713），初嫁薛绍，后嫁武则天之侄武攸暨，她多权谋，有野心；搜括民财，收受宝物；骄奢淫逸，男侍众多。先是参与张柬之等人入宫杀张易之，迫武则天退位；继而又与李隆基发动政变，杀韦后及其亲党；后又纠集一帮文官武将，企图杀害唐玄宗李隆基而自己当女皇，终于事败被赐死。"安乐"指唐中宗与韦皇后所生之最幼女，初嫁武则天侄之子武崇训，崇训死又嫁武则天侄之子武延秀。她"恃宠骄恣，卖官鬻爵，势倾朝野"。[2] 参与韦皇后毒死唐中宗后，又要求当"皇太女"，后在李隆基、太平公主发动的宫廷政变中被杀。唐宣宗以此为训，警告公主们不要干预朝政，这固然是为了巩固李家王朝，但也是为了预防她们在残酷的夺权斗争中罹罪灭身。

不过，公主如果关心朝政，所为有补国事，那是会受到鼓励的。唐肃宗（756—762在位）的三女儿和政公主就是如此。她"性敏慧，事妃有孝称"。当肃宗因用兵而耗费过多、国库空乏时，公主以"贸易取奇赢千万澹军"。其兄代宗初登位，她"屡陈人间利病，国家盛衰事，天子乡纳"，为代宗所采纳。吐蕃入寇，她不顾怀孕不适，"入语备边计"，向代宗献谋划策，竟因此而于第二天病逝。代宗曾因和政公主"贫困"，诏令诸节度补助她，但她一概不取，宁愿"亲纫䌷裳衣，诸子不服纨绮"。不让儿子们穿华丽的衣服。她对待姐、侄也很好。其二妹宁国公主寡居长安，正值"安禄山陷京师"，和政公主"弃三子，夺柳

---

[1] 《新唐书·诸帝公主·宣宗十一女》。
[2] 《资治通鉴·唐纪二十四》。

潭马以载宁国（公主）"；逃出后，又亲自下厨做饭恭奉她。其夫柳潭之兄柳澄娶杨贵妃之姊为妻，"及死，抚其子如所生"[1]。像和政公主这样的品德，在唐代共二百一十一名公主中所仅见。

（五）嫁否听便，信仰自由

唐代实行儒、道、佛三教并存的政策，虽然在伦理道德上要求公主恪守礼法，但也允许她们不嫁与出家。据《新唐书·诸帝公主》记载，出家为尼、道的公主竟有十一人之多。如唐睿宗的九女儿金仙公主与十女儿玉真公主皆出家为道士。天宝三年，玉真公主上言玄宗："先帝许妾舍家，今仍叨主第，食租赋，诚愿去公主号，罢有司，归之王府。"玄宗不准，她又说：我是"高宗之孙，睿宗之女，陛下之女弟，于天下不为贱，何必名系主号、资汤沐，然后为贵？"意思是：我的地位已经不卑贱了，不必以县主封号显其高贵。她要求去除封赐，让节省下的财物，供数百家人口十年之用。玄宗见此，就同意了她的要求。这样，玉真公主就不再是唐室公主，而真正成为所进号的"上清玄都大洞三景师"[2] 了。

（六）出嫁为妇，不准淫乱，有子而寡不得再嫁

唐王朝的开创者李渊一族为鲜卑族的世家大族。《颜氏家训·治家》说：鲜卑族的风俗，妇女在家中的地位比较高，她们主持门户，诉讼曲直，请托善逢迎，坐着车子各家走，带着礼物送官府，"代子求官，为夫诉屈"[3]。婚姻嫁娶也比较开放，不受汉族儒家礼法的约束。朱熹指出："唐源流出于夷狄，故闺门失礼之事不以为异。"[4] 李唐王室中保留

---

① 《新唐书·诸帝公主·肃宗七女》。
② 《新唐书·诸帝公主·睿宗十一女》。
③ 《颜氏家训·治家》。
④ 《朱子语类》卷一三六。

了西北地区少数民族的一些婚俗，如唐太宗娶弟媳妇杨氏，而唐高宗则不仅娶了其父太宗之"才人"武则天，还将这位"庶母"立为皇后。因此，唐代公主再嫁是平常事。据《新唐书·诸帝公主》记载，唐代诸帝共生有公主二百一十一人，除去宣宗及后来的懿宗、僖宗、昭宗四帝所生的公主三十三人，计一百七十八人。在这一百七十八人中，下嫁的共有一百二十九人（其余四十九人为年幼早亡、出家入道、无明确记载）；在下嫁的一百二十九人中，再嫁的有二十四人，三嫁的有三人。此两者占近百分之二十一。不过，这种情况至宣宗时发生了重大转折，他下诏："夫妇，教化之端，其公主、县主有子而寡，不得复嫁。"① 故自宣宗始至唐亡，就无公主再嫁事。而在这以前，不论有子无子，夫死均可再嫁。如上面谈到的安乐公主初嫁武崇训，生一子，拜太卿，封镐国公；崇训死，又嫁崇训弟武延秀。应该指出，公主虽然可以公开再嫁、三嫁，但私下不准淫乱、与人私通。如唐肃宗的郜国公主"先嫁裴徽，又嫁萧升。升卒，主与彭州司马李万（淫）乱"，还与多人有染，时间一长，事情败露，为唐德宗所闻，他"怒幽主宅第，杖杀万"。② 顺宗的襄阳公主下嫁张克礼，不讲妇德。公主"纵恣，常微行市里"，有男性"私侍"多人，其中尤爱薛浑，甚至拜谒薛浑母亲如同婆母。此事被有关官吏发觉，她便进行贿赂，"多与金，使不得发"。其夫上告朝廷，唐肃宗"幽主禁中"③，将薛浑等流放崖州（今海口市琼山县一带）。

　　唐代诸帝训诫公主的基本方法是褒奖与惩罚相结合。教育多以诏令的形式，面对面的引导很少，可能是因为他们的王子、公主很多，政务繁忙，加上宴幸等等，不可能像普通百姓或官宦之家那样，父母与子女朝夕相处，思想感情经常交流，训诫可以随时进行。史籍难得见到的一个事例，是唐宣宗与二女儿永福公主一起吃饭。永福公主因事生气，

①　《新唐书·诸帝公主·宣宗十一女》。
②　《新唐书·诸帝公主·肃宗七女》。
③　《新唐书·诸帝公主·顺宗十一女》。

"怒折匕、筋"，折断了汤匙、筷子。宣帝见状，责问道："此可为士人妻乎？"她本来下嫁于琮，因为如此骄横，唐宣宗便让永福公主回宫，改将四女广德公主下嫁于琮。广德公主品性很好，"治家有礼法，尝从琮贬韶州，侍者才数人"；她不受贿赂，推"却州县馈遗"。还操劳家务，"凡内外冠、婚、丧、祭"诸事，广德公主都亲身答谢、劳作，所以很得近亲远戚的欢心，"为世闻妇"。①

对于公主中合乎礼法的，就进行表彰。在太宗与诸帝训导下，后代下嫁的公主中出现了一些"贤妇"。如唐宪宗（806—820 在位）的庄淑公主下嫁杜悰，虽"贵震当世，然主事舅姑以礼闻"，婆婆有病，她在床边侍候，和衣而睡，药物"不尝不进"，于是以敬事公婆、恪守礼仪闻名②，受到内外好评。又如唐顺宗（805 在位）的长女汉阳公主，亦甚贤淑。当时，外戚近亲以奢侈自诩，"主独以俭，常用铁簪画壁，记田租所入"。她教诲女儿们："先姑有言：'吾与若皆帝子，骄盈奢侈，可戒不可恃。'"后来，唐文宗（827—840 在位）对世俗的奢靡之风非常厌恶，正好汉阳公主到宫中去，便问她道：姑母所穿的衣服是哪年的款式？目前的弊病，用什么方法才能解决？汉阳公主回答说："妾自贞元（785—804）时辞宫，所服皆当时赐，未尝敢变。元和（806—820）数用兵，悉出禁藏纤丽物赏战士，由是散于人间，内外相矜，纽以成风。若陛下示所好于下，谁敢不变？"我在贞元年间下嫁离宫，现在穿的衣服都是当年父皇赐予的，不敢改变。后来国家几次用兵作战，把库藏的小巧物品都赏赐战士，因而散落于平民百姓手中，现在人们都以此争相夸耀，渐渐成为风尚。如果陛下把自己爱好节俭的想法昭示天下，还有谁能不改变奢丽的风气？文宗表彰了汉阳公主，下令宫人依她的衣服为范式缝制，并以此训导诸公主。还诏令京师长官"禁切浮靡"。③

① 《新唐书·诸帝公主·宣宗十一女》。
② 《新唐书·诸帝公主·宪宗十八女》。
③ 《新唐书·诸帝公主·顺宗十一女》。

与此相反，对于骄奢不法的，则予以惩罚。唐代公主因骄纵、奢侈、淫乱、犯法而受到惩处者不少。如唐太宗之十七女合浦公主，"负爱而骄"，与和尚、道士淫乱，又参与谋反，被"赐死"；太宗的六女儿比景公主，也因有涉谋反，被"赐死"①。再如，唐德宗二女儿宪穆公主，下嫁王士平。"公主恣横不法，帝幽之禁中，锢士平于第"②，把王士平则关押在宅第中。后来，公主要求团聚，德宗也不准许。鉴于公主中违法悖德者多而贤淑者少，故受到惩处者也多于被褒扬者。

值得注意的是，唐代诸帝尽管对公主们提出的要求很多，但没有一条明确要求她们当贞妇、烈女。可见，尽管《列女传》、《女诫》等训女书籍流传已有数百年，唐玄宗时之《女孝经》也提倡"女无再醮之文"，但贞烈观念并未被唐代统治者所接受、提倡。而在一般仕宦之家，"从一而终"的观念也没有被确立起来，如韩愈的女儿先嫁李氏后嫁樊氏就是一例。不过，尽管这样，从唐宣宗开始，不仅妇女的婚嫁已受到一定程度的限制，而且还进一步规定不准参与朝政，这意味着男权加强、女权削弱的趋势在唐中期后又出现了。

①　《新唐书·诸帝公主·太宗二十一女》。
②　《新唐书·诸帝公主·德宗十一女》。

第二十章
唐代的训女书：《女孝经》与《女论语》

　　班昭的《女诫》虽然为塑造贞女、贤妇作出了比较系统、完整的构思，但缺乏具体性，不容易操作。《颜氏家训》又侧重于训导子孙，对妇女的教育涉略较少。隋唐时期则编了许多训女书，可是基本上未能得到流传。《女孝经》、《女论语》是仅存的两种。

一、郑氏的《女孝经》

　　"孝"的教育从周公提出以后，在中国传统家训中占有极为重要的地位。产生于秦汉之间的《孝经》，在汉代被规定为天下的必读书，而五经博士则必须兼通之；皇帝甚至亲自讲授《孝经》，以推行其"以孝治天下"的政策，巩固封建宗法统治。从此，忠臣、孝子便成为家教与修身的根本目标。唐代也重视孝的教育。唐玄宗亲注《孝经》，在《孝经序》中说："子曰：'吾志在《春秋》，行在《孝经》。'是知孝者，德之本欤。"上有所好，下必趋之。唐玄宗时，朝散郎侯莫陈邈之妻郑氏便是如此。侯莫陈三字为复姓，邈为其名。当时，郑氏的侄女"持蒙天恩"，策为唐玄宗十六子永王李璘之妃。郑氏感到有必要对她进一步劝导，"戒以为妇道，申以执巾之礼，并述经史正义"，便作《女孝经》进献。安禄山反叛时，永王璘亦有异志，终于失败，"中矢而薨。子偒等为乱兵所害"。郑妃不知所终。故《女孝经》为《唐书·艺文志》所不载。但此书并未散失，五代时盛行于世。载《宋史·艺文志》。南宋藏书家陈振孙书录题解中认为，此书系班昭所撰，其说甚误，为学者所不纳。此书仿《孝经》，共十八章，其章目依次为开宗明义、后妃、夫人、邦君、庶人、事舅姑、三才、孝治、贤明、纪德行、五刑、广要道、广守信、广扬名、谏净、胎教、母仪、举恶共十八章。书前有《进书表》，内称"妾不敢自专，因以曹大家为主"。故有的章首借班昭语作为立论根据，有的章以诸女提问、班昭解答的形式来阐述义理。其基本内容是以封建礼教训诫其侄女，但也包含一些合理的做人之道。有明汲古阁藏本，列入《津逮秘书》。主要内容有：

（一）五常之教，以孝为主

郑氏在卷首进《女孝经》表与"开宗明义"第一章中，向其侄女讲了学习与奉行孝道的重要性，她说：夫妇之道是人伦的始端，其他的人与人之间的关系都是从夫妇之道中引发出来的，所以"考其得失，非细务也"。郑氏从乾坤、阴阳出发，指出："天地之道，贵刚柔焉。夫妇之道，重礼义焉。仁义礼智信者，是谓五常。五常之教，其来远矣。总而为主，实在孝乎！"她把夫妇之道的重礼义与天地之贵刚柔联系起来，从天地之道中引出夫妇之道，又把孝与五常联系起来，认为孝主宰、统率仁义礼智信，是五常也是夫妇之道的实质所在。为什么？郑氏指出："夫孝者，广天地，厚人伦，动鬼神，感禽兽，恭近于礼。三思后行，无施其劳，不伐其善，和柔贞顺，仁明孝慈，德行有成，可以无咎。"①总之，实行孝道，可以成就德行，没有罪祸。

---

① 《女孝经·开宗明义章第一》，下引此书只注章名。

（二）女子不同，孝亦有别

从《后妃章》到《庶人章》，郑氏按照女子的身份、地位不同，把她们划分为后妃、夫人、邦君、庶人四类，并相应地提出四类孝行要求。一是后妃之孝。《后妃章》教诫道："后妃之德，忧在进贤，不淫其色，朝夕思念，至于忧勤，而德教加于百姓，刑于四海，盖后妃之孝也。"后妃的孝行，首先是忧患不能推举贤才；其次是不求男女淫欲；再次是勤于考虑国家大事；第四是对百姓施行德教，并且严于律己，为天下人起示范作用。

二是夫人之孝。夫人指帝王的妾或三品以上与国公的母、妻。她们的孝行，《夫人章》指出："居尊能约，守位无私；审其勤劳，明其视听；诗书之府，可以习之；礼乐之道，可以行之。""静专动直，不失其仪。"从而和睦子孙，承继宗庙。郑氏警告道："无贤而名昌，是谓积殃；德小而位大，是谓婴害，岂不诫欤！"没有贤才而名声大，这是祸殃，德行小而官位大，这是疾患，难道不应该引以为戒吗！意思是要谦谨慎行，不要贪图名位。

三是邦君之孝。这里，君是尊称；统治阶级上层妇女亦称为君。封国公侯之妻谓邦君。邦君的孝行，《邦君章》指出："非礼教之法服不敢服；非诗书之法言不敢道；非信义之德行不敢行。欲人不闻勿若勿言，欲人不知勿若勿为，欲人勿传勿若勿行。"她指出：做到了这"三不敢"、"三欲"，就能"守其祭祀"，邦国安泰、继传有人。

四是庶人妻之孝。《庶人章》具体指出："为妇之道，分义之利，先人后己；以事舅姑，纺绩裳衣，社赋蒸献。"就是说，一要分清义与利，做到先人后己；二要奉事公婆；三要纺绩丝麻，缝制衣裳；四要备好肉食，以供祀神。总之，庶人之妻的孝行主要表现在家室之内。

（三）敬奉公婆，服侍丈夫

这是女子出嫁后孝的表现。郑氏在《事姑舅章》训导道：应将公婆视同于父母。"女子之事舅姑也，敬与父同，爱与母同。守之者义也，执之者礼也。鸡初鸣，咸盥漱衣服以朝焉，冬温夏清，昏定晨省。敬以直内，义以方外，礼信立而后行。"敬爱公婆，如同父母，守执义礼。鸡一叫便起床洗脸漱口，穿着整齐地去朝见他们。冬天使之温暖，夏天使之凉爽，晚上服侍就寝，早上看望请安，做到戒慎敬肃。对于服侍丈夫的问题，郑氏从天、地、人相互关系的角度进行了阐述。《广守信章》指出："立天之道，曰阴与阳；立地之道，曰柔与刚；阴阳刚柔，天地之始。男女夫妇，人伦之始。"夫妇婚配成家是这三者综合的产物。《三才章》说："天之经也，地之义也，人之行之，天地之性，而人是则之。则天之明，因地之利，防闲执礼，可以成家。"而在家庭关系中，夫同天，妻同地。"夫者，天也，可不务乎！古者女子出嫁曰归，移天事夫，其义远矣。"出嫁便是归宿丈夫，所以服侍丈夫是天经地义的。那么妻子如何服侍丈夫？《纪德行章》指出：总的要求是"五者备"、"三者除"："女子之事夫也，缅笄而朝，则有君臣之严；沃盥馈食，则有父子之敬；报反而行，则有兄弟之道；受期必诚，则有朋友之信；言行无玷，则有理家之度，五者备矣，然后能事夫。"就是说，对待丈夫，必须装束整齐去朝见，要像臣对君那样的严肃；为他捧盆洗手、准备酒食，要像子对父那样的敬重；禀报返回的时间而出行，要像弟对兄那样的道义；被嘱咐办的事情要按期完成，要像对朋友那样守信；言行没有污点，对待家人能够宽容。做到这五点后，还必须"居上不骄，为下不乱，在丑不争"。"居上而骄则殆，为下而乱则辱，在丑而争则乖。"（第十章）因身居上位而骄傲，那就会招来危险；因身居下位而作乱，那就会受到侮辱；因别人瞧不起而争宠，那就会造成不和睦。此三者不去除，虽然夫妻和谐如同琴瑟，但仍然是没有尽到妻子的责任。除了服侍丈夫外，还要忠于丈夫。《女孝经》虽然没有明确地提出贞节观念，但却用了整整一章的篇幅，突出地宣扬"从一而终"的思想。郑氏在《广守章》中对侄女说，尽管"妇地夫天，废一不可，然则丈夫百行，妇人一志；男有重婚之义，女无再醮之文"。认为男子死了妻子可以重婚，妇人死了丈夫不能再嫁。这个观念在当时离现实很远。唐代中前期在两性生活方面相当开放，那时不仅公主可以一再嫁人，而且达官贵人娶再嫁之妇，也是平常之事。

（四）九族孝治，六亲欢心

九族有多种说法，一说是上至高祖，下达玄孙。六亲也有多种说法，一说父母、兄弟、妻子。淑女应该把孝道推广到九族，不仅要孝敬公婆，服侍丈夫，关心娣姒与幼卑之妾，乃至不失家人左右。郑氏在《广要道章》中说："女子之事舅姑也，竭力而尽心；奉娣姒也，倾心而馨义；抚诸孤以仁；佐君子以智；与娣姒之言信；对宾侣之客敬。"这样，便可达到《孝治章》的要求：得六亲、上下之欢心，"生则亲安之，祭则鬼享之，是以九族和平，菱菲不生，祸乱不作，故淑女之以孝治上下也如此"。这里应该指出，郑氏把孝的范围扩大到九族直至"小人"，甚至"不敢侮于鸡犬"，其理论立足点，是孝乃五常的实质与主宰，它支配仁义礼智以及其他道德准则，故其适用面"无所不达"。《广扬名章》指出：对父母的孝敬，可以推广于处理其他人伦关系："女子之事父母也孝，故忠可移于舅姑；事姐妹也义，故顺可移于娣姒；居家理，故理可闻于六亲。是以行成于内，而名立于后世矣。"而女子其他的道德行为，也不过是孝行的扩展。郑氏在《广要道章》中教诫侄女："临财廉，取与让，不为苟得，动必有方，贞顺勤劳，勉其荒怠，然后慎言语，省嗜欲，出门必掩蔽其面，夜行以烛，无烛则止，送兄弟不踰于阈。此妇人之要道，汝其念之。"违背这些行为准则，最后必将使父母遭到耻辱，有损家门，也就是不孝。

很显然，这种泛孝思想，是不符合孝的本意的。许慎（约58—约147）在《说文解字》中指出："孝，善事父母者。"孝是个会意字，上部是个省去笔画的老字（耂），下部是个子字。孝就是子女善事父母。朱熹在《论语·学而》注"其为人也孝悌"时说："善事父母为孝，善事兄长为弟。"所以，孝主要是子孙敬事父祖应循的道德准则，而从中引申出臣对君必须遵守的忠，以及为了事亲忠君、承继宗庙而约束自身行为的许多道德准则，虽然植根于孝的土壤中，以孝为本而却有别于孝，因而用其他德目名之。

（五）德智相辅，听谏从善

《女孝经》既强调妇人之德行，又关注她们的智慧，认为两者不是互相排斥，而是彼此互补的。在《贤明章》中，"诸女曰：'敢问妇人之德，无以加于智乎？'"郑氏从性善论出发回答道："人肖天地，负阴抱阳，有聪明贤哲之性，习之无不利，而况于用心乎？"学习知识，用心思考，对辅助丈夫是有好处的。"昔楚庄王（前613—前590在位）宴朝，樊女进曰：'何罢朝之晚也，得无倦乎？'王曰：'今与贤者言，乐不觉日之晚也。'樊女曰：'敢问贤者谁欤？'曰：'虞丘子。'樊女掩口而笑。王怪问之，对曰：'虞丘子贤则贤矣，然未忠也。妾幸得充后宫，尚汤沐，执巾栉，备扫除，十有一年矣。妾乃进九女，今贤于妾者二人，与妾同列者七人，妾知妨妾之爱，夺妾之宠，然不敢以私蔽公，欲王多博闻也。今虞丘子居相十年，所荐者非其子孙，则宗族昆弟，未尝闻进贤而退不肖，可谓贤哉？'"楚庄王感到夫人说得有理，便把这些话转告给虞丘子。虞丘子听后，惊慌得不知怎样答对，于是"避舍露寝"，搬出官署住在外面，"使人迎孙叔敖而进之，遂立为相"。楚国从此得到治理，很快强大起来，三年后，楚庄王称霸。樊夫人"以一言之智，诸侯不敢窥兵，终霸其国，樊女之力也。"可见，妇人之智力，是有助于丈夫功业的。

《女孝经》在强调"妇从夫之令"的同时，也主张对夫"谏净"，不提倡对夫绝对服从。《谏净章》指出："昔者周宣王（前828—前782在位）晚朝，姜后脱簪珥，待罪于永巷。"宣王推迟上朝时间，其夫人姜后以自己使君王贪恋女色，失礼晚朝，因而摘去首饰耳环，来到幽禁后妃的永巷，等待惩罚。这一"罪谏"使宣王从此夙兴夜寐，勤于政务，成为周室中兴之君。"汉成帝（前32—前7在位）命班婕妤同辇"，与自己一起乘车出行，她推辞说："妾闻三代明王，皆有贤臣在侧，不闻与嬖女同乘，成帝为之改容。"班婕妤的"言谏"，使成帝改变了神色，放弃了这个打算。"楚庄王耽游畋，樊女乃不食野味，庄王感焉，为之罢猎。"樊夫人的"食谏"，使庄王从此勤政。"由是观之，天子有诤臣，虽无道不失其天下；诸侯有诤臣，虽无道不失其国；大夫有诤臣，虽无道不失其家；士有诤友，则不离于令名。父有诤子，则不陷于不义；夫有诤妻，则不入于非道。是以卫女矫齐桓公不听淫乐，齐姜遣晋文公而成霸业。"因此，丈夫言行不合乎道义，应该直言规劝；如果只是"从夫之令"，那怎能成为贤妇呢？

（六）教诲尔子，勤勉勿怠

教诲子女，始自怀胎。郑氏在《胎教章》训诫道："人受五常之理，生而有性习也。感善则善，感恶则恶。虽在胎养，岂无教乎？"人一有生命，便能随着"习"而改变本性，感受到善便善，感受到恶便恶。因此，虽然在母胎中，岂能不进行教诲？"古者，妇人妊子也，寝不侧，坐不边，立不跛，不食邪味，不履左道，割不正不食，席不正不坐，目不视恶色，耳不听靡声，口不出傲言，手不执邪器，夜则诵经书，朝则讲礼乐。"总之，一切言行视听都合乎道德礼义。这样，"其生子也，形容端正，才德过人，其胎教如此。"孩子生下以后，作为母亲，应该做些什么呢？《母仪章》指出："明其礼也，和之以恩爱，示之以严毅，动而合礼，言必有经。"男孩子满六岁，要"教之数与方名"；到七岁，"男女不同席、不共食"；八岁，"习之以小学"；十岁，便让他从师而学。要求其"出必告反"；"游必有常所"；"习必有业"；"坐不中席、行不中道、立不中门"；"不苟訾、不苟笑、不有私财"；"立必正方，耳不倾听"；"使男女有别，远嫌避疑，不同巾栉"。做到谨慎、谦逊、恭敬、端庄、避嫌。"女子七岁,教之以四德,其母仪之道如此。"郑氏在《母仪章》最后说,"皇甫士安叔母有言曰:'孟母三徙以教成人,买肉以教存信'",难道是我居不卜邻,才"令汝鲁钝之甚"?这段话为侄女树立了两个教子榜样:孟母教子成名儒,皇甫谧叔母教侄成名医。

(七)历史意义

《女孝经》虽然是郑氏专为劝导其侄女而作的,但其适用面却比较宽泛,对上至后妃下至庶妇都有教育意义。

从内容看,《女孝经》尽管宣扬了夫天妇地、从一而终、男尊妇卑等封建观念,然而封建礼教思想并不很浓烈。例如,它既突出对女子的德行要求,又肯定其智慧的价值,专立《谏诤章》,强调妻子的"净谏"和模范作用对丈夫功业和道德的意义。《三才章》指出:妻子"先之以泛爱,君子不忘其孝慈;陈之以德义,君子兴行;先之以敬让,君子不争;导之以礼乐,君子和睦;示之以好恶,君子知禁"。这说明,妻对夫也有价值导向作用。至于有关注意胎教、训育子女、加强修养、尊敬公婆、勤俭持家、和睦亲属、礼待宾客等许多方面,即使从今天的观点看,也有不少合理的因素。

从方法看,《女孝经》从历代典籍中收集了许多典型事例,把抽象的女德规范与历史人物故事结合起来,使之形象化、具体化,增加了知识性、可读性和感染力、说服力。这里既有善的典型,又有恶的典型。郑氏在《女孝经》最后一章《举恶章》中以对举的形式,历数了古代妇女善恶典型及其影响,指出:"夏之典也以涂山,其灭也以妹喜;殷之典也以有莘氏,其灭也以妲己;周之典也以太任,其灭也以褒姒。此三代之王,皆以妇人失天下,身死国亡,而况于诸侯乎?况于卿大夫乎?况于庶人乎?"所以晋献公(前 676—前 651 在位)听了其夫人骊姬的谗言,迫使太子申生上吊自尽;陈国大夫陈御叔的妻子夏姬因美丽无比,公侯们争相聘娶,所以多次嫁人,三次当王后,七次做夫人,引起国公卿大夫们互相残杀，造成杀三夫、戮一子、弑一君、走两卿、丧一国，以"一女之身，破六家之产"，可谓"恶之极也"。由此可见，"妇人起家者有之，祸于家者亦有之"。这里必须指出，《女孝经》将国之成败、身之存亡归之于女子的善恶，这是不正确的，是道德决定论的表现，夸大了个人在历史上的作用。在男权主义时代，妇女在政治生活中只处于辅佐地位。尽管后妃夫人对国家的命运有时也能发挥很大的影响，但这必须获得掌权的丈夫（君王、公侯、卿大夫）的认同、采纳并加以实施，才能得以实现。所以从本质上看，后妃、夫人的姿色、谗言等只有在男性统治者们昏庸、腐败后才能发生使用。她们只不过是加速了这一历史进程。

　　《女孝经》中的积极成分与消极因素是混合交杂在一起的。如郑氏在《五刑章》中讲述"七出"这一封建时代丈夫休弃妻子的七条理由时，一改不顺父母、无子、淫、妒、有恶疾、多言、窃盗这《大戴礼记·本命》中的传统说法而另作解释，把妒忌列为第一条，向其侄女指出："五刑之属三千，而罪莫大于妒忌，故七出之状，标其首焉。"以突出的地位反对妒忌是有其合理因素的。又如《广守信章》中讲述"女无再醮之文"，主张女子从一而终，这当然是不正确的，但其所列举的三个事例，却值得研究思考。一是"芣苢兴歌，蔡人作诚"，说的是一宋国人的女儿嫁到蔡国后，发现丈夫有"恶疾"，其母叫她改嫁他人，她不同意，说丈夫没有大的罪过，又没有遗弃我，"何以得去"？她"不听其母，乃作《芣苢》之诗"①。宋女此举，得到时贤赞美，称其"甚贞而一也"②。二是"匪石为歌，卫主知慼（渐）"，是说齐国国君的女儿嫁给卫君，刚至卫都，就得知卫君已去世；她在卫都守完三年丧后，继立的卫君想娶她，她齐国的兄弟也劝她嫁新卫君，她都不同意，并作诗

①　《诗经·芣苢》。
②　刘向：《列女传·蔡人之妻》。

"我心匪石"①，表明自己不能像石头那样可以随意翻转过来。这个故事从不攀慕新君的角度看，是有道德价值的；但从死守故君、甘当寡妇的视角看，却包含着禁欲主义思想。三是楚昭王出游，留置夫人贞姜于渐台。江水暴涨，昭王派使者去迎接她，使者仓促忘带命符，贞姜便说："妾闻贞女义不犯约，勇士不畏其死；妾知不去必死，然无（命）符不敢犯约；虽行之必生，（然）无信而生，不如守义而死。"等到使者取了命符再来迎接时，"水高台没"，人已溺死。这个故事从倡导诚信守约看，无疑是有价值的。但从经权结合，原则性与灵活性统一看，显然是缺乏权变的表现。

二、宋若莘的《女论语》

宋若莘，唐德宗时才女，呼学士先生，赠河内郡君。贝州（今属河北省）人。出身于"世为儒学"之家。其父宋庭芬，能辞章，有词藻，生有一子、五女。子愚不可教，为民终生。若莘、若昭、若伦、若宪、若荀五女皆聪慧，宋庭芬"始教以经艺，既而课为诗赋"，使她们在少女时就博学多能。"若莘、若昭文尤淡丽，性复贞素闲雅，不尚纷华之饰。"鄙薄浓妆艳抹，衣着素雅淡朴。"若莘教诲四妹，有如严师"，她像严师那样教诲四位妹妹。并撰写了《女论语》一书，"其言模仿《论语》，以韦逞母宣文君宋氏代仲尼，以曹大家等代颜、闵，其间问答，悉以妇道所尚"。其长妹若昭为《女论语》详加注解，引申理义，得其要旨，并刊行于世。

贞元四年（788），节度使李抱真表荐其才，唐德宗将她们都召入宫中侍奉，试以诗赋文章，兼问经书大义，深加赏叹，"高其风操"，不以

---

① 《诗经·柏舟》。

宫妾遇，呼为"学士先生"，号曰"宫师"。贞元七年（791），诏若莘总掌"官中记注簿籍"、"秘禁图书"。若莘去世后，若昭继任此职。若昭"历宪、穆、敬三朝（806—825），皆呼先生，六宫嫔媛、诸王、公主、驸马皆师之，为之致敬。"① 正因为这样，《女论语》不仅受到皇家的赏识，而且在皇室与臣民中也有很大影响。明末王相将此与班昭的《女诫》、明成祖后徐氏的《内训》和王相母刘氏的《女范捷录》合刊，编为《闺阁女四书集注》，简称《女四书》。《女论语》除序言外，章目依次共分立身、学作、学礼、早起、事父母、事舅姑、事夫、训男女、营家、待客、和柔、守节，共十二章，形式仿《论语》，用问答体，四字一句。其主要内容有：

（一）昭明女德，九烈三贞

宋若莘在《女论语》的《序传》与《守节》章中，说明了撰写此书的总目标与根本要求："九烈可嘉，三贞可慕，深惜后人不能追步，乃撰一书，名为《论语》，敬戒相承，教训女子，若依斯言，是为贤妇，罔俾前人，独美千古。"鉴于当时女教荒废，女行不全，女德有亏，赶不上古代贤女贞妇之美德嘉行，宋若莘不仅平时严教诸妹，还感到有必要撰写《女论语》作为教材，以培养她们的三贞美德：在家孝父母，出嫁孝公婆，敬重丈夫，以享誉九烈，名垂青史。指出："此篇《论语》，内范仪刑。后人依此，女德昭明。幼年切记，不可朦胧。若依此言，享福无穷。"② 意思是我撰写《女论语》，旨在为母教确立标准，使后人据此要求自己。如果女子按照这个标准行动，那么德行就昭明彰著。女孩小时候应当熟读此书，牢记在心，身体力行，就可以成为贤女、孝妇、贞妻、慈母，无穷无尽地享受福禄。

---

① 《旧唐书·后妃下·女学士尚宫宋氏传》。
② 宋若莘：《女论语·守节》，下引此书只注章名。

（二）立身清贞，终身守节

《守节》章劝诫道：女子之道，"第一守节，第二清贞"。但守节须先清贞："凡为女子，先学立身。立身之法，惟务清贞。"清指端雅安静，冰清玉洁，志行光明；贞指纯一守正，柏操松坚，岁寒不改。要做到清贞，就要从男女有别、男尊女卑出发，在行、语、坐、立、听等方面都要合乎妇德准则。《立身》章要求："行莫回头，语莫掀唇，坐莫动膝，立莫摇裙，喜莫大笑，怒莫高声。"还应该按照《周礼》的要求，男子处外，女子处内；男行从左，女行从右；常处内室，不窥户外；有客来访时，则低言细语。《守节》章指出：在家"不谈私语，不听淫音。黄昏来往，秉烛掌灯，暗中出入，非女之经。"不得已外出时，必须如《立身》章所要求的，"出必掩面，窥必藏形"。用中扇加以遮蔽，勿使男子看到颜面；有事一定要窥看户外时，亦当隐蔽体形，勿使外人看到身体。"男非眷属，莫与通名，女非善淑，莫与相亲。"总之，一言一行要十分小心，因为"立身端正，方可为人"；"一行有失，万行无成"。清贞的落脚点是守节，不失节，从一而终。她在《守节》章中说："夫妻结发，义重千金，若有不幸，中路先倾，三年重服，守志坚心，保家持业，整顿坟茔，殷勤训后，存殁光荣。"丈夫不幸去世，要服丧三年，保守家业，祭扫坟墓，殷勤训导子女成人，以嗣丈夫之志，这样生者、死者都光荣。

（三）勤学女工，操持家务

《学作》章劝诫道："凡为女子，须学女工。"这是"四德"之一，不可不学。一学纺织麻布。"纫麻缉苎，粗细不同，车机纺织，切勿匆忙。"先将麻剖开、搓细而缉之，再用纺车纺成线，然后织成布匹。麻布、苎布有粗细之分，但均宜勤慎精工，不可匆忙。二要采桑养蚕。这是女子的专业。蚕要辛勤料理，早起晚睡，风雨无阻，天冷要用炭火烘暖，给食要适时均匀，勿使饥饿过饱。三要缫丝织造。蚕结茧后，要缫成丝，织成绸绢，积丈成匹，其工乃成。四是刺绣缝补。"刺鞋作袜，引线绣绒，缝联补缀，百事皆通。若按此语，寒冷从容，衣不愁破，家不愁穷。"女工样样精通，就能衣食丰足，不愁穷乏。《女论语》强调女子要勤劳生产，不要做衣来伸手、饭来张口、好吃懒做的"懒妇"。指出："莫学懒妇，积小痴慵，不贪女务，不计冬春，针线粗率，为人所攻。嫁为人妇，耻辱门风。衣裳破损，牵西遮东，遭人指点，耻笑乡中。"

关于操持家务，《早起》章训诫道："五更鸡唱，起着衣裳，盥漱已了，随意梳妆。捡柴烧水，早下厨房。摩锅洗镬，煮水煎汤。随意丰俭，蒸煮食尝。安排蔬菜，炮鼓春姜。随时下料，甜淡馨香。整齐碗碟，铺设分张。三餐饭食，朝暮相当。侵晨（侵晨谓快天明时）早起，百事无妨。"这些都是较为殷实之家的贤妇所必须学习和做到的。与此同时，要求："莫学懒妇，不解思量。黄昏一觉，直到天光。日高三丈，犹未离床。起来已晏，却是惭惶。未曾梳洗，突入厨房。容颜龌龊，手脚慌忙。煎茶煮饭，不及时常。"更不能做嘴馋的妇人："铺啜争尝，未曾炮馔，先已偷藏。丑呈乡里，辱及爹娘，被人传说，岂不羞惶？"好吃之妇，吃喝争先，食之不已，还私取偷藏，被尊长发现后，遭到羞辱和怒骂。这些有辱父母、丑闻乡里的行为，应当竭力避免。

（四）孝敬父母，侍奉公婆

对此，《事父母》章提出了许多具体准则："女子在堂，敬重爹娘，每朝早起，先问安康。寒则烘火，热则扇凉。饥则进食，渴则进汤。"在受到父母批评时，应"近前听取，早夜思量。若有不是，改过从长。父母言语，不作寻常。遵依教训，不可强良"。对于父母的责备，不能忽略，视同寻常，应遵照而行，不得违拗，若不明白可以问，但不能不服从。不仅如此，"父母年老，朝夕忧惶。补联鞋袜，做造衣服。四时八节，孝养相当。父母有疾，身莫离床。衣不解带，汤药亲尝。祷告神祇，保佑安康"。一旦不幸亡故，则应不忘恩德，做好丧葬："衣裳装殓，持服居丧。安埋设祭，礼拜家堂。逢周遇忌，血泪汪汪。"《女论语》把对父母的孝敬规定得十分具体细致，很具操作性。同时，又从反面劝诫："莫学忤逆，不孝爹娘。"有训不从，稍受责备，顿生气愤；在家时比争衣饰，索取嫁妆；出嫁后偏爱夫婿，不亲父母；父母亡故后对兄嫂弟妇"说短论长"，只搜求父母遗产而"不顾哀丧"。"如此妇人，狗彘豺狼。"不如猪狗，好比豺狼，应引以为戒。

对于公婆，《事舅姑》章训诫道："供承看奉，如同父母"。具体要求有："敬事阿翁，形容不睹。不敢随行，不敢对语。如有使令，听其嘱咐。"公公如有吩咐，要侧侍而听，遵行无误。对婆婆则"姑坐则立，使令便去"。侍奉公婆，早上开门要轻声，不要惊动二老；还要"洒扫庭堂，洗濯巾布。齿药肥皂，温凉得所"，"香洁茶汤，小心敬递。饭则软蒸，肉则熟煮"。夜间要安置好他们睡卧，然后再辞归回房。这些事情要"日日一般，朝朝相似"，久敬不倦，坚持不懈，这样才称得上"贤妇"。切不可对公婆恣慢无礼，如犬咆哮，高声大喊；也不可"说辛道苦，呼唤不来，饥寒不顾。如此之人，号为恶妇"，其不孝不贤，为"天地不容"。一旦责罚加身，就悔之无路矣。

（五）顺从夫君，训导子女

《女论语》提倡男尊女卑，夫天妻地，《事夫》章指出："将夫比天，其义匪（同非）轻。夫刚妻柔，恩爱相因。"对待丈夫，一要敬重如宾。"夫有言语，侧耳详听；夫有恶事，劝谏谆谆。"对丈夫的话固应敬听而从，但对其邪恶之举，必须善劝而加以阻止，"莫学愚妇，惹祸临身"。愚妇非但不加阻止，反而相劝为非，或以自身之恶累及夫君，从而招致灾祸。二要关心安全。"夫若出外，须记途程。黄昏未返，瞻望思寻。停灯温饭，等候敲门。莫学懒妇，先自安身。"丈夫未回而先眠，无灯无火，不问安否食否。三是关怀身体。"夫如有病，终日劳心。多方问药，遍外求神。百般治疗，原得长生。莫学蠢妇，全不忧心。"四是照顾生活。要备齐丈夫一年四季所穿的衣服，"莫教寒冷，冻损夫身"。日常的茶饭饮食，要"供侍殷勤，莫教饥渴"。五是忍气退让。"夫若发怒，不可生嗔。退身相让，忍气低声。莫学泼妇，斗闹频频。"总之，要"同甘共苦，同富同贫，死同棺椁，生共衣衾"。

关于训导子女，《训男女》章教诫道："大抵人家，皆有男女。年已长成，教之有序。训诲之权，实专于母。"由于父主外事，女主内事，子女幼小时居处于家里，故教育子女便成为母亲的专事。男孩长大后要"请延师傅，习学礼仪，吟诗则赋"。而延待师尊，则要宴请、送礼，以示敬仪。这些均宜办好，不可失礼。女孩则以母训为主："女处闺门，少令出户。唤来便来，唤去便去。稍有不从，当加叱怒。朝暮训诲，各勤事务，纫麻缉苎。"女孩从小少让她出门，凡有使唤，不准违拗，若不听从，便加怒责。从早到晚，教以女红、家务。"若在人前，教他（她）礼数，递献茶汤，从容退步。"这就是说，母亲应把自己所受到的教育，再施教于女儿身上。要防患于未然，禁抑于未萌，不致习性已成而难以改变：一是"莫纵娇痴，恐他嗔怒"，不要放纵女儿娇气、傻迷，以防养成啼号怒骂之习性；二是"莫纵跳梁，恐他轻侮"，不要放纵女儿蛮不讲理的态度，以防养成与自己斗嘴、轻慢公婆、侮虐丈夫的品性；三是"莫纵歌词，恐他淫污"，不要放纵女儿听淫歌、唱淫曲等坏作风，以防养成淫污之劣性；四是"莫纵游行，恐他恶事"，不要放纵女儿闲散游荡的行为，以防她行邪僻放荡之事。

《训男女》章指出，现在有些人不懂得如何训导自己的子女，结果是："男不知书，听其弄齿。斗闹贪杯，讴歌习舞。官府不忧，家乡不顾。"男儿不怕官府法度，不能治家理家，不养父母妻子，从而成为废人。"女不知礼，强梁言语，不识尊卑，不能针指，辱及尊亲，有玷父母。如此之人，养猪养鼠。"女儿不懂礼让，言语好强，不尊长辈，不会女工，出嫁后不遵妇道，而为不孝之妇，不贤之妻，玷辱父母。究其原因，都是由母训不早、不严造成的。她们虽生育子女，实在与养猪、养鼠差不多。因此，母仪之道不可不教，不可不明。

（六）勤俭持家，和睦内外

《营家》章训诫道："营家之女，惟俭惟勤。勤则家起，懒则家倾；俭则家富，奢则家贫。"妇女经管家计之道，只是遵循勤俭二字，这两者相成相依，并行不悖。勤以裕其俭，俭以辅其勤。勤而不俭，徒然劳苦；俭而不勤，贫苦终生。故勤则兴家，懒则败业，俭富奢贫。因此，勤俭不可懈怠。"一生之计，惟在于勤；一年之计，惟在于春；一日之计，惟在于寅。"勤俭的要求是：一要"奉箕拥帚，洒扫灰尘，撮除邋遢，洁净幽清"。不要使家宅秽污，门户灰暗。二要"耕田下种，莫怨辛勤，炊羹造饭，馈送频频"。夫在外耕田，妻在家做饭；妻勤送茶饭，细心照顾，以免夫饥渴乏力而误农工。三要"积糠聚屑，喂养孳牲。呼归放去，检点搜寻。莫教失落，扰乱四邻"。积聚米糠饭屑以喂牲畜，圈养牧放以防走失或奔入人家扰乱邻居。四要对家中富余的钱谷等进行收藏，勿使失散浪费。如酒物之"存积留停，禾麻菽麦之"存入仓栈，"油盐椒豉"之装盛瓮罐，使"猪鸡鹅鸭，成队成群"。这样，逢年过节，宾客到家，无奔走急措之患，全家饱享盈余宽裕之乐。

关于和睦内外，首先是和家。《和柔》章训诫道："处家之法，妇女须能，以和为贵，孝顺为尊。翁姑嗔责，曾如不曾，上房下户，子侄宜亲。是非休习，长短休争，从来家丑，不可外闻。"对公婆的怒责，谨记己错而改之；即使冤枉自己，也不应计较，就像没有发生过一样。对幼小的子侄之辈，要怜爱、亲恤。在妯娌之间，不要谈论是非，争竞长短，家中有丑恶之事，也不可自扬于户外。其次是睦邻："东邻西舍，礼数周全。往来动问，款曲盘旋。一茶一水，笑语忻然。当说则说，当行即行。闲是闲非，不入我门。"邻家女眷往来，应问寒问暖，茶水招待，言不失其礼，不评论其是非长短，不泄露其交谈的言论，不要像愚妇那样，偏听一方，不辨真伪，便出秽言，触犯长辈，伤害亲戚，毁骂妯娌，无所不止。这样才能内外和睦。

（七）学知礼教，敬待宾客

《学礼》章训导说，要懂得待客之道，"女客相过，安排坐具。整顿衣裳，轻行缓步。敛手低声，请过庭户。问候通对，从头称叙。答问殷勤，轻言细语。务协茶汤，迎来递去"。端上香洁的茶汤，款待以丰盛的酒食，接赠酬谢都要合乎礼节。而不要像无礼之妇那样，客人来了"抬身不顾，接见依稀，有相欺侮"，表情冷淡，爱理不理，礼貌不周，言语侮慢。《待客》章又指出，男客到来，则由丈夫接待于厅堂。作为妻子要进行协助：用滚开的水洗涤茶具，擦洁抹光桌凳，向客人递上茶水，然后退立堂后，听丈夫吩咐。如果丈夫不在家，就应派家童接待，命他记其姓名，问明事情，以便转告丈夫。若留客吃饭，要备好酒食："杀鸡为黍，五味调和，菜蔬齐楚，茶酒清香。"如果客人要留宿，就要"点烛擎灯，安排坐具，枕席纱厨，铺毡叠被。钦敬相承，温凉得理"。第二天早上客人如辞别，仍要准备酒食，殷勤款待。这样，待客之礼就周全了，客人也就高兴了。而不要像不贤之妇那样："不持家务，客来无汤，慌忙失措。夫若留人，妻怀嗔怒。有箸无匙，有盐无醋。打骂男女，争啜争哺。"这样，丈夫因而有惭愧之容，客人也呈羞怒之色。

《学礼》章要求访亲问友时，应行做客之礼："相见传茶，即通事故。说罢起身，再三辞去。主若相留，礼筵待遇。酒略沾唇，食无义箸。"若主人执意留下款待，饮酒不致脸红，吃相不可难看，主人如果不断劝酒，也不要贪杯久留，而要起身告辞回家，不要像无礼妇人那样，喝汤吃醋没有止足，饮酒饮得酩酊大醉，回家时步履不稳，跌跌撞撞，弄脏了衣服，因而招人厌恶。《女论语》虽然允许妇女有事访亲问友，但反对随便串家走户，告诫道："莫学他人，不知朝暮。走遍乡村，说三道四。引惹恶声，多招骂怒。辱贱门风，连累父母。损破自身，供他笑具。如此之人，犹如犬鼠。"

《女论语》对后世有重要的影响。书中渗透着男尊女卑、曲从公婆和三从四德等封建思想，规定的准则极其细密，为培养封建社会中的孝女、贤妇、良妻、慈母提供了基本教材，反映出对妇女精神压迫有加强与扩大的趋势。但其中也有一些民主性、人民性等合理性因素。如教女学女工、爱劳动、讲卫生；勤俭持家，"小富由勤"；对丈夫既要顺从，也要规劝，"夫有恶事，劝谏谆谆"；夫妻要"同甘共苦，同富同贫"；对同辈、小辈和邻里要和睦相处，以及劝诫女子莫学懒妇、蠢妇、泼妇、恶妇等，都有一定的积极意义。《女论语》没有特别突出夫死不嫁、从一而终的贞节观念，这种情况是与唐代两性生活比较开放，连公主都可以再嫁、三嫁相适应的。《女论语》语言的通俗易懂、朗朗上口，准则的细致具体，便于中下层妇女领悟，利于操作践行。故自明至清各地传相刻印，影响深远。

第二十一章
唐代家训形式的新发展：
"诗训"与"家法"

唐代在家训形式上有进展，表现在一是广泛采用"诗训"，以诗训育子弟虽然起源很早，但直到唐代才被普遍采用，并对后代产生了深远的影响；二是家法的出现，即由过去的"门法"、"礼法"发展为采用国家法律补充的、有明确条文规定的成文家法进行教诫。

一、唐代的"诗训"

唐朝是我国古代诗歌发展的鼎盛时期，涌现出了李白、杜甫、白居易等许多蜚声中外的伟大诗人；唐代又是中国传统家训成熟时期，上至帝王、世家豪族，下至文人学士甚至出家僧人，都重视对子弟的教育，把这两者结合起来，便成为脍炙人口的家训诗。家训诗盛行于唐代而起源于西周，文王就用"靡不有初，鲜克有终"① 的诗句，教诲子孙立身行道应始终如一。《诗经》中的《郑风·扬之水》和《小雅·小宛》，表

_____
① 《梁书·王规传》。

达了夫妇间规劝、兄弟间相戒等思想，其中"教诲尔子，式穀似之"、"夙兴夜寐，无忝尔所生"，以及"战战兢兢，如履薄冰"等语，对后世影响很大。西汉以《诗》荣身传家的韦玄成有诫子孙诗，文学家东方朔也写有《戒子诗》，以"明者处世，莫尚于中"教导其子实行中庸之道。东汉末文学家刘桢（？—217）的《赠从弟诗》，劝勉其从弟要像苍松翠柏那样保持自己高洁的品性。西晋潘岳（247—300）的《家风诗》表达了遵行家训与自我修持的重要性。诗云："绾发绾发，发亦鬓止。日祗日祗，敬亦慎止。靡专靡有，受之父母。鸣鹤匪和，析薪弗荷。隐忧孔疚，我堂靡构。义方既训，家道颖颖。岂敢荒宁，一日三省。"① 梁代王揖有《在齐答弟寂诗》，用奔流不息的河水来勉励其弟学问不断长进。不过，总的来说，在唐代以前，家训诗比较少，影响也不大。唐代则不但数量多，内容丰富，而且影响也深远，许多诗人都有家教诗。

（一）诗僧王梵志的家训诗

唐代佛教发达，僧人甚多，其中有些人出家后，仍留意俗家，写诗劝诫家人。如法照和尚劝勉兄弟和睦同居的诗便是如此："兄弟同居忍便安，莫因毫末起争端。眼前生子又兄弟，留与儿孙作样看。"这类诗情意很深："同气连枝本自荣，些些言语莫伤情。一回相见一回老，能得已时为弟兄？"② 僧人家训诗以唐初黎阳（今河南浚县）人王梵志（约590—660）的最著名，在唐、五代、宋影响较大，其主要内容有：一是"欲得儿孙孝，无过教及身"。孝心不是天生的，是靠教育形成的。所以，即使孩子没有过失，也要对他们进行训导，并且还要严格："一朝千度打，有罪更须嗔。"有了罪过，更不能放任不管，而应怒责、鞭笞。二是"家中勤检校，衣食莫令偏"。王梵志认为，做父母的，应"夜眠须在后，起则每须先"，对孩子的言行勤于检查，衣食不能由他们

---

① 《古今图书集成·明伦汇编·家范典》。
② 《寄劝俗兄弟二首》，见陈尚君：《全唐诗补编》，中华书局1992年版。

挑剔，防止偏食偏爱。三是"养子莫徒使，先教勤读书"。对儿子不要只想使唤他，而是要先教他勤奋读书学习，即便是"一朝乘驷马，还得如相如"。当上了高官，乘坐四匹马拉的车，还应鼓励他效法西汉辞赋家司马相如（前179—前117），做到多才多艺。这种训导子弟读书做官的思想，并不是王梵志所特有的，而是很普遍的。例如，在新疆婼羌县米兰古城遗址中发现的唐宪宗时人坎尔曼写的教子读书诗就是其中之一："小儿读书不用心，不知书中有黄金。早知书中黄金贵，高照明灯念五更。"① 看来，这是以自己的感悟劝导儿子的。四是"丈夫无伎艺，虚沾一世人"。王梵志看到了技艺对人生的价值："黄金未是宝，学问胜珠珍；丈夫无伎艺，虚沾一世人。"金山可以化光，学问能够立身，大丈夫若无一技半艺挣钱养家，那等于虚度一世，枉过一生。这是乱世中技艺比出身门第更宝贵的事实在家训中的反映。五是"家中会宾客，尊卑有礼仪"。王梵志重视家礼，写了好几首类似的诗，如："亲家会宾客，在席有尊卑。诸人未下箸，不得在前椅。"在宴会上幼卑者不要坐在上座，拿筷先吃。又如，"尊人共客语，侧立在旁听。莫向前头闹，喧乱作鸦鸣。"尊长与客人说话，卑幼应侧立一边聆听，不得到前面喧哗乱说。再如："坐见人来起，尊亲尽远迎。无论贫与富，一概总须平。"看见来客应马上站起，不管尊亲是穷是富，要一视同仁，平等接待。

上引王梵志诗均见张锡厚的《王梵志诗校辑》，这些诗平实、朴素、健康，很具教育意义，但也有主张棍棒主义方法的缺憾。

（二）"诗圣"杜甫的诗训

杜甫（712—770），唐代大诗人。字子美。祖籍襄阳（今湖北襄樊市）人。父祖均为朝廷命官。他幼时好学，壮而游历江淮、山东等地，

---

① 《教子》，见王重民等：《全唐诗外编》，中华书局1982年版。

曾为检校工部员外郎，故后人称他为杜工部。因进谏触怒唐肃宗，出为华州司功参军。时安禄山叛乱，"谷食踊贵"，杜甫"自负薪采梠，儿女饿殍数人。"① 在乱世中，他非常怀念子弟、亲属，写诗教育他们：

1."骥子好男儿"，"诵得老夫诗"。骥子即其子杜宗武，他从小聪慧。杜甫对他特别钟爱，作《遗兴》一诗称赞道："骥子好男儿，前年学语时，问知人客姓，诵得老夫诗。"对刚刚学会说话的儿子，能够知道客人的姓名，背诵自己的诗句，杜甫非常欣慰，赞扬他是"好男儿"，勉励他学习。2."淘米少汲水"，"刈葵莫放手"。杜甫既鼓励子孙识字读书，也教导他们学习简单的劳动技术，《示从孙济》反映了这一家教思想："诸孙贫无事，宅舍如荒村。堂前自生竹，堂后自生萱。"住在荒村中，生活只能靠自己，要注意"淘米少汲水，汲多井水浑"。井小而浅，如多汲水，水就浑浊不能用了。还要学会收割蔬菜，"刈葵莫放手，放手伤葵根。"这里所说的葵，是指冬葵，为我国古代重要蔬菜之一。他教孙儿剪割葵菜时要握住葵茎，以保护好葵根，使新生的枝叶鲜嫩肥美。3."熟精《文选》理，休觅彩衣轻。"杜甫的诗与李白齐名，"时人谓之李、杜"②。他希望杜宗武继承自己的事业，所以在其子生日时，特作《宗武生日》一诗训导他："诗是吾家事，人传世上情。熟精《文选》理，休觅彩衣轻。"希望儿子把学会作诗视为杜家的事业，并为此而熟读、精读《文选》，不要去寻求歌舞声色。这一思想，在《又示宗武》一诗中表达得更透彻：

> 觅句新知律，摊书解满牀。试吟新玉案，莫羡紫罗囊。假日从时饮，明年共我长。应须饱经术，已似爱文章。十五男儿志，三千弟子行。曾参与游夏，达者得升堂。

教导宗武在青少年时就树立远大的志向，致力于经术文章以求术业有成，像孔子的得意门生曾参与子游、子夏那样，在承道传业上干一番事

① 《旧唐书·杜甫传》。
② 同上。

业。曾参（约前505—前435），孔子的学生，《史记》说他作《孝经》，后世称他为“述圣”。子游（前506—？）以文学见称，明于习礼，任武城宰，以礼乐教民，改善俗风。子夏（前507—？）对《诗》、《春秋》、《易》、《礼》都有研究，孔子死后“居西河教授，为魏文侯师”①。李悝、吴起等均为其弟子。杜甫希望宗武像他们那样，“达者能升堂”②。苏轼在批评韩愈训子“所示皆利禄事也”的同时，赞扬杜甫《示宗武》诗“所示皆圣事也”。不幸的是，在社会动荡、民不聊生的年代，杜甫一家连生存都成问题，据《旧唐书·杜甫传》记载，其“子宗武，流落湖、湘而卒”，未能实现其父对他的厚望。

（三）“唐宋八大家”之首韩愈的诗训

韩愈（768—824）是唐代著名文学家、哲学家、诗人。字退之，自称“昌黎韩愈”。河阳（今河南孟县南）人。三岁而孤，由其兄韩会抚养长大，刻苦学儒，六经百家无所不读。十九岁赴长安觅官，二十五岁中进士。宪宗元和十年（815）任考功郎中、知制诰，拜中书舍人，为皇帝起草诏书文件，官职清闲而重要，并且有了舒适的居室，因而踌躇满志。这时孩子也已到了读书的年龄，为此，他作了《示儿》与《符读书城南》两首诗进行教诲，希望儿子也走这条飞黄腾达的道路。

1. “开门问谁来，无非卿大夫。”《示儿》诗向儿子展示了自己从一介寒生变为达官名士的艰苦奋斗之路：“始我来京师，止携一束书。辛勤三十年，以有此屋庐。”凭自己一手好文章，只身闯天下，不仅为官任职，建了屋庐庭园，而且所交往的都是上层人物：“开门问谁来，无非卿大夫。不知官高卑，玉带悬金鱼。问客之所为，峨冠讲唐虞。酒食罢无为，棋槊以相娱。凡此座中人，十九持钧枢。”玉带是皇帝所赐之玉饰腰带，三品以上官员与亲王皆服玉带。唐代还规定，三品以上服

---

① 《史记·仲尼弟子列传》。
② 《全唐诗·杜甫》，上海古籍出版社1986年版，下引此书不注出版社及页码。

紫、佩金符，金符刻鲤鱼形，谓之金鱼。钧为下级对上级的称谓，如钧座之类，枢为门户的转轴，泛指事物的重要部分，钧枢同钧轴，指掌握朝政大权的重臣。这几句诗是说，现在家中来往者，多是王公贵族卿大夫，掌握国家大权的人。那么，这种荣华富贵是如何得来的？"嗟我不修饰，事与庸人俱。安能坐如此，比肩于朝儒。"如果我不勤学苦读，哪能跻身于士大夫行列？其目的是"诗以示儿曹，其无迷厥初"，希望儿子从小就不迷失方向，走自己走过的科举入仕之路。

2. "诗书勤乃有，不勤腹空虚。"为了使儿子专心读书，元和十年秋天，韩愈把他送到城南别墅，并作《符读书城南》一诗进行训示。符是其子的小名。诗开头说："木之就规矩，在梓匠轮舆。"这个比喻借用了《孟子·尽心下》的话："梓匠轮舆能与人规矩，不能使人巧。"意思是木匠及做车轮、车体者虽然能将制作的规矩、准则告诉别人，却不能使人成为能工巧匠，因为那是需要自己努力才能成功的。韩愈发挥了上述思想，告诉儿子：木按照一定规则制作成精美的器物，就在于匠人的劳动；一个人要成为有用的人才，也必须勤奋读书。"人之能为人，由腹有诗书。诗书勤乃有，不勤腹空虚。"否则，就不能称之为人。

3. "欲知学之力，贤愚同一初。"韩愈持性三品说，认为人虽然有与生俱来、不可改变的上智下愚之别，但对中品的人来说，刚生下来时都差不多，其智愚、善恶、贤不肖决定于后天的学习与修养："两家各生子，提孩巧相如。少长聚嬉戏，不殊同队鱼。"小时天分智巧相同，但由于勤学情况不同，"年至十二三，头角稍相疏"。出现了一点差别。"二十渐乖张，清沟映污渠。"差别扩大，如同清沟与污渠那样反差明显。"三十骨骼成，乃一龙一猪。"三十岁成为定局，一成飞龙，一为蠢猪。"飞黄腾踏去，不能顾蟾蜍。"飞龙腾空而去，顾不上污泥中的癞蛤蟆了。知识才能迥然不同，导致了社会地位的尊卑差异。"一为公与相，潭潭府中居。一为马前卒，鞭背生虫蛆。"一个是高官厚禄，出入车马，住在深宅大院里；一个是马前小卒，任人役使，被鞭打流血，伤口生蛆。为什么？"问之何因尔，学与不学欤！"这就告诉儿子，对一个人的前途来说，家庭出身高低与财产贫富不是决定性的。"金璧虽重宝，费用难贮储。学问藏之身，身在则有余。"一个人的财产有耗完的时候，胸中的学问却是用不完的。

> 君子与小人，不系父母且。不见公与相，起身自犁锄。不见三公后，寒饥出无驴。

出身微贱的种田人可以为公相，而公相的不肖后代却寒饥交迫，出门连毛驴也坐不上。总之，"人不通古今，马牛而襟裾"。

4. "恩义有相夺，作诗劝踟蹰。"韩愈既要求儿子发愤读书，也希望他注意身体，他说："时秋积雨霁，新凉入效墟。灯火稍可亲，简编可卷舒。岂不旦夕念，为尔惜居诸。恩义有相夺，作诗劝踟蹰。"韩愈送儿子出门孤读，似乎有违父子恩情，但为了尽到教子责任，还必须这样做。①

韩愈的两首教子诗，充满了对缺少文化知识的下层劳动者的轻视，认为人之所以为人，是因为"腹中有诗书"；他用功名利禄劝诱儿子穷经苦读，讲得非常露骨，毫无掩饰，所以尽管取得成效，子韩昶登进士第②，仍然遭到一些士大夫的谴责。胡仔在《苕溪渔隐丛书》中引苏轼（1037—1101）与洪迈（1123—1202）语批评他"所示皆利禄事也"，"乃是觊觎富贵"。《全唐文纪事》卷七七载宋人李如篪抨击韩愈语："以此训后生"，是用"文锦覆陷阱者哉"！

5. "欲为圣明除弊事，肯将衰朽惜残年。"韩愈尽管求官的思想十分强烈，但他耿直忠贞，不避刀斧，敢于直谏，元和十四年因上《论佛骨表》而触怒唐宪宗，被远贬潮州当刺史，路过蓝关时，其侄孙韩湘从长安赶来送别，为此，韩愈作《左迁至蓝关示侄孙湘》一诗训导他：

> 一封朝奏九重天，夕贬潮州路八千。欲为圣明除弊事，肯将衰朽惜残年！云横秦岭家何在？雪拥蓝关马不前。知汝远来应有意，

---

① 《符读书城南》，《全唐诗·韩愈》。
② 《旧唐书·韩愈传》。

好收吾骨瘴江边。

表示虽然去潮州的路途遥远而且艰险、凶恶，但为国兴利除弊的决心不会动摇，我若在那南方弥漫瘴气的江边死了，你们好生收葬我的尸骨就是了。韩愈在穷达、生死转折关头所表现出的无悔无怨的思想情操，具有很强的感染力，对韩湘是深刻的教育。

（四）"香山居士"白居易的诗训

白居易（772—846）是唐朝大诗人。字乐天。祖籍太原（今山西太原市），出生于新郑（今河南新郑县），唐德宗时进士；唐宪宗时任翰林学士、左拾遗等职，因忠言极谏，"上颇不悦"，说道："白居易小子，是朕拔擢致名位，而无礼于朕，朕实难奈。"①后又得罪权臣，故在元和十年（815）被贬为江州司马。晚年居洛阳香山，自号香山居士。其诗训内容主要有：

1. 生女亦喜欢，"何必是男儿"。唐代虽然礼教不严，但男尊女卑却普遍存在。自西晋左思（？—305）作《娇女诗》写女儿天真活泼可爱后，杜甫等也写有这类诗。白居易在江州期间生有三个女儿，对她们非常喜爱。他同情妇女在封建社会中所遭受的苦难，希望世人不要轻视她们。在长诗《妇人苦》中写道："妇人一丧夫，终身守孤子。犹如林中竹，忽被风吹折。一折不重生，枯死犹抱节。男儿若丧妇，能不暂伤情。应如门前柳，逢春易发荣。风吹一枝折，还有一枝生。为君委曲言，愿君再三听。须知妇人苦，从此莫相轻。"也正因为这样，白居易更加怜爱自己的妻子与女儿。在《赠内子》一诗中说："白发长兴叹，青蛾亦伴愁。寒衣补灯下，小女戏床头。暗澹屏帏故，凄凉枕席秋。贫中有等级，犹胜嫁黔娄。"尽管家境贫困，孤烛暗淡，但却享受着"小女戏床头"的天伦之乐。后来，女儿出嫁后生了个外孙女，在满月时他

---

① 《旧唐书·白居易传》。

特写诗表达自己的喜悦："自嗟生女晚，敢讶见孙迟"；"怀中有可抱，何必是男儿"。这也是对女儿进行生男生女都一样的教育。

2."勿言宅舍小，知足身亦泰。"白居易兄弟很多，侄子成群，为教导他们，写了《狂言示诸侄》一诗。他深知读书的辛苦，目睹有才者的不幸，故并不主张子弟熟读经书以求显达。自己虽然仕途并不平坦，小有牢骚不满，但尚能坦然处之，表现出某种满足："既窃时名，又欲窃时之富贵，使己为造物者，肯兼与之乎？……官品至第五，月俸四五万，寒有衣，饥有食，给身之外，施及家人。亦可谓不负白氏子矣。"① 他就用这种知足常乐的思想训导诸侄："世欺不识字，我忝攻文笔。世欺不得官，我忝居班秩。"他要求诸侄克制过高的欲望："况当垂老岁，所要无多物。一裘暖过冬，一饭饱终日。勿言宅舍小，不过寝一室。何用鞍马多，不能骑两匹。"这是以浅显易懂的语言，使侄儿们懂得，对财物不要有过多的贪求，并希望他们理解自己的人生态度："如我优幸身，人中十有七。如我知足心，人中百无一。傍观愚亦见，当己贤多失。"观察别人是否知足，愚蠢者也看得出来；而自己要做到知足，贤能者也多有过失。全诗以"不敢论他人，狂言示诸侄"② 为落脚点，揭示出白居易作此诗之目的，是为了训示侄儿知足勿贪。这表明，他不像韩愈那样训导子侄刻苦读书，以求飞黄腾达，故当他知道侄儿侄女能作诗制衣时，写了《见小侄龟儿咏灯诗并腊娘制衣因寄行简》，劝告弟弟白行简："已知腊子能裁服，复报龟儿解泳灯。巧妇才人常薄命，莫教男女苦多能。"

3."上遵周孔训，旁鉴老庄言。"白居易训导诸侄不要贪名逐利，是为了使他们保身免祸。因为狂热地追求名利，难免会丧身败家，他在《闲着看书贻少年》一诗中说："多取终厚亡，疾驱必先堕。劝君少干名，名为锢身缧。劝君少求利，利是焚身火。我心知已久，吾道无不

① 《旧唐书·白居易传》。
② 《全唐诗·白居易》。

可。所以雀罗门，不能寂寞我。"但从内心深处看，白居易既不否定功名利禄，也不否定有所作为。故在其女儿阿罗七岁时，写了《吾雏》一诗，不仅赞扬她"性识颇聪明，学母画眉样，效吾咏诗声"，而且还寄以厚望："蔡邕念文姬，于公叹缇萦。敢求得汝力，但未忘父情。"蔡邕之女蔡文姬是历史上有名的才女，完成了父兄的遗志；缇萦是西汉太仓令淳于公的小女儿，淳于公犯罪被捕，缇萦要求自己当官奴为父赎罪，感动了汉文帝，使淳于公得到赦免。白居易赞叹这两个女中豪杰，实际上是蕴含着对女儿的期望。不过，他不过分激发子女的上进心，因为这可能会造成难以挽回的恶果，故在《遇物感兴因示子弟》一诗中说道："吾观器用中，剑锐锋多伤。吾观形骸内，骨劲齿先亡。寄言处世者，不可苦刚强。"

但是，过分怯懦会遭人欺凌，也不是处世的好办法，故他又"寄言立身者，不得全柔弱。彼固罹祸难，此未免忧患"。那么，"于何保终吉？强弱刚柔间。上遵周孔训，旁鉴老庄言。不唯鞭其后，亦要轭其先。"[①] 最好的办法，是将儒道结合起来，既积极入世，干番事业，又不要过头，名利心太强，使进退、穷达听其自然，在强弱刚柔间取中道，无过无不及，既不争先，也不落后，以此保证终身吉利。

（五）"诗仙"李白与李商隐的诗训

唐代的诗训，就其企盼的价值目标而言，大致有四：一是使子弟通过学技习艺，能够谋生立业；二是劝导子弟苦读诗文，科举入仕；三是穷达、进退任其自然，保身远祸。四是激励子弟、亲属投笔从戎，为国杀敌，立功受封。李白与李商隐的诗训具有这第四方面的特点。

李白（701—762）是唐代大诗人，祖籍陇西成纪（今甘肃秦安西北）。玄宗时一度为翰林。安禄山叛变时为永王李璘幕僚；李璘谋逆败

---

① 《全唐诗·白居易》。

亡，李白受牵连被流放夜郎。被赦后来往于洞庭金陵间。他不好儒学，蔑视礼教，重视经世济用，为国效力。用诗鼓励外甥、族弟立功报国。在《赠从弟冽》中，李白表达了自己爱国无门的悲愤："羌戎事未息，君子悲涂泥。报国有长策，成功羞执珪。无由谒明主，杖策还蓬藜。"他自己虽然不被重用，但希望亲人能为国杀敌立功。李白的外甥郑灌从军西征，他作诗三首相送，鼓励他善用韬策，勇敢作战，祝愿他早日得胜回朝，衣锦还乡。其中一首为："六博争雄好彩来，金盘一掷万人开。丈夫赌命报天子，当斩胡头衣锦回。"李白的族弟李绾从军安西，他也作诗相送，鼓励他建立战功："汉家兵马乘北风，鼓行而西破犬戎。尔随汉将出门去，剪虏若草收奇功。君王按剑望边邑，旄头已落胡天空。匈奴系头数应尽，明年应入蒲萄宫。"真是热血沸腾，激昂慷慨，气壮山河，充满了爱国主义精神。李白的许多诗，崇尚武功，贬抑文儒，认为"衣冠半是征战士，穷儒浪作林泉民"[1]。其家训诗正是这一特点的反映。

　　李商隐（812—858）是晚唐著名诗人。字义山，怀州河内（今河南沁阳）人。或言李"世勣之裔孙"[2]。唐文宗时进士，任秘书省校书郎等职。当时社会危机日益严重，他因遭到排挤不被重用，其理想抱负未能施展，故把希望寄托在儿子身上；在长诗《娇儿》中，他告诉儿子："爷昔好读书，恳苦自著述，颠顿欲四十，无肉畏蚤虱。"你父亲刻苦读书，勤恳著文，以致面目憔悴，骨瘦如柴，经不起跳蚤虱子的叮咬，然而仍无补于国事，所以你不要像我那样走科举仕途之路，而应弃文学武："儿慎勿学爷，读书求甲乙。穰苴司马法，张良黄石术。便为帝王师，不假更纤悉。况今西与北，羌戎正狂悖。诛赦两未成，将养如痼疾。儿当速长大，探雏入虎穴。当为万户侯，勿守一经帙。"[3] 甲乙泛

———————————

[1]　《全唐诗·李白》。
[2]　《新唐书·李商隐传》。
[3]　《全唐诗·李商隐》。

指通过科举考试规定的课程，取得甲第或乙第，以求为官任职，李商隐不鼓励儿了走这条路。穰苴是战国齐威王时的大夫，他整理古司马兵法，而把自己的兵法附录其中，合名《司马穰苴兵法》。张良在危困中遇到老者黄石公，授以《太公兵法》，后辅助刘邦统一天下。他对儿子说：现在羌戎正在作乱，西北边塞不大安宁，希望你快快长大，像穰苴、张良那样精通兵法，杀敌报国、立功封侯，而不要固守经书不放。

李白的从军诗、李商隐的《娇儿》虽然也免不了劝导子弟求取封赏，但只点到为止，没有韩愈那么露骨，并且都与爱国杀敌的军国大事相连，其境界显然要高得多。

二、唐代的"家法"

"家法"一词，始见《后汉书·儒林列传》。刘秀建立东汉后，因"爱好经术"，四方学士便纷纷带着经书云集京师。朝廷任命了十四位"五经博士，各以家法传授"。这里讲的家法，是指这些经学博士以其对某一经的理解而自成一家之说，并以此教授门生。这种以一家之言、独特之说向弟子传授其学的做法，又称"师法"。如《后汉书·郑玄列传》说郑玄（127—200）以其学"及传生徒，并专以郑氏家法云"。"家法"不仅指学说、观点之持某一师说，而且还指书法之持某种风格或仿效某种笔法。唐宣宗召柳公权至殿前，命"军容使西门季玄捧砚，枢密使崔巨源过笔"，让他写字，"一纸真书十字，曰'卫夫人传笔法于王右军'；一纸行书十一字，曰'永禅师真草《千字文》得家法'"①。在这里，家法便是指一家、一派之书法。但是，如果传授对象不是门生，而是自己

---

① 《旧唐书·柳公绰传》。

的子孙，效仿对象也不是师傅、名家，而是自己的父兄，那么，"家法"便成为家训的一种特殊形式，即父兄的治家之法，耳提面命之训。

家训意义上的"家法"概念，初见于《魏书·杨播传》"陈纪门法"一语。南北朝时，家法的家训意义逐渐明朗、具体。《宋书·王弘传》说，南朝宋王弘"造次必存礼法，凡动止施为，及书翰仪体，后人皆依仿之，谓之'王太保家法'"。具有严格特征，特别是条理清楚明确的成文家法，大体上确立于唐代，为士大夫正其子弟骄纵者之一法。据《新唐书·张知謇传》记载，武则天的大臣张知謇规定，子孙"经不明不得举"，经书不通者不准做官，被时人誉为"家法可称"；唐肃宗的大臣韦陟督子读书，子用功便和颜悦色，怠惰则罚站堂下；宾客来访，均由儿子接待，被称为"家法修整"①。家法的核心内容是封建纲常名教，故与礼法相通。其具体内容固然随家庭的不同而相异，但却有一个最基本的、共同的特点："严"。"先是，韩休家训子孙至严。贞元（672—739）间，言家法者，尚韩、穆二门云。"穆"宁好学，善教诸子，家道以严称"②。稍后的柳"公绰理家甚严，子弟克禀训诫，言家法者，世称柳氏云"③。至唐昭宗（889—904 在位）时，陈崇制订了成文的家法，真正意义上的"家法"才宣告正式产生。

（一）韩休与穆宁的"家法"

1. 韩休训子以"俭德"为法。韩休（672—739）是唐代长安（今陕西省西安市）人，玄宗时官至宰相。虽为高官，生活俭朴，教子甚严，所生韩滉（723—787）等七子"皆有风尚"。据《新唐书·韩休传》记载，韩滉有父风，"性持节俭，志在奉公，衣裘茵衽，十年一易，居处陋薄，才蔽风雨"。为官"凡四十年，相继乘马五匹"。轻薄钱财，"家

---

① 《新唐书·韦陟传》。
② 《旧唐书·穆宁传》。
③ 《旧唐书·柳公绰传》。

人资产，未尝在意"。其父留下的堂屋没有走廊与两侧小屋，其弟韩洄略加增建，韩滉见了即命拆除，说道："先君容焉，吾等奉之，常恐失坠，若摧圮，缮之而已，安敢改作以伤俭德?"意思是，先父留给我们的房屋，如有毁坏，修缮好便可以了，怎敢随便加以更改，去损伤祖传的俭德呢? 奉公节俭、严于律己，是韩休家法的主要内容。

2. 穆宁诫子以"直道"为法。比韩休、韩滉稍晚的穆宁 (716—794) 也以严教其子著称于世。他年轻为官时，正值安禄山反叛，为勇赴国难，把保养子女事托给其同母弟弟，自己则"驰谒真卿曰：'先人有嗣矣! 古所谓死有轻于鸿毛者，宁是也，愿佐公以定危难'"。任职期间威严凌厉，有官坐事忤旨，命杖罚致死。因强毅不能事权贵，执政者畏其难制，不授之实权。据《旧唐书·穆宁传》记载，他"善教诸子，家道以严称，事寡姐以悌闻"。曾撰有"家令训诸子，人一通"。常训诫儿子们说："吾闻君子之事亲，养志为大，直道而已。慎无为谄，吾之志也。"《新唐书·穆宁传》也记载有他的教子语："君子之事亲，养志为大。吾志直道而已，苟枉而道，三牲五鼎非吾养也。"这两段话略有不同，可能是后人对他多次训诫的概述，但基本意思是一致的，说明其志向是奉行正直之道，不要做谄媚阿谀之事，卑贱地讨好别人。否则，即使给我享用三牲、五鼎那样丰盛珍贵的食品，也不是我所要求的奉养。

由于穆宁悉心训诫，四个儿子均"以家行人材为缙绅所仰"，"皆以守道行谊显"。长子穆赞为官显达后，"父母尚无恙，家法清严。赞兄弟奉指使，答责如僮仆，赞最孝谨"。兄弟们若有过失，还要像僮仆一样受到鞭打。穆氏兄弟不仅孝敬父母，而且相处和谐，时人以"滋味"称之："赞俗而有格为酪，质美而多人为酥，员为醍醐，赏为乳腐。近代士大夫言家法者，以穆氏为高。"①

---

① 《旧唐书·穆宁传》。

（二）柳氏"家法"

柳氏家法以柳玭为代表。柳玭为唐末名臣，京兆华原（今陕西耀县南）人。柳氏家族世代高官，门第显赫。柳玭明经及第，唐僖宗时以吏部侍郎修国史，拜御史大夫。其《诫子弟书》是家训中的名篇。柳玭家法思想可以追溯到其祖父柳公绰（767—832）。公绰为唐代名臣，"幼孝友"，"起居有礼法"。夜里在小斋点烛命子弟读过经史后，"乃讲论居官治家之法，或论文，或听琴，至夜深然后归寝"，如此"凡二十余年，未尝一日变易"。遇到荒年，家虽富足，却令诸子皆蔬食，曰："吾兄弟侍先君为丹州刺史，以学业未成，不听食肉，吾不敢忘也。"① 柳公绰妻韩氏也善于教子，她用熊胆做成丸子，在其子柳仲郢也就是柳玭的父亲晚上读书困倦时，就让他吃，"使夜咀嚼以助勤"，用熊胆之苦驱除睡意。由于父母的严格训诫，柳仲郢在唐宪宗元和末年及进士第，历任左谏议大夫、户部侍郎、检校尚书左仆射等职。他为官"以宽惠为政"，廉正无私。"尚义气，事亲甚谨"。② 即使私居内室，也衣着整齐。不事奢华，"三为大镇，厩无名马，衣不熏香"③。"家有书万卷，所藏必三本：上者贮库，其副常所阅，下者幼学焉。"④ 其家法："在官不奏祥瑞，不度僧道，不贷赃吏法。"⑤ 不搞迷信，不崇佛、道，不放过赃官，"此柳氏家法之足垂后世者"⑥。

柳玭的家法思想，就是在记述父祖的身教言传与总结实际生活经验中形成的。这在《旧唐书》与《新唐书》中有比较系统完整的记述。主要有：

第一，"夫门第高者，可畏不可恃"。他用忧患意识教育子弟：要心

---

① 张亮采：《中国风俗史》，东方出版社 1996 年版，第 102 页。
② 《新唐书·柳仲郢传》。
③ 张亮采：《中国风俗史》，东方出版社 1996 年版，第 102 页。
④ 《新唐书·柳仲郢传》。
⑤ 朱熹：《小学》引。
⑥ 张亮采：《中国风俗史》，东方出版社 1996 年版，第 102 页。

存戒惧，不可倚仗门第有恃无恐。可畏处在于，"一事有坠先训，则罪大于他人。虽生可以苟取名位，死何以见祖先于地下？"不可恃处在于，首先是"门高则自骄，族盛则人之所嫉"。其次是"实艺懿行，人未必信；纤瑕微累，十手争指矣"。自己即使有真实的才干，高尚的德行，人们不一定信服，而一旦有点小毛病或过失，许多人就会指着背脊骨谴责。因此，名门望族的后代，修德不能不至诚，治学不能不坚毅。君子活在人世间，"己无能而望他人用，己无善而望他人爱"，这"犹农夫卤莽种而怨天泽不润，虽欲弗馁，可乎"？好比农夫粗放耕种而收获少，却埋怨老天爷雨水下得少，虽然希望不饿肚，这怎么办得到呢？

第二，"幼闻先训，讲论家法"。柳玭小时候听过父亲讲论家法，他把它归纳为四个方面：一是立身。"立身以孝悌为基，以恭默为本，以畏怯为务，以勤俭为法，以交结为末事，以气义为凶人。"一个人处世立足社会，要以孝顺父母、敬爱兄长为基础，以恭敬严肃、宁静专一为根本，以小心畏惧为要务，以勤劳节俭为准则，以凭意气用事为恶人。二是肥家。"肥家以忍耐"，要使家庭富足，家人必须相互忍让，和睦相处。三是交友。"保交以简敬"，保持朋友之间交情，必须在书信往来中谦逊恭敬。"百行备，疑身之未周。"四是缄密。虑言之或失，"广记如不及，求名如傥来。去奢与骄，庶儿无过"。语言再三谨慎还疑虑说话不当，博闻广记应想到有所不及，求取声名要从无意中来。五是为官。"莅官则洁己省事，而后可言家法，家法备，然后可以言养人；直不近祸，廉不沽名。"任职为官首先要清廉简政，然后才谈得上恪守家法，恪守家法才谈得上将子弟培养成才。总之，"忧与祸不偕，洁与富不并。"忧患与祸事、廉洁与富足都不是同时并存的。他说，董仲舒说过："吊者在门，贺者在闾。"这是说"忧则恐惧，恐惧则福至"。而"贺者在门，吊者在闾"，则是说"受福则骄奢，骄奢则祸至"。所以世家大族传世久远与名位高低，不能借助于占卜问卦，而在于心志与行事。近来看到一些门第高贵的人家，有的祖先"正直当官，耿介特立，不畏强御"；待等败落时，"唯好犯上，更无他能。"有的祖先"逊顺处己，和柔保身"，以远过失；等到衰败时，"但有暗劣"，而不知道它产生的根源。"此际几微，非贤不达。"这里的一些微奥的道理，若非贤君子，是不可能明达理解的。

第三，"成立之难如升天，覆坠之易如燎毛"。柳玼运用许多典型事例教诫子孙：崔山南"子孙之盛，仕族罕比"。为什么？崔家有孝道。其"曾祖母长孙夫人年高无齿，祖母唐夫人事姑孝"，每天挤自己的乳汁给婆母吃，使婆婆好几年免吃饭粒。婆母病重时说：我难以回报儿媳，只希望"子孙皆得如妇孝"，因此，崔氏的门庭怎么会不大呢？尚书裴宽也子孙繁盛，是望门名族，其家看重信义。武则天时，他准备为儿子娶宰相魏玄同之女为妇，未及成婚，玄同获罪入狱，全家发配岭表。及魏"北还，女已逾笄"，女儿年纪大了，家里又无衣食供养，她"愿下发为尼"，但裴氏不以为然，他不像那种势利之徒赖婚，仍然将她迎娶回府。故"裴氏之蕃衍，乃天报施也"。由此可见，"名门右族，莫不由祖考忠孝勤俭以成立之"。然而败落起来却非常快，这都是"子孙顽率奢傲以覆坠之"。

第四，杜绝"五失"。柳玼指出："坏名灾己，辱先丧家"者，其失有五："其一，自求安逸，靡甘澹泊，苟利于己，不恤人言。"不甘于恬静寡欲，只要对自己有利，就不顾别人议论，拼命去追求。"其二，不知儒术，不悦古道，懵前经而不耻，论当世而解颐，身既寡知，恶人有学。"不明白经史前事而不觉得羞耻，议论当世人事也幼稚无知而成为笑料，自己孤陋寡闻，却又厌恶别人学问渊博。"其三，胜己者厌之，佞己者悦之，唯乐戏谭，莫思古道，闻人之善嫉之，闻人之恶扬之，浸渍颇僻，销刻德义，簪裾徒在，斯养何殊。"只是乐于嬉戏，不去思考古人讲的道理，听到人家有善举就妒忌，听到人家有恶行就宣扬，结果是谗言逐渐渗入，德义慢慢销蚀，显贵空有其名，与贱役有什么不同呢？"其四，崇好慢游，耽嗜曲蘖，以衔杯为高致，以勤事为俗流，习之易荒，觉已难悔。"嬉游无度，酗酒成性，以宴饮为雅致，以勤劳为庸俗，读书学习荒废，待等觉醒，悔之已晚。"其五，急于名宦，昵近权要，一资半级，虽或得之，众怒群猜，鲜有存者。"急于功名利禄，谄媚权贵，虽或得到一官半职，但因众怒难平，猜疑难释，很少有长存的。柳玭讲了这五大原因之后总结说："兹五不是，甚于瘭疽。瘭疽则砭石可瘳，五失则巫医莫及。前贤炯戒，方册具存，近代覆车，闻见相接。"这五大过失，其害人比毒疮更厉害。毒疮还可以用石针治好，五失则再好的医生也无能为力。前贤这些明白的训诫，书籍上清楚地记载着；近代名门大族的衰败，却接二连三地出现。他希望儿孙们吸取这些经验教训。

第五，急进荒业，毫无可取。柳玭指出，若智能中等，为人处世应防止两种极端。一是"修辞力学者，则躁进患失，思展其用"。非常勤奋，力学不懈，希望得到任用，以施展自己才能，所以急躁冒失。二是"审命知退者，早业荒文芜，一不足采"。认为自己命运不济，故不思上进，早早地荒废学业，不习书文，以至一点才用也没有。正确的态度是：不管能否得到任用，始终勤学不怠，"研其虑，博其闻，坚其习，精其业，用之则行，舍之则藏"。否则，"岂为君子"？

柳氏一族，从先祖柳正礼、柳子温创业，祖父柳公绰立家法，子孙克禀训诫，走读书做官的道路，成为仕宦名族。柳玭对子孙说："余家本以学识礼法称于士林……夫行道之人，德行文学为根株，正直刚毅为柯叶。有根无叶，或可俟时；有叶无根，膏雨所不能活也。"他把道德学问比作花草树木的根，把品格上的正直刚毅比作枝叶，有根株，枝叶到时还可长出来，没有根株，即使有雨水滋润，枝叶也要枯萎。正直刚毅失去德行文学的根基，是毫无用处的。所以德行是第一位的。"至于孝慈、友悌、忠信、笃行，乃食之醯酱，可一日无哉？"柳玭所总结的家法，"其大概如此"①。

综观从韩休到柳玭的"家法"，并不是法学意义上用国家强制力量推行的、有明确奖惩条文的行为规范的总称，而主要是指社会与家庭的

---

① 《新唐书·柳玭传》。

道德规范，效法先辈为人处世的准则或礼法，也含有父祖严格要求子孙的训诫方法。具有某种法律意义的成文"家法"，是与他差不多同时为官的陈崇制订的。

（三）陈崇的成文家法

据《宋史》记载，南陈宜都王陈叔明十世孙陈"崇为江州长史，益置田园，为家法诫子孙，择群从掌其事，建书堂教诲之"①。陈氏一族在唐朝历代为官，世世同居，人丁兴旺，多达数百人，为维护大家族正常生活，使家族人员言行有章可循，子孙守继祖业，陈崇便在唐昭宗大顺元年（890）订立了成文的《陈氏家法三十三条》②。其主要内容有：

1. 建立家族组织，分工司职。陈氏家法规定，整个陈氏家族"立主事一人，副事两人。管理内外诸事"。这三个负责人"不拘长少，但择谨慎才能之人任之"。另"立库司二人，作一家之纲领，为众人之表率，握赏罚之二柄，主公私之二途"。库司具体负责日常事务，"也不以长幼拘，但择公干刚毅之人"任之。"诸庄各立一人为首，一人为副，量其田地广狭以次安排"，庄首、庄副约束子侄"共同经营"本庄。庄内挑选出弟侄十人为宅库，根据主库者安排分管庄内生产、生活诸事；另立精通阴阳之事的勘司一人，掌管男女婚姻之事，男子"至二十以上成纳"，"女则候他家求问"出嫁。

2. 建立书堂、书屋，教育弟侄、童蒙。"立书堂一所于东佳庄，弟侄子姓有赋性聪敏者，令修学。稍有学成应举者，除现置书籍外，须令添置"，以供进一步学习之用。又"立书屋一所于住宅之西，训教童蒙……童子七岁令人学，至十五岁出学"。其中有才能者令人东佳庄书堂深造。与此同时，"逐年于书堂内次第抽二人归训，一人为先生，一人为副。其纸笔墨砚并由庄库管事收买应付"。

---

① 《宋史·陈兢传》。
② 载平江江州义门陈氏聚星堂民国丁丑《义门陈氏家乘》，下引此家法不注。

3. 守护先祖道院、筮法。"先祖道院一所，修道之子祀之。或有继者众遵之。令旦夕焚修，上以祝圣寿，下以保家门。"同时，"先祖筮（占卦）法一所，历代祀之。凡有起造屋宇，埋葬祈祷等事，悉委之从俗可也"。

4. 培养医生，为族人治病。在陈氏族人中"命二人学医，以备老小疾病。须择请识药性方术者。药材之资取给主事之人"。

5. 合居同食，共财同享。"厨内令新妇八人掌庖炊之事。"新妇即后娶来的媳妇，她们要负责全族饭菜之事，"此不限时日"，直到迎娶新妇后，她们再根据入陈家门先后，"以次替之"，被取代的"新妇"便不再从事厨房劳作。"每日三时茶饭"，按男女有别、长幼有序的原则，男子坐于外庭，女子坐在后堂。四十岁至十五岁男子的座位在前面，以便进出办事；四十岁以上至家长"以其闲缓"，同坐后面。后堂的妇女"长幼亦作两次，并出厨中新妇祗候茶汤等"。每逢节日，全家眷属会饮于大厅同坐，也按长幼、男女排定座位。

家庭成员的婚嫁礼物与日常生活用品，也都有统一的标准。例如，男子衣装，"二月中给春衣，每人各给付丝十两。夏各给麻葛衫一领，秋给寒衣……冬各给头巾一顶"；"每年给麻鞋，冬至、岁节、清明三时各给一双"；妇人脂粉等也在三时由库司配给；草席则于每年冬每房各给付；每月各给油一斤。"男女婚嫁之礼，凡仪用钗子一对，绯绿彩二段，响仪钱五贯，色绢五匹，采绢一束，酒肉临时配当。迎娶者花粉匣、绣履、箱笼各一副，巾带钱一贯，并出管事。"总之，规定非常具体详尽，很容易施行。

6. 男事农役，女工蚕织。陈氏家法反对成年男女游手好闲、无所事事，规定："丈夫除令出勾当外，并付管事手下管束。逐日随管事吩咐去执作农役等，稍有不遵者，具名请家长处分科断。"妇女则要勤于养蚕、织造。特"立都蚕院一所"，由"蚕院首"负责蚕桑事宜。每年春初各庄抽一青年男子从事植桑，其中择一年长者为首，"管辖修理蚕饲等事。婆母四十五以上至五十八者名曰垢蚕婆，四十五以下者曰蚕妇"。"都蚕院"配给每个蚕婆房一间，"蚕妇二人同看"。桑叶由都蚕院平均供给。成茧后共同抽丝，蚕种留于都蚕院，至明春再统一分配。年轻妇女还要承担织造帛绢的任务，"新妇自年四十八以下另织（绢）二匹、帛一匹。女孩一匹。婆母四十八以上者免。"

7. 劝勤责懒，奖功惩过。为了保证上述各项规定发挥作用，陈氏家法比较充分地运用了奖惩机制。如对于丈夫出外办事的眷属，规定"五夜一会，酒一磁瓯，所以劳其勤也"；对养蚕"得茧多者，除给付外别赏之，所以相激劝也"。对于经营有方，田产添修、仓廪充实者，予以加赏，而对"怠惰以致败阙者，则剥落衣装，重加惩治"。不过，从总体看，其激劝条文少而空泛，惩罚条文则多而具体。

值得一提的是，陈氏家族"立刑杖厅一所，凡弟侄有过必加刑责"的做法，在中国家训史与宗法史上可以说是个首创，而其刑责的量化，对封建国家的法律是个有力的补充。如：① "诸误过失酗饮"，各笞五十；② "恃酒干人及无礼妄触犯人者"，各决杖五十；③ "不遵家法，不从家长令，妄作是非，遂诸赌博斗争伤损者，各决杖一十五下，剥落衣装，归役一年。改则复之"；④ "妄使庄司钱谷，入于市肆，淫于酒色，行止耽滥，勾当败缺者，各决杖二十，剥落衣装，归役一年。改则复之。"此外，"执作农役，出入市肆买卖使钱，须具账目回赴库司处算明"，如不遵命，也要予以责惩。

这些规定，对于维护家长权威，约束子侄的不良行为，防止他们破家败业，无疑是有重要作用的。陈氏家法规定弟侄在家者，必须衣冠整齐地向父祖早晚请安问候，"稍有乖仪当行科断"，对于培养他们的孝行也很有作用。陈氏家族之所以世代蜚声朝野、名载史册，至宋仁宗时还有子孙入仕为官，是与其"宗族千余口，世守家法，孝谨不衰，闺门之内，肃于公府"① 分不开的。唐代家法的产生反映了封建仕宦家训之渐趋法律化。这一倾向经过宋、明的增益，至清代达到高峰。清代的一些

① 《宋史·孝义传》。

"宗族法"条文细密、周全，处罚明确、严厉，呈现出家教专制性加强和道德教育、法律教育相融合的倾向。

诗训与家法各有其特点与优点：家法要求具体，可操作性强；善恶评价明确，奖惩毫不含混；运用强制手段，收效迅速。但它重效果而不重动机，故在思想情操的陶冶与人格提升方面存在明显的不足。诗训形象生动，委婉动听，气氛温馨，重在以情动人，以物喻理，启发自觉，通过熏陶、感染，逐渐提高孩子的道德情操。但它要求模糊，说理性也不强，故虽是一种高雅的家训形式，其收效却比较缓慢。

第二十二章
藏族《礼仪问答写卷》中的家训思想

我国各少数民族具有丰富的家训思想。唐代吐蕃王朝时期的《礼仪问答写卷》就是一重要的代表作。

一、《礼仪问答写卷》的来源

根据已发掘出的资料来看，敦煌古藏文文书共约五千余卷，可惜多流落海外，分别藏于英国伦敦大英博物馆图书馆和法国巴黎国家图书馆等处。在英国的以 S. T 编号；在法国的以 P. T 编号。成文于公元 8—9 世纪之间吐蕃王朝时期的《礼仪问答写卷》这份反映藏族家训思想与伦理思想的极其珍贵的文献，见之于敦煌古藏文文书 P. T. 1283 号卷与 P. T. 2111 号卷，后者略有破残，而有若干增文。这里所引用的汉译文，为原中央民族学院藏族研究所王尧、陈践两位先生，据斯巴里安教授与今枝由朗先生合编的《敦煌藏文文献选》所译①，全文一万多字。原文没有标题，标题为译者所定。

----

① 《敦煌藏文〈礼仪问答写卷〉译解》，见《西北史地》1983 年第 2 期。

《礼仪问答写卷》以对话的方式，叙述了古代藏族有相处和睦友爱的兄弟二人，兄长二十九岁，身患肝病；弟弟十八岁，被派到外地去修炼、学习。临别前，弟对兄说，在亲属中，最疼爱我的，莫过于兄长了；我近来在睡梦中不断浮现你的容貌，这次分别后"能否再见，难以逆料"，"请兄垂训、教诲"。弟弟提出了七十九个问题，兄长一一加以回答，进行了耐心细致的劝导。这兄弟两人尽管是虚拟的，但其劝导所涉及的做人之道、治家之道、待人处世之道等许多方面，却具有历史的真实性。尤其是关于利人利己的一致性和害人必害己的道理，具有重要的价值。

二、训诫的主要内容

（一）立身做人之道

弟问："何为做人之道，何为非做人之道？"兄云："做人之道为公正、孝敬、和蔼、温顺、怜悯、不怒、报恩、知耻、谨慎和勤奋。"与此相反，"非做人之道"则为"偏袒、暴戾、轻浮、无耻、忘恩、无同情心、易怒、骄傲、懒惰"。符合做人之道，人们就会"中意"，否则，便会不"中意"。那么，怎样做才算符合做人之道？首先，言行要适度，有分寸，不过分。如"孝顺过分，即成虚伪"，温顺超过了度，就变成欺诈。施惠别人也是这样。对财宝"若过于放松，对方不但不感恩，时间长了，自己一旦不愿给时，反成冤家"。所以施惠财物，从一开始就要注意适度。其次，行为要选择正确的目的。如"所谓英雄者，指对敌勇猛。愤怒亦有所为而发，即为英雄。无端之凶暴，有谁颂为英雄？此非英雄，斯为恶汉也"。再如勤奋，这是指做好事，像"王差"之类，"务必勤奋去做"，而不是像无耻之徒那样，拒绝服役。再次是严于律己，宽以待人。兄劝诫弟道，现在严于苛责别人，疏于认识自己之辈颇多，但必须懂得，"指责对方，首先要克服自己的缺点，以后不再重犯，此谓自我纠谬也"。自己难以做到，而去"指责他人，岂为适宜"？对己要既不自大，又不自卑，"勿称颂自己，亦勿鄙视自己"。你若违背戒律得到或失去财物，不要妄想"最好人不知"，也不要有"别人不知自己不好"的念头。这种重视内省自律、从小事做起的教诲，与韩愈提倡君子"责己也重以周"、"待人也轻以约"的精神是一致的。宽以待人，是指对人不要苛求严责，而要宽厚、仁爱。但与此同时，也要有必要的戒备、存疑。对人对事都要详加思考、适度疑虑。因为为官"若不假思索，政事将出现纷乱；饮食该不该吃，不生疑惑，将被毒食夺去生命；妻子该不该信，而不生疑，她将成为别人相好。净秽不察，将生劣种；寒暖不察，人将患病"。但人事方面的这类疑虑不能过度、失控。

最后，人生以追求安乐为目标。弟问："托生为人，以何种平安为最殊胜之平安？"兄说："心安为殊胜之安。"因为"心若不安，其他任何安乐亦不安乐"。为了做到心安，最重要的是遵守法律，没有罪恶。"自己若无过失，地位高则高处安，地位低则低处安。"所以，国家的律令一定要遵守，而国王颁布的律令，也"应使百姓生命与国家社稷安稳，事事皆有法度为是"。心安的关键在于知足。要知足常乐，对财宝勿过多要求。何为足？"肚不饥，背不寒，柴水不缺不断，即可足矣！这些目的达到，富裕而安逸；超过以上财物，不会安宁富裕。财宝役使自己，财宝即成仇敌。"弟问，这样岂不是衣食过于简陋，奴仆牲畜极少了吗？兄教诫道，应该经常与下等人相比，比自己穷的人能生活下去，自己为什么不行呢？"若与富裕者相比，即无边无际，当国王也不会知足。"衣食只是为了穿暖吃饱而已。

（二）为官处事之道

这是做人之道在政事方面的贯彻。兄对弟说，你若为官理事，首先要公正执法。"王之国法……均等，则为公正。"长官执法一视同仁，亦谓公正。你"若为长官，应如虚空普罩天下；应如秤戥一样公平，则无人不喜，无人不钦，此乃是也"。这样做对人有益，对己也永远有利；而"危害他人，对己长远有碍"。"此为颠扑不破之理。"你若能对待亲子、仇敌、恩怨、亲疏都公正无私、不偏不倚，那么，别人也会这样对待你。其次，要抑制贪欲。兄对弟说，为官欲望过多，就会"贪得无厌，歪门邪道即由此而生"。如果财富不是由功绩而来，那必然是用欺骗狡诈手段夺得的。然而"权大与魔近，富裕与敌近"，"常有富人因财富遭殃，智者被言词所亡"。所以，财宝的获得与使用"要适可而止，有智慧也要谈吐温和才是"。再次，善于商议共事。干事业要与人同心同德，"众人之事，多人集议"，不可独断专行。"所有议事，一开始即应细致斟酌，以期达到预定目的。"要善于听取不同意见，"不能因出身低贱、其貌不扬而轻视之。正确无误之理，无论出自何人之口，均我大师"。"未懂他人之言，勿存羞意，应再请教。"若自己正确、有经验而再肯请教，"则万无一失矣"。议事免不了争辩，那么如何争辩？兄指出：争辩应面对面进行，"不能当面争辩者，勿背地讥毁"。与对手争辩，要在自己"确有把握或对手确有缺点时"进行。自己无把握的话，勿轻易说出；不要随便说"无疑"、"必然"之类的话。尤要注意"勿吐伤人之语"。

（三）交友待人之道

兄对弟说，你到外地去，交友、待人处事一定要"勿违当地礼俗，严谨行之"。要留意："有劣者必有智慧者"，"有贫者必有富裕者，有愚人必有巧匠。一切均是如此，能看到当前与将来为上"。这是交友待人之道的基础。交友一要交知心朋友，互相忠诚、互相帮助的好朋友。好友有难，"如有公开的办法相帮则公开行之，哪怕要付出权力和财产也应相帮，这样，别人不会怨恨自己。任何时候，能为知友抛弃财宝，是为好友；如不能与友有益，待别人陷入罪恶，再以财物相助是为恶友"。
二要有原则。兄劝导道："任何时候，无论多么和睦，若属歪门邪道、
气味相投，虽为好友，到后来不可能不发生怨仇。""若奉公守法，彼此
相投，友情不会破裂。"所以"结交朋友要讲分寸"。但也要注意忍耐宽
容。好友"稍有过失，要能忍耐。若不忍耐，对方就会误会而蔑视自
己。"对于本来相处友好，后来侮辱自己的朋友，既"勿过分仁爱"，又
"不要当面争执"，相遇时可"装作视而不见那样处理即可"；对于其中
无罪者，则勿过分愤恨。"自己内心虽憎恨对方，但口中勿谓'不喜欢、
讨厌'为是。若如此直说，对己并无损伤，但对方会感到不乐、羞愧。"
对朋友的好见解、优点，不要掠人之美。因为"从友人嘴里抢来之辞，
谓自己先想到，这在友人心目中是不会被认可的"。三要近君子、远小
人。弟问兄道，对待并非朋友的一般人，"亲近何者为佳，何者为劣？"
兄指点说："白日亲近主人、官长及智慧正直者，有学问而英勇者、艺
高者，以及精通词章、法令者为佳；夜晚亲近妻子为佳。白天亲近盗
贼、虚伪者、疯子、淫荡者、懦夫、凶顽者为劣；夜晚亲近幼女为劣。"
四要帮人时既赠财物又讲道理。遇到贫困无援的人，要力所能及地施财
济物，但若怕其人犯罪，那就要"既讲道理，又施财产"；怕他不走正
道，也要"既斥责又给财产"。五要言而有信，有恩必报。"别人托付之
事不能或不去完成，从一开始就应说清。一旦应诺下来，应与锁一样坚
定去做，对身体不要吝惜。……若自己身体懒惰，何能勤奋工作？"不
吝惜身体不是轻视生命，"命非如崇山之固，岂可不惜身体？"同时，
"无论是谁，只要是对自己有恩，都不能忘却。忘恩负义，甚至说'对
我好、对我坏一个样'，这是胡话，根本没有好处"。相反，有仇也应雪
恨，"可依复仇律行之"。

（四）和家致富之道

这是立身做人之道在家庭中的贯彻。兄教导弟说，家人相处应有情

义。儿辈"不能控制、约束自己，听信他人之言，心生误念，杀害、侵袭主子、官人、父母乃至亲友、奴仆诸人，此等恶人，所有见之者，可视为鬼魅"。家人只有和睦相处，才能避免灾祸，协力致富。因此，务必做到"子与父同心，弟与兄同心，奴与主同心，妻与夫同心，仆与官同心，如此，则公正无误，齐心协力，大家皆得安宁；若彼此不和，大患而已，别无其他"。首先是父子同心。为此，儿子对父母一要敬爱、报恩。"儿子敬爱父母之情，应如珍爱自己的眼睛。父母年老，定要保护、报恩。养育之恩应尽力报答为是。禽兽中之豺狗、大鹏亦报父母之恩，何况人之子乎？虽不致如愚劣之辈不能利他，也应听父母之言，不违其心愿，善为服侍为是。"儿辈能使父母、师长不感到遗憾抱恨，是最好的孝敬。二要有事当面商议，尊重父母的家事权。家中如有财产方面的事，子辈可与父母当面议明，不要去争处理家务的权利。"不尊敬父母、上师，即如同牲畜。徒有'人'名而已。"三是勿讲父辈的坏话，勿怨恨父辈的责打。弟问：家中要听父言，但若父"要自己行窃之类"，怎么办呢？兄教导道：对父母的话要分析。一般来说，父母盼望儿子正直善良，害怕他犯罪，不会讲让他偷窃的话的。如果父母有不正确之言词，"明知不对照样去做，那怎能行"？但对外切"勿讲父母之坏话，若讲这些，朋友会感到羞愧而不信任自己"。父叔担心子侄变坏，教诲、批评甚至鞭打他们，"子侄不应记恨"。

其次是夫妻同心。为此，一要注意择女而娶。兄劝告弟说："娶妻要选有财富与智慧者，若两者不兼备，应挑选有财富者。"而女子选婿，也要"选有智慧而富裕者"。不要追求外貌，"男人要美貌之妻，此乃可缺"。二是对妻言应有分析，不能一概听从。"妻子若无不妥之言，是好话"，应该采纳。三是在婆媳发生争执时，不能"对妻室之恋胜过骨肉之情。妻子无论怎样美貌，可以买来、找到。父母兄弟如何丑陋，不能另外寻找。故对父母兄弟应比对妻室儿子更为珍视"。

最后是主奴同心。这是一项具有特色的内容，就是兄教弟在处理官仆关系、主奴关系时要注意些什么问题。这个问题在整个中国古代的官宦之家中虽然普遍存在，但在唐代及其之前的汉族的家训中，却讲得非常之少。所以，《礼仪问答写卷》有关这方面的思想，具有重要的价值。兄向弟指出：应该明确"官仆之分，主奴之别"，维护主人的地位。一要以奴仆对长官与主人是否忠诚为标准，决定是否加以使唤、役用。"若对己忠诚者，即使是囚犯，亦可任事。"总的原则是："可信赖者依靠之，不可信赖者勿依靠。"二是不要粗暴、专横。使唤奴仆要"设身处地"，"恰如其分"，"勿似对土、石一般遗忘，勿对之不爱惜、粗暴、作恶"，"勿过于专横，勿过于滋扰下属。做事勿拖沓，勿使下属不满"。能如此行事，则对己有利，否则有害。三是根据好坏进行奖惩。奴仆有好坏、贤愚、忠心耿耿与性情野犷之分。对这些不同之辈，恩与罚、奖励与惩处皆不可废。对坏的"惩处"，是"不令其作恶之警告也，'奖赏'乃是树立全心全意赤忱办事之榜样"。"对桀野之奴仆，严以训之"，"严法役使之"，其若能改正，则"应施以恩惠，赞扬之而使其归于正道。对愚呆者应尽力劝说、诱导。对心背离者则教诲之。有时，其为善，应施以恩惠，加以赞扬，安抚之。勿令气馁，勿令分心，锐意为之。如好好歹歹，反反复复，为非作歹，则严加惩处"。对一般有过失者，斥责不要过于严厉，也不宜于揭短，要好好相待，使之"不失面子"。对忠诚、干练的奴仆，必须赏赐，但赏赐的重点不是财宝与权力。兄教诫道："不予权力而令知礼，乃是最上乘之酬答，财宝亦在其中矣。"对奴仆"仅行仁政亦不可，但一味嗔怒必有错行"。有人虽不是从心里嗔怒奴仆，但如一味迎合其心意行之亦为不善，亦为过失，结果与嗔怒相同。只有恩威并施，区别对待，才能使奴仆们服从。

父子、兄弟、夫妻、主奴几方面同心同德，是免祸致富的必要条件。但要真正做到不走歪门邪道而又能增加财富，则必须采取"五种办法"：一是友好地与别人相处，这样别人就会帮助自己；二是繁殖牲畜；三是去当臣仆；四是经商做买卖；五是种植庄稼。一句话，主要靠自己的劳动，同时取得别人帮助，而不是用违法悖德的手段去取得财富。"照此持家致富，没有过错。但要恰到好处"；不必要的东西不必珍惜，必要的东西应该节约，"勿做无谓之浪费"。

（五）生子教子之道

首先是多子多财。兄劝弟结婚后要多生儿子，但弟说："如子多，有些不会成败类乎？"兄开导道："无论何时，有低劣者，肯定也会有智慧者。"谁也不能预料将来儿子中有多少劣坏者。"正因为怕出现劣种才需要多子。只要有一个聪慧者，就能顶上百个低劣者。古语说：有一个儿子就是有一份财宝，有两个儿子就是有两份财宝。"这种多子多宝与汉族多子多福的观点是一致的，都是农耕社会中男子是主要劳动力并在社会上与家庭中占统治地位的现实在观念上的反映。

其次是遗子正道。虽然"家中子多能致富"，但父亲遗留给后代的，不应以财富为上，而应以精神为上。"将正直无误之正道作为财富交给他们是最大馈赠，生命和政事皆聚在其中矣！"具体来说：无论何时，留下"智慧、公正"为上；留下"英勇、巧法"次之；留下"坚定、讲义气"再次之；而留下财物与衣著则是为下。就是说，家训的中心，不是教导后代如何去保存与获取财产与权力，而是使他有高尚的品德去立身、处世。父兄没有比教导、训练子侄懂得"忠心耿耿更紧迫者"。同时，还应教育他们具有仁爱、忠厚、正直、勤奋、节俭等品质。

再次是教子学习知识技能。"为增添智慧令其学文习算，为增添勇气令其射击学武。"通过读书掌握了词章文字，通过习武学会了骑马射箭，将来做任何事情都顺利。"只要对长远有利，虽困难也要修学。对长远有损，虽合意也应抛弃。"

三、历史评价："藏族《论语》"

《礼仪问答写卷》包含了不少有价值的家训思想。

首先，从内容看，第一，认为没有生而知之的人，因而必须对子弟进行教育。如说："无论何时，决无不宣讲而有识、不修学而领悟之事。聪明人凡事皆知；但教诲后则更加勤奋，宣讲后则更听话。"在这里，说一个人"凡事皆知"固然不妥，但认为世界上没有不听教诲而有知识的论断却包含着朴素的真理。第二，特别强调道德教育，突出"大义"两字。兄对弟说，话别虽有千言万语，但"千句话里……有一句大义永存"。临别时赠送财物虽为人所共和，但"施以真言，更为德行"，"记取真言较之获得财产更为重要"！这种首重道义次言财利的思想，贯穿于《礼仪问答写卷》的始终。第三，重视榜样的作用，要求子侄向德才兼备者学习。兄劝告弟说："教诲自己子侄，应首先置于对自己仁爱而有智慧者跟前学习、训练。"因为子侄年轻，"不能区别善恶，不能掌握该与不该，对自己若不仁爱，就会事情未办而触犯律令"。而且，对青年人"仅仅用仁爱还不够，如无智慧，一切教诲与讲说均不会被接受而空废。用智慧则怎么做均能达到目的"。其次是"置于位高家贫之大臣跟前学习、训练"。因为"为大臣者，不可能没有智慧。而贫穷，又不能不是正直厚道寡欲之人"。最后，再"置于正直有名望之人跟前学习"。因为"为人不忠厚，即使权大位高"，也不应该向他学习，对歹人贪者是一概不能依靠与结交的。当然，一个人只要有长处，还是应该吸取的。"敌人有优点也要学，自己有缺点也应弃。公正地指出（短处），即使责骂也应高兴；错误地指引（行动），即使仁慈也应摒弃。"

其次，从方法看，强调民主讨论、细致说理。弟向兄提出的七十九个问题，兄不仅均予以详细回答，即使弟提出反问，兄也无任何训斥之语。如上面讲到兄劝弟多生儿子时，弟即提出多生子可能会出败类，兄又接着说了一大套多子多宝的道理进行劝告，便是如此。整个问答，都是在平等友好的讨论中进行的，充满了兄长对弟的关爱之情，反映出古代藏族中存在着一种朴素平等的因素。就是说，在调节父子、长幼关系的行为规范方面，不主张一方强制另一方，而是双向互动，都要遵守一定的准则。如认为父子"两人真诚相待"、"互相谦让，就不会有矛盾"；

主张丈夫对待妻妾应一视同仁，大妻小妾人格平等，故儿子"对生母与庶母要同样亲热"；在婆媳发生争执时，一方面既要求"公婆对媳妇勿当面呵斥、指责，一般以解释、讲叙为是"；另一方面，又要求媳妇将公婆作为父母看待，"善为侍奉为是"，以避免口角、争执的发生。丈夫则要懂得，妻子"年轻时为媳，年老时为婆"，人生一般都要经历这两个阶段，所以要劝她尊敬公婆。

《礼仪问答写卷》中也存在一些消极因素。一是宣扬男权主义、父权主义："对子来说，父权为大，必须顺从父意，然后和睦才能产生。"问答中还透露出鄙视妇女的思想，如笼统地提出"要消除女人因无止境地偷藏财物而造成不愉快之事"，甚至说"美妻可以买来、找到"，简直是把妻子当奴隶了。二是灌输庸俗的世故人情，在是非面前模棱两可。如教弟"无论谁有过错，都不要说'勿如此做！'"也不要"拐弯谴责对方"；与人相处："首先赞扬对方，对方就会高兴"；但"勿过分褒奖"。"如不清楚谁大谁厉害，先对所有人皆尊敬。"别人要求你办事，"勿轻易应诺"，"也勿立即拒绝"，而说："让我回去看看（想想）怎么办好。"别人问话都要回答，对方不同意也均"不争辩"。三是宣扬逆来顺受的思想。如弟问：自己得不到公正时，怎么办？兄劝道："要有对'罪恶人超生、正直善人处死'不公正之事的忍耐之力。"遇到不合心意之事，不要悲伤，"而应喜悦"。四是鄙视劳动者。虽然有"敬重正直穷人，应胜过富人"、"缙绅豪门之习性，极为虚伪"等思想闪光，但从总体看，对下层劳动者是轻视的，如认为"贩夫走卒之辈，见识微细"，"缙绅以恩养之奴仆，当然以严法役使之"，等等。

《礼仪问答写卷》尽管有上述消极因素，但就整体而言，积极成分还是主要的。虽然使用了"托生为人"、"鬼"、"鬼魅"、"邪魔"等概念，但讲述的均为社会人生问题，宗教迷信色彩极其淡薄。书中尽管没有提及孔子、孟子等人物，也没有使用君子、圣人等名词，然其所赞美的仁慈、仁爱、仁政、义、正直、宽厚等道德准则却是与儒家思想精华部分相同或相通的，故有学者认为，《礼仪问答写卷》在藏族伦理思想史上的地位，可与汉族的《论语》相比拟。[1] 可见，唐代藏族与汉族的家训思想虽存在着某些差别，但具有本质的一致性。这种一致性是中华民族团结统一和藏族拥护和归属中央王朝的思想基础。

---

[1] 丹珠昂奔：《吐蕃王朝兴盛时期的藏族伦理思想》，见《青海社会科学》1985 年第 4 期。

第四编

繁荣时期：宋元家训

第二十三章
宋元家训概述

从北宋建立到元朝被朱元璋推翻，这期间有四百余年的历史。这一时期是中国社会动荡、理学兴起、宗族组织发展迅速的时期，日益完备、系统、成熟的儒家纲常伦理思想通过各种途径深入家庭、宗族之中，中国古代传统家训进入了一个更为完善、定型并走向繁荣的时期。

一、宋元社会简况及对家训发展的影响

自公元907年唐朝灭亡以后，黄河流域的中原一带相继出现了后梁、后唐、后晋、后汉、后周五个朝代，史称"五代"；而与此同时，在南方和河东地区（今山西一带）也先后存在过十个封建割据政权（吴、南唐、前蜀、后蜀、吴越、楚、闽、南汉、南平、北汉），史称"十国"。公元960年正月，后周的殿前都点检——统领朝廷禁军的长官赵匡胤，谎报北汉和辽国会师攻周的军情，奉命带兵北征。走到京城开封东北的陈桥驿，发动兵变，"黄袍加身"。遂回师都城，夺取后周政权，建立北宋。

北宋建立三年以后，宋太祖赵匡胤开始了统一全国的战争，经过长期征战，先后削平了九个封建割据政权。后来，直到赵匡胤死后第三年（979），宋太宗赵光义才将十国中的最后一国北汉征服，结束了中国七十多年的分裂割据状态，恢复了统一的中央集权的封建国家。

宋朝统治者是通过政变夺取政权，又是通过削平割据巩固政权的，这使得他们深知掌握军权和加强中央集权的重要性，因而在治国的大政方针上采取了一系列加强专制主义集权的措施，不仅将全国的军事统帅权集中于皇帝之手，而且各级地方政权也由中央政府直接控制。中央集权的强化，使得地方上的地主集团丧失了与中央政府抗衡的实力，有利于维护国家的统一。这种稳定的政治形势，客观上促进了经济和社会的发展，但是也带来了官僚机构庞大、行政效率低下、将帅无权、指挥不灵等等弊病，其结果是：增加财政开支必然导致赋税徭役加重，引起了不断的农民起义，给宋王朝以沉重打击；兵将分离的制度削弱了部队的战斗力；最终导致了"积贫积弱"局面的形成，种下了亡国的祸根；加之与北方少数民族统治者因利益冲突的加剧而导致的战争频仍，朝廷无力与之抗衡，北宋王朝只好南迁，形成了偏安一隅的屈辱局面。

南宋时期的内忧外患，山河破碎，使得统治集团内部出现了一批主张收复失地的主战派，他们反对妥协投降，积极抵抗侵略；同时教育子弟家人勿忘国耻，实现复国理想。这一时期流传下来的一些家训中，鲜明地体现了这种浓烈的爱国主义思想。

在经济上，虽然总体说来，宋代呈现出"积贫积弱"的局面，但是经济还是不断发展的。尤其北宋时，由于结束了五代十国的割据和动乱状态，在客观上为农业的发展提供了有利的条件；租佃关系中，佃户对地主的人身依附关系的削弱，也有利于调动农民的生产积极性；宋朝统治者也采取了一些恢复农业的措施，这都促进了农业经济的发展。与此同时，由于政治的统一和水陆交通的开辟，手工业和商业也获得了相当的发展。商品交换扩大，集市贸易增加，市镇人口不断增多，大、中、小城市都发展很快，特别是京城开封，在宋神宗时，已有一百数十万人口，成为当时世界上最大的城市。《东京梦华录》的描写和张择端所画的《清明上河图》都是当时城市发展、商业繁荣的真实写照。这一时期家训中对子弟进城历练与否的不同见解，也反映了这种现实。

南宋初年，由于战乱和金军的疯狂烧杀掠夺，再加上朝廷和地方官吏的残酷剥削，江南经济一度遭到了严重的破坏，民不聊生。但不久就得到恢复并有了一定的发展，这是因为金军在广大军民的奋勇抵抗下，很快被迫北撤，后来虽数次南下，都没能渡过长江，江南的安全为南方经济的发展提供了客观的条件。农业、手工业都得到了一定程度的发展，南方的城市商业也很繁荣，南宋与海外的贸易也超过了北宋时期。但到了中后期，由于土地兼并的加剧和赋税的繁重，导致阶级矛盾不断激化，佃户逐渐增多，主仆关系紧张。因而，在宋代以至元代的家训中，合理调节主仆关系就成了一项重要的内容，不少家训都提出了既保持主仆尊卑地位，又关心奴仆生活，减少惩罚，使两者关系缓和的措施。

宋元时期，在科学技术上也取得了伟大的成就。这集中地表现在印刷术、指南针、火药三大发明的完成、应用和发展上。此外，宋代的天文、数学、医学、农学等也获得了很大的发展。科技的重大进步也从一个侧面反映了当时经济、文化、教育的发展成就。

在思想领域，宋代儒学获得了复兴，形成了中国封建社会后期作为封建统治阶级思想支柱的理学。对儒学的发展起了重要作用的是宋真宗和宋理宗。宋初，儒学并不受到十分重视，宋真宗赵恒即位后，为了从思想上加强封建专制，大力提倡尊孔崇儒，亲自到曲阜孔庙行礼，撰写《文宣王赞》和《崇儒述论》，称颂孔学是"帝道之纲"，并将儒学经典作为科举考试的内容，儒学得以复兴。发端于唐代、形成于宋代的唯心主义理学，是儒学的新发展，朱熹作为理学的集大成者，将封建伦理道德夸大成独立于社会和自然之上的"天理"，对"三纲五常"作了系统、精密的论证。理学家们所提倡的"存天理，灭人欲"的学习和修养观，要人们恪守封建道德规范，遏制自己正当的物质生活欲望，老老实实服从统治阶级的统治，心甘情愿地接受他们的剥削，这正是封建统治者所迫切希望的。况且，唐末五代的丧乱、辽金的侵扰使得教育凋废、道德滑坡，社会比任何时期更需要封建伦理道德教化。因而，理学逐渐成为官方哲学和封建统治的精神支柱，就是非常容易理解的事情了。宋理宗即位后，下诏追赠朱熹太师，封信国公；1241 年，又下诏学宫祭祀周敦颐、张载、二程、朱熹，从祀孔子，理学成为钦定的官方哲学，程朱理学的思想统治地位最终确立了。

由于统治阶级的尊孔崇儒，重视纲常礼教，宋代从各级官员到民间百姓都很重视社会教化和家庭教育。从袁采家训《袁氏世范》原名《俗训》，以及民间传说中的杨家将满门忠烈、岳母刺字教岳飞精忠报国等故事都反映了这一时期的现实。这一时期还出现了我国历史上第一部家训大全——南宋官吏兼学者刘清之（1134—1190）编辑的《戒子通录》，该书博采经史群籍，将我国先秦至宋代的庭训言论、诗文汇编成册，对家训文化的传播和发展起了一定的促进作用。

此外，在以前蒙学教材发展的基础上，宋元社会的蒙学读物的编撰和流传更甚。这一时期的蒙学读物，不仅数量更多，内容更加丰富，而且形式更加多样。如宋代王应麟编的《三字经》、朱熹的《小学》、吕祖谦的《少仪外传》、吕本中的《童蒙训》、葛刚正的《重续千文》、李元纲的《厚德录》，宋末元初胡炳文的《纯正蒙求》，元代许衡撰的《稽古千文》、楼有成的《学童识字》等等。这些蒙学读物除了教学童识字、增长知识之外，大都包含有道德教育的内容。

为配合社会教化，除了私塾、蒙馆等学校教育之外，还有宋代乡村的"冬学"、金元之际的"庙学"以及元代的"社学"之类实施教化的场所、机构。陆游诗中就描绘过冬学的情形："儿童冬学闹比邻，据案愚儒却自珍，授罢村书闭门睡，终年不著面看人。"诗下注曰"农家十月乃遣子入学，谓之冬学。所谓《杂字》、《百家姓》之类，谓之

'村书'"。① 宋代另一位诗人赵汝链在诗中也记载了农家子弟农闲时学习的情况。② 庙学是在孔庙中举办的普及儒家伦理教育的短期讲习班，"选择有德望学问可为师长者，于百姓农隙之时，如法训导使长幼皆闻孝悌忠信廉耻之言，礼让既行，风俗自厚，政清民化，止盗息奸，不为小补"③。社学是为封建统治服务的地方文教机构，元代始设，明清均有。元代五十家为一社，每社设学校一所，选择通晓经书者为教师，在农闲时令子弟入学，主要进行封建纲常伦理教化。这些也必然对当时社会教化和家训发展产生积极的影响。

在北宋时期，边疆地区出现了几个少数民族建立的政权，有北方的契丹族建立的辽政权，以及代之而起的女真族建立的金政权，西方党项族建立的西夏政权。南宋建立以后，北方的另一个少数民族蒙古族逐渐兴起，1206 年，蒙古族的杰出首领铁木真初步完成统一蒙古各部的事业，被尊称为"成吉思汗"。成吉思汗和他的儿孙们发动了一系列战争，东征西讨，先消灭了西夏，又联合南宋结束了金朝的统治，继而又进攻南宋。1271 年，成吉思汗的孙子忽必烈改国号为"大元"，元朝建立八年以后，南宋灭亡。

在这种政治经济文教背景下，这一时期的家训状况发生了重大变化。经过唐末和五代十国的社会战乱，旧的门阀士族制度涤荡殆尽，而宋代的政治、经济制度使得一般官吏、地主不再享受世袭固定的官职和田产的特权。但由于他们在经济、政治生活中的竞争，使各自的家庭处于相对动荡不安的境地，因此，一些士大夫"意识到自己各个家庭的政治地位和经济地位的不稳定性，于是就产生了一种需要，即在封建国家的强力干预之外，寻找某种自救或自助的办法。同时，由于农民对地主的人身隶属关系相对松弛，地主阶级也正需要寻找一种补充手段，以便

① 《秋日郊居》之七，见《陆游集·剑南诗薰》卷二五。
② 参见赵汝链：《憩农家》，见《野谷诗稿》卷三。
③ 《四库全书总目提要·庙学典礼卷一·官吏旨庙学烧香讲书》。

加强对农民的控制。这个办法或手段，就是利用农村公社的残余，建立起新的封建家族组织"。①

封建家族组织发展的一个突出表现是聚族而居的大家庭增多。从北宋起，出现了更多合族共居的封建大家庭、大家族，除了上述原因外，也与儒家纲常礼教对社会的影响和统治者的表彰、提倡分不开。比如本书前面提到的江州（今江西德安）义门陈氏，制订《陈氏家法三十三条》，以孝义治家，家道昌隆。唐昭宗大顺二年（890），被皇帝诏赐立义门。到了宋代至道三年（997），宋太宗赐御书三十三卷，题词"真良家"。后又命造御书楼，赐"玉音匾"，大力表彰。到宋仁宗天圣四年，这个封建大家族的人口已经增至三千七百多，十九代同居共炊。家风醇厚，"室无私财，厨无异馔，大小知教，内外如一"②。史书上所记载的这样人口众多的大家族很多，如：浦江郑氏家族历经宋、元、明三代，三百年同灶共食；汉阳张昌宗的宗族，"同居八世三千口"③；江州德化许氏"八世同居，长幼七百八十一口"④；宋仁宗时的婺源武溪王德聪"一家儿千指，同居七十余年"⑤。与唐代一样，封建统治者不仅提倡大家庭制，而且还给以法律上的支持和保证。如宋朝法律就规定：父祖在，子孙分居异财，要处以三年徒刑⑥。

元朝建立不久，蒙古贵族的统治者也认识到了封建伦理道德对于自己政权的极其重要性。他们效仿宋朝统治者倡导尊孔崇儒，元太宗接受大臣耶律楚材的建议，采取"文治"政策，"敕修孔子庙，封孔子五十一代孔元仍袭封'衍圣公'"⑦。武宗给孔子加上了"大成至圣先师文宣王"的头衔，称赞"儒者可尚，以能维持三纲五常之道也"，给程

---

① 朱瑞熙：《宋代社会研究》，中州书画社 1983 年版，第 99 页。
② 何光岳、聂鑫森：《中华姓氏通书——陈姓》，三环出版社 1991 年版，第 58—66 页。
③ 《嘉靖汉阳府志》卷八，《人物志·烈士》。
④ 《宋史》卷四五六，《孝义·许祚传》。
⑤ 《弘治徽州府志》卷九，《人物·孝友》。
⑥ 王玉波：《中国古代的家》，商务印书馆 1995 年版，第 32 页。
⑦ 《元史·太宗本纪》。

朱理学以更高地位，不仅将《四书》定为科举考试的必需科目，而且规定从朝廷开设的科举考试到州县学校的教学，一律以程朱对孔孟著作的注释为准。宋元统治者对理学的推崇和对三纲五常为核心的封建伦理道德的强化，都在很大程度上影响了这一阶段的家训教化思想及其实践。

遗憾的是，由于种种原因，辽金元时期我国少数民族的家训史料却极其稀少，这不能不限制了这一时期家训思想及其教化实践的研究。

二、宋元时期家训内容的变化及教化实践的发展

（一）宋元时期家训内容的变化

由于特殊的历史原因，宋元时期的家训中，爱国主义和崇尚气节教育的加强是一个重要的变化。除此之外这一时期家训内容的变化还有下述几方面：

1. 读书求仕的内容增多。

宋元时期特别是宋代，读书求仕之风达到了顶点，这与朝廷重文轻武的国策有关。前面说过，赵匡胤发动陈桥兵变，当上皇帝、建立北宋以后，鉴于唐末以来骄兵悍将导致政权屡屡更迭的教训，他采纳赵普建议，不仅"杯酒释兵权"，削夺藩镇力量，将军事、财政、司法等大权全部收归中央，而且实行重文轻武政策，选拔大批文官主持地方政务和军务。实行这种政策的结果，是朝廷对科举取士更为重视，将此作为选拔官吏的基本途径。从北宋到南宋，尽管科举考试的具体内容和做法不断变化，但科举考试始终是基本国策。

宋代皇帝对科举考试十分重视。宋太祖因怀疑舞弊而亲自主持殿试。有一次，他对近臣们说："昔者，科名多为势家所取，朕亲临试，

尽革其弊矣。"① 宋真宗时，对状元及第者给予很大的荣耀。据当时人田况记载，"每殿庭胪传第一，则公卿以下无不耸观，虽至尊亦注视焉。自崇政殿出东华门，传呼甚宠。观者拥塞通衢，人摩肩不可过"。② 与他同时代的官吏尹洙也说："状元及第，虽将兵数十万，恢复幽蓟，凯歌劳还，献捷太庙，其荣亦不可及矣!"③ 这种莫大的荣耀对读书人的诱惑力可想而知。

《古文真宝》前集卷首载有《真宗皇帝劝学文》，收有宋真宗赵恒的一首劝学诗：

> 富家不用买良田，书中自有千钟粟。安居不用架高堂，书中自有黄金屋。出门莫恨无人随，书中车马多如簇。娶妻莫恨无良媒，书中有女颜如玉。男儿欲遂平生志，六经勤向窗前读。

作为封建君主，如此以功名利禄为诱饵，赤裸裸地宣传读书做官的思想，对后世产生了深远的影响，而在宋代更是达到了空前的程度。宋代的许多名臣也纷纷宣扬"读书做官论"，司马光和王安石都写有这样的劝学诗。司马光的《劝学歌》说："一朝云路果然登，姓名亚等呼先辈。室中若未结姻亲，自有佳人求匹配。"王安石的《劝学文》是："读书不破费，读书利万倍。……窗前读古书，灯下录书义。贫者因书富，富者因书贵。"④ 朱熹评价这种读求仕之风时说："居今之世，使孔子复生，也不免应举。"⑤

元朝统治者入主中原以后，科举制度一度衰落，这主要是因为蒙古贵族有一套自己选拔人才的制度。元太宗即位后，曾在耶律楚材的反复劝谏下，于1238年进行过一次科举考试；元中期皇庆二年（1313），仁宗下诏正式恢复科举制度。

---

① 《宋史》卷一五五，《选举志》一。
② 田况：《儒林公议》。
③ 同上。
④ 金诤：《科举制度与中国文化》，上海人民出版社1990年版，第138页。
⑤ 朱熹：《朱子语类》卷一三。

这种对读书致仕的大力倡导，自然对历来崇尚望子成龙思想的中国家长的家庭教育影响巨大，宋元家训中都有不同的反映。司马光就在家训中规定了一套严格的子弟教育制度，从家庭的开蒙到出就外傅都作了细致安排。在范仲淹及其后代制订、续改的家训《义庄规矩》中可以看到，义庄设有义学，资助本族子弟读书、参加科举考试，"庶使诸房子弟知读书之美，有以激劝"①。

当然从总体上看，这些家长——家训的作者们大都是开明之士，他们虽然告诫子弟刻苦攻读以求功名，但也注意德教为先并考虑孩子的资质，而并非一味地要子弟走科举之路。如陆游就告诫子孙淡泊名利，无论读书致仕还是从事农耕，最重要的是做个好人。

2. 仕宦家训涌现。

这是宋代以来传统家训的一个新变化。宋代的不少名臣显宦，都有家训传世，如司马光、范仲淹、贾昌朝、包拯、苏轼、赵鼎、陆游、叶梦得等等。就其对宋及宋代以后的影响而言，司马光的家训最大。从当时和以后的家训中，可以看到世家大族、普通人家，或将司马光的《家范》、《居家杂仪》作为治家、教子的范本；或引用司马光家训，作为教家立范的根据和借鉴。

这些名臣家训，内容丰富，重点、角度不一。司马光的家训鸿篇巨制，既有调整封建家庭各种伦理关系的道德规范、行为准则，又有治家、处世的经验体会，还有封建大家庭居家日常礼仪，系统而全面；贾昌朝、包拯的家训则是为官之道、诫子勤政勿贪、保持清廉家风的训示；范仲淹首订其子孙续订的家训，主要是本族义庄、义学的设置及族人教化的具体规矩；赵鼎家训重在家政管理；叶梦得家训重在治生；而苏轼和陆游则以诗词的独特形式对子孙进行训诲。特别是陆游的教子诗，更是集了中国传统家训的"诗训"之大成。

---

① 《义庄规矩·续定规矩》，见徐少锦、陈延斌等编《中国历代家训大全》（下），中国广播电视出版社1993年版，第929页。

3."治生"、"制用"拓宽了家训领域。

宋代以前包括宋代仕宦家训的主要内容是道德教化,谋生方面的训诫很少。南北朝以来,尤其是自南宋以来,专门论述谋生计的"治生"家训和专门论述管理家庭财物以节制用度的"制用"家训开始大量涌现,这是传统家训的又一个新变化。叶梦得在家训中不仅教育子弟重视自己的生计问题,而且要读书人做"治生"的表率;袁采认为"如不能为儒,则医、卜、星相、农圃、商贾、伎术,凡可以养生而不至于辱先者,皆可为也"①。将过去被人瞧不起的职业作为子弟可以选择的职业,反映了家训在择业观上的进步。治生、制用以及择业观的变化,丰富了古代传统家训的内容,为传统家训的发展拓宽了天地。宋以后,论述这些问题的家训逐渐增多。

4.全面系统、切于实用的居家指导型家训别开生面。

与宋代以前相比,这一时期的家训,在内容上涉及家庭生活的各个领域,治家理财、待人处世、教育子弟等等无不论及,且极其详尽、具体,给家庭成员以居家生活的系统、全面的指导,实用性很强。例如,司马光的《家范》对家庭成员及其亲属之间的关系分类阐述,几乎提出了调解家庭成员、亲属之间关系的所有规范;赵鼎、陆九韶、倪思对制订家庭收支计划、实行丰俭适中的合理消费方式、建立秉公理财的家庭生活制度作了切实可用的训示;而袁采的《袁氏世范》和郑氏家族的《郑氏规范》对居家生活问题安排、指导之详细、具体、周到,更是令人叹为观止。

5.更加重视家风的传承。

良好家风是一种强大的精神力量,对子弟在家庭生活中继承父祖的优良品德和传统起着积极而有效的约束和激励作用。宋元时期的不少家训中都强调继承家族的良好家风,特别是仕宦家训。司马光尤为重视家风对子弟的熏陶作用,告诫儿子司马康不仅自己要吸取寇准不良家风的

①　袁采:《袁氏世范·处己》。

教训，而且要用这篇家训去训诫子孙，以继承祖辈节俭为荣、奢侈为耻的"清白"家风。① 包拯在短短几十个字的家训中，要求为官的子孙不得贪赃枉法，保持清廉家风。贾昌朝对子孙的道德教育不仅是日常坚持不懈进行的，而且认为清白家风比升官晋爵更能光耀门庭。陆游在《放翁家训》中要子孙继承祖先宦学相承、清白俭约、注重节操的家风；在教子诗中反复告诫子孙"汝曹切勿坠家风"②，要他们耕读传家、甘于淡泊、不贪富贵、重节崇德。元朝出身于皇族的大臣耶律楚材，经常对儿子进行显赫家史的教育，要儿子建功立业，"勿学轻薄辱我门"。③

6. 强调了家长率先垂范、治家公正的要求。

尽管中国的德教传统强调家长的权威，且自宋代开始封建纲常礼教更要求卑幼片面服从尊长，但在家训文化的发展中，却有些不同，不少开明的家长，在家训中同时对家长的行为给以道德规范的约束，要求以身作则，遵守礼法，治家公正，平等地对待家人、管理家政、教育子弟。如《郑氏规范》要求家长"以至公无私为本，不得徇偏"；"以至诚待下，一言不可妄发，一行不可妄为"。不然，"举家随而谏之"，"若其不能任事，次者佐之"。④ 这就给家长以约束和有效的监督。袁采虽然认为"子之于父、弟之于兄，犹卒伍之于将帅"，但更强调"父慈而子愈孝"、"爱子贵均"、分析财产贵公当等等⑤。即便是司马光这样极重封建礼教的保守派家长，也强调家长依据礼法公正治家。他在《居家杂仪》中开篇讲的就是对家长的要求："凡为家长，必谨守礼法，以御群子弟及家众。"在《家范》中，他还辑录了许多名人以"礼"教家、治家的典型事例供为家长者效法。总之，强调家长的品行在治家教子过程

① 袁采：《袁氏世范·治家》。
② 陆游：《示子孙》，见《陆游集·剑南诗稿》，中华书局1976年版，第1213页。
③ 耶律楚材：《湛然居士文集》，中华书局1986年版，第247页。
④ 《郑氏规范》，见《丛书集成初编》第975册，中华书局1985年版。
⑤ 袁采：《袁氏世范·睦亲》。

中的重要性，宋代家训开了个好头，这在宋代及以后的家训中更为突出。

（二）宋元家训教化途径、方式的发展

第一，通过家族组织实施家训教化。

这与宋代封建家庭组织的发展密切联系。如前所述，聚族而居的大家庭增多是宋代家庭组织发展的突出表现。这些累世同居共财的大家族要能保持稳定，就要有良好的家庭秩序，而这除了国家法律的约束之外，更需要家族内所制订的规章制度予以保障，因此家训、族规从宋代开始增多，内容日益趋向详尽完备。同时，这也体现了宗族组织发展的要求。正如宋人熊禾所说，聚族共居的大家庭，"善为家者，必立为成法，使之有所持循以自保"①。南宋官吏赵鼎谈及自己订立家训的宗旨时也说："吾历观京洛士大夫之家，聚族既众，必立规式，为私门永远之法。"②

这些家族不仅有家规族训，而且在教化上依恃有得力而有效的途径：立族长（宗子）、置族产、修族谱、建祠堂。族长的地位、权威决定了对族人教育的强大影响力；族产以经济手段对族人恩威并施；族谱的修撰从精神上和组织上团结了族众，也直接进行了教化（不少家族的家谱中都有祖先的遗训）；祠堂的修建不仅提供了全族祭祀祖先、举行重要典礼的场所，而且也是对族人传扬家风、实施教化的地方。如南宋著名思想家、教育家陆九渊、陆九韶的家庭，是一个"累世义居"的大家族。这个家族规定，每天清晨，家长都要率领子弟到本族的"祖祢祠堂"去"致恭"、"聚揖"③；陆九韶为了加强对家人子弟的教育，将训诫之辞编成琅琅上口的韵语："家长率众子弟谒先祠毕，击鼓诵其辞，

---

① 熊禾：见《江氏族谱序》，《勿轩集》卷三。
② 赵鼎：《家训笔录》，见《忠正德文集》卷一〇。
③ 罗大经：《鹤林玉露》卷五。

使列听之。"①

　　为了更有效地施行教化，这些家族还制订了进行家规族训教育的具体制度。例如，《郑氏规范》规定：每逢初一、十五合家聚会时，朗诵道德歌诀、家规祖训，而且每天还在"有序堂"要未成年子弟朗诵男女训诫之词；并要子弟将家庭生产、生活各个方面的制度规定自幼熟知。再如，赵鼎《家训笔录》对违反家训的子弟的惩戒作了这样的规定："子孙所为不肖，败坏家风。仰主家者集诸位子弟，堂前训饬，俾其改过。甚者影堂前庭训，再犯再庭训。"②

　　第二，更加注重可操作性和养成教育。

　　前面提到，宋元时期切于居家日用、便于操作的家训日益增多，这种形式的家训，将道理的教诲与具体的实践结合起来，通俗易懂，易循易行，具有很强的可操作性。这尤其以《袁氏世范》和《郑氏规范》最为突出。袁采在《袁氏世范》一书后记中说自己撰写的家训可以使"田夫野老，幽闺妇女"都能明白，使人"能知"、"能行"，因而，家训中治家、理财、处世等方法、经验的记述极为详尽具体。比如，《治家》篇中谈到处理婢仆自杀事件时，就既讲了如何保持现场以待官府查验，又非常具体地传授了自缢、跳井、溺水者的抢救方法。《郑氏规范》对预防火灾的措施及防火用具的设置、保养和使用的规定，即便用今天的消防眼光看，也是很了不起的。

　　养成教育是培养良好品德的重要途径，许多家训都很重视通过养成教育，积淀子弟的品德。像司马光《居家杂仪》就详细地设计了家教程序，将德育放在家庭教育的首位：从"始生"开始，对婴幼儿期、少年期的每一个发展阶段都根据循序渐进的原则，施行不同的养成教育内容，对违背礼教的行为即使再小也"严诃禁之"；指导子孙读书方面严加选择，以免"惑乱其志"，力求"养正"。

──────────

① 《宋史》，中华书局 1976 年版，第 12879 页。
② 赵鼎：《家训笔录》，见《忠正德文集》卷一〇。

第三，开明、平等、科学的教育思想和训谕方式获得了发展。

宋元时期，虽是理学产生发展并逐步占据封建统治指导思想地位的时期，且因纲常礼教的加强和理学的导向，在家庭教育中出现了像朱熹《家礼》、司马光家训《居家杂仪》等特别强调子弟对父兄绝对顺从的内容要求，但我们同样注意到这一时期的家训也出现了可贵的、开明的教育观念和平等、科学的教化方式。比如，袁采家训在教育思想和方法上就很注重民主意识、讲究科学方法：在家庭和睦的问题上，他主张需要父子、兄弟等双方的交流、理解和相互适应，多从对方的立场考虑问题；在子弟择友交友的问题上，袁采一反前人重在禁防的做法，主张让子弟从实践中学习择友处友，以增强其鉴别力和抵抗力……

再如，陆游也总是以民主、平等的态度与儿孙们交流，给他们以教诲或忠告，从来不摆封建家长的架子。他自己说与儿子的关系，是父子，更是师友。他与儿辈们一同劳作，同窗共读，切磋学问，共同议论国家大事，作为儿孙的良师益友，循循善诱地进行教育指导。这种教育，比起板着面孔的说教效果显然更佳。

第四，以惩罚辅助教化的方式也得到了较大的发展。

从现有的家训资料看，在宋代以前，对家人子弟的教化注重的是劝喻、说理，而用惩罚来辅助家庭教化的较少，本书前面论及的制订于唐昭宗元年（890）的江州《陈氏家法三十三条》恐怕是民间家训发展中最早对惩罚规定较为具体的家训。惩罚既有经济上的，也有肉体上的。宋代开始，采用惩罚来辅助教化的增多是古代家训发展历程中的一个重要变化。经济上的惩罚如范仲淹家族的范氏族训《义庄规矩》，其中规定："诸房闻有不肖子弟因犯私罪听赎者，罚本名月米一年；再犯者，除籍，永不支米。"[1] 南宋赵鼎《家训笔录》等也有对品行不端子弟进行经济惩罚的条文。至于肉体上的惩罚，从司马光的家训开始，以后的

① 徐少锦、陈延斌等编：《中国历代家训大全》下，中国广播电视出版社1993年版，第929页。

肉体惩罚的程度逐渐增多、加重。

除了经济、肉体上的惩罚以外，不得葬于祖坟、开除族籍（削谱）一类的精神性惩罚也开始出现。例如包拯家训就规定，子孙如果不服从训诫，为官不廉，活着不许进入家门，死后不得葬入祖坟之中。这种惩罚是古代对不肖子弟的一种最严厉的惩罚。不过，这类惩罚宋元时期还不多见，到了明清时期，则日渐增多，并成为统治家族成员的家规族法，对维护封建社会后期的社会秩序起了辅助国家法律的重要作用。

第五，诗训教化达到了一个新的高度。

宋元时期，以诗教子的"诗训"，发展到一个空前的高度。这主要是指陆游的训子诗。他不仅以二百多首教子诗写下了中国家训史上以诗训子的数量之最，而且内容极其丰富全面。尽忠爱国、报国恤民、为官廉直、体恤百姓、重节崇德、耕读传家等方面的教诲都以质朴无华、寓意深刻的语言和平等示教、爱心濡染等鲜明特色，将中国古代的诗训推到一个无人比拟的高度。此外，元代的耶律楚材对子弟进行的家史和家风教育、勤学自强教育等，作为流传下来的少数民族家训的代表，也很有特点。

第二十四章
北宋仕宦家训的涌现

与其他朝代有些不同的是，宋代尤其是北宋的名臣，许多都有家训传世。本章仅就其中司马光、范仲淹、贾昌朝、包拯、苏轼等名臣的家训作些研究阐述，之所以选择这些人为代表，不仅因为他们都是北宋时期的名臣，更因为这些名臣的家训可以在内容或形式方面作为不同的代表。

一、司马光的家训

在仕宦家训的发展历程中，如果就其对宋及宋代以后的影响而言，司马光的家训堪称第一。当时和以后的许多世家大族，以及一些普通人家，都将《家范》和《居家杂仪》作为治家、教子的范本；后来的不少家训作者，在其家训著作中，也都多次引用司马光家训名篇中的论述，作为立论的根据或佐证。

司马光（1019—1086），字君实，陕州夏县（今属山西）涑水乡人，故而世称"涑水先生"。北宋政治家和史学家。他天资聪颖，二十岁中进士，授成武军签书判官。仁宗末年，任天章阁待制兼侍讲、知谏院。

神宗时，王安石变法，司马光以"祖宗之法不可变"为由极力反对并因而辞归洛阳。在洛阳，他积十九年之功，主持编著了《资治通鉴》这部不朽的历史巨著。哲宗即位后，司马光被征入朝，次年任尚书左仆射兼门下侍郎。为相之后，尽废新法，八个月后病逝，被追封为温国公，谥文正。

司马光的政治立场和政治思想基本上是保守的，为官也没有多大建树，但他却在史学和家训两个领域作出了令世人瞩目的贡献，从而奠定了他在中国史学、中国家训文化发展史上的重要地位，并对后世产生了深远的影响。

（一）司马光的三部（篇）家训著作

司马光家训领域的成就以其三部（篇）家训著作为代表。一是巨帙鸿篇的《家范》；一是篇幅简约的《居家杂仪》；一是写给儿子的一封家书《训俭示康》。现分别略作介绍。

1. 《家范》。

"家范"，顾名思义，是教家治家的典范、楷模。《家范》的内容一是节录了许多儒家经典中所谓"圣人正家以正天下"① 的治家、修身格言。二是采辑了大量历史人物的典型事例，用司马光的话说，"爱自卿士以至匹夫，亦有家行隆美可为人法者，今采集以为家范"②。三是中间杂以作者的分析、议论。

《家范》导言部分，首先引用《周易》、《大学》、《孝经》中的论述，旨在说明他撰写此书的目的是因为教家、齐家是治国、平天下的根本。其下，列"治家"、"祖"、"父"、"母"、"子上"、"子下"、"女"、"孙"、"伯叔父"、"侄"、"兄"、"弟"、"姑姊妹"、"夫"、"妻上"、"妻下"、

---

① 《家范》卷一，导言。见徐少锦、陈延斌等编：《中国历代家训大全》上，第 92 页。下引该书，只注《家范》卷名、篇名。

② 同上。

"舅甥"、"舅姑"、"妇"、"妾"、"乳母",洋洋十卷,十九篇。全书系统、全面地分析了封建家庭的伦理关系,阐述了作者对子弟家人身心修养、治家方略、处世之道的见解和经验体会。《四库全书总目提要》评价《家范》"与朱子《小学》义例差异,而用意略同。其节目备具,简而有要,似较《小学》更切于日用。且大旨归于义理,亦不似《颜氏家训》徒揣摩于人情世故之间……观于是编,犹可见一代伟人修己型家之梗概也"。

卷一《治家》篇,司马光引述春秋时期石碏、晏婴等关于君义臣行、父慈子孝、兄爱弟敬、夫和妻柔、姑慈妇听的观点,列举了公父文伯母、樊重等的故事,阐述了"治家者必以礼为先"的主张。卷二《祖》篇,司马光主要结合大量事例,指出为人祖者应该学习圣贤,给子孙留德、礼、廉、俭而不是金钱财物,告诫人们遗德比遗财更是造福子孙。卷三《父》、《母》篇中,司马光引用曾子、颜子推的治家教子之道,并列举了周太任胎教文王、孟母三迁等数十位贤母教子的典范供人效法。卷四《子上》、卷五《子下》摘录《孝经》、《礼记》等有关孝道的论述,提出了孝道的标准,并不吝篇幅,搜集了老莱子娱亲等四十余则孝子的事迹。卷六《女》、《孙》、《伯叔父》、《侄》四篇,结合古人的观点、范例,指出了这些不同辈分、不同身份的人各自遵守的道德规范,其中不乏对"贞女"这些封建道德牺牲品的赞扬。卷七《兄》、《弟》、《姑姊妹》、《夫》中配合所摘引的圣贤语录和名人故事,阐述了兄友弟恭、姊妹和睦、夫和妻顺等同辈人各自奉行的行为准则。与卷七《夫》的篇幅极不相称的是,接下来的卷八、卷九《妻上》、《妻下》,竟以两卷的内容宣传为妻之道,其中包括四十多位"节妇"、"贤妻"的事迹。司马光所倡导的为妻之道,大致有孝敬公婆、顺从丈夫、勤俭持家、教育子女、和睦妯娌等等。最后一卷,《舅甥》、《舅姑》、《妇》、《妾》、《乳母》五篇,涉及了其他亲属关系的处理,以及妻、妾之间必须遵循的封建尊卑、正偏之道。

2.《居家杂仪》。

《居家杂仪》，又因司马光被人称为"涑水先生"而名为《涑水家仪》，这篇家训篇幅短小，仅有二十一则。如果说《家范》更多的是一部圣贤君子的名言集锦，是一部名人道德故事荟萃，是家庭道德教育读本，那么《居家杂仪》则是一篇简明实用的封建大家庭的居家日常礼节范式，是对家庭不同成员相应行为准则的规定，其中也有部分幼儿教育方法的传授。这篇《杂仪》虽短，却为后来的许多封建士大夫家庭所仿效。

3. 《训俭示康》。

这篇家训实际上是司马光专门就节俭问题训示儿子司马康的家书，这封短短的家信，因其对节俭持家的真知灼见和司马氏家族"世以清白相承"、"以俭素为美"① 的家风，而为历代人们所称道和传颂，影响极为深远。

（二）修己型治家规范

作为北宋政治舞台上的保守派的著名代表，司马光家训中有关家庭伦理、家庭教育、家政管理的见解，无疑是维护封建纲常礼教的说教，带有封建显宦浓烈的正统偏见，但其中也包含不少有价值的观点。

1. "谨守礼法"的治家之道。

司马光在《家范》卷一的《治家》篇中阐述了治家之道。关于治家的重要性，他指出，"所谓治国必先齐其家者，其家不可教而能教人者无之"，"宜其家人，而后可以教国人……其为父子兄弟足法，而后民法之也。"

如何治家？司马光认为"治家莫如礼"。一个大家族的兴衰成败，依赖于全体家庭成员之间的和睦相处，同舟共济。这些礼也就是封建的纲常礼教，即"君令而不违，臣共而不二，父慈而教，子孝而箴，兄爱

---

① 《训俭示康》，见《司马文正公集》，下引该篇，均自此书。

而友，弟敬而顺，夫和而义，妻柔而正，姑慈而从，妇听而婉，礼之善物也"。

在该篇中司马光从人与动物的区别，强调了"礼治"对家庭生存发展的极端重要性。他说："夫人爪牙之利，不及虎豹；膂力之强，不及熊罴；奔走之疾，不及麋鹿；飞飏之高，不及燕雀。苟非群居聚以御外患，则反为异类食矣。是故圣人教之以礼，使人知父子兄弟之亲。人知爱其父，则知爱其兄弟矣；爱其祖，则知爱其宗族矣。如枝叶之附于根干，手足之系于身首，不可离也。"司马光认为按照儒家所宣扬的纲常礼教行事，家庭成员之间就可以和睦相处。可贵的是，他不仅要家人从爱父母兄弟推及祖、宗，而且从爱家人推及爱亲戚、爱老百姓。他指出："圣人知一族不足以独立也，故又为之甥舅婚媾姻娅以辅之。犹惧其未也，故又爱养百姓以卫之。故爱亲者所以爱其身也，爱民者所以爱其亲也。"这样，才能"身安若泰山，寿如箕翼，他人安得而侮之哉"！

如何做到以礼治家？司马光认为最根本的是一家之长的率先垂范。他在《居家杂仪》开篇讲的就是对家长的要求："凡为家长，必谨守礼法，以御群子弟及家众。"① 在《家范》卷二、卷三中，司马光辑录了大量的名人以"礼"教家、治家的典型事例。

既然强调"谨守礼法"，就要使家庭成员知礼懂礼，《居家杂仪》对此规定得极为烦琐具体：从如何侍奉父母舅姑，到饮食起居；从对父母长辈的跪拜礼节，到仆人的使用管理……不厌其详，非常便于学习和操作。

司马光强调以礼治家，但这种"礼"是带有"法"的性质、与"法"结合在一起的礼；这种"法"，既有封建国家之法，也有家庭之法。因而在《居家杂仪》中，司马光对家庭礼节仪式的规定，也有惩罚性的要求。比如"凡子妇，未敬未孝，不可遽有憎疾，姑教之。若不可

---

① 《古今图书集成·明伦汇编·家范典》，下引该篇，均自此书。

教，然后怒之；若不可怒，然后笞之；屡笞而终不改，子放妇出"。劝谏父母，"父母怒，不悦而挞之流血，不敢疾怨，起敬起孝"。至于对男女仆人违背家庭礼法的惩罚性措施，《居家杂仪》规定得更为严厉和详细。对争斗不听劝阻者，予以杖责；对于那些离间骨肉、屡次盗窃、背公徇私者，则予以驱逐的严惩。

2. 德教为先的传家验方。

重视德教是司马光家训的突出思想。《居家杂仪》中，他不仅规定了婴幼儿期的道德教育规程，而且更为详尽地制订了日常生活中的"家礼"及其操作程序。这其中有些虽十分烦琐，但他重视德教的用心是良苦的。尤其是在《家范》中，司马光更是反复告诫为人父祖家长者，要高度重视子弟家人的思想道德教育，以良好的品德去影响后代。他指出"为人祖者，莫不思利其后世。然果能利之者，鲜也"。什么原因呢？就是因为他们替后代所谋者，不过是土地、房舍、粮食、金帛这些物质的东西，而不知道更重要的应该是"以义方训其子，以礼法齐其家"①。他举了一位曾做过大官的士大夫只知省吃俭用为子孙积累财富而不知以德教子，最终被争夺财产的子孙气死的典型例子，并评论说："使其子孙果贤耶，岂蔬粝布褐不能自营，至死于道路乎？若其不贤耶，虽积玉满堂，奚益哉？多藏以遗子孙，吾见其愚之甚也。"进而，在留给后辈品德和财产孰轻孰重问题上，他极力主张像古代圣贤那样："圣人遗子孙以德以礼，贤人遗子孙以廉以俭"②。

3. "慈爱"与"严教"的教子方略。

在家庭教育方面，司马光特别重视爱与教的结合。他指出："自古知爱子不知教，使至于危辱乱亡者，可胜数哉？夫爱之，当教之使成人。爱之而使陷于危辱乱亡，乌在其能爱子也？"③针对某些家长以孩

---

① 《家范》卷二《祖》。
② 同上。
③ 《家范》卷三《父》。

子小不懂事、长大以后再教不迟为由迁就孩子的错误观点，他打了一些生动的比喻，尖锐地批评道：这种说法"犹养恶木之萌芽，曰'俟其合抱而伐之'，其用力顾不多哉？又如开笼放鸟而捕之，解缰放马而逐之，曷若勿纵勿解之为易也"①！

此外，在"慈爱"与"严教"的统一问题上，鉴于"慈母败子"的教训，司马光尤其强调了母教的重要性。在《家范》对母道的要求上，他鲜明地指出："为人母者，不患不慈，患于知爱而不知教也。古人有言曰：'慈母败子。'爱而不教，使沦于不肖，陷于大恶，入于刑辟，归于乱亡，非他人败之也，母败之也。"② 正是出于对慈母败子的例子"自古及今，若是者多矣，不可悉数"③ 的考虑，司马光在该篇中竟精心摘录了二十四位深明大义、品德高尚、教子有方的慈母故事，供家人学习师法。

4. 循序渐进的蒙养规程。

司马光继承并发扬了我国家庭教育中的早教传统。在《家范》中，他列举周文王之母重视胎教的例子以后，评论说："彼其子尚未生也，故已教之，况已生乎！"④ 他不仅强调了早期教育的重要性，而且进一步阐发了按照教育规律进行教育，特别是进行德教的思想。

我们看一看司马光在《居家杂仪》中设计的家庭蒙养程序："凡子始生，若为之求乳母，比择良惠妇人稍温谨者。子能饲之，教以右手。子能言，教之自名及唱喏万福安置。稍有知，则教之以恭敬尊长。有不识尊卑长幼者，则严诃禁之。六岁教之数与方名，男子始习书字，女子始习女工之小者。七岁男女不同席，不共食，始诵《孝经》、《论语》，虽女子亦宜诵之。自七岁以下谓之孺子，早寝晏起，食无时。八岁出入门户及即席饮食，必后长者，始教之以谦让。男子诵《尚书》，女子不

---

① 《家范》卷三《父》。
② 《家范》卷三《母》。
③ 同上。
④ 同上。

出中门。九岁男子诵《春秋》及诸史，始为之讲解使晓义理，女子亦为之讲解《论语》、《孝经》、《列女传》、《女戒》之类，略晓大义。十岁男子出就外傅，居宿于外，读《诗》、《礼》、《传》，为之讲解，使知仁义礼智信……凡所读书，必择精要者而读之。其异端非圣贤之书传，宜禁之勿使妄观，以惑乱其志。观书皆通，始可学文辞。女子则教以婉娩听从及女工之大者。"

司马光设计的家教程序无疑继承了《礼记·内则》的思想，但又作了发展，从中我们可以看出这样几点：一是他极其重视早期的教育。他要求家人对子女的教育从"始生"开始，这与《颜氏家训》"固须早教，勿失机也"的主张是一致的。二是他将德育放在家庭教育的首位。在婴幼儿期的每一个发展阶段他都强调这一点。三是他强调家庭教育是循序渐进的，要根据孩子成长的不同阶段施行不同的内容。四是注意"养正"。对稍懂点事的孩子如果不知尊卑长幼，就"严诃禁之"；对幼儿读的书，也应指导选择，以免"惑乱其志"。五是尽管司马光恪守男尊女卑、男女授受不亲的封建主义，但他毕竟还是赞成女孩子接受教育尤其是道德教育的。

5. "以廉以俭"的理财要诀。

在司马光看来，教子之道，重在"以德以礼"；而治家之道，则是"以廉以俭"。这一思想一直贯穿于司马光家训之中。如《居家杂仪》开篇规定做家长的重要职责是以廉俭持家，要"制财用之节，量入以为出。称家之有无，以给上下之衣食，及吉凶之费，皆有品节，而莫不均一。裁省冗费，禁止奢华，常须稍存赢馀，以备不虞"。此外如前面介绍，司马光的另一家训名篇《训俭示康》则是专门论述勤俭持家的理财之道的。

这篇家训有着深刻的社会背景。司马光生活的北宋中期，随着政治的统一和宋初统治者实行了奖励垦荒、与民休养生息等政策，农业、手工业生产获得了恢复发展，商业贸易和城镇建设也发展很快，开封、洛阳、杭州、苏州、大名、成都、广州都是商业繁盛的大城市。据记载，到神宗时，都城开封已有二十万户，① 约百多万人口，是当时世界上无与伦比的大城市，从《东京梦华录》的记述和《清明上河图》的描绘可见当时的繁荣景象。伴随着经济和社会的发展，社会上形成了从达官显贵到普通百姓无不追求奢靡的风气。如司马光所说："近岁风俗尤为侈靡，走卒类士服，农夫蹑丝履……近日士大夫家，酒非内法，果殽非远方珍异，食非多品，器皿非满案，不敢会宾友。常数日营聚，然后敢发书，苟或不然，人争非之，以为鄙吝。故不随俗靡者盖鲜矣。"②

对这种讲排场、比阔气的奢靡之风，司马光表示了极大的不满和忧虑："嗟乎！风俗颓敝如是，居位者虽不能禁，忍助之乎？"当权者虽然无法制止这种不良风气，还忍心助长它吗？还是从自己做起。于是司马光撰写了《训俭示康》这篇家训，对儿子进行节俭教育。

司马光一开始就要儿子继承自己家族的清白家风。他说："吾本寒家，世以清白相承。"此话不虚，司马光和他的祖父司马炫、父亲司马池都是读书人出身，都是进士，为官都能做到清正廉洁。司马光在家训中谈到他的父亲任郡牧司判官时，招待宾朋只斟三四次酒，最多也不过七次。酒是从街上买来的普通酒，菜肴也很简单。

司马光接着向儿子谈了自己生平"衣取蔽寒，食取果腹"、"不喜奢华"、崇尚节俭的故事和志趣。他说："众人皆以奢靡为荣，吾心独以俭素为美，人皆嗤吾固陋，吾不以为病……"对世俗的偏见，他用孔子"与其不逊也宁固"、"以约失之者鲜也"等话加以驳斥。

在司马光看来，"俭"和"奢"不是生活小节，而是关系到祸与福、兴家与败家的大是大非问题。他在引用了春秋时鲁国大夫御孙"俭，德之共也；奢，恶之大也"的话以后，作了这样的论证：节俭则寡欲。做官的人寡欲就不会为外物所役使支配；普通百姓寡欲，则可持身谨慎，节约用度，不会犯罪，使家境丰裕。所以，节俭是所有德行中共同的。

---

① 《王安石传》，见《宋史》卷三二七。
② 司马光：《训俭示康》。

反之，奢侈则多欲。士大夫欲望多，就会贪图荣华富贵，不走正道，必然早遭祸患；普通人欲望多，就会过多追求，滥用钱财，以致丧身败家。因此，奢侈多欲的人，做官必定贪污受贿，居乡肯定会做盗贼。所以说奢侈是最大的罪恶。应该说，司马光这番论证是很有说服力的！

司马光不仅仅是理论上的说服、教诲，而且像他的《家范》那样，列举了历史上很多正反两方面的事例对儿子进行教育。正面的有家中厅堂仅能容一匹马转身的宋真宗的宰相李沆，有春秋时虽做过三任鲁国国君宰相，但妾不穿绸、马不喂粟的季文子等；反面的有日食万钱、其孙子因骄奢被杀的晋朝太尉何曾，有以奢靡骄人、与人斗富终致被杀的石崇，等等。

（三）司马光的家训特色

首先，司马光以一个历史学家对家庭、社会兴衰存亡的丰富史实的熟谙，创造了家训文体的一种新形式。

与"古今家训，以此为祖"[①] 的《颜氏家训》相比，司马光的《家范》博采经史群籍，分别汇集了历代人士治家、教子的名言和道德故事，对家人子弟进行家庭道德、家政管理方面的教育，它的资料更为翔实。《颜氏家训》基本上是作者的论述，间或有史实的举证和观点的引用，而司马光的《家范》是重在直接将那些"家行隆美可为人法者""采集以为家范"[②]。更为可贵的是司马光对历史人物言论和事迹的"采集"，并不局限于圣贤之言和王侯将相的故事，而是"自卿士以至匹夫"[③]，只要此人的言论和事迹可供家人鉴戒，就予以收入。当然，《家范》也不仅仅是资料的汇编，其间结合有作者的不少议论和见解。在中国古代家训的发展中，《家范》这种形式的家训似不多见。

---

① 王三聘：《古今事物考》卷二，见《丛书集成初编》第 1216 册，第 34 页。
② 《家范》卷一，导言。
③ 同上。

其次，对涉及家庭成员及其亲属之间的各种关系作了详尽的分类，并按照各自的身份，树立范模，以供师法。

家训既然是治家、教家之训，必然要处理好各种家庭成员之间的关系以至亲属关系。只有每个人的言论和行为都能符合自己的身份，都能符合儒家伦常的要求，才能家庭和睦，家业兴旺。以前的家训，虽在谈及家庭成员之间关系时也有不少规范性的要求，但都没有像《家范》这样分类明确、详尽。此书连叔侄、姑姊妹、舅甥、舅姑，甚至乳母都分别罗列，使人人有学习的榜样、努力的方向。至于《居家杂仪》中对居家日常礼节范式和家庭不同成员相应行为准则的规定，在今天看来无疑是烦琐的封建礼教，但在当时对于家庭成员及亲属关系的调节，对于家庭生活的和谐有序却是有相当作用的。

再次，重视家风的传承和熏陶。

这是司马光家训的一个鲜明特色。家风也叫门风，是一个家庭在世代繁衍过程中逐步形成的较为稳定的生活作风、传统习惯和道德风尚。家风的形成离不开父祖的提倡和身体力行，也离不开后辈子弟的继承和发扬。良好家风一旦形成，就能使子弟家人耳濡目染，潜移默化，成为一种强大的精神力量，约束和激励子弟在家庭生活中继承父祖的优良品德和传统。司马光看到了不良家风的危害，特别重视家风对子弟的熏陶作用。在《训俭示康》这篇家训中，司马光告诫儿子司马康吸取寇准不良家风的教训。寇准官封莱国公，生活奢侈豪华盖过时人，只是因为他功劳大，无人非议，但"子孙习其家风，今多穷困"。司马光在这篇家训的结尾，要求他的儿子司马康不但自己要身体力行，而且要用这篇家训去训诫子孙，以继承祖辈以节俭为荣、以奢侈为耻的"清白"家风。

最后，用肉体惩罚辅助教化。

前面谈过，宋代以前，用惩罚来辅助家庭教化较少，北宋初期辅助教化的惩罚也多是经济惩罚。至于肉体上的惩罚，除了像唐代《陈氏家法》那样偶尔有之外，司马光的家训似乎是个分界，从他的家训开始，以后的肉体惩罚的程度逐渐增多、加重，司马光在《居家杂仪》中规定的惩罚，就有杖责、鞭笞、放出、驱逐等等方式。不过，实事求是地说，司马光还是主张包括奴仆在内先进行教育，再进行惩罚，惩罚的手段是为了辅助教化。

司马光的家训对后世影响很大，这从南宋宰相赵鼎的家训中可见一斑。赵鼎在其《家训笔录》中这样要求子孙："司马温公《家范》，可各录一本，时时一览，足以为法。"① 他还要求子孙将"司马温公《训俭》文人写一本，以为永远之法"②。

必须指出，司马光家训教化思想对后世所产生的影响是精华和糟粕、积极方面和消极方面并存的。我们在研究司马光的家训教化以求为今天的家庭教育和家庭美德建设提供一些借鉴的时候，这一点是务必要注意的。司马光家训中的封建性的糟粕是很多的，在司马光眼里，父子、夫妇、妻妾、长幼等"三纲五常"、"三从四德"的尊卑关系是丝毫不可动摇的，这固然是他的封建保守立场所决定的，但同时也反映了封建道德自宋开始日渐强化的趋势（关于这一点，在与他同时代的理学家程颐、程颢的理论中看得更为清楚）。这里特别要强调的是，司马光家训中所宣扬的"愚孝"思想，将父子、夫妻关系的封建伦理道德规范推向了片面的极端。他认为，做儿子的应该绝对服从父母，惟父母之命是从。他说："子甚宜其妻，父母不悦，出。子不宜其妻，父母曰：是善事我。子行夫妇之礼焉，没身不衰。"③ 这就是说，即使夫妻非常和睦，感情很好，只要父母不满意，就必须将妻子休掉；反之夫妻关系再不好，只要父母满意，就得凑合一辈子。这种荒谬的说教对宋代特别是明清时期的家训产生了深远的消极影响。

---

① 徐少锦、陈延斌等编：《中国历代家训大全》上，第164、167页。
② 同上。
③ 《居家杂仪》。

二、范仲淹、贾昌朝、包拯、苏轼等
名臣的家训思想和实践

范仲淹、贾昌朝、包拯、苏轼都是北宋时期的名臣，范仲淹和苏轼还是北宋著名的文学家。他们的家训思想及其实践各具特点。范仲淹首设义田、义庄，他和儿孙们都注重对族人的教化；贾昌朝的家训专门阐述为官之道；包拯家训只有几十个字，惟一的内容是告诫为官的子孙不得贪赃枉法。苏轼多以诗文教育家人子弟，且尤重风节。

（一）范仲淹的义庄及其对族人的教化

范仲淹（989—1052），字希文。苏州吴县（今属江苏）人。大中祥符八年（1015）进士，官至参知政事。他以天下国家为己任，其《岳阳楼记》中的名句"先天下之忧而忧，后天下之乐而乐"流传千古。他一生因议论朝政和极力主张改革弊政而屡被贬官却矢志不渝。范仲淹工于诗词散文，所做文章富有政治内容。著有《范文正公集》。

范仲淹在家训史上最值得称道的是他设立的义庄和对族人的教化，而这又与他的身世和幼年的经历密切相关。据史书记载，范仲淹生于徐州，其父范墉方为武宁军（治所为徐州）节度掌书记，两岁时其父病故。由于家贫无依无靠，母亲谢氏只得改嫁淄州长山朱氏，他也改姓朱，名说。范仲淹从小俭朴，力学不倦。他看到朱家兄弟生活奢侈浪费，便常加规劝。这引起他们的反感，他们说："我们用的是朱家的钱，关你什么事？"范仲淹惊问母亲，当得知自己的身世以后，便辞母外出求学，更加发愤苦读。考中进士，做了广德军司理参军，于是将母亲接回奉养，并恢复自己的姓氏。

由于这段经历，范仲淹深知穷人的艰难，深深地感到贫穷人家连族人子弟都无法照顾。于是他创立了为宗族共同体谋福利、抚养族人的

"义庄"。义庄的得名与义田联系在一起。义田是由宗族中的一户或者同族人共同拿出若干田地，将收取的地租用来赡养同宗族的贫穷家庭。后来进一步发展，又在义田内建筑房舍，逐渐扩大成为庄园，这称作义庄。范仲淹在谈到他创建义庄的初衷时说他"深念保族之难，欲为传达之计。自庆历皇祐以来，节次于苏州、吴常两县置田亩立义庄"，用义庄的收入来救济贫穷的族人。① 范仲淹为了教育自家子弟不要独自享受富贵而置族人贫苦于不顾，专门写了《给诸子书》的家训予以训诲。文中写道："吾吴中宗族甚众，于吾固有亲疏，然吾祖宗视之，则均是子孙，固无亲疏也。苟祖宗之意无亲疏，则饥寒者安得不恤也！自祖宗来，积德百余年而发于吾，得至大官，若独享富贵而不恤宗族，异日何以见祖宗于地下？今何颜入家庙乎？于是恩例俸赐，常均于族人，并置义田宅云"。②

正是基于这种思想，范仲淹不仅慷慨解囊，购义田，设义庄，而且为了使之一代代传下去，他还专门制订了范氏的宗规族训《义庄规矩》。《规矩》由范仲淹于皇祐二年（1050）十月初订，后由其儿子范纯仁、范纯礼等后代十数次续订修订，逐渐完善。如果算到最后一次修订的南宋嘉定三年（1210），历时达一百六十年之久。义田原来只有一千多亩，由于范氏族人不断捐助，到了清朝宣统年间，增加到五千三百亩，③ 义庄维持达八九百年之久。

范仲淹初定的《义庄规矩》共计十三条，对范氏义庄田产收益的分配作了明确的规定。大致包括同宗族各房日常的衣食和为官家居者的米绢供给、婚嫁丧葬的费用拨付、对贫穷亲戚的周济，等等。比如对族人日常口粮、布匹的分配和嫁女娶妇的规定是：

逐房计口给米，每口一升，并支白米。如支糙米即临时加折。

男女五岁以上八数。

---

① 《褒贤祠记》，见《范文正公集》卷二。
② 《宗族部》，见《古今图书集成·明伦汇编·家范典》卷一〇二。
③ 民国《吴县志·义庄》。

女使有儿女在家及十五年、年五十岁以上听给米。

冬衣每口一疋，十岁以下、五岁以上各半疋。

每房许给奴婢米一口，即不支衣。

……

嫁女支钱三十贯，再嫁二十贯。

娶妇支钱二十贯，再娶不支。①

　　为了避免族人铺张浪费、寅吃卯粮或多吃多占，范仲淹规定：族人的口粮按月领取，不得预先支取；如果负责分配的掌管人"自行破用或探支与人，许诸房觉察勒陪填"。② 为了防止灾荒年景，范仲淹还制订了一系列平衡收支的措施。

　　范仲淹的子孙后代数次修订的《续定规矩》作了许多补充。如对于参加大考的子弟支给经费；族人不得租佃义田，以免族人之间为地租伤和气；义庄不得典买族人田土，希望族人不丧失土地；不得占用义仓会聚，非出纳不开；义庄建有义宅，供无房族人借住……③《义庄规矩》不只是一种宗族中经济上救济的条款规范，而且还是一种激励族人好学上进、教化族人品德的方式。譬如，在规定给予不同层次应考子弟经费资助数目时，《规矩》指出："庶使诸房子弟知读书之美，有以激劝。"④ 鼓励子弟发愤读书，求取功名。《规矩》还规定，义庄中设有义学，从子弟中选出有功名、品德优良者作为"教授"，以教育族中子弟，提高族人的文化素质。这两位"教授"的报酬很高，"月给糙米五石"。⑤ 相反，对那些在外行为不检点，有了私生子来领口粮的一律不给。⑥ 特别

---

① 《义庄规矩·文正公初定规矩》，见徐少锦、陈延斌等编：《中国历代家训大全》下，第922—923、923、924—926 页。

② 同上。

③ 同上。

④ 《义庄规矩·文正公初定规矩》，见徐少锦、陈延斌等编：《中国历代家训大全》下，第929、926、926、929 页。

⑤ 同上。

⑥ 同上。

需要指出的是，范氏子孙续定的《规矩》增加了惩罚性的规定，对那些品行不良、违反族规的子弟，扣发一定数量的口粮和俸钱，并予以惩罚。这些条文很多，如："诸房闻有不肖子弟因犯私罪听赎者，罚本名月米一年；再犯者除籍，永不支米。除籍之后，长恶不悛，为宗族乡党善良之害者，诸房具申文正位，当斟酌情理，控告官府乞与移乡，以为子弟玷辱门户者之戒。"①

范仲淹首创的义庄，稳定了个体小农经济，扶助了宗族之内的鳏寡孤独和贫穷者，避免了他们沦为无产游民，的确是一种值得称道的善举。同时，义庄的设立，也有利于社会的安定，减少了犯罪，因而受到了朝廷的褒奖和政府的支持。宋英宗治平元年（1064）四月十一日，范仲淹的儿子范纯仁鉴于出现一些不守规矩的子弟导致义庄难于维持的状况，上书皇帝，请求朝廷降旨，要地方官府对违反《规矩》的子弟，"许令官司受理"。皇帝照准。这一来，于是各地纷纷效法，成为一种时尚，许多官员竞相设置义田、义庄。

范仲淹及其子孙订立的《义庄规矩》，不仅维护了宗族共同体的存在和发展，而且对宗族成员的管理和教化也产生了重要的作用。尤其应该特别指出的是，《义庄规矩》用奖惩结合的方法来调控家族成员的教育和宗族的管理，以收抑恶扬善之效。以前家训中也有劝赏的成分，但不具体，《义庄规矩》的具体化是家训史上的一个发展，从此以后，家训中奖惩结合的规定逐渐增多。这种礼、法并用的做法，对于强化家庭教化起了重要的作用。

除了重视对族人的资助和教育之外，范氏的家教也很有成就。范仲淹自豪地说他教子有方，三个儿子"纯仁得其忠，纯礼得其静，纯粹得其略"②。的确如此，除大儿子不事科举外，其余三个儿子都做了官，

①《义庄规矩·文正公初定规矩》，见徐少锦、陈延斌等编：《中国历代家训大全》下，第929、926、926、929页。
② 脱脱：《宋史·范仲淹传》，中华书局 1976 年版，第 10295 页。

范纯仁还做到了宰相。他们都为官清正，崇尚风节，颇有政声，这不能不说是得益于范仲淹的教诲。据史料记载，范仲淹的儿子们都像他那样勤奋好学，最有成就的次子范纯仁常常学习到半夜，夏天在蚊帐中苦读，帐顶都熏成了黑色。范仲淹尤其注意对做官的子弟进行为官之道的教育，比如在给侄子的短信中，他也不忘用绝大部分篇幅对侄儿进行官德教育，并现身说法，要侄子不谋私利，不坏家风。信中写道："汝守官处小心，不得欺事。与同官和睦多礼，有事即与同官议，莫与公人商量，莫纵乡亲来部下兴贩，自家且一向清心做官，莫营私利。汝看老叔自来如何？还曾营私否？自家好，家门各为好事，以光祖宗。"①

（二）贾昌朝的仕训：《戒子孙》

贾昌朝（998—1065），字子明。北宋真定获鹿（今河北正定县）人。基本上与范仲淹、包拯是同时的名臣。天禧元年（1017）赐进士出身，历任国子监说书、天章阁侍讲、参知政事、枢密使，庆历五年（1045）拜相，监修国史。卒谥"文元"，宋仁宗为其墓亲书"大儒元老之碑"。著有《群经音辨》等。

与他人的家训有别，贾昌朝六十二岁时写的《戒子孙》专门阐述为官之道。这可能是因为他的两个儿子贾章、贾青也在朝中做官，因而对他们更要加强的是"官德"教育。家训首先提出了居官、为人的四条基本准则，即"居家孝，事君忠，与人谦和，临下慈爱"。②接着，贾昌朝结合自己的从政阅历，提出了一系列为官从政的道德要求：一是"清廉为最"；二是慎言"朝政得失，人事短长"③，这也是明哲保身之道；三是详审讼务，用法宽恕。他以自己少时见邻居子弟被官府传讯、全家

---

① 《古今图书集成·明伦汇编·家范典》卷一〇二，《宗族部》。
② 曾枣庄、刘琳主编：《全宋文》卷四八一，巴蜀书社 1988 年版，第 70、70、70、70—71、71 页。
③ 同上。

涕泗不食、直至晚上放回才安的事例，告诫子弟"听讼务在详审，用法必求宽恕。追呼决讯，不可不慎"①。绝不能滥用刑法，造成错案。

此后，鉴于当时官场上的黑暗，贾昌朝揭露了社会上一些缺乏官德的无耻之徒的种种劣迹：崇尚苛刻暴虐，以攻击诋毁、发人阴私为能；凭自己的喜怒爱恶选人用人，排挤正直之士，致使小人得志；放纵形骸，不能约束自己；追求奢侈糜烂的生活，以致贪污犯罪，终身耻辱；为争官职财物，诽谤家人，丧失士人品节。贾昌朝在家训中列举了官场上的种种不良行为以后，谆谆告诫为官子弟一定要极力避免，保持士人的节操。②

在传统家训中，像贾昌朝《戒子孙》这样一针见血地全面揭露官场腐败，专门对子孙进行官德教育的家训著作似不多见，因而也更显珍贵。更为难能可贵的是贾昌朝对子孙的道德教育是日常坚持不懈进行的，而且认为清白家风比升官晋爵更能光耀门庭。在《戒子孙》的篇末他叮嘱子孙："谨之！吾暇日未尝不以经籍道义教诲汝等，冀免斯咎。吾年六十二，诸子若孙凡二十余人矣，不觊汝等绍吾爵位，但能守素业，使门户不辱，吾之幸也。"③

（三）包拯家训：刻石立铭训子孙

包拯（999—1062），字希仁，北宋庐州合肥（今属安徽）人。天圣年间进士，仁宗时任监察御史，后任天章阁待制，龙图阁直学士，官至枢密副使。包拯为官清廉刚毅，执法严峻，不畏权贵。他的事迹在民间广为流传，成为中国历代家喻户晓的清官形象。死后谥"孝肃"，赠礼部尚书。有《包孝肃奏议》存世。家训总共只有几十个字：

---

① 曾枣庄、刘琳主编：《全宋文》卷四八一，巴蜀书社1988年版，第70、70、70、70—71、71页。
② 同上。
③ 同上。

后世子孙仕宦，有犯赃滥者，不得放归本家；亡殁之后，不得葬于大茔之中。不从吾志，非吾子孙。仰工刊石，竖于堂屋东壁，以昭后世。[1]

这短短几十个字的家训，告诫为官的子孙不得贪赃枉法。如果不服从训诫，活着不许进入家门，死后不得葬入祖坟之中。这种惩罚是古代对不肖子弟的一种最严厉的惩罚。由此我们也可领略包拯的为官做人之道是何等的高尚！他重言教，更重身教。《宋史》记载，包拯"虽贵，衣服、器用、饮食如布衣时"[2]。在贪官污吏比比皆是的封建社会，不仅自己出污泥而不染，而且在堂屋壁上刻石立铭，以对子孙后代进行警钟长鸣的教育，实在令人钦敬！

这篇家训史上最短的家训，其作用之大和影响之久远是许多长篇家训所不可比拟的。据有关资料介绍，在包拯的老家安徽省肥东县大包村三百多户、一千五百多人的包氏后代中，没有贪赃枉法或者因犯罪被关押的；包家后代无论是在外面做事的，还是在家种地的，都谨遵包公家训，以此作为处世、为人之本。[3]

（四）苏轼的训子诗文

苏轼（1037—1101），字子瞻，号东坡居士。眉州眉山（今属四川）人。嘉祐进士，神宗时任祠部员外郎，因反对王安石变法，出为杭州通判，历知密州、徐州、湖州。元丰二年（1079）因作诗"谤讪朝廷"下狱，旋谪黄州团练副使。哲宗时任翰林学士，曾出知杭州、颍州，官至礼部尚书。后又贬谪惠州、儋州。最后北还，病死常州。南宋时追谥"文忠"。苏轼是北宋著名的文学家，为"唐宋八大家"之一。其诗词清新豪放，文章挥洒畅达。其诗文后人编为《苏轼诗集》、《苏轼文

---

[1]　杨国宜整理：《包拯集编年校补》，黄山书社 1989 年 12 月版，第 256 页。

[2]　《宋史·包拯传》，中华书局 1976 年版，第 10318 页。

[3]　高国权：《包拯遗风今犹存》，见《解放日报》1994 年 9 月 21 日，第 11 版。

集》等。

苏轼一生坎坷，却仍不忘对弟弟和侄子、侄孙的教育。作为一个文学家，苏轼的家训多为诗文、书信形式。在晚年所写的《并寄诸子侄》一诗中，苏轼勉励子侄们努力学习，勤读诗书，莫做腹中空空、不学无术的人；同时教育他们学习耕织，做一个自食其力的人；作者还希望后代们像他一样，以写出"昭世"文字为己任。

> 我似老牛鞭不动，雨滑泥深四蹄重。汝如黄犊却走来，海阔山高百程送。庶己门户有八慈，不恨居邻无二仲。他年汝曹笏满床，中夜起舞蹈破瓮。会当洗眼看腾跃，莫指瘝腹笑空洞。誉儿虽是两翁癖，积德已自三世种。岂惟万一许生还，尚恐九十烦珍从。六子晨耕箪瓢出，众妇夜绩灯火共。春秋古史乃家法，诗笔离骚亦时用。但令文字还昭世，粪土腐余何足梦。①

与他自己豪放刚直的性格相适应，风节的教育也是苏轼家训关注的一个重要方面。在给侄子的信中，他说："独立不惧者，惟司马君实与叔兄弟耳！万事委命，直道而行，纵以此窜逐，所获多矣。"②在给侄孙元老的信中，谈到被贬海南，过着"饮食百物艰难"、"药物酱酢等皆无"的"苦行僧"般的生活时，仍然表示"胸中亦超然自得，不改其度"。③的确如此，即使是屡次遭贬，仍然特立独行，宁折不弯，这就是苏轼的风格！他自己这样，也要求子孙们像他一样。

在许多诗文中，苏轼还注意向其弟和晚辈们传授做学问的心得。他要他们多读史书，从中得到教益④；他要他们为学不要"趋时"，不要只是作为取得功名的手段，"务令文字华实相副，期于适用，乃佳。勿

---

① 《父子部》，见《古今图书集成·明伦汇编·家范典》卷一七。
② 苏轼：《与千之侄二首》，见《苏轼文集》卷六〇，中华书局1986年版，第1839页。
③ 苏轼：《与千之侄二首》，见《苏轼文集》卷六〇，中华书局1986年版，第1841、1839、1839页。
④ 同上。

令得一第后，所学便为弃物也"①。

　　苏轼对家人的教育是持之以恒的。元祐四年（1089）八月，其弟苏辙（字子由）受朝廷委派出使辽国，苏轼写诗送行。当时，苏辙已到知天命之年，苏轼仍然一再叮嘱他不辞辛劳，不辱使命，不忘家国，不要自傲，一定要通过外交活动维护朝廷声誉。诗中写道：

　　　　云海相望寄此身，那因远适更沾巾？不辞驿骑凌风雪，要使天骄识凤麟。沙漠回看清禁月，湖山应梦武林春。单于若问君家世，莫道中朝第一人。②

---

① 苏轼：《与千之侄二首》，见《苏轼文集》卷六〇，中华书局1986年版，第1841、1839、1839页。
② 苏轼：《送子由使契丹》，见《苏轼诗集》卷三一，第1447页。

第二十五章
南宋家训的新拓展

在北宋仕宦家训繁荣的基础上，南宋时期的家训不论宗旨、内容还是在形式上都有了新的发展。在教化宗旨上，袁采的《袁氏世范》一反前人家训意求"典正"和一家之教化的传统，立意"训俗"，除供本家本族遵行之外，还求"厚人伦而美风俗"的社会教化；这不仅拓宽了家训教化功能，而且为此后开明知识分子利用家训形式实现自己教化社会的理想提供了借鉴。在内容上，大大地发展了专门论述谋生计的"治生"家训和专门论述管理家庭财物以节制用度的"制用"家训，以及包含有以农为上、开明节葬等不入流俗思想的家训，从而改变了古代家训主要重道德教育的传统；而且无论是以治生、制用指导为主的家训还是全面给予治家、教子、修身、处世训示的《袁氏世范》这样的家训，都大大拓展了以前家训的领域。在形式上，这一时期的家训除了更平民化、更切于日用、便于操作以外，还由伟大爱国诗人陆游的家训诗词将我国古代的诗训推向了顶峰。

一、《袁氏世范》："《颜氏家训》之亚"

（一）袁采与《袁氏世范》

自北齐颜子推的《颜氏家训》问世以来直到宋明时期，最受世人称道的家训名篇中，毫无疑问地应该包括南宋袁采的《袁氏世范》。清代乾隆年间开馆纂修的《四库全书》的编校者在该书《提要》中对《袁氏世范》给予高度评价，称其为"《颜氏家训》之亚"！

《袁氏世范》的作者袁采，字君载，衢州信安（今浙江衢县）人。其生卒年月无从查考，只知道这部书写于南宋淳熙五年，即公元1178年。袁采曾以会试第三名的成绩登进士第，先任乐清等县县令，后官至监登闻鼓院。此人秉性刚正，为官廉明，颇有政声。袁采著有《政和杂著》和《县令小录》，并主修《乐清县志》十卷，但对世人影响最大的还是《袁氏世范》这部家训著作。

宋代以前的家训，虽数量不少，但大多议论精微，意求"典正"，不以"流俗"为然。而袁采的这部家训，却一反前人，立意"训俗"。故而书成之后，他将其取名为《俗训》，明确表达了该书"厚人伦而美习俗"① 的宗旨。后来，袁采请他的同窗好友、权通判隆兴军府事刘镇为自己的家训作序，刘镇将《俗训》改名为《袁氏世范》。

刘镇在序中谈到更改书名的原因时说，对袁采的这部书，他自己反复阅读、仔细体味达数月之久，深感"其言精确而详尽，其意则敦厚而委屈，习而行之，诚可以为孝悌，为忠恕，为善良而有识君子之行矣"②。他认为这部家训不仅可以施之于乐清一县，而且可以"远诸四海"；不仅可以行之一时，而且可以"垂诸后世"，"兼善天下"，成为

---

① 刘镇：《袁氏世范序》，见《丛书集成初编》第974册，中华书局1985年版，第1页。下引该书只注篇名。
② 同上。

"世之范模"，因而更名为《袁氏世范》。

（二）睦亲、处己、治家训诫

《袁氏世范》共三卷，分《睦亲》、《处己》、《治家》三门，内容非常详尽。《睦亲》一门，凡六十则，论及父子、兄弟、夫妇、妯娌、子侄等各种家庭成员关系的处理，具体分析了家人不和的原因、弊害，阐明了家人族属如何和睦相处的各种准则，涵盖了饮食衣服、家产析分、议亲嫁娶、寡妇再婚、立嗣养子、男女轻重、赡养葬祭、主婢贤愚、家务料理、周济亲属等家庭关系的各个方面。《处己》一门，计五十五则，纵论立身、处世、言行、交游之道，涉及人生中必然遇到的华夷智鲁、德性偏失、富贵贫寒、成败荣辱、近贤远佞、勉善谏恶、亲故密疏、居乡在旅、礼待乡曲、接济孤寡等等诸多问题。《治家》一门，共七十二则，基本上是持家兴业的经验之谈，从宅基择选、房屋起造、高厚墙垣、周密藩篱、防火拒盗、管理仓米、纳税应捐，到别宅置妾、雇请乳母、役使仆隶、厚待佃户、分明地界、签订契约、假贷粮谷、修桥补路、疏浚池塘、植种桑果、饲养禽畜等等，范围非常之广，要求极其具体。下面就其提出的睦亲、处己、治家的基本原则和主要内容作些分析阐述。

1.《睦亲》。

在《睦亲》篇中，袁采不是说教式的仅仅提出一些条文要求，而是从人们的不同性格、性情的分析入手，深入剖析造成家庭失和的根本原因。他认为只有弄清家庭不睦的症结所在，才能从根本上解决。按他的解释，即使同一个家庭的成员，其"人性"也是不同的，"或宽缓、或褊急、或刚暴、或柔懦、或严重、或轻薄、或持检、或放纵、或喜闲静、或喜纷挐，或所见者小，或所见者大，所禀自是不同"。既然人的禀性有如此差异，假如做父亲的硬要儿子的禀性适合自己、做兄长的硬要弟弟的禀性适合自己，那么对方未必心甘情愿。这样"其性不可得而合，则其言行亦不可得而合，此父子兄弟不合之根源也"。况且临事之际，有的认为是，有的认为非；有的认为先做，有的认为后做……这样每个人各持己见，都想让对方服从自己，必然会发生争执。一次次争执的结果，就会彼此不睦乃至"终身失欢"。

如何解决这个导致家人不和的根本问题？袁采提出了一系列措施。一是性不可以强合。为父兄和为子弟者，居家之道应该是尊重对方的人格和禀性，而不是要对方"同于己"、"惟己之听"。二是善于反思自己。袁采提出为父者和为子者如果都能站在对方的立场上考虑问题，处理双方的关系，待人如己，这样的家庭没有不睦之理。三是处家贵宽容忍让。袁采认为，自古以来人们的道德水平就有高低之分，家庭成员之间也是如此。这就要父子兄弟夫妇"宽怀处之"，互相忍让。

袁采在《睦亲》篇中还提出了许多调适家人关系的行为准则，这些在今天看来也是难能可贵的。比如，在父母与子女的关系上，他提出必须坚持两个基本原则：一是父慈子孝；二是父母爱子贵均。这两个方面，前人的家训中虽也曾论及，但袁采的道理讲得更为入情入理、细致周到。他指出："为人父者能以他人之不肖子喻己子，为人子者能以他人之不贤父喻己父，则父慈而子愈孝，子孝而父愈慈。"这样，就"无偏胜之患也"。在父母对子女的憎爱方面，袁采以自己的经验体会，加上对当时社会民风的观察，作了十分精辟的论述。他说，做父母的往往偏爱幼小的子女，特别关心怜恤子女中的贫穷者，而做祖父母的则不同，他们偏爱的往往是长孙。这固然是人之常情，但弄不好会成为兄弟不和的原因。故而做长辈的一般情况下应该对子弟一视同仁，不可偏憎偏爱，否则"衣服饮食，言语动静，必厚于所爱而薄于所憎。见爱者意气日横，见憎者心不能平。积久之后，遂成深仇，所以爱之适所以害之也"。因此做父母的应该"均其所爱"。不仅如此，为人父母者还要避免对子弟的"曲爱"、"妄憎"两种错误倾向；要注意教子宜早、宜正，"子幼必待以平，子壮无薄其爱"。只有这样处理父子关系，家庭才能和睦。

在其他家庭成员之间的关系上，《睦亲》篇也提出了不少准则：如分析财产要公当，不必斤斤计较；兄弟子侄同居"长幼贵和"，"相处贵宽"，"各怀公心"，不能私藏金宝，不可听背后之言；对亲戚故旧贫穷者要尽力周济，收养年老而子孙不孝的亲戚当虑后患；对孤儿寡母要体恤照顾；因亲结亲尤当尽礼；收养义子应当避免争端；父祖年高须早立公平遗嘱以免家人急讼……

2.《处己》篇。

《处己》篇里，袁采在对家人子弟立身处世的教诲中阐述了很多有价值的见解，对世人的自身修养提出了系统的忠告。概括起来，主要有以下几个方面。

其一，处富贵不宜骄傲，礼不可因人分轻重。袁采从宿命论立场出发认为，"富贵乃命分偶然，岂宜以此骄傲乡曲？"如果本自贫寒而致"富厚"、"通显"，也不应"以此取优于乡曲"；若是因为继承父祖的遗产或沾父祖的光而成显贵，在乡亲面前要威风，那更是可羞又可怜。尤其可贵的是，袁采批评了一些势利人的做法。这些人"不能一概礼待乡曲，而因人之富贵贫贱，设为高下等级。见有资财有官职者，则礼恭而心敬，资财愈多，官职愈高，则恭敬又加焉。至视贫者贱者，则礼傲而心慢，曾不少顾邺。殊不知彼之富贵，非吾之荣；彼之贫贱，非我之辱，何用高下分别如此？"

其二，人贵忠信笃敬，公平正直。袁采认为，忠信笃敬、公平正直是做人最重要的品德，是最重要的"取重于乡曲之术"。但是他对忠信笃敬的解释与传统的解释很不相同，尤其是"忠"。他说："盖财物交加，不损人而益己，患难之际，不妨人而利己，所谓忠也。有所许诺，纤毫必偿，有所期约，时刻不易，所谓信也。处事近厚，处心诚实，所谓笃也。礼貌卑下，言辞谦恭，所谓敬也"。

其三，严己宽人，过必思改。严于责己、宽以待人是中华民族悠久的道德传统。袁采认为，对忠信笃敬、公平正直这一做人的重要准则，应该自己首先做到，然后才能要求别人做到。所谓"勉人为善，谏人为恶，固是美事，先须自省"。他认为，人不能无过，但过必思改。同时要宽厚为怀，以直报怨，不要计较人情的厚薄。若"处己接物，而常怀慢心、伪心、妒心、疑心者，皆自取轻辱于人，盛德君子所不为也"。他还告诫子弟要见得思义，以礼制欲。

其四，谨慎交游，近善远恶。在社会交往方面，袁采的看法也是很有道理的。他要求子弟近君子而远小人，但不赞成有的人家为防子弟从事"酒色博弈之事"而"绝其交游"的做法，认为这样不仅会使子弟缺乏社会阅历，"朴野蠢鄙"，而且一旦"禁防一弛，情窦顿开，如火燎原，不可扑灭"，会干出更大的错事。不如"谨其交游，虽不肖之事，习闻既熟，自能识破，必知愧而不为"。这种积极疏导而不是消极防备的方法，可以不断增强年幼子弟对不良行为的抵抗能力，在今天看来是符合教育学、心理学的科学原理的。

其五，处事无愧心，悔心必为善。这是袁采对道德修养的最高境界的见解，他说："今人有为不善之事，幸其人之不见不闻，安然自肆，无所畏忌。殊不知人之耳目可掩，神之聪明不可掩。凡吾之处事，心以为可，心以为是，人虽不知，神已知之矣；吾之处事，心以为不可，心以为非，人虽不知，神已知之矣。"这种见解尽管是唯心主义的，但却以朴素的语言，通俗地阐释了在中国道德修养史上具有重大影响的儒家"慎独"思想，因而更能为人们所理解和接受。接着，袁采进一步表述了活到老、修身到老的思想，这就是常具"悔心"，不断反省自己，长善救失。他指出："人之处事，能常悔往事之非，常悔前言之失，常悔往年之未有知识，其贤德之进，所谓长日加益，而人不自知也。古人谓行年六十，而知五十九之非者，可不勉哉！"

其六，子弟从业，以求养生。在《睦亲》篇中，袁采就从父辈对子弟关爱的角度，告诫家长特别是富贵之家的家长，应让子弟从事一定的正当职业，这样使贫家子弟避免饥寒，富家子弟免于染上酒色博弈等恶习。本篇，他又对子弟应该从事的正当职业给予了具体的指导。袁采认为，士大夫子弟首选的职业当是读书习儒，这样上可以取科第、致富贵，次可以开门教授生徒。即使不能习进士业者，还可以事笔札、代笺简、为童蒙师。"如不能为儒，则医、卜、星相、农圃、商贾、伎术，凡可以养生而不至于辱先者，皆可为也。"哪些是辱没先人的职业呢？袁采认为是乞丐、盗贼、贩私、乞怜折腰于富贵人家之类。这里，袁采将过去被人瞧不起的职业作为子弟可以选择的职业，的确是择业观上的一大进步。

其七，居世起家，宜为久计。在《处己》篇里，袁采还教育子弟家人常念父祖起家创业之艰难，后世守业生活之不易。叮嘱他们家成于忧惧而破于怠忽，家庭用度宜量入为出，各种支出要有计划，凡事都要早做安排。他认为男孩应及早教以谋生之路，女孩要早为其准备嫁妆，老人宜预先置办好"送终之具"。

除了上述待人处世的重要原则之外，袁采还告诫子弟家人注意日常举止、言谈乃至服饰方面的小节。诸如：言谈和颜悦色，不可"颜色辞气暴厉"；经市井街巷、茶坊酒肆应举止端庄，遇到醉汉宜即回避；衣饰应整洁干净，"不可鲜华"、"异众"。

3.《治家》。

《处己》篇中虽也涉及一些家庭管理方面的内容，但完整详尽的治家经验的传授，还是在《治家》篇中。如前所述，本篇的家政管理几乎涵盖家庭日常生活的方方面面。这里我们略述其训诫的几类内容，由此足可理解一个封建家长治家训俗的良苦用心。

家庭安全方面。从安居才能乐业出发，袁采将家庭的安全放在家庭治理的首位加以强调。如何才能做到这一点？袁采指出四点：一是宅舍坚牢。墙垣要高厚，藩篱要周密，门窗要牢固。二是山居须置庄佃。若是住在山谷村野僻静的地方，要在附近盖些房屋，请一些人口多的朴实人家居住，以便有个照应。三是防盗防火，多加巡视。四是注意家人尤其是年幼子弟的人身安全。袁采嘱告家人，不要让小孩戴金银首饰，以免被贼人图财害命；不要让小孩单独到街市上去，以免被人诱拐而骨肉离散。至于其他一些危险的地方，都要注意，"人之家居，并必有杆，池必有栏，深溪急流之处，峭险高危之地，机关触动之物，必有禁防"。

奴婢和佃户的管理方面。一般有家训传世的，大都家道富殷，至少也是中产之家，故而都雇用奴婢供其使用，土地也租给佃户耕种，这就牵涉到对他们的管理问题。对此，袁采花了不少笔墨谈论。他认为雇用仆人，要选那些"朴直谨愿、勤于任事"的，不要用"异巾美服、言语狡诈"的轻浮之人。奴仆最好是本地的，外地的要问清来历，并经过中间人签订契约。对待奴婢要宽恕，有过错要多教诲，不可动辄鞭打辱骂，即使犯有奸盗等罪，也要送官府治罪。要关心奴婢的生活，"衣须令其温，食须令其饱"；奴婢的住处要经常检点，"令冬时无风寒之患"；奴婢有病应送外医治；雇用女仆年满要送还其家人。作为开明的地主，袁采深知佃户的辛苦劳动是自己的"衣食之源"，因而要求家人体恤他们，视同骨肉，"遇其有生育婚嫁，营造死亡，当厚周之。耕耘之际，有所假贷，少收其息。水旱之年，察其所亏，早为除减。不可有非礼之需，不可有非时之役"。

乡亲邻里关系方面。袁采提出邻居间要和睦相处，平日多加抚恤，有事相互照应。不要让自家的小孩损坏邻居的花果树木，不要让自家的牛羊鸡鸭践踏、啃啄邻居的庄稼。乡里有造桥修路的公益事业，要尽力予以资助。

置妾方面。袁采生活的时代，纳妾是一种普遍的现象，以至于有关这一问题他谈了七条之多。包括不可蓄养貌美聪慧之妾，"有正室者少蓄婢妾"，暮年不宜置宠妾，严防婢妾与人私通等等。当时虽是颇有道理的经验之谈，但仍不乏封建正统偏见。

其他家政管理方面。袁采所述甚多：置办田产，要公平交易；经营商业，不可掺杂使假；借贷钱谷，取息适中，不可高息；兄弟亲属分割家产，要早印阄书，以免日后争讼；田产的界至要分明；尼姑、道婆之类人等不可延请至家；桑果竹木要因时种植，灌溉田地的池塘宜及早修治；税赋应依法及早交纳；建造房屋要做长期计划，逐渐准备材料……

袁采家训中的上述内容，除了时代变迁之外，基本上具有积极的意义。但作为封建地主阶级的官僚、士大夫，其所论睦亲、处己、治家之道，不可能不打上时代的烙印，不可能不带有阶级的偏见。《袁氏世范》中的糟粕主要有三点：

首先，宣传富贵命定的人生观。袁采认为"富贵自有定分"、"死生贫富，生来注定"，都是造物主的安排。世事的变更，家族的成败盛衰都是"天理"的规定，"人力不能胜天"，所以人应当顺应天命，随遇而安，逆来顺受。①

其次，主张因果报应的轮回说。袁采宣扬善恶报应的观点，认为善有善报，恶有恶报，"不在其身，则在其子孙"②。虽然这是唯心主义的观点，但从劝人向善、增善少恶的目的看，也是可以理解的。而且，尽管袁采是个有神论者，但他同时认为，如果人做坏事而祈求神灵的庇佑，也照样要受到神的惩罚。由此也可见其劝善的良好愿望。

再次，鄙视奴婢下人。袁采毕竟是地主阶级的官吏，他的家训中尽管要求对仆人多加关心，但始终认为他们是愚笨的下等人。他说："奴仆、小人就役于人者，天资多愚，作事乖戾背违"，他们"性多忘"、"性多狠"，因而不能委以重任。在《治家》篇中，他要求对奴仆当使饱暖，目的还是为了"此辈既得温饱，虽苦役之，彼亦甘心"的自家利益；他要求不可鞭挞奴仆，也是怕出意外。尽管如此，比起那些不将下人当人看的吝啬、凶狠的地主来，袁采还是很了不起的。

（三）《袁氏世范》的训俗特色

前面说过，袁采撰写的这部家训，原来的书名是《俗训》，其目的是来教喻家人、世人。基于这一点，《袁氏世范》具有鲜明的训俗和教化特色。

第一，语言质朴通俗，规范便于操作。

---

① 《处己》。
② 同上。

袁采在该书的后记中谈到写作目的时说了这样一段话："今若以察乎天地者而语诸人，前辈之语录固已连篇累牍，姑以夫妇之所与知能行者，语诸世俗，使田夫野老，幽闺妇女，皆晓然于心目间。"这里，袁采清楚地表达了自己撰写的家训是为了写给世人看的，使"田夫野老，幽闺妇女"都能明白，都"能知"、"能行"的，所以他十分注意两点：一是语言通俗易懂，便于流传；二是便于为人们效法、实行。比如《治家》篇中谈到防火时，就仔细分析了容易引起火灾的部位、物品、时机、气候等等；在谈到小孩安全时更是不厌其详，十分周全；再如，该篇谈到婢仆自杀事件的处理时，不仅告诉了如何保持现场以待官府查验，而且非常具体地传授了自缢、跳井、溺水者的抢救方法。

第二，可贵的社会教化责任心。

以前的家训基本上是为训诲自己的家人子弟而作，而袁采的家训则不仅如此，还是为了端正民风、官风和社会风气。正如他在后记中所说，是为了让世人读后能有所收获，以减少纷争、诉讼及犯罪行为，使世风"醇厚"。他说："人或好恶不同，互是迭非，必有一二契其心者，庶几息争省刑。俗还醇厚，圣人复起，不吾废也。"写这部家训时，袁采还是一个小小的县令，但他却能以强烈的社会责任感，撰著并刊行此书，立志训俗。书中不仅是对普通家庭处世、治家的教导，而且也阐述了自己对为官之道、对官风的见解。讳于当时的社会现实，他的议论虽是侧面的、较为隐晦的，是包含于睦亲、处己、治家的议论之中的，但仍不乏深刻、尖锐之见。例如，在《睦亲》篇中，袁采指出："子弟有愚缪贪污者，自不可使之仕宦。"他让士大夫数数本地的为宦之家，至今仍存者还有几户，可见当时社会的官风之劣。在《处己》篇中，他提出居家和居官本是一个道理，"居家能思居官之时，则不至于请把持而挠时政；居官能思居家之时，则不至狠愎暴恣而贻人怨"，要求官吏对待百姓能像对待自己的家人一样。他提出"凡为官吏，当以公心为主"，他还揭露了贪暴官吏的种种丑行，诅咒祸害百姓的贪官污吏必遭天诛。

第三，开明的民主意识和科学的教育思想、方法。

与同时代人相比，袁采具有较为开明的民主意识。在《处己》篇中，针对当时士大夫对奉化县民风顽劣的议论，他作了一番完全不同的评论。他说：世人多以是否诉讼地方官吏作为标准是错误的，如果老百姓所告的是那些祸害百姓、多索赋税的贪官，是那些收受贿赂、执法不公的污吏，何顽之有？

袁采的民主意识更多地体现在他的教育思想和方法上。如上所论，袁采在《睦亲》中认为家庭和睦的根本问题是解决父兄与子弟之间的关系，而这一问题的解决在他看来是秉性不能强合，需要双方的交流、彼此的理解和相互适应。做父辈的要尊重子弟的人格和个性，同时要"各能反思"，从对方的立场考虑问题。虽然他也认为"子之于父，弟之于兄，犹卒伍之于将帅"，但他不像司马光的《居家杂仪》等家训那样特别强调子弟对父兄的绝对顺从，强调惩罚措施。整部家训中几乎没有提到暴力的惩治。他对于为人父母的要求与为人子弟的要求基本上是平等的，这种教育就易于为人们所接受。

在教育家人、化解家庭矛盾的方法上，袁采也发前人所未发，将古代家庭教育理论提到一个新的高度。譬如，在子弟择友交友的问题上，前人都是重在禁防，而袁采却主张让子弟从实践中学习择友处友，多有见闻，以增强其鉴别力和抵抗力，这无疑是科学的。再如，解决兄弟不和这一影响家庭和睦的重要问题，袁采提出了父祖爱子贵均、分割家产要公当两个措施，的确是抓住了问题的关键。还如关于家庭成员之间忍让的看法，他注意到了前人所没有注意到的"处忍之道"，即如何"忍"的问题。他认为，人们都以为居家生活，应该能忍，孰不知忍，"积之既多，其发也，如洪流之决，不可遏矣。不若随而解之，不置胸次……"① 这样就不会积累矛盾，导致总的爆发。这种观点确是真知灼见。

第四，高尚的人道精神和爱惜物命的生命伦理观念。

————————

① 《睦亲》。

《袁氏世范》中处处体现了仁爱、人道的思想，除了前面所述对奴婢、佃户多加关心体恤的内容之外，特别值得一提的是袁采对富家延请乳母做法的批评。他认为自己的孩子不喂养而要乳母喂养，使乳母之子呱呱而泣以至饿死，是不道德的做法；他严厉痛斥一些为宦人家"逼勒牙家，诱赚良人之妻，使舍其夫与子而乳我子，因挟以归乡，使其一家离散，生前不复相见"的行为，是天理不容！此外，袁采还告诫家人买仆人要询问来历，如果是良家子女被人诱拐，不能交还人贩子，以防被其残害；对那些不能自陈来历的奴婢，若将来亲人认领，应立即无偿交还。如果购置田产，不可乘人之危，压低价格。

《袁氏世范》中提出的爱惜物命的生命伦理观，尤其值得称道。就中国而言，传统文化中"天地万物一体"、悯物好生的观念由来已久。早在先秦时期，孟子就提出了"仁民爱物"的生命伦理概念，主张"恩足以及禽兽"、"君子远庖厨"。① 但将这一思想贯彻于家训之中，专门论述怜惜动物的问题，袁采恐怕是开了先河。他指出："飞禽走兽之与人，形性虽殊，而喜聚恶散，贪生畏死，其情则与人同"，因而"物之有望于人，犹人之有望于天也"。他要求家人天气寒冷时，经常去检查一下牛马猪羊鸡狗鸭的圈窝是否遮风挡寒。他认为"此皆仁人之用心，备物我为一理也"②。

第五，平等的生育观念和对妇女的同情意识。

这一点尤其应该提到。封建社会的男尊女卑必然导致生育上的重男轻女，甚至溺死女婴。袁采一反这种偏见，认为生女未必不如生男。他说："今世固有生男不得力，而依托女家，及身后丧祭，皆由女子者，岂可谓生女之不如男也？"③ 此外，在该篇中袁采还对地位低下的妇女表示了极大的同情，他认为"大抵女子之心，最为可怜"。出嫁后母家

---

① 《孟子·梁惠王上》。
② 《治家》。
③ 《睦亲》。

富则欲得母家之财周济夫家，反之夫家富则想得夫家之财周济母家；儿女婚嫁后，儿家富则欲得儿子之财照顾女儿，女儿家富则欲得女儿之财照顾儿子。袁采嘱告家人和世人要体恤她们的苦心。他还告诉家人，寡妇"居家营生，最为难事"，更要同情关心她们。在程朱理学的统治下，袁采的这些思想实在是非常可贵的。

被誉为"《颜氏家训》之亚"的《袁氏世范》，由于其鲜明独到的见解，奠定了它在中国古代家训发展史上的重要地位。袁采的许多家庭教育、家政管理和社会教化的思想，对以后家训的演进具有重要的意义；他以训俗为己任的社会使命意识拓展了家训的功能，对开明的知识分子利用家训这一形式轨物范世、实现自己的道德理想提供了很好的借鉴；他的"性不可以强合"的科学认识，磨炼疏导而不是一味防禁等教化方法，特别是爱惜物命、推人及物的生命伦理思想，不仅对古代家训教化的发展，而且对中国传统伦理思想的演化都产生了积极的作用。

二、别开生面的"治生"和"制用"家训

自南宋开始，仕宦家训在原来德教为主的基础上，又大大发展了专论生计问题的"治生"家训和专论家庭理财、节制用度的"制用"家训，从而为中国传统家训的发展拓宽了一片新的天地。能代表这一进展的，当推叶梦得、赵鼎、陆九韶、倪思等。

（一）叶梦得的"治生"家训

叶梦得（1077—1148），字少蕴，号石林居士。南宋文学家。苏州吴县（今江苏苏州）人。绍圣进士，历任翰林学士、尚书左丞、江东安抚大使兼知建康府等职，积极从事抗金防务和军饷筹措。他学识渊博，犹工诗词，被人誉为"贯穿五经，驰骋百氏，谈笑千言，落笔万字"。

著有《石林燕语》、《石林诗话》、《建康集》等。

叶梦得的《石林治生家训要略》和《石林家训》是很有名的两篇家训。前者是专门向子弟家人进行谋生教育的专论，后者则是对家庭成员进行修身、勉学、孝亲等教育的简明训导。

叶梦得的《石林治生家训要略》，虽然篇幅不长，却是中国传统家训发展史上第一次专门就"治生"问题对家人进行教化的家训著作。这篇家训主要就"治生"的重要意义、方法等作了具体阐述。

第一，关于治生的意义。

叶梦得一开始就将治生提高到关系个人生存及幸福与否的高度加以强调，他说："人之为人，生而已矣。人不治生，是苦其生也，是拂其生也，何以生为？"① 他认为自古以来的圣人贤人，像治水的大禹、教民播种百谷的后稷、严明刑律的皋陶，无非都是"治民之生"也。既然"民之生急欲治之，岂己之生不欲治乎"？圣贤要治民之生，同样也不能忽视自己的生计问题，否则这样的人绝对成不了圣贤！

叶梦得依照传统职业的划分，将治生分为士、农、工、商四类。在当时，尽管叶梦得不能摆脱"士为四民之首"的偏见，但他却得出了完全不同于社会俗见的结论。他指出："然士为四民之首，尤当砥砺表率，效古人体天地育万物之志。今一生不能治，何云丈夫哉！"

自古以来，在剥削阶级的压迫和"劳心者治人，劳力者治于人"的观念影响下，官僚士大夫们对劳动和劳动者采取的是鄙视的态度，如前所说，宋代最高统治者在开国之初就确定了"重文"政策，宋真宗甚至写诗劝学，宣扬"读书做官论"。在这样的时代背景中，叶梦得为治生大唱赞歌，并要"士"做"治生"的表率，的确是不同俗见的崭新观念！

第二，关于治生的方法。

叶梦得在家训中阐述了四条基本准则：一是"要勤"。"每日起早，

---

① 叶德辉：《郋园先生全书》，宣统三年叶氏观古堂刊本，下引此书不注。

凡生理所当为者，须及时为之。如机之发，鹰之搏，顷刻不可迟也。"二是"要俭"。他认为"俭者守家第一法也"，因而"凡日用奉养，一以节省为本，不可过多，宁使家有赢余，毋使仓有高匮"。反之，奢侈就会使人"神气必耗，欲念炽而意气自满，贫穷至而廉耻不顾"。三是"要耐众"。也就是不要急功近利。他告诫家人子弟要致富必先确定可行的目标，即"先定吾规模"，然后踏踏实实努力去做，日久天长就能达到富裕的目标。所谓"由是朝夕，念此为此，必欲得此，久之而势我集，利我归矣"。他批评那些急于谋利的后生，"方务于东，又驰于西，所为欲速则不达，见小利则大事不成，人之以此破家者多矣"。四是"要和气"。"和气生财"是我们祖先的传世格言，叶梦得教育自己的家人，"人与我本同一体，但势不得不分耳"。故不可与人较锱铢、急毫末、斗诉讼，而且"人孰无良心，我若能以礼自处，让人一分，则人亦相让矣"。遇到不如意的事，更要心胸开阔，"决不可因小失大，忘身以取祸也"。

除此之外，叶梦得还提出了其他一些治生方法。诸如：买田地，可"无劳经营而有自然之利，其利虽微而长久"；择有良好家教者婚嫁，为兴家立业提供家庭和睦这一根本条件；做家长的要公心待下，"忍让为先"、"分予要均"，方能家道长久……

第三，关于治生问题上应划清的几个界线。

尤其值得提及的是，叶梦得在《石林治生家训要略》中还就治生问题发表了几种不同于世俗的观点，令人有耳目一新之感。

一是贫富与善恶。中国传统观念认为"为富不仁"、"为仁不富"，叶梦得一反这种偏见，他列举数例谈了自己的看法。他认为，孔子的弟子原宪衣衫褴褛，贫穷至极，而另一个弟子子贡却善于经商，家累千金，但不能说原宪比子贡品德就好。他既反对不择手段聚敛财富的季氏，也反对矫情清高、不食乱世之食而饿死的陈仲子。在他看来，善恶并不与贫富存在必然的联系，治生应该从中有所借鉴，循理而行。"人知法此治生，当择其善者而从之，其不善者而改之。"

二是利己与利人。叶梦得提倡利己、致富，但又主张坚持道德标准，取财有道，不能损人。他提出"治生非必营营逐逐，妄取于人之谓也。若利己妨人，非唯明有物议，幽有鬼神，于心不安，况其祸有不可胜言者矣，此其善治生欤"？

三是俭约与吝啬。叶梦得提倡节俭，但同时反对吝啬，主张"贵乎适宜"。他要求家人"至于往来相交，礼所当尽者，当及时尽之，可厚而不可薄。若太鄙吝废礼，何可以言人道乎？而又何以施颜面乎？然开源节流，不在悭琐为能，凡事贵乎适宜，以免物议也"。

《石林家训》是叶梦得五十五岁时所写。其时北宋灭亡，南宋新建，他正罢官在家。虽如此，他仍然不仅心念抗金大事，而且时刻关心孩子们的教育。用他在家训导言中的话说是"外则岂敢忘王室之忧，内亦以家室为务"。于是便将平时训导子弟的言论加以汇集修订，整理成篇。他在家训前的导言中说，自己早就想将平日的训导之言整理出来供子孙"视玩践行"，只是没有时间，现在"择其可记者录之，使汝曹人人录一编，置之几案，朝夕展味，心慕力行"，"各诵之思之，蹈之守之"。叶梦得的这篇家训，可以看作他人生经验的总结，且处处都是一个负责任的家长对子弟的谆谆教诲，洋溢着浓浓的舐犊之情。

家训篇幅不长，大致包括以下几个方面的内容。

首先，修身向善。叶梦得为子弟制订了几条修身要诀："君子贫穷而志广，隆人也；富贵而体恭，杀势也；安燕而气血不惰，循理也；劳倦而容貌不枯，好交也；怒不过夺、喜不过与，法胜私也。此数者，修身之切要也。"他要求子弟将这些修身要诀"书诸绅而铭之心"，他认为能做到崇德、谦恭、劳逸结合、喜怒不过这样几条，"虽非至善，而亦不失于不善"。

叶梦得的修身说是建立在孟子性善论的基础之上的，他要求子弟将孟子的性善说和自己的阐释，"心体而力行之"，加强修养。在如何向善的问题上，叶梦得非常推崇孔子赞扬颜回的"不贰过"品质。"不贰过"就是不重犯同样的过失。叶梦得对"过"作了发挥，他说："所谓过者，非为发于行、彰于言、人皆谓之过而后为过也，生于其心则为过矣。"
即只要萌生于心的就是过错。在此基础上，叶梦得对"不贰过"作了新
的解释："不贰者，盖能止之于始萌，绝之于未形，不贰之于言行也。"
可见叶梦得的修身观的要求是很高的。能做到这一点，肯定可以近善
远恶。

　　其次，尽忠报国。叶梦得是一个好官，史书记载，他曾因保护农民
利益而被罢官。在《石林家训》中，他谈了自己"自初任逮致仕，兢兢
以尽忠自持"的经历，谆谆告诫子孙要尽忠报国。"凡吾宗族昆弟子孙，
穷经出仕者，当以尽忠报国而冀名纪于史，彰昭于无穷也"。怎样才是
真正的忠臣？叶梦得认为"臣之事君，莫先乎谏"；"违而不谏，则非忠
矣"。他对谏君提出了很高的标准："夫谏始于顺辞，中于抗议，终于死
节，以成君休，以安社稷"。他要求儿子为官就要为国家尽忠直谏，"勿
以出仕为悦，而从谏君为悦，勿以谏君为悦，而以忠谏为悦，庶免素餐
怠事之殃"。历史上多少人因谏君而获罪遭殃，而叶梦得却反复要求儿
子犯颜直谏，精神实在可贵！如果联想到这篇家训并非为炫耀外人，而
完全是"家庭之私，故无所隐，不可以传于外"[1] 的话，那么我们用
"高尚"二字来评价叶梦得的道德境界应不过分。

　　再次，力学不懈。叶梦得是个好学之士，他在家训中讲自己虽目力
极昏，仍然在盛夏季节在蚊帐中苦读，"至极困乃就枕"。他要求儿子们
"旦须先读书三五卷，正其用心处，然后可及他事，暮夜见烛复燃。若
遇无事，终日不离几案"。固然他的目的是要儿子求取功名，不作"下
等人"，但他更担心子弟怠学而闲荡学坏，"丧身破家"。

　　最后，慎言勿欺。叶梦得结合自己的经验教训，教育儿子牢记《易
经》、《庄子》等前人的格言，言语当谨慎，勿轻信人言，勿乱传人言；
要"省事"，不要多事。除了慎言之外，叶梦得还要求子弟"勿欺"。
"凡有所怀，必尽告之，秋毫不敢隐，为人子所当为，不为人子所不当

───────────

[1] 《石林家训》导言。

为……"

此外，叶梦得还告诫子弟要"兄弟辑睦"，"不记人之过恶"，叮嘱他们要正确对待得与失的关系，以求"有终身之乐，无一日之忧"。

从《石林家训》导言的自述看，由于叶梦得平日注重对子弟的训诲，取得了较好的效果，导言说内忧外患使他"危坐终日，百念关心"，但"所可幸以为喜者，惟汝曹修身立行，艺业增进，时有一事一言，慰满吾意，庶几可稍舒"。

（二）赵鼎、陆九韶和倪思的"制用"家训

1. 赵鼎、陆九韶和倪思的生平与家训著作。

赵鼎（1085—1147），字元镇，号得全居士。解州闻喜（今属山西）人。他自幼丧父，在母亲樊氏的教育下努力学习，熟读经史，崇宁五年考中进士。历任洛阳令、殿中侍御史、御史中丞等职。宋高宗绍兴初年，两度为相，力荐岳飞，收复重镇襄阳。后因与奸臣秦桧在对金议和问题上意见不和而遭到排斥。绍兴八年（1138）被贬潮州，再移吉阳军（今广东崖县），知秦桧必置其于死地，乃绝食而亡。死前自题铭旌曰："身骑箕尾归天去，气作山河壮本朝"，充满爱国正气。孝宗时追谥为"忠简"。著有《忠正德文集》。

《家训笔录》写于绍兴十四年（1144）九月初七日，是赵鼎被黜以后所写。这篇家训共三十则，除了要求家人子孙以司马光的《家范》、《训俭示康》等家训为范本修身治家之外，其主要内容是保守田产、衣食分配、宅库管理、租课收支等。在我国古代家训发展史上，赵鼎是第一个专门就"制用"问题具体、详细地对子孙家人进行训诫的。

陆九韶（生卒年不详），字子美，抚州金溪（今属江西）人。他隐居不仕，曾聚徒讲学于梭山，号梭山居士。陆九韶和两个弟弟陆九龄、陆九渊都是南宋的著名学者，合称"三陆子之学"。他曾经和朱熹辩论过"太极"、"无极"的问题，在学术思想上，"以切于日用为要"，重视

封建道德实践。著作有《梭山日记》、《梭山文集》等。

陆九韶留下的家训著作是《居家正本制用篇》，分为"正本"、"制用"两部分，由于对陆九韶的制用思想下面还将专门集中阐述，这里先分析其"正本"中的家教观点。

"正本"意即端正根本。陆九韶所说的正本，就是要求做家长的应从正心、修身、读书、明理出发，将道德教育作为家庭教育的根本环节来抓。陆九韶说：古代"凡小学大学之教，俱不在语言文字，故民皆有实行而无诈伪"。他认为做家长的爱孩子，就要对孩子进行孝顺、尊敬、忠实、诚恳等道德品质的教育，使他们明白道德规范的要求，以便侍奉父母，和睦兄弟，团结亲戚族人，结交朋友，联结邻里，使其不至于违背尊卑长幼的道德准则。他告诫子弟凡事都有主次，要抓主要矛盾。他所说的"主"，就是道德修养，他认为抓住了主要的东西，次要的也随之而来，反之两者都会丧失。他说"夫事有本末，知愚贤不肖者本，贫富贵贱者末也。得其本而末随，趣其末则本末俱废"。

作为一个教育家，陆九韶辩证地论述了爱与害的关系，要子弟淡泊名利。他指出："人孰不爱家，爱子孙，爱身，然不克明爱子之道，故终焉适以损之。"他批评有些子弟一天到晚的所作所为，都是追名逐利。这种对名利的追求如果没有满足，就会怨天尤人，以至于伤害父子感情、分离兄弟关系。因而做父母的真正爱护自己的孩子，就应该限制他们对名利的追逐。作为一个饱经世事的长者和隐居不仕的学者，陆九韶通俗地给子弟算了一笔账："夫谋利而遂者，不百一。谋名而遂者，不千一。今处世不能百年，而乃侥幸于不百一不千一之事，岂不痴甚矣哉？"就是追名逐利达到了自己的目的，假如从政不能深明仁爱正义的道理，那怎么能光耀门庭呢？

倪思（1147—1220），南宋湖州归安（今浙江湖州）人，字正甫，号齐斋，乾道进士。历任礼部侍郎兼直学士院、兵部尚书兼侍读等职。性格刚直，敢于直谏。死后谥"文节"。著有《班马异同》、《经锄堂杂志》等。

《经锄堂杂志》是倪思的家训著作。在这部家训中，倪思教导子孙日常居家生活要做好计划，谨身节用，量入为出。倪思论述的不仅是物质生活问题，也是道德修养问题。

2. 赵鼎、陆九韶和倪思家训中的"制用"思想。

在宋代士宦家训中，南宋的赵鼎、陆九韶和倪思的"制用"思想是富有特色的。综合起来，大致包括以下几个方面。

第一，家庭"制用"的重要意义。

对于家庭事务和开支用度的管理，陆九韶将其提到与国家事务管理同样的高度来认识。他在《居家正本制用篇》的"制用"部分一开始就对国家管理和家政管理作了同等的比较，他说："古之为国者，冢宰制国用必于岁之杪。五谷皆入，然后制国用。用地大小，视年之丰耗。三年耕，必有一年之食；九年耕，必有三年之食。以三十年之通制国用，虽有凶旱水溢，民无菜色。国既若是，家亦宜然。故凡家有田畴以赡给者，亦当量入为出。然后用度有准，丰俭得中，怨讟不生，子孙可守。"① 管理国家的人每年年底都要考虑经费的使用，三年耕种要留有一年的余粮……这样国家才不会闹饥荒。家庭的收支管理亦然，只有做到用度有准，家庭成员才不会产生怨言，才能长久地守住家业。倪思同陆九韶一样，也强调"制用"的极端重要性，甚至认为关系到家庭的兴亡。他认为那些破产的人家，其根本原因是没有合理的开支用度。②

第二，制订科学的家庭收支计划，保证家庭生活的正常进行。

赵鼎、陆九韶和倪思的家训中都制订了较为具体的家庭收支计划，并嘱咐家人认真执行，做到量入为出，留有余地。赵鼎的《家训笔录》对地租和田产的管理都做了规定，如第十项规定：对库存和地租，要开列账单，由主家政者各房长子签字画押。第十一项规定："甲年所收租课，乙年出粜收索，至丙年正月初，据所收之数，十分内椿留一分（约

———————————
① 《宋元学案》第三册卷五七《梭山复斋学案》，下引该篇，皆自此书。
② 参见倪思：《经锄堂杂志》，《岁计》。

度有余即量增），以备门户缓急。"① 陆九韶《居家正本制用篇》的"制用"部分规定得更为详细："今以田畴所收，除租税，及种盖粪治之外，所有若干以十分均之，留三分为水旱不测之备，一分为祭祀之用，六分为十二月之用。"再把每个月所需要的费用，分成三十份，每天用一份，且可留有节余但不能用尽。每天的计划消费，以七分为最好，但假如用不到五分，那就太吝啬了。这样，再将节余的钱物单独登记管理，用来作为添置衣服、修缮房屋、招待宾客、治病、吊丧问疾、时节馈送的费用。如果还有节余，就用来周济亲戚、乡邻、贫穷佃户、乞丐等。陆九韶告诫家人在生活消费上一定不要超用以后的钱粮，寅吃卯粮，发展下去就会有家庭破产的危险。

　　与陆九韶一样，倪思在《经锄堂杂志》中也指出了制订消费计划的重要性。他说："富家有富家计，贫家有贫家计，量入为出则不乏日用矣。日常有余，则可以为意外横用之备矣。"② 他具体地制订了每年、每月乃至于每天的消费计划，规定："今以家之用，分而为二，令尔子弟分掌之。其日用收支为一，其岁计分支为一。日用以赁钱俸钱当之，每月终，目尊长，有余则攒在后月，不足则取岁计钱足之。岁计以家之薄产所入当之。岁终，以白尊长。有余，则来岁可以举事；不足，则无所兴举，可以展向后者，一切勿为，以待可为而为之。或有意外横用，亦告于尊长，随宜区处。"③ 这里我们看到，倪思对家庭用度的收支、家业的扩展等的计划是何等的科学和合理。在《月计》中，倪思还提出应该竭力避免赤字，他说：有了一年的计划，再作每月的计划就容易了。一般说来，要先有每月的计划，然后就可以知道一年的收支情况。假如每个月的开销大于收入，积攒到年底，就会出现大的亏空。他引用谚语说："做个求人而不成"、"求人不如求己"。

---

①　赵鼎：《家训笔录》，见《丛书集成初编》第 974 册，中华书局 1985 年版，下引该篇，皆自此书。

②　倪思：《经锄堂杂志》，《岁计》。

③　同上。

第三，"丰俭得中"的合理消费方式。

同其他的家训作者一样，赵鼎、陆九韶和倪思的家训也都向子弟家人进行节俭的教育。赵鼎《家训笔录》指出，"节俭一事，最为美行"，要子弟将司马光的《训俭文》"人写一本，以为永远之法"。倪思也一反社会上流行的以节俭为低贱的观点，认为节俭是君子的美德。他详细对比了俭朴的好处和奢侈的危害，指出："俭则足用，俭则寡求，俭则可以成家，俭则可以立身，俭则可以传子孙。奢则用不给，奢则贪求，奢则掩身，奢则破家，奢则不可以训子孙。利害相反如此，可不念哉?"① 他要子弟不要盲目依从社会上流传的看法，比如办丧事，不可以为花费越多越孝敬长辈，应根据家庭条件量力开支。

值得指出的是，在家庭用度上这几位家训作者是开明的，他们并不是片面地要求家人节俭以至于吝啬，而是提倡"丰俭得中"的合理消费观。譬如陆九韶就告诉子弟不要死板地执行年度消费计划，要根据具体情况决定每年的留成比例。他说："前所言存留十之三者，为丰余之多者制也。苟所余不能三分，则有二分亦可。又不能二分，则存一分亦可。又不能一分，则宜撙节用度，以存赢余，然后家可长久。"② 他还告诫子弟避免过于吝啬和过于奢侈的过失。要"随资产之多寡，制用度之丰俭，合用万钱者用万钱，不谓之奢;合用百钱者用百钱，不谓之吝"③。认为这才是保持家道久盛不衰的合理消费方式。

第四，秉公理财的管理制度和有效的制约措施。

家庭财产管理的好不好，关键是家长和家人都能出于公心理财治家。赵鼎认为，"同族义居，唯是主家者持心公平，无一毫欺隐，乃可率下"④。他指出，如果家庭中年龄最长者不愿主管家事而要自己下面的人做主管，必须经过大家的公议认可。此外，他还规定了子弟不准从

---

① 倪思：《经锄堂杂志》，《岁计》。
② 《居家正本制用篇》，"制用"部分。
③ 同上。
④ 《家训笔录》。

管田人处私自提取地租，不得从管理库房的人那里支取钱粮等具体措施。倪思告诉儿子们，兄弟一起生活，处处都可以节省，分家单过，家家都会有浪费，这就要求兄弟之间"各存公心管干"①。

第五，为子孙谋正当利益。

与"制用"联系密切的是为子孙谋利益的问题。倪思在《经锄堂杂志》中论述"岁计"、"月计"的同时，还专门写了一节《子孙计》，谈到了做家长的如何为子孙谋利益的问题。他指出有德行的家长为子孙谋利益是应该的，问题是如何做？为此，他列举了八条："种德一也。家传清白，二也。使之从学而知义，三也。授之资身之术，如才高者，命之习举业，取科第；才卑者，命之以经营生理，四也。家法整齐，上下和睦，五也。为择良师友，六也。为娶淑妇，七也。常存俭风，八也。"他认为做好这八件事才是真正为子孙谋利益。这的确是一个负责任的家长为子孙考虑的正确做法，今天看来，亦有不少可取之处。

综上所述，应该说叶梦得专门论述"治生"的家训，以及赵鼎、陆九韶、倪思等人家训中的"制用"思想，丰富了古代传统家训的内容，拓展了家训教化的视角，从此以后，论述治生和制用问题的家训日渐增多。

三、爱国诗人陆游的诗训和《放翁家训》

在南宋的家训中，爱国诗人陆游的家训堪称独树一帜。不仅他的家训具有不同于他人的鲜明特色，而且他以诗教子的"诗训"，在中国家训史上也占有首屈一指的地位。

---

① 《岁计》，见《经锄堂杂志》。

（一）陆游与《放翁家训》

陆游（1125—1210），字务观，号放翁，南宋越州山阴（今浙江绍兴）人。出身子宦学世家，受到了良好的教育。高宗绍兴年间应礼部试，为奸相秦桧所黜。孝宗时，任枢密院编修官，赐进士出身。曾任镇江、隆兴通判等，官至宝谟阁待制。一生仕途坎坷，曾因放粮赈灾，被人弹劾去职，后时起时罢。陆游是南宋著名爱国诗人，一生主张抗击金军侵略，收复失地。他工诗文，亦长于史，其诗词格调恢弘、豪放又清新纤丽，与杨万里、范成大、尤袤并称南宋四大家而成就最高。陆游著有《剑南诗稿》、《渭南文集》、《老学庵笔记》、《南唐书》等。

《放翁家训》由两部分组成。前一部分写于乾道四年（1168）五月十三日，时年陆游四十四岁。后一部分他文中自述"吾年已八十"①，故而可知当在开禧元年（1105）前后。《放翁家训》有三个极为鲜明的特点：

其一，注重优良家风的传承。

陆游四十四岁时写的前一部分家训，仅六百多字，主要追述陆氏家族的历史，要子孙继承祖先宦学相承、清白俭约、注重节操的家风。从陆游的叙述看，陆氏家族是一个显赫的家族，在唐代"为辅相者"就有六人。陆游历数了陆家世代传承的良好家风：唐代为辅相者"廉直忠孝，世载令闻"。五代时因为不愿"可事伪国、苟富贵，以辱先人"，于是弃官不仕，举家东徙，沦为平民。即便为百姓，陆家也是"孝悌行于家，忠信著于乡，家法凛然，久而弗改"。宋朝建立以后，陆家"百余年间，文儒继出，有公有卿"。然而，在这样一个显贵的官宦之家，却始终保持着一种清廉的家风。家训记述，陆游的高祖陆轸出入朝廷四十多年，但一生没有超出日常用度之外的财产；陆游的祖父陆佃，官至尚书左丞，可生活极其俭朴……

————————————

① 《放翁家训》，见《丛书集成初编》第 974 册，中华书局 1985 年版，下引不注。

陆游撰写这部分家训的时候，正值因为极力支持抗金名将张浚北伐而被罢官在家。因而，他在家训中谆谆告诫子孙要继承家族的优良家风。归纳起来，这主要包括两个方面：一是勤劳节俭、为官清廉的美德。他说陆家虽是"可谓盛也"的世家显族，但自己所忧虑的正是惟恐子弟的奢侈。"游于此切有惧焉，天下之事，常成于困约，而败于奢靡"。二是保持高尚的节操。在这部分家训的结尾，陆游谈到自己之所以写此家训，是担心子孙受不良习俗的影响，怕优良的家风不能传之后代。他告诫子孙要远离世俗的影响，以屈志从人而求富贵、用市侩手段而谋利为奇耻大辱，永远保持高尚的道德情操。他说："呜呼！仕而至公卿，命也；退而为农，亦命也。若夫挠节以求贵，市道以营利，吾家之所深耻，子孙戒之，尚无坠厥初。"陆游的观点尽管有浓厚的宿命论色彩，但其精神实质无疑是值得肯定的。

其二，以农为上的择业观。

在实行重文政策、朝廷极力提倡读书做官的宋代，陆游反而一再劝告子孙淡泊官位名利，安于自食其力的农耕生活。他说："吾家本农也，复能为农，策之上也；杜门穷经，不应举，不求仕，策之中也；安于小官，不慕荣达，策之下也。舍此三者，则无策矣。"将务农生涯作为择业的上策，虽然是陆游由自己宦海沉浮、看淡官场所得出的经验之谈，但在当时的社会中，能有此不同世俗的见解，而且这种看法一以贯之地贯穿于他的思想中，也的确是难能可贵的。

其三，开明的节葬思想。

作为诗人和一般官吏，在家训中对自己的后事预作详细安排的，陆游恐怕是第一人。在他八十高龄时撰写的后一部分家训中，他将自己的后事对子孙们作了全面的嘱咐。

在佛事上，他反对"侈于道场斋施之事"，要子弟从简而行。在这部分家训一开始，陆游就对那些大办葬礼、佛事的人家表示了很大的反感。他说每每见到那些丧事"张设器具、吹击锣鼓"、大操大办的人家，"常深疾其非礼"。他告诉家人，一切从简。他说："吾死之后，汝等必不能都不从俗，遇当斋日，但请一二有行业僧诵《金刚》、《法华》数卷，或《华严》一卷，不啻足矣？"在他看来，"地狱天宫"、鬼神之说完全是无稽之谈。

在墓铭上，他反对歌功颂德的溢美之辞。他说："墓有铭，非古也。吾已自记平生大略，以授汝等，慰子孙之心，如是足矣。溢美以诬后世，岂吾志哉？"

在安葬仪礼上，陆游更是表现了一个开明家长的不同俗见。他极力反对厚葬，告诉家人棺材埋进土中，没有什么区别，不要买价格昂贵的木材。出殡时一律不要用纸人纸马、香亭魂亭之类，也不要花钱请僧徒引导。墓地种上几十棵树木就可以了，以免后人争讼纷然。"石人石虎之类，皆当罢之"。雇人守墓，一人即可。他还叮嘱子孙，家乡气候潮湿，因此不要拘于古礼，在丧葬期间睡在草席上，以致损害健康……

除此以外，陆游还在家训中就处世之道对子孙进行谆谆教诲。其主要内容一是要子孙为善。"使世世有善士，过于富贵多矣。此吾所望于天者也"。二是要子孙力戒懒惰，抓紧时光干些事情，免得"至老必抱遗恨"。三是要子孙不可为饱口福而滥杀动物。四是要子孙不可贪得无厌。五是要子孙力戒与人争讼。六是要子孙平等待人。他告诫子孙："有于吾辈行同者，虽位有贵贱，交有厚薄，汝辈见之，当极谦逊。己虽官高，亦当力请居其下。"

当然，作为封建社会的士大夫，陆游家训中不可能没有消极的东西，这主要表现在他反复对子孙进行明哲保身的教育。他认为才智出众的子弟最易变坏，"仕宦不可常"，要"勿露所长"等等。尽管这是他从亲身经历看破腐败官场得出的经验之谈，但也不能说没有偏颇之处。

(二) "勿坠家风"的教子诗

在中国古代诗歌发展史上，以诗教子、训子，且数量最多者，非陆游莫属。据统计，在现存的陆游九千三百多首诗中，专门训子或者言及教子的就有二百首之多。陆游的教子诗，与他的《放翁家训》一样，是其一生生活经验的总结，是一个用心良苦的家长，对子孙的苦口婆心的嘱告。字里行间，既洋溢着这位伟大爱国诗人的拳拳报国之心，又饱含着一个慈祥的父祖对子孙们的浓浓亲情、深深爱意。

1. 陆游诗训的主要内容。

陆游的教子诗，涉及的领域非常宽泛，内容极其丰富，归纳起来，基本上可以概括为四个方面。

第一，尽忠爱国的激励和嘱托。

抗金爱国，收复失地，救民水火，这是陆游诗歌的主旋律，也是他教子训子诗的主旋律。

陆游两岁时，金军废掉徽钦二帝，北宋王朝灭亡。出生于"廉直忠孝、世载令闻"① 的仕宦之家的陆游，从小就深受忠君爱国思想的熏陶，抗金爱国、恢复中原的思想深深地植根于他的心中。这种爱国主义不仅是陆游的毕生信念和为之奋斗不已的人生目标，而且体现在他对儿辈的一以贯之的教育之中。

陆游殷切地期望儿辈要关心国家大事，念念不忘祖国的统一大业。1166 年，陆游因大力宣传和支持抗金名将张浚北伐，获"鼓唱是非，力说张浚用兵"的罪名，被免去隆兴通判职务罢官回乡。即使是受到如此不公正待遇，陆游仍然不计较个人得失，教育儿子以国家大事为重。这体现在这一年他写的《示儿子》一诗中。诗中化用王羲之父母墓前自誓的典故，表明自己虽因爱国被黜但时刻准备出仕为国效力；借屈原流放喻自己虽不在官位而仍心系国事：

> 父子扶携返故乡，欣然击壤咏陶唐。墓前自誓宁非隘，泽畔行吟未免狂。雨润北窗看洗竹，霜清南陌课剚桑。秋毫何者非君赐，回首修门敢遽忘。②

———————

① 《放翁家训》。

② 《陆游集·剑南诗稿》，中华书局 1976 年版，第 28 页。

陆游越到晚年，越发渴望祖国统一，越是勉励子孙为收复中原效力。在六十五岁时写的《仆顷在征西大幕，登高望关辅，乐之。每冀王师拓定，得卜居焉。暇日记此意，以示子孙》一诗中，追忆起当年的四方之志，愤怒地谴责了金国的侵略。他告诫子孙，自己年老衰病，统一祖国的大业只能寄希望于他们。他以浪漫主义的笔法，要求子孙在统一祖国以后移民到西北，开发边疆，保卫边疆，不要惧怕戍守边关的万里征途：

> 八月残暑退，秋声满庭树，岂无四方志，衰病迫霜露。辽东黄头奴，稔恶天震怒。南北会当一，老我悲不遇。子孙勉西迁，俗厚吾所慕。……永为河渭民，勿惮关山路。①

陆游教子爱国诗中最令人赞叹的，是他八十五岁临去世前一年冬天写的最后一首教子诗，也是他的遗嘱：

> 死去元知万事空，但悲不见九州同。王师北定中原日，家祭无忘告乃翁。②

这首响遏行云、气壮山河的《示儿》诗，在我国几乎妇孺皆知。不仅激励着陆游的子孙为国尽忠，也激励着一代代的中华儿女为捍卫祖国独立尊严而浴血奋战。

第二，报国恤民的为官之道的训诲。

陆游在许多教子诗中都向子弟进行为官之道的教育，他要求儿子无论是务农还是做官，都要报效国家，为民造福，实实在在做事做人。在《示儿子》诗中，他写道：

> 禄食无功我自知，汝曹何以报明时。为农为士亦奚异，事国事亲惟不欺。③

在这方面的训子诗中，最全面系统地对子弟进行为官之道教育的是

---

① 《陆游集·剑南诗稿》第 742、1967、1043 页。
② 同上。
③ 同上。

他送给即将赴任的次子陆子龙的一首诗。嘉泰二年（1202）初，陆子龙去吉州任司理参军，掌管讼狱等事。在这首较长的《送子龙赴吉州掾》的诗中，诗人结合子龙的官职特点，分四个方面对儿子进行了教育。

首先，判理讼狱要公正细心，不可滥用酷刑。"判司比唐时，犹幸免笞箠"。

其次，不可以官职卑微谒见上司而觉得羞耻，不能恪尽职守才是奇耻大辱。"庭参亦何辱，负职乃可耻"。

再次，为官清正，不贪分毫。"汝为吉州吏，但饮吉州水；一钱亦分明，谁能肆谗毁"。诗中陆游告诉儿子，堂堂正正做官，靠自己的俸禄抚养教育子女，不要惦念生活窘迫的老父亲。

最后，多向品德高洁、学问精湛的师长学习，不断加强自己的道德修养。陆游在诗中还嘱咐子龙到任后去看望自己的故交旧好周必大、杨万里、陈希周、杜敬叔，这些人为官为文都值得儿子学习，做一个他们那样有道德操守的君子。他要求儿子与他们"相从勉讲学，事业在积累。仁义本何常？蹈之则君子。"①

在其他教子诗中，陆游还教育儿子，不要追求高官厚禄，应时刻想着为老百姓做点事情。不要贪求富贵，要勤于政务。譬如："万锺一品不足论，时来出手苏元元"②；"夙夜佐而长，努力忘食眠"③；"我死汝应传钵袋，勉持愚直报明时"④。

第三，重节崇德的处世之道的传授。

前面谈过，在《放翁家训》中，陆游非常注重对子孙进行重视节操、重视道德修养、继承清白家风的教育，将其视为为人处世最为重要的部分。这种思想也同时贯穿于他的家训诗中。

陆游认为，做个被人称道的"善人"，比做个达官贵人更好。"但使

---

①　《陆游集·剑南诗稿》第 1232 页。

②　《五更读书示子》，见《陆游集·剑南诗稿》第 664 页。

③　《送子虡赴金坛丞》，见《陆游集·剑南诗稿》第 1278 页。

④　《示子聿》，见《陆游集·剑南诗稿》第 1270 页。注：聿，也作津、遹。

乡间称善士，布衣未必媲公卿"①；"果能称善人，便可老乡里。勿言五鼎养，肉食吾所鄙"②。他鼓励儿子多向品学兼优的人学习，见贤思齐。"闻义贵能徙，见贤思与齐。"③

陆游极为看重做人的气节，看重知识分子的风骨。他以堂堂正正做人、保全节操为荣，"八十到头终强项，欲将衣钵付吾儿"④。他认为就是穷困而死，也决不改变自己的初衷和坚强的意志；"吾侪穷死从来事，敢变胸中百炼钢"。⑤绍熙三年（1192）写的《示儿》诗中，他回忆起淳熙十六年受诬罢官的事，告诫儿子生活再贫穷，也要保持读书人的节操：

斥逐襆被归，召唤振衣起；此是鄙夫事，学者那得尔。前年还东时，指心誓江水。亦知食不足，但有饿而死。⑥

陆游反复嘱告子孙，不要贪图富贵，要永远保持世世代代传承下来的清白家风。这方面的训子诗很多。如："西望牛头渺天际，永怀吾祖起家初"⑦、"会看神授如椽笔，莫改家传折角巾"⑧。再如"为贫出仕退为农，二百年来世世同。富贵苟求终近祸，汝曹且勿坠家风"⑨。陆游告诉子孙不要计较个人的得失，要以苦为乐，追求精神生活。有关这些教诲的内容在他的教子诗中俯拾皆是，如："人生粗足耳，衣食不须宽"⑩；"茅茨不奄足，此外尽浮荣"⑪；"残雪初消荠满园，糁羹珍美胜

---

① 《示元礼》，见《陆游集·剑南诗稿》第713页。
② 《示儿》，见《陆游集·剑南诗稿》第685、382页。
③ 同上。
④ 《朝饥示子聿》，见《陆游集·剑南诗稿》第1146页。
⑤ 《岁暮书怀》，见《陆游集·剑南诗稿》第1130页。
⑥ 《陆游集·剑南诗稿》第685页。
⑦ 《舍西晚眺示子聿》，见《陆游集·剑南诗稿》第1158页。
⑧ 《示元用》，见《陆游集·剑南诗稿》第885页。
⑨ 《示子孙》，见《陆游集·剑南诗稿》第1213页。
⑩ 《示子聿》，见《陆游集·剑南诗稿》第1348页。
⑪ 《书意示子孙》，见《陆游集·剑南诗稿》第1893页。

羔豚"①；"要识从来会心处，曲肱饮水亦欣然"②；"饥寒虽未免，何足系吾怀"③；"书生事业期千载，得丧从来未易评"④；"不如意事何穷已，且放团栾一笑休"⑤。

他要子孙们不慕名利，甘于淡泊，达观处世。"吾儿姑力穑，莫羡笏堆床"⑥；"天爵古所尊，荣名勿多占"⑦；"先须挽取银河水，净洗人间尘雾心"⑧。"名誉不如心自肯"、"吾心本自同天地"⑨。沽名钓誉耗费精力何如恬淡自适，心胸宽如天地正是诗人一生的写照。他在写给在淮西做官的长子的诗中，要儿子不要为外物动摇自己的信念，不必世代为官，早日归乡，父子共度清贫而快乐的生活：

> 汝少知读易，外物莫能摇。但愿早举孙，不必七叶貂。归来郎罢前，相从乐箪瓢。⑩

陆游七十八岁那年，奉旨到京编修国史。在寄给两个在外做官的儿子的诗中，回忆起自己一生坎坷的仕途生涯，谆谆告诫儿子如自己一生那样靠本事做官，不要为做官而自我束缚，不要学习那些挖空心思、钻营做官的人："得官本自轻齐虏，对景宁当似楚囚。识取乃翁行履处，一生任运笑人谋。"⑪

在治家、处世上，陆游还要求子孙要以诚实为本。他认为"保家无

① 《冬夜读书示子聿》，见《陆游集·剑南诗稿》第 1065、1066 页。

② 同上。

③ 《北斋书志示儿辈》，见《陆游集·剑南诗稿》第 1257 页。

④ 《九月二十三日夜，小儿方读书而油尽，口占此诗示之》，见《陆游集·剑南诗稿》第 703 页。

⑤ 《与儿辈小集》，见《陆游集·剑南诗稿》第 1343 页。

⑥ 《思归示儿辈》，见《陆游集·剑南诗稿》第 1301 页。

⑦ 《思归示子聿》，见《陆游集·剑南诗稿》第 1293 页。

⑧ 《冬晴与子坦子聿游湖上》，见《陆游集·剑南诗稿》第 1049 页。

⑨ 《老子庵》，见《陆游集·剑南诗稿》第 873 页。

⑩ 《寄子虡》，见《陆游集·剑南诗稿》第 760 页。

⑪ 《寄二子》，见《陆游集·剑南诗稿》第 1282 页。

异法，一念勿萌欺"①。

第四，耕读传家的生活理想的灌输。

耕读传家、非仕即农是陆氏家风的重要组成部分，也是陆游的生活理想。他一生几次罢官复官，生活贫困，但他回乡后却能安然躬耕田亩、读书教子，虽苦犹乐，这不能不说是其生活理想的支撑。他在绍熙二年（1191）写的《示儿》中，生动地描绘了自食其力的劳作之余，与儿子们一起读书学习、钻研学问、谈论国家大事的快乐恬淡的田园生活：

> 舍东已种百本桑，舍西仍筑百步塘。早茶采尽晚茶出，小麦方秀大麦黄。老夫一饱手扪腹，不复举首号苍苍。读书习气扫未尽，灯前简牍纷朱黄。吾儿从旁论治乱，每使老子喜欲狂。不须饮酒径自醉，取书相和声琅琅。人生百病有已时，独有书癖不可医。愿儿力耕足衣食，读书万卷真何益!②

陆游在许多训子诗中都一再教育子孙，继承陆家这一优良传统，做一个好学习、有知识、能官能民、自食其力的人。在《示子孙》中，他写道："为贫出仕退为农，二百年来世世同"；"吾家世守农桑业，一挂朝衣即力耕。汝但从师勤学问，不须念我叱牛声"③。在八十岁时写的另一首《示儿》中，他叮嘱儿子永远不能厌弃农耕劳动："时时语儿子，未用厌锄犁。"④ 在给正在田间耕作的儿子送饭时写的《黄祊小店野饭示子坦子聿》中，勉励儿子"孺子虽知学，家贫且力耕"⑤。

陆游一生好学不倦。七十一岁时为表明活到老、学到老的心志，将自己的书房取名为"老学庵"。他写自己在大雪纷飞、残灯如豆的夜晚，不顾年老体衰，与书鏖战，教育儿子坚持苦读，不要感叹逢时不遇：

---

① 《三山卜居，三十有四年矣。老身七十有五，儿辈亦颇宦学，未为非吉也。偶作五字示诸子》，见《陆游集·剑南诗稿》第 1062 页。
② 《陆游集·剑南诗稿》第 635—636、1213—1214、1382、674 页。
③ 同上。
④ 同上。
⑤ 同上。

"病卧极知趋死近，老勤犹欲与书鏖。小儿可付巾箱业，未用逢人叹不遭。"① 他常常"往往中夕起，呼灯取书读"②、"床头瓦檠灯煜燿，老夫冻坐书纵横"③。

陆游为儿孙们树立了一个良好的榜样，他也反复教育子孙努力学习，以便用自己的知识报国恤民。这种勉学劝学诗占了他训子诗的相当部分。他勉励儿子要珍惜时光，勤奋学习："我今仅守诗书业，汝勿轻捐少壮时"④；"已与儿曹相约定，勿为无益费年光"⑤；"我老空追悔，儿无弃壮年"⑥；"何似吾家好儿子，吟哦相伴短檠前"⑦。

陆游诗中还向子孙们传授了许多学习方法：一要勤奋。"古人学问无遗力，少壮功夫老始成"、"汝始弱龄吾已耄，要当致力各终身"⑧、"六艺江河万古流，吾徒钻仰死方休"⑨。二要踏实。他在《读经示儿子》中教导他们，要从基本功抓起，弄通每个字的字形、字义，钻研学问要一丝不苟，"惧如临战阵，敬若在朝廷"⑩，他还教导子弟做学问要有追根"穷源"的精神，"文能换骨余无法，学但穷源自不疑"⑪。三要力行。"人人本性初何欠，字字微言要力行"⑫、"学贵身行道，儒当世守经"⑬、"纸上得来终觉浅，绝知此事要躬行"⑭。尽管他所讲的力行主要指儒家伦理道德的践履，但他强调知识与实践的结合及实践的重要

---

① 《冬夜读书》，见《陆游集·剑南诗稿》第 661 页。

② 《秋夜读书示儿子》，见《陆游集·剑南诗稿》第 931 页。

③ 《五更读书示子》，见《陆游集·剑南诗稿》第 664 页。

④ 《小儿入城》，见《陆游集·剑南诗稿》第 826 页。

⑤ 《老学庵》，见《陆游集·剑南诗稿》第 873 页。

⑥ 《六经示儿子》，见《陆游集·剑南诗稿》第 988 页。

⑦ 《喜小儿病愈》，见《陆游集·剑南诗稿》第 554 页。

⑧ 《冬夜读书示子聿》，见《陆游集·剑南诗稿》第 1065 页。

⑨ 《六艺示子聿》，见《陆游集·剑南诗稿》第 1322 页。

⑩ 《陆游集·剑南诗稿》第 1112 页。

⑪ 《示儿》，见《陆游集·剑南诗稿》第 694 页。

⑫ 《睡觉闻儿子读书》，见《陆游集·剑南诗稿》第 704 页。

⑬ 《示元敏》，见《陆游集·剑南诗稿》第 1475 页。

⑭ 《冬夜读书示子聿》，见《陆游集·剑南诗稿》第 1065 页。

性，还是很有价值的观点。四要向生活学习。"汝果欲学诗，功夫在诗外"①。五要虚心。他要子孙像伟大的孔夫子那样，虚心向别人学习，永不自满。"巍巍夫子虽天纵，礼乐官名尽有师"②。

2. 陆游诗训的特色。

纵览陆游的诗训，我们不难发现这位尤其善于以诗教子的诗人，在我国古代家训史上，形成了自己的独特风格和鲜明特色。

首先，朴实无华的哲理语言。

陆游的诗，大都语言质朴，简练而富有深意。正如清人赵翼《瓯北诗话》所评论的那样"言简意深，一语胜人千万。……出语自然老洁，他人数言不能了者，只用一二语了之"。陆游的教子诗，无论是训子忠心报国、为官廉直、体恤百姓，还是教导他们重节崇德、勤读诗书、安于农耕等等，都以非常朴素的语言娓娓道出，给他们以人生的教诲和哲理的启迪。例如，在《送子龙赴吉州掾》一诗中，他既告诫儿子为官不贪，清廉如水，同时又指导儿子积攒俸禄嫁女、选择老师教子，还要儿子不要因考虑贫穷的老父而牟取私利，背离了为政廉洁的居官之道："聚俸嫁阿惜，择士教元礼。我食自可营，勿用念甘旨。衣穿听露肘，履破从见指。出门虽被嘲，归舍却睡美。"他要求儿子去拜访自己的老朋友杨万里时只问安好，不谈他事："汝但问起居，余事勿挂齿。"③

其次，平等、开明的训喻方式。

陆游是一个崇尚节操、秉性刚强的学者，又是一个慈祥、开明的父亲。他从不板着面孔训人，总是以民主的方式、平等的态度与儿孙们交流，给他们以教诲或忠告，从来不摆封建家长的架子。读陆游的教子诗，给人最强烈的感受，就是这一点。

陆游自己说他与儿子的关系，不仅是父子，更是师友。"我钻故纸

---

① 《示子遹》，见《陆游集·剑南诗稿》第1834页。
② 《示子孙》，见《陆游集·剑南诗稿》第1416页。
③ 《陆游集·剑南诗稿》第1232页。

以痴蝇，汝复孳孳不少惩。父子更兼师友分，夜深常共短檠灯。"① 陆游与儿辈们一起同窗共读、切磋学问，共同议论国家大事，家庭生活虽然贫穷，却是其乐融融。"父子共薄饭，忍饥讲虞唐"②，"好学承家凤所奇，蠹编残简共娱嬉"③。在《示儿》中他写道："吾儿从旁论治乱，每使老子喜欲狂。不须饮酒径自醉，取书相和声琅琅。"④ 幼子子聿科场落第，陆游没有一句抱怨的话，反而表扬他学习努力，不计生活艰苦，鼓励他不要灰心，坚持学习，以便将来为国效力。"雨暗小窗分夜课，雪迷长镵共朝饥。名场未捷宁妨学，史限虽严不废诗。……"⑤ 这样开明的父亲，真可谓是良师益友！在"父为子纲"的中国封建社会，尤其在因封建统治者和理学家们的倡导而纲常礼教更加强化的宋代，陆游对子辈的这种民主平等的训喻方式，更是弥足珍贵。

陆游不仅与儿辈一同读书，一同劳作，而且与他们一起出游、娱乐、嬉戏，彼此亲密无间。《秋晴，每至园中，辄抵暮，戏示儿子》中生动地描绘了这样一幅老父童心未泯、爱心不减、与子相戏的场面：

　　老翁七十如童儿，置书不观事游嬉。园中垒瓦强名塔，庭下埋盆聊作池。青蒲红蓼共掩映，病棕瘦竹相扶持。衰颓已作老骥卧，来往尚如黄犊驰。⑥

陆游的许多教子诗都是在与儿辈散步、访友、出游时写下的。如《冬晴与子坦子聿游湖上》、《夜与儿子出门闲步》、《东邻筑舍与儿辈访之为小留》、《与子坦子聿元敏犯寒至东园寻梅》等等。他在与儿孙们的共同活动中，常常触景生情、即事寓教。譬如，《与儿子至东村遇父老共语，因作小诗》教育儿子丰年要想到歉年，要重视农事，"丰凶岁所

---

① 《示子聿》，见《陆游集·剑南诗稿》第 719 页。

② 《读书示子遹》，见《陆游集·剑南诗稿》第 1506 页。

③ 《示子虞》，见《陆游集·剑南诗稿》第 1195 页。

④ 《陆游集·剑南诗稿》第 635—636、808 页。

⑤ 《示子聿》，见《陆游集·剑南诗稿》第 1270 页。

⑥ 《陆游集·剑南诗稿》第 635—636、808 页。

有，农事更深论"①；《东邻筑舍与儿辈访之为小留》诗中写邻居新居落成，他带儿子前去祝贺，并借机教育儿子和睦邻里关系（"邻里追随故不疏"）、爱护房舍物品（"穷人从昔爱吾庐"）。②

再次，亲情爱心的濡染浸润。

作为一个热爱生活、感情丰富而细腻的诗人，陆游在对儿辈的关怀和培养上是同样的无微不至，对儿孙的教育上是那样的引起他们的感情共鸣。孩子外出未归，他拄杖远送，反复叮咛；孩子返乡，他远远相迎；孩子出门，他夜深独坐等候；孩子生病，他忧心忡忡；孩子学业进步，他欣喜若狂；孩子遇到挫折，他热情鼓励；孩子在外做官，他时刻挂念；孩子躬耕田间，他送饭送水。在陆游家训诗中，这种舐犊深情时时跃然纸上。长子到淮西做官，陆游送行达二十余里，写诗表达自己的思念，梦中都要溯钱塘江而上迎接儿子：

> 吾儿适淮蠡，送之梅市桥。三年安得过，思汝双鬓凋。今年当代归，秋色已萧萧。迎汝不惮远，梦沂钱塘潮。③

子坦、子聿外出敛租谷，鸡鸣而起，初更方回，陆游非常心痛，亲自为儿子斟酒解乏：

> ……吾儿废书出，辛苦幸庶几。夜半闻具舟，怜汝露湿衣。……手持一杯酒，老意不可违。④

他的幼子子聿去临安，行期虽不太长，可他时刻惦念，接到儿子归家的消息，夜不能寐，自觉病体大好，同时勉励儿子勿忘学者之责，共同为国效力。其中有几句写道：

> 今日坼汝书，一读眼为明，知汝即日归，明当遣舟迎。……草草一尊酒，为汝手自倾。夜分不能寐，顿忘衰病婴；岂惟病良已，

---

① 《陆游集·剑南诗稿》第1029页。
② 《陆游集·剑南诗稿》第697页。
③ 《寄子虡》，见《陆游集·剑南诗稿》第760页。
④ 《九月七日，子坦子聿俱出敛租谷，鸡初鸣而行，甲夜始归，劳以此诗》，见《陆游集·剑南诗稿》第1036页。

白头黑丝生。渐别亦不恶，益重父子情。自今日相守，北窗同短檠。①

俗语说"爱其师，信其道"。陆游是一个深得家教真味的家长，这一切，都像润物的细雨，滋润着儿辈们的心田，他们从慈父那里接受了浓浓的亲情，也接受了爱家人、爱邻居、爱苍生、爱国家的教育和熏陶。这种教育取得了良好的效果，这从陆游的教子诗中可以看到。他的儿子个个都很孝顺，知书达理。② 长子子虡和三子子修官都做得很好，尤其是子虡，他在淮西做官时，清正廉洁，颇有政声，故任满离职，百姓挽留，州郡长官上表朝廷，赞扬其政绩。③ 他的幼子子聿与长兄才德不相上下，他的孙子元用（德儿）也很有出息。④

① 《遣舟迎子聿因寄古风十四韵》，见《陆游集·剑南诗稿》第1420页。

② 《陆游集·剑南诗稿》第778、1288页。

③ 《寄子虡》，见《陆游集·剑南诗稿》第760页。

④ 《示子虡》，见《陆游集·剑南诗稿》第1195页。

第二十六章
元代的家规族训和教子诗文

辽金元时期，除宋代汉民族的家训之外，我国少数民族的家训史料极少。从目前可以查到的资料看，这一时期有家训传世的寥寥无几，但是这一时期却出现了在传统家训史上产生了深远影响的民间家规族训的家训范本——元代郑文融（字太和）初订、其子孙续订的《郑氏规范》。本章主要研究《郑氏规范》以及耶律楚材和许衡的教子诗文。

一、《郑氏规范》：皇帝旌表的家规族训范本

前面谈到，长期的封建制度，加上儒家纲常礼教对社会的影响和统治者的表彰、提倡，从北宋起，出现了更多聚族而居的封建大家庭、大家族。这样的大家族之所以能累世同居，与其说是依靠家族成员的团结共济、互助互让的道德自律，不如说更多地依靠家法、家规、家训的约束和训教。

像这样被封建统治者树为典型的封建大家族，大都有世代相传的家规族训，除了本书前面介绍的唐代《陈氏家法三十三条》等外，元代至明清时期的家规族训中最为著名的，莫过于浦江（今浙江浦江县）郑氏

家族的《郑氏规范》了。

郑氏家族，是一个历经宋、元、明三代的封建大家族。这个家族自南宋建炎初年（1127）郑绮开始，就聚居于一个大宅院中，一直到明初，凡三百年，同灶共食，冠婚丧祭，必依朱熹《家礼》而行。人口最多时"食指三千"，合家共财，凛如公府，"家人一钱尺帛无敢私"。这个家族一再受到封建统治者的表彰，《宋史》、《元史》、《明史》均列孝友传、孝义传中。最早旌表郑氏家族的是元朝，元武宗至大四年（1311）旌表其为"孝义门"。明洪武十八年（1385），朱元璋赐以"江南第一家"的美称；洪武二十三年（1390），朱元璋又御书"孝义家"赐之。①

《郑氏规范》，是经过郑氏家族几代子孙的修订、增删而成的。关于这部家训的作者，《元史》和《明史》的说法有些出入，据《明史》的记载，最早是郑绮的六世孙郑文融（字太和），他订家规五十八则，此后，七世孙郑钦增七十则，其弟郑铉又加九十二则。最后，八世孙郑涛依据时事的变迁，率诸弟郑泳、郑澳等与其兄郑濂、郑源共同作了较大的修改，总为一百六十八则，② 这便是历代流传甚广的版本。流行的郑氏家族的家规还有郑涛编的《旌义编》，与此内容基本相同，是郑家世代家规的总汇。

（一）"江南第一家"的居家训示

《郑氏规范》的内容非常丰富具体，从冠婚丧祭仪礼到饮食衣服之制，从理财治家经验到为人处世之道，无不作了明确规定。

第一，家长"至公无私"，"至诚待下"。

《郑氏规范》的作者认为，家庭的管理如同国家的管理一样，要有

---

① 张文德：《浦江"江南第一家"的人品意识》，见《宋濂暨"江南第一家研究"》，杭州大学出版社1995年版，第212页。
② 参见《明史》卷二九六。

一套行之有效的组织机构，家庭的治理依赖于家长的品德和行为的公正。家长和分掌管理家政权力的子弟要出于公心，"谨守礼法，以制其下"①，"家长专以至公无私为本，不得徇偏"。为家长者要严以律己，以身作则，"当以至诚待下，一言不可妄发，一行不可妄为"，要"以量容人，常视一家如一身"。

第二，以礼法治家。

《郑氏规范》的作者认为"既称义门，进退皆务尽礼"，为此，《规范》一是规定子弟家人加冠、结婚、丧葬、祭祀时要按照朱熹《家礼》中的礼节而行；二是另外根据自家的实际制订了一些具体的礼节仪式。自然，这些礼仪不过是封建礼教的繁文缛节，但其中仍有不少值得肯定之处。比如，《规范》对祭祀、丧葬仪礼的规定就要求遇到父祖忌辰，不能做佛事，不能做纸钱、寓马之类；"丧事不得用乐"。

第三，勤俭持家。

郑氏家族在当时可以称得上是一个殷实之家，可对家人的勤劳节俭要求一点儿也不马虎。如《规范》对家人从事劳动的要求就很严格，规定"子孙黎明闻钟即起，监视置'夙兴簿'，令各人亲书其名，然后就所业"。而妇人轮流做饭，十天一轮；其他人平时聚集一处，从事纺纱织布等劳动，按百分之十的比例予以奖励。

《规范》指出："家业之成，难如登天，当以俭素自绳是准。"为了避免家人竞买奢侈之物，规定"各房用度杂物，公房总买而均给之"。《规范》规定在日常生活的许多方面都要务求节俭，譬如，即便逢父母舅姑的生日，也不设宴席；娶妇"不得享宾，不得用乐"等等。

第四，对家人、子弟全面系统的教育和约束。

1. 日常家庭道德教育。《郑氏规范》规定，每天早晨，击钟为号，家人集中于"有序堂"，让未冠男孩、女孩分别朗诵劝善戒恶及和睦家庭、慈爱子孙等家庭道德内容的《男训》、《女训》。如《女训》云："家

① 《郑氏规范》，见《丛书集成初编》第975册，中华书局1985年版，下引此书不注。

之和不和，皆系妇人之贤否。何谓贤？事舅姑以孝顺，奉丈夫以恭敬，待娣姒以温和，接子孙以慈爱，如此之类是已。何谓不贤？淫狎妒忌，恃强凌弱，摇鼓是非，纵意徇私，如此之类是已。天道甚近，福善祸淫，为妇人者，不可不畏。"此外，还规定每逢初一、十五，参谒祠堂以后，家长也要率领家人朗诵夫和妇顺、兄友弟恭之类的训词。为了保证家庭成员间的和睦相处，《规范》不少地方都规定了子弟与尊长间的道德准则，其中自然有"卑幼不得抵抗尊长"的不合理要求，但也告诫为长者"亦不可挟以自尊，攘拳奋袂，忿言秽语，使人无所容身，甚非教养之道"。若其过错，应反复教育，不得已再加体罚。

2. 为官之道教育。郑氏家族是一个大家族，在外做官的人不少，家规专门作出规定，对为官子弟的行为进行约束。要他们"既仕，须奉公勤政"，任满不可留恋，"亦不宜恃贵自尊"。叮嘱他们报效国家，体恤百姓，"夙夜切切，以报国为务，抚恤下民，实如慈母之保赤子"。《规范》特别强调要廉洁，"不可一毫妄取于民"，并对贪污者予以严厉惩罚，规定"有以赃墨闻者，生则于图谱上削去其名，死则不许入祠堂"。

3. 婚姻生育观念的教育。《郑氏规范》对子女择偶标准的规定是比较开明的，指出"婚嫁必须择温良有家法者，不可慕富贵，以亏择配之义"。还规定不许置妾："子孙有妻子者，不得更置侧室"，若年过四十无子，才可纳妾。《规范》对世人溺死女婴的行为给予批评，并规定"违者议罚"。在盛行纳妾和溺婴的时代，这种观念的确是值得称赞的。

4. 人道主义及和待乡曲的教育。救难怜贫，讲究人道在传统家训中常有体现，而《郑氏规范》在这方面尤为突出。它规定，对同宗族的人要多加体恤帮助；缺粮者每月给谷六斗；不能婚嫁者助之；宗族子弟上学，免其学费；"无地者听埋义冢之中"；无衣裘者量力助之……不仅宗人，即使乡亲里党，也要予以资助。借给粮食不收利息；"其鳏寡孤独无以自存者，时周给之"；"收贮药材"，以治邻族疾病。更为可贵的是家规明确要求，子孙当尽力修桥补路，"以利行客"；自六月初到八月初，在交通要道设一两处茶水供应站，招待过往行人。《规范》还要求生育孩子的妇女，"如无大故，必亲乳之，不可置乳母以饥人之子"。

《规范》要求家人对佃户和家中仆人要多加关照。要体谅佃户的辛苦，不得增加田租数量。仆人有病，"当痛念之，延良医以救疗之"。《郑氏规范》还叮嘱家人要谦恭谨慎，宽厚待人，特别是对乡亲邻里，更要"宁我容人，毋使人容我"。

5. 子孙品德修养教育和治家理财能力的培养。在品德方面，除了上述家庭道德和人道主义等的教育之外，尤其注重对子孙修身做人、处世之道的教育。《规范》约有四分之一的条目都是这方面的内容。它将品德修养放在首位，强调时时"以仁义二字铭心镂骨"。要求子孙言谈举止要合乎礼仪，"子孙不得谑浪败度，免巾徒跣。凡诸举动，不宜掉臂跳足，以蹈轻儇"。"不得从事交结"，不得从事吏胥、僧道、屠夫等职业，以免"坏乱心术"。家规要求子孙"处事接物，当务诚朴"；不得"引进倡优、讴词献技，娱宾狎客"；"不得畜养飞鹰猎犬，专事佚游"等等。不过，《规范》中也有一些不合理的过分要求，对子弟过于苛刻。如"子侄年非六十者，不许与伯叔连坐"；甚至连下棋、词曲、养鸟之类的个人爱好都不允许。

在知识和能力的培养上，《规范》特别重视子弟文化知识的学习。家里广储书籍，并制订了详细的学习规程：小儿五岁，就要"参祠讲书"、学礼；"八岁入小学，十二岁出就外傅，十六岁入大学"，假如到了二十一岁，学业上还无成就，就令他们学习治家理财的本领。

为了开阔子弟的眼界，使之通晓人情世故，并培养其治家、谋生的能力，家规规定"凡子弟当随掌门户者，轮去州邑，练达世故，庶无懵暗不谙事机之患。"这对生活在偏僻农村的子弟，的确是非常必要的，足见家规订立者的见识不凡。

第五，家政管理机构的设置及制度的规定。

郑氏家族之所以能世代同居，在很大程度上依赖于《郑氏规范》对家庭事务的管理作了一系列明确的规定，使之有章可循，既保证了家长及其他管理人员行为的公正性，又减少或避免了家庭成员之间的矛盾冲突，维护了大家庭的稳定和谐。《郑氏规范》中对郑氏家族的家政管理组织的设立、职能以及管理、监督制度作了这样的规定：

家长：为一家之主，对家务管理负全部责任。"家长总治一家大小之务，凡事令子弟分掌。"每月初一、十五，"检点一应大小之务"，检查呈报上来的账册簿籍及各位管理人员的工作、监督房屋的建造等等。

典事二人：典事相当于家长助理。《规范》对典事的要求很高，规定"设典事二人，以助家长行事，必选刚正公明、才堪治家、为众人之表率者为之，并不论长幼，不限年月，凡一家大小之务，无不与焉"。典事每天晚上都要和家人商量，对家庭大小事务提前半月作出计划安排。

监视一人：监视即"监视诸事"，相当于今天的纪检、监察人员。《规范》规定，"监视"必须是"端严公明可以服众者"，监视年龄必须在四十岁以上，而且要每两年轮换一次。监视的权力很大，其职责主要是"纠正一定之非，所以为齐家之则……在上者必当犯颜直谏，谏而不从，悦而复谏。在下者则教以人伦大义，不从则责，又不从则挞"。监视还要负责"鸣鼓细说家规"，掌握劝善惩恶的"劝惩簿"、挂取"劝惩牌"。当然，假如监视"知而不言"或"言而非实"，那么家人可以"鸣鼓声而易置之"。

主记一人：负责谷粟出纳、粮仓封记、保管仓库钥匙。

掌门户一人：此人大约相当于家政顾问。《规范》规定："选老成有知虑者，通掌门户之事。输纳赋租，皆禀家长而行。"此人还要就山林陂池防范、增拓田业、计会财息等向家长提出建议。掌门户者的意见对家长的决策尤为重要，《规范》规定，增拓田业，家长必须与掌门户者商量，如其外出，要等他回来方可交易。

新管、旧管各两人：由二十五岁至六十岁有才干的家庭成员担任，任期六个月。新管负责"掌管新事，所掌收放钱粟之类"；旧管负责"掌管旧事，所掌冠昏丧祭及饮食之类"。新旧管都要置有"日簿"，详细登记收入，每十天报呈监视审查，由监视签字。至于所收地租、谷麦等都有详细记录，账目不清者，不许与新上任的新旧管办理交接手续。

差服长一人："专掌男女衣资之事"，四月发夏衣，九月发冬衣。《规范》还对不同年龄阶段男女家庭成员规定了发放衣资、首饰、化妆品等的数量，避免因多寡不均而产生矛盾。

堂膳两人："以供家众膳食之事"，一年一轮。

掌钱货两人：将现金收支明白登记，如有差错，从自己本房的衣资首饰费用中扣除。

掌营运两人、掌树艺一人：分别负责营运事务和种植事宜。

知宾两人：负责接待亲朋宾客。

由郑氏家族的这一家政管理组织机构的设置我们可以看出，各个管理者职责分明，一个千百人的大家族，其管理人员仅仅二十人，其效率是高的；更值得肯定的是，主要的管理者之间还有着彼此的制约和监督，从而保证了家政管理的公平合理。

（二）《郑氏规范》教化方法上的特色

经《郑氏规范》的历代订立者的补充完善，使得家规形成了一套卓有成效、颇具特色的教化方法，从而保证了家规的落实。

1. 规定明确，便于操作。《郑氏规范》一百六十八则，涉及家政管理、子孙教育、冠婚丧祭、为人处世等各个方面，每个方面都有明确具体的规定。使得家人当行则行，当止则止。例如，第一百四十三则对防火用品等的规定是"凡可以救灾之具，常须增置（若油篮系索之属）。更列水缸于房闼之外（冬月用草结盖，以护寒冻）。复于空地造屋，安置薪炭。所有辟蚊蒿烬，亦弃绝之"。这是何等的具体！

2. 恩威并施，奖惩结合。《郑氏规范》在家庭的管理上坚持的原则是"立家之道，不可过刚，不可过柔，须适厥中"。其中对违反家规的行为都有惩罚性的措施，不仅对普通的家庭成员，而且对管理者同样如此。比如为了督促新管增强责任心，对所管的谷麦及时收晒，防止霉烂，规定如出现这种情况，则"罚本年衣资"。对遵守还是违反家规者的奖惩不光是经济上的，还有精神和肉体上的。《规范》第十七则规定：子孙有私置田业、私积钱财严重者，"家长率众告于祠堂，击鼓声罪而榜于壁"，没收私产；而对于"立心无私，积劳于家者，优礼遇之，更于《劝惩簿》上明记其绩，以示于后"。还规定造"劝"、"惩"两牌，由监视负责，将何人有功、何人有过写在上面，挂在家人聚会的地方，三日方收，以示赏罚。至于肉体的处罚，多是对严重违反家规的行为予以鞭打。

3. 严格选拔管理者、实行民主监督的制度，起到了道德考核和教育、约束的作用。郑氏家规对家庭管理组织的成员从德才方面实行了较为严格的选拔措施，如羞服长要选"廉谨有为者"，掌管钱财的要"择廉谨子弟"等等。同时也规定对所有管理人员均实行监督制度。家长有过失，"举家随而谏之"，"若其不能任事，次者佐之"。其他管理人员不称职的撤换，好的则可连任，如第四十九则规定："所用监视及新旧管，其有才干优长不可遽代者，听众人举留。"这种用人及管理监督制度，既有理财治家的保证，也是对家长及所有管理者的道德考核和教育、约束。

4. 教育及管理制度化。这是郑氏家族能够持家长久的重要保证。如前所述，这个家族的日常家庭伦理道德的教育形成了一套完备的制度，不仅每逢初一、十五聚会时，朗诵道德歌诀、家规祖训，而且每天还在"有序堂"要未成年子弟朗诵男女训诫之词。平时在家庭生产、生活的各个方面都有相应的制度规定，连一日三餐都是集中会餐，男子在"同心堂"，女子在"安贞堂"。如果违反，则给予一定的制裁。这种制度郑氏家族的成员自幼熟知，而嫁到郑家的媳妇，《规范》要求在半年内要"通晓家规大意"，如做不到，就"罚其夫"。

（三）郑氏"义门"及其家规对后世的影响

家规或家法是家长制度下形成的，带有法律性质的治理、管束本家或本族成员的制度、法规。郑氏家族作为载入宋、元、明三代史书、被皇帝屡次旌表的显赫家族，其家规《郑氏规范》及其教化实践都对当时社会和后世产生了深远的影响。

首先，"义家气象"的楷模，对封建社会秩序的稳定起了重要的作用。

郑氏家族是皇帝树立的"义门"典型，在这个"凛如公府"的封建大家族内，家长"严而有恩"，"子孙从化，皆孝谨。虽尝仕宦，不敢一毫有违家法"。[①] 在家国一统的封建社会，这样的大家庭，自然是封建统治者所需要并大力提倡的样板。

大力培植和倡导这一典型的当数明太祖朱元璋，这在本节开始时就述及他多次予以表彰。此外，据《明史》记载，洪武初年，朱元璋曾经接见郑家八世孙郑濂，朱元璋问郑濂治家长久之道，郑濂回答是"谨守祖训，不听妇言"。朱元璋非常赞成并赐以水果，郑濂拜谢后带回家中，切开分给家人共享。朱元璋听后赞叹不已，要赐官予郑濂，郑濂以年老为由没有接受。[②] 后来，明太祖命大臣推荐"孝悌敦行者"为官，众人都推举郑家，郑氏子弟数人从布衣百姓直接擢升为礼部尚书、御史等大官。[③] 据郑氏后人编写的《圣恩录》记载，洪武二十六年，朱元璋为了选用以孝义著称的儒生任职东官，召三十岁以上的郑氏族人进京备选，最后选中郑济，授他为左春坊左庶子，专门教育皇家子孙。朱元璋对郑济说："你家孝义，神民所知，朕今不命你掌刑名钱谷，惟欲尔家庭孝义雍睦之道，日夜讲说于太孙之前。"[④]

皇帝的表彰反过来使得郑氏家族更加珍惜"义门"荣誉，做统治者希望的"顺民"，更加模范地遵守法律和封建伦常，成为社会的表率。

---

① 《孝友传》，见《元史》卷一九七。
② 《孝义传》，见《明史》卷二九六。
③ 同上。
④ 毛策：《浙江浦江郑氏家族考述》，见《宋濂暨"江南第一家研究"》，杭州大学出版社1995年版，第230页。

《郑氏规范》第一百三十四则就这样告诫子弟家人："吾家既以孝义表门，所习所行无非积善之事，子孙皆当体此。……违者以不孝论。"《明史》也记载，"时富室多以罪倾宗，而郑氏数千指独完。"① 郑家成了家家学习的样板，以至于史书这样记载：郑濂同时代的一个叫王澄的人"慕义门郑氏风，将终，集子孙诲之曰：'汝曹能合食同居如郑氏，吾死目瞑矣'"②。

如前所说，在封建统治者的倡导下，自宋以来"聚众数百指"③、"家之食口数百"④ 的大家族越来越多，特别是到了明代，由于君主的旌表，累世同居的大家族更多。《明史》载四世、五世、六世、七世、八世"同居敦睦者"，并被皇帝旌表"义门"的就有数十家之多⑤。《明史》还记载，"万历间，萧梅七世同居，滁州卢守一、长治仇大，六世同居，先后得节烈贞女二十三人……。"⑥ 这自然体现了封建礼教的吃人本质，但也从一个角度反映了统治者所树立的"义门"楷模，对稳定社会秩序所起的重要作用。

其次，对明朝典章的制订，在一定程度上起到了"蓝本"的作用。

"义门"郑家的《郑氏规范》对封建社会的影响，还不仅仅体现在民间，更为重大的影响是这套完善、严密的治家制度，是我国封建社会家法最为完善的明朝典章的"蓝本"。杭州大学中文系的陈坚教授认为，中国的封建家族制度是封建国家制度的基础，而郑氏家族累世同居，正是这种理想的罕见"典型"。明朝典章制度的主要制订者之一、被称为"开国文臣首位"的宋濂，为郑氏的孝义家风所感，举家由金华迁居郑

① 《孝义传》，见《明史》卷二九六。
② 同上。
③ 宗泽：《宗忠简公集》卷三，《陈八评事墓志铭》，见《丛书集成初编》第1933册，中华书局1985年版，第50页。
④ 曾巩：《南丰先生元丰类稿》卷四六，《故高邮主簿朱君墓志铭》，见《缩本四部丛刊》第188卷，商务印书馆影印，1936年版。
⑤ 《孝义传》，见《明史》卷二九六。
⑥ 同上。

家附近的青萝山，在这个大家族中做过长达三十二年之久的塾师。① 另据郑氏后人的《圣恩录》记载，朱元璋约见郑濂，看到《郑氏规范》后深有感慨地说："人家有法守之，尚能长久，况国乎！"② 由此见之，朱明王朝之所以一再表彰郑氏，除精神鼓励之外，还从物质上免除郑氏赋税徭役，大量任用郑氏子弟为官，目的都是基于齐家之策与治国之术其理同一的考虑；都是为了将一家之法推而广之，以求治国理邦的借鉴，以求封建王朝的江山永固。

再次，对后世家规家法、族规族法的订立和家政管理、家庭教育等都产生了深远的影响。

《郑氏规范》作为较为系统、完备的家规，在诸多方面都对当时和以后的社会生活产生了广泛的影响。比如，郑氏家族管理组织的结构以及对定期审查新管、旧管账目等规定，就被许多大家族所效法。明末清初时安徽徽州程氏家族的《窦山公家议》，规定从事家族钱粮收支管理的人员，每年领取《家仪手册》一本，详记当年钱粮收支等事宜，接受各房房长的审查。③ 再如，定期聚会进行家庭道德、处世之道的教育制度是众多家训所不及的，这也对当时和后世的利用歌诀进行社会教化提供了借鉴。特别是每天早晨用餐前全家聚会朗诵男女训诫之词，以对子弟家人进行日常道德教育的制度，对以后的影响更大。比较有名的如曾做过郑氏私塾教师的方孝孺的《家人箴》；徐奋鹏的《教家诀》；庞尚鹏为五岁男童和六岁女童分别编写、日常记诵的《训蒙歌》和《女诫》。此外，像《闺训千字文》、《女儿经》、《改良女儿经》、《弟子规》等等分类蒙学读物在明清的大量出现，也不能说与朱明王朝对郑氏及其《郑氏规范》的大力表彰、宣扬没有联系。

最后，世代同居、共财和睦的大家庭模式及其家训教化，加速了封

---

① 《解放日报》1995年7月2日。
② 毛策：《浙江浦江郑氏家族考述》，见《宋濂暨"江南第一家"研究》，第230页。
③ 周绍泉等：《窦山公家议校注》，黄山书社1993年版。

建社会后期儒家伦理世俗化的过程。

仅以孝义而言，这个封建大家庭长期对子孙的训导和家人的耳濡目染的影响，使得兄弟及其他家庭成员之间形成了以家族至上、兄弟亲情至上的崇高价值观。在这种价值观的指导下，不必说兄弟间的矛盾容易化解，就连生命也是可以献出的。《明史》就记载了这个家族的不少舍生取义的感人故事。明洪武年间，有人告郑家与胡惟庸案有牵连，"吏捕之，兄弟六人争欲行，濂弟湜竟往。时濂在京师，迎谓曰：'吾居长，当任罪。'湜曰：'兄年老，吾自往辩。'二人争入狱。太祖召见曰：'有人如此，肯从人为逆耶？'宥之"。[①] 又载："（洪武）十九年，濂坐事当逮，从弟洧曰：'吾家称义门，先世有兄弟代弟死者，吾可不代兄死乎？'诣吏自诬服，斩于市。"[②] 这种以孝义治家的大家庭模式，经统治阶级的倡导，对社会的伦理教化起了典范的作用。尤其重要的是这个大家庭治家教子、立身处世的家训，更为社会提供了可以师法、操作的范本。这都对封建社会后期儒家伦理更加社会化、世俗化，起到了加速的作用。

二、耶律楚材和许衡的家训诗文及实践

从流传下来的资料看，耶律楚材和许衡的家训教化思想和实践，主要反映在他们的家训诗及书信之中，这里略作阐述。

（一）耶律楚材的家教诗文

耶律楚材（1190—1244），字晋卿，号湛然居士，契丹族，辽太祖

---

① 《明史》卷二九六《孝义传》。
② 同上。

耶律阿保机九世孙。自幼熟读经史，旁通天文、地理、律历、术数、医卜。金章宗时任开州同知，宣宗时任左右司员外郎。后历仕成吉思汗、窝阔台两朝，达三十年之久，官至中书令。元朝的立国规模大多由他奠定。耶律楚材在任期间，于政治、经济、文化等方面提出了一系列有利于社会发展、民生安定，有利于民族矛盾缓和的政策、措施。死后赠太师。耶律楚材博学多才、能文善诗。他留下来的著作有两部：一是记录其西域见闻的《西游录》，一是后人编辑的、收录他诗文的《湛然居士文集》。

耶律楚材的教子诗和他的其他诗作一样，通俗易懂，毫不矫饰。归纳耶律楚材教子诗的内容，大致包括三个方面。

第一，勤学不辍、自强不息的教育。

在《子铸生朝润之以诗为寿予因继其韵而遗之》诗中，耶律楚材教育儿子耶律铸要珍惜时间，努力学习，不要将时光浪费在玩乐上：

> 汝知学不学，何啻云泥隔。为山亏一篑，龙门空点额。……继夜诵诗书，废时母博奕。勤惰分龙猪，三十成骨骼。孜孜寝食废，安可忘朝夕。[1]

次年，他又写诗告诫正值学习知识阶段的儿子要自强不息，勤读经史，不要沾染不良嗜好，为以后的事业打好基础：

> 汝方志学年，寸阴真可惜。孜孜进仁义，不可为无益。经史宜勉旃，慎毋耽博弈。深思识言行，每戒迷声色。德业时乾乾，自强当不息。幼岁侍皇储，且做春宫客。一旦冲青天，翱翔腾六翮。[2]

第二，加强道德修养的教育。

耶律楚材十分重视儿子的品德教育。在不少教子诗中，他都耳提面命地要儿子向圣贤学习，加强自身的道德修养。他要求儿子："远袭周

---

[1] 耶律楚材：《湛然居士文集》，中华书局1986年版，第307页。
[2] 《为子铸作诗三十韵》，见《湛然居士文集》，中华书局1986年版，第270页。

孔风，近追颜孟迹。优游礼乐方，造次仁义宅。"① 他还嘱咐儿子谦虚谨慎，谨言慎行，以儒家的五大伦常规范指导自己的行为：

> 行身谨而信，于礼顺而摭。祥麟具五蹄，溟鹏全六翮。为人备五常，奚忧仕与谪。成功不自满，始知谦受益。慎毋忘此诗，吾言真药石。②

第三，家史和家风的教育。

耶律楚材出身声名显赫的皇族，他自然不忘对儿子进行家史的教育。这也是他教子诗的一个鲜明特色。在儿子耶律铸十五岁生日那天，他写了一首长诗，诗中歌颂了祖先的伟绩和自己家族的辉煌历史，要儿子也能向祖辈们那样，建功立业。他叮嘱儿子："儒术勿疏废，祖道宜熏炙。汝父不足学，汝祖真宜式。"③ 在另一首给儿子的诗中，他要儿子继承家族传统，向祖父（名耶律履，即诗中的"文献"）学习，做个"致主泽民"的有作为的人：

> 文献阴功绝比伦，昆虫草木尽承恩。我为北阙十年客，汝是东丹九世孙。致主泽民宜务本，读书学道好穷源。他时辅翼英雄主，珥笔承明策万言。④

在另一首送给房孙的诗中，耶律楚材也告诫他加强自身修养，不要辱没家风：

> 汝亦东丹十世孙，家亡国破一身存。而今正好行仁义，勿学轻薄辱我门。⑤

（二）许衡的家训及实践

许衡（1209—1281），字仲平，号鲁斋。元怀孟河内（今河南沁阳）

---

① 《子铸生朝润之以诗为寿予因继其韵而遗之》，见《湛然居士文集》第 307 页。
② 《湛然居士文集》第 307、271 页。
③ 同上。
④ 《爱子金桂索诗》，见《湛然居士文集》第 75 页。
⑤ 《送房孙重奴行》，见《湛然居士文集》第 247 页。

人。自幼聪颖，好学善思。长大后曾与姚枢、窦默等学者讲习程朱理学。他学识渊博，很善辞令，听过他讲学的人无不心悦诚服，就连武士俗人也能感悟。许衡十分重视教育，忽必烈即位之前，他任京兆提学，在关中大办学校。忽必烈即位后，许衡受命与刘秉忠等策划立国规模、议定朝仪官制，官至集贤大学士兼国子祭酒。许衡积极倡导理学，宣扬儒家纲常伦理，对理学在中国封建社会后期统治地位的确立起了重要的作用。许衡死后谥"文正"，追封魏国公。有《鲁斋遗书》等。

许衡教育儿子的家训比较集中地体现在他写给儿子师可的信和一首著名的《训子》诗中。在给儿子的信中，许衡告诫儿子一定要学好儒家经典《四书》和朱熹、吕祖谦编辑的宣扬理学的《小学》。他说："《小学》、《四书》，吾敬信若神明。自汝孩提，便令讲习，望于此有得，他书虽不治，无憾也。今殆十五年矣，尚未成诵，问其指意，亦不晓知，此吾所以深忧也。"① 劝导儿子只读这几本儒家著作，自然是迂腐之见。然而，我们也应该看到，许衡是按照封建社会的人才培养标准，力求从小就注意孩子思想品德的养成。这几部书，尤其是《小学》，是专为儿童编写的传授立教、明伦、敬身、嘉言、善行等内容的道德教育读本，教育儿童"洒扫应对进退之节，爱亲敬长隆师亲友之道"，这种蒙以养正的教育是极其重要的，许衡之所以对儿子读这几本书不用功深为忧虑，正因为此。许衡是十分注重儿童的开蒙教育的，他说："凡人小幼时，不引得正，后便难了。如字画端楷之类是也。"②

在这封信中，许衡还分析了自己的长处和短处，教导儿子扬己之长，克己之短；要自立自强，居安思危，不要倚仗父亲的官势，否则反受其累。他说："我生平长处，在信此数书；其短处，在虚声（即虚名）牵制，以有今日。今日之势，可忧而不可恃也。汝当继我长处，改我短

① 许衡：《鲁斋遗书》卷一一，《与子师可》，见影印《四库全书》第 1198 册，第 411 页。
② 引自胡广编撰《性理大全》卷四十三。

处，汝果能笃实，果能自强。我虽贵显云云，适足祸汝，万宜致思。"①

许衡的《训子》诗，是流传甚广的一首家训诗。许衡在诗中表达了能苟全性命于乱世的满足之情，以及对追名逐利的轻视，同时教育两个儿子加强道德人格的修养，像古人那样保持淳真的本性；要吃苦耐劳，襟怀磊落，以忠君济民为己任，不贪图功名富贵。诗中写道：

> 干戈姿烂熳。无人救时屯。中原竟失鹿，沧海变飞尘。我自揣何能，能存乱后身？遗芳籍远祖，阴理出先人。俯仰意油然，此乐难拟伦。家无儋石储，心有天地春。况对汝二子，岂复知吾贫。大儿愿如古人淳，小儿愿如古人真。平生乃亲多苦辛，愿汝苦辛过乃亲。身居畎亩思致君，身在朝廷思济民。但期磊落忠信存，莫图苟且功名新。斯言殆可书诸绅。②

在个人修养和家庭教化方面，许衡是表里如一、身教力行的。史书上留下了许衡"慎独"的一段佳话，至今常被写入传统美德教育的书中。据《元史》记载，金元兵乱之际的一个酷热的盛夏，许衡与人一起去河阳。连年的战乱使得村庄只剩下断壁残垣，连个人影都没有。大家在烈日下行走了大半天，又饥又渴。正在一筹莫展时，有个同伴忽然发现不远处有一棵枝叶茂盛的梨树，树上挂满了黄澄澄的梨子。众人喜不自禁，纷纷争抢梨子吃，惟有许衡毫无所动，独自坐在树下歇息。众人问他为何不吃？许衡回答说主人不在，哪能随便动人家的东西。众人都笑他太认真了，这兵荒马乱的，恐怕梨树的主人都不在人世了。许衡回答说："梨无主，吾心独无主乎？"硬是没吃一个梨子。③

许衡注意身教胜于言教，注重优良品德的养成训练。在他的教育下，许家子弟处世都很谨慎，自幼就养成了恪守道德准则的品行，《元史·许衡传》称，他人"庭有果，熟烂坠地，童子过之，亦不睨视而

---

① 许衡：《鲁斋遗书》卷一一，《与子师可》，见影印《四库全书》第 1198 册，第 411 页。
② 许衡：《鲁斋遗书》卷一一，见影印《四库全书》第 1198 册，第 424 页。
③ 宋濂：《元史·许衡传》，中华书局 1976 年版，第 3717 页。

去，其家人化之如此"①。他的两个儿子都继承了他的品德，为官很有操守，师可官至通议大夫；师敬历任吏部尚书、国子祭酒、御史中丞等职。

---

① 宋濂：《元史·许衡传》，中华书局 1976 年版，第 3717 页。

第五编

鼎盛到衰落时期：明清家训

第二十七章
明清时期家训概述

明清时期，共有五百多年的历史。这一时期总体上说是由宋代开始的中国封建社会自盛转衰的时期，但在中国传统家训发展史上，却出现了空前的繁荣，并从清代中期开始，由鼎盛时期逐步走向衰落。

一、明清社会的经济政治概况

元朝末年，朱元璋率领农民起义军推翻了蒙古贵族的统治，于1368年建立了统治中国近三百年的明王朝。

由于元末统治者的残酷剥削，加之连年战乱不已，社会经济遭到了严重的破坏，土地荒芜，人烟稀少。作为出身于贫苦农民家庭的帝王，朱元璋深知老百姓的生活状况直接关系到治乱兴亡，认识到"民富则亲，民贫则离，民之贫富，国家休戚系焉"①，因而自即位起就十分注意社会经济的恢复和发展，废除了元代的不少弊政，颁行了许多有利于生产发展的措施，如允许农民垦种和占有因战乱而造成的荒田并免三年

---

① 《明实录·太祖实录》卷一七六。

徭役；大力推行移民和屯田政策；大规模兴修水利；释放奴婢，甚至由朝廷代为赎还因战乱饥荒而典卖的男女；减轻赋税徭役，与民休养生息等等。此外，朱元璋和明朝后来的统治者还推行了一些有利于工商业的措施。

应该说，明朝前期封建经济获得了较快的恢复和发展；到了明朝中叶，农业和手工业的生产均超过了前代的水平。这一时期，随着社会分工的扩大和生产力的进一步提高，商品经济迅速发展，工商业城镇逐渐兴起，商业资本更为活跃，商人数量大大增加。

尤其值得提到的是，明代中叶伴随着商品经济的空前繁荣，在手工业部门中出现了资本主义的萌芽。《明实录》中曾记载说："机户出资，机工出力，相依为命久矣。"① 由此可见，纺织业中资本主义萌芽形态的生产关系已经出现。尽管这些萌芽是微弱的、稀疏的，而且带有浓郁的封建性，还受到封建专制制度多方面的阻挠和摧残，但毕竟是中国社会发展进程中出现的新生事物。遗憾的是经过明末的社会动荡、阶级矛盾激化以及清军入关前后的烧杀劫掠等，社会经济遭到了严重的破坏，资本主义的萌芽也遭到了扼杀。此后，随着清初统治者采取的一些恢复经济的政策措施，特别是到了康熙时期，政治清明，国家趋于统一安定，社会经济得到了较快的发展；同时，海禁开放也导致了与国外的贸易往来，这样在封建社会内部孕育的资本主义萌芽也在缓慢地发展。如果不是后来帝国主义列强将中国推入半封建半殖民地的深渊，中国也会走上资本主义的发展道路。

政治上，明清统治者都加强了君主集权。

洪武初年，沿袭元朝的政治建制，中央设中书省，由丞相掌管；地方设行中书省，总揽全省大权。后来，朱元璋发现中书省权力过大，便于1376年废行中书省，在全国设置十三个承宣布政使司，主管民政、财政；另设掌司法的提刑按察使司和掌军权的都指挥使司。"三司"互

① 《明实录·神宗实录》卷三六一。

490

不统属，皆由中央管辖。洪武十三年（1380），朱元璋又以"谋不轨"的罪名杀了左丞相胡惟庸，撤销了中书省，将权力分于吏、户、礼、兵、刑、工六部掌管，六部直接对皇帝负责。宰相制的废除，极大地加强了君主的集权。明成祖朱棣进一步削藩，调整中央行政机构，加强集权。另外，明代统治者还设置了廷杖之刑，成立了专门保卫皇帝并从事侦缉活动的特务机构锦衣卫、东厂、西厂等，残酷迫害人民和正直的官吏，专制制度进一步加强。

清代的中央政权机构基本上仿照明朝制度，但也有区别。为了加强皇帝的集权，康熙时设立南书房，初步削弱了作为中央最高行政机关的内阁和议政王大臣会议的权力。雍正即位以后，进一步加强君主专制。他先是收回了诸王的兵权，后又设立军机处，由其亲信执掌，军机处完全听命于皇帝。

为了禁锢人们的思想，钳制社会舆论，明清的统治者还大兴文字狱，从朱元璋到康熙、雍正、乾隆无不如此。清朝统治者为了消灭所谓的异端邪说，还大肆搜集明末遗老之书，凡认为含有对他们不利内容的书籍，就加以篡改或烧毁。这种思想上的压制，更使君主专制主义中央集权制度得到了空前的强化。封建中央集权制度的强化，对明清社会生活的各个方面都产生了深远的影响。

二、明清时期家训发展的历程

明清时期，随着人口增多，小家庭大量产生，加之民族危机加深，大家庭也发生了分化：一部分得到强化、扩大，发展更为完备、严整；一部分则急剧败落。总的趋势是逐渐"衰老"，处于向现代家庭转型的前夜。这一时期中国传统家训的发展大致分为两个阶段：

（一）明初至清代前期：鼎盛时期

明清时期的家训数量无法确切知道，但有些材料可以参照。有人统计，《中国丛书综录》所列书目记载的"家训"一类著作，公开印行的就有一百一十七种，而明清两代就占了八十九部，其中明代二十八部，清代六十一部，① 清代的大多集中于鸦片战争之前。而且，从目前我国典籍中流传至今的家训，也以明清两代数量最多。另外，我们还可以从族谱的发展得到佐证，因为族谱中大都附有本家族先人的族规族训、家法家诫之类的家训。但据资料记载，直到宋代末年，族谱的编修尚不普遍，当时的学者欧阳守道说，现今"世家"，也少有族谱，虽是"大家"，但也"往往失其传"② 而宋以后族谱的编修才日益普遍，尤其是明清直到民国，无论是大家贵族，还是平民百姓，族谱的修撰一直是盛行不衰，所以我们可以确定无疑地说：明代和清代（前期）是中国传统家训发展的鼎盛时期。

这一时期不仅体现在家训著作的数量之多，也体现在家训内容更加丰富，形式更加多样，领域更为扩大。内容上既有一般的家训，也有专门训诫商贾之类的家训；作者既有帝王显宦、学究宿儒，也有普通百姓；形式上既有长篇鸿作，也有箴言、歌诀、训词、铭文、碑刻；方式上既有循循善诱的说理激励，也有家规族法的惩罚条文。

明代及清朝前期家训获得了很大的发展，对社会生活产生了更为深远的影响，究其原因，主要有以下几个方面。

首先，统治阶级加强思想文化上专制统治的需要。

为了维护封建专制的政治制度，明清的统治者们崇尚儒学，大力提倡程朱理学，加强思想文化上的专制。明王朝建立以后，开国皇帝朱元璋就将尊崇儒学定为基本国策。他刚登皇帝位，便"以太牢祀先师孔子

---

① 参见陈节：《古代家训中的道德教育思想探析》，见《福建学刊》1996 年第 2 期，第 70 页。

② 欧阳守道：《黄师董族谱序》，见《巽斋文集》卷一一。

于国学"，下诏招纳尊孔读经的知识分子参与国家治理。他说："天下之治，天下之贤共理之。……不然，贤士大夫，幼学壮行，岂甘没世而已哉。天下甫定，朕愿与诸儒讲明治道。有能辅朕济民者，有司礼遣。"①第二年，"诏天下郡县立学"②，聘请经学博士孔克仁教诲诸王子，同时下令功臣的子弟也入学接受儒学教育。朱元璋还经常邀请一些有学问的儒士，为武臣讲解经史。后来还下诏让各地推举"聪明正直、孝弟力田、贤良方正、文学术数之士"为官，充实统治队伍。③

清代的统治者们对程朱之学更是推崇有加。清世祖顺治皇帝和圣祖康熙皇帝都颁布诏书，封朱熹后裔世袭翰林院《五经》博士。康熙五十一年（1712），特下圣旨将朱熹请进了大成殿，配享孔子。康熙还命人将朱熹著作汇辑成《朱子全书》六十六卷，并亲自作序，称朱熹是"续千百年绝传之学，开愚蒙而立亿万世一定之规……虽圣人复起，必不能逾此"。

通过科举制度招揽人才、钳制思想，是明清统治者加强思想文化专制的一个重要途径。朱元璋统治时期，规定科举考试以《四书》出题，且只能以朱熹注释的《四书章句集注》为标准。他多次昭示天下："一宗朱子之书，令学者非五经孔孟之书不读，非濂洛关闽之学不讲。"④从朱元璋与刘基确定八股取士开始，直到清代，考试均采取八股文体，程序和制度日渐完备，儒学的地位更高。为了将人们的思想统一于程朱理学，明成祖朱棣还下诏编修《四书大全》、《五经大全》、《性理大全》。这三部书，基本上是程、朱对《四书》、《五经》的传注，程朱理学更加成了官方统治的精神支柱，清代更是如此。

明清的统治者们之所以如此抬高程朱理学，主要是理学家们"存天理，灭人欲"的说教和对封建纲常礼教的极力倡导，是维护封建统治的

---

① 《明史·太祖本纪二》。
② 同上。
③ 同上。
④ 陈鼎：《东林列传》卷二。

强大精神力量，因而深得封建社会后期统治者的赏识。封建统治者加强政治、经济和思想文化上的专制统治的需要，相应地要求作为"国"之缩影的"家"的统治者——封建家长也要加强对子弟家人的管束和教化，这在客观上也促进了家训的发展。

其次，朝廷的大力倡导和身体力行。

明朝直至清代前期家训的空前繁荣，与封建皇帝的积极倡导和身体力行具有很大的关系。而明代封建帝王和皇后中倡导最力的当数开国皇帝朱元璋和明成祖朱棣的仁孝文皇后，清代则以康熙、雍正为代表。

基于"为治之要，教化为先"① 的治国理念，朱元璋极为重视社会风俗教化。他说："孝弟之行，虽曰天性，岂不赖有教化哉。自圣贤之道明，谊辟英君莫不汲汲以厚人伦、敦行义为正风俗之首务。旌劝之典，贲于闾阎，下逮委巷"②。洪武五年五月，朱元璋下诏"天下大定，礼仪风俗不可不正……冻馁者里中富室假贷之，孤寡残疾者官养之，毋失所。乡党论齿，相见揖拜，毋违礼。婚姻毋论财"③。《明史》的编撰者们评价朱元璋"礼致耆儒，考礼定乐，昭揭经义，尊崇正学，家恩胜国，澄清吏治，修人纪，崇风教……"④ 这种评价应该不谬。

朱元璋不仅亲自树立家训教化成功的典型，在全社会加以表彰，而且还亲自编撰家训。他即位的第二年，就将其制订的制度、律令编为《祖训录》，供皇家子弟在国家治理中遵循。他还于洪武十一年（1378）撰写了一篇《诫诸子书》，教训皇室子弟。明成祖朱棣在为政之余，采辑圣贤格言，编为《圣学心法》一书供皇室子孙学习效法，并且在序言中向子孙们系统阐述了为君之道。

明仁孝文皇后亲自撰写的《内训》，是封建帝后撰写的最为全面的一部家训，在中国传统家训教化史上占有重要的地位。皇后的大力倡

---

① 谷应泰：《明史纪事本末》卷一四。
② 《明史·孝义传一》。
③ 《明史·太祖本纪二》。
④ 《明史·太祖本纪三》。

导，也是明代女教发达、女训读物特别丰富的重要原因。

康熙皇帝一生育有太子三十五人，公主二十人。作为一个在国家治理上很有建树的君主，其公务自然是十分繁忙的，但他并没有因此而放松对皇室子弟的教育。从他死后由其儿子雍正皇帝辑录整理而成的《庭训格言》这部皇室家训来看，康熙皇帝对皇家子弟的确是"随时示训，遇事立言"，时刻注意进行教育的。

第三，官僚士大夫的积极传布。

除了封建统治者的倡导之外，饱受儒家思想浸润的官僚士大夫的积极宣传也是明清家训繁荣的一个重要原因。

在传播家训著作的官僚士大夫中，较为有影响的当数明代的儒士王相和清代的官吏陈宏谋、张师载。王相（事迹不详）编辑的《女四书》，成为流传甚广的女教尤其是家庭女教读本。这本书收有王相母亲刘氏的《女范捷录》、明仁孝文皇后的《内训》、班昭的《女诫》、宋若莘的《女论语》四部女训读物。

陈宏谋（1696—1771）字汝咨，号榕门，临桂（今广西桂林）人。雍正进士，乾隆年间历任陕西、湖南、江苏巡抚，两广、湖广总督，官至东阁大学士。在地方做官期间，他不仅关注百姓生活，而且重视社会教化。在这方面，实实在在做了不少工作，其中突出的是编辑刊印社会教化著作。

陈宏谋编辑印行的社会教化读物中，影响最大的是《五种遗规》。这部书是五种读物的统称，包括《养正遗规》、《教女遗规》、《训俗遗规》、《从政遗规》和《在官法戒录》。后两种采集为政箴规、嘉言、美行，以为做官者褒善抑恶之鉴戒；而前三种则都辑录有一些家训著作。譬如：《养正遗规》中收有真德秀的《教子斋规》等；《训俗遗规》中收有顾宪成的《示儿帖》、高攀龙的《家训》、蔡世远的《示子弟帖》等；《教女遗规》中则有班昭的《女诫》、蔡邕的《女训》、王孟箕的《家训御下篇》、温璜记述的《温氏母训》等等。《五种遗规》刊行后，流传甚广。顺便提及的是，光绪二十九年（1903）该书还被作为中学堂的修身课教材使用。

除《五种遗规》的编印以外，陈宏谋还将朱柏庐的《朱子治家格言》（又称《朱子家训》）印行一万多册。这部家训的传播之广、影响之大，与陈宏谋是分不开的。陈宏谋在一封信中谈及他做这个工作的目的时说：教化之事，"不知者以为迂，而知者以此为根本功夫。我之本意，总望化得一人是一人耳"①。

张师载（1696—1764）字又渠，河南仪封（今兰考）人，雍正年间做过扬州知府等职。张师载认为，家庭教育是端正社会风气的基础，"风俗之厚薄，不惟其巨，其端恒起于一身一家"②。基于这种认识，张师载将汉唐以来著名的"型家正俗之篇"编辑成册，题名《课子随笔》。这部书分上下两卷，续编一卷，共收有八十多篇家训、家规、信札，于乾隆年间出版。后又多次刊印，在民间广为流传，影响甚大。

除此之外，官僚士大夫编纂的影响较大的读物还有清代张承燮的《女儿书辑》等书，其中也包含不少家训篇目。这些官僚士大夫们的编辑、刊行，使得家训著作在民间广为传布，而这又反过来进一步促进了家训的发展。

第四，经朝廷表彰的郑氏家族及其家训的影响，也是明清家训繁荣的又一个重要原因。

浙江浦江的郑氏家族，是一个一再受到封建统治者赏识的封建大家族，宋、元、明史中均被列入孝义传、孝友传中，然而对其培植、表彰、树为社会楷模最力的帝王中首推明代开国皇帝朱元璋。早在洪武初年，朱元璋就亲自接见郑氏八世孙郑濂，问其治家长久之道，并欲赐官给郑濂。当朱元璋看到郑家的家训《郑氏规范》后深有感慨地说："人家有法守之，尚能长久，况国乎！"③ 此后，朱元璋又对郑家屡屡表彰：

---

① 陈宏谋：《培远堂手札节存·寄四侄钟杰书》，同治壬申江苏书局本。
② 《课子随笔原序》、《课子随笔钞》，光绪乙未湖南官书局刊本。
③ 毛策：《浙江浦江郑氏家族考述》，见《宋濂暨"江南第一家"研究》，杭州大学出版社1995年版，第230页。

洪武十八年（1385），朱元璋称赞郑氏家族为"江南第一家"；洪武二十三年，又亲笔题写了"孝义家"三字赐之。① 洪武二十六年，朱元璋聘请郑氏家族的郑济为皇家的家庭教师，专门为太孙讲授"家庭孝义雍睦之道"。②

经明朝统治者树立的这个典型，对明代家训的空前繁荣起了重要的示范作用。这种影响之深远，在后来的许多家训和史书记载中都能反映出来。譬如，以其《许云邨贻谋》在家训发展史上占有一席之地的明代官吏许相卿，在《家则序》中谈到《郑氏规范》的影响时说："作家则及观浦江郑氏家范，尤若广而密要而不遗虑远而防豫吾则所未逮也。然考其编次，前既录之，续又录之，阅三世历数十年而后范成，盖俗流日以巧法因渐以详执固宜尔也。"③ 他嘱咐其后人参考《郑氏规范》修订自己的家训，作为治家处世、轨物范世的基本规范："吾后之人远猷卓识，顺时保家，于事之通变宜民而不畔于道者详酌精思续为之则，又进而广善志参郑范以成合族共家之义，百世其将训之奚啻于吾有光而已耶。"④《明史·孝友传》中记载有不少慕郑氏家风、以其家训作为治家教子必读书的事迹。

（二）清代后期：整体衰落与局部发展的时期

鸦片战争的失败，标志着中国开始沦为半殖民地半封建社会的开始。伴随着中华封建帝国的日薄西山，发展了三千多年的传统家训也逐渐失去了昨日的辉煌，日渐走向衰落。

但是，这个衰落的过程又不是一个一直下坡的过程，而是一个主体"滑坡"、部分"爬坡"的曲折过程。部分"爬坡"主要指洋务派领袖及

---

① 张文德：《浦江"江南第一家"的人品意识》，见《宋濂暨"江南第一家"研究》，第212页。
② 毛策：《浙江浦江郑氏家族考述》，见《宋濂暨"江南第一家"研究》，第230页。
③ 许云邨：《云邨集》卷七，见《四库全书》第一二七二卷。
④ 同上。

改良主义思想家、启蒙思想家们对家训的新贡献。

鸦片战争失败后，在清朝统治阶级内部，产生了一批新派官僚，曾国藩、左宗棠、李鸿章、张之洞等就是其中的主要代表。与食古不化的旧官僚相比，这些被称为洋务派的"新"官僚，是一批能够睁开眼睛看世界的人。他们在反思鸦片战争失败以来屡屡被洋人欺负的原因时，能够认识到要摆脱落后挨打的被动局面，就要学习资本主义的科学技术，富国强兵，于是在中国掀起了一场以"自强"、"求富"为标榜的封建制度的"自救"运动。洋务运动自 19 世纪 60 年代兴起，直至 90 年代甲午战争的失败而告结束，虽然只有短短三十年的时间，而且洋务派们的目的还是借学习资本主义的某些东西，来为维护封建统治服务。但尽管如此，这些洋务运动的领袖们在办洋务的过程中还是接受了资本主义的一些新思想、新观念，对资本主义的教育制度、家庭模式有了一定的了解。这些新思想、新观念不仅表现在他们从事的洋务运动中，而且表现在他们对子弟家人的教育指导上，为中国传统家训教化带来了一股"新风"。

洋务派领袖们所开创的家训新生面，最鲜明的体现首先是在教育、培养子弟成材方面。与以前的家训相比，他们在家教指导思想上发生的重要变化就是顺应历史潮流，形成了一种开明的教子意识；在治学、择业方面的指导是强调读书与世事历练的结合，倡导经世济用之学。此外，在对子弟家人为学之道、处世哲学的传授和养生健体教育方面都对传统家训增加了新的符合时代精神的内容。

这一时期洋务派家训在教化形式、途径上的一大变化是家书训示，这是传统家训形式上的一个发展。以家书教诫子弟家人，虽然古已有之，但篇幅不多，内容也不全面。洋务派领袖们的家训基本上采取家书的形式教家训子，这主要与他们长期在外为官，军务、政务繁忙有关。他们的家书虽然篇幅长短不一，但内容却极为丰富广泛，涉及治学、修身、处世、政事直至保健、书法等诸多方面，尤其是曾国藩、左宗棠的家书最为突出。

此外，需要强调指出的另一点是，在这一时期，洋务派领袖的主要代表之一的曾国藩将中国传统的仕宦家训推向了峰巅。他既继承中国优良的家训传统，又不拘于古人，适应时代的变化，在家训的内容和教化方法上都有许多发展和创新。

三、明清家训内容及教化实践的特点

明清时期的家训，与以前朝代的家训相比较，无论在教化内容、途径、方式方法上都有了许多重大的变化。归纳起来，至少包括十个方面：

（一）贞烈观念的强化

宋、元、明、清时代，贞操观念呈现出日益强化的趋势。宋代，虽说理学家程颐提出了"饿死事极小，失节事极大"① 的主张，但由于理学尚未在整个社会占据统治地位，女子改嫁仍然是很普通的事情。著名政治家王安石在儿子死后，就支持儿媳改嫁；本书前面论及的范仲淹的母亲也是改嫁的，而且范仲淹在他亲自制订的《义庄规矩》中，对族中妇女再嫁予以经济资助作了具体的规定，其数额与男子初次娶妻一样，都是二十贯钱，而男子再娶反而不给。就连程颐本人也在自己外甥女的丈夫死后，将她接到家中居住，并且帮其改嫁。到了南宋，集理学之大成的朱熹，极力宣扬贞烈观念，认为"生为节妇，斯亦人伦之美事"②。随着元朝统治者将朱熹的理学奉为儒学的正宗，程朱理学有关片面约束妇女、反对妇女再嫁的观点才逐渐在整个社会流行起来。到了明代，这

---

① 《二程遗书》卷二二下。
② 《朱文公文集》卷三六，《答陈师中》。

种贞节观念已经为整个社会普遍认同。生活在明代宣德至弘治年间的陈献章说:"今之诵言者咸曰:'饿死事极小,失节事极大。'"① 而到了清代,程颐提倡的贞节观更是妇孺皆知、深入人心。能证明这一点的,是康乾时代的散文家方苞。他在其所作的《岩镇曹氏女妇贞烈传序》中写道:"而'饿死事小,失节事大'之言,则村农市儿皆耳熟焉。"②

明清时期,在贞操观念和婚姻方面束缚、奴役广大妇女的吃人礼教发展到了极端,无情地吞噬了千千万万妇女的青春和幸福。在这方面,大力倡行这种贞节观的明太祖朱元璋,无疑是将广大妇女推进火坑的始作俑者。《明会典》载洪武元年(1368),朱元璋下了一道诏令:"民间寡妇,三十以前夫亡守制,五十以后不改节者,旌表门闾,除免本家差役。"不仅表彰,而且还有经济上的利益,这种对贞节的奖励,自然刺激了贞女烈妇如雨后春笋般地出现。陈东原在其所著的《中国妇女生活史》中对历代的贞女烈妇作了比较,他写道:"《二十四史》中的妇女,连《烈女传》及其他传中附及,《元史》以上,没有及六十人的。《宋史》最多,只五十五人;唐书五十四人,而《元史》竟达一百八十七人。《元史》是宋濂他们修的,明朝人提倡贞节,所以搜罗的节烈较多,一方面他们的实录与志书,又多多的记载这些女人节烈的事,所以到清朝人修《明史》时,所发现的节烈传记,竟'不下万余人',即掇其尤者,也还有三百零八人。"③

另外,明朝政府还有官员专门负责其事,对事迹昭著的,赐祠祀或树牌坊加以表彰。关于这个问题,《明史·烈女传·序》这样写道:"明兴者为规条,巡方督学,岁上其事。大者赐祠祀,次亦树坊表,乌头绰楔,照耀井闾,乃至于僻壤下户之女,亦能以贞白自砥。其著于实录及郡邑志者,不下万余人,虽间有以文艺显,要之节烈为多。呜呼,何其

---

① 《陈献章集》卷一,《书韩庄二节妇事》。
② 《方苞集》卷四。
③ 陈东原:《中国妇女生活史》,上海书店 1984 年据商务印书馆 1937 年版复印本,第 180—181 页。

盛也！岂非声教所被，廉耻之分明，故明节重而蹈义勇乎欤？今掇其尤者，或以年次，或以类从，具著于篇，视前史殆将倍之，然而湮灭者尚不可胜记。存其什一，亦足以示劝云。"记于史书的万余人，仅仅是十分之一，由此可知明代统治者的倡导对妇女的戕害之烈；而《明史》是清人修的，史官以这种笔调极力赞扬，也足以证明清朝统治者在这一问题上的政策和立场。这种对贞烈观的宣扬，在明清家训中多有反映。

与封建贞操观的加强相对立的另一方面也是值得提到的，那就是也有一些开明的家长，在其家训著作中对寡妇改嫁表示了赞成或宽容的态度。如张履祥《训子语》中就明确提出："寡妇……再适可也。"① 《温氏母训》也说不必劝人守寡。蒋伊在《蒋氏家训》中也告诫家人对年龄不太大的寡妇，应支持她们改嫁，亲属不得阻挠。

（二）社会风俗教化的内容增多

与以前的家训相比，明清时期家训中有关社会风俗教化的内容明显增多，而这与明清皇帝的提倡大有关系，其中以明太祖朱元璋和清圣祖玄烨、清世宗雍正为甚。

洪武八年（1375），明太祖诏令天下设立社学，目的是为了加强对老百姓的道德教育，以求"教化行而风俗美"②。为了加强社会教化，劝善诫恶，朱元璋早在执政之初，就"资助了一场广泛的善书出版运动"③；洪武三十年九月，朱元璋还亲自制订、颁布了《教民榜文》（也称《教民六谕》、《圣谕六言》），内容是："孝顺父母，恭敬长上，和睦乡里，教训子孙，各安生理，毋作非为。"④ 朱元璋的六谕对当时社会风气的转变和家训教化的内容都产生了很大的影响，许多家训作者都在

---

① 《杨园先生全集》卷四八，同治十年江苏书局刻本。
② 《续文献通考·学校考》。
③ ［美］包筠雅：《功过格：明清社会的道德秩序》，浙江人民出版社1999年版，第64页。
④ 《明实录·太祖实录》卷二五五。

自己订立的家训中要子弟家人恪守这六条"圣谕"。如高攀龙的《家训》中，就告诉家人像诵读经书一样将此作为修身之本。他说："人失学不读书者，但守太祖高皇帝圣谕六言……时时在心上转一过，口中念一过，胜于诵经，自然生长善根，消沉罪过。"① 姚舜牧在家训中叮嘱家人，"凡人要学好，不必他求"，只要遵守太祖的圣谕即可。②

在改善社会风气上，朱元璋特别强调以下几个方面：一是节俭。他七十一岁死时遗诏曰："丧祭仪物，毋用金玉。孝陵山川因其故，毋改作。天下臣民，哭临三日，皆释服，毋妨嫁娶。"③ 明成祖朱棣即位以后，也是"躬行节俭"。④ 二是提倡敬老爱老、体恤贫苦孤寡。洪武十九年六月甲辰，下诏凡是"贫民年八十以上，月给米五斗，酒三斗，肉五斤；九十以上，岁加帛一匹，絮一斤……鳏寡孤独不能自存者，岁给米六石。"而对于富贵之家的老者，则赐爵"社士"、"乡士"等。⑤ 三是提倡孝道。据明史记载，"明太祖昭举孝弟力田之士，又令府州县正官以礼遣孝廉士至京师。百官闻父母丧，不待报，得去官……有司上礼部请旌者，岁不乏人，多者十数。激劝之道，綦云备矣"⑥。这些方面都对当时家训的发展产生了较大的影响，倡导节俭、提倡薄葬、弘扬人道等内容在明代家训中大都占有相当的篇幅。

清代的顺治皇帝、康熙皇帝和雍正皇帝等也十分重视正风俗、厚人伦的社会教化。顺治皇帝于1625年重复朱元璋的"六谕"（只改动了两个字），在全国颁行《六谕卧碑文》，后又设立"乡约"制度加以推行。顺治还将大学士傅以渐编纂的《内则衍义》御定颁行天下。康熙皇帝即位后，明确提出了"尚德缓刑，化民成俗"⑦ 的社会教化方针。他在

---

① 高攀龙：《高子遗书》，见《四库全书》卷一二九二。
② 姚舜牧：《药言》，见《丛书集成初编》第 976 册。
③ 《明史·太祖本纪三》。
④ 《明史·成祖本纪三》。
⑤ 《明史·太祖本纪三》。
⑥ 《明史·孝义传一》。
⑦ 《钦定大清会典事例》卷三九七。

《六谕卧碑文》的基础上亲自拟订了有关齐家治国的《圣谕十六条》，教育八旗子弟，并颁行全国。雍正刚即帝位，就深感社会教化之重要，便对《圣谕十六条》逐条进行训释解说，名曰《圣谕广训》，于雍正二年（1724）二月颁行全国。雍正的训释使十六条更加周详、显明、易懂，以期"使群黎百姓家喻而户晓也"，他要求在全国广为宣传，使政府官员、兵民人等体会先帝端正品德、重视民生的良苦用心，以达到"风俗醇厚，家室和平"的目的①。雍正七年（1729），他还诏令乡村设立"乡约"（奉官命在乡里中管事的人），规定每月的初一和十五，由乡约负责宣讲圣谕，要求做到人人皆知。

封建统治者对社会教化的重视，对当时和此后民间家训的发展和社会风气的教化产生了巨大的影响，明清两代的家训中有关端正家风、社会风尚内容的日渐增多不能说与此没有关系。

（三）女子家训大量增加

这是传统家训的一个新发展。这里说的女子家训，既指专为女子撰写的家训，也指女子撰写的家训。虽然，早在汉代就出现了班昭的《女诫》这样的专门教训女子的家训著作，但此后针对女子的德育读物并不太多，而以家训形式出现的就更为少见。到了明清，由于朝廷的重视和提倡，加之宋明理学在统治思想中所处的指导地位，使得这一时期出现了不少女子撰写的家训。这种家训不仅有皇家的、达官贵族的，也有民间普通百姓的。在帝王之家的家训中，最有影响的是明仁孝文皇后的《内训》。这部家训从进德修身、慎言谨行、勤励节俭、睦亲慈幼等方面系统地阐述了女子的德行问题，同时还提出了调整女子与父母、君主、舅姑、子女等关系的具体行为准则。《内训》对当时和后世的女教产生了较为深远的影响。比如，在中国女教史上占有一定地位的明代节妇王

---

① 雍正：《圣谕广训》，见《四库全书》卷七一七。

刘氏，就在她所著的家庭女教读物《女范捷录·才得篇》中，将《内训》与东汉班昭的《女诫》、唐代郑氏的《女孝经》、宋若莘的《女论语》相提并论。

今天流传下来的明代女子撰写的家训还有很多。比较有影响的除前面提到的还有编辑的《女四书》之外，还如：官吏温璜记录整理的母训《温氏母训》、诗人徐媛的《训子》、李氏与丈夫袁参坡（由其子记录整理）的《庭帏杂录》、黄氏的《训子诗三十韵》和《百字令·戒子》①等等。除了女子撰写的这些家训之外，女训中还有专门写给女子的家训，如清代陆圻专门作为嫁妆送给女儿的《新妇谱》和后来陈确、查琪两人的补作《新妇谱补》和《补新妇谱》等。

（四）限制子弟不良行为的戒律增多

或许因为这一时期商品经济的发展，城市的繁荣，导致了人们交往的扩大，斗殴、赌博、酗酒、狎妓较之以前社会更为盛行。这在描写世俗社会生活的《金瓶梅》以及大量的明清艳情小说中都有反映，在一些明清时期的方志等书中也有记载。如打架斗殴，明万历时的耿橘描写当时苏州府常熟县的民风说："'打行'之风，本县颇盛……此辈皆系无家恶少，东奔西趁之徒。"② 再如赌博，顾炎武曾描述明清之际的赌风之盛："万历之末，太平无事。士大夫无所用心，间有相从赌博者。至天启中，始行马吊之戏，而今之朝士，若江南山东，几于无人不为。"③ 还如狎妓，本来在我国娼妓的存在就有悠久的历史，到了明清，城市的发展与贫富对立的加剧，导致了娼妓的不断增加，以至于有人说是"娼妓多于良家"④，不光是大中城市，即便是小的集镇也是"倡（娼）优

① 参见《古今图书集成·明伦汇编·家范典》。
② 《风俗》，见康熙《上海县志》卷一。
③ 《赌博》，见顾炎武：《日知录》卷二八。
④ 《王政附言疏》，见林希元：《林次崖先生文集》卷二。

塞巷"①。娼妓中既有私妓，也有官妓，营业范围遍及酒肆茶楼、饭馆旅店乃至水运码头。

鉴于这种世风，这一时期出现了大量的"戒书"，像明代袾宏的《戒杀文》、曹鼐的《防淫篇》、孙念劬的《戒嗜酒文》，清代尤侗的《戒赌文》、姚廷杰的《戒淫录》等都是。例如《戒赌文》以四言绝句的形式，历数赌博的危害，劝导人们根除恶习；《戒淫录》则针对官吏、将帅、黎民、艺役等不同对象，结合各自的职业、行业特点，以因果报应之说，劝诫人们不要好色纵欲。这些读物力图净化世风，引导人们避恶向善。与此相应，许多家长也都以家训、家规、家法的形式对子弟进行了严格的管束。康熙皇帝《庭训格言》认为赌博与偷盗无异，应该严禁。高攀龙家训中说："于毋作非为内，尤要痛戒嫖、赌、告状，此三者不读书人尤易犯，破家丧身尤速也。"② 庞尚鹏的《庞氏家训》中的"严约束"就有十六则之多，大抵是说不许沾染上博弈、斗殴、好打官司等不良习惯，不许从事私贩盐铁等违法行为等等，他甚至怕子弟学坏，防患于未然，硬是强行规定子孙不许到城市定居。

（五）强化宗子教育

宗子是宗族的正宗继承人。宋明以来，随着统治阶级所提倡的宗法观念的强化，家长对宗子的教育也愈加重视。例如许相卿指出，家庭的治理依赖于家长的品德和行为的公正，宗子作为家长的继承人应"有君道"，"家声自重，强学历行，动必由礼，抗颜守则，以倡宗人"。③ 对宗子的教育和修养提出了更为严格的要求。

---

① 张岱：《二十四桥风月》，见《陶庵梦忆》卷四。
② 高攀龙：《高子遗书》，见《四库全书》卷一二九二。
③ 许相卿：《许云邨贻谋》，见《丛书集成初编》第 975 册，中华书局 1985 年版。

（六）"家庭民主生活会"制度的创设

明代以来，家训教化中出现了一种新颖的家族聚谈制度，这种制度非常类似于今天的"民主生活会"（姑且以此称之），不少家训都有类似的规定。最早创设这种制度的庞尚鹏在其《庞氏家训》中对这种"家庭民主生活会"的举行时间、内容等作了具体的规定，提出了"德业相劝、过失相规"的明确宗旨。姚舜牧的《药言》也规定了利用家庭聚会的形式进行维护"家声"教育的具体做法。

（七）择业观念的变化与商贾家训的繁荣

从整体上看，与宋代倡导仕途经济不同，明清时期的家训对子弟的择业指导发生了较为明显的变化：一是不再单纯地要子弟习举业，走仕途，而是实事求是，能读书求仕的子弟就走科举之路，如果子弟天性或资质不适合读书，那就早择一正当职业，自食其力；凡能够自立的职业都可以选择，农桑、商贾乃至于书画医卜均可。二是提倡学习经世济用之学，这在清代家训中尤为突出。康熙皇帝就号召皇室子孙掌握一些技艺，认为"凡学一艺，必于自身有益"①。他还要子孙学习一些先进的科学技术知识。洋务派领袖们更是主张子弟学习科学知识，学习西方先进的文化和科学技术，甚至将子弟送到国外学习深造。

商贾家训的繁荣，也是明清社会商品经济发展和社会从业观念转变的必然产物。中国自古以来具有重农轻商、重农抑商的传统，然而到了明代，如前所述，随着生产力的发展和社会分工的扩大，这一时期商品经济迅速发展，工商业城镇逐渐兴起，商人数量大大增加。明中叶时，各行业各地区都不同程度地出现了资本主义的萌芽。相应地，在意识形态方面以前那种贱商贾、薄工技的观念也发生了很大的变化，"民家常

---

① 康熙：《庭训格言》。

业，不出农商"①，成了当时人们包括仕宦的共识。这就为商贾家训的兴起和繁荣奠定了一定的社会基础，使得家训百花园中"商人家训"的花朵绽放得更加绚丽多彩。

（八）宗规族训和家法惩戒的加强

随着明清专制统治的加强和对程朱理学的推崇，道德法律化的特点更为突出。这不仅体现在封建统治者借助法律推行道德，而且体现在道德的家族化、宗法化上。朱元璋时就曾大力提倡加强族权对人们的统治，到明中叶时，乡约组织、保甲连坐制度的实行更强化了家长和宗族的权力。这在家训发展上的表现就是家规、家戒、家法、宗规、族训的增多，以及对违反家规的惩罚性措施较之以前更为严厉，规定更为具体。家戒和家规、家法侧重于对家人子弟言行的规诫，着重于"规矩"、"约束"和"惩戒"。例如明代的《蒋氏家训》、清代石成金的《天基遗言》、刘德新的《馀庆堂十二戒》，以及太平《李氏家法》、麻城《鲍氏户规》和绍兴山阴《吴氏家法》等就是较为有代表性的家法族规。这些家法族规规定，对违反家训族训、犯有过错的家族成员，轻者鞭打杖责，重者开除族籍、交官府治罪。需要指出的是，惩罚通常是在宗族祠堂中当众进行的，"子孙故违家训，会众拘至祠堂，告于祖宗，重加责治"②，这就更增加了家法、族规的威慑性。

（九）重视个人节操、民族气节的教育

这也是这一时期家训教化的一个鲜明特点。明朝中叶以后，政治腐败，宦官、奸臣当道，一些刚正不阿的正义官吏，敢于同邪恶势力作不屈斗争，不惜慷慨赴义，如杨继盛、高攀龙等等。与他们的高风亮节相

① 庞尚鹏：《庞氏家训》，见《丛书集成初编》第976册，中华书局1985年版。
② 同上。

对应，在他们的家训中也特别注意对子弟家人进行高尚节操的教育和熏陶，将节操与女子的"贞节"相提并论，强调做人就要讲究操守。

清王朝的建立，引起一些崇尚气节的思想家们的民族义愤，他们以拯救民族危亡为务，一生念念不忘复国，反抗清朝失败后则隐居不仕，著书立说，启发民众思想。傅山、朱之瑜、顾炎武、王夫之等就是其中的代表。这些思想家们的家训中，都贯穿着对子弟家人的民族气节和不忘故国的教育，告诫子弟牢记国耻，不要为清朝做事。可以说，崇尚民族气节是明清之际家训教化的一个鲜明特色。

鸦片战争以后，中国面临着亡国灭种的危险，抵御外侮、振兴中华、推翻清朝封建王朝成了社会的主旋律。因而爱国主义、民族主义的思想在许多志士仁人的家训中得到了前所未有的发展。

（十）养生之道的训示增多和性教育的出现

注重养生之道，是中国传统文化的一大特点，家训文化亦然。不少家训作者在有关治家教子的训示中，也涉及养生之道的教诲。明清以来，家训中有关养生理论的教育和养生方法的传授显著增多，这些论述中，既有"养身"之说也有"养心"之说，内容极为丰富。如姚舜牧家训中的夏至、冬至前后杜绝房事的养生法，孙奇逢家训中的息心养生法，汪辉祖家训中的疾病速治养生法，张英家训中的读书养心、眠食养生法等等。康熙的《庭训格言》以及纪昀、曾国藩、彭玉麟、吴汝纶、李鸿章、郑观应等人的家书中也都介绍了大量的养生、健身方法。

还要特别指出的是，这一时期的家训出现了性教育的内容。中国古代历来对男女之事讳莫如深，反对子弟谈及两性问题，如班固《白虎通德论·辟雍》在谈到父亲为何不能教育子女时说："父所以不自教子何？为恐渎也。又授之道，当极说阴阳夫妇变化之事，不可父子相教也。"明清时期一些开明家长却一反这种传统禁忌，在家训中对子弟进行性知识的启蒙教育。除前面提到的姚舜牧之外，流传下来的资料还有明代一位家长甚至对子弟进行性技术的指导、性心理的调适。[①] 不仅普通百姓家训出现了性教育启蒙的内容，而且清代皇室子弟到达婚育年龄之后，也要接受专门的性知识的传授。与以前家训相比，这的确是一个了不起的重大变化。

此外，还要指出的是，随着社会的发展和科技的进步，明清家训中还含有许多不信天命、鬼神，反对封建迷信的内容。姚舜牧的《药言》、石成金的《天基遗言》、许汝霖的《德星堂家订》及曾国藩等人的家训中这方面的内容更为突出。

---

① ［荷］高罗佩著：《中国古代房内考》，上海人民出版社 1990 年版，第 359—361 页。

第二十八章
明代的家训名篇

　　前面说过，我国明朝时期，由于开国皇帝朱元璋等的提倡，家训著作不仅在数量上超过了以往的朝代，而且有影响的篇目也更多。当然，名篇也是相对而言，本章主要介绍许相卿、庞尚鹏、袁黄、姚舜牧、杨继盛、高攀龙的家训，至于专门教诫女子的女训及格言语录体的家训名篇本书将另章专述。

一、《许云邨贻谋》

　　许相卿（1478—1557），字伯台，号云邨，海宁（今属浙江）人。明武宗正德十二年（1518）进士。嘉靖初年任兵科给事中。他为官刚直不阿，多次上书言朝政过失，但都未被采纳，故三年后称病辞官归乡。《明史·艺文志》载，许相卿著有《革朝志》十卷。《许云邨贻谋》是他传示家人子弟的一部"家则"。这篇家则，语言朴实浅显，明白易懂，其内容主要包括子弟的教育和家政的管理，也涉及一些对子弟处世之道的教诲。

（一）六戒五宜的胎教观

在明代的家训中，许相卿的家训是谈及教育子弟内容最为系统的一篇。从胎教到婴幼儿的教育，从学龄期到成人阶段教育，从宗子教育到一般子弟教育，从品德教育到择业教育等等无不论及。

关于胎教。许相卿认为"古者教子贵豫，今来教子宜自胎教始"①。他对胎教还提出了"六戒"、"五宜"的具体要求："妇妊子者，戒过饱，戒多睡，戒暴怒，戒房欲，戒跛倚，戒食辛热及野味。宜听古诗，宜闻鼓琴，宜道嘉言善行，宜阅贤孝节义图画，宜劳逸以节，动止以礼，则生子形容端雅，气质中和。"许相卿的这种胎教方法，即便是用现代的医学、教育学的观点来看，基本上也是正确的、科学的。

关于婴幼儿到少年期各个阶段的抚养和教育，许相卿也都做了具体的规定。婴儿期，"毋太饱暖，宁稍饥寒，则筋骨坚凝，气岸精爽。毋饰金银珠宝绮绣，以导炫侈，以召戕贼"。幼儿期，要早加教诲，蒙以养正。他说："及能言能行能食，时良知端倪发见，便防放逸。"不仅如此，他还提出了言行、衣食方面的具体要求："言，常教勿诳；行，常教后长；食，常教让美取恶；衣，常教习安布素，禁羡华丽。"在接受正规教育的儿童少年时期，就要"知慧日长，须防诱溺，慎择严正童子师，检约以洒扫应对，进退仪节，勿应虚文故事"。家长也要注意身教，积极引导。此外，许相卿还特别强调了"慎择师友"的重要性，特别提出对"质敏才俊"的聪慧子弟更要加强品德的教育和学习上的管理约束，要他们熏陶习练谦虚、含蓄、谨慎、敦厚的性格，禁止与那些浮夸、狂傲、放诞的人交游相处。这种见解无疑是辩证的、有远见的教子之道。

（二）强学厉行、报国安民的子弟教育

许相卿非常重视对子弟进行选择职业的教育和为官道德的教育。明

---

① 《许云邨贻谋》，见《丛书集成初编》第 975 册，中华书局 1985 年版，下引不注。

代重视科举的社会现实决定了许相卿将读书入仕作为子弟首选的职业，但他又不是一个迂腐的家长，他认为，如果子弟天性笨拙、资质鲁钝，那就不要再走科举之路而白废时光，应该早让他熟练明晓公家私人的各种事务。教子正是要他做一个好人，而不是一定要他做一个好官。因而凡是能够自食其力的职业都可以选择，农桑、商贾乃至于书画医卜均可，但不能做僧人、道士、门卫、账房先生、媒人、保人之类。显然，这种看法有些偏见。

对于走仕途的为官子弟，许相卿的要求更为严格。他要求子弟从幼年求学开始，就应将让君主和百姓都达到尧舜时代的贤明安乐作为自己的志向。人仕做官，"固当不论尊卑，一以廉恕忠勤，报国安民"。只要坚持这一点，就是被贬官、被流放，心里又有什么愧疚呢？而对于那些贪图钱财、冷待百姓、阿谀权贵的为官子弟，许相卿以为是辜负国家，辱没家门，若官位显赫，只能加重其罪过。对这种子弟，他规定了严厉的惩罚制度：召集全族的人告于祠堂，削去族谱，族人不与同列。许相卿的这种为官之道的教育，是与他本人做人做官的准则相符合的。

关于宗子教育。宗子是宗族的正宗继承人。宋明以来，随着统治阶级所提倡的宗法观念的强化，家长对宗子的教育也更加重视。《许云邨贻谋》中对宗子教育提出了更为严格的要求，那就是"家声自重，强学厉行，动必由礼，抗颜守则，以倡宗人"。

（三）宁俭毋奢、善待仆人的治家要则

《许云邨贻谋》中有关治家的内容也是很丰富的。从议定婚姻、亲朋往来、居家制用、勤俭勿奢到农圃蚕织、仆婢使用、养生疗病、戒除恶习等等无不涉及。这里就其中的主要方面略作介绍。

婚姻的议定。年龄上要求"须及婿妇成童"；条件上要求德行为先，同时兼及家教，"勿循俗，勿论财"，"上下拟人品于其家法，占性行于其父母兄弟。凡属刑残、乱逆、势要、富豪、世有恶疾者，勿议。"

勤俭持家。许相卿引用民谚"富贵怕见开花",告诫家人生活俭朴,宁俭毋奢,提倡子弟在衣食上保持一些朴素的"酸儒气味"。他说:"内外服食淡素,恒存酸儒气味。在常,服葛苎卉褐土绢绵绸,非婚祭公朝,不衣罗纨绮縠。常食,早晚菜粥,午食一肴。非宾祭老病,不举酒,不重肉。少未成业,酒毋入唇,丝毋挂身。"但许相卿同时强调,节俭也要有度,决不能"以吝为俭,以刻为严"。关于家庭制用的具体管理,许相卿借鉴陆九韶《居家正本制用篇》的规定,具体制订了家庭每年每月的开支计划。此外,他还规定建立产簿、家储簿、家用簿等簿记制度,并要家长定期查看。

善待仆人。许相卿规定,除非仆婢犯奸盗大罪,杖责不可超过二十。他指出,仆人"亦人子也,宜常恤其饥寒,节其劳苦,疗其疾痛,时其配偶,情通如父子,势应如臂指,我则广吾仁心,而彼竭其情力矣"。虽然许相卿的目的是为了使仆婢"竭其情力",但其体恤下人的观念还是可贵的。

(四)重义轻利、赈贫恤孤的人道训诲

在这方面,除了与其他家训一样,要求家人子弟守法纳税、宽以待人、"宁人欺,毋欺人,宁人负,毋负人"之外,最为突出的内容是不仅对家人进行重义轻利、周济贫穷孤寡的教诲,而且制订了具体落实的措施。

一是省粮以济人。许相卿教育家人,要把按家庭开支计划消费省下来的粮食,"周邻族,赈贫贤,恤孤嫠,给佃人,修桥梁诸义事"。

二是存粮以待歉年帮助乡邻。他要求家人如果"邻里岁时馈燕,急难贷恤,必洽欢尽诚"。为了更好地帮助乡邻,许相卿规定:"秋成谷贱,量家余力,籴若干千担别储,遇歉,时价粜存籴,本以羡贷乡邻之饥乏者,券约丰偿免息。连歉,则展期候丰,不费之惠也。"

三是不收高息。对亲旧借贷,许相卿规定"须只量力捐助,以尽吾

心，勿出本图利"；对其他人，也不得收取高额利息，"出责一券，毋过十金；收息一年，毋过三分"。

与宋明时期的有些家训一样，为了使"家则"得到更好地实行，《许云邨贻谋》还规定了"读则"制度。每年岁暮祭祖以后全族会餐，家长令少者朗读家则，"众立听毕，序坐。守身持家有不如则者，众相规警……"通过众人的批评劝告来帮助违反家则的家人子弟，对家庭的所有成员也是一种教育，这种方法值得肯定。不过这种聚会读则一年仅有一次，缺乏经常化，其效果恐怕不是太好的。

《许云邨贻谋》中也有一些封建糟粕和消极的处世说教。比如，许相卿要求女子只能读《女教》、《烈女传》，而不能"工笔札，学词章"；主妇"勿离灶前"，"至老勿逾内门"，只可在家做饭纺织，终生不能"游山上冢，赛神烧香"，抛头露面。这种思想未免迂腐可笑。其他再如，家训中表现出来的浓郁的小富即安思想、认为经商是"末业"的思想则是小农经济意识的反映和封建士大夫的偏见。

二、《庞氏家训》

《庞氏家训》的作者，是曾做过福建巡抚的庞尚鹏。庞尚鹏（生卒年不详），字少南，广东南海（今广州）人。嘉靖三十二年（1553）进士，初任江西乐平县令，后擢升御史等职。性情耿直，为减轻百姓徭役，创行条鞭均徭法。任右佥都御史时，为中官所恶，被削职为民。万历四年（1576）重新起用，任福建巡抚。因得罪内阁首辅张居正被罢官归家。庞尚鹏著有《史记略》、《殷鉴录》、《百可亭摘稿》等书。

（一）庞尚鹏对家训理论发展的重大贡献

《庞氏家训》的成篇，从作者签署的日期看，知是隆庆五年（1571），当时正值庞尚鹏第一次被罢官乡居之时。庞尚鹏结合自己的人生经历，撰写了这部家训。家训前有一篇二百余字的序言，序言虽然文字不多，但却有两个值得注意的重要观点。这两个观点和后面论及的他创立的"家庭民主生活会"制度，使得他在传统家训教化史上占有重要的一席之地。

其一，庞尚鹏针对有些人认为订立家训没有必要的观点，阐述了为子弟家人撰写家训的极其重要性，从而将家长制订家训以规范、教化子孙上升到家庭治理必不可少的组成部分。他说："予作家训成，或谓予曰：'有治人，无治法，子孙贤，恶用是哉？如其不肖，虽耳提面命，且奈何？'予应之曰：'家有贤子孙，因吾言而益思树立，何嫌于费辞？如其不贤，即吾成法具存，父兄因而督责之，使勉就绳束，犹可冀其改图也，若前无辙迹，使索涂冥行，其不至于法守荡然，几希矣。'"① 那就是说无论子孙贤与不肖，订立家训都是必要的、重要的。在这一点上庞尚鹏进一步指出，订立家训正是"为后世计"。他说："古称成立之难如升天，覆坠之易如燎毛。我祖宗既身任其难，为后世计，咨尔子孙，毋蹈其易，为先人羞。"

其二，庞尚鹏还谈到了家训撰写中的两个基本原则。这两个原则或许是许多家训作者实际采用的写法，但庞尚鹏明确提出，则对推动世俗家训教化的发展具有不可忽视的意义。

第一个原则是可行性原则。订立家训的目的无非是"整齐门内，提撕子孙"②，因而所提出的要求，必须是保证家庭生活正常进行，而且是经过努力能够达到的。用庞尚鹏的话说就是"今就其日用必不可废者，授以绳尺，非有甚高难行之事"。这种要求应该说体现了理想性与现实性的统一，是科学的、合理的。

第二个原则是通俗性原则。庞尚鹏在家训序言中指出，他作家训

---

① 庞尚鹏：《庞氏家训》，见《丛书集成初编》第976册，中华书局1985年版。下引不注。
② 颜子推《颜氏家训·序致》。

"正欲其浅而易知，简而易能，故语多朴直。使愚夫赤子，皆晓然无疑"。只有通俗易懂，才能按照家训要求去做。这也正是儒家思想通过家训载体实现世俗化的一个重要原因。

（二）务本考用、遵礼崇德的家训思想

庞尚鹏的家训正文共六十七条，明确分为"务本业"、"考岁用"、"遵礼度"、"禁奢靡"、"严约束"、"崇厚德"、"慎典守"、"端好尚"八个部分，清晰有序。除了正文之外，篇后还附有《训蒙歌》、《女诫》两首教训幼童的歌诀，对此，本书后面将专作评介。这里只对家训正文的八个方面作简要的分析阐述。

1."务本业"十二则。立身治家的根本是要有一定的职业，没有谋生的手段何谈家庭的兴旺发达？庞尚鹏在家训中将此作为首要问题加以强调，是深谋远虑的。

庞尚鹏指出，"孝、友、勤、俭四字，最为立身第一义"。受社会的影响，庞尚鹏同样将习儒业、走科举之路作为子弟从业的首选，但他并不轻贱农事，认为不能读书做官，就从事农业生产。"子弟以儒书为世业，毕力从之，力不能，则必亲农事，劳其身，食其力，乃能立其家。"他要求子孙思祖宗之勤苦，知稼穑之艰难。亲自参加农耕及管理。如果土地离家太远自耕不能顾及，才能招人承佃。庞尚鹏还就池塘养鱼、堆集柴草、菜蔬栽种、妇主中馈等家庭管理的具体事项做了周到的指导。

此外值得一提的是，随着明代商品经济的发达，人们对从商的看法也发生了很大的变化，庞尚鹏就是这样。他认为"民家常业，不出农商"；不过，如果经商没有厚利，就不如力田为上策。

2."考岁用"六则。正如本书前面的分析，自南宋开始，家训的发展在原来主要为家庭德育教化的基础上，又出现了专门论述管理家庭财物以节制用度的"制用"家训，这一拓展对后来家训教化内容的丰富产生了深远的影响，明代的许多系统的家训都论及到"制用"问题。《庞

氏家训》中，作者对每年的家庭收支计划的制订做了明确的规定，要求钱粮收支除供岁用及差役外，必须拿出十分之二"固封积贮，以备凶荒。如出陈易新，亦须随宜补处"。同时，他还规定建立《岁入簿》和《岁出簿》，实行严格的会计和审计制度。此外，为了使家庭的女性成员养成勤劳的习惯，家训特别规定不论是家庭的女儿、媳妇，都必须亲自纺织，不许雇人。

3. "遵礼度"十二则。家训要求家人遵守封建伦理，冠婚祭祀要依照礼法行事，但要裁革一切繁文缛节，务求节俭。为此，庞尚鹏就待客、嫁娶、吊丧、交际四个方面的用度做了具体的规定。从家训中的文字看，这些规定不仅成为庞家礼尚往来遵守的礼度，而且被乡人借鉴，"已入乡约通行"，可见对民间教化影响之大。

4. "禁奢靡"五则。庞尚鹏做过大官，且从家训的内容看，庞家也是一个封建地主大家庭，但家训中对子弟家人生活上的要求却是非常严格的，有些甚至显得过分。比如，在饮食衣服方面，庞尚鹏规定"子孙各要布衣蔬食，惟祭祀宾客之会，方许饮酒食肉，暂穿新衣"。在亲戚之间的交往，"以俭约为贵"，"每年馈问，多不过两次；每次用银，多不过一钱"。接待经常往来的亲友，"即一鱼一菜亦可相留"。更有甚者，规定亲友往来的请帖、礼帖、拜帖等等，为省一点费用，一律不用封装束帖的竹筒。

5. "严约束"十六则。这是家训中条款最多的一部分，足见作者对子孙、家人管理的重视。归纳起来，这种约束主要有以下几个方面：一是安分循理，不许沾染上博弈、斗殴、好打官司等不良习惯，不许从事私贩盐铁等违法行为；不许从事"修斋、诵经、供佛、饭僧"等诞妄之事。二是田地财物，取之有道。庞尚鹏以"钱"字的构造形象地对子孙进行正确义利观的教育。他说："古人造'钱'字，一金二戈，盖言利少而害多，旁有劫夺之祸。"三是言语谨慎，谦虚做人，不得以富贵、学问骄人。四是慎纳妾，必不得已而为之。五是要勤勉，"凡男女必须未明而起，一更后方可宴息"。六是建立"德业相劝、过失相规"的家庭民主生活会制度（下文专述）。此外，家训还对烛火的管制、卫生的打扫、门户的管理等日常生活的琐碎方面做了详细的规定。

有必要指出的是，庞尚鹏对子孙"严约束"的规定中，也不无偏见。譬如，他硬是规定子孙不许到城市定居，理由是"住省城三年后，不知有农桑；十年后，不知有宗族。骄奢游惰，习俗移人，鲜有自拔者"。这种规定过分夸大了居住城市的消极一面，比起《郑氏规范》中要子弟轮流去城市生活以"练达世故"来，不能不说是过于保守。

6. "崇厚德"五则。这部分内容要求体现了中国传统处世哲学的宽厚精神、人道思想。家训要求，对家人要和睦相处；对宗族、乡党、亲友，"须言顺而气和"、"宁人负我，无我负人"；与人交往，"惟称其所长，略其所短，切不可扬人之过"；对待仆人要"时其饮食，察其饥寒，均其劳逸"。尽管这样做的目的还是为了"欲得人死力，先结其欢心"，但比起那些只顾榨取血汗、不问下人死活的剥削者来说，庞尚鹏是开明的。

7. "慎典守"六则。这六则家训，主要是告诫家人子弟慎思祖先创业之艰难，守护好祖先留下的房屋、田地、池塘等财产，修葺先人陵墓，注意防火、防盗，保护好历代积累下来的书籍图册等等。

8. "端好尚"五则。与其他许多家训作者一样，庞尚鹏非常注意子弟的立身守戒的教育。在这五则家训中，他叮嘱子弟不要沾染不良嗜好，玩物丧志；要择士、农、工、商之一为职业；要谨慎交友。此外尤其值得称道的是庞尚鹏不同于其他家训作者一味劝忍的处世准则，认为忍让与否，要看是否合乎道义，即"以义为尚"。他说："处身固以谦退为贵，若事当勇往而畏缩深藏，则丈夫而妇人矣。"这种观点是科学的。

在最后一则家训中，庞尚鹏叙述了庞氏祖先遭人诬陷、家道多难的历史，要子孙牢记先世创业之艰，勤俭持家。

（三）"家庭民主生活会"制度：教化实践的创新

通过聚会方式教育子弟家人，在中国传统家训的发展史上，较早的恐怕是宋代的陆九韶。据《宋史·陆九韶传》记载："九韶以训戒之辞为韵语。晨兴，家长率众子弟谒先祠毕，击鼓诵其辞，使列听之。子弟有过，家长会众子弟责而训之，不改，则挞之；终不改，度不可容，则言之官府，屏之远方焉。"但是，陆九韶采用的这种方式仅仅是对有过错子弟的"惩罚"。此后的《郑氏规范》也有朔望及每天早晨在"有序堂"上聚会，朗诵《男训》、《女训》歌诀的规定；再后的许云邨制订的家则也规定，每年岁暮，集合全族阅读"家则"，对"守身持家有不如则者，众相规警，已亟惩艾。"① 这些还是单纯对违反家则规定者的批评教育，同样只有"惩"而没有"劝"的内容。

庞尚鹏不然，他在家训中创设了一种新颖的家族聚谈制度，如前所说，这种制度非常类似于今天的民主生活会。《庞氏家训》第五十则对这种"家庭民主生活会"的举行时间、内容等做了如下规定："每月初十、二十五二日，凡本房尊长卑幼，俱于日入时为会，各述所闻。或善恶之当鉴戒，或勤惰之当劝勉，或义所当为，或事所当为者，彼此据己见，次第言之。各倾耳而听，就事反观，勉加点检，此即德业相劝、过失相规之意。其会轮流主之。先派定日期，某系某日，如遇有事，请以次日代之。主会者只用点茶，不得置酒。若本日有祭祀宾客之会及有他冗，或遇大寒暑、大风雨，则暂免。其无事不赴会，此即自暴自弃之人。会所不拘，惟便于聚谈为贵。会必薄暮，谓其时多暇也，且不可夜深，久坐恐有不虞。"

从这段聚会的详细规定看，这种家庭民主生活会的目的不再是单纯对违反家训的事后批评和惩罚，而是"德业相劝、过失相规"，抑恶扬善。每个人都叙述自己半月来的见闻经历，反省自己的所作所为，同时从别人的经验教训中吸取对自己有益的东西。这种聚会显然对每个家庭成员的进德修业、立身处世起着非常有效的帮助作用。另外，家训对聚会时间、地点的安排规定又是灵活的，只求效果，不拘形式。庞尚鹏于

---

① 许相卿：《许云邨贻谋》。

四百多年前在家训教化实践中所采取的这种颇有创新的"民主生活会"形式，其意义是深远的，即便是在今天看来，也是一种值得采纳的行之有效的家庭德育方式，因而在中国传统家训教化史上是值得大书一笔的！

三、袁黄的《训子言》及其"功过格"

在明代官吏的家训中，至今仍在民间流传的莫过于袁黄的《训子言》。我们无论在街头书摊上，还是从信仰佛教的人士刊刻并广为散发的小册子中都能发现这一点。

袁黄（1533—1606），字坤仪，号了凡，浙江嘉善人。万历十四年（1586）进士。先后任宝坻县知事、兵部职方司主事。此人博学，凡医药、天文、术数、水利、堪舆之学，广泛涉猎。著有《袁了凡纲鉴》、《两行斋集》、《皇都水利》等。

（一）《训子言》中的劝善思想

在中国古代家训著作中，恐怕没有哪一部像《训子言》书名之多。据不完全统计，就有《立命篇》、《了凡四训》、《诫子文》、《阴骘录》、《命铨》等，均为后人刊印时所改。

《训子言》这部家训，是袁黄晚年为训导儿子袁俨而写的。文中结合自己的大半生经历及其修身体会，共分"立命之学"、"改过之法"、"积善之方"、"谦德之效"四个部分传授了自己的修身处世之道。这四部分也是几篇独立的文章，称为《立命篇》、《改过》、《积善》、《科第全凭阴德》（这两篇的某些段落重复，故被合为"积善之方"一部分）、《谦虚利中》。

第一部分："立命之学"。据家训叙述看，至少这一部分写于袁黄六十九岁那年。一开始袁黄就向儿子谈了自己年轻时代的经历。他说自己幼年丧父，为谋生而学习医学。有一天在慈云寺遇到一位姓孔的老者，给他算命说他某年县考童生第几名、府考第几名、提学考第几名、所食廪米若干等等，许多都应验了。从此他更加相信人生的一切都是由命里注定的。后来到南京，在栖霞山拜访了高僧云谷禅师，云谷开导他"命由我作，福自己求"①。在云谷的教导下，他明白了一切靠自己努力的道理。为了纪念被云谷开导而明白了命运在己的道理，从此不愿再落凡夫窠臼，袁黄将自己的号"学海"改为"了凡"。从此，他按照云谷的指导，认真对照《功过格》来修养自己的品德，通过刻苦学习、锻炼身体等来改变被人"算定"的命运，终于在科举考试中了举人、进士，并且生了儿子。这样孔先生的话就不灵验了，袁黄更加相信应该依靠自己的奋斗而不信命运之说。

在叙述了自己的人生经历之后，袁黄谆谆告诫儿子：即使命里应该荣耀显达的，也要常作冷落寂寞想；即使运气亨通顺利的，也要常作逆境想；即使眼下丰衣足食的，也要常作贫穷想；即使别人敬爱你，也要常作恐惧想；即使名门望族，也要常作卑下低微想；即使学问优良，也要常作浅陋想。他要求儿子"务要日日知非，日日改过。一日不知非，即一日安于自是；一日无过可改，即一日无步可进"。他认为"天下聪明俊秀不少，所以德不加修，业不加广者，只为因循两字耽搁一生"。因而他要求儿子依照云谷禅师所传授的"立命之说"努力实践，不要贻误自己。

第二部分："改过之法"。这一部分主要是论述欲获福而远祸，必须改正过错。如何改过？袁黄提出三条基本要求："第一要发耻心"。人有知耻之心，才是人与动物的区别。"第二是发畏心"。他认为"天地在上，鬼神难欺"，自己的过错虽然隐微，而鬼神实际上已经看见了，所以有错就要改正。"第三是发勇心"。袁黄说："人不改过，多是因循退缩。吾须奋然振作，不用迟疑，不烦等待。小者如芒刺在肉，速为抉

---

① 《袁了凡先生家庭四训简注》，1943年京华印书局本，下引不注。

剔；大者如毒蛇啮指，速与斩除，无丝毫凝滞，此风雷所以为益也。"
袁黄的"三心"之说，固然有浓郁的鬼神迷信色彩，但他对改正错误的
认识和态度却是非常积极可取的。

第三部分："积善之方"。这一部分，袁黄首先不吝篇幅，一气列举
了十个行善事得福报的事例，向儿子论证《易经》"积善之家，必有余
庆"的道理。此后，他又仔细区分了人们善行的真假、端曲、阴阳、是
非、偏正、半满、大小、难易，并分别予以解释。这其中深含辩证法的
合理思想，下文再作剖析。袁黄认为只有对人们的善行进行精研明辨，
才能做到真正的行善积德，否则徒劳无益。

如何积善呢？袁黄讲了十种方法途径："第一，与人为善。第二，
爱敬存心。第三，成人之美。第四，劝人为善。第五，救人危急。第
六，兴建大利。第七，舍财作福。第八，护持正法。第九，敬重尊长。
第十，爱惜物命。"对每一种积善方法，他都或举例、或阐述，给予指
导。例如，对"兴建大利"，他做了这样的解释："凡有利益，最宜兴
建。或开渠导水，或筑堤防患，或修桥梁以便行旅，或施茶饭以济饥
渴。随缘劝导，协力兴修，勿避嫌疑，勿辞劳怨。"

第四部分："谦德之效"。这部分主要是教育儿子懂得"满招损，谦
受益"的道理。袁黄以自己的见闻，讲述了五位谦虚处世、恭敬待人、
终于金榜高中的举子的故事，来佐证自己的论点。

通篇看来，《训子言》将儒家修身学说与佛教因果报应思想糅合在
一起，结合自己的经历对儿子进行积善、改过、谦恭处世、福祸自求的
教育，很能适合世人畏惧鬼神、积善求福的心理，因而很容易为人们所
接受，这也是《训子言》这部家训流传甚广的重要原因。

袁黄《训子言》中，有不少内容都有神秘主义的东西，如神人托
梦、鬼神惩罚、环环相报等等。这无疑是不符合科学的无稽之谈，是应
该摈弃的糟粕。但家训中的劝善说教、进取思想，以及着重从人的思想
动机和道德良心上引导趋善避恶等等都是值得肯定的。

此外，特别应该给以高度评价的是袁黄家训中对"善行"的辩证考

察，以及善恶评价中的辩证法思想。袁黄对善行的区分和研究应该说是较为完备的，在我国古代家训乃至其他典籍中都达到了相当的高度。这其中不乏科学的真知灼见。比如，他对善行大小的看法是，"志在天下国家，则善虽少而大；苟在一身，虽多亦小"。再如，对为善的难易，他指出，有财有势的人要立德行善，是很容易做的，易而不做，就是自暴自弃；贫穷的人作福很难，但难而去做，更是难能可贵。在袁黄看来，为善的真假、端曲、阴阳、是非、偏正、半满等都是相对的而不是绝对的，是因时因事而不同的。

关于行为动机和效果的问题，历来是道德领域的一个争论不休的问题，而袁黄《训子言》中对这一问题的见解，倒是很有辩证法的意味。譬如，关于为善的偏正，他认为"善者为正，恶者为偏，人皆知之。其以善心而行恶事者，正中偏也；以恶心而行善事者，偏中正也，不可不知"。这就是说，出于善良的动机而做了"恶事"，这是"有心栽花花不发"；而出于邪恶的动机而结果却成了"善事"，这是"无心插柳柳成荫"的歪打正着，因而一定要将动机和效果联系起来考察才能得出正确的结论。

再比如，关于为善的是非，也很能够体现袁黄道德评价的辩证思想。他举了孔子对子贡和子路救人是否应该图报的不同评价，来说明自己的观点。故事是这样的：鲁国的法律规定，鲁人从诸侯那里替人赎出臣妾，政府就会给予赏赐，而子贡赎了人却不要赏赐。孔子听了这件事，很不高兴地批评子贡做错了事。孔子的理由是圣贤的行为可以移风易俗，为百姓效仿，今鲁国富人少，穷人多，如果认为接受赏赐就是不廉，那就不会再有人从诸侯那里替人赎人了。有一次，子路救了一个失足落水的人，那人牵了一头牛感谢他，子路收下了。孔子知道了这件事高兴地说："从今以后，鲁国就会有更多的人救人于溺了！"对这两件事，袁黄议论道："自俗眼观之，子贡不受金为优，子路之受牛为劣，孔子则取由而黜赐焉。乃知人之为善，不论现行而论流弊，不论一时而论久远，不论一身而论天下。"袁黄认为，所行善事的功过得失，不应仅从事情本身来看，还要看它的影响以及是否有利于后世及众人，否则，"现行虽善，而其流足以害人，则似善而实非也；现行虽不善，而其流足以济人，则非善而实是也"。袁黄的观点是十分正确的。

（二）"功过格"修养法及其影响

在《训子言》的篇末，袁黄附有自己用以道德修行的《功过格款》。功过格是我国古代特别是明清时期广为流行的一种修养方法，这种方法要求人们将自己的日常行为分辨善恶，对照预订的功过条文逐日记录以考查功过。研究明清功过的美国俄勒冈大学教授包筠雅（Cynthia J. Brokaw）博士在其著作《功过格——明清社会的道德秩序》一书中这样解释功过格："它通过特定形式表达出对道德（以及非道德）行为及其后果的某种基本信仰。其中列有具体的应遵循或应回避的事例，以此揭示对约定俗成的道德及对善的信仰，而这种善是由许多不同的、价值各异的、个别的善行实践构成的。"[1]

我国古代最早的功过格是出现于 12 世纪后半期的《太微仙君功过格》。作者是金代的道士又玄子。功过格分功格三十六条，过律三十九条，并且介绍了使用方法。但是这种修养方法真正流行起来，还是经过袁黄家训及其《功过格款》的传播。

关于袁黄的功过格，参照其他典籍，笔者以为是云谷禅师拟定，后经袁黄修订的。理由一是《训子言》中记载："云谷出《功过格》示余，令所行之事逐日登记，善则记数，恶则退数……以期必验。"二是典籍记载云谷的《功过格》的部分内容与《训子言》所附不同。出现于清雍正二年（1724）的《文昌帝君功过格》记载："云谷禅师《功过格》云：'百钱一功，谓千金以上者。若贫士五十钱亦可作一功，极贫士一二十钱亦可作一功。百钱一过，谓贫士如此。如富者五十钱亦作一过，尤富

---

① 　包筠雅：《功过格——明清社会的道德秩序》，浙江人民出版社 1999 年版，第 244 页。

者一二十钱亦作一过。'是说甚精详……"可见，与云谷比起来，袁黄的《功过格款》简明了许多。由于经过袁黄和云谷改造过的功过格体系，吸收了儒家思想特别是理学的不少观点，因而这一体系成为原先与佛教、道教相关体系的"儒教化"的版本，这就对信奉儒家思想的人们接受和使用功过格起了很大的促进作用①。

袁黄家训后附录的《功过格款》共有"功格"五十条和"过格"五十条，现仅举几例简要介绍一下这种道德修养方式。"功格款"如：

准百功：

○救免一人死

○完一妇人节

○阻人不溺一子

○阻人不堕一胎

准五十功：

○延续一嗣

○收养一无依

○瘗一无主坟

○救免一人流离

准三十功：

○度一受戒弟子

○劝化一非人改行

○白一人冤枉

○施一地于无主之地葬

……

"过格款"如：

……

准三十过：

———————————

① 包筠雅：《功过格——明清社会的道德秩序》，浙江人民出版社1999年版，第110页。

○毁一人戒行

○造谤诬陷一人

○摘发一人阴私干行止事

准十过：

○排摈一有德人

○荐用一匪人

○受触一原失节妇

○畜一杀众生具

准五过：

○毁灭一经教

○编纂一伤化词令

○见一冤得白不白

○遇一病告救不救

○唆一人讼

……

袁黄的《功过格款》中，还有用钱来折抵功过的条款。如：

百钱准一功（散钱积计粟帛之属准此）：

○修创道路桥渡

○疏河

○掘济众井

○修置圣像坛宇及供养等物

○还遗（百钱以下亦准）

○饶负

……

再如：

百钱准一过：

○暴殄天物

○毁坏人成功

○背众受利

○侈用他钱

○负贷

○匿遗（百钱以下亦准）

○因公恃势乞索

○巧作取人钱资具方法一切事

袁黄在《训子言》的"立命之学"部分，向儿子传授了使用功过格的方法。他写道："余行一事，随以笔记。汝母不能书，每行一事，辄用鹅毛笔管印一朱圈于历日之上。或施食贫人，或买放生命，一日有多至十余圈者。"他说自己任宝坻知县时，"余置空格一册，名曰《治心篇》。晨起坐堂，家人携付门役，置案上，所行善恶，纤悉必记"。他还仿效北宋时的"铁面御史"赵阅道的故事，每晚设桌于庭，焚香向上天报告自己白天的行为。

功过格的修养方法，经过袁黄的整理提倡以后，遂大行于世，并产生了深远的影响。明末清初的思想家张履祥的著作中曾写道："袁黄功过格竟为近世士人之圣书。"① 那些希求功名的读书人学习袁黄的功过格就像学习四书五经一样虔诚。一些家训作者也运用功过格指导家人加强道德修养。比如，清代的蒋伊就在其家训中要求子弟读书之暇，以虔奉《袁了凡先生功过格》等，"身体而力行之"②。据美国学者包筠雅的研究，在袁黄去世后的一个世纪里，至少有十种功过格留存下来③。

除了民间的倡行之外，袁黄的家训及其功过格还引起了不少著名学者或学派的争论，支持者如阳明学派的成员，特别是泰州学派的王艮、周汝登、陶望龄等人；而持批评意见的如东林党的领袖高攀龙、顾宪成、王夫之、刘宗周、张履祥等。不论赞成或是反对，足见袁黄家训及

① 张履祥：《杨园先生全集》卷五，第10—11页。
② 蒋伊：《蒋氏家训》，见《丛书集成初编》第977册，中华书局1985年版。
③ 包筠雅：《功过格——明清社会的道德秩序》，浙江人民出版社1999年版，第115、114—165、253页。

其功过格的影响之大①。甚至于"在明清交替的过程中，功过格从地位晋升的指南发展为全面的道德和社会指导手册"②。

袁黄及其《训子言》对中国善书的发展和阴骘观的盛行也产生了很大的影响。善书是以劝人行善积德为宗旨的教化书籍，是民间通俗的道德教育教科书。善书广泛流行是在明代后期和清代前期，据日本学者酒井忠夫《中国善书研究》所列 17、18 世纪刊行的善书，在袁黄之后，就有十几种之多③。几乎所有的研究者和民间善书的刊行者都把袁黄的这部家训作为善书代表而收入，足见其影响之大。

阴骘（也称阴德、阴功）观，是指暗中施德助人就可以修善获得福报的观念。这种观念早在我国汉代典籍里就有记载，《淮南子·人间训》中说："有阴德者，必有阳报。"阴骘观到了明代，在袁黄《训子言》的影响下更为盛行，以至于这部家训又被称为《阴骘录》。

四、姚舜牧的《药言》

姚舜牧的《药言》也是流传甚广的家训名著。虽非如当时人们所赞誉的"字字药石"，但也是封建社会教家、治世、医心的极有价值的教科书。

（一）《药言》的得名

《药言》的作者姚舜牧（1543—1622），字虞佐，号承庵，明代乌程（今浙江湖州）人。万历元年（1573）举人，历任广东新兴县、江西广

---

① 包筠雅：《功过格——明清社会的道德秩序》，浙江人民出版社 1999 年版，第 115、114—165、253 页。

② 同上。

③ 参见酒井忠夫：《中国善书研究》，东京弘文堂 1960 年版，第 378—398 页。

昌县县令，代全州知州等职。姚舜牧为官清正，爱民如子。他一生致力于经书研究，著有《四书疑问》、《易经疑问》、《书经疑问》、《诗经疑问》等书。

《药言》原名为《家训》，是姚舜牧任广昌县令时所作。从他写的《自序》中看，这部家训的写作时断时续，最终完成于万历丙午年（1606）。姚舜牧在《自序》中说，这部家训的内容既有平日所承的父训，也有"所闻于故老，所得于会晤者"①，但更多的还是作者自己的人生经验和心得体会。这部家训刊行后，广为流传。人誉姚舜牧为圣门国手、治世医王。故后人取"药石"之意，更名为《药言》。

（二）教家、治世、医心的"清高"之训

关于撰写家训的初衷和宗旨，姚舜牧在《药言》自序中谈到，自己的祖辈没有文化知识，"不离耕作，不识官府"。自他的父亲开始，才让他读书，并"训以'清高'二字"。所以他写作家训的宗旨或总则也是立"清高"之训。他说："总之则本清高之训，而欲所谓浑蠢之遗也尔，因存笥中，期示子孙，宁浑毋察，宁蠢毋乖，是为'清高'，不则不若族人之为田农也。"

自然，这种"清高之训"无外乎是封建的纲常礼教及治家处世之道，然而，姚舜牧却并不泛泛于封建道德说教，而是结合自己的亲身体会，具体地阐述了父子、兄弟、夫妻、妯娌、朋友、邻里间的伦理关系、道德准则，以及治家、立身、择偶、处世方面的观点。抛弃其中"夫为妻纲"、明哲保身之类的封建糟粕，我们可以看到有很多至今仍有积极价值的见解。

家训开篇就讲封建道德是立身做人根本。他说："孝悌忠信，礼义廉耻，此八字是八个柱子。有八柱始能成宇，有八字始克成人。"围绕

---

① 姚舜牧：《药言》，见《丛书集成初编》第 976 册，中华书局 1985 年版，下引不注。

这一观点，姚舜牧首先论述了孝悌在子弟品德培养中的重要性。他认为"一孝立，万善从，是为孝子，是为完人"。姚舜牧同时强调，做父母的对孩子是否成为孝子也是有责任的，那就是对子女不可有毫发偏爱。如果偏爱日久，就会使兄弟之间产生怨愤。只有兄弟妯娌之间随时消释矛盾，将彼此的"恩义"看得重于"财帛"，才能做到兄友弟恭，家庭和睦。

在婚姻关系方面，姚舜牧认为应将品德作为婚姻的基础。他说自己"嫁女不论聘礼，娶妇不论奁赏"；他以为"凡议婚姻，当择其婿与妇之性行及家法何如，不可徒慕一时之富贵"。他强调"一夫一妻是正理"，结发之妻"万万不可乖弃"；假如四十岁以上没有儿子，才允许娶一妾。这在富贵之家纳妾成风的明代，姚舜牧的婚姻观应该说是比较积极的。

姚舜牧十分重视子弟家人的教育，尤其是品德教育。他认为蒙养教育是极其重要的，但他又不向子弟灌输读书以求功名的思想，而是将爱众亲仁、孝悌谨信放在蒙养教育的首位，"略有暇余时，又教之文学"。姚舜牧认为做人当先立志，"凡人须先立志。志不先立，一生通是虚浮，如何可以任得事"？他强调只有先做一个好人、好百姓，才能做好其他。他说："吾人第一要思做个好百姓；有资质，能学问，可便做个好秀才；又有造化，能进取，可便做个好官。然总做到为卿为相，却还要是个秀才，是个百姓，乃传之于后。"在《药言》的结尾，姚舜牧还提出了做个好人的基本要求，那就是明太祖圣谕所言："孝顺父母，尊敬长上，和睦乡里，教训子孙，各安生理，毋作非为。"

围绕品德教育，姚舜牧提出了一系列要求。如：要以仁爱之心待人，"智术仁术不可无，权谋术数不可有"；要重义轻利，置田地房屋等勿占便宜；要淡泊处世，谨言慎行；交友要亲正人、远小人等等。他认为持家长久的根本是"仁"，"创业之人，皆期子孙之繁盛，然其本要在一'仁'字"。他告诫真正为子孙考虑的家长，应重"心地"、"德产"而不是田地、房产。他指出："凡人为子孙计，皆思创立基业，然不有至大至久者在乎？舍心地而田地，舍德产而房产，已失其本矣。况唯利是图，是损阴骘，欲令子孙永享，其得可乎？"

在家庭管理方面，姚舜牧也做了多方面的规定。他叮嘱子孙、族人要守"祖宗血产"，勤俭持家。要求子弟必须人人从事一项正当职业，但"第一本等是务农"。只有"治生"，才可"定志"，才不至于游手好闲、堕落学坏。此外，他还要求家人子弟戒诉讼、免争端、按时缴纳赋税钱粮；和睦族人和乡邻，对童仆既要严格管理，又要如自家人一样关心他们的衣食冷暖……

（三）《药言》对中国传统家训及教化实践的新发展

姚舜牧的家训及教化实践，在中国传统家训教化中做了不少新的发展，择其主要方面，大致有如下几点。

首先，重视养生教育和性保健教育。

这是要特别提到的。姚舜牧教导子弟，在求医问药上不要盲目轻信人言。"凡亲医药，须细加提防，莫轻听人荐，以身躯做人情。"要注意保养身体，不可贪欲太重或过分劳累。因为"有走不尽的路，有读不尽的书，有做不尽的事，总须量精力为之，不可强所不能，自疲其精力"。从养生的角度看，这是很有道理的。他还谈到，生病以后莫讳疾忌医，"宜宽心以俟其愈"。

在姚舜牧之前，谈及养生的家训也有，但结合自己的心得对子弟进行性卫生、性保健教育，恐怕是姚舜牧第一。《药言》记载，他曾经向一位一百零五岁的老者请教长寿之法。老者告诉他，自己年轻时听人说每年夏至、冬至前后，各戒绝房事一个月。此后自己就照此行事，坚持下来。姚舜牧结合老者的经验和自己的体会告诫子孙："恨知读书反不能行，而自促其亡耳。余老矣，悔不早闻此言，后来少年，宜因此言慎戒以遐享焉。"男女之事，在封建社会是讳莫如深的，而姚舜牧却对子孙予以谆谆教诲，可谓是一个关心后代的开明家长。

其次，家训中糅以大量的格言、俚语、民谚、楹联，使得说教不显刻板，通俗不乏深刻。

在中国传统家训的写作风格上，有理论性、系统性较强的家训著作，也有专门汇集格言警句的语录体家训，但大量糅以格言、俚语、民谚、楹联，语言又极为口语化的家训并不多见，姚舜牧的《药言》可以作为这一类家训的代表。

关于他撰写家训的这一风格，姚舜牧在《药言》的自序中，谈到他做广昌县令时处理公事之余撰写家训的情况时说："公余，复续有数条，似多口语一番矣。"这主要还是考虑他自己出身平民之家，用他自序中的话说"吾上世未有知学者"，且家训的对象是对子孙的教诲，越是通俗易懂、越是用日常生活中人人熟知的语言阐述居家、做人、处世的道理，就越是容易被家人所接受、所奉行。因而，《药言》的语言极为平实。

姚舜牧《药言》中所引用的民谚、俚语、格言、警句生动活泼且十分准确。比如，他要子弟无端不可大兴土木时，引"与人不睦，劝人造屋"的俚语嘱告家人；要子孙依法纳税、勿贪便宜、行善积德等时，引用民谚"若要宽，先完官"、"讨便宜处失便宜"、"贪产穷，惜产穷"、"贵买田地，积于子孙"等。他还将自己平日写作的警句、联语来教训子孙。例如，"做人要存心好，读书要见理明"、"才不宜露，势不宜恃，享不宜过"。在对子弟进行官德教育时，他要求他们牢记自己曾书衙舍的对联："勤恤在我，知不知由天知；品骘由人，得不得皆自得。"他还将自己的人生体验概括为一联，作为"传家至宝"，要子孙时刻加强品德修养："得此已过矣，致萌半点邪思；求为可继也，须积十分阴德。"

再次，从小处做起、重实践力行的修养观。

姚舜牧教育子弟注重道德的修养，但这种教育绝不是可望不可即的高谈阔论，而是随时随处都能做到的小事、小节，品德就是在这种磨炼中形成的。关于什么是好人的标准，姚舜牧是这样解释的："人谓做好人难，余谓极易。不做不好人，便是好人。"多么通俗的解释！他在家训中所要求做到的都不是什么高难之事。姚舜牧既注意言传，更注意身教。《药言》中许多地方都结合他自己的人生经历，要子弟牢记自己的失误和教训，从小处加强自己的修养。

姚舜牧特别重视子弟的道德实践，他认为力行才是修养的根本。他说："讲道讲什么，但就'弟子入则孝'一章，日日体验力行去，便是圣贤之徒了。现儒训道言也，又训道行也。言贵行，行方是道，不行，虽讲无益。"

在修养的方法上，姚舜牧的两种做法也是值得一提的。一是利用祭祀聚会之机表彰先进，惩戒过恶，教育族人。《药言》规定："族有孝友节义贤行可称者，会祀祖祠日，当举其善告之祖宗，激示来裔。其有过恶者，亦于是日训戒之，使知省改。"二是利用家庭聚会的形式，来进行维护"家声"的教育。这类似于《庞氏家训》的"家庭民主生活会"制度。前面说过，姚舜牧尤其重视"清高"之训，他在广昌任县令的书房就名之为"清白堂"。为了保持姚家的清白家声，他对有关家声的行为十分重视，规定："长幼尊卑聚会时，又互相规诲，各求无忝于贤者之后，是为真清白耳。"

五、义士杨继盛、高攀龙的家训

在明代比较著名的家训中，有两篇篇幅不长，却很有影响的家训。一是杨继盛的《杨忠愍公遗笔》；一是高攀龙的《家训》。这两篇家训的作者有一个共同的特点，那就是刚正不阿，敢于同邪恶势力作不屈斗争，最后都慷慨赴义。

（一）《杨忠愍公遗笔》：屠刀下写成的家训

《杨忠愍公遗笔》，是杨继盛临刑前夜写的两封家书的合称。这两封信，一封是写给妻子张贞的，一封是写给杨应尾、杨应箕两个儿子的。

　　杨继盛（1516—1555），字仲芳，号椒山。保定容城（今属河北）人。嘉靖进士。为人刚直，嫉恶如仇。初任兵部员外郎，因弹劾平虏大将军仇鸾对鞑靼俺答畏怯妥协误国被贬官。后起用为刑部员外郎、兵部武选司。时严嵩专权，杨继盛上书严劾严嵩十大罪状，惹恼世宗，下诏入狱。狱中三年，受尽酷刑。嘉靖三十四年被处死，死时年仅三十九岁。严嵩倒后台，赠太常少卿，谥"忠愍"。有《杨椒山集》、《杨忠愍公集》。

　　杨继盛在写给妻子张贞的信中，向妻子详细阐述了"死有重于泰山，死有轻于鸿毛"① 的道理，劝告性情刚烈的妻子，忍辱负重，坚强地生活下去，将儿女培养成人，完成丈夫的遗愿。在信中，他还就兄弟姊妹间的关系等一些家庭事务做了安排，大抵是忍让照顾他们。尤其应该提到的是，杨继盛要妻子在他死后将年纪尚轻的姜嫁人，不要让她在家守寡。这在"三从四德"盛行的封建社会里，杨继盛的做法是值得称许的。

　　在留给两个儿子的信中，杨继盛向儿子训喻了许多做人、处世、为官、治家的道理。据说这数千字是一气呵成，并没有涂改一字。虽然杨继盛在信中说是"仓促之间，灯下写此，殊欠伦序"，但我们看来这篇家训井然有序，教诲内容层次分明，足见作者文字功力和临危不惧的胆略。

　　家书中，杨继盛最强调的还是儿子的道德修养。他要求儿子要"立志"。他认为"你发愤立志要做个君子，则不拘做官不做官，人人都敬重你。故我要你第一先立起志气来"。他认为，幼时若不立志，"则终无定向，便无所不为，便为天下小人"。他要儿子去私欲，存公道，做好人。

　　在读书习举业问题上，他告诫儿子，以他为训，不做官也罢。但"若是做官，必须正直忠厚，赤心随分报国。固不可效我之狂愚，亦

――――――――――

① 杨继盛：《杨忠愍公遗笔》，见《丛书集成初编》第 976 册，下引此篇不注。

不可因我为忠受祸，遂改心易行，懈了为善之志，惹人父贤子不肖之笑"。从这段话可以看出，杨继盛对他弹劾权相严嵩因而罹难无怨无悔，而且还教育儿子如果为官，同样要像自己那样不畏邪恶，忠正报国。浩然正气跃然纸上！身处随时都可能被杀头的境地，杨继盛竟还能在家书中细心指导儿子读书作文之法、择师求学之道，读来实在令人钦敬！

在家庭成员关系的调适方面，杨继盛教导两个儿子，要孝敬母亲，兄弟姊娌间友好相处，"和好到老"。他还指导两个儿子如何教导自己的媳妇处理好姊娌间的关系，如何处理好与堂兄及其他亲属的关系。这些看似小事，但对家庭的和睦是十分必要的。

关于待人处世之道，杨继盛也对两个儿子予以多方面的指导。他要儿子交友应"拣着老成忠厚，肯读书，肯学好的人，你就与他肝胆相交，语言必信，逐日与他相处。你自然成个好人，不入下流也"。他要儿子对贫穷族人多加照顾，"户族中有饥寒者，不能葬者，不能嫁娶者，要你量力周济，不可忘一本之念，漠然不关于心"。杨继盛认为"与人相处之道，第一要谦下诚实……宁让人，勿使人让；语宁容人，勿使人容；吾宁吃人亏，勿使人吃吾之亏；宁受人气，勿使人受吾之气。人有恩于吾，则终身不忘；人有仇于吾，则即时丢过。见人之善，则对人称扬不已；闻人之过，则绝口不对人言"。这里固然不乏明哲保身的消极说教，但教子忠厚、诚实、宽以待人，还是具有积极意义的。

特别应该提到的是杨继盛在道德修养方法上对儿子的指导。他告诉儿子们："读书见一好事，则便思量：吾将来必定要行；见一件不好的事，则便思量：吾将来必定要戒；见一个好人则思量：吾将来必要和他一般；见一不好的人则思量：吾将来切休要学他。则心地自然光明正大，行事自然不会苟且，便为天下第一等好人矣。"这里，杨继盛发扬了儒家"见贤思齐焉，见不贤而内自省"的修身思想。此外，杨继盛还在家书中强调了发挥良心在行为动机中的导向作用。他教导儿子："或独坐时，或夜深时，念头一起，则自思曰：'这是好念？是恶念？'若是好念，便扩充起来，必见之行；若是恶念，便禁止勿思。方行一事，则思之，以为'此事合天理，不合天理'？若是不合天理，便止而勿行；若是合天理，便行。不可为分毫违心害理之事，则上天必保护你，鬼神必加佑你，否则天地鬼神必不容你。"杨继盛的这种修养理论无疑是理学家们的一套，而且报应思想也是封建迷信的糟粕，但他同时强调在事情上的磨炼，从而在习惯中培养自己的品德，则是可取的。

杨继盛家训除了不乏报应论和封建迷信说教之外，还有对奴仆非常严苛的要求。比如，家训中告诉儿子，对一个叫曲钺的仆人，如果他本分，就给他二十亩地、一小所住宅；如果他要回去，就"告着他原是四两银子买的他，放债一年，银一两得利六钱，按着年问他要，不可饶他"。尽管这样做的目的是怕别的童仆效仿，但也暴露了地主阶级欺压贫苦农民的阶级本质，这是必须批判的。

（二）高攀龙《家训》：专论立身做人的家训

高攀龙（1562—1626），字云从，改字存之，号景逸。明代无锡人。万历进士。遇亲丧，居家三十年。高攀龙学识渊博、品行刚正、嫉恶如仇。熹宗天启元年为光禄少卿，因上书弹劾阁臣方从哲得罪皇帝，被夺禄一年，改任大理少卿。几年后任左都御史，又因揭发魏忠贤死党淮扬御史崔成秀贪污秽行被革职。回乡后，与东林党另一著名领袖顾宪成在无锡东林书院讲学，海内士大夫并称"高顾"。后来，崔成秀派人逮捕他，他讲求气节，蹈死不顾，自沉于水。后赠太子少保、兵部尚书，谥"忠宪"。著有《周易易简》、《二程节录》、《高子遗书》、《正蒙释》等。

与其人品一样，高攀龙在他为族人所撰的《家训》中，将堂堂正正做人作为家训的基本宗旨。在篇幅不长的家训中，高攀龙围绕修身做人多方面阐述了自己的见解。

《家训》开宗明义提出："吾人立身天地间，只思量做得一个人是第一义，余事都没要紧。"① 接着，针对做好人吃亏的观点，高攀龙指出："做好人眼前觉得不便宜，总算来是大便宜。做不好人眼前觉得便宜，总算来是大不便宜。千古以来，成败昭然，如何迷人尚不觉悟，真是可哀！吾为子孙发此真切诚恳之语，不可草草看过。"殷殷教诲之情，洋溢纸上。

高攀龙强调，要做好人，就要读书"穷理"、"读书亲贤"。"道理不明，有不知不觉堕于小人之归者，可畏！可畏！"高攀龙要子孙读的书自然是儒家的《四书五经》及理学家们的书，但他认为品德的形成以"知"为始，却是科学的。

在立身做人上，高攀龙提出总的要求是："立身以孝悌为本，以忠义为主，以廉洁为先，以诚实为要。"围绕如何做个好人，他提出了一系列要求，归纳起来，大致有这样一些：

一是爱人敬人。他认为："爱人者，人恒爱之；敬人者，人恒敬之；我恶人，人亦恶我；我慢人，人亦慢我。"他要子弟家人发扬人道，周济贫穷，他引古语教育家人说"世间第一好事莫如救难怜贫"。

二是宽待他人。"临事让人一步，自有余地；临财放宽一分，自有余味。"

三是慎言谨交。他说："言语最要谨慎，交游最要审择。多说一句，不如少说一句；多识一人，不如少识一人。"他引民谚说"人生丧家亡身，言语占了八分"。这种明哲保身的说教，或许是高攀龙在阉党猖獗的黑暗统治下从自己的经历得出的教训。

四是戒除恶习，改过迁善。高攀龙列举了许多容易受世人迷惑的恶习，要子孙力戒之。如为了所谓体面而"曲护其短"，或者耽于财色、赌博宿娼、诉讼、"捉人打人"、恃强凌弱等等。高攀龙同时提出，"人非圣人，岂能尽善"？所以要经常反思自己，"常见己过，常向吉中行

---

① 高攀龙：《高子遗书》卷一〇，见《四库全书》第一二九二卷。

矣"。只有不断地思过改过，才能在修养上不断进步。

五是注重践履，积善成德。高攀龙认为德行是在行为中形成的，故要"积善"。他说："善须是积，今日积，明日积，积小便大。"如何积善？高攀龙举了两个例子：其一是施舍。他说："残羹剩饭亦可救人之饥，敝衣败絮亦可救人之寒。酒宴省得一二品，馈赠省得一二器，少置衣服一二套，省去长物一二件，切切为穷人算计，存些赢余，以济人急难。去无用可成大用，积小惠可成大德……"其二是"少杀生命"。他指出："少杀生命最可养心，最可惜福。一般皮肉，一般痛苦，物但不能言耳，不知刀俎之间，何等苦恼。我却以日用口腹，人事应酬，略不为彼思量，岂复有仁心乎？供客勿多肴品，兼用素菜，切切为生命算计。"高攀龙的观点，不仅体现了我们民族"爱惜物命"的仁道精神，而且可以长养仁慈之心。用他的话说就是"积此仁心慈念，自有无限妙处，此为善中一大功课也"。

高攀龙的为人，正如《四库全书》的编纂者在其家训前的按语中所言，是"严气正性，卓然自立"。而他的《家训》，专门围绕立身做人、积善成德这一为人处世的根本问题教育子弟，而基本不论家庭琐事，这在传统家训史上是不多见的。清人陈宏谋评价高攀龙的《家训》："周致详密，贯精粗，彻上下，易知易从……能恪遵守之，则上可以入圣贤之门，下亦不失为佳子弟矣。"[①] 这种评价是中肯的。

然而，我们在看到高攀龙家训的积极意义的同时，也必须看到其中包含的保身自守、宿命报应等消极思想。

---

① 陈宏谋：《五种遗规·训俗遗规》，见《高忠宪公家训》。

第二十九章
明清帝王家训

出于加强封建统治以求本朝江山永固的考虑,明清时期的不少有作为或有远见的帝王、皇后对家训的教化和家规的建设更为重视,其中以明太祖朱元璋、明成祖朱棣、明仁孝文皇后徐氏、清圣祖玄烨等人的家训最有代表性,这些帝王之家的家训与以前的帝王家训相比较,内容更加全面、系统、切于日用。尤其是清圣祖玄烨的《庭训格言》,更是将中国帝王家训推向了顶峰。

鉴于明仁孝文皇后徐氏的《内训》已另章专述,本章只研究其他帝王的家训。

一、明太祖朱元璋的家训

朱元璋(1328—1398)本名重八,后改名元璋,字国瑞,濠州钟离(今安徽凤阳东)人。十七岁那年,家乡遭受罕见的旱、蝗之灾,父母哥哥相继病饿而死,他只好人皇觉寺为僧。元至正十二年(1352)投奔郭子兴部红巾军,屡立战功。韩林儿称帝时任为都元帅,后称吴国公、吴王。1368 年在应天(今南京)称帝,同年北伐攻下大都(今北京),

推翻元朝统治。

朱元璋即位之初，就深感皇族内部管理、教化的重要，据《明史》记载："明太祖鉴前代女祸，立纲陈纪，首严内教。洪武元年命儒臣修女诫，谕翰林学士朱升曰：'治天下者，正家为先。正家之道，始谨于夫妇……历代宫闱，政由内出，鲜不为祸。惟明主能察于未然，下此多为所惑。卿等其纂女诫及古贤妃事可为法者，使后世子孙知所持守。'升等乃编录之上。"① 正是基于这一思想，朱元璋特别重视对皇室子孙们的教育训诫。

首先，朱元璋非常注意皇室子孙们的养成教育，尤其是品德养成教育。

据史书记载，早在他做吴王时，就经常对自己的继承人、长子朱标进行守业、节俭、勤政爱民的教育。朱标十三岁时，就派他去省祖墓并沿途了解民情。朱元璋告诫朱标说："商高宗旧劳于外，周成王早闻《无逸》之训，皆知小民疾苦，故在位勤俭，为守成令主。儿生长富贵，习于晏安。今出旁近郡县，游览山川，经历田野，……即祖宗所居，访求父老，问吾起兵渡江时事，识之于心，以知吾创业不易。"② 有一次，朱元璋指着路边的荆棘对朱标说："古用此为扑刑，以其能去风，虽伤不杀人。古人用心仁厚如此，儿念之。"③ 要儿子修养自己的仁爱之心。

即位伊始，朱元璋就选派一些德高望重、学识渊博的官吏兼领东宫官，给予很高的礼遇，要他们负责太子及诸王的品德教育和知识、能力的传授，并经常督促检查。从他与太子老师的一番谈话中可以看出他对太子品德养成教育的极端重视。他以良匠加工金玉作比说："人有积金，必求良治而范之；有美玉，必求良工而琢之。至子弟有美质，不求明师教之，岂爱子弟不如金玉邪？盖师所以模范学者，使之成器，因其材

---

① 《明史·后妃列传一》。
② 《明史·兴宗孝康皇帝列传》。
③ 同上。

力，各俾造就。朕诸子将有天下国家之责，功臣子弟将有职任之寄。教之之道，当以正心为本，心正则万事皆理矣。苟道之不以其正，为众欲所攻，其害不可胜言。卿等宜辅以实学，毋徒效文士记诵词章而已。"①洪武二十六年，朱元璋还专门选聘以《郑氏规范》传世的浦江郑氏家族的郑济，授他为左春坊左庶子，专门教育皇家子孙。朱元璋对郑济说："你家孝义，神民所知，朕今不命你掌刑名钱谷，惟欲尔家庭孝义雍睦之道，日夜讲说于太孙之前。"② 足见他对子孙品德教育的重视。

朱元璋还极为注意从细微处对儿子们进行良好品德的熏陶。在跟一位大臣谈到自己的家教经验时，他说："朕于诸子，常切谕之：一举动戒其轻；一言笑斥其妄；一饮食教之节；一服用教之俭。恐其不知民之饥寒也，尝使之少忍饥寒；恐其不知民之勤劳也，尝使少服劳事……"③一个封建帝王，能这样教育子弟，的确是难能可贵的。

其次，朱元璋特别注意对皇室子孙进行规章制度的约束。

朱元璋深知，对子孙的训示要能落到实处，需要订立一定的规章制度作为保证。出于对长于深宫、缺少见识的子孙易为后世奸臣、俗儒迷惑而做出败坏皇家基业举止的考虑，登基次年，朱元璋就将他确定的法令制度编为《祖训录》，其中包括严祭祀、谨出入、慎国政及礼仪、法律等十三个方面。朱元璋规定："凡我子孙，钦承朕命，无作聪明，乱我已成之法，一字不可改易……"④ 洪武二十八年，朱元璋又颁布《皇明祖训条章》，宣布"后世有言更祖制者，以奸臣论"⑤。后来，明成祖朱棣又于永乐三年十月重新将朱元璋制订的"祖训"颁布于诸王，要诸王恪守。⑥ 这里姑且不论祖训是否可以更改，单就以制度规定对皇室子

---

① 《明实录·太祖实录》卷四一、卷一一七、卷八二。
② 参见毛策：《浙江浦江郑氏家族考述》，见《宋濂暨"江南第一家研究"》，杭州大学出版社1995年版，第230页。
③ 《明实录·太祖实录》卷四一、卷一一七、卷八二。
④ 同上。
⑤ 《明史·太祖本纪三》。
⑥ 参见《明史·成祖本纪二》。

孙加以约束而言，这种做法显然比单纯的训诫更为有效。

有趣的是，朱元璋竟然不顾国事繁忙，还亲自撰写歌词，让人谱曲，经常唱给子孙们听，以加强对子孙们的教育。《明史》载，永乐二十年五月丁酉，明成祖朱棣"宴群臣于应昌，命中宫歌太祖御制词五章，曰'此先帝所以戒后嗣也，虽在军旅，何敢忘'"①！遗憾的是，这些歌词内容已不得而知。

再次，朱元璋非常重视对皇室子孙处理国政能力的训练和为政道德的培养。

他不仅派太子朱标下去考察民情，增长阅历，而且要太子"日临群臣，听断诸司启事，以练习国政"②。他将自己治理国政的方法概括为仁、明、勤、断四个方面，告诫太子"惟仁不失于疏暴，惟明不惑于邪佞，惟勤不溺于安逸，惟断不制牵于文法。凡此皆心为权度"③。他还耳提面命，以身立教，要太子像自己那样勤于国政，造福天下。他说："吾自有天下以来，未尝遑逸，于诸事务惟恐毫发失当，以负上天托付之意。戴星而朝，夜分而寝，尔所亲见。尔能体而行之，天下之福也。"④ 为了培养皇子们的政德，朱元璋还专门作了一篇《诫诸子书》，篇幅虽短，却言约义丰，意味深长。这则家训写道："昔有道之君，皆勤政事，心存生民，所以能保守天下。至其子孙，政教不修，礼乐崩弛，则天弃于上，民离于下，遂失真天下国家。为吾子孙者，当取法于古之圣帝哲王，兢兢业业，日慎一日，鉴彼荒淫，勿蹈其辙，则可以常享富贵也。"⑤ 朱元璋的出发点虽然是为了要子孙永享富贵，但要他们牢记勤政爱民之责，还是有积极意义的。

最后，朱元璋还注意编写鉴戒读物要皇室成员借鉴取法。

---

① 《明史·成祖本纪三》。
② 《明实录·太祖实录》卷四一。
③ 同上。
④ 同上。
⑤ 同上。

这在帝王家训中是很有特色的。从现存的史料看，除了前面提到的早在洪武元年就命儒臣编修"女诫"读物，要求皇后、嫔妃及女性后人师法学习古代贤妃事迹以正家律己之外，朱元璋还召集一批名臣硕儒，采撷唐代以来藩王们正反、善恶两方面的典型事例，专门为诸王编辑了一本《昭鉴录》，于洪武六年颁赐诸王，要他们引为鉴戒，抑恶扬善。从朱元璋亲自赐予的书名，也可以看出他用心之良苦。

朱元璋的家训取得了良好的成效，我们不妨引用《明史》编纂者在《后妃列传》导言中的评价以为证明。书中写道："是以终明之代，宫壸肃清，论者谓家法之善，超轶汉、唐。"

二、《圣学心法序》：明成祖朱棣的
"君道"教育

明成祖朱棣（1360—1424），朱元璋第四子。洪武三年（1370）封燕王。明惠帝削藩时，他以维护祖训为名，起兵"靖难"。经过四年战争，夺取帝位，改元永乐。十九年（1421）迁都北京。史书记载，他博学好问，"智勇有大略，能推诚任人"。在社会教化方面，强调"安民之道，教化为先"。他还命解缙等编纂《永乐大典》，保存了古代的许多典籍。

《圣学心法》一书是朱棣为教训皇室子孙而亲自编辑的，分为君道、父道、子道、臣道四个部分。该书序言谈到编辑这部书的动机①：一是出于"大业永固，而四海攸宁"的考虑。二是继承其父"明昭有训，是仪是式"的做法，"夫作之于前，则必有以缵述于后，不有以继之，则无以承籍于悠久"。三是受唐太宗作《帝范》以训其子的启发。他说：

---

① 《圣学心法序》，见《明实录·明成祖实录》卷九二，下引此篇不注。

"朕尝欲立言以训子孙，顾所闻者不越乎六经圣贤之道，舍是则无以为教，尚何言哉？故于几务之隙，采古圣贤嘉言，编辑为书，名之曰《圣学心法》。"

在谈到所编之书与自己的序言（实为家训）的关系时，朱棣阐明了他的良苦用心。他说：自己"道无足以贻谋，言不足以为训，姑述其近似者以序于篇端，使吾子孙先观吾言然，复观是编。不观吾言，则无以见吾之用心；不知吾之用心，则不能窥圣贤之间奥。非欲其取法于吾言，实欲其取法于圣贤之言也。取法于圣贤，则万世而无弊，此吾之所以拳拳致戒于子孙者也"。他甚至慨叹道："呜呼！吾以是而遗子孙者，盖各安长治之道。后世能守吾之言，以不忘圣贤之懿训，则国家鲜有失道之败。"

如此可保江山永固的家训谈了些什么呢？《圣学心法序》篇幅虽然不是太长，但将其看做是一篇全面系统论述为君之道的帝王家训并不为过，因为它涉及修身、勤政、爱民、任贤、纳谏、待下、赏罚、理财、军备、尊亲、廉俭等诸多方面。

首先，"治心修身"，"勉于学问"。朱棣从君主的责任强调了自身修德勉学的极端重要性。他说："夫君人者，尊居九重上之，而统临万物之表，智周乎天下，然后能应天下之务，不由学问则圣功何成？是故积道于躬，惟勤于教学；畜德于己，多识于前言，必也尊师重传，讲贯以广其见闻；治心修身，涵养以充其器量……苟为不然，静无所养，动无所施，志为气夺，心为物诱，丧其赋予之重，失其禀受之良，眩瞀而无所知，汗漫而无所得，天下治乱系焉。承帝王之绪者，可不加勉于学问乎？"朱棣强调，作为君主要以自己的道德修养为天下树立榜样。在谈到家庭伦理时，他要求子孙"以一身之孝，而率天下以孝"，他认为这样就可以收到"不令而从，不严而治"的效果。

其次，勤政爱民，谨始虑终。朱棣以大禹、文王勤政不息、功盖天下、福被子孙的例子，告诫子孙"祸乱生于怠豫，而治康本于自强"的道理。他说："德以服人，宜莫如勤……是故勤则不懈，不懈则身修、家齐、国治而天下平。"君王怎样才能永远保有天下呢？他的回答是："守满持盈，居高思危，谨其始，虑其终，则可以保其位而安其身也。"

这自然是出于朱氏江山永固的考虑，但接下来朱棣对君民关系的论述，则不论统治者能做到多大程度，这种认识却是极为可贵的。他说："民者国之根本也，根本欲其安固，不可使之凋敝。是故圣王之于百姓也，恒保之如赤子：未食，则先思其饥也；未衣，则先思其寒也。民心欲其生也，我则有以遂之；民情恶劳也，我则有以逸之。树艺而使之不失其时，薄其税敛，而用之必有其节。如此则教化行，而风俗美；天下劝，而民心归，行仁政而天下不治者，未之有也。"

第三，治政之要，育才择贤。朱棣告诉子孙："致治之要，以育才为先；化民习俗，以学道为至……故养士得才，以建学立师为急务也。"正是出于这种考虑，与明太祖一样，朱棣对培育人才是很重视的。史料记载，永乐二十年时，国子监的学生就达到了九千九百七十二名。[①]

在任人方面，朱棣提出"当择贤才"。何为贤才？他提出了一个标准，即以"众论"为准。他说："是故圣君之用人，必取信于众论，不偏听于一人，一人之心有好恶，众人之议合至公。人皆曰贤，用之可也；一人曰贤，察之可也。取之至公，用之至当，不公私昵而妨贤，不以非贤而旷官……故用人之道无他，公而已矣。"这种选贤任能的用人标准，如真能坚持，无疑是有利于保证统治阶级政权长治久安的。

第四，礼待臣下，虚心纳言。在君臣关系上，朱棣认为双方是相辅相成的。他说："夫君者元首也，臣者股肱，君统乎臣，臣辅乎君。"因此，"人君之于臣下，必遇之以礼，待之以诚，不如是不足以得贤者之心。夫君不独治，必资于臣，敬大臣非屈己之谓也，以道在是，而民之所观望者也。是故待下有礼，则天下之士鼓奋而相从；待下无礼，则天下之士纳履而远去。"他还指出，为君者应虚心纳言，这是关系到国家兴亡的大事。他说："人君日总万机，事难独断，必纳言以广其聪明，

---

①　参见杨荣春：《中国封建社会教育史》，广东人民出版社 1985 年版，第 366 页。

从善以增其不及。"忠鲠之言虽然难听，却如药石一样可以治疗疾病；阿谀奉承的话虽然好听，却像蛊蠹终是害人之物。所以，有善于纳谏的君主，是国家之福，这样"众言日闻，则下无蔽匿之情，中无隐伏之祸，而朝廷清明，天下平治矣"。

第五，节俭理财，赏罚分明。朱棣教育子孙，人君富有天下，"何欲不遂，何求不得？然欲不可纵，心不可侈"。理财要量入为出，守之节俭，力戒奢靡。他以正反两方面的经验教训，说明"财聚则民散，财散则民聚"的道理，要求子弟不可无度聚敛百姓财富，奢侈浪费。"盛世之君，常存节俭，不侵淫于嗜欲，不骄盈于富贵，故天下靖安，四海蒙福。"否则，民怨于下，天怒于上，亡国之日就不远了。朱棣还嘱咐子孙，要赏罚得当，尤其是刑罚的实行更要慎重，要明确"始也明刑以弼教，终也刑期于无刑"。朱棣的见解是很有道理的。

第六，文武并用，文主武辅。在处理与周边国家、地区的关系上，朱棣指出"驭夷狄有道，谨边备是也"。要"怀之以德，厚之以仁，而待之以信"。不可先挑起事端，不可贪利邀功。不要因其归顺而松弛边防；也不要因其衰微而忘记武备。但是，朱棣又反复叮嘱子孙，不要穷兵黩武，"夫兵者，圣人制之以备不虞也，盖不得已而用之……兵不可以黩，黩则玩，玩则败"。总的原则是"不可以武而废文教，亦不可以文而弛武备。文武并用，久长之术"。朱棣的观点是很有辩证法思想的。

应该说，作为一位封建君主，朱棣对皇室子孙的上述训诫是值得称道的。假如他们真能像朱棣家训要求的那样，"吾子孙诚能遵而行之"，的确"足以为治"，江山永保。遗憾的是，封建统治者所做的并非如此。

三、清圣祖康熙家训：帝王家训的顶峰

康熙皇帝玄烨（1654—1722），满族，姓爱新觉罗，名玄烨。顺治帝第三子，八岁登基，十四岁亲政，十六岁智擒辅命大臣鳌拜，加强了皇权；采取了废除"圈地令"等改革措施，兴修水利，奖励开荒，使经济得到发展；先后平定"三藩"之乱，统一台湾；发动了反击沙俄侵略势力的雅克萨之战，反对罗马教皇干涉中国内政，维护了中国主权。刻苦研习儒学，开博学鸿儒科，设馆编辑《古今图书集成》、《康熙字典》、《明史》、《全唐诗》、《佩文韵府》等，继承与发扬了中国传统文化；对西方科技文化，如天文学、数学、医学、地理学、水利、测量、音乐、绘画等也多有涉猎。但他为钳制反清思想而大兴文字狱，是有碍文化教育发展的。康熙作为文德与武功并举之杰出帝王，继承了祖上重视家训的优良传统，平时对皇子与皇室成员严加教诲，留下了《庭训格言》、《庭训》、《圣谕十六条》等名篇，深深地影响了雍正诸帝。

（一）《庭训》与《庭训格言》中的家训思想

《庭训》是康熙自身接受家训的记录，同时表示自己要继承祖先的传统，严格进行家教。《庭训格言》是雍正帝在登位第八年和有关亲王，对康熙平时教诫皇子与皇族的训词进行追述，整理成系统的语录，凡一卷二百四十六则，用以教导子孙。其主要内容有：

1. "谕教宜早，弗敢辞劳"。

康熙在其《庭训》讲的这两句话，既是他接受祖母训诫的心得，又是他对诸皇子训诫的依据，告诉他们："朕自幼龄学步能言时，即奉圣祖母慈训，凡饮食、动履、言语，皆有矩度，虽平居独处，亦教以罔敢越轶。"[①] 圣祖母指清太宗皇太极的孝庄文皇后，她是其父顺治帝的生母，对玄烨小时的饮食、走路、说话等言行举止都有教诲，定下准则，即使他平时独居，也规定不得超越"矩度"，使他从小就懂得礼义。玄烨六岁时，与兄弟一起向父皇顺治帝问安，顺治问他们各有什么意愿？

---

① 康熙：《庭训》，见《圣祖仁皇帝御制文》二集，卷四〇。

皇二子福全言："愿为贤王。"玄烨则答："愿效法父皇。"① 顺治甚是诧异，从此倍加喜爱，他继承皇位与此有关。即位后，孝庄文皇后仍教诫他："祖宗骑射开基，武备不可弛。用人行政，务敬以承天，虚公裁决。"在历年用兵征叛过程中，她又"告上诫师行毋掳掠"。还训之以文治，"作书以诫曰：'古称为君难。'苍生至众，天子以一身临其上，生养抚育，莫不引领，必深思得众得国之道，使四海咸登康阜，绵历数于无疆，惟休。汝尚宽裕、慈仁、温良、恭敬，慎乃威仪，谨尔出话，夙夜恪勤，以祗承祖考遗绪，俾予亦无疚于厥心"②。意思是为承继祖先开创的基业，使之绵绵无疆，你对臣民庶众要宽厚、仁慈、温良、恭敬，慎行威仪，谦谨宜谕，勤劳政事。玄烨遵循祖母的这些训诫，"自强不息，以日新厥德"。他首先在治学、修身方面下工夫，感悟到"学问者，百事根本"；而"为学之要，在乎穷理致知，天德王道，本末该贯，存心养性，非此无以立体、齐治、均平，非此无以达用"。于是孜孜以求，"日有程课，乐此忘疲"。如"搜讨艺文"以"增长见闻，充益神智"；在"机务之暇，讲肄诸经，参稽易学于太极、《西铭》之义，河图、洛书之旨，往往潜心玩味"。又"以次历观史乘，考镜得失，旁及古文诗赋、诸子百家"③。康熙从幼时开始到即位以后，不仅没有中断过学文，而且还坚持习武。他对诸皇子说："朕自少习射，亦如读书作字之日有课程，久之心手相得辄命中……以武功定暴乱，文德致太平，岂宜一日不事讲习？"④ 我既以此自勉，也用这些来督促你们。

　　康熙还向诸皇子指出："父母之于儿女，谁不怜爱？然亦不可过于娇养。若小儿过于娇养，不但饮食之失节，抑且不耐寒暑之相侵，即长大成人，非愚则痴。尝见王公大臣子弟中每有痴呆软弱者，皆父母过于

----

① 《清史稿·圣祖本纪一》。
② 《清史稿·孝庄文皇后》。
③ 《庭训》。
④ 同上。

娇养之所致也。"① 娇养看似爱子女，实际上是害他们。要真正爱他们，就必须早教、严教。他说："孔子曰：'少成若天性，习惯成自然。'盖蒙以养正，盛年力学，如朝日舒光。"因此，"谕教宜早，弗敢辞劳。"他常常天未明就起床，亲自监督、考核诸皇子"背诵经书，至于日昃"，直到太阳西斜；"还令习字、习射、覆讲，犹至宵分"。直到傍晚。一年到头，"无有旷日"。因为"进修之益，必提撕警诫"，才能领会真切。对皇子与皇族说：你们生长在深宫之中，年纪还小，熏陶涵养正是时候，要爱惜光阴，勤奋勿怠，"木受绳则直，金就砺则利，穷理格物，多识前言往行，是惟作圣之功"。你们"今日为子弟，他日为人父兄"②。应当知我心，思我言。康熙督促、考察诸子读书、习射十分严格，不仅自己劳顿，而且诸子也颇勤苦。难怪清代史学家赵翼（1727—1814）在其《檐曝杂记·皇子读书》中说："本朝家法之严，即皇子读书一事，已迥绝千古。"百官还未上朝，皇子们已人书房，作诗文，学国书，习国语，练骑射，"薄暮始休"。又说："我朝谕教之法，岂惟历代所无，即三代以上，亦所不及矣。"

2. 积德累功、由善而圣的修身教育。

康熙训诫诸皇子："人生于世，最要者惟行善。"圣人经书所留给后人的那些话，只是要人向善，"神佛之教，亦惟以善引人"。他指出："人之为圣贤者，非生而然也。盖有积累之功焉。"人不是生来就成为圣贤的，而是逐渐积累成的。"由有恒而至于善人，由善人而至于君子，由君子而至于圣人，阶次之分，视乎学力之深浅。"由于恒久行德，便进入善人境界，再达到君子境界，最后上升到圣人境界，这其间的阶梯等次的区分，取决于学习、力行的深浅程度，因而"积德累功者，亦当求其熟也"。有志为善者，开始要"充长之"，继而要"保全之"，并且

① 《钦定四库全书·圣祖仁皇帝庭训格言》。
② 《庭训》。

"终身不敢退"，这样才能收到"日增月益之效"①。这一有志为善、积德累功、向圣人境界逼进的目标，是康熙整个修身教育的基础。由此出发，他进一步提出：

一是志学。训诫道："志学乃作圣之第一义"；"圣人一生，只在志学一言"。忠实地"学而不厌，此圣人之所以为圣人也。千古圣贤与我同类人，何为甘于自弃而不学？苟志于学，希贤希圣，孰能御之"？圣贤与我同样是人，为什么要甘心自暴自弃而不去学习？如果立志学习，以求达到圣贤境界，那么谁能阻挡住你的努力呢？所以志学乃达到圣贤之第一要义。康熙讲的"学"，首先是读书，训诫道："尔等平日诵读及教子弟，惟以经、史为要。夫吟诗作赋，虽文人之事，然熟读经史，自然次第能之。幼学断不可令看小说……是皆训子之道，尔等其切记之。"他认为，小说对儿童起不到"指点本心"的作用，诗赋也可置后，关键是读经史。要讲读《尚书》，《尚书》虽以道政事，然上而天道，下而地理，中而人事，却"无不备于其间，实所谓贯三才而亘万古者也"。因而不仅"帝王之家固必当讲读，即仕宦人家有志于事君治民之责者，亦必当讲读"。还要读《易经》，"《易》为四圣之书……朕惟经学为治法之要，而诗书之文、礼乐之具、春秋之行事，罔不于《易》会通"。所以，凡是读书者不可不学《易》，学《易》又不可不认真。读经虽有益于理解诗，但读诗也是学习的重要内容。"训曰：诗之为教也，所从来远矣……思夫伯鱼过庭之训、小子何莫学夫诗之教，则凡有志于学者，岂可不以学诗为要乎？"②

对于如何读书学习，康熙也多有训导。首先是不怕困难、勇猛精进。"大凡世间一技一艺，其始学也，不胜其难"，但若因此而"置而不学，则终无成矣"。所以，初学时"贵有决定不移之志，又贵有勇猛精进之心，尤贵有贞常永固、不退转之念"。如若做到这些，"则凡技艺焉

---

① 《格言》。
② 同上。

有不成者哉"！其次是勤奋有恒。康熙以自己为例说：我"五更即起诵读；日暮理事稍暇，复讲论琢磨，竟至过劳，痰中带血，亦未少辍。朕少年好学如此"。再次是虚心请教。"训曰：人心虚则所学进，盈则所学退。""虽极粗鄙之人"，也能有合理的言论。对此，应"决不遗弃"，一定探明其根由而牢记，不"自知自能"而"弃人之善"。再次是事理未明务至弄明，不要强不知以为知。"训曰：读书以明理为要。"间有一字未明，亦必加探求，要知之为知之，不知为不知，不要不懂装懂，以不知为知。四是读书要思考，要与事实相对照。"训曰：凡看书不要为书所愚始善。"这就要动脑筋，进行辨别，不可什么都"信以为真也"。对书上讲的事物，要进行验证，"必亲见亲历始得确实。若闻之他人或书中偶见，即据以为言，必贻笑于有识之人矣"①。

二是"三戒"。康熙运用孔子的话："君子有三戒：少之时血气未定，戒之在色；及其壮也，血气方刚，戒之在斗；及其老也，血气既衰，戒之在得。"你们"有血气方刚者，亦有血气未定者，当以圣人之语各存诸心而深以为戒也"。关于戒得，他指出：你们若为官任职，一定要用俭约"以养廉。居官居乡只缘不俭，宅舍欲美，妻妾欲奉，仆隶欲多，交游欲广，不贪何以给之？与其寡廉，孰如寡欲？语云：'俭以成廉，侈以养贪。'此乃理之必然矣"！康熙这些话，指出了贪的思想道德根源，就是欲望太多，俸禄满足不了这些需要，就必然要贪污受贿，所以说俭约可养成廉洁，奢侈会变得贪婪。一旦贪赃枉法，就难免受到国法制裁。而"俭约不贪，则可以养福，亦可以致寿"。他告诫皇子和皇族，家中有田地、足以赡养供给的人，应当"量入为出，用度有准，丰俭得中"，这样才能"安分养福，子孙常守"②。

三要慎独。慎独指人在独处即周围无人时也能谨慎自重、不违礼法。康熙"训曰：《大学》、《中庸》俱以慎独为训，是为圣贤第一要节。

---

① 《格言》。
② 同上。

后人广其说曰'暗室不欺'"。即在别人看不见自己的地方也不干自欺或欺人之事。暗室有两种含义："一在私居独处之时，一在心曲隐微处则人不及知。"后者指内心深处他人难以看透的隐秘。这时，惟有君子能做到"指视必严"——严格注意自己的思想与行为，"战战栗栗，兢兢业业，不动而敬，不言而信"，不愧于正人君子的称号。慎独贵在平时，"训曰：凡人修身治性，皆当谨于素日。朕于六月大暑之时，不用扇，不除冠，此皆平日不自放纵而能者也"①。他以自己在炎热的暑天不扇凉、不摘帽子为例，要求皇子们在平素坚持慎言谨行，不放纵自己。

四是主敬。他说："君子修德之功，莫大于主敬。内主于敬，则非僻之心无自而动；外主于敬，则惰慢之气无自而生。"时时处处事事都不忘敬，这才是正人君子无处不存敬畏之心，处处为人正派的缘故。

3. 居安思危和处险不惊的为政教育。

居安思危就是康熙说的无事如有事，处险不惊指有事如无事。他训导皇子们说："凡人于无事之时，常如有事而防患其未然，则自然事不生。若有事之时，却如无事，以定其虑，则其事亦自然消灭矣。"② 无事如有事即不高枕无忧、麻痹大意和丧失警惕。对于居心叵测之臣，图谋叛逆之行，为君者如果没有戒备之心，无见微知著之智，那么一旦事变发生，就会措手不及。相反，若戒备不怠，防患于未然，事变就不容易发生。即使发生，也不要惊惶失措，乱了方寸。而是要像平常无事一样，泰然自若，思虑安静，从容处置，使问题妥善解决。康熙说："曩者三孽作乱，朕料理军务，日昃不遑，持心坚定，而外则示以暇象，每日出游景山骑射。"三孽作乱指平西王吴三桂、平南王尚可喜、靖南王耿继茂在1673年发动的叛乱。当时，"满洲兵俱已出征"，留下的军队是些老弱病残者，情况十分危急。康熙一天到晚处理军务，忧心忡忡，但表面上却悠闲自得，每天到景山骑射玩赏。他对诸皇子说："朕若稍

①《格言》。
② 同上。

有疑惧之意，则人心摇动，或致意外，未可知也。"正是由于他处险不惊，沉着对付，至康熙二十年（1681），三藩之乱终于平定，政局转危为安。可见，不论事无事有、事大事小，"皆当一体留心。古人所谓防微杜渐者，以事虽小而不防之，则必渐大，渐而不杜，必至于不可杜也"①。

　　要做到居安思危与防微杜渐，一是以德服人。康熙虽然无情地镇压各地叛乱，训导诸皇子与八旗子弟熟习骑射，但并不迷信武力，他说："子舆氏不云乎：'以力服人者，非心服也，力不赡也。以德服人者，中心悦而诚服也。'"以武力征服人，人服心不服，不能持久；以恩德服人，心悦诚服，能够持久。例如：当年王师大破叛将王平藩时，"获苗人三千，皆释而归之"。后进军云南时，继承了吴三桂帝位的其孙吴世璠穷途末路，要求苗民派兵援助，"苗（民）不肯行，曰：'天朝活我恩德至厚，我安忍以兵刃相加遗耶'"②？大清王朝有让我们活命的深恩大德，怎能忍心以武力对抗作为回报呢？这说明，苗民也是能以德征服的。二是安抚边疆。这是以德服人的要求。他告诉皇子们：我即位后，"新满洲等各带其佐领或合族来归顺"，祖母知道后十分高兴，特下达圣旨道："'此虽尔祖上所遗之福，亦由尔怀柔远人，教化普遍，方能令此辈倾心归顺也。岂可易视之？'"这虽是你祖先留下的福佑，然而也是由于你安抚远方，教化普及全国，才使这些人甘心归顺，怎可轻看这件事？康熙这样说，目的是希望子孙们把政教德治推广到边疆地区，建立统一的多民族国家。三是仁民爱物。这是以德服人的中心。"训曰：仁者无不爱。"爱包括"爱人爱物"两个方面，爱人就要设身处地为他人着想，"己逸，则必念人之劳；己安，而必恩人之苦。万物一体，痌瘝切身，斯为德之盛，仁之至"。天地间万事万物均属一体的不同部分，故别人的病痛就同自己的病痛一样，这才是君王盛大的恩德，最高的仁

① 《格言》。
② 同上。

爱。四是勤政不怠。康熙训诫诸皇子：对国家军政大事，必须勤勉、认真，丝毫不能马虎。当年，国有战事，"一日三四百本（奏）章，朕悉亲览无遗"，而无懈怠之心。不仅一一诵读，即便有一个错字，我也"以阃笔改正发出"；"翻译不堪者，亦削改之"。对翻译得极差的文字，也加以删改。当时，群臣以为皇帝未必来得及通读奏文，故往往疏忽而出此错。勤政不怠与仁爱之德表现在决断罪犯上，就是对罪犯的生命负责，慎重审定，防止冤杀或罚不当罪。康熙训诫道：杀人偿命，理所当然。"但为人君者，于杀人之事，必以哀矜之心处之。"这不是不杀、同情、纵容罪犯，而是对案件要慎重处理，以免粗心大意、草菅人命。对于刑部奏送的人命案件和每年秋天处决案件都要尽心竭力、周详地加以审定。五是慎用人，明赏罚。"训曰：为人上者，用人虽宜信，然亦不可遽信。"选拔大臣、调动官员一定要审慎。不要用"拗性人"，这类别扭古怪之人，常常"人以为好者，彼以为不好；人以为是，彼反以为非。此等人似乎忠直，如或用之，必然愤（愤谓败坏）事"。也不要用"满口恶言"、"背后毁谤"别人的心存不良之人。还要戒备那些"视人有丑恶事，转以为快乐"的"幸灾乐祸"之小人。对任用的官员既要信任，广开言路，参考众论，又要详加审察，断之己意，"盖众谋独断，不容偏废"。康熙还指出，对官吏要赏罚分明，有功者褒赏，有罪者惩罚。但"人以改过为贵"，能改者，"皆不当罪之也"[①]。自己有过，不能将过失推给臣下。

4."一粒之艺，于身有益"的知识技能教育。

康熙秉承祖训，向诸皇子指出："为人凡学一艺，必于自身有益。我朝先辈尝言，'一粒之艺，于身有益'。"技艺寓于实事之中，故"人勤习一事，则身增一艺。"勤奋地学做一件事，就增加一种技艺，即使掌握了米粒大小的一点本领，也会终身受益。他对皇子们的知识技艺教育范围极广。首先是骑马射箭。"训曰：我朝祖宗开创以来，弧矢之利，

---

① 《格言》。

以威天下，伐武安民，平定海内"，怎能有一天不事讲习？故每天率领皇子与侍卫等"射侯射鹄，备仪备典"，并命诸皇子在各旗担任"佐领，各各娴习弓马"，学习指挥本领。训诫道："古圣经书，射以垂训，历历可监，习射上功，宾与择士"，用射传布训诫，以练习比射为上功，用来结交嘉宾，选择贤士，更何况为了国家"立功立德，振兴要务，自当严加训练，多方教谕，不可一刻废懈也"。还要熟习驭马、护马之术："我朝满洲骑射，其功用则有不可胜用者，盖骑射之道，必自幼习武，方得精熟。未有不善于驭马，而能精于骑射者也。"驭马不要害怕，要"人马相得，上下如飞"；追逐野兽时，"驰驱应范，远近合宜"，最后达到"不择优劣乘之，惟见其佳，盖人能显马，而马亦能显人也"。骑驰久远，"马既出汗，断不可饮之水。秋季犹可，春时虽无汗，亦不可令饮。若饮之，其马必得残疾。汝等切记"①。

其次是天文历法和农桑。告诉诸皇子："朕幼时，钦天监，汉官与西洋人不睦，互相参劾，几至大辟。杨光先、汤若望于午门外九卿前当面测日影"，在大臣们面前以测定日影打赌，"朕思己不能，焉能断人之是"？自己不会测算，怎能判断别人之是非？于是"愤而学焉"。你们只知"朕算术之精，却不知我学算之故……谁知朕当日苦心研究之难也"②。意思是你们要判断自然科学的是非问题，要自己首先学懂，然后才有发言权。天文历法与农桑关系密切，康熙告诫道："朕自幼喜观稼穑，所得各方五谷菜蔬之种必种之，以观其收获。诚欲广布于民生，或有裨益也。朕丰泽园所种之稻，偶得一穗，较他穗先熟，因种之，遂比别稻早收，若南方和煖之地，可望一年两获……今塞外之野茧大似山东之山茧，朕因织为茧紬绌，制衣衣之，此皆农桑之要务。"③ 希望皇子们也懂得农桑。

---

① 《格言》。
② 同上。
③ 同上。

再次是医药。指出："医药之系于人也大矣。"它对人的用处真是太大了。我自幼阅读医书甚多，并能透彻了解其来龙去脉，可是，"今之医生所学既浅而专图利，立心不善，何以医人？"他告诫子孙："朕凡所试之药与治人病愈之方，必晓谕广众；或各处所得之方，必告尔等共记者，惟冀有益于多人也。"意思是能治病的良方，一定要告诉广大群众；我与你们都要将它们牢记在心，希望能有益于大多数人。同时，自己有病时"请医疗治，必以病之始末详告，医者乃可意会，而治之亦易"。若"不以病原告之，反试医人之能识其病与否，以为论难，则是自误其身矣"。另外，由于病因与病情不同，有的服"一二剂药即瘳者，亦有一二剂药不能即瘳者"。若急于求愈，因服一二剂药不见好转，就"频换医人，乃自损其身也。凡人皆宜记此"。这些都颇有见地，对诸皇子在有病时配合医生诊断与治疗很有价值。疾病还要注意预防，他告诫子孙：建国之初，"人多畏种痘，至朕得种痘方，诸子女及尔等子女，皆以种痘得无恙。今边外四十九旗及喀尔喀诸藩俱命种痘，凡所种皆得善愈"。这里讲的"种痘"，不是1796年詹纳发明的种牛痘法，而是明代隆庆年间（1567—1572）以来中国一直使用的人痘接种法。但对满族来说是新技术。当时，满族老年人以种人痘为怪事，但康熙决意"为之"，在宫廷内和边外大力提倡，收到了良好的效果，保全了成千上万人的生命。

再次日常应用知识。如游泳："朕诸子自幼俱令习水，即习之未精者"，也比起"未习于水者"不大相同，"所以行船涉水，总不为汝等牵挂也"。如避雷：康熙虽无科学的雷电知识，但却有这方面的生活经验，"训曰：大雨雷霆之时，决毋立于大树下。昔老年人时时告诫，朕亲眼常见，汝等记之"。以免发生雷击触电事故。如用鸟枪："训曰：鸟枪炎药最宜小心。大概一两火药可以烘动二三间房屋；如或一斤，则其力不可言矣。我知之甚切，且闻之亦多"，你们要注意，以免发生伤亡。如驻营地选择：外出时，驻营住宿地至关重要。"若夏秋间，雨水可虑"，一定要选择高原，河湾与洼地断不可住。冬春时则"火荒可虑"，一定要寻找草稀背风处；若找不到，则要在营外将草割除才能居住。另外，以前曾立过营的地方也不可住。这是"我朝旧制"，必须遵守。这些教导，对于防水、防火、防传染病都有价值，是经验之谈。

康熙对皇子们的上述技艺教育与道德教育是结合在一起的。如他告诫子孙："如今凡匠役人等，各有秘传技艺，决不肯告人。而朕问之，彼若开诚明奏，必密之，不告一人也。"匠人的祖传技艺秘密，若因我问他而坦诚向我奏明，我一定替他保密。意思是你们也要不欺骗人，这样才能得到别人无保留的信赖。又如对洋人技艺的态度问题，"训曰：漆器之中，洋漆最佳。故人皆以洋人为巧，所作为佳"。其实，漆器之华美与粗鄙与气候干燥与潮湿有关。"此皆各处水土使然，并非洋人所作之佳，中国人所作之不及也。"这种解释虽未必科学，但他这种对中外技术差异的原因进行思考的态度是可取的，有助于防止和克服崇洋媚外的思想。

5. 以孝为先的居家教育。

康熙训诫诸皇子："先王以孝治天下，故（孔）夫子称至德要道，莫加于此。"他指出：《孝经》深入全面地说明了子女服侍父母的道理，"为万世人伦之极，诚所谓天之经、地之义、民之行也"。因而应当"留心诵习"、"身体力行"。恪守孝道，首先要祭祀祖先。"我朝赖祖父福荫天下统一，国泰民安……所遗之基，所积之福，岂可易视哉！"其功德怎能轻视，应当追远承志。其次要孝敬父母。这主要"不在衣食之奉养"，而在"惟持善心，行合道理"，"诚敬存心，实心体贴"，早晚问安，以得父母君亲之"欢心"，这才是真孝子。居家也要遵行礼仪。"训曰：礼之系于人也大矣！诚为范身之具，而兴行起化之原也……揖让、进退、饮食、起居之节，君臣上下赖之以序，夫妇内外赖之以辨，父子、兄弟、婚媾、姻娅赖之以顺而成。"总之，各种人伦关系都因礼仪规范而等差有别、井然有序、彼此和顺。因此，"尔等所习本经既熟，正当学礼。孔子曰：'不学礼，无以立。'其宜勉之。"

康熙对于诸皇子如何处理与太监、下人的关系也有明确训诫。指出：太监原不过是宫廷内外"以备洒扫而已，断不可使其干预（官）外事"。即使我身边的那些太监，也只是谈些家常事，说点笑话，而"从不与言国家之政事也"。至于对那些干杂事的下人，"固不可过于严厉，而亦不可过于宽纵"。如有小错误，"可以宽者则宽宥之"；如犯了罪过，"则惩责训导之"。切忌"当下不惩责"，事后常借细微小事"蹂践"之。这样，他们便会恐惧不安，于事无益，"汝等留心记之"①！

（二）以严教、身教与"体认世务"为主导的家训原则和方法

首先是慈爱与严教相结合的家训原则。"训曰：为人上者，教子自幼严饬之始善。"如对王公之子，"爱恤过甚，其家丁仆人多方引诱，百计奉承，若如此娇养，长大成人，不至痴呆无知，即多任性狂恶，此非爱之，而反害之也。汝等各宜留心"②。康熙出自对皇子们的慈爱而严加教诲，亲自训导、检查与考核他们的学习情况。对此，法国传教士白晋记述道：从皇子们"懂事起，（康熙）就训练他们骑马、射箭与使用各种火器，以此作为他们的娱乐与消遣。他不希望皇子们过分娇生惯养，恰恰相反，他希望他们能吃苦耐劳，尽早地坚强起来，并习惯于简朴的生活"。③ 当然，这种苦、劳、简是从帝王之家的角度来说的，与寻常百姓子弟相比，他们过的则仍是一呼百应、养尊处优的生活，故娇纵在所难免。康熙在总结为什么太子被废时说："允礽为太子时，服御俱用黄色，仪注上几于朕，实开娇纵之门。"④

其次是率身垂范、以身作则的原则。准噶尔部首领噶尔丹勾结沙俄制造分裂，康熙亲征平乱。他用这次领兵打仗的事例训导诸皇子："兵

---

① 《格言》。
② 同上。
③ 郭松义等：《清朝典制》，吉林文史出版社1993年版，第21页。
④ 《清史稿·诸王六》。

书云：'为将之道，当身先士卒。'"我当时恐怕粮食一时供应不上，"传令诸营将士每日一餐，朕亦每日进膳一次"。接近敌军时，我"即身率侍卫前锋，直捣其巢，大兵随后依次而进"。①噶尔丹大败，于康熙三十六年自杀，叛乱遂平。作战如此，其他亦如此。如道德，"训曰：凡人有训人治人之职者，必身先之可也。《大学》有云：'君子有诸己而后求诸人，无诸己而后非诸人。'特为身先而言也。"意思是凡以教育人、治理人为职责的人，一定要自己率先做榜样才行。《大学》说：君子本身有德，然后才以此要求他人，本身无不德，然后才以此谴责别人。这两句话就是特意为率先垂范起带头作用说的。又如法令，他训导道："欲法令之行，惟身先之，而人自从。"如吃烟一事，虽与大事无多大关系，"然火烛之起多由此。故朕时时禁止"。我并不是不会吃烟，而是"颇善于吃烟"，但"禁人而己用之，将何以服之？因而永不用也"。只禁别人而不禁自己，那如何服人？只有身先臣民，臣民才会顺从，因而我永不吃烟了。康熙这一做法，也为诸王子树立了榜样。

三是"体认世务"、"据书理而审其事"。就是既在参与"世务"中体会义理，又用义理来审视世务，把理论与实际结合起来，成为经世致用的人才。这是康熙家训所遵循的又一重要原则。具体表现为不仅在日常训导中向皇子们传授各种实际知识，而且命他们在参与军政大事中增长领导、管理才能。如康熙三十五年亲征噶尔丹时，命太子留京处理政务；命长子允禔与大臣索额图率军先行；命三子允祉领镶红旗大营、命五子允祺领正黄旗大营、命七子允祐领镶黄旗大营。又如，康熙五十七年，命十子允䄉办理正黄旗满洲、蒙古、汉军三旗；命十四子允禵为抚远大将军，讨伐策妄阿喇布坦。这些实际上都是一种"挂职锻炼"，目的是为他们提供条件与机会，在实战中学习指挥本领。还有些技艺方面的重要事务，也命他们参与。如康熙五十一年，命"允祉率庶吉士何国宗等辑律吕、算法诸书，谕曰：'古历规模甚好，但其数目岁久不合。

———————————

① 《格言》。

今修历书，规模宜存古，数目宜存今'"。五十三年书成，康熙命将律吕、历法、算法三者合为一书，名曰《律历渊源》。又如十六子"允禄精数学，通乐律，承圣祖（康熙）指授，与修数理精蕴"①。使允禄发展了其技艺方面的专长，在乾隆年间掌工部，管乐部，在宫廷乐方面有所建树。

上述家训原则，贯穿于康熙具体的家训方法之中。一是具体指导。教以读书，则首选"帝王之家必当讲读"之言及"六府、三事、礼乐、兵农"之书，供其学习。教以领兵作战，则运用《国语》中敬姜关于劳则善心生的思想："兵丁不可令习安逸，惟当教之以劳，时常训练……如是，则战胜攻取有勇知方。故劳之适所以爱之，教之以劳真乃爱兵之道也。不但将兵如是，教民亦然。"② 他反对诸皇子学习无益于治国的技艺：以前"一时作兴吹筒，吹者甚多，朕亦尝试之，不济于用且伤人气……与其用无益之物，何若熟习弓马，不亦善乎"。二是有的放矢。针对皇子的缺点，有目的地进行。如允礽生病，康熙去看望时，正值他与近侍发脾气。"朕宽解之曰：我等为人上者，罹疾却有许多人扶持任使，心犹不足，如彼内监或是穷人，一遇疾病，谁为任使?"当时左右侍者听了都感动得"无有不流涕者"。康熙还告诉他，我过去得足痛病，转身艰难，依赖两旁侍御人挪移，稍不慎就"不胜其痛"，但我与左右近侍"谈笑自若"，并未生气和苛责人，"汝等宜切记于心"。三是感性直观教育。康熙曾命来华的传教士领导开展测绘工作，并绘制成一当时最精确的全国地图，"南至沔国，北至俄罗斯，东至海滨，西至冈底斯，俱入度内，名为《皇舆全图》"。他用此图训导诸子："尔等观此图方知我朝地舆之广大，祖宗累积，岂可轻视耶！既知创业之维艰，应虑守成之不易。"希望他们通过观看地图，知道国土之辽阔，创业之艰难，从而加强学习、修养，共同维护祖宗基业、大清江山。

---

① 《清史稿·诸王六》。
② 《格言》。

（三）康熙家训的特点与意义

周公开创的中国帝王家训，中经封建社会盛世时期唐太宗的综合，绵绵两千余年，至康熙帝再次综合达到历史顶峰，以后便渐趋滑落，随着清王朝衰亡而走到尽头。康熙作为封建社会后期帝王家训的最大代表，其家训思想具有以下特点：

第一，将汉族以儒学为中心的思想文化与满族器物旧制、生活习俗贯穿于整个家训过程中。康熙本人受到良好的汉族思想文化教育。其父顺治帝尊孔崇儒，不仅称孔子为"大成至圣文宣先师"，修孔子庙，还命国子监贵族子弟习《四书》、《五经》、《资治通鉴》和程朱理学，考课以经书为主。他还信奉佛教禅宗，与禅师谈论禅机，并自称"痴道人"，一度剃发欲出家为僧。而生育了康熙的其妃佟佳氏则原为汉人。这些情况，为康熙认同与推行汉族传统文化奠定了基础。他 1667 年亲政后，更是讲读儒家典籍，并以儒学特别是宋明新儒学作为治国、理民与训导皇子、皇族的指导思想。1670 年，康熙发布《圣谕十六条》，即："敦孝弟以重人伦；笃宗族以昭雍睦；和乡党以息争讼；重农桑以足衣食；尚节俭以惜财用；隆学校以端士习；黜异端以崇正学；讲法律以儆愚顽；明礼让以厚风俗；务本业以定民志；训子弟以禁非为；息诬告以全良善；诫匿逃以免株连；完钱粮以省催科；联保甲以弭盗贼；解仇忿以重身命。"[1] 作为纲领性举措，晓谕包括皇族在内的八旗和全国。康熙训诫皇子与皇族的核心内容，就是儒家思想理论，包括作为家训立足点的性习论、理欲观；以孝为本的家庭伦理；以忠信与忧患为基础的政治伦理；以立志、正心为重点的修养论等。

同时，道、佛思想在其家训中亦有一定地位，如"训曰：《老子》曰'知足者富'，又曰'知足不厚，知止不殆，可以长久'"。衣服不过是用来遮体的，但世人"衣千金之裘，犹以为不足"；"食不过充肠，罗

---

① 《圣祖实录》卷三四。

万钱之食，犹以为不足"。我则知足，衣服不过适体，饭菜也不多。他用老子的"俭德"与自己的生活消费教育皇子，与皇族共勉。对于佛教，他训曰："圣人经书所遗如许言语，惟欲人之善，神佛之教，亦惟以善引人……神佛者皆古之至人，我等礼而敬之，乃理之当然也。"康熙用大乘菩萨十地的第一地"欢喜地"训诫诸皇子："凡人处世，惟当常寻欢喜。欢喜处自有一番吉祥景象，盖喜则动善念，怒则动恶念。"所以古人说："人生一善念，善虽未为，而吉神已随之；人生一恶念，恶虽未为，而凶神已随之。"应该端正行为动机，心存善念来数珠念佛，如果"恶念不除，即持念珠，何益"？他还将中国古代的斋戒与佛教的戒律结合起来，"训曰：近世之人以不食肉为持斋，岂知古人之斋必与戒并行"。《易·系辞》讲"斋戒以神明其德"，使道德高尚圣明。斋即"齐其心之所不齐也"，戒即"戒其非心妄念也"，斋齐就是整治、戒除心内不规则、邪妄的思想。虽然古今持斋有些不同，然而都是为了求善，"感发人之善念"①，提高抵制邪妄侵入的能力。

康熙认同汉族以儒学为中心的思想文化，并不摒弃满族的"旧典"、"旧制"与"服食器用"。汉族创业之君兼重文治武功，但并不强调子弟必须武艺高强；其家训偏重文史。满族家训的特点是尤贵弓马，要求子弟精于骑射。康熙将两者结合起来，"令皇太子、皇子既课以诗书，兼令娴习骑射"。并特别强调后者，因为它既可保持满族家训特色，防止陷于"汉习"而"大背祖宗明训"，又可增强武备，提高武艺，培养忧患意识。他誓不让皇太子、皇子依照汉人习尚生活，"宫中守祖宗制，不蓄汉女"②。认为"依汉人习尚"，"全不以立国大体为念，是直易视皇太子矣"③！这是决不允许的。他把保持满族生活习俗与原有典制视为"立国大体"与清廷"首务"，训诫道："我朝旧典，断不可失。朕幼

---

① 《格言》。
② 《清史稿·孝庄文皇后传》。
③ 《康熙起居注·康熙二十六年》。

时所见老先辈极多，故服食器用，皆按我朝古制，毫未变更。"现在久居汉地已七十多年，年轻的八旗满洲子弟中有些人已染上汉族习俗。历史上金、元二代"后世君长因居汉地年久，渐入汉俗，竟如汉人者有之"。这种情况应当警惕。"朕深鉴于此而屡训尔等者，诚为我朝之首务。"他担忧满族久居汉地而丧失本民族特点，因而反复训诫，用心十分良苦。

不过，康熙认为，中国各民族文化虽有差异，但从本质上看是一致的，出人意外的相似处极多，如"结绳之政，我朝先辈奏事亦尝结带为记；古有木简竹简字，我朝今用绿头牌木牌。由此观之，凡圣人应运而兴者，所行自暗与古今，诚足异也"。他还说："我朝满洲旧风，凡饮食必甚均平，不拘多寡，必人人遍及，使尝其味……青海台吉来时，朕闲话中间问伊等旧风，亦云如是。由是观之，古昔所行之典礼，其规模皆一，殆无内外远近之分也。"① 这些训诫可视为康熙将满、汉各族文化兼容结合的理论基础。

第二，内容宽泛全面，实用性强。正如其子雍正帝在《庭训格言》的序言中所指出的："侍养两官之纯孝，主敬存之奥义，任人敷政之鸿猷，慎刑重谷之深仁，行师治河之上略，图书经史礼乐文章之渊博，天象地舆历律步算之精深，以及治内治外，养性养身，射御，方药，诸家百氏论说，莫不随时示训，遇事立言。字字切于身心，语语重为模范。"而其《圣喻十六条》，则既是治国的纲领性方略，也是其家训的根本性要求，包括皇族、礼法、教育、经济、赋税、治安等诸多方面，这是皇子齐家为政所必须通晓的。

前代帝王家训侧重于修身、齐家、治国或其中某一方面，康熙家训则远不止于此。这在自然知识与技艺教育方面更为突出，为历代帝王所莫及。尤其可贵的是，他拒斥"术士"预言吉凶，反对"杂学"、迷信。术士即道术之士，起先指讲阴阳灾异的人，后泛指以占卜星相等迷信活

---

① 《格言》。

动谋利为生的人。他训诫诸皇子："每见道士自夸修养得法，大言不惭，但多试几年，究竟如常人齿落须白，渐至老惫。"世上根本没有长生不老的神仙，道士虽夸称善于修炼，但也像常人一样，牙齿下落，须发花白，以至年老衰惫。由此可见，"凡世上之术士俱欺诳人而已矣。神仙岂临尘世哉?"还有的术士吹嘘能"立地数十年或坐小屋几载"，然而，"能久坐者不能久立，能久立者不能久坐"，术士说可以这样做，实乃"邪魅之术耳"。康熙告诫道：这是我经过试验才"知其妄"的，"吾年岁老而经事多"，故"轻易不为人所诱"。他还指出：用人的出生年、月、日、时推算吉凶祸福的"子平"之学（即星命之学）与"六壬"、"奇门"术数等"杂学"，"虽极巧，极精，然其神煞名号尽是人之所定，揆之正理，实难信也。"他告诫道："朕于暇时亦曾究心此等杂学，以考其根源，一一洞彻"。因而知道它是不准确的，怎能与古代圣人所传之"大道"相比呢！"命由心造，福自己求。"命运是人自己决定的，用星命之学推测人的妻妾、财运、儿子、俸禄、寿命等等，"日后试之多有不验"，为什么?"盖因人事未尽，天道难知。"而主要是人事未尽。"譬如，推命者言当显达，则自谓必得功名"，因而可以不诵读诗书么?"言当富饶，则自谓坐致丰亨"，因而可以不计谋经营产业么?"至谓一生无祸，则竟放心行险，恃以无恐乎? 谓终身少病，则遂恣意荒淫，可保无虞乎?"这就是说，只听信禄命天运，反而会志向堕落，事业丧失。故"以朕之见，人若日行善事，命运虽凶，而可必其转吉；日行恶事，命运纵吉，而可必其反凶。是故'命'之一字，孔子罕言之也"①。这就告诉子孙，福禄寿等命运都掌握在自己手里，关键是看你是行善还是行恶。

　　第三，教化与惩治相结合。这是帝王家训的共同特点。中国古代有许多帝王重视对皇族与皇子的训诫，但真正成功的并不多，唐太宗为帝王家训史树立了一大里程碑，但在选立嗣君的过程中，也不得不采用强

---

① 《格言》。

力手段。他生有的十四个皇子，除三个早亡外，因争夺嗣位而被杀、自杀、幽禁与废为庶人流放者共多达八人，而可继位的唐高宗李治却仁弱寡断，并不理想，后来渐趋昏庸，几乎葬送了李唐王朝。康熙也遇到类似的情况，但结果与唐太宗不同。康熙共生有三十五个皇子，其中早亡的十五人，出继一人，实有十九人。他虽然对皇子们严加教育，然封建统治阶级的劣根性使他们中的多数人将权位放在首位，把孝悌、仁爱、忠信等置之脑后。他们各自结交臣僚，广纳门客，以为党羽，互相争斗，以谋求太子位。长子允禔蓄养刺客，用喇嘛魔术咒害其弟允礽，相信术士预言吉凶祸福，康熙斥他"凶顽愚昧"；"党羽甚多"，"各处俱有大阿哥之人"[①]，予以革爵幽禁。二子允礽在康熙十四年立为太子，十三岁之前，"上亲自教之读书"，"即一字一画无不躬亲详示，勤加训诲"。还教之各种礼仪；每天必练习书法、骑马射箭，背诵《四书》、《五经》。康熙为什么亲教太子？一是幼教重要。他说，凡人学业成就，俱在少年，但前代教太子，未注意于此，不足为法，故我"面命耳提，自幼时勤加教督，训以礼节，不使一日暇逸，曾未暂离左右，即诃责之事往往不免"。二是保持满族习俗。虽汉人学问胜满人百倍，"但恐皇太子耽于汉习，所以不任汉人，朕自行诲励。"十三岁以后，太子才正式出阁读书，由教师按康熙选定的教材讲授，他对教师与大臣说："朕观古昔贤君，训储不得其道，以致颠覆，往往有之，能保其身者甚少。如唐太宗亦称英明之主，而不能保全储副……尔等宜体朕意，但毋使皇太子为不孝之子，朕为不慈之父，即朕之大幸也。"[②] 由于受到良好的教育，故"太子通满汉文字，娴骑射"，诗文亦佳，然其品行却使康熙大失所望，他向大臣指出："允礽仪表、学问、才技具有可观，而行事乖僻，不仁不孝，非狂易而何？凡人幼时犹可教训，及长而诱于党类，便各有所为，不复能拘制矣。"斥责道："允礽不法祖德，不遵朕训，肆恶

---

① 《圣祖实录》卷二三七。
② 《康熙起居注》，中华书局 1984 年版，第 1638 页。

虐众，暴戾淫乱"，"僇辱廷臣，专擅威权，窥伺朕躬起居动作……似此不孝不仁，太祖、太宗、世祖所缔造，朕所平治之天下，断不可付此人！"后又亲自撰文告天地、太庙、社稷曰："允礽口不道忠信之言，身不履德义之行，""不孝不义，暴虐滔滔"。允礽后虽一度复立，但又由于"结党会饮"等被废幽禁。八子允禩见有机可乘，也广罗党羽，皇子允禟、允䄉、允禵等，大臣阿灵阿等皆亲附之。对此，康熙大怒，斥责道："允禩每妄博虚名，凡朕所赐恩泽，俱归功于己，是又一太子矣！如有人誉允禩，必杀无赦。"又召诸皇子谕曰：当废允礽时，我就训诫你们："有钻营为皇太子者，即国之贼，法所不容。允禩柔奸成性，妄蓄大志，党羽相结"，因而被"夺贝勒，为闲散宗室"①。在废立太子和皇子争夺储位过程中，参与阴谋的王公贵族与臣僚、术士等，或被处死，或被降爵，或交宗人府幽锢。因争夺储位而结党营私是封建君主专制的必然产物，胜者为君、败者叛逆的结局导致他们骨肉相残、道德堕落。大臣与左右拥立成败也与他们的身家性命、飞黄腾达息息相关，而卑污与权术则是"入围"的必要条件。这种根本利益的对立不是用教化所能解决的，只有强力惩治才能平息事端。

对于在差不多环境中成长起来的胤禛，康熙评价说："朕亲抚育，幼年微觉喜怒不定，至其能体朕意，爱朕之心，殷勤恳切，可谓诚孝。""性量过人，深知大义"②，因而取代允礽而密立为皇储，《遗诏》："皇四子胤禛人品贵重，深肖朕躬，必能克承大统，著继朕登基，即皇帝位。"③ 这就是历史上有名的雍正皇帝。从康熙对胤禛的伦理评价与政治评价来看，他听从教诲，不仅品德好，而且能体会自己的意图，很像自己的为人，而被惩治的皇子则"不仁不孝"、"凶顽愚昧"，是不听训诫的不肖之子。不过，胤禛并非不谋储位，只是他采取了"戒急用忍"

---

① 《清史稿·诸王六》。
② 《圣祖实录》卷二三五、卷三〇〇。
③ 同上。

的策略，既不露声色地培植亲信，扩展实力，又与皇兄弟们和睦相处，他的沉着大度与深谋远虑，确实比他的兄弟高出一筹，从而赢得了父皇的信赖。后来的事实证明，康熙的选择比唐太宗高明。

雍正刚继位时，兄弟与皇族大臣中多有不服者，为巩固其专制统治，他将父皇理家治国的《圣谕十六条》逐条加以注释、演绎、整理和归纳，"寻绎其义，推衍其文，共得万言，名日《圣谕广训》"①，不仅表示自己对前朝制度恪守不渝，而且要求皇族人员、"群庶百姓"等也"仰体圣祖正德厚生之至意，勿视为条教号令之虚文，共勉为谨身节用之"。并规定在每月初一、十五两天，全国各府州县学官，在固定地点聚集士庶宣讲《圣谕广训》，以便通过全面、深入的"广训"，规范皇族与兵民人等的行为。如果说，康熙《庭训格言》的重点是训导皇子们加强自身修养，提高文化知识素质与思想道德素质，那么雍正的《圣谕广训》的重点则是训导皇族遵守与推行国家法律。他指出："法律者，帝王不得已而用之也。法有深意，律本人情。明其意，达其情，则囹圄可空，讼狱可息。故惩创于已然，不若警惕于未然之为得也。"通过法律教育而使人害怕触犯律令，而不敢为蔑伦乱纪之行，不敢有逞嚣凌强之气，从而使自己避免"上辱父母，下累妻孥"，乡党不容，宗族不齿等恶果。雍正训诫道："朕闻居家之道，为善最乐；保身之策，安分为先。勿以恶小可为，有一恶即有一法相治；勿以罪恶轻可玩，有一罪即有一律以惩。"只有惧法才能不犯法，畏刑才可免刑，人人以法律规约自己，安心本业，才可渐趋无人犯法之境。康熙《圣谕十六条》中有"黜异端以崇正学"、"讲法律以儆愚顽"两条，允禔就是因"凶顽愚顽"而被革爵幽禁的。雍正发挥了这些思想，指出："游食无籍之辈，阴窃其名以坏其术，大率假灾祥祸福之事，以售其诞幻无稽之谈。"而奸邪之徒"窜伏其中，树党结盟，夜聚晓散，干名犯义，惑世诬民"，危害甚烈。这些训谕除为镇压以宗教形式活动的反清势力张目外，也与清除树党结

---

① 《四库全书》卷七一七。

帮的皇兄弟有关。雍正针对诸王与大臣结为朋党而著《朋党论》，指出：他们"徒自逆天悖义，以陷诛绝之罪。"并传谕："朕弟兄中如允禔、允禩、允禟、允䄉、允禵等，在皇考时结党妄行，以致皇考圣心忧愤，日夜不宁"，并列举他们事君不敬事例加以斥责，表明今后群臣若"暗附其党者，朕必明正其罪"[①]。在清除朋党名义下，雍正将允禩削去皇室宗籍，禁锢起来；对允禟、允䄉、允禵也加以监禁，还清除了依附他们的王公大臣，削弱了八旗贵族的力量。与此相联系，以黜异端、崇正学为名大兴文字狱，实行文化专制主义，镇压汉族士人，加强思想统治。总之，通过强有力措施迫使不同阶级、不同等级的人"各安其志"、"各安其业"、"各司其职"、"无有异志"、"不求非分"、"不作非为"，服从其封建专制统治，过其所谓安稳的日子，即雍正所说的"敦本业者即可迓神庥"。这些以及其他的强有力的措施，如平定青海罗卜藏丹津与西藏噶伦阿尔布巴之乱，设立驻藏大臣，在西南少数民族地区实行"改土为流"政策，驱逐西方传教士，镇压贵州苗民起义，其中有些不免带有残酷性与阶级局限性，但从总体看，它巩固与发展了统一的多民族国家，维护了国家主权，为乾隆盛世奠定了基础，而雍正也不失为中国历史上一位雄才大略的帝王。这也是康熙家训成功的方面。

---

① 《世宗实录》卷二九。

第三十章
明清女训的繁荣

前面说过，由于明代开国皇帝朱元璋和明朝政府的重视和提倡，加之宋明理学在统治集团中的指导地位，明清的家训获得了空前的繁荣。明清家训的繁荣不仅体现在家训数量的大量增加，而且出现了不少女子撰写的家训和专门为女子撰写的家训。这种家训不仅有皇家的，达官贵族的，也有民间普通百姓的。在帝王家训中，最为著名的当为明仁孝文皇后徐氏的《内训》；在民间家训中，则以明代温璜之母陆氏的《温氏母训》、节妇王刘氏的《女范捷录》、李氏与丈夫袁参坡合著（由其子记录整理）的《庭帏杂录》，以及清代陆圻的《新妇谱》及其补作为代表。除此之外，还有徐媛、黄氏的训子诗词也很有特色。

一、明清时期女子家训繁荣的原因

明代女子家训的繁荣，其原因是多方面的。

首先，是明清统治阶级对"女德"的重视和倡导。

适应加强封建专制主义集权统治的需要，明清统治者在全社会推行理学家们所大力提倡的男尊女卑、"三纲五常"、"三从四德"的封建礼教，对女子的要求较之宋代更有过之而无不及。比如朱熹的《家礼》中规定，女孩子八岁不许出中门，而明代庞尚鹏的《庞氏家训》中则规定六岁就不可迈出闺门了。

随着封建礼教的强化，统治阶级对女子的道德修养极为重视。明成祖朱棣的妻子率先垂范，亲自撰写了教诲宫闱的《内训》。她在序言中就谈到自己的婆婆高皇后（朱元璋的夫人）对家庭教育的重视，她说："高皇后教诸子妇，礼法惟谨，吾恭奉仪范，日聆教言，祇敬佩服，不敢有违。"① 正是基于对宫廷教育重要性的认识，仁孝文皇后"用述高皇后之教以广之为《内训》二十篇，以教宫壸"。清圣祖康熙皇帝在其教训诸子的《庭训格言》中，极力称赞孔子"惟女子与小人为难养也"的观点，认为要强化对女子的教育。1656年，清顺治皇帝秉承其母训示，亲自编写（实为大学士傅以渐纂）了女教读本《内则衍义》一书，并写了序言。这部十六卷的女教书，分八纲三十二目，详细阐述了女子孝、敬、教、礼、让、慈、勤、学之道，足见封建统治者对女教的重视。

前面谈到，明代的儒士王相将仁孝文皇后的《内训》，与汉代班昭的《女诫》、唐代宋若莘的《女论语》、其母刘氏的《女范捷录》汇集在一起，辑为《女四书》，成为流传甚广的妇女教育读本。从这些读物的内容看，作者都有广博的知识，不仅有《四书》、《五经》等儒家经典的理论修养，而且对以前和当时女教读物也有广泛的涉猎。统治者对"女德"的重视和倡导，是明清女子家训繁荣的重要原因。

其次是家庭与社会发展的内在要求。

由于商品经济的繁荣、人口流动及富裕阶层的腐化，男女淫乱愈演愈烈，给家庭与社会造成的危害也越来越大，从家训方面约束女子的行为，就成为当时夫为妻纲在两性关系上的要求。

再次，女教读物的大量涌现。

---

① 《内训·序》，见《四库全书》第七〇七卷。

除了《女四书》之外，明清出现了大量的以女子为教育对象的读物。据《中国丛书综录》记载，明清两代的女教书籍就有三十种之多，而明代以前的仅有四种。明清时期的女教著作中影响较大的如吕近溪的《女小儿语》，吕坤的《闺范》，解缙的《古今烈女传》、李文定的《训女文》，唐翼修的《人生必读书》，赵南星注释的《女儿经注》，贺瑞麟修订的《女儿经》，王刘氏的《古今女鉴》，朱浩文的《女三字经》，傅以渐的《内则衍义》，王士俊的《闲家编·家壶》，陈宏谋编的《教女遗规》，李晚芳编的《女学言行录》，还有任启运的《女教经传通纂》，兰鼎元的《女学》，清麓洞主修订的《妇女一说晓》等。此外，还有不知作者而在民间流传甚广的《闺训千字文》、《改良女儿经》、《女训约言》等等。这些女教读物的内容大都依照封建礼教对妇女的要求，从小就向她们灌输社会所需要的道德规范和持家处世、相夫教子的基本准则。女教读物、蒙学读物的刊行和传布，对专门以女子为教育对象的家训的出现也起了很大的推动作用。

二、《内训》：帝后家训的集大成者

《内训》的作者仁孝文皇后徐氏（1362—1407），是明朝开国元勋、中山武宁王徐达之女，明成祖朱棣之妻。她生在达官富贵之家，却没有沾染富家子女养尊处优、骄奢淫逸的不良习性。这要归功于良好的家教和她本人博学好文、知书达理的自我修养。正如她在《内训》一开头所说的那样："吾幼承父母之教，诵诗书之典，职谨女事……"①

以前针对女子撰写的家训著作，都很简约。即便是影响深远的东汉史学家班昭教育勖勉诸女儿的《女诫》，也只有七篇，一千多字。其他

---

① 《内训·序》，见《四库全书》七〇七卷。下引该书，只注篇名。

的如蔡邕的《女训》之类更是简单，散见于一些历史典籍之中。至于帝王之家的女训，更是凤毛麟角，片言只语。明仁孝文皇后的《内训》不然，它分为德性、修身、慎言、谨行、勤励、节俭、警戒、积善、迁善、崇圣训、景贤范、事父母、事君、事舅姑、奉祭祀、母仪、睦亲、慈幼、逮下、待外戚共二十章。不仅从养德修身、谨言慎行、勤劳节俭、改过迁善、效法贤女等方面系统地阐述了女子道德教育、道德修养问题，而且分别就如何调节、处理与父母、君主、舅姑、子女、外戚的关系提出了具体的准则。现就其基本思想作一简要的分析。

（一）女德标准："贞静幽闲，端庄诚一"

仁孝文皇后认为，人要能克制自己的欲念以达到成为圣贤的目标，"莫严于养其德性以修其身"①，所以她将"德性"列为第一章加以强调。什么是女子的德性呢？她在《德性章第一》中指出："贞静幽闲，端庄诚一，女子之德性也。孝敬仁明，慈和柔顺，德性备矣。"也就是说，贞固、沉静、幽淑、闲雅、端楷、庄肃、诚实、纯一这八个方面，是女子的德性。这种德性的外在表现是孝亲、敬长、仁爱、明察、慈淑、和睦、温柔、恭顺，能做到这些，女德就完备了。就封建礼教对女子的规范而言，仁孝文皇后的要求无疑是全面的。

（二）女德修养：家隆国兴，"于斯系也"

关于"德"和"性"的关系，仁孝文皇后认为，德可以养其性，性可以成其德。所谓"无损于性者乃可以养德，无累于德者乃可以成性"②。基于这种认识，仁孝文皇后在《德性章》中特别强调了"养德"的重要。她用基址不固导致大厦倾覆的比喻，说明"积过由小，害德为

---

① 《序》。
② 《德性章第一》。

大"的道理。她将女德的修养提到家、国兴衰的高度，指出："夫身不修则德不立，德不立而能化于家者盖寡焉，而况于天下乎！……家之隆替，国之废兴，于斯系焉。呜呼！闺门之内，修身之教，其勖慎之哉！"① 她认为华丽的衣服不足以使人为美，而有妇德的人才是美的。在女德的修养上，仁孝文皇后特别强调了"慎独"的重要性，《内训·警戒章第六》专门就此作了阐述。此外，她还要求效法诗书所载的那些"德懿行备，师表后世"的"贤妃贞女"②，加强道德修养。

（三）女德规范：睦亲慈幼，慎言谨行

仁孝文皇后参照儒家典籍和封建纲常礼教，对女子的道德规范作了系统的规定，概括起来，大致有五个方面。

一是慎言谨行。仁孝文皇后从"三从四德"对女子的要求着手，强调了"慎言"的重要性。她说"言而中节，可以免悔。发不当理，祸必随之"③。她要求以谨言著称的孔子的弟子子容为榜样，三思而后言。她认为只要做到"夫缄口内修，重诺无尤，宁其心，定其志，和其气，守之以仁厚，持之以庄敬，质之以信义，一语一默，从容中道，以合乎坤静之体"，就会谗言不兴，邪慝不作，家庭和睦。④ 在行为上，仁孝文皇后要求慎之又慎，因为：自以为是者，行为必专断；矜高自夸者，行为必危殆；昧心而自欺者，其行必骄肆而妄行污贱之事。这样的后果是"行专则纲常废，行危则疾戾兴，行骄以污则人道绝"⑤。

二是勤励节俭。这是《勤励章第五》篇阐述的内容。仁孝文皇后提出持家要勤劳节俭，力戒奢靡。她认为"怠惰恣肆身之殃也，勤励不息身之德也。是故农勤于耕，士勤于学，女勤于工。"她以古代后妃亲自

---

① 《修身章第二》。
② 《景贤范章第十一》。
③ 《慎言章第三》。
④ 同上。
⑤ 《谨行章第四》。

养蚕，躬以率下的事例，告诫皇属女子"贫贱不怠惰者易，富贵不怠惰者难"。在"俭"与"奢"的问题上，仁孝文皇后认为"戒奢者必先于节俭"。她说：人人都知道"淡素养性，奢靡伐德"的道理，但为何多不能崇俭而好奢？原因在于心志为习气所移，而不能帅之以正；道理为情欲所迷，而不能御之以礼。她用古代"贤妃哲后"戒奢崇俭的故事，阐述了从帝后、诸侯夫人以至平民之妻崇尚节俭对于树立良好社会风尚的重要意义。她说："盖常以导下，内以表外，故后必敦节以率六宫，诸侯之夫人以至士庶之妻，皆敦节俭以率其家，然后民无冻馁，礼义可兴，风化可纪矣。"

三是积德迁善。在《积善章第八》篇中，仁孝文皇后特别提出了积善成德、做"贤内助"的要求："自后妃至于庶人之妻，其必勉于积善以成内助之美。"她认为女子积德累仁的具体行为准则，那就是宽柔、恭顺、贞良、安静、心态平和、度量宽宏无嫉妒之心，仁厚慈爱无害人之念，遵守礼义无娇纵僭越之行，敬承先训无过愆违背之失。然而，人非圣贤，孰能无过。问题是能否知错能改、有错早改。为此，仁孝文皇后辩证地论述了"小善"与"大善"、"小恶"与"大恶"的关系。她说："小过不改，大恶形焉。小善能迁，大善成焉……若夫以恶小而为之无恤，则必败；以善小而忽而不为，则必覆。"

四是睦亲慈幼。仁孝文皇后认为妇女在家庭和睦中起着重要的作用，"仁者无不爱也"，而"施仁必先睦亲，睦亲之务，必有内助"。推而广之，"内和而外和，一家和而一国和，一国和而天下和矣。"[1] 在对待卑幼的问题上，仁孝文皇后的观点很值得称道。首先，她没有片面强调"下"的义务，而是将"上慈"作为"下顺"的前提条件。"上慈而不懈，则下顺而益亲。若夫待之以不慈，而欲责之以孝，则下必不安。下不安则心离，心离则忮，忮则不祥莫大焉。"[2] 其次，仁孝文皇后对

---

① 《睦亲章第十七》。
② 《慈幼章第十八》。

"慈"作了正确的界定。她说：为人父母者"有姑息以为慈，溺爱以为德，是自蔽其下也。故慈者非违理之谓也，必也尽教训之道乎"！

五是处理好家人、亲属之间的伦常关系。《内训》中，仁孝文皇后还分别就如何调节、处理与父母、君主、舅姑、子女、外戚之间几种大的伦理关系提出了具体的准则，这其中有不少合理的见解。譬如对待父母，她认为"敬"是孝之本，而"养"则是孝之末。"孝敬者，事亲之本也。养非难也，敬为难。以饮食供奉为孝，斯末矣。"① 再如"事君"，她说"纵观往古国家废兴，未有不由于妇之贤否，事君者不可不慎"。所以她认为妇人入宫壸侍奉君主，不是比狎亲昵于君主之左右。事君之道应该是"忠诚以为本，礼义以为防，勤俭以率下，慈和以处众，诵诗读书，不忘规谏。寝兴夙夜，惟职爱君"。② 她还要求不干涉政事，教令不出于宫闱。"毋擅宠而怙恩，毋干政而挠法。"③ 她还列举了历史上正反两方面的例子加以教诲。在处理外戚的关系方面，仁孝文皇后总结了汉唐以来对待外戚"始纵而终难制"以至遭祸的教训，认为这固然是外戚之过，但"亦系乎后德之贤否尔"。④ 万全之策是对他们"择师傅以教之，隆之以恩而不使挠法，优之以禄而不使预政。杜私谒之门，绝请求之路，谨奢侈之戒，长谦逊之风，则其患自弭"。⑤ 这种见解的确很有见地。

（四）母教之责："以立其身，以成其德"

在《母仪章第十六》中，仁孝文皇后对为人之母者提出了一系列的严格要求。她说："为教不出闺门，以训其子者也。教子者，导之以德义，养之以廉逊，率之以勤俭，本之以慈爱，临之以严恪，以立其身，

---

① 《事父母章第十二》。
② 《事君章第十三》。
③ 同上。
④ 《待外戚章第二十》。
⑤ 同上。

以成其德。"这些话出自于一个封建皇后之口，尤其值得称赞。

仁孝文皇后的《内训》对当时和后世的女教产生了较为深远的影响。比如，下面论及的在女教史上产生过较大影响的王刘氏，在其所著的家庭女教读物《女范捷录》中，就将《内训》与东汉班昭的《女诫》、唐代郑氏的《女孝经》、宋若莘的《女论语》并提，足以为证①。

三、《女范捷录》和《温氏母训》

《女范捷录》和《温氏母训》，是由明代两位家教严正的家庭妇女撰写的两部著名的家训读物。

（一）《女范捷录》：典范立教的女训

《女范捷录》的作者与封建社会的大多数普通妇女一样没有名字，只能按其丈夫和自己的姓氏称其为王刘氏。王刘氏是一个深受封建礼教熏陶的节妇，所以这部家训也称《王节妇女范捷录》。据作者的儿子——订注这部家训的儒士王相在题后所作的介绍，王刘氏是江宁人，年仅三十就死了丈夫，守寡六十年，九十岁去世。王刘氏的著作除了《女范捷录》以外，还有《古今女鉴》流行于世。

王刘氏"幼善属文"，饱受儒家思想尤其是宋明理学的影响，也有很深的文字功底，故而所写的《女范捷录》颇富文采和哲理。《女范捷录》共分十一篇，即《统论篇》、《后德篇》、《母仪篇》、《孝行篇》、《贞烈篇》、《忠义篇》、《慈爱篇》、《智慧篇》、《勤俭篇》、《才德篇》。

作为一个苦节六十年、屡被旌表的节妇，受封建礼教的影响之大是可想而知的，文中自然不乏封建的纲常说教。她宣扬"父天母地，天施

---

① 《女范捷录·才德篇》。

地生"①，妻子永远处于夫权的统治之下。她将"德貌言工，妇之四行"提升到"礼义廉耻，国之四维"的高度。② 王刘氏还极力宣扬封建迂腐的贞烈观，在《贞烈篇》中，她不仅强调"忠臣不事两国，烈女不更二夫。故一与之醮，终身不移。男可再婚，女无再适"。而且辑录了"令女截耳劓鼻以持身，凝妻牵臂劈掌以明志"等几十个贞女烈妇的事迹。此外，《女范捷录》还宣传了像"张女割肝，以苏祖母之命"③ 之类的许多愚忠愚孝的所谓道德典范。这些封建性的糟粕无疑是应当抛弃的，但同时我们应该看到，这部家训中还有许多值得我们吸纳的可取之处，其中有些甚至是非常可贵的见解。

首先是强调了母教及教女的极端重要性。在家庭教育问题上，她甚至认为母教重于父教。她说："上古贤明之女有娠，胎教之方必慎，故母仪先于父训，慈教严于义方。"④ 基于这种认识，王刘氏特别论述了对女儿的教育比对儿子的教育更为重要和迫切。她在谈及撰写这部家训的目的时指出："养蒙之节，教始于饮食。幼而不教，长而失礼。在男犹可以尊师取友以成其德，在女又何从择善诚身而格其非耶？是以教女之道，犹甚于男，而正内之仪，宜先乎外也。"⑤ 这种看法显然是正确的，因为在重男轻女的封建社会，女子不能接受与男子一样的正常教育，所以家庭中对女子的教育任务就尤为迫切。

其次是对女子才、德问题的阐述。在这个问题上，《女范捷录》的观点是颇为新颖的。这表现在两个方面：一是她认为女子未必不如男子。在《智慧篇》中，王刘氏指出："治安大道，固在丈夫；有智妇人，胜于男子。"家有智慧之妇，可以匡救丈夫、子女之过失，应付仓促之变。为了证明自己的观点，她一口气列举了二十位古代有识女子"保家

① 《女范捷录·母仪篇》。下引此书，只注篇名。
② 《秉礼篇》。
③ 《孝行篇》。
④ 《母仪篇》。
⑤ 《统论篇》。

国而助夫子"的故事。二是她对"才"与"德"关系的辩证认识。我们知道,在男尊女卑思想占统治地位的封建社会,"女子无才便是德"是一句妇孺皆知的格言。反对女子学习文化的思想在明清时代更为突出。从家训的演变可以看到,如果说明清之前,较少有反对女子读书识字的主张,但明清时期反对女子学习文化的习俗在社会上很有影响,以至于明代的官吏吕坤在其女教读物《闺范》中写道:"今人养女多不教读书识字,盖防微杜渐之意。"归有园《塵谈》甚至武断地认为"妇人识字多诲淫"。清人郑观应在评论当时社会风尚时也说:朝野上下拘于"无才便是德"的俗谚,多不让女子就学①。然而,王刘氏却对这种观点提出了挑战。她鲜明地提出:"男子有才便是德,斯言犹可;女子无才便是德,此语殊非。"何以见得呢?她说,"盖不知才德之经,与邪正之辨也。夫德以达才,才以成德,故女子之有德者固不必有才,而有才者必贵乎有德。"就是说"才"是"德"之用,要辨别有德之才与无德之才,就看"才"是用在正道上,还是用在邪路上。所以无德不可以达才,无才不可以成德。接着她又提出了对"才"的应用问题,"故经济之才,妇言犹可用,而邪僻之艺,男子亦非宜"②。若其言语能匡夫正家,虽是妇人,也是经世济民之才;若是邪淫之词,就是男子也应该痛戒的。她反问主张"女子无才便是德"的人,那些违背道德的"妒妇淫女"、"悍妻泼媪",难道都是有才的女子吗?因而王刘氏主张,如果女子知书识字、达理通经、才德兼备,岂不是两全之美?当然她强调女子的"德"更为重要。

再次是对勤、俭的论述。王刘氏认为在勤俭持家方面,女子负有更大的责任。她说:"勤者女之职,俭者富之基";"若夫贵而能勤,则身劳而教以成;富而能俭,则守约而家日兴"。作为家庭主妇,能做到勤劳节俭,就能以身立教,家人不惰,就能家道昌隆。此外,她还论述了勤和俭的关系。认为"勤而不俭,枉劳其身;俭而不勤,甘受其苦。俭

---

① 郑观应:《盛世危言·女教》。
② 《才德篇》。

以益勤之有余，勤以补俭之不足"①。

如前所说，王刘氏是一个"幼善属文"、博学多识的"才女"，正因如此，使得《女范捷录》具有两个鲜明的特色：

其一，理论说教与典范引导相结合的教化方式。从这部家训的内容看，王刘氏与一般家庭妇女不同，应该算得上饱读诗书的女性。这使得她能够避免单纯道德说教所带来的弊端，从理论说服和榜样示范两方面加强教化的效果。她在《统论篇》谈到为何大量引用古代那些具有贤德之妇女的事迹时说："以铜为鉴，可正衣冠；以古为师，可端模范。能师古人，又何患德之不修，而家之不正哉？"家训所以用《女范捷录》名之，原因就在于此。除《统论篇》之外，其余十一篇均大量辑录了历代史书记载的贤惠女性的故事。据笔者统计，这些故事不下一百三十个，足见作者读书之广，学识之博。正如前文所指出的那样，这些故事宣传了不少贞女烈妇、愚忠愚孝的典型，今天看来是应该抛弃的，但其中大多还是值得学习借鉴的。

其二，语言精练华美，词句对仗工整，易于学习和传扬。《女范捷录》的语言风格也是很有特色的。不仅语句极为洗练，词藻颇富文采，而且绝大多数如楹联一样对仗工整，即便是对古人故事的叙述也是如此。例如，文中在歌颂范滂、王陵之母，卞壶、马邈、丘子之妻等支持丈夫、儿子忠君报国事业、深明大义的女性时，文中写道："美范滂之母，千秋尚有同心；封卞壶之坟，九泉犹有喜色。江油降魏，妻不与夫同生；盖国沦戎，妇耻其夫不死。陵母对使而伏剑，经母含笑以同刑。池州被围，赵昂发节义成双；金川失守，黄侍中妻女同尽。"②

（二）《温氏母训》：口语体通俗家训

《温氏母训》的作者陆氏，按封建社会对已婚普通妇女的称呼，应

───────────────

① 《勤俭篇》。
② 《忠义篇》。

叫温陆氏。此人生卒年不详。明代官吏温璜之母。《四库全书》以《温氏母训》为题收入,是温璜对其母平日教诲的记录。这篇家训篇幅虽然极为短小(不足三千字),然而影响却很大。由于其基本内容是对为人妇、为人母者相夫教子的训诫,因而还作为女教读物,被清代陈宏谋收入《五种遗规·教女遗规》,被誉为封建时代女子"立身行己之要,型家应物之方"。

因为是平日的教诲之语,故家训不系统,只是一段段的语录。此外,又极其通俗,近乎白话,且杂以大量的方言俚语。从家训的内容看来,温家也曾经是一家普通百姓,温母也不像《女范捷录》的作者王刘氏那样自幼饱读诗书,恐怕是不识字的家庭妇女。然而,这并不妨碍《温氏母训》的价值,这篇家训中有许多思想见解对于今天的家庭教育仍有不少的裨益。

在持家之道上,温母要求重德轻利,体恤贫穷。她批评"世人眼赤赤,只见黄铜白铁,受了斗米串钱,便声声叫大恩德"①。她主张应该向那些品德高尚、"道貌诚心"的人学习,这样才能终身受用不穷。她以非常朴素的语言嘱告家人不要贪富,因为富而不俭,反会败家,关键是要勤俭持家。她说:"做人家,切弗贪富,只如从容二字甚好。富无穷极,且如千万人家浪用,尽有窘迫时节。假若八口之家,能勤能俭,得十口赀粮;六口之家,能勤能俭,得八口赀粮,便有二分余剩,何等宽舒,何等康泰!"她在谈到自己何以在困难的情况下仍能不卖田地时说,"吾宁日日减餐一顿,以守尺寸之土也"。温母还分析了世间乐善好施之人反倒对自己亲人吝啬的原因,要求儿子不论如何,也要予以周济。此外,她认为对贫穷亲友不要计较:"周旋亲友,只看自家力量随缘答应,穷亲穷眷,放他便宜一两处,才得消谗免谤。"

在交结朋友方面,要宽以待人,诚实守信。温母要求儿子温璜:

---

① 《温氏母训》,见《四库全书》第七一七卷,下引不注。

"汝与朋友相与，只取其长，弗计其短。如遇刚鲠人，须耐他戾气；遇骏逸人，须耐他罔气；遇朴厚人，须耐他滞气；遇佻达人，须耐他浮气。不徒取益无方，亦是全交之法。"对不同性格气质的朋友采取不同的态度方法处之，的确是一种正确的交友之道。温母在家训中讲了一个温璜祖父的故事，谆谆教导儿子应诚实做人，讲究信用：温璜的祖父穷困潦倒时曾经向一个姓朱的人借了二十两银子贩米以糊口，这银子是姓朱的私自用主人的钱借出的，不敢让主人知道。后来此人病危，家人都庆幸这下钱可以不还了。谁知正在苏州的祖父偶尔听到这个消息，连夜赶回，家没归就直奔病人床前，将本、利一并还上。气息奄奄的朱姓病人竟然感动地坐了起来，说："世上有如君忠信人哉！吾口眼闭矣，愿君世世生贤子孙。"言罢气绝。祖父哭别而归，家人都说他傻。他却说我是傻，我之所以不先回家，就是怕受你们的迷惑。讲完这个故事，温母赞道："如此盛德，汝曹可不书绅。"

在温璜问及何为幸福快乐的问题时，温母回答："不放债、不欠债的人家；不大丰、不大歉的年时；不奢华、不盗贼的地方，此最难得。免饥寒的贫士，学孝悌的秀才，通文义的商贾，知稼穑的公子，旧面目的宰官，此尤难得也。"这种对人生的看法，尽管含有安于现状的保守成分，但基本上还是值得肯定的。

《温氏母训》中还有好几段语录谈及寡妇的问题。一是不必劝年轻的寡妇守节，也不要强令她改嫁，由其自主决定。这在大力提倡守节的明代，实在是开明之见。二是不要轻易接受别人恩惠。她的理由是"儿子愚，我欲报而报不成；儿子贤，人望报而报不足"。三是立志守寡者要避免嫌疑。"凡寡妇，虽亲子侄兄弟，只可公堂议事，不得孤召密嘱。寡居有婢仆者，也作明灯往来。"四是"凡无子而寡者，断宜依向嫡侄为是"，不宜跟女儿女婿住。这种观点自然还是受封建礼教影响的偏颇见解。从家训史看，以前论及寡妇问题的，也有一些，但如此全面周详的，并不多见。

有人评价《温氏母训》"语虽质直而颇切事理"①。还有的刊印者评论这篇家训说："温母之训，不过日用恒言，而于立身行己之要，型己应物之方，简该切至，字字从阅历中来，故能耐人寻思，发人深省，由斯道也，可不愧须眉矣，岂仅为清闺所宜则效哉！"② 这些评价基本上是中肯的。温母注重从实际中教育孩子、从平日的言行中影响孩子，这在家训中多有反映。比如，家训中记载温母与儿子讨论东晋名将陶侃母子的故事："问介，侃母高在何处？介曰：'剪发饷人，人所难到。'母曰：'非也。吾观陶侃运甓习劳，乃知其母平日教育有本也。'"在温母看来，侃母之高不在于她剪掉头发换钱以招待儿子的朋友，而在于平日对儿子的教育，这是温母从陶侃为实现恢复中原之志天天搬砖锻炼体力和意志的举动中悟出的道理。正因如此，温母非常注重对温璜的教育。

温母的家教是成功的，她培养出了一个孝子，一个忠君报国的忠臣。据史书记载，温璜于崇祯癸未考中进士，授徽州府推事官。清兵南下时率领军民坚守不降。因郡中故御史黄澍献城降清，温璜全家自杀殉节。大难临头之时，他妻子茅氏要丈夫杀死自己和女儿。当时他女儿已经睡觉，茅氏将她叫醒。女儿问有何事，答曰"死耳"，女儿便从容引颈就死。手刃妻女之后，温璜自刎，未死，次日苏醒以后，又绝食五天，最后以双手自抉其创而死。温璜死后，乾隆四十一年赐谥"忠烈"。《四库全书》的编撰者们在《温氏母训》的提要中转引了这段史实以后评价温母家教说："知其家庭之间素以名教相砥砺，故皆能临难从如是，非徒托之空言者也。"原刊印者在《跋》中也评论温母"所身教口授者，信乎家法有素而贤母之造就不虚也"③。

---

① 《四库全书》第七一七卷，第 521、522 页。
② 转引自《蒙养书集成》二，三秦出版社 1990 年版，第 141 页。
③ 《四库全书》第七一七卷，第 521、522 页。

四、新妇教科书：《新妇谱》及《新妇谱补》

（一）陆圻"家训"嫁女

在中国传统家训发展史上，还有一篇专门教诲嫁为人妇的女儿的家训，那就是陆圻的《新妇谱》。

陆圻（1614—?），清代钱塘（今浙江杭州）人，字丽京，一字景宜，号讲山。顺治贡生。曾与陈子龙等结登楼社，参加复社活动，为"西泠十子"之冠。其诗世称"西陵体"。后受清初著名文字狱之一庄廷钺明史案株连，被捕入狱。出狱后因对现实生活失望，易道士服，离家出走，不知所终。一说入武当山为道士。陆圻年轻时就有文名，作品有《从同集》、《旃风堂文集》等。家训《新妇谱》是他女儿出嫁时，他送给女儿的特殊嫁妆。他在《新妇谱》序言中说："仓卒遣女，萧然无办，因作《新妇谱》赠之。"[①]

正因为是写给自己女儿的家训著作，故而如陆圻所说"文不雅训"，语言通俗易懂。家训共分二十五个篇目，每个篇目少则一条，多则七条。向女儿详细地讲解了新媳妇入嫁婆家之后，在言行举止及家庭生活中应该注意和做到的各个方面。从中可以窥见清代封建家庭中新妇的地位和当时的世风。

《新妇谱》中对新妇的片面、苛刻的要求在明清时期很有代表性，从一个侧面反映了封建家庭制度对妇女的奴役和欺压。择其要者，大致有以下几个方面：

其一，惟公、姑、夫命是从。他认为"新妇之倚以为天者，公姑丈夫三人而已。故待三人，必须曲尽其欢心，不可纤毫触恼"。应"事公

---

① 陆圻：《新妇谱》。见张福清编注：《女诫——女性的枷锁》，中央民族大学出版社1996年版，下引《新妇谱》不注。

姑不敢伸眉，待丈夫不敢使气"。只有低声下气、委曲求全，才能在婆家立足。

其二，厚婆家亲友，薄娘家亲友。家训告诫女儿，对婆家的亲戚，要热情接待，即使婆婆不留吃饭，自己也要尽力挽留；而对母家的亲戚，不仅不能留下用餐，而且见与不见也要请示婆婆。至于招待客人的标准，更是一切听从公婆安排。

其三，对丈夫一味顺从、曲意逢迎。《新妇谱》中《敬丈夫》篇中的要求最多，共有七条。内容基本是要求女儿对丈夫的所作所为，不论正确与否都必须绝对的服从，不能有丝毫的违拗。家训写道："夫者天也，一生须守一敬字。新毕姻时，一见丈夫，远远便须立起……凡授食奉茗，必双手恭擎，有举案齐眉之风。未寒，进衣；未饥，进食。"如果说这些要求还算正常的话，那么另外一些要求则是非分的了。比如，陆圻要女儿恪守男尊女卑的封建纲常，允许甚至支持丈夫狎妓宿娼，娶婢买妾。他说："风雅之人，又加血气未定，往往游意娼楼，置买婢妾。只要他会读书，会做文章，便是才子举动，不足为累也。""若娶婢买妾，俱宜听从，待之有礼，方称贤淑。"他告诉女儿，像典衣沽酒、"座挟妓女，皆是才情所寄，一须顺适，不得违拗"。嫖娼置妾竟被赞扬为读书人的风雅举动，并且要做妻子的一味顺从，这除了反映当时的社会风尚之顽劣之外，也足见家训作者之迂腐。

尽管《新妇谱》中充斥着"三纲五常"、"三从四德"之类的封建伦理道德说教，但持家做人、待客接物、睦亲敬长等方面的训诲却有不少内容包含着作为一个父亲对女儿的一片深情厚爱，其中不乏具有积极价值的东西。

《新妇谱》是教育女儿到了婆家应注意的事项，自然非常注意对家庭成员之间关系的调适。婆媳关系是新媳妇要处理好的第一位的关系。新妇初来，对这个家庭的一切都不熟悉，所以应少说，多问。款待宾客、亲戚馈赠等不可擅自做主，以免公婆不高兴。家训要女儿如侍候自己的母亲一样侍候婆婆，并且谈了孝敬公婆就是孝敬自己父母的道理。

他说："今若新妇欲尽孝于父母，亦有方略，先须从孝公姑敬丈夫做起。公姑既喜孝妇，必归功于妇之父母，必致喜于妇之父母。丈夫既喜贤妻，必云：'彼敬吾父母，吾安得不敬彼父母。'于是曲尽子婿之情，欢然有恩以相接，举家大小，敢不敬爱？而新妇之父母，于是乎荣矣。"

家庭中除了婆媳关系之外，妯娌姑嫂之间的关系最为难处，最容易产生矛盾，因而陆圻家训中对妯娌姑嫂的关系调适作了特别具体的交代。"妯娌姑嫂"篇中说："为新妇者，善处妯娌，第一在礼文逊让，言语谨慎。劳则代之，甘则分之。公姑见责，代她解劝。公姑蓄意，先事通知。则彼自感德，妯娌辑睦矣。"如果对方言语神色粗暴急躁，也要忍耐；无论娘家富贵贫贱，都要平等相待。姑嫂之间尤其要处好关系，因为姑嫂关系如果融洽了，婆媳之间的关系也就和谐了。

在一个中产之家，新妇要处理好的关系还包括与奴婢的关系。《新妇谱》在这方面也不厌其烦地予以指导，详细分为"待堂上仆婢""待本房仆婢"以及"母家奴婢"三篇，对不同的仆婢，采取不同的态度和做法。他的基本主张是：对公婆的仆婢，"不但不可打骂也，并不可疾言遽色"。尤其要以礼相待，这既是对公婆的尊敬，也避免他们在公婆面前搬弄是非。对自己本房的仆婢，陆圻提出三点：一是要关心他们的饮食衣服，即便对犯了过错的仆婢也不得随意打骂。他说："己身仆婢，童稚居多。如有小过，但当正言教诲之，不改，再骂詈之。许之以责，必不改而过差大，然后用小戒尺与三下五下，亦不可多。"二是要自己的仆婢谦让堂上的仆婢。三是本房仆婢如果得罪公婆及宾客邻里，必须训饬惩治，不护短。对自己娘家的奴婢，不得已才留饭留宿。如有放肆的地方，要严肃训斥。

还应该值得提出的是，《新妇谱》对女儿处理家庭关系的教育，非常注重从细微处着眼。比如，他谈到每逢重要节日或者公婆生日，尽管家里有宴席，也要精心制作一些点心菜肴送给公婆，以表孝心。再如，为了与妯娌处好关系，他要女儿对其子女视如己出，"爱之如子。乳少者，代之乳。衣食不给者，分之衣食。常加笑容抱置膝上"。

《新妇谱》中关于调整家庭成员之间关系的见解是很有见地的，特别是与婆媳、妯娌姑嫂相处之道的观点，即使是在今天，仍有可供借鉴的积极价值。

（二）陈确、查琪增补《新妇谱》

继陆圻的《新妇谱》之后，清代还有两个人为之作了增补。一是浙江海宁人陈确，一是江苏东海人查琪。两人的补作都叫《新妇谱补》（也有人将后者的补作称为《补新妇谱》），且篇幅都很短。

陈确（1604—1677），字乾初，明末著名哲学家刘宗周的弟子。明朝灭亡后，隐居著述，终生不仕。著作有《陈确集》。他继承刘宗周的思想，一生对宋明理学进行了不懈的批判，反对将"天理"和"人欲"相对立的观点，提出"天理正从人欲中见"[①] 的命题。此外，他对佛教也予以猛烈的抨击。

与陆圻的《新妇谱》一样，陈确的《新妇谱补》写得也很通俗易懂。共分为"绝尼人"、"不看剧"、"听言"、"责仆婢"、"劝夫孝"、"妯娌"、"待婢妾"、"抱子"、"失物"、"勤俭"、"有料理有收拾"十一部分。对《新妇谱》中所阐述的新妇规范进行了补充和完善。

陈确《新妇谱补》中对新妇的居家之道提出了一些新的要求。在孝敬公婆方面，他提出不仅自己要尽孝道，更要劝丈夫尽孝，"今入门以劝夫孝为第一"[②]。对待婢妾方面，陈确要比陆圻开明一些，他提出新妇成婚以后，若数年无子，须及早劝丈夫娶妾。当然，如果自己有了儿子，丈夫还要娶妾，妻子也要"欢忻顺受"。在理家方面，《新妇谱补》要求新妇勤俭持家，"无事切勿妄用一文。凡物须留赢余，以待不时之需"。而勤俭又是与对物品的收拾和事情的料理这些具体的琐事联系在

---

① 陈确：《瞽言·无欲作圣辨》。
② 陈确：《新妇谱补》。见张福清编注：《女诫——女性的枷锁》，中央民族大学出版社1996年版。下引《新妇谱补》不注。

一起的，所以"凡物要有收拾，凡事要有料理，此又是勤俭中最吃紧工夫"。在妯娌关系的处理上，陈确认为自私自利是致伤兄弟和睦的根本原因，告诫新妇心胸宽阔，容人谦让，"凡百公物，让多受寡，让美受恶"。陈确还提出，绝不能鞭笞仆婢，绝不可轻听轻信人言，这样才能减少矛盾。

《新妇谱补》对新妇的个人品行修养提出的要求有些显得过于苛刻。譬如，他教导新妇不要与"三姑六婆"来往，尤其是不许尼姑入门，以免受到不好的影响。从他对佛教的极力排斥看来这是可以理解的，但是他对新妇戒绝一切游山、看戏之类的活动，甚至连家里的喜宴也不可参加的要求就有些不近人情了，这也同他所主张的无人欲即无天理的观点相背离。《新妇谱补》中记载他与出嫁后省亲的女儿的一段对话，女儿告诉他自己年近三十，从来都没有看过戏。他竟对此极力赞扬道："而父素不能教女，惟此一节差足免俗。复何用求知之？"

与陈确相比，查琪（事迹不详）的《新妇谱补》篇幅更短，只有四段，每段的题目分别是"事继姑"、"事庶姑"、"逞能"、"火烛"。

封建大家庭里有着各种复杂的人际关系，对于一个刚过门的新媳妇来说，更需要谨慎的处理。"事继姑"、"事庶姑"两段就分别阐述了新妇对待丈夫的继母和公公的小老婆应该遵守的准则，其观点基本上是值得肯定的。查琪指出，丈夫的继母也是自己的婆婆，"既属己姑，何分先后？凡事极其诚敬，不假一毫虚饰"①。针对社会上流行的"先来媳妇不怕晚来婆"的观点，他认为即使是新妇先入门，继母后娶来，也要"名分肃然，便当一于诚敬，不可生怠慢心"。假如新妇是嫡媳，而公公又有小老婆，那就应按嫡姑的意思行事，但也要委曲求全；假如"嫡姑已没，则待之以和敬可也。不可倚嫡凌庶，致伤庶叔之心，并伤阿翁之心"。如果新妇是公公小老婆的儿媳，更应该"情挚笃切，极体庶姑之情"。如庶姑行为举止有不对的地方，也要"以礼自持，和色婉容，规

---

① 　查琪：《新妇谱补》。见张福清编注：《女诫——女性的枷锁》。

以正道，不激不随"。

查琪《新妇谱补》中的"逞能"、"火烛"两段，告诫新妇在纺织、缝纫和主持饮食方面不要在妯娌姑嫂面前逞强好胜，炫耀自己；叮嘱新妇在安全方面特别要注意防止火灾。

陈确和查琪的《新妇谱补》对陆圻家训《新妇谱》的补充和完善，也算是传统家训读物补作的一个特色。

五、黄氏和王继藻的训子诗词

明清时期的女子诗训，流传下来的不多，这里仅就《古今图书集成》和《国朝诗铎》中收录的黄氏的《训子诗三十韵》、《百字令·戒子》及王继藻的《勖恒儿》等诗词中的家训思想略作介绍。

黄氏，明代人，生卒年不详，事迹亦无可查考。节妇，丈夫吴姓。从她的训子诗词中看，她的丈夫早逝，自己辛苦抚养两个儿子长大成人。她的《训子诗三十韵》和《百字令·戒子》① 是她专门为训诫两个儿子而作。

在《训子诗三十韵》的前半部分，黄氏向儿子们叙述了自己一生的辛苦经历：十九岁出嫁吴家，勤劳持家，伺候公婆。没有几年，丈夫不幸亡故。"劳碌从此始，官灾无岁无。产业虽仅存，家储悉空虚。"自己顶住世俗的冷嘲热讽，苦心守节，虽受尽苦难而衷心不改。

诗的后半部分，黄氏着重从两方面对儿子进行教育训示：一是勉励儿子珍惜时光，刻苦读书，勤劳处世，早日成材。"汝曹各勉旃，努力勤诗书。诗书勤乃有，懒惰终疲驽……光阴竞分寸，宴安无须臾。古来贤达人，起身自勤劬……书中万事足，莫被外物拘。磨穿寸铁心，成就

---

① 《教子部》，见《古今图书集成·明伦汇编·家范典》卷四一，下引不注。

千金躯。"二是处世方面的指导。如慎交朋友、遵守法度、加强修养等等。"毋友莫己若，勿交非吾徒。动静守法度，视听著功夫。涓流务深长，大小积锱铢。天付汝等闲，猛醒休踟蹰。"

《百字令·戒子》，重点教育儿子勤读诗书，长大有所作为，不要枉此一生。还要儿子注重名节，不以金钱为念。词中殷殷深情厚望，翩翩跃然纸上：

> 叮咛二子，把平生心事，从头说与。辛苦持家缘汝辈，惟恐苞桑易坠。一架诗书，十年灯火，莫枉生今世。才高名重，金珠何足为瑞。

> 此去提起心肠，惺惺到底，成就儒家事，大概文章怕迂阔，须要惊人佳句。愿汝公卿致君尧舜，自有风云际。吾今老矣，汝曹各自争气。

王继藻，清人，生平事迹不详。她在《勖恒儿》一诗中，对儿子进行谆谆教诲和训诫，内容涉及书香继世、蒙以养正、珍惜光阴、立志力学等。其中虽有光宗耀祖之类的俗见，但整体上是积极向上的。诗中写道：

> 妇人无能为，所望夫与子。抚子得成立，私心窃自喜。望子修令名，书香继芳轨。尔质非愚顽，尔年虽稚齿。为学慎厥初，成人贵在始。高必以下基，洪必由纤起。慎毋贪嬉游，流光疾如驶。慎毋恃聪明，自作辽东豕。璞玉苟不琢，徒然负质美。所以古圣贤，兢此分寸晷。如彼艺南亩，及早锄禾耜。我力既殷殷，我黍必巍巍。积土成邱山，慎毋一篑止。心专功必成，志坚事不靡……男儿当自强，立志在经史。或可光门闾，得以承祖祀。负荷良非轻，毋遗先人耻。力学不早图，悔之亦晚矣！[①]

---

① 张应昌：《国朝诗铎》卷二二，同治八年刊本。

六、以身立教的李氏及家训《庭帏杂录》

李氏，或称袁李氏，作为普通的家庭妇女，在中国封建社会中是连正式的名字都没有的，只知道她是明代人，丈夫叫袁参坡。多亏了她的几个儿子将她与丈夫平日的教诲尤其是她本人以身立范、立教的事实记录下来，我们才得以了解这位名不见经传的平凡女性伟大的人格及其对儿子们身教重于言教的家训实践。

尽管中国几千年的家训教化史上，不乏有孟母断机教子、田稷子母训子勿贪、陶侃母封鲊诫子、岳母刺字"精忠报国"这样一些贤母的训子史实，但毕竟是零星事迹的记载，而《庭帏杂录》不然，它较为全面系统地记录了这位贤惠的家庭妇女在诸多方面对子弟的身教。

《庭帏杂录》在形式上是一部很独特的家训，由袁衷、袁襄、袁裳、袁表、袁衮兄弟五人根据父母袁参坡、李氏夫妇平时对他们的训示回忆、整理而成，每人撰写一部分。袁参坡虽说一生"不干禄仕"，却是一个博学惇行、医术精到的知识分子，因而家训中论学处颇多。这篇家训最为鲜明的特点是袁、李夫妇对儿子的教诲，不是板着面孔说教，而是循循善诱，教勉结合，谈修身、论学问亲切朴实；教育子弟、指导做人重言传更重身教，尤其是袁参坡的夫人李氏。本节就着重论述李氏的家训教化实践。

第一，以高尚的人格给非亲生儿子更多的母爱和关怀，培养他们孝亲敬长的品质。

依照中华民族的传统美德，李氏是一个标准的贤妻良母。她相夫教子、勤俭持家、体恤亲邻、宽以待人。李氏是作为"填房"嫁给袁参坡的，一般说做好后母难，但李氏做得很好，她对袁参坡前妻王氏所生的两个儿子袁衷、袁襄视如己出。她要求亲生的儿子更严，而关心照顾袁衷、袁襄比自己亲生儿子更多。她自己的亲生儿子袁裳记载，一个夏雨初霁的日子，袁参坡要几个儿子赋诗。袁裳的诗先写好，父亲读了击节称赞。这时正巧有人送来葛布，父亲便让裁缝做了一套衣服作为奖励。等母亲李氏知道了这件事以后，对他说："二兄未服，汝何得先？且以文字而遽享上服，将置二兄于何地？"说完，将袁裳的新衣硬是脱下藏了起来。等到给袁参坡前妻的两个儿子都做了一套同样的衣服以后，才让袁裳穿。①

袁参坡的二儿子袁襄说："吾母爱吾兄弟逾于己出，未寒思衣，未饥思食，亲友有馈果馔，必留以相饲。既娶妇，依然呴育，无异龁龀也。吾妇感其殷勤，泣语予曰：'即亲生之母，何以逾此。'"以心换心，袁参坡前妻的两个儿子对母亲也极为孝敬，妻子娘家哪怕拿来一点点东西，儿子媳妇们也都是先送给母亲吃。

特别使人感动的是，李氏对丈夫前妻之子的关心绝非仅仅是在生活上。为了培养孩子孝亲敬长的品质，为了使他们记住亲生母亲的养育之恩，李氏居然每天都虔诚地亲自带领两个不懂事的孩子祭奠他们的生母。丈夫前妻的长子袁衷深情地回忆道："先母没，期年，吾父继娶吾母来时，先母灵座尚在。吾母朝夕上膳，必亲必敬，当岁时佳节，父或他出，吾母即率吾二人躬行奠礼，尝洒泪曰：'汝母不幸蚤世，汝辈不及养，所可尽人子之心者，惟此祭耳。'"

做后母的，谁不希望丈夫前妻的孩子忘记自己的生母？更何况如袁衷所说，"予辈不自知其非己出也"。四五岁的孩子，基本不太记事，而李氏反倒这样做，足见其博大的心胸和崇高的人格，正因此，袁衷在《庭帏杂录》中记载此事及母亲的话后接着告诫后辈："为吾子孙者，幸勿忘此语。"

第二，以仁慈之心培养孩子待人宽厚的品质。

李氏是一个非常宽厚慈祥的人。儿子们回忆说，有一富家乘着条大船娶亲经过李氏门前的河流时，撞坏了她家的船舫，邻居抓住船主要其

---

① 参见袁衷等录：《庭帏杂录》，见《丛书集成初编》第 975 册，中华书局 1985 年版。下引此篇不注。

赔偿。李氏听说后，先问新媳妇是否在船上。当知道新媳妇在船上时，立即要邻居放人家走，理由是若要其赔偿，婆家必然以为不吉利而怪罪新媳妇。还有一次，儿媳偶尔得到一条鳜鱼，就亲自下厨烧了让小仆胡松给婆婆送去。过了一会儿见到婆婆，便问鱼烧得如何？李氏开始一愣，旋即说是好吃。媳妇见状怀疑是仆人偷吃，核实后就来问婆婆没吃何以说吃？李氏笑答："汝问鳜，则必献；吾不食，则松必窃。吾不欲以口腹之故，见人过也。"

李氏的高风亮节尤其体现在她对邻居沈氏的宽容和忍让。沈氏与袁家是世仇，袁家有一株桃，树枝伸到墙外，沈家就将树枝锯掉了。儿子跑来告诉她，她说，应该锯。沈家有棵枣树也有一枝伸到了袁家墙内，枣子刚结出来，李氏就嘱咐儿子们：不许吃邻居家的一枚枣！并让仆人好生守护。枣子熟了，差人请了沈家的女仆过来，当面摘下让其拿走。还有一次，袁家的羊跑到沈家的园子里，被沈家打死；次日，沈家的羊正巧跑到袁家来，仆人们大喜，正要报复，被李氏拦住，命人送还沈家。更让人敬佩的是，沈家人生了病，不仅袁参坡亲自上门诊治，以药相赠，而且李氏还动员邻居们为沈家捐款，并送给沈家一石米。正是因为李氏的宽容大度，化解了两家的矛盾和仇恨，使得"沈遂忘仇感义，至今两家姻戚往还"。

第三，以乐善好施的行为培养孩子体恤贫穷的美德。

李氏一生乐善好施，对生活贫困的亲戚更是关照。儿子说："远亲、旧戚每来相访，吾母必殷勤接纳，去则周之，贫者，比程其所送之礼，加数倍相酬；远者，给以舟行路费，委曲周济，唯恐不逮。"

李氏教育家人，自家生活节俭些，以便省下来些钱物周济贫穷。小儿子袁衮记载的一件事，足见李氏的仁慈之心及其对晚辈处世态度的影响。篇中说："九月将寒，四嫂欲买棉，为纯帛之服以御寒。母曰：'不可，三斤棉用银一两五钱，莫若止以银五钱买棉一斤，汝夫及汝冬衣，皆以枲为骨，以棉覆之，足以御冬。余银一两，买旧碎之衣，浣濯补缀，便可给贫者数人之用。恤穷济众，是第一件好事，恨无力不能广施，但随事节省，尽可行仁。'"

第四，从小时、小事入手塑造孩子做人处世的良好品质。

她既注重从孩子小时加强教育，也十分注意从点滴小事上培养孩子的良好品德。袁衷说母亲对他们"坐立言笑，必教以正，吾辈幼而知礼"。袁裒谈到，自己小时，有次家童阿多送他和哥哥上学，回来时，见路边的蚕豆刚熟，阿多就摘了一些。母亲见了，严肃地教育他们说："农家辛苦耕种，就靠这些作为口粮，你们怎么能私摘人家的蚕豆呢?"说完，命送一升米赔偿人家。

李氏每次购买柴米蔬菜之类的东西，付人银子时平秤都不行，她总是再加上一点。袁裳对此很不理解。李氏利用这件事，教育儿子宁可自己吃亏、也不让人家吃亏的道理。她开导儿子说："细人生理至微，不可亏之。每次多银一厘，一年不过分外多使银五六钱，或旋节他费补之，内不损己，外不亏人，吾行此数十年矣，儿曹世守之，勿变也。"

养正于蒙，是我国古代家庭教育的一个基本原则，也是我们民族的一个优秀传统。作为一个普通的家庭妇女，李氏将这一原则朴素地运用于教子实践中，并且取得了很好的效果，这从她的儿子们的记述中可以看出。

总之，李氏的家训及其以身立范、立教的实践是我国女子家训教化的一个很有特色的代表，她本人的高尚品质和言行中所表现出来的治家、处世的灼见，正集中体现了中国女性的传统美德。正如袁衷的内兄，订正这篇家训的钱晓在篇末的附言中所评价的那样："李氏贤淑有识，磊磊有丈夫气。"

第三十一章
明清时期的商贾家训感想

中国古代商贾家训是整个传统家训的组成部分，也是历史留给我们的一份宝贵遗产。所谓商贾家训就是作为父兄的商人对其子弟的教诲、训诫。在宋代以前，虽然在贵族仕宦和儒者的家训中充满了鄙视商人的观念，但不少商人却能自尊自重、敬业乐业和传业子弟。这是古代商业得以存在与发展的思想基础。中国古代商贾家训产生于先秦，经过两汉、隋唐时期的积累，至宋代因士商结合而发生转折，在明清时期臻于完善，达到高峰。

一、古代商贾家训的萌生与演变

最早明确肯定商贾家训的价值并加以提倡的，是春秋时期齐国的著名政治家管仲（？—前654）；齐国有重视商业的优良传统，其开创者姜尚就当过商人，在肉铺里"鼓刀扬声"①，割肉叫卖，后因对建立周王朝有功，被周成王封于齐，成为齐国的创建者。他注意发展手工业与商业，使齐国富强起来，成为大国。管仲本人也经过商，他并不否定商业

---

① 屈原：《天问》。

的重要性，为了使士、农、工、商父子相传其业，保持职业的稳定性，不破坏社会劳动力分配结构的合理比例与降低专业水平，他主张商贾们必须聚居一起，使父兄"教其子弟，相语以利，相示以时，相陈以知贾，少而习焉，其心安焉，不见异物而迁焉。是故其父兄之教不肃而成，其子弟之学不劳而能，夫是故商之子常为商"。商贾子弟从小受到商业知识教育，精通"以其所有，易其所无，市贱鬻贵"等贸易业务，有助于长大后继承父业经商，这对于国家货物充足，"羽旄不求而至，竹箭有余于国，奇怪时来，珍异物聚"①，是有重大作用的。管仲在这里强调的只是商业专业知识教育，尚未涉及更多方面。春秋末期越国大夫范蠡弃官经商，是中国历史上最早的"下海"者。他离越适齐，改名换姓，戏称自己是盛酒皮囊，居陶地后又称朱公，经营商业，囤积居奇，把握时机，择任贤人，"十九年中三致千金"。陶朱公年老力衰后把这套生意经传给子孙，"子孙修业而息之，遂至巨万"。② 从而在中国商业史与家训史上，开创了商贾家训实践的先河。战国时鲁国的曹邴氏虽家资巨万，"然家自父兄子孙约，俯有拾，仰有取，贳贷行贾遍郡国"。他教诫子孙注意节俭，收集一切可利用之物，走遍天下各地经商做买卖。汉初宣曲任氏在楚汉相争时囤积粮食、贱买贵卖发了大财，他为子孙立下家约："非田畜所出弗衣食，公事不毕则身不得饮酒食肉。"③ 由于勤劳节俭，任氏富者数世。从春秋到汉初，商贾家教内容呈现出商业知识的传授和个人道德品质的培养相结合的趋势。

不过，商贾的家训思想在以后的很长历史时期中，没有多少进展。统治者对商人的压抑与上层社会的经商思想，阻碍了商贾阶层人生观、价值观、道德观的形成与发展。轻商思想可追溯到西周。当时在市场进行交易的，除负责采购的低级官员外，基本上是普通人或商业奴隶，贵

① 《管子·小匡》。
② 《史记·货殖列传》。
③ 同上。

族入市是要受处罚的。《周礼》规定，命士以上不准到市场上去。如有违背，则按等级不同，"夫人过市，罚一幕；世子过市，罚一帟；命夫过市，罚一盖；命妇过市，罚一帷"。《周礼·地官》还规定，国君不能自我处罚，故一旦过市，"则刑人赦"。战国末期韩非首先提出农本商末的思想，并把商贾归为"五蠹"即国家的蛀虫之属。从秦始皇开始至明初，封建统治者对商人采取了困辱的政策。汉高祖刘邦规定有市籍的商人"不得衣丝乘车，重租税以困辱之。孝惠、高后时，为天下初定，复驰商贾之律，然市井之子孙亦不得仕宦为吏。"[1] 晋代更是贬低与侮辱商贾的人格，规定商人必须"额贴白巾"、"两足异履"，晋末的前秦还规定商贾不能穿金银刺绣，违者斩首[2]。从而使贱商、轻商思想日益严重。这在士大夫的家训中多有反映。"孟母三迁"从一个侧面反映了没落贵族对儒士的向往与对商贾的轻视。东汉大臣杨震以廉正、不为子孙治产业而名垂史册。《颜氏家训》虽然批评"士大夫耻涉农商，羞务工伎"，提倡学习农商工贾知识，但目的是使子弟为官从政时有经世务实的本领。即使到了宋代，爱国诗人陆游还教诫子孙不要"流为工商，降为皂隶"，"切不可迫于衣食，为市井小人事耳"[3]。袁采在《袁氏世范》中告诫子弟，如不能读书为儒，则商贾、技术，凡可养生而不至于辱先者，皆可为也。子弟之流荡，至于为乞丐、盗窃，此最辱先之甚。在袁采看来，子弟经商是万不得已的，只是为了不沦为乞丐、盗贼而已。在士大夫阶层视商业为贱业、以商人为市井小人的社会背景下，一般商贾也产生了自我菲薄的心理。连宋清这样口碑甚佳的诚贾义商，也没有树立起远大的职业理想，认为自己经商卖药只是为了养家糊口，"逐利以活妻子耳"[4]。缺乏敬业乐业思想与职业荣誉感、自豪感的商人，是很难成长为知名的商人家族的。所以，商人在历代地方志上很难占有一席

[1]　《史记·平准书》。

[2]　《晋书·载记》。

[3]　引自叶盛：《水东日记》卷一五。

[4]　柳宗元：《宋清传》，见《柳宗元集》，中华书局1979年版，第471页。

之地，其家训思想基本上未超出先秦的范围。

从北宋中期起，随着商品经济的发展，城市的繁荣，商业在社会生活中的地位日益重要，商人势力逐渐抬头，特别是"吏商"、"士商"乃至"商吏"的出现，冲击了以商业为"贱业"、商人为"杂类"而为君子所不齿的旧观念，改变了士农工商泾渭分明、不容杂处和兼容转化的旧政策。宋徽宗（1101—1125 在位）时，茶商郑良通过交结宦官当上封疆大吏广南转运使；宋高宗（1127—1162 在位）绍兴年间，大臣沈该竟然利用自己的特殊地位在蜀地经商，"买贱卖贵，舟车络绎，不舍昼夜。蜀人不以官名之，但曰'沈本'，盖方言以商贾为本"①。到明清时期，官员、士人口谈仁义，而身为商贾的情况更为普遍。这种官、儒、商三位一体与互相转换，以及随之而来的义利观的变化，把商贾家训推向新阶段。

明清时期，商业界已形成了一批世代相传的富商大贾，他们在当地大多是有声望的商绅，以自己的文化与资财同官府、士人交往。明人归有光（1507—1571）在为新安巨商程白庵所作的《白庵程翁八十寿序》中说："新安程君少而客于吴，吴之士大夫皆喜与之游……程氏子孙繁衍，散居海宁、黟、歙间，无虑数千家，并以读书为业。"这类商人中的世家大族，为使其家业代有传人，防止不肖子孙破家败业，都非常重视家训，留下了不少著述训言、诫语、楹联。还有不少有点文化的一般商人，为使子孙能守继其养家糊口，也注意积累经验，甚至写成文字以教导子孙，如清代署名"涉世老人"为子孙所编写的《营生集》中，详细阐述了经商谋生所必要的种种戒备与应循的商德准则。作者无名氏是一个既有些文化知识又富阅历、谙熟经商之道的商人，他把从商的经验教训写成书文，"藏之于家"，要求"为吾儿孙者勿等闲视之，须当珍藏在身，时取便览。更以流传后代，世世保守，免少年不通世故，致浮荡自误，流为匪类"②。不仅如此，为了适应商业经营的需要，这一时期还出现了商人或其代言

---

① 《建炎以来系年要录》。
② 《营生集》，见《中国传统蒙学大典》，广西人民出版社 1993 年版，第 221 页。

人所著述的不少商业书。这类商业书除提供专门的商业知识外，还富含商业伦理内容，如明末清初憺漪子所编《士商要览》中的《士商规略》与《士商十要》、清代句曲（今江苏句容）人王秉元纂集的《生意世事初阶》、清代商人吴中孚编撰的《商贾便览》等，便是如此。还有些书文是徽商为了进行营商启蒙教育而写的，如《生意蒙训俚语十则》，提出了勤谨、诚实、和谦、忍耐、通变、俭朴、知义礼、有主宰、重身惜命和不忘本十条经商要领。上述这些商业书，大都为经商的父兄购集作为教育子弟之用，也为自己虽不经商但希望子弟经商的父兄所采纳。如《生意世事初阶》就在乾隆五十一年（1786），由长期在外以"舌耕"为生而"不克而诲儿曹"的沙城汪淏"重加删润，邮寄子侄，聊节手示之劳"。① 以它代替家书，作为教诲子侄从商的教本；晋商无名氏则在《生意世事初阶》基础上增删编成带有山西商人特色的《贸易须知》，便于子弟学习。《士商要览》中有些内容被商人们广为传抄，清代休宁渠口无名氏《江湖绘图路程》的手抄本中，就有《士商规略》、《士商十要》；黟县宏村巨商汪定贵于咸丰五年（1855）营造的豪宅中，还把《士商十要》抄贴在墙上，用以教诲子孙。

二、明清时期商贾家训的主要内容

以明、清时期为代表的中国古代商贾家训，其主要内容表现在以下几个方面：

（一）励志从商

古代商贾认为，人的天赋资质虽有聪敏与鲁钝之别，但却没有生而

---

① 郭孟良编译：《从商经》，湖北人民出版社1996年版，第174页。

知之者。《贸易须知》指出："《论语》云：生而知之者，上。你看世上有多少生而知之之人乎？皆系口传心授而知之。"正是基于这种朴素唯物主义的认识，他们非常重视对子弟的教育，使之树立经商的志向。中国古代商贾的志向或理想分为三个层次：志之大者，为圣贤、为君子、为仁人，为国家社稷建功立业，泽及万物；志之中者，兴家裕族、传业后嗣；志之小者，爱身守法，养家糊口。上面讲的汪湤教导子侄立志，大体上属后者；他引用《生意世事初阶》中的话："农工商贾亦当立志，凡所作生理，如猫捕鼠，如鸡抱卵，实心实意，不肯放过，此立志也。"就是敬业勤业，以商谋生。指出：若不立志，无所事事，"空年嬉戏，不思正务，唯酒色是娱"，最后"名不成，利不就，家计日益困穷，衣衫褴褛"，必然辱身破家。

徽州一般人家教子弟学商的"劝商谣"兼有小志与中志："朝早起，夜迟眠，忍心耐守做几年"；"打个会，凑点钱，讨个老婆开个店，莫道手艺不发财，几多兴家来创业"。"又不痴，又不呆，放出功夫打擂台，店倌果然武艺好，老板自然看出来。"将你"超升管事掌钱财，吾纵无心求富贵，富贵自然逼人来"。《桃源俗语劝世词》中的这首歌谣，当地一些老商人今天还能背诵得出。有些海外徽州籍商人甚至还用它劝诫自己子孙，从刻苦学艺、勤劳工作入手，先成家立业，再求得"富贵"。山西榆次巨商常万育曾"读书家塾，用力甚勤，人皆许其能"。后因父亡家计日窘，其"母独命学陶朱术"，他奉母命外出"经营二十载，家遂丰盈"。[①] 明清时期有些富商大贾及其代言人则把经商本身视为"大志"、圣贤事业，乃英雄豪杰所为。如归庄（1613—1673）在为太湖洞庭山商人罗舜工所作的《传砚斋记》中说，罗舜工的先祖或士或商，而罗氏则"一人而兼之者也"，他戒子为士。但归庄却认为，"然吾为舜工计，宜专力于商，而戒子孙勿为士。盖今之世，士之贱也，甚矣"[②]。

---

① 张正明：《晋商兴衰史》，山西古籍出版社 1995 年版，第 230 页。
② 《归庄集》卷六。

安徽黟县宏村富商汪定贵在宅院中专建"承志堂"，就是训示子孙继承父祖之业。有的商人居室中贴着"能受苦方为志士，肯吃亏不是痴人"的对联，用以激励子孙，以经商成就自己的圣贤事业。这种对"志"的解释，是商人阶层崛起在政治上、思想上、心态上的表现。

让孩子从小学商，反映出商贾能吸取"家教宜早"的经验与重视实践的特点。徽州民谣唱道："前世不修，生在徽州，十三四岁，往外一丢。做得生意，儿哪，娘的心头肉；做不得生意，在外成鬼也孤幽。"这些歌词的基本精神，就是父母狠心将孩子推向社会，让他们通过各种"挫折教育"、"吃苦教育"，学到商业知识，增长经商才干，达到发家致富的目的。因此，他们中的许多人不是让子弟到大店"镀金"，而是去小店锤炼，因为"大店本钱大，生意大，气概大，眼眶大。穿的是绸缎，吃的是美味，将上等排场逐日看在眼里，则渐习渐染，嘴馋身懒，岂不误却终身"！小店资本小，办事稳妥、节约，"论穿不过布衣，论吃不过淡饭，银子细算，分文毫厘，不肯费用。只讲勤俭，不务奢华，等常日用所需，犹如居家一样。况且烧锅做饭，上门下门（板），诸般粗活，都要他做。他既受过这般苦楚，见过这等行为，就晓得银钞来之难处，而亦知当家度日。自此人情物理，纤悉明白。"在这基础上再入大店，"此时世务略明，庶不肯妄费。而学问渐高，见识渐远，从前受过磨砺，到此时毕竟超群"，[1] 成为一个精明的商人。许多事实证明，家庭贫穷后来成为巨富的商人，差不多都走过这段苦难的历程。

（二）学徒磨炼

古代商人的基本功是在经过全面磨炼的学徒时期学成的。当学徒，第一，"要守规矩，受拘束。不以规矩，不能成方圆；不受拘束，则不能收敛深藏。譬如美玉，必须琢磨成器，况顽石乎？"商贾中的大器是

---

[1]　《生意世事初阶》，见郭孟良编译：《从商经》，第185页。

在实践中雕琢成的。第二，从小事学起，做好眼前杂事。"清晨起来，即扫地抹桌，添砚水，润笔头，捧水与人洗脸，取盏冲茶，俱系初学之事。"第三，目瞧耳听，牢记在心。"听人说甚的话，彼此买卖交易，回答对故，贯串流通，必须听而记之。"要学"官话"（指北京话），说话要响亮，不要沾滞，但不可嘴快，随便插话，多言好辩。第四，耐心受教。莫嫌掌柜、师傅啰唆，他们"教你成人，骂也受着，打也受着"。不可将吩咐的话，只当耳边过风。第五，柜内站立不坐。"盖店内俱系比你长的人，不是东家，就是伙计，都为你师，你焉敢坐也。"第六，做到四有："有耳性，则听大人教训；有记才，则学过的事，就不肯忘；有血色，则自己就顾廉耻了；有和颜，则有活泼之趣。"第七，学好技艺。饭后学写字，晚上学算盘。"生意之家，忌的是白日打空算盘"，要在晚上"请教人指点算法"。要学戥秤称物，秤杆"不可恍惚，称准方可报数"。还要学会看银子成色，分辨清银子真假。第八，大胆学做生意，学徒学了一年两载，对生意业务有点基础，"就要硬着头，恋在柜上，勉力做生意，不可退后"。如退缩不前，终是胆小，何时会做？须知"一回生，二回熟，经一遭，长一志，凡百事，都是学而知之"。上柜"必须挺身站立，礼貌端庄，言谈响亮，眼观上下，察人诚伪，辨其贤愚"，"手内做着生意，还要耳内听人说话，嘴里说着话，还要眼睛看事"。总之，做生意要"八面威风"①。到这时，可以独立经营了。

（三）遵行商德

古代商贾家训的精华是德训，就是"先教他做人"，存心良善，以德经商，调节好与雇主、与伙计、与同行、与债主、与顾客等关系。明清时期，许多良贾义商从实践中认识到，经商和道义是可以统一的。他们正是本着"财自道生，利缘利取"② 的精神来做买卖并用以训诫子弟

① 《生意世事初阶》，见郭孟良编译：《从商经》，第183页。
② 婺源：《李氏统宗谱》。

的。具体来说：一是教诫子弟经商时以义制利。明代中叶的富商王文显（1469—1523）"尝训诸子曰：'夫商与士，异术而同心。故善商者处财货之场而修高明之行，是故虽利而不污。善士者引先王之经，而绝货利之径，是故必名而有成。故利以义制，名以清修，各守其业。天之鉴也如此，则子孙必昌，身安而家肥矣'。"① 二是教诫子弟诚信不欺。如《工商切要》说：进货时"赊须诚实，约议还期，切莫食言"。归有光在《东庄孙君七十寿序》中为之颂寿的那个姓孙的富商便是如此。孙君先人为人诚笃，于是富饶。这一优良的商德精神被继承下来，"至孙君尤甚，故其业益大"。反映徽商道德精神的诸多楹联中，其中有一是"泪酸血咸悔不该手辣口甜只道世间无苦海，金黄银白但见了眼红心黑哪知头上有青天"，就是教育子孙不要欺诈奸刁去赚黑心钱。三是教诫子弟买卖公平，货真量足。《工商切要》说："店铺生意，无论大小……斗斛秤尺，俱要公平合市，不可过于低昂。及生意广大之后，切戒后班刻薄，以致有始无终，败坏店名也。"这是诚实不欺的要求与核心。汪道昆（1525—1593）在其《太函集》中记述汪处士弃儒经商，与子弟约法三章，其中之一便是"毋以苦杂良"，不要在真货中掺假。四是教诫子孙辛勤经营。从先秦到明清时期，良商义贾们莫不用"继先祖一脉真传克勤克俭"教导子弟。徽商故居中诸如"勤为建业方，俭是医贫药"、"大富贵必须勤苦得，好儿孙是从阴德来"等楹联随处可见。他们要求子孙勤于进货："货品趋新，财源茂盛"；勤整货架："货物整齐，夺人心目"；勤管店铺："凡店房门窗，常宜随手关锁，不得出入无忌"；勤于管账："所有簿账"均宜亲自详细查核，要账"勤谨不怠，取付自多"，"收支随手入账，不致失记错论"。五是教诫子孙俭朴节约。汪淏教导子侄说："郑北园曰：贫贱生勤俭，勤俭生富贵，富贵生骄奢，骄奢失淫佚，淫佚生贫贱，此循环之理，不可不念。"② 要求他们谨防骄

① 李梦阳：《明故王文显墓志铭》，见《空同先生集》卷四十六。
② 见《营生集》、《生意世事初阶》。

奢淫逸。清代大盐商鲍志道出身贫寒，靠勤俭起家，他在扬州独资经营盐业时，两淮盐商们正因管理不善、侈糜浪费等陷于山穷水尽的境地。鲍志道厉行节约，矫革侈奢，家中不演戏，出门不坐车马，"久之大饶"，被推为两淮总商，他虽"拥资百万"，但以勤俭严律家人，"其妻妇子女，尚勤中馈箕帚之事"。① 难怪顾炎武在《肇域志》中说："新都勤俭甲天下，故富亦甲天下……青衿士在家闲，走长途而赴京试，则短褐至骭，芒鞋跣足，以一伞自携，而各舆马之费。闻之皆千万金家也。"至于一般商人，如《营生集》所说，更是要求子孙日常"衣服鞋帽，俱宜老实，不可学人穿绸着缎"，"勿贪时款学新装"，因为这是白费钱财而无实益。六是教诫子孙谦虚逊让，和气生财。要求在经商过程中"凡待人，必须和颜悦色，不得暴躁骄奢。高年务宜尊敬，幼辈不可期凌"。清代杭州盐商周世道（1722—1786）训子曰："居中家以孝友为本，处世事以和平为先。"② 在许多徽商居室中贴着"和平养无限天机，忠厚留有余地步"、"忍片时风平浪静，退一步海阔天空"、"世事让三分天宽地阔，心田存一点子种孙耕"、"事临头三思为妙，怒上心一忍最高"③ 等楹联，以教育子孙与家人忍让谦和。《营生集》也告诫儿孙说："礼义相待，交易日旺"；"暴以待人，祸患难免"。故经商必须"除尽躁暴之气，以和为贵。至或人责我骂我，明是自己有理，亦当忍气顺受。切勿与人争曲直也。更要打低弦缘，万事笑容向人为上。无论在人家在铺行，俱宜与上下人等结好，四面和顺。即人怒我，亦当忍气乞笑。若人叫我，须用和蔼之高声答应，或我叫人，亦有敬谨及和蔼之高声"。这些教导极其具体，有很强的可操作性。

（四）做守法良贾

《士商十要》把守法列为首位："凡出外（经商），先告路引为凭，

① 朱世良等主编：《徽商史话》，黄山书社1992年版，第51页。
② 卢文弨：《抱经堂文集》卷二九。
③ 黄山市黟县旅游局编：《楹联集锦》，旅游教育出版社1992年版。

关津不敢阻滞；捐税不可隐瞒……此系守法，一也。"明代闽商李晋德把"榷征莫漏，赋役当供"作为训诫子弟的重要内容，指出："货至榷场，必须实报，毋为小隐，侥幸欺瞒，查出倍罚，因小失大。"如有"船户求略走关"，以逃脱征税，也是不能讨便宜的，因为一旦被执法人员追到，便会"本钱倾丧"。应缴的赋税、应服的劳役是不能少的。因为这是"多为九边军需，（将士）披坚执锐，苦冒星霜环卫，中土之民，得以奠安"；若吝惜钱财，逃避赋役，"岂得谓良民也耶"！[①] 依法经商还包括不销售违禁商品。《营生集》告诫子孙："凡犯禁物件，虽明明买来转卖利钱加倍，不可见利贪心，防有官吏兵差人等缉私，不但本利尽失，而且身家性命不保，始累不浅。"总之，"要求辱不加身，凡事依理守法。欲保不失所有，切戒妄想贪求"。

（五）杜绝恶习

教诫子弟力戒"四毒"，做到"五不准"。《工商切要》说："赌嫖二事，好者无不败家倾本，甚至丧命。"出外经商若遇到"路上妇女倚门卖笑，不宜眼看"，以免被迷住，或为"美人局"所骗；"更防小人引诱至娼家或烟馆陷我为浪子"，这不仅"俱为犯法之地"，而且易染"疥疔痔瘘麻风"等病。一旦染上毒症，烟瘾日深，悔恨就晚了。《营生集》告诫：赌博是"犯法之事，不但妨人摘食，更兼官府捉猎，枷号在衙门外，有何面目见人"？此外，"烟酒最为误事，有损无益"；"酒乃杀身鸩毒，色为刮骨钢刀，烟多败胃损损齿，发火耗神"。应"戒之！慎之"！当然，在社交场合，适当饮酒也是可以的，但"切不可勉强，致坏身体"。而"执壶敬酒，但要意思殷勤，万不可捉弄灌醉"[②]，以免误人正事。山西祁县乔姓巨商为子弟立下家规："一、不准吸鸦片；二、不准纳妾；三、不准赌博；四、不准冶游；五、不准酗酒。"由于子弟恪守

---

① 《商贾一览醒迷》，见《从商经》。
② 《生意世事初阶》，见《从商经》。

家规，勤俭经商，故能承继祖业，裕家保泰。与此相反，与乔氏始祖乔贵发共同创业致富的秦氏不重视家教，致使其"子弟吃喝嫖赌，挥霍浪费，渐从（商号）内将股抽出，全部花光"①，终于破产。

（六）创业垂统

商人家训要求子孙以商、儒、官三位一体为自己的理想抱负与人生价值追求。早在先秦时期，就已出现了儒、商、官三者互相结合与转换的萌芽，但后来并未得到发展，更没有成为家训的一大内容。明清时期的一般商人固然把注意力放在养家糊口上，在官吏面前有一种自卑感，故《士商要览》说："凡见长官，须起立引避，盖尝为卑为降，实吾民之职分也。"但富商大贾则不同，他们认为"良儒不负闳儒"，经商与为官一样，也是一种"创业垂统"、"垂裕后昆"的事业；士农工商异业同道，无彼尊而此卑，"其业则商贾也，其人则豪杰也"②。另一方面，为了求得官府的庇护，得到某种经营特权，便结交权贵，或出资捐官，或课子读书当官。总之，他们以经商致富为基础，要求子弟把商、儒、官作为毕生追求的目标。这里有三种情况：

一是教子致力经商，奉行儒教。如出身于累世儒商大家族的徽州唐模村汪凤龄教诫诸子道："陶朱公之传不云乎：年衰老而听子孙。吾以隐居废治生，诸子有志于四方甚善。但能礼仪自恃，不愧于儒术，吾愿足矣。"③ 他把经商作为"志于四方"的事业看待，要求诸子继承家风，既习儒又经商，结果八个儿子个个成为"以孝谨起家，笃修行谊"的儒商。

二是鼓励或督促子弟弃儒从商。如徽商"（王）尚儒……年十五即

---

① 张正明：《晋商兴衰史》，第 217、220 页。
② 沈垚：《落帆楼文集》卷二四。
③ 《梅村家藏稿》卷五二。

毅然束书担囊，请从事治生，父笑而许之。乃变儒服贾，游于荆楚"。①
结果成为大贾。类似情况，也反映在明清小说中，《初刻拍案惊奇》卷
二讲到明万历年间，休宁县一富家女嫁与屯溪潘甲为妻。潘甲因家境贫
寒，"已是弃儒为商"。成亲刚两个月，潘父对儿子说："如此你贪我爱，
夫妻相对，白白过世不成？如何不想去做生意？"潘甲无奈，次日就出
外去了。父亲如此督促、鞭策儿子从商，表现出脱贫求富是何等的
迫切。

三是对诸子经商学儒统筹安排，使家庭朝着亦商、亦儒、亦官方向
发展。如明代歙县江才，少时因家贫弃儒从商，后成为巨富。他为自己
未能读书登第抱憾终身，便把希望寄托在儿子身上，令长子江琇、次子
江珮经商，三子江瓘、四子江珍习儒。江瓘考场失利，其兄江琇劝导他
说：种田固望丰收，"然而一年收成不利，就停耕不成？"在父兄的教导
下，江瓘终有文名，江珍在嘉靖十九年（1544）中了进士。

富商大贾教子习儒，目的是跻身仕宦，得到官府庇护，扩大其经济
利益。如黟县西递村富商胡贯三，一方面聘师教其子胡元熙，另方面寻
机义助贫士曹文植纹银千两，使他中了状元，曹文植遗嘱厚报胡贯三。
其子曹振镛便将三女儿下嫁胡元熙，后元熙中了进士，官至兵部侍郎。
在官府的保护下，吴贯三商业得到进一步拓展，共资财之巨位居江南
第六。

三、重实践、重说理的家教方法

由于商品交换与民主、自由相联系，所以商贾的家教方法不同于官
宦之家，具有较少的专制性。有些商贾虽然教育子弟很严，但严而有

①　婺源：《武口王氏统宗世谱》卷二〇。

理，一般不采取训斥、鞭打的手段。明代晋商展玉泉之父是位能干的盐商，他把儿子带在身边言传身教，使展玉泉成长为精明的商人。清代榆次常万达成为著名的晋商，也与随父经商有直接关系。富商们对子弟的教育比较注意方法。如山西巨商乔映霞为了防止家业败落和维护家庭的完整与和谐，不仅针对兄弟们拘谨、保守、自满、冒失、依赖等不同缺点，分别建立了"不泥古斋"、"知不足斋"、"自强不息斋"、"一日三省斋"等进行劝导，而且还采取了以物喻理等方法：有一次兄弟团聚宴饮，他对其堂弟映庚说：听说你武功可以，你能用四个指头将这双筷子折断吗？映庚回答说：这有何难？轻而易举地将它折为两截。映霞一面连声称赞，一面将众兄弟吃饭的筷子集中起来让映庚再折，结果未能折断。大家低头默然。映霞见状说道：大家都明白了这个道理，我很高兴，希望以后同心同德，互相勉励，永记此事。①

不仅对子弟进行正面引导，而且也进行反面教育。尤其是富商子弟平时锦衣玉食，生活优越，缺乏艰难困苦的经历，很容易沾染上种种恶习。对此，光用正面道理往往是难以奏效的。明智的商人很懂得这一点。清代歙县巨商马逢辰六十岁时，想把产业交给儿子马山来经营，但又放心不下，便带他到苏州见见世面。在苏州，山来不惜重金向名妓郑云仙博欢，其父不仅均予以满足，而且在归歙时还给他五百两银子作辞别应酬之用。临别，云仙呜呜咽咽作不忍分离态。船出镇江，其父又令山来穿上敝衣破鞋去她处，诉说船遇风翻了，幸遇邻船救起，父亲存亡未卜。山来照办。名妓见状脸色顿变，喝令仆人将其赶出；不得已又到原来停货的商行，也不见留。这使山来大识"红尘"，对父亲说："妓女爱我，是图我财；商行取媚我，是想藉我的货发财。人情反复，世态炎凉，今后当择人而友，谨慎处世。"② 从此，他勤俭持家，"数年致富巨万"③。

① 张正明：《晋商兴衰史》，第220页。
② 朱世良等主编：《徽商史话》，黄山书社1992年版，第181页。
③ 同上。

四、古代商贾家训的特点、价值及其缺陷

中国古代商贾家训中封建宗法的内容与民主说理的方法的统一，集中地反映了它的特点。商贾奉行的宗旨是家庭或家族整体主义，奋斗的基本目标是兴家旺族，在地方名族志中占有一席之地。贫困之家教育子弟经商，首先是为了立业谋生。经商致富后，便把兴家扩展至旺族，如订立族谱、修建宗庙、扶助贫寒的族人等。清代安徽祁门《彭氏宗谱》卷八《义庄规条》云："子孙始习（商）业而无力者，由户报明，助钱四千文，备置铺陈"；进店正式学艺，"本店人作保，助钱四千文"；"习业已成，助钱四千文，以示鼓励"。为使子孙出外安心习商，宗族义仓对于其生活困难的父母妻子，也多有接济。当然，得到帮助后的族人经商致富后，也会出于报恩或根据宗族法规定，捐资给宗族公产。不仅如此，族人相互间还会利用比较熟悉或亲密的同祖共宗的血缘关系，将小股零星的资金集中一起同宗结伙，拼本经商；族人在某地或某业站稳脚跟后，常常会接纳前来投靠的本族人员，从而形成宗族性的实力雄厚的商贾集团。如休宁、歙县巨商"以业贾故，挈其亲戚知交而与共事。以故一家得业，不独一家得食焉而已。其大者能活千百家，下亦至数十家数家"[1]。这种把血缘、业缘、地缘关系结合起来的做法，有助于在商业经营中增强凝聚力、扩展力与竞争力，因而很容易形成具有某种共同利益的商人集团。这是商贾宗族势力强盛的基础。如"新安各姓聚族而居，绝无杂性掺入者……千年之冢不动一抔，千丁之族未尝散处，千载之谱系丝毫不紊"[2]。在这里，家庭、宗族被视为基础、根本。巨大的商帮就是在这个基础上形成与发展起来并反过来又巩固与加强这个基础的。商贾家族整体主义所包含的以义取利、勤俭致富、循德守法、杜绝

---

① 金声：《金太史集》卷四。
② 赵吉士：《寄园寄所寄》卷八。

恶习与创业传世等内容，是可以被扬弃与吸纳而为后人所利用的。这在近百年来中国民族经济发展与海外华人企业的成功中已得到证明。一般而言，私营企业具有所有权与经营权合一的特点。因此，只有把子弟培养成为优秀的企业经营人才，才能使他们担当起管理企业的重任，承继父辈的家业。许多百年老店如创自明万历年间的苏州孙春阳南货店，创自明崇祯年间的张小泉剪刀铺等，能够世代相传，奇迹般地得以延续，究其原因，与家教无不相关。

但也应该指出，中国古代商贾家训还夹杂着不少糟粕需要清理出来加以抛弃，主要有 1. 向子弟灌输安于现状的天命论，生来固有的抽象人性论，如《营生集》讲的"大富由天"，《生意世事初阶》讲的"趋慕利禄之心，举世皆然。门第富贵，听天所授者悠长，奔竞得力者不久"、"山中无直树，世上无直人"等，这些看法否定了人的主观能动性与人性的历史性和阶级性。2. 灌输神秘主义。如把一个月分为固定不变的禁忌日与吉利日，前者有天集日、天盗日、天贼日，这些日子出外经商均为不吉利日；其余的天门日、天财日、天阳日、天仓日、天富日为吉利日，均可出外经商。另外，"逢白浪日、覆舟日，忌讳发船出航；遇风波日、灭没日，要抛锚、停桡，不可出行"[1]。这种把千变万化的气象固定在某些天中的观点，以及某几天中必然遇到盗贼的观点，是极不科学的。3. 灌输圆滑世故的处世哲学。如"逢人只说三分话，未可全抛一片心"、"听人说话，是与不是，俱存于胸中，是者从之，不是者亦点头不辩"。很显然，用这种观点择人交友，是难以得到知己、知音的。4. 灌输不择手段地牟取厚利的经营思想。如《生意世事初阶》说："时下生意老实不得，要放三分虚头。""价不到本不卖，是真不卖；他还过了头不卖，是假不卖，何也？犹恐他反悔犯疑，我故意不卖，是拿他一着，令他不能反悔。""柜上做生意，不论贫富奴隶，要一样应酬……哪里是应酬人，不过以生意为重，应酬钱而已。"这些误导是商贾家教的

---

[1] 《商贾一览醒迷》，见《从商经》。

负面，起着消极作用。从多数商贾的家教内容而言，其思想境界并不高，尚停留在谋生的层次，所谓"男子志在四方，原望觅利蝇头"，即使注意道德教育，目的也不是"行道"，而只是以道生财。这就存在一个提升层次的问题。

第三十二章
明清的格言、警句体家训

在明清家训发展过程中，还出现了一种格言、警句体裁的家训，这种家训风格清新，富有哲理，很受人们的喜爱，因而流传颇广。

这种体裁的家训大致有三个共同的特点：一是作者撰写家训的出发点虽是为了教训家人、子弟，但都可以作为教人立身处世的大众教科书；二是大多为饱含深意的哲言睿语，言简意赅，言近旨远，耐人寻味。三是其内容不在于家庭财产、家庭事务的管理，也不在于睦亲齐家之道的训导，而是主要传授立身、处世的经验。明清时期谈立身处世的著作不少，但符合本书所论、属于家训范畴的也不太多。除另章阐述的朱柏庐的《治家格言》外，本章主要选择了陈继儒的《安得长者言》、吴麟征的《家诫要言》、陈龙正的《家矩》以及彭端吾和冯班的家训，作一些研究和分析。

一、陈继儒：《安得长者言》

陈继儒（1558—1639），字仲醇，号眉公，又号麋公。华亭（今上海松江）人。明朝诸生。与书画家董其昌齐名。厌恶科举制度，二十九岁时将自己的儒生衣冠焚毁以表不仕决心。后筑室东佘山，题所居为"宝颜堂"，过起隐居生活，闭门著述。朝廷屡次征召，均以疾辞，终年八十二岁。陈继儒工诗善文，名重一时。他的著作很多，光《四库全书》就收有《逸民史》、《眉公十集》、《书画史》等二三十种，此外还有《宝颜堂秘笈》、《国朝名公诗选》等。

（一）《安得长者言》的修身处世哲学

"长者"，性情谨厚之人。"安得长者言"的意思是"难得长者的教诲"。这一书名，是别人为之加的誉称。从书的导言看，陈继儒非常注意日常对子孙们的训诫。这本书是陈继儒结合平日见闻、加上自己心得体会撰写的格言、警句体家训。导言说："余少从四方名贤游，有闻辄掌录之。已复死心茅茨之下，霜降水落，时弋一二言，拈题纸屏上，语不敢文，庶使异日子孙躬耕之暇，若粗识数行字者读之，了了也。如云'安得长者之言'而称之，则吾岂敢！"①

《安得长者言》的主要内容可归纳为修身和处世两个方面。陈继儒基本上是围绕这两个方面结合自己的人生经验阐述的，其中包含有许多寓意深刻、耐人寻味的见解。

关于品德修养，陈继儒的观点大致可归结为两层意思：

其一，养德的重要性。陈继儒对修养品德与"富贵功名"的关系的看法是"富贵功名，上者以道德享之；其次以功业当之；又其次以学问识见驾驭之。其下，不取辱则取祸"。他认为靠高尚的道德享有富贵功名是最好的，其次才是功业和学问。否则要获得富贵功名，不是遭受耻辱便是带来灾祸。他还用进入鸟群的鸟不乱飞行、进入兽群的野兽不会扰乱同类的比喻，告诫子孙要以良好的德行和睦他人。

其二，如何养德。在这一问题上，概括陈继儒的观点，大约有六

---

① 陈继儒：《安得长者言》，见《丛书集成初编》第 375 册，中华书局 1985 年版，下引此篇不注。

点：一是要从年幼时、从微小处着力，这可收到事半功倍的效果。他讽刺那些作风轻狂的官吏正是因为少时忽视了德行的修养，他说："医书云：'居母腹中，母有所惊，则生子长大时发癫痫。'今人出官涉世，往往作风狂态者，毕竟平日带胎疾耳！秀才正是母胎时也。"这话看似刻薄，实则很有道理。在谈到小节关乎养德时他教育子孙："有一言而伤天地之和、一事而折终身之福者，切须检点"；"人生一日，或闻一善言，见一善行，行一善事，此日方不虚生"。他还举例说："有穿麻服白衣者，道遇吉祥善事，相与牵而避之，勿使相值。其事虽小，其心则厚。"二是要从动机上、源头上注意，他指出："一念之善，吉神随之；一念之恶，厉鬼随之。知此可以役使鬼神。"他认为只有清除不良的动机才有良好的处世氛围，所谓"扫杀机以迎生气"。三是要经常反省自己私心杂念产生的原因和修养的不足之处。"静坐以观念头起处，如主人坐堂中，看有甚人来，自然酬答不差。""静坐然后知平日之气浮；守默然后知平日之言躁；省事然后知平日之费闲；闭户然后知平日之交滥；寡欲然后知平日之病多；近情然后知平日之念刻。"四是读书明理。因为"读书不独变人气质，且能养人精神，盖理义收摄故也"。五是要有益友的帮助。陈继儒以自己跟朋友一起才得攀上高塔的体会，说明在道德修养上离不开品德高尚、学问渊博的朋友鼓励、帮助和提醒的道理。六是德行的修养还依赖于制度、政策等社会因素。他用犀利的语言分析了君子、小人产生的一个重要社会原因是科举制度，指出："朝廷以科举取士，使君子不得已而为小人也。若以德行取士，使小人不得已而为君子也。"这种观点可能偏颇，但不能说没有道理。

关于处世之道，《安得长者言》中谈的较多的是这样一些方面：

淡泊名利。与他的志趣相一致，陈继儒最推崇恬淡的生活，要子孙将事情看得淡泊一些。他说："宦情太浓，归时过不得；生趣太浓，死时过不得。甚矣！有味于淡也。"他以为追求名利最为害人，对此表示了极大的愤慨："名利坏人，三尺童子皆知之。但好利之弊，使人不复顾名；而好名之过，又使人不复顾君父。世有妨亲命以洁身、讪朝廷以卖直者，是可忍也，孰不可忍也！"陈继儒教育子孙要力戒虚荣和虚浮，否则就是死要面子活受罪的肤浅之人，对人对己都没有益处。他说："士大夫气易动，心易迷，专为'立界墙、全体面'六字断送了一生。夫不言堂奥而言界墙，不言腹心而言体面，皆是外向事也。""人之高堂华服，自以为有益于我。然堂愈高，则去头愈远；服愈华，则去身愈外。然为人乎？为己乎？"他还用鲲鹏飞行六个月便停下歇息故能飞九万里的例子，批评那些不知满足追逐官场的人，说明知足不辱的道理。"鲲鹏六息，故其飞也能九万里。仕宦无息机，不仆则蹶。故曰：'知足不辱，知止不殆。'"

中庸处世。崇尚儒家中庸之道的处世准则，是陈继儒家训的一个重要特点，家训中多次阐明了他的这一观点。他用草木生长为喻并引用邵雍的话说明物极必反："初夏五阳用事，于乾为飞龙，草木至此已为长旺。然旺则必极，至极而始收敛，则已晚矣！"故邵康节云："牡丹含蕊为盛，烂熳为衰。盖月盈日午，有道之士所不处焉！"他主张过犹不及，反对偏激之举，认为这只能造成不利的结果。他说："好义者往往曰义愤、曰义激、曰义烈、曰义侠。得中则为正气，太过则为客气。正气则事成，客气则事败。故曰：'大直若曲'。"他还指出按中庸之道行事，要全面，且关键在于要把握好"度"。家训中不少地方都谈到这一点，如"不可无道心，不可泥道貌，不可有世情，不可忽世相"；"待富贵人不难有礼，而难有体；待贫穷人不难有恩，而又难有礼"。他还用一些比喻说明为何要中庸处世的道理："嗜异味者必得异病，挟怪性者必得怪症，习阴谋者必得阴祸，作奇态者必得奇穷。庄子一生放旷，却曰：'寓中庸'，原跳不出'中庸'二字也。"

行善积德。这也是陈继儒处世哲学的一个重要方面。《安得长者言》开头就讲"或本薄福人，宜行厚德事；或本薄德人，宜行惜福事"；如果"闻人善则疑之，闻人恶则信之，此满腔杀机也"。他教导子孙要做好人、行善事，"世乱时忠臣义士，尚思做个好人。幸逢太平，复尔温饱，不思做君子，更何为也？"他提出，不仅能洁身自好，而且能济人救世，才是真正的功德："士大夫不贪官，不受钱，一无所利济以及人，毕竟非天生圣贤之意，盖洁己好修德也。济人利物功也！有德而无功可乎？"

交友之道。交友，是处世的重要组成部分。在这个问题上陈继儒提出了一种颇有新意的"趣味"交友观："人之交友，不出'趣味'两字。有以趣胜者，有以味胜者，有趣味俱乏者，有趣味俱全者。然宁饶于味，而无宁饶于趣。"他反对交往中的意气用事，认为"后生辈胸中，落'意气'两字，则交游定不得力"；他也不主张"泛交"，因为"泛交则多费；多费则多营；多营则多求；多求则多辱"。

宽以待人。陈继儒认为为人处世，应该虚以处己，宽以对人。他说："人不可自恕，亦不可使人恕我"；"能受善言，如市人求利，寸积铢累，自成富翁"。他提出区分君子与小人要以此人对他人的态度为标准："以举世皆可信者，终君子也；以举世皆可疑者，终小人也。"这是很有见地的。他还说"凡奴仆得罪于人者，不可恕也；得罪于我者，可恕也"。表现了宽广的心胸。他甚至认为所谓福气大小与待人宽厚或者刻薄存在必然的联系，"薄福者必刻薄，刻薄者则福亦薄矣。厚福者必宽厚，宽厚则福亦厚矣。"这自然是唯心的观点，但教人存宽厚仁慈之心的初衷还是值得肯定的。

谨言慎语。处世无外乎言行两个方面，陈继儒在"言"上对子弟的指导是告诫他们加强言语修养：一是慎言，特别是情绪变动之时。因为"喜时之言多失信，怒时之言多失体"。二是不说过激的或不该说的话。"大约评论古今人物，不可便轻责人死"；"俗语近于市，纤语近于娼，诨语近于优。士君子一涉此，不独损威，亦难迓福"。

由于时代的原因，陈继儒《安得长者言》中也不可避免地存在一些封建、迷信的糟粕。其中首先要强调指出的是，"女子无才便是德"这句话的始作俑者就是陈继儒。他说："男子有德便是才，女子无才便是德。"这种德才观影响深远、流毒不浅。其次，家训中明哲保身的俗见。比如，"士大夫当有忧国之心，不可有忧国之语"；"有济世才者，自宜韬敛。若声名一出，不幸为乱臣贼子所劫，或不幸为权奸佞幸所推，既损名誉，复掣事几。所以《易》之'无咎无誉'、庄生之'才与不才'，真明哲之三窟也"。显然，他的动机是好的，然而只有忧国之心而无言论行动，或将济世才能深藏不露又怎能救国救民呢？再次，鬼神观念和报应说教。这方面，书中也有不少。譬如他说"好谈闺门，及好谈乱者，必为鬼神所怒。非有奇祸，则有奇穷"。这自然是唯心的，但他立意是对那些好谈论女人和淫乱的人的警告，这还是值得肯定的。

（二）《安得长者言》的训喻特点

第一，善于运用比喻阐明深刻的哲理。陈继儒是一个善于说服诱导的学者，据说当时他的不少书都被人们争相索购，这从《安得长者言》中可窥一斑。书中常常用一些生动形象的比喻说明深刻的道理。例如，他为了说明只有谨严持重的人才能自立于世的观点，就用垒假山作喻："沓假山无巧法，只是得其性之重也，故久而不倾。观此则严者可以自立。"在说明加强涵养、不要被事情的顺利与否所牵制时，他用穿鼻的马牛作了形象的类比。他说："得意而喜，失意而怒，便被顺逆差遣，何曾作得主？马牛为人穿着鼻孔，要行则行，要止则止，不知世上一切差遣我者，皆是穿我鼻孔者也。自朝至暮，自少至老，其不为马牛者几何？哀哉！"在告诫子孙如何做人、做事时，他用了女子一生中经过的少女、媳妇、婆婆三个阶段来比喻做秀才、做官、退隐三个时期："做秀才如处子，要怕人；既入仕如媳妇，要养人；归林下如阿婆，要教人。"在谈到阅读史书必须耐心辨别错别字时，他作了这样的比喻："读史要耐讹字，如登山耐亥路，踏雪耐危桥，闲居耐俗汉。"这种语言通俗生动而又寓意深刻，使人过目不忘。

第二，引述前人的言论，阐发自己观点。作为饱读诗书又善于思考的学者，在《安得长者言》中，陈继儒对前人的不少立身处世理论作了自己的阐发，或从新的角度作了解释，其中儒、释、道的思想都有。如他在评论那些懒于学习的人时，对孔子"天生德于予，桓魋其如予何"① 的话作了这样的发挥："盖圣人之气，不与兵气合，故知其不害于桓魋。今人懒于习文字者，由其气不与天地之气及圣贤之清气合，故不得不懒也。"

第三，耐人玩味的语言引人思考，使人从中受到启发和教益。这种语句随处可见，如："闭门即是深山，读书随处净土"；"吾不知所谓善，但使人感者即善也；吾不知所谓恶，但使人恨者即恶也"等。这些格言警语大都对仗工整，语言浅显，但耐人寻味，发人深省。沈德先在《安得长者言·跋》中这样评价说："陈眉公每欲以语言文字，津梁后学，热闹中下一冷语，冷淡中下一热语，人却受其炉锤而不觉。是编尤其传家要领。正如水火菽粟，开门日用之物，具眉目者所并需也。人亦有学语于齐，学步于邯郸。固不若手一编闲闲下椠，即日游于眉公彀中可也。"这一评价应该是中肯的。

二、吴麟征：《家诫要言》

吴麟征（1593—1644），字圣生，号磊斋。海盐（今属浙江）人。天启年间进士，官至太常少卿，在朝为官以敢于直言为人所敬。1644年，李自成率领农民起义军攻打北京时，他负责守卫西直门，城破自缢。福王时，谥"忠节"。

《家诫要言》是吴麟征教诲家人的家训，虽然篇幅不长，仅七十三则，且大多一两句话，但却涉及治学、交友、立身、处世诸多方面。所论最多的还是立身、处世问题。

---

① 《论语·述而》。

（一）"立身无愧，何愁鼠辈"

如何立身？《家诫要言》主要谈了四个方面。首先是做人要光明磊落、持身端正。他说："人心止此方寸地，要当光明洞达，直走向上一路。若有龌龊卑鄙襟怀，则一生德器坏矣。"[①] 他反对结党纳派，认为只有一身正气，才能不畏邪恶。"立身无愧，何愁鼠辈？""秀才本等，只宜暗修积学，学业成后，四海比肩，如驰逐名场，延揽声气，爱憎不同，必生异议。秀才不入社，作官不入党，便有一半身份。"其次，与陈继儒一样，吴麟征也非常强调修养中的动机问题，以为铲除私心杂念、将不良动机消灭在萌芽状态，是修身的根本功夫。他说："功名之上，更有地步；义利关头，出奴入主，间不容发。""'岂可使动我一念'，此七字真经也。"他告诉子弟："知有己不知有人，闻人过不闻己过，此祸本也。故自私之念萌，则铲之。谗谀之徒至，则却之。"他强调"一念不慎，败坏身家有余"。再次，他认为进行道德修养，须从小处做起，"人品须从小做起，权宜苟且诡随之意多，则一生人品坏矣"。"恶不在大，心术一坏，即入祸门。"最后，还要读书明理，独善其身。他说："世变弥殷，止有读书明理，耕织治家，修身独善之策"；"多读书则气清，气清则神正，神正则吉祥出焉，自天佑之；读书少则身暇，身暇则邪间，邪间则过恶作焉，忧患及之。"这虽然有迷信色彩，但强调学习对修身的作用，还是正确的。

（二）"器量须大，心境须宽"

如何处世？《家诫要言》谈到：一是要淡泊名利以免祸。"见其远者大者，不食邪人之饵，方是二十分识力。""生死路甚仄，只在寡欲与否耳。"二是宽厚待人以积福。吴麟征叮嘱家人："器量须大，心境须宽"，

[①] 吴麟征：《家诫要言》，见《丛书集成初编》第 976 册，中华书局 1985 年版。下引此篇不注。

"待人要宽和，世事要练习"。他还用根深叶茂来比喻宽以待人的道理："本根厚而枝叶茂。每事宽一分，即积一分之福"。三是周恤贫穷以累德。吴麟征要子孙"多行善事"，尤其对孤寡。他说："孤寡极可念者，须勉力周恤。"他还用一些士大夫"奢淫不道"遭致惨祸的事例，要家人注意积累善德。四是俭约以持家。吴麟征将勤俭作为持家之根本。家训中论及这一问题的地方很多，如："治家舍节俭，别无可经营"、"收敛节俭，惜福惜财"、"家之本在身，佚荡者往往轻取奴隶"等等。五是慎交以全身。吴麟征要子弟家人交友一定要慎重，"师友当以老成庄重实心用功为良，若浮薄好动之徒无益有损，断断不可交也。""鸟必择木而栖，附托匪人必有危身之祸。"强调做人比做官更重要、门风比家业更重要，是《家诫要言》的一个显著特点。家训中有多处阐述了这一观点。比如："儿曹不敢望其进步，若得养祖宗之元气，于乡党中立一人品，即终身材学究我亦无憾。""家业事小，门户事大。"

与陈继儒相比，吴麟征家训中明哲保身、宿命论的思想更多。其原因是他身处明王朝即将灭亡的末世，社会动荡，危机四伏，朝不保夕。关于这一点，家训中多次提及，如"四方兵戈云扰，乱离正甚，修身节用，无得于乡人"等。他认为"水到渠成，穷通自有定数"，劝子孙只宜"信命读书"。这种立身、处世思想中的消极方面最为突出的是表现在他对子弟交友之道的指导上。谨慎交友，是几乎所有家训作者们都强调的问题，而吴麟征则达到了极端。他甚至认为几乎无友可交："交友鲜有诚实可托者"；"居今之世，为今之人，自己珍重，自己打算，千百之中，无一益友"。

吴麟征的家训，有一个鲜明的特点，那就是言简意赅，言近旨远。丰富的人生经验、深刻的做人处世道理，都化作简约的、不加雕琢的语句。这种语句几乎俯拾皆是，如教育家人虚心处世、谨慎持家的："莫道做事公，莫道开口是，恨不割君双耳朵，插在人家听非议；莫恃筑基牢，莫恃打算备，恨不凿君双眼睛，留在家堂看兴废。"教育子弟志当高远的："争目前之事，则忘远大之图；深儿女之怀，便短英雄之气。"

教育子弟涵养气度的："不合时宜，遇事触忿，此一病，多读书则能消之。"……

吴麟征家训中的立身、处世之道，字字都从自己的人生阅历中来，句句都是一个家长饱含深情的殷切指导。抛弃其消极方面，至今看来大都仍有借鉴价值。

三、陈龙正：《家矩》

陈龙正（？—1645），字惕龙，号几亭。浙江嘉善人。曾师事高攀龙。崇祯甲戌科进士。历任中书舍人、南京国子监丞等。性情刚直，好言事极谏。清军攻陷南京时，已有重病，拒绝服药而死。著有《几亭全集》，此外还辑有《程朱遗书》。

《家矩》，也是一篇格言、警句体家训，共有三十一节。内容没有体系，似为随手写来，却在浅显质朴的语言中充满了丰富的人生哲理，闪烁着辩证思想的火花。现择取有关治家、教子、处世数则，以窥其貌。

（一）治家：不吝不富，不侈不贫

在论及吝啬与奢侈、富贵与贫穷的关系时，陈龙正指出："人性不吝，必不至大富。不贻子孙以大富，则不生侈心；不侈则又不至大贫。是以贻子孙以善守者，不悭乃其本也。祖父累之如锱铢，子孙费之必如泥沙。子孙痴根，还从祖父愚性生下。"①

在论及爱惜物品与浪费物品的关系时，陈龙正提醒家人注意有时看似爱惜实际是暴殄天物。"爱惜、暴殄本是两意，愚者有时合成一病。如饮食剩余，宜趁鲜香之时分给于下。敝衣故履未至有用，宜散于仆从

---

① 陈龙正：《几亭外书·家矩》。下引此篇不注。

或贫寒之人。每见妇人悭吝爱惜，将余食珍藏。夏不过一日，冬不过十日，皆腐败矣。衣履破敝，欲藏之箧笥，则不必；欲与人，则不能堆阁闲处，听其朽烂，使人不得受其养，物不得伸其用，是皆以爱惜为暴殄者也。时时当讲解而提醒之，使晓此理，自无此失。"

（二）教子："自治所以治人，全交乃在好学"

《家矩》谈到消除对子弟不良影响的问题时认为，与其使年幼子弟接受不良影响再去消除它，不如一开始就不使他们受到这种影响。他说："故者无失其为故，圣人之厚道。吾辈亲朋，诚有难谢绝者，但其开口淫秽，或泛滥市井，何可令幼稚见闻？与其得先入之言，而复洗濯之，不如无入之为愈也，凡遇此恶客在座，子弟自十五六以下，权词令之回避。"

在谈到与朋友、同学交往问题时，《家矩》教育子弟，只有与他们在一起交流，才能增进友谊；只有为人正直，交往才能长久。所以特别要求子弟加强自身修养，以求能同才德高尚的人交往："自治所以治人，全交乃在好学。芝兰之士，易远难亲；怀安习非，则正人望而却之。"

（三）处世："亏己一分，饶人一分"

在这方面，陈龙正告诫家人要吃亏、让人，他认为吃亏之事从另一个角度看，实际上是占便宜。《家矩》说："大抵亏己一分，饶人一分，无不可了。其有极难处者，便全亏全饶，亦与了断，即使心中轻快，又免使子孙煎烦，是大便宜也。"他还要求子弟要讲究人道，周济穷人。且不可乘凶荒之年抬高粮价，牟取暴利。陈龙正告诉子弟，他和他的父亲每年青黄不接时，减价百分之二三十，卖出几百担米以帮助饥民。陈龙正认为，家庭成员世代都能这样，就可脱去庸俗人的习气。

四、彭端吾和冯班的家训

彭端吾（生卒年不详），号嵩螺，明代夏邑（今属河南）人。万历进士，做过山西道御史。所撰《彭氏家训》，被收入《课子随笔钞》。

彭端吾的家训篇幅不长，语言精练，富含对人生的真知灼见。其中谈论较多的主要集中在个人风节、为人处世、睦亲持家等方面。

彭端吾很看重气节，因而家训中谈论颇多。如："人得意骄矜，我犹如是，无变态也；人失意委靡，我犹如是，不低眉也。"① "穷厄时极能见人，凡气节不委靡者，到底必有成就，愈穷愈有节概，方是男子。"他甚至认为"与其生一个丧元气的进士，不如生一个培元气的痴儿"。

关于做人处世，彭端吾谈得更多。他认为做人"诚"是最要紧的，"人只一诚耳，少一不实，尽是一腔虚诈，怎成得人"？至于做事，他提出要慎思："急行无善，步缓一着，加一熟思，自是不差。""事来先料理一著，明蜡未形，先时整顿。只待事至总理，便错乱矣。"此外，还要参考众人的意见，即"公议"。"凡事看公议如何，如系众论不可者，即止不为。一件犯了清议许多，好事救解不来。"他还提出，言语谨慎，不要以讹传讹，侮损别人；而对别人的批评则应虚心接受，知过必改。家训中说："有讽喻我者，必其爱我之甚，不置我于度外者，当和颜以受之。彼乐与言，我得实益。""凡有错处，随觉必改，如饰非文过，便一生无长进处矣。惟改过极是第一美事。"

在家庭伦理方面，彭端吾家训提出了一个"孝"道的新标准，即"保此身"、"做好人"，并且认为这是最高的孝。他说："保此身以安父母心，做好人以继父母志，便是至孝。"他告诫家人要崇尚俭约，切忌奢华。因为"容足以外，皆为无用"；"人家豪华且莫艳羡。一家润富，

---

① 彭端吾：《彭氏家训》，见夏锡畴编：《课子随笔钞》卷二，光绪乙未湖南书局刊本，下引此篇不注。

不知倾害几家"。

冯班（1602—1671），字定远，号钝吟老人，清初江苏常熟人。明朝诸生，清朝建立后，佯狂避世。诗、书均很有造诣，著有《钝吟杂录》、《钝吟诗文稿》、《严氏纠谬》等书。

冯班的《家戒》这部家训，收入他的《钝吟杂录》一书中，因篇幅较长，这里仅作些举例性的叙述。

作为一个学者，冯班《家戒》中论述治学的内容很多，基本上是自己的治学心得，其中不乏独到的见解。摘取几则："读书有一法，觉有不合意处，且放过去，到他时或有悟入，不可便说他不是。"① "凡学问皆须实见实行，不可虚空揣摩。""开卷疾读，日得数十卷，至老死不解，可曰勤矣，然而无益……疾读则思之不审，一读而止，则不能识忆其文。虽勤读书，如不读也。""为子弟择师，是第一要事。慎无取太严者。师太严，子弟多不令，柔弱者必愚，则强者怼而为恶，鞭扑叱咄之下，使人不生好念也。""人不可不学儒，学儒必从师，师最难得。不近人情，不通世务，不读书者，便是小人矣。"

对于家庭的治理，冯班给子弟许多生活经验的忠告。如家庭关系上："婢妪用事，则妇女生变；外家太亲，则兄弟疏。"婚嫁上："嫁女娶妇，但择儒素有家法者最善。"子弟教育上："君子之孝，莫大于教。子孙教得好，祖宗之业，便不坠于地。不教子弟，是大不孝，与无后等。"

冯班十分重视子孙的道德修养，他认为"子孙有一贵人，不如有一君子；生一才子，不如生一长者"。而在个人的品德修养上，冯班特别提出宽以待人、善于处人。这方面他的议论很多，如："为善无他法，但处心平易，使常有喜气，自然无不善。""喜气迎人，亲于兄弟；逆气迎人，惨于戈矛。""善人为善，极有受用处，无过一个心安。""君子立

---

① 冯班：《家戒》，见徐梓编注：《家训——父祖的叮咛》，中央民族大学出版社1996年版，下引此篇不注。

身行己，只要平实。不行险则无祸患，不作伪则无破败。"

冯班对家人处世之道的训诲，也大有可取之处。生活上的，如"盛怒不可饮酒"。利益上的，如"好小利必有大不利"、"无故之利，害之所伏也。君子恶故之利，况乎为不善以求之乎？君子固穷，不求利所以无害，则利莫大焉"。交友上的，如"与君子交当以恕，君子或有不如人意时也；与小人交当以敬，小人好侮人也"。

冯班《家戒》中也有一些天命思想、因果报应观念，以及鄙视妇女的偏见。如"祸福之来，天与人相参"、"家不齐多由女人，女人最难安放"等等。这些都是落后于时代的观点。

冯班《家戒》中还有大量的篇幅是论述学术问题的，他不太迷信权威，对孔子、宋儒的批评具有许多大胆、深刻而有价值的观点，这里就不再讨论了。

第三十三章
明清的箴铭、歌诀体家训和诗训

　　明清的家训，不仅数量众多，而且形式丰富多彩。包括箴言、歌诀、训辞、铭文。此外，明清时期以诗歌形式教诫家人子弟的诗训传统，也得到了继承和发扬。

一、箴铭、歌诀体家训

　　明清时期的箴铭、歌诀体家训，具有鲜明的特色。其中，既有附在长篇家训中的，也有作为短小精悍的家训而独立成篇的；既有朗朗上口、可唱可诵的歌谣，也有严肃刻板、带有家法性质的训诫；既有供幼儿开蒙习诵的，也有合家老小都要不断学习牢记的。这其中较有影响的如：《郑氏规范》（就其后来的补充发展，也可以看做明代作品）中的《男训》、《女训》和每月朔望日参谒祠堂后所唱的"训辞"，方孝孺的《家人箴》、《幼仪杂箴》、《四箴》，吕坤的《孝睦房训辞》、《近溪隐君家训》，王守仁的《训儿篇》，徐奋鹏的《教家诀》，庞尚鹏《庞氏家训》后所附的《训蒙歌》和《女诫》，彭定求的《治家格言》、《成家十富》、《败家十穷》等等。至于一般百姓的箴铭、歌诀体家训，本节选取湖南韶山毛氏家族的家训为代表。

由于箴铭歌诀体家训的篇幅比较短小，为了使读者更能了解这种家训的风格，本书将尽量予以引录，并注意形式的多样性。

（一）《郑氏规范》中的"训辞"

《郑氏规范》这部家训，本书前面已经作过全面分析，这里再就其中的颇具特色的"训辞"略作介绍。《郑氏规范》中的"训辞"主要有两类：一是每月朔望日参谒祠堂后所唱的"训辞"；一是每天早晨年幼子弟朗诵的男女训诫之词。

就笔者目前掌握的材料看，在家训发展史上最早采用唱诵韵语对家人进行教诲的，是宋代理学家陆九渊的哥哥陆九韶。陆家是一个"累世义居"① 的大家庭。据《宋史·陆九韶传》记载，为了加强家人的道德教育，"九韶以训诫之辞为韵语。晨兴，家长率众子弟谒先祠毕，击鼓诵其辞，使列听之"②。唱词是：

> 听，听，听！劳我以生天理定，若还懒惰必饥寒，莫到饥寒方怨命，虚空自有神明听。
>
> 听，听，听！衣食生身天付定，酒肉贪多折人寿，经营太甚违天命。定，定，定！③

与此相近，《郑氏规范》规定，每月初一、十五家长率全家参谒祠堂后，在"有序堂"上举行唱"训辞"的仪式。先是击鼓二十四声，然后令一子弟唱"训辞"。唱词为：

> 听，听，听！凡为子弟者必孝其亲，为妻者必敬其夫，为兄者必爱其弟，为弟者必恭其兄。听，听，听！毋徇私以妨大义，毋怠惰以荒厥事，毋纵奢以干天刑，毋用妇言以间和气，毋为横非以扰

---

① 《家范》，见潘永因：《宋稗类钞》卷四，书目文献出版社1985年版，第277、278页。
② 《宋史》，中华书局1976年版，第12879页。
③ 《家范》，见潘永因：《宋稗类钞》卷四，书目文献出版社1985年版，第277、278页。

门庭，毋耽麴蘖以乱厥性。有一于此，既殒尔德，复隳尔允。眷兹祖训，实系废兴，言之再三，尔宜深戒。听听听！[①]

这篇训辞的内容可分为三部分：一是讲家庭成员之间孝亲敬长、夫妇和顺、和睦相处的；二是要求家人力戒徇私、懒惰、奢侈、酗酒、影响团结、惹是生非之类的行为；三是强调这些祖训，关系到家庭兴亡，一定要牢记深戒。

《郑氏规范》规定，"男训"、"女训"也是在家庭聚会的"有序堂"进行的，由未成年的子女朗诵。《男训》的内容是告诫子弟"人家盛衰，皆系乎积善与积恶而已"的道理。因为在封建社会中男性才是家长，所以对家庭的男性后代每天进行劝善戒恶的教育是很重要的。《男训》提出了积善与积恶、爱与不爱子孙的标准："何谓积善？居家则孝悌，处事则仁恕，凡所以济人者皆是也。何谓积恶？恃己之势以自强剋人之财以自富，凡所以欺心者皆是也。是故能爱子孙者，遗之以善，不爱子孙者，遗之以恶。"由于"家之和不和，皆系妇人之贤否"，《女训》提出了贤与不贤的标准，着重对女孩进行贤妻良母规范的训诲，要她们力戒"淫狎妒忌，恃强凌弱，摇鼓是非，纵意徇私"之类的不贤行为。从小就朗诵这些训辞，且每天如此，对子女良好品德的养成的确能起到较好的促进作用。

（二）方孝孺的箴体家训及教化特点

方孝孺（1357—1402），字希直，又字希古，号逊志。浙江宁海人。明洪武间荐擢汉中教授，惠帝时召为翰林侍讲，迁侍讲学士，批答奏章，主修《太祖实录》。燕王朱棣（成祖）军队攻入京师（今南京）后，被俘入狱。因坚拒为成祖起草登基诏书，被处死，另灭十族（九族加朋友弟子）。有《逊志斋集》存世。

---

① 《郑氏规范》，见《丛书集成初编》第 975 册，中华书局 1985 年版，下引此篇不注。

"箴"的意思是劝告、规诫，作为一种文体，它是以规诫他人或自己为主题的。方孝孺的箴体家训主要有：《家人箴》、《幼仪杂箴》、《四箴》等。

《家人箴》的内容大约包括治家和修身两个方面，前者有正伦、重祀、谨礼等，主要是阐述持家理家之道；后者主要论述品德修养的问题，包括务学、笃行、自省、绝私、崇畏、惩忿、戒惰、审听、谨习、择述、虑远、慎言等项。这些既是告诫家人的，也是规诫自己的。如他文中所说："余病乎德无以刑乎家，然念古之人，自修有箴戒之意，因为箴以攻己缺，且与有志者共勉焉。"①

《家人箴》对治家、修身诸方面的规定简明扼要，其修养观虽有不少是对儒家伦理的阐释，但都饱含着自己的人生经验和品德修养的体会，使人很受教益。例如，关于"自省"，他就提出了非常全面的观点："言恒患不能信，行恒患不能善，学恒患不能正，虑恒患不能远。改过患不能勇，临事患不能辨，制义患乎巽懦，御人患乎刚褊。汝之所患，岂特此耶？夫焉可以不勉！"

方孝孺深受其老师、曾在浦江郑氏家族里担任过塾师的宋濂的影响，对郑家的家风和家训《郑氏规范》十分敬仰，他曾写诗赞扬道："丹诏旌门已拜嘉，千年盛典实堪夸。史臣何用春秋笔，天子亲书'孝义家'。"② 因而在《家人箴》中，方孝孺提出家政的治理和家人的教化是至关重要的，他认为治家是治国的基础，甚至治家比治国更难。他分析原因说："论治者，常大天下而小一家。然政行乎天下者，世未尝乏，而教洽乎家人者，自昔以为难。岂小者固难，而大者反易哉？盖骨肉之间，恩胜而礼不行，势近而法莫举。……故家人者，君子之所尽心，而治天下之准也，安可忽哉！"③ 他在为族人制订的《宗仪》序言中也谈

① 方孝孺：《逊志斋集》卷一，见影印《四库全书》第 1235 册。
② 《家范总部》，见《古今图书集成·明伦汇编·家范典》卷四。
③ 方孝孺：《逊志斋集》卷一，见影印《四库全书》第 1235 册。

到其目的是为了正家。他说"余德不能化民，而窃有志于正家之道，作《宗仪》九篇，以告宗人，庶几贤者因言以趋善，不贤者畏义而远罪，他日与大者有行焉，或者其始于此。"

《幼仪杂箴》是方孝孺为家人包括他本人订立的日常生活的行为准则，共有二十项。分为坐、立、行、寝、揖、拜、食、饮、言、动、笑、喜、怒、忧、好、恶、取、与、诵、书，每一项规定得都非常具体，不容马虎。比如"坐"，《杂箴》规定："维坐容，背欲直，貌端庄，手拱臆，仰为骄，俯为戚。毋箕以踞，欹以侧。坚静若山，乃恒德。"[1]再如"揖"，《杂箴》规定："张拱而前，肃以纾敬。上手宜徐，视瞻必定。勿游以傲，勿佻以轻。远耻辱于人，动必以正。"《杂箴》中不仅仅是礼仪的规定，同时也贯穿有道德的教育。譬如，关于"取"，方孝孺就提出"取"应以是否合乎"义"为标准。他说，"非吾义，锱铢勿视；义之得，千驷无愧。物有多寡，义无不存。畏非义如毒螫，养气之门"。《四箴》实际上是教子诗，主要谈了调节父子、夫妇、兄弟、朋友四种伦理关系及其行为准则。尽管其中存在男尊女卑之类的陈腐说教，但有些观点在今天也是很有借鉴价值的。如交友，方孝孺写道："损友敬而远，益友宜相亲，所交在贤德，岂论富与贫。君子淡如水，岁久情愈真；小人如口蜜，转眼成仇人。"[2]

方孝孺箴体家训及其教化实践具有几个鲜明的特点：一是注重可操作性。尤其是他的《幼仪杂箴》，将言谈举止、起居饮食等日常生活方方面面的行为准则，规定得极为具体，具有很强的可操作性，便于遵循和践行。二是注重养正于蒙。《幼仪杂箴》序中谈到自己制订这些箴规的用意时说："道之于事，无乎不在。古之人自少至长，于其所在，皆致谨焉而不敢忽。故行跪、揖拜、饮食、言动，有其则；喜、怒、好、恶、忧、乐、取、予，有其度。或铭于盘盂，或书于绅笏。所以养其心

---

① 方孝孺：《逊志斋集》卷一。
② 《家范总部》，见《古今图书集成·明伦汇编·家范典》卷四。

志、约其形体者，至详密矣，其进于道也，岂不易哉?"① 只有注意从小抓起，良好习惯的培养和优秀品质的形成才能收到事半功倍的效果。这种看法无疑是很科学的。三是将教育家人子弟与自我修养结合起来。这也是方孝孺箴体家训及其教化的一个极其突出的特点。绝大部分家训都是教诫家人子弟的，像方孝孺这样订立箴规，首先是"以攻己缺"②，为自己修德立身所用似不多见。足见其谦逊、自律的学者风范。四是篇幅短小精悍，言简意赅。如上所述，方孝孺的这几篇箴体家训，篇幅都不太长，但内容要求都比较全面周详，没有多少大道理，却很实用。

（三）吕坤的《孝睦房训辞》、《近溪隐君家训》及教化实践

吕坤（1536—1618），字叔简，号新吾。宁陵（今属河南）人，万历二年（1574）进士。先为襄垣知县，因政绩卓著，不断升迁，后至右金都御史、山西巡抚、刑部侍郎。吕坤"居身谦素"，为官刚正。"每遇国家大议，先生持正，不为首鼠，以是小人不悦。"③ 万历二十五年（1597）因不满朝政，称疾乞休。家居凡二十年，以著述、讲学为务。强调为学"须以天下国家为念"，建立事功才是真学问。著作有《呻吟语》、《去伪斋集》等。

吕坤的《孝睦房训辞》、《近溪隐君家训》应该说是在传统家训中最为简练精要，又最为完善、全面的篇目。《孝睦房训辞》只有一段：

> 传家两字，曰读与耕；兴家两字，曰俭与勤；安家两字，曰让与忍；防家两字，曰盗与奸；亡家两字，曰淫与暴。休存猜忌之心，休听离间之言，休做生分之事，休专公共之利。吃紧在各求尽分，切要在潜消未形。子孙不患少而患不才，产业不患贫而患喜

---

① 方孝孺：《逊志斋集》卷一。
② 见《家人箴》、《幼仪杂箴》序。
③ 《侍郎吕新吾先生坤》，见黄宗羲：《明儒学案》卷五四，中华书局1985年版，第1296页。

张，门户不患衰而患无志，交友不患寡而患从邪。不肖子孙，眼底无几句诗书，胸中无一段道理，神昏如醉，体懒如瘫，意纵如狂，行卑如丐，败祖宗成业，辱父母家声。是人也，乡党为之羞，妻子为之泣，岂可入吾祠、葬吾茔乎？戒石具在，朝夕诵思。①

这里，十个“字”，指出了家道隆昌还是家道衰亡之路；四个“休”，提出了立身持家的基本准则；四个“不患”，着重从才、志、交友方面对子孙的培养教育提出了基本要求。此外，鉴于败家、亡家系于子孙贤否，《训辞》特别提出要防止产生“败祖宗成业，辱父母家声”的“不肖子孙”。

《近溪隐君家训》，是万历辛卯（1591）年，吕坤在山西做按察御使时为子孙留下的家训。家训被刻在石碑上，现保存在山西太原郝庄双塔寺内。这篇家训更为通俗易懂，共分两段：

存阴骘心，干公道事，做老实人，说实在话，天理先放在头顶上。处人只要个谦逊，居家只要个和平，教子只要个学好，吃穿只要个温饱，房舍家伙只要个坚守有用，冠婚丧祭只要个合理。才开口便想这话中说不中说，才动身便想这事该做不该做，才接人便想这人该交不该交，才见利便想这物该取不该取，才动怒便想这气该忍不该忍。

处身要俭，与人要丰，见善就行，有过便认。尤可戒者，奢侈一节，令人只图看相，强似费了财帛夸俗人眼目，不如那些夕钱粮救了穷汉性命。锦上添花，何用彼冬无破絮者。此日天地生灵，案前积肉，何为彼日无饱糠者皆同饱。赤子看那悭吝攒钱之人，骄奢破家之子，天道甚明，愚夫不悟，尔曹切记吾言也。②

如果说这篇家训的前一部分谈的是“修己”，后一部分说的则是“处世”。在“修己”方面，吕坤首先要求子孙做个老实人，然后提出了

---

① 《家范总部》，见《古今图书集成·明伦汇编·家范典》卷四。
② 转引自张本立：《家训胜万金》，见《人民日报》1990 年 2 月 23 日，第 8 版。

家庭管理的一些基本要求，最后又从言行举止、处人交友的细微之处谈了个人修养应注意的几个方面。在"处世"上，吕坤要求子孙生活俭朴，力戒奢侈，尤其要讲究人道，"见善就行"，救难济贫。

结合吕坤的其他一些著述和史书记载，我们可以看到吕坤在家庭和社会教化方面是很有贡献的。首先吕坤夙重风教。他提出"为政先以扶持世教为主"①，无论是在公务繁忙的为官期间，还是在辞职乡居之时，吕坤都十分重视社会教化、以改良世道人心为己任。他的父亲吕得胜就曾经撰写过社会教化的读本《小儿语》、《女小儿语》，并命吕坤续编。吕坤继承了父亲的事业，编写了《好人歌》、《续小儿语》、《演小儿语》、《呻吟语》等许多社会教化读物。正如吕坤著作《呻吟语》的刊印者、清代扬州人阮承信序中所评价的那样，"大有补于世道人心。士大夫立身行事，事君临民，皆当以此为法。"②

其次，吕坤非常重视女教。基于"闺门万化之原"③的认识，为了普及对女子的伦理教育，吕坤编写了在女教史上极有影响的《闺范》一书。该书从历代典籍中搜集整理了古人有关女德修养的论述，以及贤惠妇女可供效法的模范事迹，并且绘有插图，还加上自己的评论。这本书出版以后，产生了极大的社会反响。"当时士林乐诵其书，摹印不下数万本，直至流布宫禁。其中由感生愧，由愧生奋，巾帼之内，相与劝于善而远于不善者，盖不知凡几也。"④当然，书中自然少不了封建道德对女子的苛刻要求，少不了封建礼教的糟粕，但书中有关子道、妇道、母道及姊妹、妯娌、姑嫂之道的论述，对家庭关系的调适和家庭教育都是具有积极意义的，对一些女德典范事迹的宣传也有助于良好社会风尚的树立。

再次，吕坤在家庭教化和社会教化实践中极为重视教化读物的通俗

---

① 吕坤：《呻吟语·治道》，见《吕子遗书》，道光丁亥刊本。
② 参见李修松主编：《儒学经世箴言》，北京师范大学出版社1992年版，第3页。
③ 吕坤：《闺范》自序。
④ 转引自梁汝成等标注：《蒙养书集成》二，三秦出版社1990年版，第83页。

性和可读性。这是一个难能可贵的特点。如果说上述两篇家训还是训诫自己的那些有文化的家人子弟的话，那么他的社会教化读物就更通俗了。如他的《好人歌》就是押韵合辙的大白话："天地生万物，惟人最宝贵。人中有好人，更出人中类。好人先忠信，好人重孝悌。好人知廉耻，好人守礼义。好人不纵酒，好人不恋妓。好人不赌钱，好人不尚气。好人不仗富，好人不倚势……"① 在封建社会里，广大的下层百姓被剥夺了受教育的权利，没有文化。吕坤所采取的这种言简意赅、通俗易懂、令人喜闻乐见的形式，对于自明代中期开始的通俗家训的兴起和繁荣不能不说是起了积极的作用。

此外，在家训教化上，吕坤始终将子弟的品德教育放在第一位，始终注意从小处、从萌芽状态加强子弟的品德修养。恰如他在《孝睦房训辞》中所说，"切要在潜消未形"。他在儿子入学之时，就谆谆告诫儿子要将做人看得高于做官："孝、悌、忠、信、礼、义、廉、耻，此八行者，望汝努力；怠、惰、荒、宁、放、僻、邪、侈，此八字者，望汝深戒。不然，纵中三元，官一品，哪值一文钱！"②

（四）王守仁、徐奋鹏和庞尚鹏的训子教家歌诀

王守仁（1472—1528），字伯安，因筑室阳明洞中，世称阳明先生。浙江余姚人。明中叶的著名哲学家、教育家。孝宗十二年（1499）举进士出身，官至南京兵部尚书，死后谥"文成"。有《王文成公全书》传世。王守仁曾几次镇压过农民起义和少数民族起义，同时宣扬他的德化政策，认为"破山中贼易，破胸中贼难"③。为了"明人伦"、"变士风"，振兴封建道德，他从三十四岁起开始在从政之余讲学授徒，教学很受学生的欢迎。据其门人黄直记载，"先生每临讲座，前后左右，环座而听

① 转自袁啸波编：《民间劝善书》，上海古籍出版社1995年版，第112页。
② 吕坤：《去伪斋集》卷七，《吕子遗书》，道光丁亥刊本。
③ 《与杨仕德、薛尚诚》，见《王文成公全书》卷四。

者，常不下数百人。送往迎来，月无虚日"①。

王守仁的教育思想极为丰富，在对儿童的教育方面，他主张要顺从儿童的天性，采用儿童喜闻乐见的形式。比如，他将吟诵诗歌称作"歌诗"，要儿童放声歌唱，在传授知识、思想的同时，进行情感的熏陶。《训儿篇》这篇家训歌诀，也可以视作他提倡的"歌诗"之类。它既是教育子孙的，也是训诲年幼学童的。《训儿篇》采用三字一句的韵语，琅琅上口，易懂易记，内容是道德常识的教育。

> 幼儿曹，听训教：勤读书，行孝道。学谦恭，循礼义。节饮食，戒游嬉。毋说谎，毋贪利。毋任性，毋尚气。毋责人，须自治。能下人，是有志。能容人，是大器。凡做人，在心地。心地好，是良士。心地恶，是凶类。吾教汝，须谛听：尊父母，敬兄弟。师必严，父要厉。听好言，习好仪。毋纵容，毋闲戏。稽功过，考日记。交好友，学好技。书不成，精一艺。可养身，方成器。②

徐奋鹏，生平事迹不详。明代学者。《明史》载他曾作《古今治统》二十卷。《教家诀》是他教诫家人的歌诀，也用韵语写成。除了"他人事勿评"这句明哲保身的陈见外，其他的见解都可以作为我们今天为人处世、持家修身的参考。

> 立志要勤，褆身要清。自己事勿推，他人事勿评。骨肉常相敬，族属不敢轻，与物光风而霁月，持家夜寐而夙兴。谤我者宜闻言内省，诲我者宜曲意求亲。当应承处须努力，有便宜处宜让人。读书常勿辍，恐识日浅而隘吾胸；居利常知足，恐机日深而滑吾情。理稍不谐，吾惧或利于贤传圣经。俗纵不知，吾求无亏乎天地神明。③

---

① 《王文成公全书》卷三，《传习录》下。
② 袁啸波编：《民间劝善书》，上海古籍出版社1995年版，第123页。
③ 《家范总部》，见《古今图书集成·明伦汇编·家范典》卷四。

庞尚鹏所撰的《庞氏家训》，本书已作介绍。家训篇末附有《训蒙歌》和《女诫》两篇歌诀，并且家训的第三部分"遵礼度"中对子孙习诵这两篇歌诀作了明确的规定："童子年五岁诵《训蒙歌》，不许纵容骄惰；女子六岁诵《女诫》，不许出闺门。"

庞尚鹏的《训蒙歌》除了后面的八句外，绝大部分内容与王守仁的《训儿篇》一致，也是采取的三字韵语的形式，只是个别字词不同。庞尚鹏的生卒年月晚于王守仁，其《训蒙歌》或许在编写时参考、吸取了王守仁《训儿篇》。《庞氏家训》中的《女诫》，是女孩启蒙时习诵的，用四字一句的韵语写成：

> 男女相维，治家明肃。贞女从夫，世称和淑。事夫如天，倚为钧轴。爱敬舅姑，日祈百福。教子读书，勿如禽犊。妯娌交欢，毋相鱼肉。婢仆多恩，毋生荼毒。夜绩忘劳，徐吾合烛。家累千金，毋忘馈粥。虽有千仓，毋轻半菽。妇顺母仪，能回薄俗。嗟彼狡徒，豺声蜂目。长舌厉阶，画地成狱。妒悍相残，身攒百镞。天道好还，有如转毂。持诵斯言，蓝田种玉。

可以看出，《女诫》中包含男尊女卑、因果报应甚至诅咒的语句，但大部分内容还是教诲女子修养妇德、治家教子、妯娌和睦、勤劳节俭、善待仆人的。

（五）彭定求的歌诀体家训

彭定求（1645—1719）字勤止，号仿濂、南畇。清长洲（今江苏苏州）人。康熙进士，授修撰。历任国子监司业、翰林院侍讲等职，后归里不复出。熟通经史，工于诗文，曾经参与点校《全唐诗》的工作。著作有《阳明释毁录》、《儒门法语》、《学易纂录》等。在《彭凝祉先生杂说》的附录中，保留有他的《治家格言》和《成家十富》、《败家十穷》等歌诀体家训。

《治家格言》三字一句，押韵合辙，读来琅琅上口。篇幅虽短，却涉及睦亲齐家、为人处世的许多方面：

> 凡治家，须起早。桌要抹，地要扫。粗布衣，菜饱饱。靠神天，奉三宝。孝父母，敬兄嫂。为夫妇，和顺好。贫不欺，富不扰。官钱粮，先要了。出人情，看起倒。成家子，粪似宝。败家子，钱如草。有家财，结交好。急难中，朋友少。花正红，香酌少。不作媒，莫作保。闲是非，都不扰。忍耐些，少烦恼。要富贵，读书好。学手艺，要心巧。做买卖，要公道。耕种田，勤耨草。养鸡鸭，不养鸟。勤俭好，无价宝。身不单，肚又饱。近来人，眼孔小。只扶起，不扶倒。光阴快，人易老。有时运，置家早。命颠沛，守到老。甘淡薄，天知道。将银钱，莫费了。但为人，须学好。①

《成家十富》和《败家十穷》，分别概括了富家和败家的十条途径，劝善戒恶，虽极其通俗，却很富有哲理。这两首歌诀是：

> 第一富，不辞辛苦做道路（勤俭富）。
>
> 第二富，买卖公平多主顾（忠厚富）。
>
> 第三富，听得鸡鸣下床铺（当心富）。
>
> 第四富，手脚不停理家务（终久富）。
>
> 第五富，当心火盗管门户（谨慎富）。
>
> 第六富，不去为非生法度（守分富）。
>
> 第七富，合家大小相帮助（同心富）。
>
> 第八富，妻儿贤惠无欺妒（帮家富）。
>
> 第九富，教训子孙立门户（后代富）。
>
> 第十富，存心积德天加护（为善富）。
>
> 第一穷，只因放荡不经营（渐渐穷）。
>
> 第二穷，不惜钱财手头松（容易穷）。

---

① 转引自徐梓编注：《家训——父祖的叮咛》，中央民族大学出版社 1996 年版，第 364 页。

第三穷，朝朝睡到日头红（糟蹋穷）。

第四穷，家有田地不务农（懒惰穷）。

第五穷，结识豪杰做亲朋（攀高穷）。

第六穷，好打官司逞英雄（斗气穷）。

第七穷，借债纳利妆门风（自弄穷）。

第八穷，妻孥懒惰子飘蓬（命当穷）。

第九穷，子孙相交不良朋（勾骗穷）。

第十穷，好赌贪花捻酒钟（彻底穷）。[1]

彭定求的这几首歌诀体家训，文约义丰，以质朴的语言表达了深刻的道理，是教育家人子弟的好教材。其内容除了有一些宿命论的说教外，基本上是值得肯定的。

（六）韶山毛氏宗族的训家歌诀

撰修于清代的韶山毛氏族谱中所载毛氏族训，是我国民间传统家训颇有特色的代表，之所以这样说，一是因为这一家族的"家训"分类之多。它不仅有八条称作"家训"的家训，还有劝族人行善积德的《家劝》、要族人规避的《家戒》和《百字铭训》，从而形成为一个家训体系，这在家训教化史上是极为罕见的。二是因为该家族的家训中，除了八条家训之外，其《家劝》、《家戒》和《百字铭训》全部采取歌诀体的形式。

毛氏宗族的《家劝》共有十则。内容涉及人格修养和行善累德的有三则："培植心田"、"品行端正"和"矜怜孤寡"；涉及睦亲齐家、邻里团结的有三则："孝养父母"、"友爱兄弟"、"和睦乡邻"；涉及务本、持家、教子的有四则："奋志芸窗"、"勤劳本业"、"婚姻随宜"、"教训子孙"。每一则各用六七字的八句韵语作了具体的解释，读来琅琅上口，

---

① 转引自徐梓编注：《家训——父祖的叮咛》，第365页。

很像宋词、元曲。姑举两例：

二、品行端正：从来人有三品，持身端正为良。弄文侮法有何长？但见天良丧尽。居心无少邪曲，行事没些乖张。光明俊伟子孙昌，莫作蛇神伎俩。

七、矜怜孤寡：天下穷民有四，孤寡最宜周全。儿雏母苦最堪怜，况复加之贫贱。寒则予以旧絮，饥则授之余粮。积些阴德福无边，劝你行些方便。[①]

毛氏宗族的《家戒》，也是十则。这些规诫族人的条款是：游荡、赌博、争讼、攘窃、符法、酗酒、为胥隶、为僧道、谋风水、占产业。从内容看，大致包括三类：第一类是重在约束族人切勿沾染有损德行甚至败家、丧身的恶习；第二类是不许族人从事的非正当职业；第三类是不要做占人田产、谋人风水等利己损人、恃强凌弱的行为。

每一则《家戒》，都用十四句四言韵语写成，也很有特色。仅举六、七两则：

六、酗酒：世上是非，多起于酒。加以贪杯，愈丧所守。乱语胡言，得非亲友。甚至醉时，胆大如牛。酗酒放风，裂肤碎首。醒后问之，十忘八九。何如节饮，免至献丑。

七、为胥隶：人在乡村，闲言存养。一入衙门，便如魍魉。一票一签，几斤几两。只讲盘子，不思冤枉。少不得意，一索三掌。怒气冲天，报施不爽。快活赚钱，休作此想。[②]

这些戒条，多以说理的形式对族人进行教诲，劝其趋善避恶。

毛氏家族的《百字铭训》，以短短百字的篇幅，韵律齐整的语言，告诫族人治家睦族、处世做人应行和应戒的基本行为准则，可谓是言简意赅的座右铭。《百字铭训》的全文是：

---

① 《中湘韶山毛氏二修族谱》卷二，转引自韶山村总支、村委会编：《韶山魂》，湘新出准字［2001］第47号，2001年版，第348—349、349—350页。

② 同上。

孝悌家庭顺，清忠国祚昌。礼恭交四海，仁义振三纲。富贵由勤俭，贫穷守本良。言行防错过，恩德应酬偿。正大传耕读，公平作贾商。烟花休入局，赌博莫从场。族党当亲睦，冤仇要解忘。奸谋身后报，苛刻眼前光。王法警心畏，阴功用力禳。一生惟谨慎，百世有馨香。①

二、明清时期的"诗训"

明清时期的一些官吏和学者，也以诗歌形式教诫家人子孙，这些诗训数量不少，内容也极为丰富。本书其他章节已经引述了一些，这里再就一些有代表性的诗训做些分析研究。

明清时期的诗训，形式、风格多样，有的是讲究格式、韵律的律诗，有的则是不拘一格的自由体；有的只是一首两首的即兴而赋，有的则是系统全面的系列诗作。

（一）方孝孺、陈献章等的系列诗训

1. 方孝孺的《勉学诗》。

这是一组教子诗，《古今图书集成》中收有十三首。这里的"勉学"是广义的，涉及立志、求知、惜时、早教、慈孝、交友、修身、夫妻之道等诸多方面。仅举几首为例：

残灯结为花，枯木化为菌。凋零如此物，秀气终未尽。人心最灵智，自弃独何忍。圣门本弘大，梯磴多接引。曾高愚鲁资，直解配颜闵。流年急如箭，发白难再鬒，及时不努力，老大成蠢蠢。②

---

① 《中湘韶山毛氏三修族谱》卷六，见韶山村总支、村委会编：《韶山魂》，第 351 页。
② 《教子部》，见《古今图书集成·明伦汇编·家范典》卷四一。

这首诗是教子立志自强、珍惜时光的。谈父母与子女之间慈孝的一首是：

儿童聚嬉戏，不离父母傍。父母顾盼之，百忧为尔忘。惟此慈爱心，比同春日光。阳和透地脉，草木俱芬芳。儿身已长大，能不念往常。愉色与婉容，倾心奉高堂。嗟哉力何短，父母恩更长。

再引两首关于交友和修养品德的：

结交须结心，取士须取德。古交金百炼，古士麟五色。如何当世人，作事多倾侧。甘言转相媚，内险不可测。

青青好禾稼，生此螟与螣。堂堂美少年，化为狐与蜮。人心天机在，利欲日夜昏。好苗莫助长，恶木先除根。斧斤一时缓，恶木何由断。莫谓根株深，所忧筋力短。①

仅从所引的这几首诗，我们也不难发现方孝孺训子诗的一大特色，那就是运用一些通俗、形象、生动的比喻，告诫子弟深刻的做人处世的道理。

2. 陈献章的系列《示儿》诗。

陈献章（1428—1500）字公甫，号石斋。广东新会人。因居住在白沙里，世称白沙先生。明正统时举人，会试不第，曾被人推荐授翰林检讨，后乞归不出。有《白沙子全集》传世。

陈献章的《示儿》诗共六首，从诗中看是他"知天命"之年教训儿子的诗作。诗中要儿辈以忍传家、谦让知足，采薪负水、姑烹妇饮，崇尚气节、修养善心等。六首诗均为七言绝句，通俗易懂，立意鲜明。

张公九世尚同居，忍字专书一百余。受唾由来称长者，而今市辈却嗤余。

姑也须烹妇也炊，采薪负水是男儿。吾亲日夜伤别离，争得肝肠冷落时。

百亩荒田力不支，如何千亩更营私。相寻利害无穷日，慎勿逢

---

① 《教子部》，见《古今图书集成·明伦汇编·家范典》卷四一。

人乞面皮。

门前宾客偶相投，忽忽浮生五十优。君贵我贫俱是分，敢将丘壑傲王侯。

俯仰天人不敢言，真持素履到黄泉。儿曹无问前程事，若个人心即是天。

圣心太极一明蟾，影落千江个个圆。五十年来如梦觉，临歧更出示儿篇。①

3. 金甡的系列家诫诗。

金甡（1702—1782）字雨叔，号海住，仁和（今浙江杭州）人。乾隆状元，官至礼部侍郎。清同治年间刊印的《国朝诗铎》收有他的五十首家诫诗，包括调适家庭成员关系、读书志学、谈婚论嫁等众多方面。兹举两首。

如关于读书的指导："读书期致用，一言可终身。博学转多助，压架非空陈。何物益神智，破暗资传薪。精心窥古鉴，经济行纷纶。"②

再如关于义利关系、志学之道："志学古今异，利重义则轻。古人为道德，今人为科名。天爵长自保，倍赠人爵荣。相沿忘归宿，分道不并行。"③

4. 魏源的系列示儿诗。

魏源（1794—1857）原名远达，字默深。湖南邵阳人。道光进士，曾任内阁中书，与龚自珍齐名，同为当时今文经学派的著名代表人物。鸦片战争爆发后，为两江总督裕谦的幕僚，参与浙江抗英战役。因不满清廷战和不定，辞归著述。受林则徐嘱托，编成了介绍世界历史、地理、政治、宗教、武器等的《海国图志》一书，主张"师夷之技以制

---

① 《教子部》，见《古今图书集成·明伦汇编·家范典》卷四一。
② 张应昌：《国朝诗铎》卷二二，同治八年刊本。
③ 同上。

夷"。他极力宣传变古革新思想，是近代中国资产阶级改良思想的先驱者。著作丰硕，今人辑为《魏源集》。

魏源写有很多示儿诗，以教育儿子魏耆。如《家塾示儿耆》、《家塾再示儿耆》、《读书吟示儿耆》等，这些都是系列的教子诗，内容颇为广泛。

与他的政治主张相一致，魏源在诗中教育儿子为人为学之道，要求儿子学习研究经世济用之学，将来干一番事业，不要做那些只钻故纸堆、不习有用之术的"腐儒"。如《家塾示儿耆》的第一首：

> 积人遂成世，积治遂成制，积事遂成史，垂为百王治。今治与古治，何异前车辙；今史视古史，何异前年契。君臣民物心，食货兵刑事，斯皆道所形，能跻大庭世。儒通天地人，四海民命寄。方策文武存，一代宪章备。岂曰党枯朽，但蠹古文字。腐儒虫鱼注，自谓屠龙技。尚输桔槔艺，能裨生人类。百年养士心，望储济川器。各树门户牖，岂是邦家利。闲吟青衿诗，独下苍生泪。[①]

魏源学识渊博，诗作也极富文采。如《读书吟示儿耆》第五首中，魏源以花木作比，告诉儿子要取得学业和事业的成功，就应不畏艰难，不怕磨炼：

> 君不见，华时少，实时多，花实时少叶实多，由来草木重干柯。秋花不及春花艳，春花不及秋花健。何况再实之木花不繁，唐开之花春必倦。人言松柏黛参天，谁知铁根霜干蟠九泉。[②]

再如《读书吟示儿耆》第三首中，魏源以猩猩、飞蛾、亡羊等生动的事例，教育儿子人生短暂，要随时改正自己的缺点和不足，切莫苟且。他还用刘备因扎营失误被曹操火烧连营七百里和唐朝李愬巧用三千兵卒便攻克蔡州的正反历史故事，告诉儿子人生需谨慎的道理。诗中写道：

> 君不见，猩猩嗜酒知害身，且骂且尝不能忍。飞蛾爱灯非恶

---

① 《魏源集》，中华书局1976年版，第653、753页。
② 同上。

灯，奋翼扑明甘自陨。不为形役为名役，臧谷亡羊复何益！月攘一鸡待来年，年复一年头雪白。得掷且掷即今日，人生百岁驹过隙。试问巫峡连营七百里，何如蔡州雪夜三千卒？[①]

（二）薛瑄、李东阳等内容全面的家训诗

这种类型的诗训篇幅相对较长，诗中涉及睦亲齐家、励志勉学、修身处世等许多方面的内容，可以作为一篇篇"袖珍家训"来读。如李东阳、薛瑄、邹元标、沈青崖（事迹不详）等人的家训诗就属于这种类型。

薛瑄（1389—1464）字德温，号敬轩。明代官吏，官至礼部右侍郎兼翰林院学士，后归乡授徒。学宗程、朱，有"河东派"之称。著有《薛文清集》等。李东阳（1447—1516）字宾之，号西涯。茶陵（今属湖南）人。明代政治家、诗人。官至华盖殿大学士，茶陵诗派的代表人物。有《怀麓堂诗话》、《怀麓堂集》等。邹元标（1551—1624）字尔瞻，江西吉水人。明万历进士，官至左都御史，以敢言著称。后得罪阉党魏忠贤，辞官回乡。有《愿学集》、《存真集》。现将几人的训子诗的主要内容略作介绍：

一是关于修身做人。薛瑄在《示儿》诗中强调了道德修养的重要性："但使德学充，不愧金璧储。达即思致泽，乐即思贤儒。小子敬所植，永久期无逾。"[②] 他在另外两首训示两个儿子的诗中，更是要他们从小加强学习，注意品德的修养：

> 京子今年十七时，青春正好力书诗。儿童气象都无异，问学熏陶始见奇。道大必先行孝弟，业荒须切戒游嬉。老来善恶由今日，汝父之言汝细思。[③]

---

① 《魏源集》，第 753 页。
② 《教子部》，见《古今图书集成·明伦汇编·家范典》卷四一。
③ 《示京子》，见《古今图书集成·明伦汇编·家范典》卷四一，《教子部》。

昌子今年十岁余，圣功元自养蒙初。莫求俗辈梨兼果，须读前人诗与书。抄手出门毋浪戏，正襟掩户要端居。汝亲愿汝身长日，头角峥嵘与众殊。①

李东阳在《示用儿，效玉川子作》的长诗中，也要儿子注意修养品行，不要沾染不良嗜好。这方面的可操作性非常强，且诗句朴实亲切。如："用儿尔来前，训汝好言词，清晨起必早，日暮眠当迟。操畚扫厅堂，汲水浇园畦。客来奉茶果，客去收好棋。有口莫吃酒，酒醉死路歧。有手莫做贼，做贼送头皮……"②

邹元标在题为《家训》的四言诗中，教育子孙、宗人积善修德：

《诗》咏多福，《易》言余庆。积善之家，罔不繁盛。眇予小子，厕名士绅。愧无实德，裨补君民。未能治国，愿教吾家。敷诚布衷，寂听无哗。凡我宗人，无忽予言。洗心涤虑，培根达源……③

沈青崖的《训子诗》同样强调了这方面的内容。诗中写道："文章本余力，品行贵先端，幼仪宜循矩，少学勿躐班。奉持遵师训，恭顺承慈颜。气扬常自抑，性猛济以宽。小忿逞螳臂，急恚蹴鸡丸。徒开一朝衅，且贻终身讪。玩物志必丧，惜阴刻靡间。嬉戏终无益，谑浪恒失欢……"④

二是关于处世、交友等方面的。如薛瑄要儿子"非善人莫交，非义财莫需。止酒戒狂诞，窒欲谨湛濡。从欲剧坠石，放言甚奔车。言多必招戾。恶积终殒躯。"⑤ 邹元标叮嘱家人淡泊富贵，为官清正。他说："与其浊富，宁守清贫。勿利货贿，嘱托上官。小民叫冤，尔心何安？

① 《示昌子》，见《古今图书集成·明伦汇编·家范典》卷四一，《教子部》。
② 周寅宾点校：《李东阳集》，岳麓书社1984年版，第462页。
③ 《家范总部》，见《古今图书集成·明伦汇编·家范典》卷四一。
④ 张应昌：《国朝诗铎》卷二二，同治八年刊本。
⑤ 《示儿》，见《古今图书集成·明伦汇编·家范典》卷四一，《教子部》。

输赋无讼，跻绝公室。遵宪守约，终鲜差失。里闬姻党，情谊无涯。"①

三是家史、家风的教育。这在薛瑄和李东阳的诗中最为突出。他们都用了不少的篇幅叙述了自己的家史和父辈对自己的教诲，要家人子弟牢记在心，不坠家风。

（三）曹端、杨爵等侧重一面的诗训

其一，教训子弟家人诚实做人，注重道德修养。如明代曹端（生存年代为1376—1434，字正夫，河南渑池人；学者，著有《曹月川集》等）的《续家训》、《诫子孙》。前者告诉家人要活到老，修身到老，积善之家，传之久远。后者要子孙诚实不欺，勿坏心术。原诗是：

> 修身岂止一身休，要为儿孙后代留。但有活人心地在，何须更问鬼神求。②

> 越奸越狡越贫穷，奸狡原来天不容。富贵若从奸狡得，世间痴汉吸西风。③

其二，勉励子孙读书。如明代官吏杨爵（生存年代为1493—1549，字伯修，号斛山，陕西富平人，有《周易辨录》、《杨忠介文集》等传世）的《勉仕男读书》一诗，专门教育儿子不要被世俗的名利所惑，应安贫守志，利用人生的大好时光，刻苦求知：

> 长路频来往，空将岁月虚。百为超俗虑，一步到天初。只使心无蠹，何须食有鱼。燕山二尺屋，可读五车书。④

其三，教子弟谦虚待人、淡泊处世。如明朝官吏、学者吕坤的《示儿》，以西岳华山作比，要儿子勿以官位凌人。相反，官位越高，越应谦恭待人：

---

① 《家训》，见《古今图书集成·明伦汇编·家范典》卷四一，《教子部》。
② 《续家训》，见《古今图书集成·明伦汇编·家范典》卷四，《家范总部》。
③ 《诫子孙》，见《古今图书集成·明伦汇编·家范典》卷四一，《教子部》。
④ 《父子部》，见《古今图书集成·明伦汇编·家范典》卷一七。

门户高一丈，气焰低一丈。华岳只让天，不怕没人上。①

再如清代学者孙奇逢的《示子孙》，与他的家训、家规一样，嘱咐子孙勿贪求富，要宁静淡泊，以耕读为乐：

家学渊源二百年，不谈老氏不谈禅。为贫何似为农好，富贵苟求终祸缘。堪笑庸人虑目前，自驱陷阱冀安然。道人拈此作家诫，淡泊由来是祖传。②

其四，诫子弟不忮不求。这以曾国藩的两首《忮求诗》最具代表性。"忮"，嫉恨；"求"，贪求。语出《诗经·邶风·雄雉》"不忮不求，何用不臧？"意即如果不存妒忌心，不起贪心，那么所做之事，还有什么不好的呢？曾国藩的《忮求诗》正是取《诗经》之意，围绕不忮、不求，教诲子弟为人处世应与人为善，决不可存嫉妒之心，追名逐利，损人利己；要知足常乐，决不可利欲熏心，贪得无厌。

关于"不忮"，他先罗列了嫉妒的种种表现："善莫大于恕，德莫凶于妒。妒者妾妇行，琐琐奚比数。己拙忌人能，己塞忌人遇。己若无事功，忌人得成务。己若无党援，忌人得多助。势位苟相敌，畏逼又相恶。己无好闻望，忌人文名著。己无贤子孙，忌人后嗣裕。争名日夜奔，争利东西鹜。但期一身荣，不惜他人污。闻灾或欣幸，闻祸或悦豫。"然后告诫子弟力戒这些嫉妒心理、行为："我今告后生，悚然大觉寤。终身让人道，曾不失寸步。终身祝人善，曾不损尺布。消除嫉妒心，普天零甘露。家家获吉祥，我亦无恐怖。"③

关于"不求"，曾国藩用种种比喻列举贪得无厌者的表现及其危害，劝告子弟一定要知足不贪，这样才能保身持家，避免灾殃：

知足天地宽，贪得宇宙隘。岂无过人姿，多欲为患害。在约每思丰，居困常求泰。富求千乘车，贵求万钉带。未得求速偿，既得

---

① 《教子部》，见《古今图书集成·明伦汇编·家范典》卷四一。
② 同上。
③ 邓云生点校：《曾国藩全集·家书》，第1371页。

求勿坏。芬馨比椒兰，磐固方泰岱。求荣不知餍，志亢神愈怵。岁燠有时寒，日明有时晦。时来多善缘，运去生灾怪。诸福不可期，百殃纷来会。……君看十人中，八九无倚赖。人穷多过我，我穷犹可耐，而况处夷涂，奚事生嗟忾？于世少所求，俯仰有余快。俟命堪终古，曾不愿乎外。①

其五，劝子弟力戒恶习。如明代曹于汴（生存年代为 1554—1630，字自梁，安邑——今山西夏县西北人，万历进士，官至左佥都御史；著有《仰节堂集》等）的《示戒》就是一首专门教育子弟洁身自好，谦恭处世，不要沾染赌博、辱骂、斗殴、宿娼之类恶习的劝诫诗。诗中说：

> 我爱孟子书，论孝万年鹄。斗狠父母危，纵欲父母僇。所以处乡党，勉效恂恂蹴。出入气常下，惟恐与人触。博弈歌舞地，不以入我瞩。独有士人行，难成而易瘝。我愿诸子孙，尊生如执玉。吾能秉谦恭，谁不爱敬笃。骂人人亦骂，辱人取人辱。娼门譬火坑，陷人逾鸩毒。妖态万杀锋，痴蝇逐臭肉。保身须养心，珍惜凌霄足。百行孝为原，芳名千古蠹。②

其六，指导子孙科举考试。这方面，清代著名文学家蒲松龄的家训诗最有代表性。

蒲松龄（1640—1715）字留仙，别号柳泉居士，世称聊斋先生。他能诗善文，但参加科举，却屡试不中，只得以当塾师为生，家境清苦。他最有名的作品是以唐传奇小说的文体撰写的短篇小说集《聊斋志异》，通过谈狐说鬼的故事反映世态人情，批判社会现实。

也许与其科场不顺的境遇有关，蒲松龄的教子诗多数围绕科举考试对子弟的教育指导。有的揭露科场的黑暗，教子发愤努力；有的告诫儿子科考成功不要骄傲；有的勉励他们考试失败不必气馁，要亡羊补牢；有的则对科考失利而自暴自弃的子弟痛加责斥，要他们珍惜时间，谋一

① 邓云生点校：《曾国藩全集·家书》，第 1371—1372 页。
② 《教子部》，见《古今图书集成·明伦汇编·家范典》卷四一。

营生，自食其力。试举两首为例：

　　吾家无师傅，庭训在朝暮。皆能掇青芹，兼邀司衡顾。实望继世业，骧首登云路。麓也虽能文，风簷失故步；立德肯研读，颇解此中趣。时际公道张，放斥仍如故。千载失一时，过此恐难遇。亡羊当补牢，已误莫再误！①

　　树无百年屈，人无百年顽。苟能辨菽麦，暴弃宁自安？汝等皆长成，非复襁褓间。纵不惜分阴，亦当解研钻。红窗尚高卧，懵然无肺肝！我既远奔波，朝夕教诲难。听汝岁虚废，念汝心悲酸！人生各有营，岂必皆贵官？但能力农桑，亦可谋豆箪。游手而游食，安能致两餐？贫极易流落，指笑十指攒。谓是某人子，贻羞及盖棺。念此心戚戚，言之涕汍澜！②

---

① 《示儿麓、孙立德》，见路大荒整理：《蒲松龄集》，上海古籍出版社1986年版，第630页。
② 《示诸儿》，同上书，第660页。

第三十四章
明清之际反清思想家和
抗清义士们的家训

　　明清之际，是中国社会大变动的时期，清兵入关、满清王朝的建立，引起众多崇尚气节的思想家们的民族义愤。这些思想家们有着大致相同的经历，先是组织或参加武装抗清，失败后隐居治学，著书立说，启发民众思想。他们中的不少人虽屡次被清朝廷征召，却至死不仕清朝。朱之瑜、傅山、顾炎武、王夫之就是这些反清思想家的杰出代表。

　　此外，清兵的入侵，引起了汉族人民的强烈反抗。在抵御外侮的斗争中，涌现了史可法、瞿式耜、夏完淳等一大批宁死不屈的抗清义士。这些民族英雄在抗清斗争的艰险境遇中，留下了一些家书遗言。在家书中，他们置自己生死于不顾，念念不忘故国，念念不忘对家人、子弟进行民族气节的教育，施加爱国主义的影响。

一、朱之瑜家训

　　朱之瑜（1600—1682），字鲁屿，号舜水。浙江余姚人。明清之际的教育家、思想家。明诸生。崇祯末年，朝廷屡征不仕。明朝灭亡后，曾参加郑成功领导的抗清活动，失败后亡命日本、越南、暹罗等地，后在日本居住讲学达二十年之久，深受日本朝野人士推重。死后葬于日本长崎，日本学者私谥文恭先生。他反对宋明理学，主张"为学当有实功，有实用"，强调知识应从日常生活实践中来。朱之瑜的学术思想在当时的日本产生过一定的影响。朱之瑜有《朱舜水集》存世，其家训思想集中于他亡命国外时写给子孙的一些家书中。

作为明朝的遗民，朱之瑜非常注重对子弟的气节教育，这也是他家训的一个突出特点。他叮嘱子孙，即使给人做佣工，都不能做清朝的官。七十八岁那年，在给孙子的信中，他写道："汝辈既贫窘，能闭户读书为上；农、圃、渔、樵、孝养二亲，亦上也；百工技艺，自食其力者次之；万不得已，佣工度日又次之；惟有虏官不可为耳！"[1] 近八十岁的老人信中想让一个孙子去日本照顾自己，但他提出的最为重要的条件竟然是不"为虏官者"，即使是"发黄齿豁，手足胼胝，来亦无妨"，否则"既为虏官，虽眉宇英发，气度娴雅，我亦不以为孙"[2]。他在给儿子的信中，谈到自己早就作好了死也不做清朝臣民的决心，表示了他的崇高民族气节。他说："我以事无所益，已与汝辈作永诀，他日泉路父子相会也。"[3]

朱之瑜家训的另一个重要内容是清白家风的教育。在《与诸甥男书》中，他向孙子们讲述了朱家的清白家风。朱之瑜说，朱家的祖先凡为官者都是清官良吏，"汝曾祖清风两袖，所遗者四海空囊。我自幼食贫，菜盐疏布。……汝伯祖官至开府，今日罢职，不及一两月，家无余财。宗戚过我门者，必指以示人曰：'此清官家'，以为嗤笑，非赞美之也。岂但我今日独薄于汝辈？勿怨可也。"得知儿子一家人口甚多，全靠儿子一人教书养家餬口、生活负担甚重后，朱之瑜给儿子写了一封

---

① 朱舜水：《与诸孙男书》，见《舜水遗书》卷四，1913 年刊本。
② 同上。
③ 同上。

信，信中仍不忘对儿子进行清白家风的训喻。他说："汝馆谷馏口，而食之甚繁，其贫可知。然不能为汝助也。歠粥咬菜根，亦是好事，犹胜诸缙绅之家耳。"[1] 这种家风的教育是值得钦敬的。

二、傅山《家训》

傅山（1607—1684）初名鼎臣，后改名山，字青竹，后改青主，别号公他、啬庐、朱衣道人等。山西阳曲（今太原）人。明清之际的启蒙思想家、医学家，又工诗文、书画、金石。明朝灭亡以后，他同顾炎武等秘密从事反清活动，被捕入狱后绝食几死，因门人救之得免。他极重气节，一生隐居不仕，康熙十八年（1679）他七十二岁时，清廷慕其才学，令役夫将他从山西抬到北京应博学鸿词科。到了京城西郊，他宁死不入城应试。康熙皇帝诏旨免试，特授他中书舍人，他又托老坚辞，清廷只好放他回山西。在学术思想上，傅山倾向于王阳明，但又蔑视儒家礼法。一生著述颇多，有《霜红龛集》、《荀子评注》等。

傅山的《家训》收于《霜红龛集》中，共一卷。包括训诫子弟的《训子侄》、《文训》、《诗训》、《韵学训》、《音学训》、《字训》、《仕训》、《佛经训》诸篇，此外还有一篇为孙子写的《十六字格言》。仅从这些篇名，我们也能看出他的家训别具特色，即他很少言及治家理财等家庭事务，却大部分涉及书法、音韵、诗文等许多治学方面，这在历代家训中并不多见。现按篇目顺序，择其基本内容概述如下。

第一，治学之道。

傅山以自己的经历，向两个儿子传授了许多治学方法。

关于读书。傅山强调读书要分泛读和精读，"除经书外，《史记》、

---

① 朱舜水：《与男大成书》，见《舜水遗书》卷四。

《汉书》、《战国策》、《左传》、《国语》、《管子》、骚赋，皆须细读。其余任其性所喜欢者，略之而已"①。他还指出阅读二十一史，也要作区别，"金、辽、元三史，列之载记，不得作正史读也"②。

关于作文。傅山教导子弟，要多读才能悟出作文之法。他说："至于文章之妙，大段大段，细曲细曲，铺张组织，补辑波澜，前人多少评论，总不能尽。尔小子若有眼色，读之既久，自能悟人，别生机轴。"③他还论述了作文与情、气、才间的辩证关系："文者，情之动也。情者，文之机也。文乃性情之华，情动中而发于外，是故情深而文精，气盛而化神，才挚而气盈，气取胜而才见奇。"④

关于诗和音韵学。在《诗训》篇中，傅山结合对杜甫、谢道韫等人诗作的评价，要子弟们从中领悟遣词造句之法，甚至杜甫诗中的某一个字声调如何读，他都作了具体的指导。在《韵学训》和《音学训》中，傅山也就用韵、音切的具体知识作了指导。

关于书法。在《字训》篇中，傅山用了不少的笔墨，具体阐述了他对书法的见解。他认为写字的精妙之处，就在于"正"，而这种正，不是死板，而是古人之法。"写字只在不放肆，一笔一画，平平稳稳，结构得去，有甚行不得?"他告诉子弟："作小楷须用大力，柱笔著纸，如以千金铁杖拄地。"他结合自己的体会，谈了书法的境界。他说："吾极知书法佳境，第始欲如此而不得如此者，心手、纸笔、主客互有乖左之故也。"

除了上述以外，傅山还在专门为两个孙子傅苏、傅宝撰写的《十六字格言》中对读书治学之道作了简约的概括。涉及为学的五条格言是：

静：不可轻举妄动，此全为读书地，街门不辄出。

勤：读书勿怠，凡一义一字不知者，问人检籍，不可一"且"

---

① 傅山：《家训·训子侄》，见《霜红龛集》卷二五，山西人民出版社 1985 年影印本，下引皆自此书。
② 同上。
③ 傅山：《家训·文训》。
④ 同上。

字放在胸中。

谦：一切有而不居，与骄傲反。吾说《易·谦》卦有之。

蜕：《荀子》："如蜕之脱"。君子学问，不时变化，如蝉蜕壳，若得少自锢，岂能长进？

归：谓有所归宿，不至无所著落，即博后之约。

第二，关于仕途经济。

在历代家训中，要子弟慎走仕途、最好不做官的家训篇目很少，傅山当是最持这种主张者。他一生不仕，皇帝赐他官他都不做，这自然是他的民族气节，但他对官场黑暗、危险也确是看破了。在《仕训》篇中，他嘱咐儿孙，做官的事，不只时机不到的时候不要轻易去做，即使时机到了，也不要轻易去做。因为做官本来凭的就是一个"志"字，在现实的官场上是很难实现自己志向的，这样只能跟着苟且；"不得已而用气，到用气之时，于国事未必有济，而身死矣"。所以，他强调做官之难、君臣相处之险，要子孙远离官场。他说："'仕'之一字，绝不可轻言。但看古来君臣之际，明良喜起，唐虞以后，可再有几个？无论不得君，即得君者，中间忌嫉谗间，能保终始乎？"他告诉子弟，与其做官不如意，倒不如在读书治学中去实现自己志向、保持清白门风更好："若不达观，真正憋杀几个读书求志之人，须知志即在读书中寻之，不失为门庭萧瑟之风流也。"

第三，修身处世之道。

傅山为两个孙子写的《十六字格言》中，谈及为人处世方面的共有十一条：

淡：消除世外利欲。

远：去人远，无匪人之比。此有二义，又要往远里看，对"近"字求之。

藏：一切小慧，不可卖弄。

忍：眷属小嫌，外来侮御，读《孟子》"三自反"章自解。

乐：此字难讲。如般乐饮酒，非类群嬉，岂可谓乐？此字只在闭门读书里面，读《论语》首章自见。

默：此字只要谨言。古人戒此多有成言矣。至于讦直恶口、诽毁阴隐，不止自己不许犯之，即闻人言，掩耳急走。

重：即"君子不威则不重"之重。气岸峻嶒，不恶而严。

慎：大有出处，小而应接，虑可知难。至于日间言行，夜静自审，又是一义。前是求不失其可，后是又改革其非。

俭：一切饭食衣服，不饥不寒足矣。若有志，即饥寒在身，亦不得萌干求之意。

宽：为肚皮宽展，为容受地窄，则自隘自憋，损性致病。

安：只是对"勉"字看。"勉"岂不是好字？但不可强不能为能，不知为知，此病中者最多。

此外，傅山还特别向两个孙子强调了省察改过在个人修养中的重要作用。他说："'改'之一字，是学问人第一精进工夫，只是要日日自己去省察。如到晚上，把一日所言所行想想。今日哪一句话说得不是了，哪一件事做得不是了，明日再不说如此话，不做如此事了，便渐渐都是向上熟境。若今日想，明日又犯，此等人，或一百年也没个长进。"傅山谆谆告诫孙子们"皆以隐隐为家法，势利富贵，不可毫发根于心"。

傅山的这些观点，是他一生治学、修身、处世经验的浓缩和总结，就是在今天看来也是基本正确的，可供我们学习参考。

三、顾炎武家训

顾炎武（1613—1682），初名绛，字宁人，曾自署蒋山佣，人称亭林先生。江苏昆山人。明诸生。少年时参加"复社"，反对宦官权贵。清兵南下，他参加了昆山、嘉定一带人民的抗清起义。失败后，长期过着旅居生活，访问民俗，辛勤治学。顾炎武学问渊博，于国家典制、郡邑掌故、天文仪象及经史、音韵、训诂之学等都很有造诣。顾炎武与王夫之、黄宗羲一起被称为清初思想界的三位大师，其思想都反映了明清之际的时代特点，主张学术自由，具有思想解放的启蒙作用。

顾炎武一生念念不忘恢复故国，拯救民族沦亡，这种志向是与他母亲的教育分不开的。据说他的嗣母王氏听到京城沦陷的消息以后，绝食而死。临终时嘱咐顾炎武"无为异国臣子，无负世世国恩，无忘先祖遗训"①。他不忘母训，多次哭谒明陵以表自己的心志。康熙时，开博学鸿词科，他同傅山一样以死相辞。他说："七十老翁何所求？正欠一死！若必相逼，则以身殉之矣！"②

受其家庭的熏陶，顾炎武非常注意对晚辈的气节教育和影响。他的两个外甥在清廷做了大官，多次请他回江南养老，均被他回绝。在一封给外甥的信中，顾炎武谈的是关于史书的问题，却仍不忘进行品节的教育。他写道："夫史书之作，鉴往所以训今。忆昔庚辰、辛巳之间，国步阽危，方州瓦解，而老成硕彦，品节矫然。……而昊天不吊，大命忽焉。山岳崩颓，江河日下；三风不儆，六逆弥臻。以今所睹，国维人表，视昔十不得二三，而民穷财尽，又倍蓰而无算矣。身当史局，因事纳规。造膝之谟，沃心之告，有急于编摩者，固不待汗简奏功，然后为千秋金镜之献也。"③

顾炎武一生虽然没有做官，却始终奔走于民间，十分注意民生疾苦，关心天下大事。在上述那封给外甥的信中，他很少谈及自己生活琐事、表达亲戚之情，倒是用了几乎一半的篇幅，向外甥谈了自己所见所闻的百姓疾苦，告诉外甥"关辅荒凉"、民不聊生、"阖门而聚苦投河"的悲惨景象。他认为朝廷对这些社会现状未必了解，叮嘱外甥要"不忘百姓"。当时他已届七十高龄，客居他乡，却始终惦记的是百姓的苦难，

---

① 顾炎武：《日知录·正始》。
② 《与叶讱庵书》，见顾炎武：《亭林文集》卷三。
③ 《答徐甥公肃书》，见顾炎武：《亭林文集》卷六。

始终不忘为百姓呼号。信中说："吾以望七之龄，客居斯土，饮瀣餐霞……是以忘其出位，贡此狂言。请赋祈招之诗，以待麦丘之祝。不忘百姓，敢自托于鲁儒；维此哲人，庶兴哀于周雅。当事君子，倘亦有闻而叹息者乎！"

四、王夫之家训

王夫之（1619—1692），字而农，号姜斋。衡阳（今属湖南）人。晚年居衡阳石船山，学者称船山先生。王夫之也是明清之际的著名思想家。1642 年他考中举人，清军入关后，他上书明朝湖北巡抚，联合农民军抗清。衡阳失陷以后，他在衡山举兵抗清，兵败退到肇庆，任南明桂王政府行人司行人。因反对权奸，险遭杀害。复至桂林，跟瞿式耜继续抵抗清兵。桂林沦陷后王夫之避居湘西等地，装扮成瑶人，伏于深山，笃学深思，勤恳著述。晚年隐居石船山，仍治学不辍。

王夫之一生坚持爱国主义和唯物主义的战斗精神，至死不渝，死前自题墓碑曰"明遗臣王某之墓"[1]。王夫之在学术上的成就很大，著述涉及哲学、伦理、政治、经济、法律、文学、史学、经学等，此外，对天文、历数、兵法、医理都很有研究。他的著述很多，至今存世的就有五十余种、四百多卷，编为《船山遗书》刊行。王夫之的家训思想主要体现在他的《耐园家训跋》、《家世节录》和一些家书、诗文中。在家训中，王夫之特别注重对家人子弟进行下述三个方面的训导。

（一）志存高洁，远避"俗气"

南明亡后，王夫之就以"六经责我开生面，七尺从天乞活埋"自

———————————

[1]　李元度：《王而农先生事略》，见《国朝先正事略》卷二七，《四部备要》本。

励。他不仅自己坚持民族气节，同时也很注意子弟的志向和气节教育，在他看来，立志是成就事业的基础，气节是为人的基本准则。在《示子侄》诗中，他教育子侄们要早立志向，而要立志，就要摆脱庸俗习气。他列举了那些为针尖般的小利而争个不休、殴斗、狂暴等不屑一顾的俗人俗事，要子弟们以此为鉴。他认为志向高远者就要有气节，潇洒健康、清高脱俗、心无拘束。这样方可读书明理，奋发有为，进入豪杰境界，且无论事亲还是交友都能合乎社会道德规范。诗中说：

> 立志之始，在脱习气。习气熏人，不醪而醉。其始无端，其终无谓。袖中挥拳，针尖竞利，狂在须臾，九牛莫制。岂有丈夫，忍以身试！彼可怜悯，我实惭愧。前有千古，后有百世。广延九州，旁及四裔。……潇洒安康，天君无系。亭亭鼎鼎，风光月霁。以之读书，得古人意；以之立身，踞豪杰地；以之事亲，所养惟志；以之交友，所合惟义。……

在《示侄孙生蕃》中，他告诫侄孙要学壮志凌云的凤凰，不学留恋屋檐草丛的燕雀；要做一个潇洒脱俗、顶天立地、操守高尚的人：

> 传家一卷书，惟在尔立志。凤飞九千仞，燕雀独相视。不饮酸臭浆，闲看旁人醉。识字识得真，俗气自远避。"人"字两撇捺，原与"禽"字异。潇洒不沾泥，便与"天"无二。①

（二）教子严正，爱敬一体

王家的家教严正是有传统的。在为伯兄撰修的家训作跋时，王夫之谈了这一点。他说，"自少峰公以上，家教之严，不但吾宗父老能言之，凡内外姻表、交游邻居，皆能言之"②。他还谈到父亲对他的教育："然以夫之身沐庭训者言之，或有荡闲之过，先子不许见，不敢以口辩者，至两三旬。必仲父牧石翁引道长跪庭前，牧石翁反复责谕，述少峰公之

---

① 王夫之：《王船山诗文集》，中华书局1962年版，第400页。
② 《耐园家训跋》，见王夫之：《船山遗书·姜斋文集》卷三。

遗训，流涕满面。夫之亦闵默泣服，而后得蒙温语相戒，夫之之受鸿造于先子者如此。"受此影响，王夫之认为家教宜严不宜宽，如果为父兄者以溺爱、放纵、谄媚的方式教育子弟，对子弟的成长和家庭的存在都是危险的。他说："夫为父兄者以善柔便佞教其子弟；为子弟者以谐臣媚子，望其父兄，求世之永也，岌岌乎危矣哉。"①

尤其值得称道的是，王夫之主张家教的严是与爱甚至"敬"结合在一起的。在这篇跋中他指出："礼之本无他，爱与敬而已矣。亲亲者爱至矣，而何以益之以敬？夫之曰：子也者，亲之后也。敢不敬与？为父兄者，不以谐臣媚子自居，而陷子弟于便佞善柔之损，敬之至也。"

此外，"严"并不意味着一味地板着面孔说教乃至训斥。王夫之极为赞赏他父亲的教育方法，那就是以平等的态度教子，严而有"格"，张弛结合，严格要求和启发诱导相统一。王夫之说："先君教两兄及夫之，以方严闻于族党，顾当所启迪，恒以温颜奖掖，或置棋枰，令对弈焉。惟不许令博簺击毬、游侠劣伎。闲坐则举先正语录，辨析开晓，及本朝沿革，史传所遗略者，与前辈风轨，下至制艺。剔灯长谈，中夜不息。"②

王夫之在家训中还极推崇其父在家庭教育中所实行的一种自我反省、自我教育的方法。他说自己年幼时经常犯错误，每逢此时，"先君不急加诘谪，惟正色不与语，问亦不答"，要他自己反省，等到"真耻内动，流涕求改，而后遣诃得施，已乃释然"。更为重要的是父亲很尊重子弟的自尊心，"至于终世，未尝再举前过以相戒"③。这种教子方法是很高明的。

（三）"光明正大，宽柔慈厚"

在不少家书中，王夫之都一再告诫子侄们要家庭和睦团结，越到晚

---

① 《耐园家训跋》，见王夫之：《船山遗书·姜斋文集》卷三。
② 《家世节录》，见王夫之：《船山遗书·姜斋文集》卷一〇。
③ 同上。

年，越是如此。在《丙寅岁寄弟侄》的家书中，他写道："今年已衰老，惟有此心，愿家族受和平之福，以贻子孙，敢以直言为吾宗劝戒"。①如何和睦亲族？王夫之在这篇家书中指出："和睦之道，勿以言语之失，礼节之失，心生芥蒂。如有不是，何妨面责，慎勿藏之于心，以积怨恨。"除了相互尊重、经常沟通之外，王夫之还教育子侄们不要互相嫉妒、互相拆台，他用了两个十分形象的比喻来说明这个道理："譬如一人左眼生翳，右眼光明，右眼岂欺左眼，以皮屑投其中乎？又如一人右手便利，左手风痹，左手岂妒忌右手，愿其同瘫痪乎？"因此，他要家人子弟"和和顺顺，骨肉相关一般，一刀割断前日不好之心"，"光明正大，宽柔慈厚，作一家风范"。

五、史可法、瞿式耜和夏完淳家训

1644 年，吴三桂引清兵入关以后，受到了汉族人民的反抗，尤其是清朝统治者实行的强行"薙发"、"圈地"、掠人为奴等错误政策，引起了汉族人民更大规模的反抗。而满清贵族对人民的反抗采取了残酷的镇压政策，在扬州、江阴、嘉兴等地连续制造了一系列血腥屠城事件。在领导军民守城抗清的斗争中，涌现出了许多可歌可泣的英雄人物，史可法、瞿式耜和夏完淳就是其中的三个杰出代表。

史可法（1602—1645）字宪之，号道邻。河南祥符（今开封）人。崇祯进士。先任西安府推官等，镇压农民起义军，继之任户部右侍郎，总督漕运，巡抚凤阳，后又任南京兵部尚书等职。1644 年 5 月，与马士英等在南京拥立崇祯皇帝的从兄朱由崧建立南明政权，加大学士，称史阁部。马士英不愿其当国，便以督师为名，派他守卫扬州。此举引起舆

---

① 王夫之：《船山遗书·姜斋文集补遗》卷一。

论强烈非议，但史可法看到大局危殆，决意"鞠躬致命，克尽臣节"①，坚守扬州，抗击清军。清军统帅多尔衮写信劝降遭其拒绝。扬州被围，史可法带领军民死守孤城十余天，城破后自刎未死被俘。清豫王多铎敬其人格，劝他投降。他说："城存与存，城亡与亡，我头可断，而志不可屈"②，慷慨就义。为了纪念这位民族英雄，扬州人民在城外梅花岭为他修建了衣冠冢。史可法有《史忠正公集》传世。

瞿式耜（1590—1650）字伯略，一字起田，号稼轩。常熟（今属江苏）人。万历进士。崇祯时官至户部给事中，但因忤当政而被贬谪。南明王朝建立后，被任命为广西巡抚。福王的南明政权灭亡后，他又与丁魁楚迎立桂王，留守桂林。粉碎了清军的进攻并且收复了湘桂失地。清顺治七年（1650）清军再次大举进攻桂林，他抱定"城存与存，城亡与亡"的信念，坚守城池。城破时他镇静自若，与总督张同敞"秉烛危坐"在大堂上。被俘后，拒绝清军诱降。同年十二月，被清军杀害于桂林。瞿式耜著有《虞山集》、《浩气吟》等。

夏完淳（1631—1647），原名复，号存古，别号小隐，松江华亭（今上海松江）人。自幼聪颖，五岁知五经，七岁能诗文，人称神童。十七岁就跟随其父允彝、老师陈子龙起兵抗清。父亲罹难后，他继续随陈子龙从事抗清活动，被鲁王封为中书舍人，参谋太湖吴易军事。后因他写的《上鲁王表》被清军查得，被捕入狱。在朝廷上，他痛斥投降清朝的洪承畴，同年就义。死时，年仅十七岁。有《南冠草》、《夏完淳集》等。

作为明朝的大臣，史可法和瞿式耜有着相同的经历。北京明朝政权灭亡以后，他们分别参与了建立和保卫南明政权的活动，并为之与清军浴血奋战；失败后都宁死不屈，壮烈殉国。在他们留给家人子弟的家训中，都洋溢着浓郁的爱国主义，表现了威武不屈的民族气节。夏完淳与

---

① 《史可法传》，见《小腆纪传》卷一〇。
② 《弘光纪》，见《小腆纪传》卷一。

他们的经历略有不同，他是在清朝建立以后，从事抗清活动，后来才被鲁王朱以海封官的。但他人小志高，与瞿、史一样都是宁死不屈，为国献身的民族英雄；他的家训也像史可法和瞿式耜那样，饱含着爱国主义激情和高尚的民族正气。

史可法在扬州城失守、自己准备以死殉国前几天，曾分别给母亲、夫人、叔父、兄弟和嗣子史得威留下了几封遗书，表达了自己为朝廷尽忠捐躯的决心。在给母亲的遗书中，他写道："儿在宦途一十八年，诸苦备尝，不能有益于朝廷，徒致旷远于定省，不忠不孝，何颜立于天地之间！今以死殉城，诚不足赎罪。望母亲委之天数，勿复过悲。儿在九泉亦无所恨。"① 在给叔父、兄弟及侄儿们的遗书中，他也写道："扬城日夕不守。劳苦数月，落此结果，一死以报朝廷，亦复何恨；独先帝之雠未复，是为恨事耳。"② 在给嗣子史得威的遗书中，他同样表达了不能报国、不能孝亲的遗憾之情。临终之前，跟亲人本该有更多的嘱托，但史可法在所有的遗书中，表达的几乎都是报国尽忠、壮志难酬的遗愿。自然，这里包含有浓厚的对南明朝廷的"愚忠"思想，对此，我们不能苛求古人，更何况史可法是将朝廷与国家民族作为一体看待的呢？

瞿式耜在南方抗击清军时，家乡常熟已被清军占领。他多次写信教育儿子，民族气节重于生命，不要为功名利禄丧失自己的民族尊严和人格。当他知道儿子被迫剃发的消息后，他痛心疾首地批评儿子："可恨者，吾家以四代甲科，鼎鼎名家，世传忠孝，汝当此变故之来，而甘心与诸人为亏体辱亲之事。汝固谓行权也，他事可权，此事而可权乎？邑中在庠诸友，轰轰烈烈，成一千古之名，彼岂真恶生而乐死乎？诚以名节所关，政有甚于生者。"③

瞿式耜在写给儿子的很多信中，表达了自己以社稷为重、家国不能

---

① 《史可法集》，上海古籍出版社 1984 年版，第 110、111 页。

② 同上。

③ 江苏师院历史系苏州地方史研究室整理：《瞿式耜集》卷三，上海古籍出版社 1984 年版，第 252、263 页。

两全的遗憾，从而对儿子进行爱国主义的教育和熏陶。他告诉儿子："吾既以身许国，自应不复顾家，然合着眼时，又何夕不在家乡？何夕不与儿女骨肉相聚相见也！吾守桂林两年于兹，吃尽苦，费尽心，亦只保留地方不论腥秽耳。"①

夏完淳在临刑前写了《狱中上母书》和《给妻书》的诀别信，信中充满了以身许国、"含笑归太虚"的乐观主义精神，洋溢着反清复国的爱国主义激情。在写给母亲的信中，他除了表达自己死后无法为母亲养老送终、不能照料姐妹、妻子的遗憾心情外，更多是抒发自己坚持民族气节、置生死于度外的豪情壮志。信中写道："人生孰无死，贵得死所耳！父得为忠臣，子得为孝子，含笑归太虚，了我分内事。大道本无生，视身若敝屣；但为气所激，缘悟天人理。噩梦十七年，报仇在来世。神游天地间，可以无愧矣！"在短短数百字的信中，两次表达了死而无憾、来生还要抗清的决心。他对母亲说："二十年后，淳且与先文忠为北塞之举矣。"② 在《给妻书》中，夏完淳以"汝亦先朝命妇"激励妻子要强忍悲痛，担负起赡养母亲、抚养孩子的责任，对自己为国舍家、连累妻子一人受苦表示了深深的愧疚。

夏完淳的遗书，凄楚悲壮，感人肺腑。一个年仅十七岁的少年，如此崇尚民族气节、为故国而视死如归的精神令人钦敬！

---

① 江苏师院历史系苏州地方史研究室整理：《瞿式耜集》卷三，上海古籍出版社1984年版，第252、263页。

② 《夏完淳集》。

第三十五章
清代前期的官吏家训

如前所述，清代是中国传统家训数量最多的一个时期，这其中，一些官吏兼学者撰写的家训占了相当的部分。本章主要研究张英、许汝霖、郑板桥、汪辉祖等人的家训。这些学者型官吏的家训，大都语言质朴，说理透彻，在居家、做人、处世等方面尤为切于实用。

一、张英的《聪训斋语》和《恒产琐言》

张英（1637—1708），字敦复，号楚复，又号乐圃。江南桐城（今安徽桐城）人。康熙六年进士，官至文华殿大学士兼礼部尚书。一时制诰多出其手。为《一统志》、《渊鉴类函》、《政治典训》、《平定朔漠方略》的总裁官。张英为官，"辰入暮出，退或复宣召，辍食趋宫门，慎密恪勤，上益器之"。为人和蔼平易，"不务表襮，有所荐举，终不使其人知。所居无赫赫名。在讲筵，民生利病，知无不言"。康熙帝称赞"张英始终敬慎，有古大臣风"。死后谥文端。平时很注重对子弟的训导，写有"《聪训斋语》、《恒产琐言》，以务本力田、随分知足教诫子弟"[①]。

---

① 赵尔巽：《清史稿·张英传》，中华书局 1977 年版。

《聪训斋语》共二卷，一卷是他在京为官时专为训诫三子张廷璐等写的，另一卷是退隐后"随所欲言"地对长子张廷瓒等的训示。

（一）"四语"训子箴言

张英的家训思想十分丰富，但核心内容则为"务本力田，随分知足"八字，主要有四大要点。张英说："予之立训，更无多言，止有四语：读书者不贱；守田者不饥；积德者不倾；择交者不败。尝将四语，律身训子。"这四纲领具体化为八教："教之孝友，教之谦让，教之立品，教之读书，教之择友，教之养身，教之俭用，教之作家。"① 这是他为官律身的总结，也是训子传家的要诀。现分而述之：

第一，"读书者不贱"。

张英把读书作为其家训四语之首，鼓励子弟追求尊贵显达。他告诫长子廷瓒：读书可以"取科名"、"继家声"、"使人敬重"。"今见贫贱之士，果胸中淹博，笔下氤氲，自然进退安雅，言谈有味。即使迂腐不通方，亦可以教学授徒，为人师表。……人若举业高华秀美，则不敢轻视。每见仁宦显赫之家，其老者或退或故，而其家索然者，其后无读书之人也；其家郁然者，其后有读书之人也。"张英训导子弟读书做官非常具体，要求他们：

一是学字。"学字当专一。择古人佳帖，或时人墨迹，与己笔路相近者，专心学之。若朝更夕改，见异而迁，鲜有得成者。"要把握书法特点，常练不懈。"楷书如坐如立，行书如行，草书如奔。"如学习楷书，当"以端庄严肃为尚"。二是读文。读文章必须理会，"不能理会，则读数千篇，与不读一字等，徒使精神瞆乱"。故"读文不必多，择其精纯条畅，有词华者。多则百篇，少则六十篇"。读后必须有用，不然宁可不读。三是作文。学字、读文是为了写好文章。张英训子弟道：

---

① 张英：《聪训斋语》，见《丛书集成初编》第 977 册，下引除注明外，均自此篇。

"文章为荣世之业，士子进身之具"。科举应试文章的特点是"理明词畅，气足机圆"。应平心静气细加研读，平时要多加练习。"汝曹兄弟叔侄，自来岁正月为始，每三、六、九日一会，作文一篇，一月可得九篇"，不要间断，也不可塞责，"一题入手，先讲求书理极透彻，然后布格遣词，须语语有着落，勿作影响语，勿作艰涩语，勿作累赘语，勿作雷同语"。他特别指出，"作文决不可使人代写，此最是大家子弟陋习"；字体"要工致，不可错落涂"，这可增加文章色泽。他指出："幼年当攻举业，以为立身之本，诗不必作，或乃偶一为之。"

第二，"守田者不饥"。

张英指出，读书作文的基础是有田地屋舍。"不贱"的前提是"不饥"。决定科举仕途的因素是很多的，"场屋进退"自有其客观法则，不能强求子弟光宗耀祖。"父母之爱子，第一望其康宁，第二冀其成名，第三愿其保家。"康宁身安是头等重要的，保家传业是最后归宿。故"长子孙者，毕竟是耕读两字"。而要耕读，首先必须有田可耕，因而要保田而不是卖田。他告诫道：我"五十年来，见人家子弟成败者不少，鬻田而穷，保田而裕，千人一辙"。为此，张英特写《恒产琐言》，教诫子弟以"守田之法"。他从《孟子》"有恒产者有恒心"、"五亩之宅，百亩之田"、"土地"乃"诸侯之宝"出发，认为"今人动言才子名士伟丈夫，不事家人生产，究至谋生无策，犯孟子之戒而不悔，岂不深可痛惜哉！"恒产就是田地。其他都算不上恒产，屋久而颓，衣久而敝，牛马老而死，"独田之为物，虽百年千年而常新。即或农力不勤，土敝产薄，一经粪溉则新矣……亘古及今，无有朽蠹颓坏之虑，逃亡耗缺之忧"。"不忧水火，不忧盗贼，虽有强暴之人，不能竞夺尺寸，虽有万钧之力，亦不能负之而趋。"① 为了保住"恒产"，他要求子弟做到：

一是不卖田经商。指出：有些富家子弟因"厌田产之生息微而缓，羡贸易之生息速而饶，至鬻产以从事，断未有不全军尽没者"。他认为，

---

① 张英：《恒产琐言》，见《丛书集成初编》第 977 册。

"权子母起家，惟至寒之士稍可。若富贵人家为之，敛怨养奸，得罪招尤。莫此为甚"。二是尚节俭，去恶习。他向子弟指出，卖田的根源是由于铺张浪费，不知量入为出，举债过多，故"欲除鬻产之根，则断自经费始"。首先要从小处节俭。"大处之不足，由于小处之不谨；月计之不足，由于每日之用过多也。"其次是绝赌博侈糜。"更有因婚嫁而鬻业者……岂既婚嫁后，遂可不食而饱，不衣而温乎？呜呼，亦愚之甚矣。"三是尽地利。欲保产，当使尽地利。尽地利之道在于兴水利，择良佃。后者有三益："耕种及时"、"培雍有力"、"蓄泄有方"。劣佃则相反，以致"日积月累，田瘠庄敝，租入日少，势必鬻变"①。四是善管理。善管理瘠田变沃壤，否则善地亦荒败。要亲临细看，熟记田界；察农夫勤惰；看塘堰坚深、山林耗长；访稻谷时价高低。以便采取相应的对策，保守前业。

第三，"积德者不倾"。

倾指倾覆、倾危、倒塌，也有不倾夺、不争胜的意思。积德行善，不与人争夺，就不会倾覆危亡、丧身败家。他教诫道："人生必厚重沉静，而后为载福之器。"为此，一要认识官家子弟修行立名之难度。为什么？"人之当面待之者，万不能如寒士之古道，小有失检，谁肯出斥其非？微有骄盈，谁肯深规其过？幼而娇惯，为亲戚之所优容，长而习成，为朋友之所谅恕。"而"人之背后称之者"，也"万不如寒士之直道，或偶誉其善，而虑人笑逢迎，或心赏其文章，而疑人鄙其势利，甚且吹毛索瘢，指摘其过失，而以为名高……如此何由知其过失，而显其名誉乎"？因此，富家子弟如与寒士一样勤苦，其称誉也必不如寒士，只有"谨饬倍于寒士，俭素倍于寒士，谦冲小心倍于寒士，读书勤苦倍于寒士，乐闻规劝倍于寒士"，才能得到与寒士同样的称誉。二是知足守礼。父祖经营多年，你们坐享其成，出门坐轿骑马，"岂非福耶？乃与寒士一体怨天尤人，争较锱铢得失，宁非过耶？"不思安享，却感慨

---

① 张英：《恒产琐言》。

唏嘘，妄想妄行，这是天地鬼神也要呵责的。所以要"敦厚谦谨，慎言守礼"，做到思事周全，言思可道，行思可法，不放言高论，不骄盈，不诈伪，不刻薄，不轻佻，才可享有福祉。三是忍让不争。"古人有言'终身让路，不失尺寸'。老氏以让为宝，左氏曰：'让，德之本也。'""欲行忍让之道，先须从小事做起。"张英以亲身经历教诫道："余曾署刑部事五十日，见天下讼大狱，多从极小事起。君子敬小慎微，凡事只从小处了。余行年五十余，生平未尝多受小人之侮，只有一善策，能转弯早耳。每思天下事受得小气，则不至于受大气，吃得小亏，则不至于吃大亏。此生平得力之处。"要做到忍让，就必须不占便宜。他告诫道："便宜者，天下人之所共争也，我一人据之，则怨萃于我矣。我失便宜，则众怨消矣。故终身失便宜，乃终身得便宜也。"尤其是对那些乡间肩挑小贩、雇工佣人，"切不可取其便宜"。"每有愚人，见省得一文，以为得计，而不各此种人心忿，口碑所损实大也。"

第四，"择交者不败"。

张英说："余家训有云：'保家莫如择友'，盖痛心疾首其言之也。"又说："择交之说，予目击身历，最为深切。"立身行己之道的关键切要在于择友。为什么？首先是因为年轻人可塑性大，容易受到诱惑变坏。"人生二十内外，渐远于师保之严，未跻于成人之列，此时知识大开，性情未定，父师之训不能入，即妻子之言亦不听，惟朋友之言，甘如醴而芳若兰。脱有一淫朋匪友，阑入其侧，朝夕浸灌，鲜有不为其所移者。"这样，以前的各种用功、修持都会荡然无存。其次是因为朋友的需求难以满足，容易招致怨毒。从功利角度看，"来交者岂能皆有文章道德之功磨？平居则有酒食之费，应酬之扰；一遇婚丧有无，则有资给称贷之事；甚至有争讼外侮，则又有关说救援之事。平昔既与之契密，临事却之，必生怨毒反唇"；加上"嬉游征逐，耗精神而荒正业，广言谈而致是非，种种弊端，不可纪极"。由此可见，"人生以择友为第一事"。那么，怎样做才恰当？张英指出："与人相交，一言一事，皆须有益于人，便是善人。"不论是亲戚还是途人，都要以此标准判别。亲戚中若有不善之人，"则踪迹常令疏远，不必亲密，若朋友，则直以不识其颜面，不知其姓名为善"。

张英的家训，归根结底就是希望子孙把握乐生、致寿之道，世代过幸福生活。这是"四语"、"八教"的落足点。"乐生"指长享山林之乐。这有赖于四大条件：一为道德，有高尚的情操。就是"性情不乖戾，不黡刻，不褊狭，不暴躁。不移情于纷华，不生嗔于冷暖。居家则肃雍简静，足以见信于妻挐；居乡则厚重谦和，足以取重于邻里；居身则恬淡寡营，足以不愧于衾影"。这样，就可以"无忤于人，无羡于世，无争于人，无憾于己，然后天地容其隐逸，鬼神许其安享，无心意颠倒之病，无取舍转徙之烦"。这些乐处都是道德带来的。二为文章。在高尚情操支配下，"或吟咏古人之篇章，或抒写性灵之所见，一字一句可千秋，相契无言，亦成妙谛。古人所谓'行到水穷处，坐看云起时'，又云'登东皋以舒啸，临清流而赋诗'，断非不解笔墨人所能领略"。这般乐趣，是由文章带来的。三为经济。这是道德文章之乐的物质基础。"夫茅亭草舍，皆有经纶，菜陇瓜畦，具见规画，一草一木，其布置亦有法度。淡泊而可免饥寒，徒步而不致委顿。良辰美景，而匏樽不空；岁时伏腊，而鸡豚可办；分花乞竹，不须多费，而自有雅人深致；疏池结篱，不烦华侈，而皆能天然入画。"这般田园风光，使人赏心悦目，岂非由经济带来的？四是福命，福命指能"置身于穷达毁誉之外"，不在名利之所奔走，不受世态炎凉的束缚，"室有菜妻，而无交谪之言；田有伏腊，而无乞米之苦"。家庭温馨，衣食俱足，此非福命而是什么？只有上述四者全备，才能享受山林之乐。"四者有一不具，不足以享山林清福"。因此，世界上许多聪明才智之士，虽知山林乐趣，却不能置身其中。

乐生是长寿的前提。但长寿不光是天命，还须助以人力，为此，他向子弟传授了慈、俭、和、静四字"致寿之道"。慈心、慈悲是佛道思想，他将之引入家训中，教导说："人能慈心一物，不为一切害人之事，即一言有损于人，亦不轻发，推之戒杀生以惜物命，慎翦伐以养天和，无论冥报不爽，即胸中一段吉祥恺悌之气，自然灾沴不干，而可以长龄矣。"这种教子不害人、惜物命的思想是有积极意义的。关于俭，他说："惜福之人，福尝有余；暴殄之人，易至罄竭。故老氏以俭为宝，不止财用当俭而已。一切事常思节啬之义，方有余地。"俭的内容非常广泛，作用也很巨大："俭于饮食，可以养脾胃；俭于嗜欲，可以聚精神；俭于言语，可以养气息非；俭于交游，可以择友寡过；俭于酬酢，可以养身息劳；俭于夜坐，可以安神舒体；俭于饮酒，可以清心养德；俭于思处，可以蠲烦去扰。"总之，"凡事省得一分，即受一分之益。"而最大的益处则是致寿的要件。关于和、静，他说："人常和悦，则心气冲而五脏安，昔人所谓养欢喜神。"比如，"日间办理公事，每晚家居，必寻可喜笑之事；与客纵谈，掀髯大笑，以发舒一日劳顿郁结之气"。这是养生要诀。有一乡下人过百岁生日时谈其长寿秘诀说："但一生只是喜欢，从不知忧恼。"这不是名利场中人所能做到的。静就是不急躁。"《传》曰：'仁者静。''知者动'。每见气躁之人，举动轻佻，多不得寿。"静有两种："一则是身不过劳，一则心不轻动。凡遇一切劳顿、忧惶、喜乐、恐惧之事，外则顺以应之，此心凝然不动，如澄潭，如古井。"上述四者，"于养生之理，极为切实。……《道德经》五千言，其要旨不外于此。铭之于座，时时体察，当有裨益耳"。

常乐与致寿的根本途径主要是抑制嗜欲之心，因为"多求多欲，不循理，不安命，多求而不得则苦，多欲而不遂则苦，不循理则行多窒碍则苦，不安命则意多怨望而苦，是以踽天跻地，行险徼幸，如衣敝絮行荆棘中，安知有康衢坦途之乐"。就是说，庸人的种种痛苦来自过多的欲求得不到满足。这就需要以义理之心制之。有一次张英收到一封家信，说是因盖房与邻居发生地皮争执，希望他通过地方官给邻居施加压力解决问题。张英回信写一首小诗："千里捎书为一墙，让他三尺又何妨？万里长城今犹在，不见当年秦始皇！"家里人在看到信后，受到很大触动与教育，便让出了三尺墙基。邻居见了感到羞愧，也主动将墙基后移三尺。据说，这就是张英家乡安徽桐城"六尺巷"的由来。这是以义理克制物欲的结果。同时，还要在生活方面用力。他说："古人以眠食二者，为养生之要务。脏腑肠胃，常令宽舒有余地，则真气得以流行，而疾病少。"反之，"燔炙熬煎，香甘肥腻之物，最悦口而不宜于肠胃。彼腻易于粘滞，积久则腹痛气塞，寒暑偶侵则疾作矣"。防患之法，是节制饮食，"食只八分"，不能满饱；"食忌多品"，"鸡鱼凫豚之类，只一二种"，酒、茶适量。这不是古人的教诲，而是他的经验之谈。关于睡眠，"安寝乃人生最乐。古人有言：'不觅仙方觅睡方'。……是极有味"。不过也不要太久，应早睡早起，"冬夏皆当以日出而起，于夏尤宜。天地清旭之气，最为爽神，失之甚为可惜"。倘若晚起，"日高客至"，"庭除未扫，灶突犹寒，大非雅事"。这里渗透着以益乐来安顿身心的精神。

（二）张英家训的特点与评价

张英家训思想具有几个鲜明的特点：其一是平实慎谨，贯彻"得中之道"，不走极端。他指出："治家之道，谨肃为要。……余欲于居室自书一额曰：'惟肃乃雍'，常以自警，亦愿吾子孙共守也。"又说："居家立身，最不可好奇。一部《中庸》，本是极平淡，却是极神奇。人能于伦常无缺，起居动作、治家节用、待人接物事事合于矩度，无有乖张，便是圣贤路上人，岂不是至奇？"他反对华而不实，标新立异，认为"举动怪异，语言诡激，明明坦易道理，却自寻奇觅怪"，这是不足取的。这一思想贯穿在他立身、训子等各个方面。如通常说"人生适意之事有三：曰贵、曰富、曰多子多孙"。但他告诉子弟，这并不是越多越"适意"。这三者"善处之则为福，不善处之则足为累"。以子孙来说，有众多儿孙绕膝，固然可享天伦之乐，但更有诸多难解之忧："子孙之累尤多矣，少小则有疾病之虑，稍长则有功名之虑，浮奢不善则有治家之虑、纳交匪类之忧，一离膝下，则有道路寒暑饥渴之虑。以至由子而孙展转无穷，更无底止。"在中国家训史上，像张英这样平心静气地对

"多子多福"观念作如此深入分析的并不多见。又如在教导子弟要生活节俭、不置贵重器物时说："瓷佳者必脆薄，一盏值数十金，僮仆捧持，易致不谨，过于矜束，反致失手；朋客欢宴，亦鲜乐趣，此物在席宾主皆有戒心，何适意之有？"当然，太粗也有失大雅，故最好是买厚而中等者，"纵有倾跌，亦不甚惜。斯为得中之道也"。这些教诫理由至当，很有说服力。其二是重视长辈的表率作用与实际生活经验的传授。他指出："己无甚刻薄，后人当无倍出之患；己无大偏私，后人自无攘夺之患；己无甚贪婪，后人自当无荡尽之患。"同时，又常将自己所见所闻教育子弟，引导他们接触社会实际，如一方面批评富家子弟"鲜衣怒马，恒舞酣歌，一裘之费，动至数十金，一席之费，动至数金。不思吾乡十余年来谷贱，竭十余石谷，不足供一筵；竭百余石谷，不足供一衣"①。他们"安知农家作苦，终年沾体涂足，岂易得此百石？况且水旱不时，一年收获，不能保诸来年"。另一方面，为使子弟懂得衣食来之不易，责令他们去农村"目击田家之苦，开仓粜谷时，当令其持筹。以壮夫之力不过担一石，四五壮夫之所担，仅得价一两，随手花费，了不见其形迹，而已仓庾空竭矣"。谷子得来多么艰辛，花去又多么容易，"稍有知觉，当不忍于浪掷"②。张英要求子弟亲自经营管理田地耕种，也出于提高他们勤俭持家能力的意愿。其三是具体引导，操作性强，比如指导廷璐练字，就告诉他："汝小字可学《乐毅论》，前见所写《乐知论》，大有进步，今当一心临仿之。"既表扬他有进步，又指出他努力的方向。又如指导子弟读书，根据幼童记忆力强而持久的特点，要求"六经、秦汉之文，词语古奥，必须幼年读"；二十岁前的岁月珍玉难换，勿"读不急之书"，读时文"亦须择典雅醇正，理德纯辞裕"者。读书要温习，"决不可轻弃。得尺则尺，得寸则寸，毋贪多，毋贪名，但读得一篇，必求可以背诵，然后思通其义蕴，而运用之于手腕之下，如此

---

① 《恒产琐言》。

② 同上。

则才气自然发越"。读了"不能举其词，谓之画饼充饥；举其词，而不能运用，谓之食物不化"。对此"极宜猛省"。张英教子的最大优点是平正、务实，重在提高子弟的文化素质与品德情操。他对诗词、书法的点评极其精当，如说"《乐毅论》如端人雅士，《黄庭经》如碧落仙人，《东方朔像赞》如古贤前哲，《曹娥碑》有孝女婉顺之容，《洛神赋》有淑姿纤丽之态"；唐诗"如缎如锦，质厚而体重，文丽而丝密，温醇尔雅"，是"朝堂所服也"。这有助于对子弟德操的培养与审美情趣的熏陶。

张英家训思想也有不少缺陷，最根本的是缺乏进取精神，只要求子弟世守其官僚地主的基业，过上安乐富贵的生活。具体表现在，一是灌输宿命定论："世人只因不知命，不安命，生出许多劳扰。""人生祸福荣辱得失，自有一定命数，确不可移。"由此出发，他要求子弟采取明哲保身的态度，"既知利害有不一定，则落得做好人也。权势之人，岂必与之相抗以取害"？二是为了免于家业破败，反对子孙弃农经商，过分强调经商的风险；虽然徽商"善于贸易"，然"亦多覆蹶之事"；其他的千百人之中成功者不到一，即使是"聪明强干者，亦行之而必败"。①其实，当时弃儒经商成功者甚多，这种说教带有轻商倾向。他的这类片面性，是由其家训的保守性决定的。

尽管如此，作为官僚地主中清勤敬谨者，张英以自己的身体力行的榜样和细致入微的训诫，成功地培养了下一代。他共生有四子：长子廷瓒，康熙进士，官至少詹事；次子廷玉，康熙进士，官至大学士及户部、吏部尚书，与允祥等主持军机房。廷玉为官周敏勤慎，备受雍正帝、乾隆帝倚重，"终清世，汉大臣配享太庙，惟廷玉一人而已"②。三子廷璐，康熙进士，官至礼部侍郎。四子廷瑑，雍正进士，官至工部、礼部侍郎，他"性诚笃，细微必慎"。退休后，"刻苦砥行，耿介不妄

---

① 《恒产琐言》。
② 《清史稿·张廷玉列传》。

取"。张英三子廷璐子若需，进士，官侍讲。若需子曾敞，进士，官少詹事。张英一门以科第世其家，四世皆为讲官。难怪曾国藩赞扬道："颜黄门《颜氏家训》作于乱离之世，张文端《聪训斋语》作于承平之世，所以教家者极精。"[1] 训诫长子道："张文端公所著《聪训斋语》，皆教子之言，其中言养身、择友、观玩山水花竹，纯是一片太和生机，尔宜常常省览……吾教尔兄弟不在多书，但以圣祖之《庭训格言》、张公之《聪训斋语》二种为教，句句皆吾肺腑所欲言。"为此，他特寄去两本《聪训斋语》，让儿子"细心省览"[2]，认为这"不特于德业有益，实于养生有益。"[3]

二、许汝霖的《德星堂家订》

清代学者型官吏的家训中，许汝霖的家训当属于另一种类型。那就是侧重于对家庭礼制具体规则的制订。

许汝霖（？—1720），字时庵。浙江海宁人。康熙二十一年（1682）进士，曾任江南学政和礼部尚书等职，后辞官归乡读书课士。许汝霖品行高洁，工于诗文，有《德星堂文集》、《河工集》等。《德星堂家订》是许汝霖鉴于攀比繁华、追求享受的不良社会风尚而订立的一部家训。在序中他谈到这一初衷时说：学问贵在能谋生计，合宜的道德行为要先抓住根本，维护良好的社会风气要雷厉风行，宁俭毋奢。"方今物力维艰，人情不古，竞纷华于日用，动辄逾闲，勉追报于所生，事多违礼，

---

① 曾国藩：《谕纪泽儿》。见邓云生点校：《曾国藩全集·家书》，岳麓书社 1985 年版。
② 同上。
③ 同上。

习而不返，长此安穷？"① 他说为了废除奢侈浮华的不良风气，崇尚高雅的社会风尚，需要从道德规范和礼节方面约束、整治自身，于是订立了这篇家训。

《家订》虽然只有宴会、衣服、嫁娶、凶丧、安葬、祭祀六项，但几乎每一项都针对当时社会的奢侈之风和庸俗的繁文缛节，作了非常切于日用的规定：

"宴会"。《家订》指出，酒是用来欢聚时饮的，怎能容忍扰乱德行？宴席是用来和谐礼仪的，难道成了夸夸其谈的场所？风俗日益衰败，奢侈越发严重。为此，他作了非常具体而严格的规定：像祝贺新婚之类的宴会只上十二道菜，"除此以外，俱遵五簋，继以八碟。鱼肉鸡鸭，随地而产者，方列于筵；燕窝鱼翅之类，概从禁绝。桃李菱藕，随时面具者，方陈于席；闽广川黔之味，悉在屏除"。他还规定，如果客人要逗留几日，那么中午只上两个菜一个汤；晚上也只有三个菜一斤酒。做过礼部尚书的人家如此的待客标准，恐怕连普通的殷实人家都不如。

"衣服"。《家订》批评了当时社会上流行的那些追赶时髦、不惜重金购置"金貂玉鼠"之类华贵衣服、炫耀财富的陋俗，要求家人不要羡慕这种穿戴，最可钦敬的还是自身的道德和清白的家风。"吾辈既已读书，自当毅然变俗。旧衣楚楚，素履可钦；补被萧萧，高风足式。传前人之清白，不坠家声；贻后嗣以廉隅，永遵世德。"

"嫁娶"。许汝霖针对当时"不问门楣，专求贵显"、为嫁妆或彩礼而失和等陋俗，规定："如职居四民，产仅百亩，聘金不过十二，绸缎亦止数端。……度力随分，彼此俱安。"他还规定，"亲迎之顷，舟车鼓乐，仪从执事，一切从简"。

"凶丧"、"安葬"。许汝霖认为"人生大事，惟有送死"，因而在《家订》中，他对丧葬礼仪包括置办寿器、盖棺、开丧、殡葬等都作了

---

① 许汝霖：《德星堂家订》，见《丛书集成初编》第 976 册，中华书局 1985 年版，下引此篇不注。

具体而详细的规定。但他的规定却是简朴而隆重、尽礼而不从俗。用他的话说，是"志在从先，何妨违俗"？比如，成殓时"衣裘之属，务求完整，金珠之类，勿带纤毫"；定下丧期后，一切节俭，"吊唁者，祭无牲牢，幛无绫缎；款待者，飧无腥酒，送无犒程"。绝不能诵经礼忏、鼓乐张席筵。至于安葬，他也反对迷信风水、拖延下葬日期的旧俗，规定"凡为子者，当知暴棺非孝，入土为安"。墓地不必远求，"随分量力，择而取之"即可。

"祭祀"。本着节俭而不失礼的原则，许汝霖将祭祀次数加以简化，规定"春秋祭墓，冬夏祭祠"。此外，他认为既然祭祀的目的是"追先念切，祀我祖考"，故一反旧俗，以为"喜事良辰"也可祭祀祖先。他还叮嘱家人，不要相信那些地狱、鬼身的邪说。他还指出，用祝寿、祭祀等省下来的钱，"济孤寡而助婚丧，扩宗祠而立家塾，不亦善乎"？

《德星堂家订》具有三个值得称道的特点。首先，在涉及家庭重大礼制的每一项规定中，许汝霖几乎都提出了不同于世俗的观点，并作出了相应的规定。其目的是为了使家人力戒奢靡之风，而又不违背社会礼仪。作为一个达官贵族之家，能如此持家，实属难能可贵。其次，许汝霖对堪舆风水之类的迷信活动的批判，在传统家训史上达到了前所未有的程度。这种批判，既有理论的推论，也有实践的证明。许汝霖指出，"若谓风水可凭，宁迟无害，何以堪舆诸公，高谈凿凿，而徇厥身家，概都寒陋。且有跋涉一生，饿殍于道路者，岂谋人工而谋己拙耶？"他还结合自己年少时对堪舆风水之书的多年研究，一针见血地指出，如果说有"吉壤"，那么"数千百年以来，选择殆尽，岂复有留遗隙地，以贻后人者乎"？那些帝王选择风水宝地的条件是庶民所无法比拟的，但"汉秦遗寝，草蔓烟荒；唐宋诸陵，狐蹲兔伏。六朝之故冢安存？五李之新阡何在"？应该说，这种批判是极为有力的、无可辩驳的。最后，还要指出的是，这篇家训虽是日常礼制，却文采华丽，行文流畅，对仗工整，富含哲理，似一篇优美的散文，这在家训中是不多见的。

三、郑板桥的家书

郑板桥（1693—1765），名燮，字克柔，号板桥。江苏兴化人。早年家境贫寒，应科举为"康熙秀才、雍正举人、乾隆进士"，历任山东范县、潍县知县。除了做过十来年七品芝麻官之外，他都是靠卖画为生。郑板桥自幼聪颖，性格落拓不羁。他工诗词、善书画，其画、诗、书被人誉为三绝，是"扬州八怪"之首，居官前后，均在扬州卖画为生。其诗词多有反映民间疾苦之作。有《郑板桥集》。

郑板桥的家训思想，主要体现在他在外做官时写给堂弟郑墨的十六封家书中。郑板桥五十二岁时才生了一个儿子，他又在外做官，所以他对家人和幼子的训诲都是通过郑墨进行的。郑板桥在为刊行家书所撰写的《十六通家书小引》中说："几篇家信，原算不得文章，有些好处，大家看看；如无好处，糊窗糊壁，覆瓿覆盎而已。"① 其实，郑板桥的家书情真意切，读来如话家常，通俗晓畅中却包含着独到的读书治学见解、丰富的持身处世经验，给人以很多的教益。

（一）读书治学之道

作为一个书画家、文学家，郑板桥是一个学者型的官吏，所以在家书中，多次论及读书治学的问题。在《焦山别峰庵雨中寄舍弟墨》的信中，郑板桥告诉郑墨，读书要有选择，读哪些书呢？他说："吾弟读书，《四书》之上有《六经》，《六经》之下有左、史、庄、骚、贾、董策略，诸葛表章，韩文、杜诗而已，只此数书，终身读不尽，终身受用不尽。至如《二十一史》，书一代之事，必不可废。"另外，还有《禹贡》、《洪范》、《月令》、《七月流火》这些书更要读，因为它们"至之至者，浑沦

---

① 《郑板桥集》，上海古籍出版社1979年版，第2页。下引该书，均自此版本。

磅礴，阔大精微，却是家常日用"①。

郑板桥提出，读书不要迷信，不要为书本束缚，要有自己的见解。他说："诚知书中有书，书外有书，则心空明而理圆湛，岂复为古人所束缚，而略无张主乎！岂复为后世小儒所颠倒迷惑，反失古人真意乎！"但他同时指出，自己的见解又要有根据，不能随意为之："总是读书要有特识，依样葫芦，无有是处。而特识有不外乎至情至理，歪扭乱窜，无有是处。"②

郑板桥还提出，读书要精，不能求快。他反对读书以过目成诵为能的人，举孔子读《易》，韦编三绝的故事，说明精读可以将书中"微言精义，愈探愈出，愈研愈人，愈往而不知所穷"③ 的道理。他告诉堂弟，精读也指对书中重要的、精彩的部分要反复研读，而不一定全部都读。他以《史记》为例说明这一点："《史记》百三十篇中，以《项羽本纪》为最，而《项羽本纪》中，又以巨鹿之战、鸿门之宴、垓下之会为最。反复诵观，可欣可泣，在此数段耳。若一部《史记》，篇篇都读，字字都记，岂非没分晓的钝汉！"④

关于写诗作文，郑板桥也在信中作了具体的指导。他说："作诗非难，命题为难。题高则诗高，题矮则诗矮，不可不慎也。"⑤ 他结合杜甫、陆游的诗作说明立意和思想性对诗的创作的重要性，并告诫郑墨，人品与诗品关系密切，要慎重诗的选题。他批评一些诗人选题立意不高后评论道："其题如此，其诗可知，其诗如此，其人品又可知。吾弟欲从事于此，可以终岁不作，不可以一字苟吟。慎题目，所以端人品，厉风教也。"⑥ 对于作文，在《潍县署中与舍弟墨第五书》中，郑板桥提

①　《郑板桥集》，第 7 页。
②　《范县署中寄舍弟墨第三书》，见《郑板桥集》，第 11 页。
③　《潍县署中寄舍弟墨第一书》，见《郑板桥集》，第 15 页。
④　同上。
⑤　《范县署中寄舍弟第五书》，见《郑板桥集》，第 13 页。
⑥　《范县署中寄舍弟第五书》，见《郑板桥集》，第 15 页。

出"文章以沉着痛快为最"①，明确主张文章要实在，要反映现实，反对不将文章含义说透的故弄玄虚之举。

当然，在读书治学方面，郑板桥的观点也不无偏颇之处。比如，他对孔子烧书的极力推崇和对秦始皇烧书的极力攻击。再如，他对刘向《说苑》、陆贾《新语》、扬雄《法言》、王充《论衡》等书的评价也是如此，认为"虽有些零碎道理，譬之《六经》，犹苍蝇声耳"② 等等，这些，显然还是一种统治阶级的正统偏见。

（二）"忠厚悱恻"的仁民爱物思想教育及实践

同情、热爱、关心劳动人民，是郑板桥家训的一个极其突出的特点。这或许与他本人的生活经历密切相关。他自幼丧母，一直到三十多岁，都是在贫困中度过的，父母死了都没有自家的土地安葬。他在描绘这一段生活的《七歌》诗中写道："今年父殁遗书卖，剩卷残编看不快，炊下荒凉告绝薪，门前剥啄来催债。……我生二女复一儿，寒无絮络饥无糜，啼号触怒事鞭朴，心怜手软翻成悲。萧萧夜雨盈阶甽，空床破帐寒秋水。清晨那得饼饵持，诱以贪眠罢早起。"③ 这种饱受苦难煎熬的生活经历，铸成了郑板桥同情、关心下层劳苦大众的品质，成为他做人处世的基本准则。郑板桥认为做个好人是第一重要的，"夫读书中举中进士做官，此是小事，第一要明理作个好人。"④ 他也将这种思想意识贯穿于对儿子和家人的教育之中。

在《潍县署中与舍弟墨第二书》中，郑板桥要求堂弟郑墨千万不要因为自己老来得子娇贵而放松对孩子的管教，他指出对孩子教育的核心是养其"忠厚之情"，克其刻薄、残忍之性。信中说："余五十二岁得一

① 《潍县署中与舍弟第五书》，见《郑板桥集》，第21页。
② 《焦山别峰庵雨中无事书寄舍弟墨》，见《郑板桥集》，第7页。
③ 《郑板桥集》，第32—33页。
④ 《潍县署中与舍弟墨第二书》，见《郑板桥集》，第16页。

子，岂有不爱之理！然爱之必以其道，虽嬉戏顽耍，务令忠厚悱恻，毋为刻急也。"信中他要堂弟从小事做起，以利于孩子爱惜物命的人道观念的养成。说他自己平生最不喜笼中养鸟，因为我图愉悦，彼在囚笼，何情何理，而必屈物之性以适吾性乎！将蜻蜓、螃蟹作为儿童的玩具，不过一时片刻便折拉而死，这类的事情不要让孩子做。他叮嘱堂弟，"我不在家，儿子便是你管束，要须长其忠厚之情，驱其残忍之性，不得以为犹子而姑纵惜也"。

这封信还进行了朴素的平等意识的教育，要求儿子、堂弟和家人对佣人子弟平等相待。信中写道："家人儿女，总是天地间一般人，当一般爱惜，不可使吾儿凌虐他。凡鱼飧果饼，宜均分散给，大家欢喜跳跃。若吾儿坐食好物，令家人子远立而望，不得一沾唇齿；其父母见而怜之，无可如何，呼之使去，岂非割心剜肉乎！"①

郑板桥对儿子的仁爱、平等教育体现在诸多方面，且极为具体。他要儿子尊敬老师和同学。"其同学长者当称为某先生，次亦称为某兄，不得直呼其名。"② 对同学特别是贫穷同学应多加帮助，"纸笔墨砚，吾家所有，宜不时散给诸众同学。每见贫家之子、寡妇之儿，求十数钱，买川连纸钉仿字簿，而十日不得者，当察其故而无意中与之。至阴雨不能即归，辄留饭；薄暮，以旧鞋与穿而去。彼父母之爱子，虽无佳好衣服，必制新鞋袜来上学堂，一遭泥泞，复制为难矣"③。这种教育，具有极为具体的可操作性，对于培养儿童的人道主义思想，比起那些大道理的说教，显然更加有效。

在郑板桥的一生中，可以说平等意识和仁爱思想是他始终如一奉行的准则。在《雍正十年杭州韬光庵中寄舍弟墨》信中，郑板桥说："谁非黄帝尧舜之子孙，而至于今日，其不幸而为臧获、为婢妾、为舆台、

---

① 《潍县署中与舍弟墨第二书》，见《郑板桥集》，第16页。
② 《潍县寄舍弟墨第三书》，见《郑板桥集》，第19页。
③ 同上。

皂隶，窘穷迫逼，无可奈何。非其数十代以前即自臧获婢妾舆台皂隶来也。"① 因此"王侯将相岂有种乎"？人与人之间应该是平等的。尽管郑板桥这一观点的立论基础仍不能摆脱"天道循环"之类的唯心主义窠臼，但作为一个封建士大夫，他的平等思想及其要求家人对下层人民予以同情帮助却是难能可贵的。这封信中，郑板桥还以自己烧毁家奴契券之举教育堂弟及家人体恤穷人。他说："愚兄为秀才时，检家中旧书簏，得前代家奴契券，即于灯下焚去，并不返诸其人。恐明与之，反多一番形迹，增一番愧恶。自我用人，从不书券，合则留，不合则去。何苦存此一纸，使吾后世子孙，借为口实，以便苛求抑勒乎！"②

郑板桥为官以后，生活条件获得很大改善，但他并未将所得俸银留作自家使用，而是要堂弟分给亲友、乡邻。《范县署中寄舍弟墨》至今读来仍令人嘘唏不已，赞叹其高风亮节。信中谈及族人吃糠咽菜的贫困生活时，他写道："每一念及，真含泪欲落也。汝持俸钱南归，可挨家比户，逐一散给"，并且开列了这些族人及亲友、同学的具体名单，最后要求堂弟将俸银全部分完："敦宗族，睦亲姻，念故交，大数既得；其余邻里乡党，相周相恤，汝自为之，务在金尽而止。"③ 据《清史列传·郑燮传》记载，他这种乐善好施的行为直到晚年都没有改变："晚年归老躬耕，时往来郡城，诗酒唱和。尝置一囊，储银及果食，遇故人子及乡人之贫者，随所取赠之。"在另外一封家书中，郑板桥甚至告诉堂弟，对盗贼也要善待，因为"盗贼亦穷民耳，开门延入，商量分惠，有什么便拿什么去；若一无所有，便王献之青毡，亦可携取质百钱救急也。"④

郑板桥同情关心劳苦群众，也体现在他为官期间为百姓伸张正义，救难济贫。据法坤宏《书事》记载，郑板桥任潍县县令时，"岁连歉，

---

① 《郑板桥集》，第1页。
② 同上。
③ 《郑板桥集》，第9页。
④ 《范县署中寄舍弟墨第二书》，见《郑板桥集》第10页。

人相食，斗粟值钱千百。令大兴工役，修城凿池，招徕远近饥民，就食赴工；籍邑中大户，开厂煮粥，轮饲之；尽封积粟之家，责其平粜"①。他也因此冒犯豪绅利益，遭上司斥责而乞疾罢归。

（三）重农、悯农思想及对家人的教育

郑板桥青少年时代的贫穷生活以及对族人贫困的所见所闻，使他对农民的苦难具有更多的了解，因而他的家训中浸润着一种强烈的尊重、重视农民，同情农民的情感。这体现在三个方面：

其一，认为农为四民之首。他说："我想天地间第一等人，只有农夫，而士为四民之末。"为什么？因为，农夫"苦其身，勤其力，耕种收获，以养天下之人。使天下无农夫，举世皆饿死矣"②。而"工人制器利用，贾人搬有运无，皆有便民之处。而士独于民大不便，无怪乎居四民之末也！且求四民之末而亦不可得也"③！郑板桥毫不客气地批评那些一捧书本便想中举、中进士、做官，以攫取金钱、造大房屋、置多田产的读书人，开始便走错了路，后来总没有个好结果。

其二，平等对待农夫。他告诉郑墨，自己"平生最重农夫，新招佃地人，必须待之以礼。彼称我为主人，我称彼为客户，主客原是对待之义，我何贵而彼何贱乎？要体贴他，要怜悯他；有所借贷，要周全他；不能偿还，要宽让他"。

其三，不得多置田产以夺穷人之地。与那些一富起来即大肆购置田产的人不同，郑板桥更多的是为无地少地的贫穷百姓着想。在《范县署中寄舍弟墨第四书》中，郑板桥嘱咐郑墨："将来须购买田二百亩，予兄弟二人，各得百亩足矣，亦古者一夫受田百亩之义也。若再多求，便是占人产业，莫大罪过。天下无田无地者多矣，我独何人，贪求无厌，

---

① 转引自《郑板桥集》第241页《附录》。
② 《范县署中寄舍弟墨第四书》，见《郑板桥集》第13页。
③ 同上。

穷民将何所措足乎!"① 那么，对那些贪得无厌，购地数百顷者又将奈何？郑板桥的回答是："他自做自家事，我自做我家事，世道盛则一遵德王，风俗偷则不同为恶，亦板桥家法也。"② 在人吃人的社会里，郑板桥也只能独善其身。

为了对儿子从小就进行重农、悯农的教育，郑板桥还在给郑墨的信中特地抄录了李绅《悯农》等四首反映农民苦难生活的五言绝句，要六岁的儿子唱给大人听，这实在是煞费苦心。

综上所述，郑板桥的这种教诫家人、子弟的家书，的确是别开生面的。尤其是其中饱含的浓郁的仁民爱物、忠厚处世、同情弱者、帮助劳苦群众的教化理论及其实践，更是将中国家训的这一优良传统推向了一个新的高度。

四、汪辉祖的《双节堂庸训》

汪辉祖（1731—1807）字龙庄，号归庐。浙江萧山人。乾隆进士，曾任湖南宁远知县等职，为官廉直，政声卓著，后遭大吏排挤夺职。归乡后闭户读书，刻苦治学，教育子弟。撰有《学治臆说》、《佐治药言》、《史姓韵编》等多种著作。

《双节堂庸训》是汪辉祖为教育子孙而撰著的家训名篇。共分为《述先》、《律己》、《治家》、《应世》、《蕃后》、《师友》六部分，囊括了祖德家风、守身律己、治家方略、处世之道、子女教养等方面。这部家训深受颜子推和袁采家训的影响。汪辉祖在谈到家训写作经过时说，自己平生极推崇《颜氏家训》和《袁氏世范》两部家训，经常以此对儿辈

---

① 《范县署中寄舍弟墨第四书》，见《郑板桥集》第13页。
② 同上。

们进行立身处世的教育，"或揭其理，或证以事，凡先世嘉言微行及生平师友渊源，时时乐为称道，口授手书，久而成帙，删其与颜、袁二书词诣复沓者，为纲六、为目二百十九，厘为六卷"①。

在谈及家训书名的时候，汪辉祖说："自少而壮而老，循轨就范，庸庸无奇行也，庸德庸言之外，概非所知，故名之日'庸训'。"② 这自然是谦虚之语，"庸训"不庸，反倒包含有很多高明之见，现择这部家训有关治学、教子、处世等方面的主要内容作些分析概述。

（一）治学、立身：读有用之书，做有德之人

在《蕃后》篇中汪辉祖要求子弟读应世经务的有用之书，他批评那些食古不化，耽于空谈的人为迂腐的"两脚书厨"。他说："所贵于读书者，期应世经务也。有等嗜古之士，于世务一无分晓。高谈往古，务为淹雅。不但任之以事，一无所济；至父母号寒，妻子啼饥，亦不一顾。不知同人云者，以通解情理，可以引经制事。"他认为读书要能从中反省观照，为己所用。"己所能勉者，奉以为规；己所易犯者，奉以为戒；不甚干涉者，略焉。则读一句，即受一句之益。"在作文上，他告诉子弟言为心声，先贵立诚，切不可存指责诽谤之心。他一再提醒子弟，"凡触讳之字，讽时之语，临文时切须检点"。他以苏东坡乌台诗案为例，要子弟一定慎重为文，避免祸端，"士君子守身如执玉，慎不必以文字乐祸"。汪辉祖生活在清朝文字狱较为盛行的时代，这也是经验之谈。

在《律己》篇中汪辉祖告诉儿辈，读书固然是为了学习知识，求取功名，但更为重要的是做有道德修养的人。"希贤希圣，儒者之分。顾圣贤事业，何可易几？ 既禀儒术，先须学为端人。绳趋尺步，宁方毋圆。名土方诞之习，断不可学。"他认为坚持道德操守极为重要，"杀身

---

① 汪辉祖：《双节堂庸训·自序》，见《有诸己斋格言丛书》本。
② 同上。

成仁，未为亏体，极守之能事矣！然圣贤甚爱此身，不肯轻掷，曰免于刑戮，曰隐，曰危行言逊，无一非守身之意"。在该篇中，汪辉祖从先立志向、耐得困境、珍惜时间、做事务实有恒、顾廉耻、慎小节、贵名声、戒财色、重气节、凛法纪等等方面，对子弟的道德修养予以了详细的指导。

（二）教子之道：贵正、贵严、贵母教、贵"权其才质"

汪辉祖在家训中用了许多篇幅阐述家庭教育问题，这其中有很多真知灼见。首先，他主张家长应以身立教，做子孙的榜样。他指出，做贤良的子孙，确实不容易，而做贤良的祖父、父亲，也同样不容易。"生之而无以为养，无以为教，便孤祖、父之名。'夫子教我以正，夫子未出于正'，子孙虽不敢显言，未尝不敢腹诽。无论居何等地位，一言一动，要想作子孙榜样，自然不致放纵。"[①]

其次，汪辉祖提出子弟的教育应该宜早宜严。他批评有些做家长的对子女的溺爱，使他们养成了好逸恶劳、追求奢靡的不良习惯，认为这才是对子女真正的戕害。他说：孩子"略省人事，无不爱吃、爱穿、爱好看。极力约制，尚虞其纵；稍一徇之，则持为分所当然。少壮必至华奢，富者破家，贵者逞欲。宜自幼时，即杜其渐，不以姑息为慈。"[②]他受颜子推养正于蒙的思想影响，也特别强调端正幼儿"善端"的重要性："所以当于童稚时即导以善端。童稚无善可为，但节其嗜好，正其爱恶，使之习于驯顺，不敢分毫姿纵，自然由幼至长，渐渐恶念少而善念多，可为树德之基。"[③]他还主张在日常生活中"固其真性"，"随事教导"[④]，以培养孩子的良好品德。这种看法自然未脱性善论的窠臼，

---

① 《双节堂庸训·蓄后》。
② 同上。
③ 同上。
④ 同上。

但强调蒙养在孩子品德形成中的重要性，是科学的。

再次，汪辉祖认为在父母对子弟的教育上，母教更为重要。在《治家》篇中他从两个方面阐述了这种观点：一是因为严父慈母的传统影响，使得母亲更易"护短"，不利孩子成长。他说："家有严君，父母之谓也。自母主于慈而严归之父矣。其实子与母最近，子之所为，母无不知，遇事训诲，母教尤易。若母为护短，父安能尽知？至少成习惯，父始惩之于后，其势常有所不及。慈母多格，男有所恃也。故教子之法，父严不如母严。"二是母亲的品德素质较之父亲对孩子的影响更大。"妇人贤明，子女自然端淑。今虽胎教不讲，然子禀母气，一定之理。其母既无不孝不悌之念，又无非道非义之心，子女禀受端正，必无戾气。稍有知识，不导以诳语，引以骂人，后来蒙养较易。妇人不贤，子则无以裕其后，女则或以误其夫，故妇人关系最重。"汪辉祖的观点，除了"子禀母气"的遗传说缺乏科学根据之外，都是值得肯定的。在父权社会中，他重视母教的看法是有慧眼独具之处的，这在传统家训中也是很少见的。

最后，汪辉祖认为，对子女成材的教育要根据他们的资质因材施行，不必一味地走科举之路。他说："子弟材质，断难一致，当就其可造，委曲诲成。责以所难，必至偾事。"① 他还用北宋胡安国的父亲教子成材的事例，说明教育子弟要权其材质的道理。汪辉祖还针对社会上富裕之家不论子弟禀赋爱好、强令读书举业的现象，告诫子弟在孩子的成材上应不务虚名，选择适合他们的职业谋生。他说："'业儒'二字须规实效。若徒务虚名，转足误事。富厚之家，不论子弟资禀，强令读书，丰其衣食，逸其肢体，至壮岁无成，而强者气骄，弱者性懒，更无他业可就，流为废材。子弟固不肖，实父兄有以致之。故塾中子弟，至年十四五不能力学，即当就其材质，授以行业。农工商贾，无不可为。"② 他

---

① 《双节堂庸训·治家》。
② 《双节堂庸训·蓄后》。

甚至告诉子弟"一名一艺，皆可立业成家"，但前提必须是"无论执何艺业，总要精力专注"，"行之以实，持之以恒"①。这的确是明智之见。

（三）处世箴规

处世经验的传授历来是传统家训的一个重要内容，汪辉祖的家训亦然。在《应世》、《蕃后》两篇中，他花了大量篇幅，结合自己的人生阅历，对子弟给以立身处世的耐心教诲和细心指导，其中不乏见解独到、耐人深省之处，兹列举数则如下：

诚信为涉世之本。汪辉祖将诚信作为为人处世最重要的品质，《应世》篇指出："以身涉世，莫要于信。此事非可袭取，一事失信，便无事不使人疑。果能事事取信于人，即偶有错误，人亦谅之。"他还说，天下没有肯受人欺骗的人，也没有被人欺骗而不知道的人，只是知道的时间有长短而已，骗人是不会长久的，最终吃亏的是骗人的人。"故应世之方，以无欺为要，人能信我无欺，庶几利有攸往。"

大节不让，小处通融。这是汪辉祖为子弟确立的根本处世原则。他认为，处世要忠厚忍让，"从古英雄只为不能吃亏，害多少事？能学吃亏充之，即是圣贤克己工夫"②。他还反复要求子弟不要任性斗气，即便对蛮横无理的无赖之徒，也不要计较，"让之既久，亦知愧悟"，他还以自己做孤儿、家境贫寒屡被人欺，从而发愤努力终有所成就的经历，告诉子孙"受侮者方能成人"的道理。③ 汪辉祖处世哲学中明哲保身、圆滑处世的说教自然不少，但他还是讲究原则的。他在《应世》篇中提出"让"是有"度"的，即对有关自己名声大节的事，决不迁就。"一味头方亦有不谐，时处些小通融，不得不曲体人情。若于身名大节攸关，须立定脚跟，独行我志。虽蒙讥被谤，均可不顾。必不宜舍己徇

---

① 《双节堂庸训·蕃后》。

② 《双节堂庸训·应世》。

③ 同上。

人，迁就从事。"

"辑睦之道"。在乡村生活中，邻居相处是大事，生活困难、盗贼水火可以相互照应，因而传统家训都注意对家人进行和睦乡邻的教育。在《应世》篇中，汪辉祖提出的一种睦邻准则颇有见地："辑睦之道：富则用财稍宽；贵则行己尽礼；平等则宁吃亏，毋便宜。忍耐谦恭，自于物无忤。虽强暴者，皆久而自格。"与邻居相比，自家或富足或地位显贵，或平等相当，如果采取相应的相处方法，自然就能调整好双方的关系了。

"老成人不可忽"。汪辉祖嘱咐子孙多向社会经验丰富的长者学习。他以舜帝虽高明却听取浅近之言、《诗经》作者咨询割草打柴农夫的事例告诉子弟向年长者——哪怕是村野老人、市井鄙夫学习的道理："少年之人惟天分颖异者，见理早彻，处事能周。如非过人之质，类多血气用事，壮往致悔。涉历一番，则精细一番。故持重之说，专归老成。不独学问中人，即野叟鄙夫，阅事既多，识议亦时中肯綮。谚云：'若要好，问三老'。"①

"门阀不可恃"。汪辉祖家训的一个很突出的特点是在说理教诲的同时，以自己所见所闻的故事、事例对子弟进行教育，增加了说服力。关于这一点，前面已提到，在讲清门阀不可恃的道理时汪辉祖也采取这种方式。他告诫子弟，如果有幸因袭了祖宗高贵的门第，会比普通百姓得到更多的利益和方便，"席丰履厚，得所凭依，进身之途，治生之策，诸比常人较易"，但绝不可躺在祖先的树阴下睡大觉，而必须自己努力成材，才会有人称誉，有人引荐，才能处处事半功倍，"若穿衣吃饭之外，曾无寸长足录，虽门阀清华，于身无补，适足为鄙弃，玷辱家声。所谓银匠之后有节度使，不足耻；节度使之后为银匠，乃足耻也"②。接着，汪辉祖讲述了会稽甲科鼎盛的陶氏家族无赖子弟嘲笑陈氏进士门

---

① 《双节堂庸训·应世》。
② 《双节堂庸训·蕃后》。

第低下反被对方羞辱的故事，要自家子弟以此为鉴戒。

此外，汪辉祖家训所论处世问题很多，汪辉祖如：择友重德，听言细察，勿自以为是、骄矜狂傲，不必忌讳贫穷伪装贫穷，不可受人怜悯遭人嫉恨，向亲戚借贷不如向朋友借贷等等，都自有新颖独到的地方。

第三十六章
清代名儒家训

如前所述，清代前期也是中国传统家训的鼎盛时期。与以往的家训不同，清代家训中，有相当一部分是由不事科举或弃绝举业而专门治学的纯学者撰写的，这种家训可以称为"学者家训"。这些家训中，以孙奇逢、张履祥、朱柏庐、申涵光等人的家训影响最大。

一、孙奇逢的《孝友堂家规》和《孝友堂家训》

孙奇逢（1584—1675），明清之际学者，字启泰，又字钟元。直隶容城（今河北省徐水县）人，明万历年举人，明亡隐居不仕，屡征不应。晚年移辉县（今河南省新乡市北）夏峰村，讲学授徒，率子弟耕读。与黄宗羲、李颙并称清初三大儒，世称夏峰先生。其学初承象山、阳明，以慎独为宗，以体认天理为要，以日用伦常为实际。其治身务自刻厉。晚年倾慕朱学，为理学与心学的调和者。著有《理学宗学》、《读易大旨》、《四书近旨》、《夏峰先生集》等。孙奇逢"生平之学，主于实用，故所言皆关法戒"①。其家训的主要著作《孝友堂家规》与《孝友

---

① 赵尔巽：《清史稿·孙奇逢传》。

堂家训》正是其治学思想的体现，而其家训的主要特点，则集中反映在其《示子孙》诗中："家学渊源二百年，不谈老氏不谈禅。为贫何似为农好，富贵苟求终祸缘。堪笑庸人虑目前，自驱陷阱冀安然。道人拈此作家诫，淡薄由来是祖传。"①

（一）教诫子弟是"第一关系事"

孙奇逢认为，家训对家庭与子弟成人是十分重要的，也是非常必要的："士大夫教诫子弟，是第一要紧事。子弟不成人，富贵适以益其恶；子弟能自立，贫贱益以固其节。自古贤人君子，多非生而富贵之人，但能安贫守分，便是贤人君子一流人。不安贫守分，毕世经营，舍易而图难，究竟富贵不可以求得，徒丧其生平耳。"② 家训的重要性首先是使子弟"安贫守分"，能成为贤人君子，而不是妄求富贵，"毕世经营"，白白葬送自己一生。其次是使"家道隆昌"。他认为，"家运之盛衰，天不能操其权，而己实自操之"。家中有了贤子弟就能"父父子子，兄兄弟弟，元气固结"，和睦昌盛，否则"父不父，子不子，兄不兄，弟不弟，人人凌兢，各怀所私，其家之败也，可立而待"。即便在家庭兴隆的时候，"如身无可型，而家不足范"，立身无从作榜样，家庭不能成为典型，那么有识之士也早已看出了其一定会衰败的征象。正因为这样，端正启蒙教育，"是家庭第一关系事"。

家训是必要的，也是可能的。他继承了孔子性习论与孟子性善论思想，"示诸孺子曰：孩提知爱，稍长知敬，此性生之良也"。就是说，人生下来本性是善良的，小时知爱亲，稍大知敬长。把这种善性巩固下来而不致丧失，就可以培养良好的品德而成为贤人君子。但是，"知识开而操其权，性失初矣"。人随着识开知多，就可能因受到不良的习惯与习俗的影响，而失去其最初的善性。这就有必要进行训育。"古人重蒙

① 《古今图书集成·明伦汇编·家范典》，卷四一。
② 《孝友堂家训》，见《丛书集成初编》，第977册，下引除注明外，均自此篇。

养正，以慎所习，使不漓其性耳。今日孺子转盼便皆成长，此日蒙养不端，待习惯成性，始识补救，晚矣。"在这里，他把《易·蒙》关于"蒙以养正"的思想与孔子性习论思想结合起来，说明要重视童年时代就培养孩子纯正无邪的品德，谨慎地引导他们的习行，以不削减其善性。如果幼小时品行不端，等到养成坏的习惯才想到补救，那就晚了。他指出：早期教育的好坏，对人一生的品德影响极大，故"圣功全在蒙养，从来大儒，都于童稚时定终身之品"。这种幼儿早期教育重要性、必要性与可能性的思想，是有价值的。

（二）"立家之规"十八则

孙氏家族有重视家训的优良传统，仅孙奇逢在《孝友堂家训》与《孝友堂家规》提到的就有先祖以"谨厚补拙"传世，"以慈孝贵后人"；高祖"忠厚开基"，建"孝友堂"；祖父以"廉吏"起家；儿孙代代"敦睦"等项。孙奇逢在《孝友堂家规》中谈到，他目睹当时士大夫阶级"绝不讲家规身范，故子若孙鲜克由礼"的现状，认为如要不"坏名灾己，辱身辱家"，就要"立家之规"，"以身垂范"。他指出："一家之中，老老幼幼，夫夫妇妇，各无渐德，便是羲皇世界。"为此，他将先祖"世守勿替"的所垂训辞，根据自己的理解，归纳总结，推广补充，形成条理，分类排列，修订成十八则家规："安贫以存士节；寡营以养廉耻；洁室以妥先灵；斋躬以承祭祀；既翕以协兄弟；好合以乐妻孥；择德以结婚姻；敦睦以聊宗党；隆师以教子孙；勿欺以交朋友；正色以对贤豪；含洪以容横逆；守分以远衅隙；谨言以杜风波；暗修以淡声闻；好古以择趋避；克勤以绝耽乐之蠹己；克俭以辨饥渴之害心。"这十八则家规，本着"教育立范，品行为先"的精神，把品德教育放在最重要的地位，包括了家中孝友、勤俭治生、婚配择偶、邻里关系和处事择友等方面的行为规则。

为了使子弟对这些规则"可参观而悟"，他摘录了古代六位圣贤的家训语录作为榜样，一是孔子教伯鱼语："不学诗无以言，不学礼无以立。"认为这是"淑性情，固筋骸，立身之大端尽此矣"。二是周公诫伯禽，指出："'故旧无大故则不弃'，何其仁也！'无求备于一人'，何其恕也！仁且恕，世有外焉者乎？"三是东汉马援戒其子："闻人过失，如闻父母之名，心可知，口不可言。"认为处世之道就应该这样。四是三国刘备训其子："勿以善小而不为，勿以恶小而为之。"认为这是"真圣贤集义迁善要诀"，是"英雄"才能有此见识。五是唐代柳玭教子弟切勿"不识儒术，不悦古道，身既寡知，恶人有学。胜己者嫉之，佞己者扬之，以御杯为高致，以勤事为俗流"。认为这最切中人"膏肓之病"。六是王阳明的话："我子苟远良士而近凶人，是谓逆子，亲师取友之谊，夫岂有外焉者。"孙奇逢在摘引完这些语录并适当点评之后指出："千万人言之不尽，千万世用之不尽，凡我子孙，其绎斯言。"[①] 希望子孙们将之传承下去。

（三）安贫以存士节

孙奇逢家训的根本目标，是将子弟培育成贤人、君子、好人，而不是贵人、官吏。他在《家训》中指出："余谓童蒙时，便宜谈其浓华之念。子弟中得一贤人，胜得数贵人也。"贵人指有财有势的达官贵人，贤人指守节操有廉耻的君子、好人。如前所述，《孝友堂家规》第一条与第二条就是"安贫以存士节，寡营以养廉耻"。把"存士节，养耻心"置于最重要的地位。他认为，应该在孩子知识未开的朦胧时期，就宜于淡化其追求荣华富贵的意识。孙奇逢自己在十七岁时即考中举人，却不鼓励子弟求取功名，说"取科第犹第二事"，读书"全为明道理，做好人"。这是为什么？因为他六十岁时，明朝灭亡，成为"遗民"。为固守民族气节，孙奇逢不与清廷合作，屡征不起，乡居躬耕，治学终生，他

---

① 以上均见《孝友堂家规》，见《丛书集成初编》，第 977 册。

不仅自己以此自立固节，而且在《家训》中也要求子弟"行己有耻"，择事而行；不要为求富贵而"无所不为"——而这"正是其无耻处"。"孔孟每提一'耻'字，以激励人，知所用耻，则不及人不为忧矣。"懂得了用耻辱指导自己的行为，耻辱就不会沾染身心，人也就用不着为此担忧了。

　　然而，在清朝政权巩固之后，年轻人"遗民"意识逐渐淡薄，子孙求取功名在所难免。孙奇逢九十岁时，对要求应试的子孙训示道："涿州史解元家，子弟赴试，老者肃衣冠设席以钱，命之曰：'衰残门户，赖尔抉持。'"对这种教子弟求取富贵以光宗耀祖的做法，他不以为然，说："今老夫所望尔辈抉持者，又不专在此也。为端人，为正士，在家则家重，在国则国重。所谓'添一个丧元气进士，不如添一个守本分平民'。……不学面墙，人生不幸，莫大于是。尔今日立身之始，须有一段抵挡流俗之志。"要他们抵制追求富贵的"流俗"。但如若一定要出外为官任职，那也应该当廉吏。他指出：人"或读或耕，或出或守，莫不各有当然之则"。这个"则"便是清廉。他诫侄孙道："吾家沭阳公，以廉吏起家，尔祖能绳其武，我辈俱得为清白吏子孙，较金帛田宅遗后人者荣多矣。"即便如此，也应以耕读为本。孙奇逢九十一岁时，孙辈应试者有七人，他借用友人之言训诫道：你们不必都"发科登仕，只本分孝弟力田，不失前辈书香，便是天地间第一等人家"。"若奉此言，便是孝友堂佳子弟。"

　　为保持节操名节，就必须直面风波挫折。他训导儿子："风波之来，固自不幸，然要先论有愧无愧。如果无愧，何难坦衷当之。"碰到风波患难固然是不幸的事，但如若于心无愧，那就不难去坦诚地面对它。又说："尔等从未涉世，做好男子，须经磨炼。生于忧患，死于安乐，千古不易之理也。"忧愁患难能使人奋斗而得生存成长，安逸享乐则使人满足现状而沉沦丧生，这是千古不变的道理。故"一味愁闷，何济于事？患难有患难之道，自得二字，正在此时理会"。

　　对大节虽然马虎不得，但必要的忍耐与宽容还是需要的。与人相处，"须有以我容人之意，不求为人所容"。不要"一言不如意，一事少拂心，即以声色相加，此匹夫而未尝读书者也。韩信受辱胯下，张良纳履桥端，此是英雄人以忍辱济事"。韩信能忍受从小人胯下钻过去的屈辱，张良能在桥头耐心地替老人穿鞋，都是英雄以忍受羞辱来谋求事业成功的事例。凡事都要留有余地，"言语忌说尽，聪明忌露尽，好事忌占尽"。做到了这"三忌"，就能避免厄运，享有福祉，获得人格尊严。

（四）孝友以治其家

孙奇逢认为，家庭之事，一般是"法制所不能约束，禁令所不能使"。齐家之难可想而知。他修订的《孝友堂家规》中，有七则就是为了治家的，指出："家之所以齐者，父曰慈，子曰孝，兄曰友，弟曰恭，夫曰健，妇曰顺。反此则父子相伤，夫妻反目，兄弟阋。积渐而往，遂至子弑父，妻鸩夫，兄弟相仇杀，庭闱衽席间皆敌国。"使家庭之中处处敌对。为此，《家训》中提出四个方面的措施：首先要讲孝友。他语诸子道："孝友非难事，然却非易事。"孔子论孝曰："今之孝者，是谓能养。"然如若不敬，这与饲养犬马有何区别？又说：对父母服劳奉养"色难"，然而不和颜悦色，可谓孝乎？"曾子养曾皙，必有酒肉，必请所舆，必曰'有'，则其敬与色可知已。"讲孝就要做到这"三必字"。关于友，他说："尔为兄者宜爱其弟，为弟者宜爱其兄，大家和睦，敬听师言，行走语笑，各循规矩。"二是择女而娶。"婚姻之事，家之盛衰相关，论财不论德，宜君子不入其乡也。"不要看女家是否有钱，嫁妆是否丰厚，而要选择有德行者进行婚配。三是"凡事有不得者，皆求之己。"做事有不对之处，都要从自身追究责任。比如："'母氏圣善，我无令人'，孝子宜以此自责"。母亲聪慧善良，我却不能尽为子之道，孝子应以《诗·邶风·凯风》中这两句话责备自己。"即此推之，圣贤原无求人之理。故夫子于子臣弟友，曰：我无能一矣。"由此推论，圣贤没有苛求他人的理由。所以孔子对于子、臣、弟、友只说我不能做到其中任何一个了。四是以忍求和。"忍"即"恕"也。对兄弟间不同看法，"不可各用己见"，应从忍字、恕字上着力，以此自勉、互相策励。"百忍堂里有太和"，做到了忍、恕，家庭便和睦美满。

读书进德所首先要解决的，就是这些齐家与理家问题。他在家训中向子弟指出，料理家务也是学问，"陆象山当家三年，自谓学问长进。米盐零杂，至细碎矣，综理有道，便是学问。至长幼尊卑，内外男妇，情性不同，好恶各异，黾勉有无"，都使他们能够心满意足，就非仁至义尽者不能做到。"志气从此立，学问从此充"。所以不必忧虑料理家务会荒废学业。不仅如此，"读"还必须与"耕"结合起来。孙奇逢在《家训》中训导三个侄子说，你们不要小视学稼，"舜耕历山，伊尹耕莘野，孔明耕南阳，此是何等勋业！……今日寄居苏门，不耕无以为养，且无以置吾躬也。不有耕者，无以佐读者"，不耕种就没有东西养活自己，没有地方安身，更无法资助读书。负薪识字，挂角读书，不是把耕、读兼于一身的么？汉朝有"孝弟力田科，尔等只读书明农，便是真学真士"；"望汝等并耕不怠"。总之，读书既要"明道理，做好人"，又要兼事耕种、理家。他在《家规》中对这一要求又加以强调。"居家之道，八口饥寒，治生亦学者所不废，故以勤俭终焉。"

（五）不行不知原则与讨论总结的训谕方法

孙奇逢把王阳明的知行合一论贯彻于家训，要求子孙把读书和践履结合起来，身体、力行封建道德。他在《家训》中训诫道："尔等读书，须求识字。"什么叫"识"？行了才算识，不行不算识，如"读一孝字，便要尽事亲之道；读一弟字，便要尽从兄之道"。要从"自家身上一一体贴，求实致于行。……王汝止讲良知，谓不行不算知。有樵夫者，窃听已久，忽然有悟：歌曰'离山十里，柴在家里。离山一里，柴在山里。'"只知打柴之理不去打柴，柴还在山里，与不知此理没有不同。不行不知的原则，父兄要作表率。父父子子，兄兄弟弟，首先是做父亲的要有父亲的样子，做兄长的要有兄长的样子，"父慈"才有"子孝"，"兄友"才有"弟恭"。

孙奇逢虽然强调"行"的重要性，认为"行"是判断"知"的标准，但也不忽视"知"。而是尽量使子孙理解其训诫的精神实质。为此，他在《家训》中不仅引用了许多相关的经典语录、古今故事，而且还采用讨论总结等方法，以加深他们的认识。如他问儿子们："居家勤俭，孰为居要？"让他们讨论。博雅说："勤非俭，终年劳瘁，不当一日之侈糜。《书》曰：'慎乃俭德，惟怀永图。'子曰：'礼，与其奢也，宁俭。'似俭尤要。"似乎俭比勤更重要。但望雅却说："一生之计在勤，一年之计在春，一日之计在寅……似勤尤要。"似乎勤比俭更重要。孙奇逢总结两个儿子的看法说：二者皆要，必须克勤克俭，并进一步训导道："勤俭一源，总在无欲。无欲自不敢废当行之事，自无礼外之事，不期勤俭而勤俭矣。"只有加强修养，做到"无欲"，才能真正达到既勤又俭。自由讨论可以激人思考问题，归纳总结可以提升人的思想，有利于加深认识。父子间这种平等地探讨义理的方法，很值得称道。

应当指出，孙奇逢家训中纲常名教思想十分浓厚，宋明理学的陈腐观念相当突出。如他在《家训》中对子侄们说："人生第一吃紧，只不可见人有不是……臣弑君，子弑父，亦是见君父有不是处耳，可畏哉！"又说："一家中男子本也……只不听妇人言，便有几分男子气。"这种片面强调三纲重要性、使之绝对化的思想，是与当时的启蒙思潮相违逆的。

二、张履祥的《训子语》

张履祥（1611—1674），字考夫。因其居住的村子叫杨园村，被当时学者称为杨园先生。浙江桐乡人。明朝末年的诸生。成年后从师于当时的著名哲学家刘宗周。明朝灭亡以后，他绝弃仕途，以讲学著书为业。晚年专意研究程朱之学。张履祥提倡"经世致用"之学，曾著有《补农书》，以教后人。其著作被人编为《杨园先生全集》，集中有家训《训子语》两卷。

张履祥《训子语》中的教化思想及其实践具有不少不同于前人的地方，其中有些是极为可贵的。

（一）固守"农士家风"的择业指导

选择一定的职业，是立身谋生之本。张履祥认为人要有恒业，"无恒业之人，始于丧失本心，终至丧其身"[①]。所以对子弟的择业指导就非常重要，如他所说"不可不慎"！

选择何种职业呢？他以为"除耕读二事无一可为者"，"子孙只守农士家风，求为可继，惟此而已。且不可流入倡优下贱，及市井罢棍、衙役里胥一路。"

张履祥为何要子弟以耕读为业？这要谈到他的经历。他是一个平民出身的学者，也是一个自食其力的极力倡行者。据史书记载，他一生都没有脱离农业生产，讲学著述之余，就从事农耕，"岁耕十余亩，草履箬笠，提筐佐馌"[②]。在他看来，其他一些职业都有缺陷："商贾近利，易坏心术；工技役于人，近贱；医卜之类，又下工商一等。下此益贱，更无可言者矣。"这种择业观显然是偏颇的。但是尽管如此，我们也应该看到，张履祥的职业指导思想中还是有着许多积极价值的。

首先，他虽然认为"士为四民之首"，但他的目的并不是单纯要子弟走仕途、求富贵，而是要他们知"义理"，做好人。他说："从师受学，便有上达之路，非谓富贵也。所以人自爱其身，惟有读书；爱其子

---

①　张履祥：《训子语》，见《杨园先生全集》卷四七，清同治十年（1871）江苏书局刻本，下引《训子语》不注。

②　赵尔巽：《清史稿·张履祥传》，中华书局1977年版，第13119页。

弟，惟有教之读书。……试思子孙既不读书，则不知义理，一传再传，蚩蚩蠢蠢，有亲不知事，有身不知修，有子不知教。愚者安于固陋，慧者习为黠诈。循是以往，虽违禽兽不远，弗耻也。然则诗书之业，可不竭力世守哉？"因而，他主张：子弟七八岁，无论聪敏还是愚钝，都要让他们入塾读书，使之粗知义理；到十五六岁，再根据他们的能力和志向，选择"为农"或者"为士"的不同职业。

其次，他提倡耕读相兼，以培养子弟自食其力的能力和热爱劳动的良好品质。张履祥认为读书和从事农业生产不可偏废："虽肄诗书，不可不令知稼穑之事；虽秉耒耜，不可不令知诗书之义。"他批评了当时社会上流行的"以耕为耻"的思想，认为是只注重通过文化考试录取读书人的科举制度，造成了人们竞相追逐虚名，不以耻辱为耻辱。不仅如此，张履祥还极力论证从事农业生产的好处。他说："实论之，耕则无游惰之患，无饥寒之忧，无外慕失足之虞，无骄侈黠诈之习。思无越畔，土物爱，厥心藏，保世承家之本也。"但他同时也指出，也不能只知农耕，不读书学习。

总之，张履祥对子弟的择业指导，尽管具有小农经济的局限和偏见，但在世人对子弟的期望无不是功名利禄的社会里，他却重视的是劳动对人的品德塑造的重要作用，且在一程度上猜测到了教育与生产劳动相结合的思想、人的全面发展的思想，这的确是难得的。

（二）培养"贤子孙"的道德教育思想

《训子语》开头，张履祥就向儿子进行积善、养贤的教育。他说："子孙何以贤？惟尊礼师傅以修身、继述祖宗以启后是也。"他说自己的家族数世以来没有显盛，只有"积善"二字"家门守之，乡里亦信之，此风可长不可失也"。他用日常生活中的器物作喻，告诫儿子为人厚道、积德累善是关系家庭兴衰存亡的"古今不易之道"："土薄则易崩，器薄则易坏，酒醇厚则能久藏，布帛厚则能久服。存心厚薄，固寿夭祸福之分也。"

怎样的子孙是"贤子孙"？《训子语》大致提了五条标准。其一，尚"宽和"，忌"阴恶"。他说："凡做人，须有宽和之气，处家不论贫富，亦须有宽和之气"；"做人最忌是阴恶。处心尚阴刻，作事多阴谋，未有不殃及子孙者。"

其二，做到"立身四要"。这四要是"曰爱，曰敬，曰勤，曰俭"。爱和敬，是处人之道；勤和俭，是"自处之道"。张履祥要儿子"一家之亲之外，在宗族，当不失宗族之心；在亲戚，当不失亲戚之心。以至乡党朋友，亦如之；朝廷邦国，亦如之"。如何得其心？他提出"忠信以存心，敬慎以行己，平恕以接物而已。"与其他的家训作者一样，张履祥要子弟自立自强，勤劳节俭，力戒奢侈。他教育儿子"处贫困，惟有勤劳刻苦，以营本业。布衣蔬食，终岁所需无几，何忧弗给？……所忧者，不克自立，辱其身以及其亲耳"！鉴于家庭主妇在理财、教子方面的重要责任，在生活节俭方面，他特别告诫"妇人尤戒华侈"，加强妇德修养。

其三，严以责己，宽以待人。张履祥提出，与人交往，应严格要求自己，"一人可处，则人人可处，独病在吾有所不尽耳！是以君子不求人，求己；不责人，责己"。与人相处，应心胸宽广，要"树德"，不要"树怨"；要多记别人的好处，不记恨别人的坏处。"我有德于人，无大小，不可不忘；人有德于我，虽小，不可忘也。若夫怨出于己，当反己与人平之。其自人施于我，则当权其轻重大小。轻且小者可忘，忘之；重而大者，报之以直，不能报为耻。"

其四，货财分清源流，取与讲究道义。张履祥认为，家庭生活不能没有货财，但要弄清源流，是否取与有道。"源则问其所由来，义乎？流则问其所自往，称乎？抑过与不及乎？"如果是经过自己的劳动，无论是劳力还是劳心所得，都是正当的；否则，就是不义之财。至于开销用度，要讲究丰俭合宜。

其五，体恤族人，善待仆人。张履祥家训中用了不少的篇幅要儿子和睦族人，生活上多加关照。他说："在贤者当体祖宗均爱之心，曲加保护，不使一人失所，毋论富贵贫贱，无不如之。"尤其值得一提的是，他对族人中富贵者的态度颇有新见。他说富贵族人更需要保护，原因是"富贵之失所，盖有甚于贫贱者。教其不知，而正其过失，所以安全之也"。对于仆人，张履祥提出的原则是："严其名分，而宽其衣食。警其惰游，而恤其劳苦。要以孝悌忠信为先。"这基本上是正确的。

如何培养"贤子孙"？张履祥家训中大致强调了三个方面：

第一，延师教子。这是他特别强调的。他认为如果不教，再好的子弟也不能成材，所以他非常强调师教之重要。他说："古者易子而教，后世负笈从师，要无不教其子者。天子之子，特重师傅之选，为国家根本在是也。下至公卿大夫以逮士庶，显晦贫富不同，其为身家根本，一而已。虽有美质，不教胡成？"张履祥指出，中等资质的人，得到老师的教诲，可以达到上等的水平；得不到老师的教诲，就会退到下等资质的水平。这样，"子孙贤，子以及子，孙以及孙。子孙弗肖，倾覆立见，可畏已"。在选择老师方面，他提出的标准是："师必择其刚毅正直、老成有德业者，事之终身。"他批评那些只知为子孙留下田宅金钱而不知为他们聘请老师的人，认为这并不是真正的爱。他指出家庭再贫贱，也要想法使子弟得到老师的教诲，他甚至说"世人但知不可生而无父，岂知尤不可生而无师乎"？将"生而无师"看得比"生而无父"更重要，或许与张履祥的个人成长有关。据史书记载，他出身贫寒，幼年丧父，其母纺织挣钱延师诲之。母亲经常告诫他：孔子、孟子也是自幼丧父，只是因为他们立志于学，发奋努力，便成为圣贤。[1] 张履祥牢记母亲教诲，刻苦学习，终于成为一个大学问家。

第二，教宜严，不宜宽。张履祥说："子弟童稚之年，父母师长严者，异日多贤；宽者，多至不肖。"他认为贤与不肖，就在于是否持之以恒地对子弟严格要求："严则督责笞挞之下，有以柔服其血气，收束其身心，诸凡举动，知所顾忌而不敢肆；宽则姑息，放纵姿情，百端过

---

① 参见赵尔巽：《清史稿·张履祥传》，中华书局 1977 年版，第 13119 页。

恶,皆从此生也。"

第三,要培养"贤子孙",除了重视师教之外,张履祥还教导儿子要"知人"。他认为知人,才能"亲贤远不肖";不知人,则必然近小人远贤人,最终"身危家败"。如何才能识别贤人、亲近贤人呢?张履祥结合自己的人生经验,列举了二十多种"贤者"与"不肖"的特征,供儿子学习鉴别。仅择数条,列举如下:"贤者必刚直,不肖者必柔佞;贤者必平正,不肖者必偏僻;贤者必虚公,不肖必私系;贤者必谦恭,不肖必骄慢;贤者必谨慎,不肖必恣肆;贤者必让,不肖必争;贤者必开诚,不肖必险诈;贤者必特立,不肖必附和;贤者必持重,不肖必轻捷;贤者必乐底,不肖必喜败;贤者必韬晦,不肖必表报;贤者必宽厚慈良,不肖必苛刻残忍……"张履祥对贤与不贤特征的比较,是很有道理的。

除上述外,《训子语》中张履祥还就择偶、丧葬诸多人生问题表达了不少开明的、有价值的思想。正如后来为这篇家训写跋的学者汪森所评价的那样,"持己接物,承前裕后,一切人情事理,翽缕祥赡,非独先生之子常遵而不失,即凡为子者皆可做座右铭也"①。

当然,家训中也有一些宿命论的迂腐之见,但从总体看,张履祥的家训在教子以及对子弟在从业的指导上的观点都是非常正确的。特别应该强调指出的是,与以前的家训相比,他关于耕读并重的思想及其实践,都达到了前人所没有达到的高度,从而在传统家训教化史上写下了浓重的一笔,奠定了他在这方面的地位。

三、朱柏庐的《治家格言》

《治家格言》,世称《朱子家训》。如果论及中国古代的传统家训中

---

① 汪森:《训子语·跋》,见《杨园先生全集》卷四八。

对民间影响最大者，应该非此篇莫属。

朱柏庐（1617—1688），名用纯，字致一。因慕"二十四孝"中魏时孝子王裒"闻雷泣墓"故事，自号柏庐。江苏昆山人。明末诸生。他一生未做官，居乡侍奉母亲，设馆授徒。并潜心研究程朱理学，提倡知行并进。康熙时，开博学鸿儒科，他坚拒不赴。当时，人们将他与徐枋、杨无咎并称"吴中三高士"。死后，门人私谥孝定先生。著作有《愧讷集》、《大学、中庸讲义》等。

（一）教家范世的至理名言

《治家格言》是朱柏庐教育家人子弟的一篇格言、警句体家训。篇幅虽短，却几乎涉及治家、教子、修身、处世的各个方面，是将儒家思想和中华民族传统美德世俗化的典范之作。

第一，关于治家。一是勤谨管家。"黎明即起，洒扫庭除，要内外整洁。既昏便息，关锁门户，必亲自检点。"① "长幼内外，宜法肃辞严"。

二是俭朴持家。"一粥一饭，当思来之不易；半丝半缕，恒念物力维艰。宜未雨而绸缪，毋临渴而掘井。自奉必须俭约，宴客切勿流连。器具质而洁，瓦缶胜金玉；饮食约而精，园蔬愈珍馐。勿营华屋，勿谋良田。三姑六婆，实淫盗之媒；婢美妾娇，非闺房之福。童仆勿用俊美，妻妾切忌艳妆。"短短数条，衣食住用等家庭生活的基本方面无不涵盖。

三是忠厚传家。《治家格言》要家人待人宽厚，讲究人道。"与肩挑贸易，毋占便宜，见贫苦亲邻，当加温恤。刻薄成家，理难久享；伦常乖舛，立见消亡。"

第二，关于教子。朱柏庐《治家格言》中，告诫家人子弟要读书明

---

① 朱柏庐：《治家格言》，见陈宏谋：《训俗遗规》，光绪二十一年（1896）浙江书局刊本，下引皆自此书。

理，讲究义方："祖宗虽远，祭祀不可不诚；子孙虽愚，经书不可不读。居身务期俭朴，教子要有义方。"家庭生活中要"家门和顺"，孝敬父母，和睦兄弟："听妇言，乖骨肉，岂是丈夫；重资财，薄父母，不成人子。"在男婚女嫁上，应不慕富贵，不贪彩礼："嫁女择佳婿，毋索重聘；娶媳求淑女，勿计厚奁。"如读书取得功名，应不为小家而为君国："读书志在圣贤，非徒科弟；为官心存君国，岂计身家。"

第三，关于修身、处世。《治家格言》有关修身处世之道，大致包括六个方面的内容：一是勿贪财、勿乖僻颓惰。"莫贪意外之财，莫饮过量之酒"；"乖僻自是，悔悟必多；颓惰自甘，家道难成"。二是戒恃强凌弱、争讼多言，"毋恃势力而凌逼孤寡，毋贪口腹而恣杀牲禽"；"居家戒争讼，讼则终凶；处世戒多言，言多必失"。三是不要轻信人言，遇事要多责己。"轻听发言，安知非人之谮诉？当忍耐三思：因事相争，安知非我之不是？宜平心再想。"四是慎重交友。"狎昵恶少，久必受其累；屈志老成，急则可相依。"五是心存善良，加强道德修养。"人有喜庆，不可生妒忌心；人有祸患，不可有喜幸心。""善欲人见，不是真善；恶恐人知，便是大恶。""见富贵而生谄容者，最可耻；遇贫穷而生骄态者，贱莫甚"。六是要守法。"国课早完，即囊橐无余，自得其乐。"

由于时代的局限，朱柏庐《治家格言》中，也有一些宣扬明哲保身、安分守命的人生哲学和因果报应的唯心理论。譬如"守分安命，顺时听天"、"见色而起淫心，报在妻女；匿怨而用暗箭，祸延子孙"等等。不过，这些内容在整篇格言中所占的比例，是很小的。

（二）《治家格言》的影响及其文体特色

朱柏庐《治家格言》，作为我国古代的家教名篇，虽然仅有五百多字，但三百多年历传不衰，无论是官宦士绅、书香世家还是贩夫走卒、普通百姓，几乎是家喻户晓，人人皆知。其流传之广、影响之久远，超过了中国传统家训中的任何一部。它不仅被人们作为理家教子、整齐门风的治家良策，为人处己、轨物范世的箴规宝鉴，而且被作为私塾蒙馆的启蒙教材。

《治家格言》之所以影响如此之大，固然因其内容中包含有丰富的人生哲理和珍贵的生活经验，但其独特的文体形式也应该是一个相当重要的因素。与明代的格言、警句体家训相比，这篇家训因为下述几个特色更加为人们所喜闻乐见。

首先是齐整押韵，便于记诵。这篇家训文字非常流畅，采用对仗句式，极为工整，不少句子还押韵合辙，读来琅琅上口，使人愿学愿记，也易于背诵。

其次是语言生动，通俗易懂。《治家格言》的语句大都言简意赅，生动形象，深入浅出，具有很强的感染力，给人以深刻的启迪教育。

再次是正反对比，善恶并论。使人知何者可为，何者不可为；何者是倡导的，何者是力戒的。

四、申涵光的《荆园小语》

在中国传统家训发展史上，申涵光的《荆园小语》在训诫对象、撰写目的上可以说是一篇极其独特的家训。所以独特，是因为其他的家训都是以家人子弟为教诫对象，而申涵光的这篇家训则既是对两个弟弟的训诲，也是用以自勉的"自训"。关于这一点，《荆园小语》说得很清楚。在自序中，他说目的是为了"予两弟交勉之"[①]；在申涵光五十五岁时为重印此书撰写的《后记》中，他又说："人生晚节尤难，予是年

---

① 申涵光：《荆园小语·序》，见《丛书集成新编》第 14 册，台湾新文丰出版公司 1985 年印行，下引《荆园小语》不注。

五十有五，头颅日老，德不加修，甚可愧也。是编朝夕自考，用作警惕，庶几寡过云尔。"

申涵光（1620—1677），字和孟，一字孚孟，号凫萌，又号聪山。直隶永年（今属河北）人。他的父亲是明朝的官吏，李自成起义军攻进北京时被杀。申涵光的经历与张履祥、朱柏庐有着许多相似之处。他也是明末诸生，清兵入关以后，绝意仕进，力耕奉养母亲，照顾两个弟弟，清顺治年间，屡次被朝廷征召，皆辞不就。他学识渊博，在经史、诗文等方面均有造诣，尤其擅长于诗，与殷约、张盖一起被时人誉为"畿南三才子"。申涵光曾拜访过当时的大儒孙奇逢，深得其赞赏。《聪山集》是申涵光著作的汇编。

（一）修身、处世经验

《荆园小语》在文体形式上，也是格言体家训；在内容上则是申涵光人生经验的总结。在《序》中，申涵光谈到撰写这部家训的初衷时说，他的父亲殉国时，两个弟弟还都年幼无知，只让他们闭门读书不问世事，但是，随着他们日渐长大，不能要他们一概废除交往应酬，由此产生了恶怨是非。于是，在闲暇时将自己的见闻和人生经验记录下来，与两个弟弟相互讨论、彼此勉励，以求能进德修身，减少过失。

《荆园小语》所论述的"持身接物之道"①，涉及人生修身、处世两个大的方面，而很少有治家理财的指导。

第一，持身修养之道。

首先，申涵光认为"读书即是立德"。

申涵光以为读书明白义理，是修养品德的必备条件。所以家训中，对读书作了许多具体的指导。他指出，读书要有所选择，"吕新吾先生《呻吟语》，不可不看"；"《世说新语》多隽永有致，凡书札及作诗常引

---

① 《荆园小语·后记》。

用，不可不知"。而"天文术数之书"就不能读了，因为是法律禁止的，且"习之本亦无益，不精则可笑，精则可危，甚且不精而冒精之名，致祸生意外者多矣。"当然，将天文知识方面的书与风水、算命之类的书一样看待，这是一种偏见。

申涵光还提出了一些很有见地的读书治学方法。比如先入为主的方法："学问以先入为主，故立志欲高，如文必秦、汉，字必钟（繇）、王（羲之），诗必盛唐之类，骨气已成，然后顺流而下，自能成家。若入手便学近代，欲逆流而上，难矣！"再比如专心于一的方法："每读一书，且将他书藏过，读毕再换，用心始专。"

其次，申涵光提倡反躬省己、隐善扬恶的自我修身方法。

申涵光认为，对别人的批评，要经常反省自己，这是修身累德的重要途径。他说："人言果属有因，深自悔责。返躬无愧，听之而已。""责我以过，皆当虚心体察，不必论其人如何，局外之言，往往每中。……即诗文亦然，赞者未必皆当，若指我之失，即浅学所论，亦常有理，不可忽也。"他认为每个人的气质各有偏颇之处，如果"自知其偏而矫制之，久则自然"。他还认为，以他人的标准来检验自己的修养程度才是准确的。他说："要自考品行高下，但看所亲者何如人；要预知子孙盛衰，但思所行者何等事。""人皆狎我，必我无骨；人皆畏我，必我无养。"

申涵光认为对别人应该隐恶扬善，对自己则应该隐善扬恶，这样进步才能更快。他说："有一善逢人卖弄，有一恶到处遮掩，此是良心不昧处。至于行事反之，何哉？"这话是很有道理的。

再次，申涵光推崇从细微之处做起的修养途径。

这是申涵光家训的一个极为鲜明的特色。家训以"小语"名之，或许与此有关。篇中随处可见这种从小事做起以积德累善的论述，几乎涉及日常生活的方方面面。姑举数例：

关于穿衣。"冠履服饰，不必为崖异，长短宽狭适中者可久。"

关于食。"绝荤是难事，亦且不必。不食牛马，不特杀，以为得中。"他还要求家人依据孙奇逢将宴会规格定为六菜的标准，招待平常亲友。

关于住。"卜居在僻壤，繁富之地，人情必浇。"

关于聚会。"赴酌勿太迟，众宾皆至而独候我，则厌者不独主人"；"宴饮招妓，岂以娱客！醉后潦倒，更致参差，总不如雅集为善"。

关于起居。"早起有无限好处，于夏月尤甚。"

关于借人书画。"借人书画，不可损污遗失，阅过即还"；"借书中有讹字，随以别纸记出，署本条下"。

关于日常爱好。"花木禽鱼，皆足以陶情适趣，宣滞节劳。若贪恋太多，反多一累。""技艺中，惟弹琴可理性情，兼一人闭户，陶然已足。至围棋陆博，必须两人对局，胜者色矜，负者气晦。本欲博欢，何苦反致忿忿。若夫佯负以媚尊贵，设阱以赚财利，则人品随之矣。"

关于生活小节。"邻有丧，家不可快饮高歌。对新丧人，不可剧谭大笑。""翻人书籍，涂人书桌，折人花木，皆极招厌之事。而私窥人笥箧中字迹，尤为不可。"

这些都是日常琐事，但在申涵光看来，小事不小，高尚的道德正是从一件件小事中培养出来，"学一件好事，心中泰然；行一件歹事，裘影抱愧。即此是天堂地狱"。这与刘备诫子"勿以恶小而为之，勿以善小而不为"①的观点是一致的，品德正是从细小之处养成的。

第二，处世哲学。

《荆园小语》中对处世问题的阐述也是极为丰富的。包括知人善交、严己宽人、淡泊名利、体恤他人等许多方面。

社会是人的社会，处世的核心是与人交往，因而"知人"就是能否"处人"、善于交往的前提。也就是"凡应人接物，胸中要有分晓"。知人有多种方法，如："顺吾意而言者，小人也，急远之"；"远方来历不明，假托为术士、山人辈，往往大奸窜伏其中，勿与交往"；"谀人而使

① 《三国志·蜀书·先主传·注》。

人不觉，此奸之尤者，所当急远"；"好为诳语者，不止言不信，人并其事事皆疑之"。申涵光认为只有明白了交往的是哪类人，然后才能找到相处的方法。"奸人难处，迂人亦难处。奸人诈而好名，其行事有酷似君子处；迂人知而不化，其决裂有甚于小人时。我先看其为何如人，而处之道得矣。"他还提出，人的脾气性格，都有偏颇的地方，"吾知而早避之，可以终身无忤"。申涵光明确指出，对品质卑劣的人从一开始就要与他疏远，连吃喝之类的小事都不要与其发生联系，所谓"小人当远之于始，一饮一啄，不可与作缘"。

申涵光认为，在社会交往中，还要严以责己，宽以待人。他说："将欲论人短长，先顾自己何若"。他强调指出，不要用圣贤标准要求别人、用愚昧不肖的标准要求自己，"责人无已，而每事自宽，是以圣贤望人而愚不肖也，弗思而已"。"勿以人负我而隳为善之心。当其施德，第自行吾心所不忍耳，未尝责报也。纵遇险徒，止付一笑。"

在交往方面，申涵光特别提到了与官吏交往的准则，那就是敬而远之。"凡权要人声势赫然时，我不可犯其锋，亦不可与之狎。敬而远之，全身全名之道也。"即便是朋友中有做官的，写信约见，也最好不去。如果别久，也可去朋友官署小住几日，但只叙友情，切不可做替人说情、通关节等事。这种看法无疑是正确的。此外，他还提出"官粮必早输纳，每岁所收，先除此一项，余者乃以他用"。这应该也是他从经历中得出的切身体验。

朋友关系是社会交往中要处理好的重要关系，对此，申涵光作了全面阐述。一是交友贵德。"不孝不悌人，不可与为友。"二是交志同道合的益友。"畏友胜于严师"；"志不同者不必强合，凡勉强之事，必不能久"。三是要交过失相规的诤友。"见人做不义事，须劝止之。知而不劝，劝而不力，使友过遂成，亦我之咎也。""平时强项好直言者，即患难时不肯负我之人。软熟一辈，掉背去之，或且下石焉。"四是要能容友。"朋友即甚相得，未有事事如意者，一言一事不合，且自含忍，少迟则冰消雾释。"五是不滥交友。"交游太广，不止无益，往往多生是非。古人云：'有一人知可以不恨'。以明知己之难也。"六是贵不弃友。"冷暖无定，骤暖勿弃棉衣；贵贱何常，骤贵勿捐故友。"

在家训中，申涵光告诫两个弟弟、同时也勉励自己要处世淡然，不可追名逐利。他说："若家道素贫，亦有何法？惟勤学立行，为乡里所敬重，自有为之地者。若丧心以求利，人人恶之，是自绝生路矣。"他认为要真正做到淡泊处世，就必须要学问修养达到一定程度才行。"嗜欲正浓时，能斩断；怒气正盛时，能按纳，此皆学问得力处。"

讲究人道、体恤他人，是中国传统家训中的一个基本思想，申涵光对此也是极为强调的。家训中多次提到，对生活困窘的亲友要多加帮助。"亲友见访，忽有欲言不言之意，此必有不得已事欲求我而难于启齿者，我当虚心问之。力之所能，不可推诿。""亲故有困窘相求，量情量力，曲加周济，不必云借。"他还要求遇到修建桥梁道路之类的公益事，应量力出资，予以支持。

以今天的观点来看，《荆园小语》中持身处世之道，也有一些偏颇之处和必须抛弃的糟粕。概括起来，主要有四个方面。其一，"安然顺受"的天命观。申涵光认为："得失有定数，求而不得者多矣。纵求而得，亦是命所应有。安然顺受，未必不得，自多营营耳。"其二，报应思想和鬼神观念。他说："凡慢神亵天之人必有祸"；还说"圣贤之经，帝王之律，鬼神之报，应相为表里"。其三，男尊女卑的腐见。申涵光也是反对妇女抛头露面的，甚至连看戏都不行，因为"妇女台前看戏，车轿杂于众男子中，成何风俗？且优人科诨，无所不至，可令闺中女闻见耶"？其四，在读书和刊印书籍方面的偏颇见解。比如申涵光反对读词，"诗余（即词的别称）不可置于案头，常看使人骨靡，初学尤甚"。以为词会使人委靡，似乎有些莫名其妙。再如，他对《水浒传》和《金瓶梅》的评价，也持有很大的偏见，甚至予以诅咒。"世传作《水浒传》者，三世哑。近时淫秽之书如《金瓶梅》等，丧心败德，果报当不止此！"

（二）修身处世途径、方法上的探索

《荆园小语》在训诲途径、方法上作了一系列探索。这种探索最突出的当推从小处着眼、在细微处努力的养成教育。上述我们列举的许多细小琐事，在申涵光看来，却是有累大德的行为，人的品德正是在这种小事的基础上培养起来的。关于这一点，当时的硕儒孙奇逢为《荆园小语》写的《序》中的评价，可以说是一语中的。孙奇逢序中说："《小语》者，申子凫盟之所著也。夫语岂有大小哉，语期于当理而已矣。理岂有大小哉，洒扫应对，即精义入神之事。"他说，申涵光不仅以此极力修养自己温和善良的品德，而且"以淑其两弟"；还说这篇家训是申涵光"阅历深而动忍熟"的作品，"《荆园》一编，虽小语，实至语也。语不从自己心性中经涉历练，而徒为高远深微之论，以诶人听闻，此最学人之所当痛戒也，凫盟益矣"。应该说，孙奇逢的评价是非常中肯的。

强调联系实际、行重于言的磨炼方法，是家训所作探索的第二个方面。在谈到运用宋代李昌龄所著的《感应篇》和明代袁黄的《功过格》以修养品德时，申涵光指出关键在于要照书去做，才有进步。他说："《感应篇》、《功过格》等书，常在案头，借以警惕，亦学者治心之一端。若全无实行而翻刻流布，自欺欺人，何益之有？"书中还多次强调"行"的重要。如"该做道学事，不必学道学腔"；"说探头话，往往结果不来，不如作后再说"。

注重环境对人的作用，是《荆园小语》在修身、处世之途径、方法上探索的第三个方面。申涵光认为"登俎豆之堂而肆，入饮博之群而庄者，未之有也。是以君子慎所入"。他特别强调对年幼子弟出入的场所要有约束和防范："冶游之场，如放灯、迎春、赛神等，男女沓杂，瞻视宜庄。若指顾轻狂，易至招侮。子弟有欲往者，须同良友或命老仆相随。"对可能造成不良影响、污染所处环境的人，不要与之交往，"三姑六婆，勿令入门，古人戒之严矣"。因为这些人"暗中盗窃财物，尚是小事，常有诱为不端，魔魅刁拐，种种非一，万勿令得往来。至于娼妓

出入卧房，尤为不可"。重视环境的影响，防微杜渐，对品德的修养的确是极为重要的。

　　此外，将朴素辩证法思想运用于认识和处理修身、处世方面的问题，也是申涵光家训的一大特色。这方面的见解书中几乎随处可见。例如：关于省己改过，他说："仇人背后之诽论，皆是供我箴规。……惟与我有嫌者揭我之过，不遗余力，我乃得知一向所行之非，反躬自责，则仇者恩矣。"关于俭朴，他说："俭虽美德，然太俭则悭。自度所处之地，如应享用十分者，只享用七八分，留不尽之意以养福可也。悭吝太甚，自是田舍翁举动，鄙而愚矣。"关于庄谐，他说："戏而不谑，诗人所称。终日正襟庄语，即圣贤亦未必然。风流善谑，可以解颐。切勿互相讥诮，因戏成嫌。"关于挫折，他说："经一番挫折，长一番识见；多一分享用，减一分志气"；"常有不快事，是好消息。若事事称心，即有大不称心事在其后。知此理，可免怨尤"。关于处人，他说："小人固当远，然亦不可显为仇敌；君子固当亲，然亦不可曲为附和。"关于祸福，他说："久利之事勿为，众争之地勿往。物极则反，害将及矣"；"骤贵而行事如常者，其福必远。举动乖张，喜怒失绪，其道不终日"。关于健康与疾病，他说："常有小病则慎疾，常亲小劳则身健。恃壮者一病必危，过懒者久闲愈懦。"这些饱含辩证法思想的观点，可谓是真知灼见。

　　综上所述，可见《荆园小语》在处世经验、品德修养途径方法上的探索是非常可贵的，说申涵光将中国传统家训思想及其教化实践推进到一个新的高度，应该并不过分。

第三十七章
清代的家戒、家规和族规、族法

　　家戒、家规和族规、族法的增多，是清代家训发展的一个新特点。家戒、家规和族规、族法当然属于家训的范畴，但又与一般家训有别，家训侧重于对家人子弟的训诲和治家教子、为人处世的指导，着重于"训"、"教"；而家戒、家规和族规、族法则侧重于对家人子弟言行的规诫，着重于"规矩"和"约束"。这里特别要指出的是，本章研究的家戒、家规和族规、族法，严格界定在这一范围，着重内容而不是篇名。譬如，冯班的家训虽称《家戒》，但内容却重在训导；而蒋伊的《蒋氏家训》虽名家训，其基本内容却以"不得"怎样的戒条形式表达，故而划为本章范围。本章前三节将这类较有影响的家训分篇作些阐述，第四节则鉴于清代族规、族法数量众多，只得本着管中窥豹的原则，进行一些总体性的研究。

一、蒋伊"世守"家法：《蒋氏家训》

　　蒋伊（1631—1687），字渭公，号莘田，江苏常熟人。康熙进士。任翰林院庶吉士，授御史，后迁广东粮储参议、河南提督学政等。为官刚正，兴利除弊，颇有政迹。著有《莘田文集》等。

蒋伊的《蒋氏家训》这篇家规，篇幅不长，仅六十则，却包括祭祀祖先、管理子弟、家庭治理、男女婚嫁、处世规则、为官之道等几乎各个方面。现就其主要规约内容略作阐述。

首先，关于家庭管理方面的规约。

《蒋氏家训》在这方面的内容大约占了整个家训篇幅的三分之一，近二十则。涉及勤俭勿奢的有："不得从事奢侈，暴殄天物。厨灶之下，不得狼藉米粒，下身里衣，不得用绫纱。"[①]"不可好胜，作炫耀事，靡费财力。"涉及宽待佃户、穷人、婢仆的有："不得逼迫穷困人债负及穷佃户租税；须宽容之，令其陆续完纳。终于贫不能还者，焚其券。人有缓急挪移，取利不得过二分。""不得苛虐童仆，女人不得酷打婢妾。……女婢二十岁以内，即遣嫁，或配与童仆，或择偶嫁之。不得贪利，卖与人为妾，致误其终身。"告诫家人完税守法的有："早完官税，不得付托匪人，致有侵隐，及贪小利，寄他人田于户上，致稽国赋。""家人不许生事，扰害乡里，轻则家法责治，重则送官究惩。"此外，还规定要和睦乡邻，要求家人"和睦邻里族党，勿听家人及妇人言致争"。在生育方面，要求"女人不得以多产故，溺杀子女，伤残天理。仆妇中有溺子女者，平日善开谕之，临时善调护之，以育其生"。

其次，关于子弟管教方面的规约。

家训规定"子弟举动，宜禀命家长"；"宜慎交游，不可与便佞之人相与"。因为少年心性把握不定，与坏人交往，易入下流。他要求子弟在两性关系上"戒之在色"，"不得言人闺阃"，不许阅读淫秽书籍，不许嫖娼狎妓，"不得淫污家人妇"。他还要求子弟"不得恃才凌傲前辈，轻易非笑人文字"。在子女婚姻问题上，家训规定将品德放在首位。"正室宜论德不论才色，白头到老，家之祥也。""嫁娶不可慕眼前势利，择婿须观其品行，娶妇须观其父母德器。一诺之后，不得因贫贱患难，遂

---

① 蒋伊：《蒋氏家训》，见《丛书集成初编》第 977 册，中华书局 1985 年版，下引此篇不注。

生悔心。"

再次，关于处世方面的规约。

蒋伊在家训中特别告诫家人，为人处世应诚实厚道。在交易等经济活动中，他规定量器要准确公平："交易及买卖日用等类，不得以重等入，轻等出，及用大小秤"；"收租及各项出入，俱遵我所定，准斛准斗，不得改易"。如果误收不够分量的银钱，不能使用，弃之勿误后人。像交易活动中的这类规定，如此明确具体的，在家训史上当推蒋伊。《蒋氏家训》还规定"遇事须平和处之"，"不得谋人风水"，"不可以势利强取人财"；如果买的地上有别人的坟冢，不能给人平掉。

家训有不少条款是对助人行善的规定。如："有应验良方，可救人者，随力及物"；"宜多蓄救火器具，里中有急，遣人助之"；"积谷本为防饥，若遇饥荒，须量力济人，不得因歉岁，反闭粜以邀重价"。蒋伊还要求子孙，对家训的这些规约，加以扩充，"推我之所未尽，救贫济乏，养老育婴"，行善积德。

最后，关于为官方面的规约。

据史书记载，蒋伊的两个儿子都做了大官，长子官至云贵总督，次子做到文华殿大学士。或许因为这个缘故，蒋伊在家训中结合自己的经验教训，专门就为官之道作了不少规定。一是"慎刑察狱"。家训规定：子孙有出仕者，宜常看《太上感应篇》等劝善书，以及他本人辑录历代臣僚事迹以供为官者借鉴的《臣鉴录》一书，"慎刑察狱，宁郑重，勿轻忽，宁宽厚，勿刻薄，并不必好名"。他还特别提出"至讼事勿牵连妇女"，"凡非人命强盗重情，及钦件事，不可轻监禁人"。二是"不可为人准词状"。蒋伊告诉子弟家人，自己过去曾经为人准一词状，结果导致两家结讼，经年不已，致使两败俱伤。他为此深感后悔，嘱咐子孙记取这一教训。三是如果担任考官"须秉公甄拔孤塞，不可受贿"。四是不得"轻言兵事"。他说"若登仕籍，不得上书轻言兵事。盖兵之为民祸也烈矣"。

蒋伊这篇家规的上述内容，应该说基本上是值得肯定的。除此之外，尤其需要强调指出的，还有下述三个方面：

其一，对妇女改嫁的见解。

尽管家训中也有女子可以识字但不必多读书以及"男女不杂座，不同巾栉，不亲授受"之类的说教，然而蒋伊是一个开明的家长，他要求家人不要为了所谓的贞节虚名，而让妇女守寡。他规定："妇人三十岁以内，夫故者，令其母家择配改适，亲属不许阻挠"；"妾媵四十岁以内，夫故者，即善嫁之"。他也同时规定，若有坚决守节者，也不要违背她们的意愿，而应"众共扶之、敬待之、周恤之，不得欺凌孤寡"。

在中国古代历史上，虽然汉武帝时起"独尊儒术"，儒家为代表的"三纲五常"、"三从四德"的封建伦理道德占据统治地位，统治者极力提倡"夫死不嫁"、"夫有再娶之义，妻无二适之文"，片面要求妇女"从一而终"，但从魏晋时期直到隋唐五代，贞操观念却相对松弛。特别是隋唐时期，女子离婚改嫁较为普遍。不仅民间，就是帝王之家亦然。史书上记载，唐代公主改嫁者，竟多达二十三人，其中还有四个公主是三嫁者。①

本书前面说过，宋及以后，贞烈观念日益强化，到了明清达到了登峰造极的地步。有学者根据清朝雍正四年（1726）印行的《古今图书集成》作了统计，将东周直到清朝前期的节妇、烈女的数字列表如下：②

朝　　代	周	秦汉	西晋南北朝	隋唐五代	宋	元	明	清（限于清前期《古今图书集成》完成之时）
节妇（守志）人　数	6	23	29	34	152	359	27141	9482
烈女（殉身）人　数	7	19	35	29	122	383	3688	2841

---

① 参见《新唐书·公主传》。
② 转引自顾鉴塘、顾明塘：《中国历代婚姻与家庭》，商务印书馆 1996 年版，第 140 页。

从表中可见，明清时期，确切地说是明代和清朝前期（因为即便从
1636 年皇太极改国号为"清"算起，到 1736 年也只有 90 年的时间），
就出现了那么多的节妇、烈女，如果算到辛亥革命，清朝还有近三分之
二的时间，其节妇和烈女的数量绝对会超过明代。就是在这样的社会
里，蒋伊家训中尽管还有改嫁年龄的限制，但也是难能可贵的，须知，
这在当时是有悖时俗的。正如他在家训中所说，这种规定"小有违于古
人同居之义，风节之思"。也正因如此，他所说的"不可以阀阅之家，
而徒慕虚名也"的话，更加值得钦佩。

其二，借助宗教经典对家人进行劝善行善的教育。

在中国传统家训发展史上，有些家训中含有教育家人按宗教教义行
事、处世的内容，但究其谈论最多者，除袁了凡以外，就推蒋伊了。
《蒋氏家训》中，一再要子孙阅读道教和佛教经籍，并身体力行。如前
面提及的，他要子弟在"读书之暇，宜虔奉《太上感应篇》、《文昌帝君
求劫宝章》、《金刚经》、《袁了凡先生功过格》，身体力行之"。要求做官
的子弟，按照《太上感应篇》等劝善书去行事。蒋伊还要求子孙，多读
佛经，因为"佛经中如《华严》、《法华》，力之俱足以增长智慧。至大
悲斯场，可植多生善根，随缘为之，随力为之"。借助宗教经典对家人
进行劝善行善的教育，是《蒋氏家训》的一大特色。

其三，对子弟的惩罚规定有所发展。

运用惩罚手段加强对家人子弟的规诫，是宋代以来家训的一个发
展，宋及以后的不少家训中都对违背家训者作了惩治性的规定。《蒋氏
家训》在这方面有所发展，其主要表现是：对那些品行不端的子弟，即
使被免祀摈弃，如果后来能真正改过，仍然不计前科，待之如初，且予
以奖勖激励。"有败类不率教者，父兄戒谕之，谕之而不从，则公集家
庙责之，责之而犹不改，甘为不肖，则告庙摈之，终身不齿。有能悔心
改过，及子孙能盖愆者，亟奖导之，仍笃亲亲之谊。"这种规定，比起
对违犯家规、品行恶劣的子弟永远免祀或逐出的惩罚来说，显然更有利
于子弟改过自新，重新做人。

二、石成金"传家宝"训:《天基遗言》

石成金,生卒年不详,生活年代约为顺治末年至乾隆初年。字天基,号惺斋。江苏扬州人。一生未仕,以授徒著述为业。他的著作很多,特点是浅显通俗,内容多为人情物理、做人处世之类。其中影响最大的是《传家宝》,有四集、三十二卷,此书既有自己著述,也有别人著作的辑录。比如,书中就将朱柏庐的《治家格言》,题名为《朱夫子治家要法》,与靳辅的《靳河台庭训》等辑人《传家宝》的《家训钞》中。

石成金的《天基遗言》这篇家戒,前为《世事十条》,是就持家、立身、处世等为子弟订立的十条戒约;后为《后事十条》,是他就自己死后的丧葬安排对子孙规定的十项不许违背的戒条。

(一)《世事十条》:生戒

"莫旷业"。本条是对两个儿子择业治生的指导,石成金告诫他们,无论从事何种职业,都要专心致志,"总之,士农工商,只要勤俭安分,自然饱暖……切莫听信坏人,以大利诱惑"。他还要求儿子一定要认真读书,这不光是为了仕途。他说:"两儿莫把读书看轻了,即或不能上进,道理先已明了。或可授徒,得修资,少助薪蔬。"①

"莫广居"。这一条是告诫子孙不可务虚名,过多营造房屋,"要知心宽强如屋宽"。后面的"附歌"曰:"戒后人,莫广居,人少房多极痴愚。只要心中好欢快,何须高堂徒空虚。"②

"莫卖田"。此条将自己好衣不敢穿、美肴不敢吃,置买田地的艰辛

---

① 石成金撰集、汪茂和等校注:《传家宝全集》,北京师范大学出版社1992年版,第208、209页。
② 同上。

经历告诉儿子，要子孙日后珍惜土地来之不易，虽有急用，也不能轻易典卖田地。

"莫借债"。石成金规定，"除官粮、私债、饥寒至紧之外，其余杂用，俱不可轻易借人利债"[①]。他特别提出，不可图利放债，以免结怨招恨。

"莫费财"。此条要家人量入为出，宁俭毋奢。他特别列举了十件导致家业破败的费财之举，要子弟痛戒："一是谋买科名、官爵；一是结交势宦；一是教习戏子并学吹唱；一是多蓄姬妾、俊童；一是起造华堂高屋、池馆园亭；一是好告状，打官事，喜斗殴争强胜；一是嫖；一是赌；一是好吃懒做，不务生业，多养闲汉出入；一是勉强学富贵人家行事，假装体面。"[②] 如此归纳费财败家行为，提醒家人力戒，在家训史上这篇家训是最为全面的。

"莫来会"。摇会是旧时民间盛行的一种信用互助方式，约定每人每次缴纳一定数量的会款，轮流交给一人使用，借以互助。但这种互相方式常常被一些地痞流氓利用为敲诈勒索、侵吞别人钱财的一种手段，所以石成金要求家人不要参加，以免上当，而对于那些有困难的亲友，可以量力资助。

"莫结讼"。这一戒条告诉子孙，"好兵者，国必亡；好讼者，家必破"、"戒后人，莫结讼，告状先要银钱用。赔了工夫受苦辛，诸凡忍耐休轻动"[③]。

"莫多事"。附歌曰"戒后人，莫多事，多事多累宜省事。烦恼都因强出头，甘心守拙为高士"[④]。要子孙明哲保身，切戒出头。

"莫骄人"。要子弟谦虚谨慎，"见一切人，无论贵贱贫富，惟富谦

---

① 　石成金撰集、汪茂和等校注：《传家宝全集》，第 209、210、212 页。
② 　同上。
③ 　同上。
④ 　同上。

虚和悦"①。

"莫当仆"。这一戒条要家人不要用银钱当人为仆，以免争讼或不能收回当银。

(二) 《后事十条》：死戒

如果说《世事十条》是石成金治家处世等人生经验的总结，其中还有一些消极因素的话，那么，他的《后事十条》就完全应该肯定。这十项戒条是：

一是"不厚敛"。他告诉家人在他死后，只穿平常的布衣服，不必用绸缎；棺材不可宽厚，"何必将有用之资，空埋于土"？二是"不报丧"。三是"不斋醮"。他幽默地说："即有高僧高道，譬如他人吃饭，我不能饱，何况庸常僧道甚多，且我平生无恶，何用饯荐？"四是"不伴材"。理由是"我心朗然无畏，何须子女家人为伴"？五是"不开吊"。不必要亲友吊丧。六是"不久停"。早日入土。七是"不坐夜"。他指出，富贵之家"送殡之夜，优席鼓乐，亲朋陪从，徒杀生造罪，今当切戒"。八是"不奢送"。他说"我在生最喜俭朴，岂有死后又喜奢华之理？凡僧道鼓乐，纸扎亭幡等项，一概都不用"。九是"不荤供"。不在灵柩前用荤菜作供品，只须几样蔬菜即可。十是"不烧锞"。石成金不迷信，他认为"纸锞纸锭皆哄鬼之物，我虽去世，却不被人欺哄，俱不可用"②。

石成金的《后事十条》，就是在200多年后的今天看来，也是了不起的开明之见，句句皆有道理。这十条，即便是在我国现在的一些地方和一些人那里，还恐怕远不能做到这些。此外，尤其令人肃然起敬的是这十条之后的一段话。他说：或许有人质问，死后讣吊斋醮等等一概不用，那夫妻父子之情何以表达？对此质问，他的回答是：将省下来的钱

---

① 石成金撰集、汪茂和等校注：《传家宝全集》，第209、210、212页。
② 参见石成金撰集、汪茂和等校注：《传家宝全集》，第213—215页。

物用于救难济贫的善举。他说："予生平一言一行，俱喜真实，而恶虚伪。岂去世之后，反改其守耶？凡世俗讣吊斋祭诸事，徒饰生人耳目，究与死者毫无裨益，又何为乎？但须计斋祭杂费，需用若干，留存此银，以行实德。或济癃残、贫病之饥寒，或修桥路以利跋涉，或施茶汤，或买物放生，种种善举，神佛必大加喜悦。而予之不昧者，亦大加喜悦矣，岂不胜虚伪杂费于万万哉？"至于亲情的表达，他认为要懂得有生就有死的自然规律，对他本人最好的悼念就是"凡出言行事，俱守我之仁厚勤俭，不堕家声，是即孝道矣。"

古人以生死为人生两件大事，故而都极为重视。宋代以来，在家训中对后事安排详尽且主张薄葬者，陆游以外，当数石成金。后来的家训中凡是涉及丧葬者，虽多要求从简，但像石成金的《后事十条》这样全面、彻底主张薄葬者，恐只有许汝霖的《德星堂家订》能与其相伯仲。另就将节省下来的费用以行善事而言，《德星堂家订》中曾提出将中举、祝寿、祭祀等从简节省下来的费用"济孤寡而助婚丧，扩宗祠而立家塾"，可丧葬不然，毕竟是古人人生之大事，石成金欲以省下来的丧葬费用行善，实在是令人钦佩之举。

除此之外，石成金的《天基遗言》还对在钱物上周恤贫穷、残疾等，向子弟们作了训诫，这种人道主义的思想和行为也是应该赞扬的。

石成金及其家戒《天基遗言》，在传统家训发展史上有两个独到之处：一是上述论及的他对后事安排的戒条是极其可贵的；二是在形式上的创新。《世事十条》在写法上的特色是，在每一条的白话训诫之后，都附有一首押韵合辙、琅琅上口的歌诀，既是对该条内容简明扼要的总结，又便于记诵传唱。以前的家训虽在内容中记有歌谣、念词等，或者篇后附录歌谣（如《庞氏家训》），偶尔也有单独的家训歌谣形式，但是像石成金《天基遗言》中这种训诫与歌诀结合、二者相得益彰的文体形式却没有，这在家训发展史上是非常新颖、独特的。此外，《后世十条》以简要的戒条训示家人，这在形式上也有创新意义。

三、刘德新戒律：《馀庆堂十二戒》

《馀庆堂十二戒》，是明清家训中名称与内容相符的家戒。作者刘德新（生卒年不详），清代开原（今属辽宁）人。从家戒序言中知道，他自幼入私塾读书，学习儒家经籍，常将学习心得谈给别人听，别人讥讽他为迂腐可笑的道学先生，他慨然承认，并反驳对方"道学不可为，孰是可为者"①？刘德新二十四岁出仕为官，政事之余，曾采撷古今格言，汇编成册，题曰《赠言》，印刷以后分赠朋友同仁，以为相互规劝之义。

《馀庆堂十二戒》，是在《赠言》印行以后撰写的。刘德新在谈到撰写这部家戒的初衷时说，编印格言给朋友，使他"因而思朋友且有规劝之义，岂于所亲爱之子若弟而反无一言为诲耶？爰条事之可戒者十有二，各为之论"。

这部家戒不同于其他家戒、家规的地方是，作者完全以戒律的形式训示子弟，且对每一条家戒都用十分之三的篇幅谈是非可否，而用十分之七的篇幅论述祸福利害。也就是说它对戒条的规定不是重在规定"不能做什么"，而是着重于从道理上讲清"为何不能这样做"。这样子弟不仅知其然，而且知其所以然，以使他们从中受到更好的教益，得到更明确的警示，这是这篇家戒最为鲜明的特色。除此之外，作者的立论不是因袭道学的一般阐述，而重在将为人处世的要义告诫子弟。关于这两个方面的特点，作者在序言中是这样说的："其论以是非可否言者，十之三，以祸福利害言者，十之七。盖是非可否之谈，平而难入；而祸福利害之说，警而易从。予为子若弟诲，故不禁痛切谆复言之如此。且以见余之立论，乃要诸人情世事之所必至，不但袭道学义理之成语也。"下面，依照顺序将十二条家戒的基本内容略作阐述。

---

① 刘德新：《馀庆堂十二戒》，见徐梓编注：《家训——父祖的叮咛》，中央民族大学出版社 1996 年版，下引此篇不注。

"戒妄念"。这条戒律要求子弟知足常乐，不可贪得无厌。刘德新认为，要克服妄念，就应在道德上向胜于自己的人看齐，在生活上向不如自己的人看齐。他说："盖吾人之道德品谊，当向胜于我者思之，则希圣齐贤，而奋励之心自起。吾人之居处服食，当向不如我者思之，则随缘安分，而觊觎之念自消。"

"戒恃才"。家戒先对"美女不病不娇，才士不狂不韵"的俗语作了批评，认为此非君子之言。今人不及古代的大圣大贤千百之一二，却以才称之，实际上"盖不过文章之一事言耳。夫持三寸管，以摘纸上之空言，亦何益于天下事？而乃以是为才，且自恃耶"？真有才的人不骄矜，而无才的人才会炫耀自己。

"戒挟势"。这一条要求子弟不以势凌人，"以宠荣为惊，以盛满为戒"。因为"恐器满则覆，基累则倾。其以之爇人者，终以自焚也；以之投人者，终以自击也"。家戒还举了西汉大臣主父偃挟势凌人终遭诛杀的例子，要子弟不可恃父祖和自己的势力侵凌他人。

"戒怙富"。本条告诉子弟力戒为富不仁。提出"富而能散者为上，能保次之，最下则怙其富"。并且引用西汉大臣疏广的话，说明"富者众之怨也"的道理，认为这固然根源于国人不患寡而患不均的思想，但富家应助国家之急，周乡邻之艰，制节谨度，革除奢侈恶习，这样才能免祸。

"戒骄傲"。本条分析了富贵者骄人和贫贱者骄人的两种类型，认为都必须极力避免。"一则以势自雄。谓人既吾后，吾自宜先之；人既在吾下，吾自宜上之。此所谓富贵者骄人，以尊傲卑者也。一则以才自命。谓我虽在彼后，而有所以先之者；我虽在彼下，而有所以上者也。此所谓贫贱者骄人，以卑傲尊者也。吾以为是二者皆过也。以势自雄，此非善居其势者也，以才自命，此亦非善用其才者也。"家戒要子弟牢记"谦受益，满招损"的不易之理。

"戒残刻。"此条以作者自己读班固《酷吏传》的体会，嘱咐子弟特别是居官子弟记取西汉酷吏严延年的教训，务必戒除残刻行为。严延年虽廉正无私，是汉代大臣中少有的清官，但因为"疾恶太严，过行杀戮"而身败名裂。刘德新认为，"屠之门无仁人，岂其性固然，习使之也。"所以，要避免为官之后的残忍之行，必须在平日的行为中注意修养仁慈之心。

"戒放荡"。刘德新嘱告子弟，要谨守礼法，若行为不检，放荡形骸，会导致亡身丧家之祸，故而加强修养。他说："夫荡于心，为死亡之兆，则荡于身者，又当何如也？然则儒者主敬之学，固养心之道，而实保身之道也欤？"

"戒豪华"。家戒针对当时社会上崇尚驾高车、驱驷马、美裘裳，招摇过市，炫耀闾阎的不良风气，要子弟力避这种不以为耻、反以为荣的豪华奢靡行为。

"戒轻薄"。在这一条中，刘德新先是一反人们对苏东坡嬉笑怒骂皆成文章的评价，认为苏轼一生屡遭贬谪的原因正是由于他的轻薄，使他遭到了那些被其笔墨玩弄侮辱者的报复。为此，刘德新列举了三条轻薄举止的表现，要子弟慎重处世。一是"勿以己之少，慢人之老"，因为人都有年老的时候；二是"勿以己之长，哂人之短"，因为人都有长处和短处；三是"勿以己之全，笑人之缺"，因为大凡身体有残疾的人，最忌讳别人以此相讥笑。

"戒酗酒"。此条力陈酗酒的危害，认为"醉中之祸，有不可胜言者"，轻则呕心吐肝，损身害体；重则以酒乱性，亡身丧家。告诫子弟戒除酗酒的不良嗜好。

"戒赌博"。刘德新指出"小人而赌博，盗之媒也；君子而赌博，贪之囮也。曷言之？夫赌博以求利，断未有能得利者。胜者什之一，负者什之九，此所谓乞头而外，无赌钱不输之方也。乃负矣，必求一胜；再负也，而又必求一胜。再三再四不已，卒之有负无胜，则吾赀以罄，吾债已积，而心益以热，则凡苟可以得财贿者，将何所不至哉？"刘德新对赌博者心态和结局的推测是入木三分的。不仅如此，他还对赌博是为娱乐的说法作了分析批评，以为即使不是为了钱财，也不应染此恶习。

中国传统家训中规定不得赌博的不少，但像这样剖析心理原因、如此透彻说理的似乎没有。

"戒宿娼"。家戒批判了那些出入青楼、以风流自命的浪子以为用金钱买笑无伤大节的观点，严正指出嫖娼不仅浪掷钱财，而且贻辱于父母，贻讥于乡堂，更有甚者是传染恶疾，使人成为废人。刘德新说，所谓"铅华香腻之地，实垢污凝渍之乡也。中其秽浊即成恶疾，便成废人。斧斤蛇毒之祸，当未必烈如此。人生实难，而顾可自促其死哉？嗟乎，人之出入于狭邪青楼中者，闻吾言者可以猛然省矣"！

《馀庆堂十二戒》，可以作为家戒的代表作来看待。其教化特色除了前面提到的两个以外，还有两点也是很值得称道的。首先，在十分之七的说理篇幅中，作者的训诫重在以理服人。为此，几乎在每一戒条中，他都精心选用了一些很有说服力的例证，以增加说理的逻辑力量和感染力量。比如，在"戒轻薄"条中，他列举轻薄行为的三种表现时，对每一种行为都举出了反面的例证要子弟吸取教训。其次，以鲜明生动的比喻增强子弟对戒条的理解。譬如，用兵乱比喻酗酒的危害，用不会捕鱼只靠啖啄它鸟余食却能生活下来的信天翁的例子，来阐明安分知足、戒除妄念的道理。

当然，需要指出的是，这篇家戒中也有一些天命观的迂见。所谓"贵贱贫富生死，有司权者曰天，天不可以人为也；有定分者曰命，命不可以力竞也。吾顺吾天，吾安吾命，知止知足之间，自有不殆不辱之理。岂必形逐逐，意营营，以与天较，与命衡，而卒无如此天与命何哉？"这种要人安于命运、不思奋斗的说教，在今天看来无疑是消极的。

四、清代的族规、族法

本章前几节所述家戒、家规，虽有"约束"、"规矩"之意，甚至像

《庞氏家训》也有免祀或逐出的惩罚，但都没有像本节所述的带有严格意义上的宗族法的法律、法规性质，本节则对此重点分析。

（一）清代族规、族法概述

自宋代宗族组织普遍建立以后，家训实际上也是宗规族训，绝大部分家训都体现了这种家族性的特点，尤其是进入封建社会后期的明清以后，随着封建族权的扩大，在不少家训，特别是民间普通家族的家训中，带有鲜明法律特色的族规、户规、宗约、族约、宗禁、祠禁、家诫、家法都含有法律的性质。这些特殊的家训，或载于家谱，或立牌、镌刻于祠堂；既是约束、劝诫、教育本宗族成员的规范，也是惩罚部分违规者的基本依据。尤其是清代，这种带有强制性法律规范的族规、族法数量更多，并呈现出鲜明的特色。

第一，在制订上，奉行"明刑弼教"的宗旨。清朝时期的族规、族法的制订者，指导思想始终十分明确，那就是按照儒家所提倡的"明刑弼教"的原则，制订族法、族规的目的还是为了对族人、子弟的教化、训导。太平李氏宗族在本族的家法引言中明确说明了这一点："拟定《家法》一篇，以示后人，犯者惩之，切能改者，恕焉，亦明刑弼教之意也。"① 再如，《余氏家规》也指出："家规之设专主于教，宜无事于法，然不能不借法以行教。"②

第二，在形式上，带有成文法的特点。它们大多采取两种形式：其一是如《馀庆堂十二戒》那样的戒律之训的形式，不同的是戒律之训还是重在训诫、告诫；其二是同国家法律一样的具体条文形式；而这种法规性质的戒条却是于正面的说服教育之外，对敢于违犯者，予以明确的惩罚规定。本节将重点研究后一种形式的族规、族法。

第三，对族人约束和惩罚的规定更为具体和严格。根据有关学者的

---

① 安徽太平馆田《李氏宗谱·家法引》。
② 安徽环山《余氏宗谱·家规》。

研究，清代族规、族法对族人的处罚方法，共有十一种之多。按照从轻到重排列下来就是：

训斥——由族长或其他宗教首领对犯者当众训诫、斥责，令其悔过。

罚跪——令犯者跪于祠堂内祖宗牌位前，向祖宗请罪。罚跪时间以燃香计算，一炷香至三炷香不等。

记过——于宗族"功过簿"上记录，并用大字书其名于祠内照壁或特制木牌上，知晓族众。屡被记过，则给予较重处罚。

锁禁——令犯者居祠内专设之黑屋，限制自由。时间由两个时辰至六个时辰不等。个别宗族锁禁时间高达十日。

罚银——犯者交纳银两，充作公用。数额从五钱至三两不等，无力出银者易以劳役，修葺祠屋祖坟。

革胙——剥夺犯者领取祭品的资格，一年起算，高至十年、终身，严重者永远革胙。

鞭板——以特制竹鞭或木条抽打犯者臀腿部，十次起算，每五次一等，高止四十。

鸣官——由族众扭送官府，族长族望出面，既作为家长要求官府办罪，又作为证人提供证言。

不许入祠——犯者生前不许入祠参与祭祀及其他公共活动，死后不准入祖宗之神主牌位。

出族——对犯者于谱上除名，族内削籍，不准同姓，不准居住族属土地。

处死——有些宗族规定，对于乱伦奸淫、不孝忤逆等犯者，直接处以活埋、勒死、令自尽等极刑。[1]

除此之外，有些族规族法的惩罚还有其他一些形式，如：杖、笞、免祀或不许人祠等等，惩罚也较上述学者概括的更重。仅就杖、笞的数

---

① 朱勇：《清代宗族法研究》，湖南教育出版社 1987 年版，第 98—99 页。

量而严，如湖北麻城《鲍氏户规》48 条中，光"杖八十"以上的条款就有 22 条之多，其中"杖二百"的有两条；笞罚的条款中，"笞四十"以上的也有 3 条。①

第四，施行惩治往往是借祖宗的名义进行的。对违犯族规族法的族人给予惩罚，一般是在宗祠中进行的。如韶山毛氏宗族的《家训》中规定，不光族人从事了贩卖妇女、聚众行凶斗殴这类犯法行为要传到祠堂惩治，就连因兄弟不和分家这样的小事和族人中的游手好闲之徒也要由房长带到宗祠予以惩治。② 有意思的是，在宗祠中惩罚族人，不仅不被理解为借祖先的权威给族人施加精神的压力，反倒被视为祖宗对后世子孙的关爱和恩惠。例如，清代南昌魏氏宗族的族规就明确提出："立规原以息讼安众，实以利己不法犯规之徒。赴祠责罚，不令见辱于公庭，此正体祖宗之心以爱之也。"③

第五，在功能作用上，清代的族规、族法对保持宗族的兴衰存亡、对维护封建统治和社会秩序的稳定等都产生了重要的影响。首先，清代的族规、族法的制订者是从本族共同体生死存亡的高度来看待这种宗族法的作用的。在封建专制制度下，一人犯罪，株连亲人，甚至满门抄斩、户灭九族。这对于那些人口众多的大家族，更是提出了严格管理的问题，否则就会出现个别族人犯法而连累众人，甚至全族家破人亡的现象，这也是订立族规、族法以约束族人的重要原因。太平李氏宗族在本族的《家法》引言中谈到治家何以不以情而以法时就明确地阐述了这一点。引言说："治家固以情不以法乎？曰：是不然。情以宽君子，法以惩小人。苟无其法，则小人皆得暴戾恣睢以凌。……纵子弟以乱法，则国法必至。国法至则非与家等矣。拘提褫魄，敲楚断肌，株连则罪及无

---

① 参见徐少锦、陈延斌等主编：《中国历代家训大全》，中国广播电视出版社 1993 年版，第 1152—1154 页。
② 《家训》，见《中湘韶山毛氏二修族谱》卷二。转自韶山村总支、村委会编：《韶山魂》，湘新出准字［2001］第 47 号，2001 年版，第 350—351 页。
③ 江西南昌豫城《魏氏宗谱》卷一一，《宗式》。

辜，贿赂则破尽家产。于此始悔教诫之无人，致祸之迭生不已，晚乎？先人忧之，故拟定《家法》一篇，以示后人。"① 清代族规、家法大量涌现的事实，也从一个侧面反映了封建社会后期清朝统治者对人民统治的加强，以至于宗族为了自身的生存而不得不加大了对族人行为约束和控制的力度。

其次，族规、族法对维护宗族成员团结、保障族人的基本生活起到了重要的作用。这些宗族法不仅像以前朝代的家训那样，要求体恤同族鳏寡孤独贫穷的成员，而且有不少都对族人之间的债权、债务关系作了与非族人不同的特殊规定。譬如族人的土地等私有财产应优先卖给本族成员，安徽桐陂的赵氏宗族的族规规定："凡族人田宅如有卖者，宜先尽本房，次及族人。族人不买，然后卖于外姓。族人互相典买，其价比外姓稍厚，不得用强轻夺，违者具告宗子，合众处分。如偷卖外姓，不通族人知者，罚之。若有意先卖，破族人产者，以不孝不悌论。族人备价，责令赎回。"② 有的族规还规定契约上要标明卖产族人赎回田产可以不受时间限制，其目的更是为了保护本族贫苦成员的利益，增强族人赡济同宗、团结互助的宗族意识。

不少具有"义田"、"祠田"等族产的宗族，还对贫穷族人给予经济上的照顾，但违反族规或者因懒惰、挥霍破产者则可能被剥夺接受宗族救济的权利。如雍正年间江苏洞庭席氏家族的《义庄规条》就规定：族人中有穷苦、老幼废疾者，定期予以生活补助；而"族中或本有恒产、因游荡破家者，虽极贫、年老，本人不给（补助），以示惩戒"。③ 这样，族规、家法就通过经济利益调节了族人之间的关系，一定程度上起到了安定族人生活、保护宗族共同体的作用。

再次，清代的族规、族法还发挥着维护封建统治和社会秩序稳定的

---

① 安徽太平馆田《李氏宗谱·家法引》。
② 安徽桐城《桐陂陂氏宗谱》卷首，《家约》。
③ 江苏洞庭《席氏世谱·义庄规条》。

重要辅助功能。这可以从三个方面看：一是这些宗族法规强化了国家法律，督促族人严格遵守封建统治阶级制订的法律规范。如浙江绍兴吴氏宗族于康熙二十六年（1687）制订的《家法》，第一条就是"完纳钱粮，成家首务，必须预为经画，依期完纳。如有恃顽拖欠者，许该里举鸣祠中，即行分别责罚，决不轻纵，致累呈扰"①。此家法还规定对于因为奸淫、酗酒、诈骗、偷盗等被官府惩罚者，"事毕归家，仍以家法重治"②。这对违法者就更有威慑力。二是补充了国家法律的不足。像诉讼、嫖娼、游荡、酗酒、赌博等国家法律较少惩罚或根本不问的行为，族规、家法都予以严禁。比如，康熙时绍兴吴氏《族规》对族人赌博作了这样的规定："尊长宜严率子弟，各务生理，毋得纵容赌博。如有犯者，不分亲疏长幼，即便具首以凭责罚。知而不举，罪并及之。"③ 三是这些宗族法规起到了维持族内与所居住地治安和社会秩序的作用。几乎所有的族规、家法都要求族人"戒诉讼"，规定族人之间发生矛盾纠纷要在宗族内由房长、族长、宗子等调处解决，不得轻易去官府打官司，否则要受到"藐视族法"的处罚。有的宗族俨然公庭，如订立于光绪元年的合肥邢氏宗族的《家规》中是这样规定的："凡族中有事，必具呈禀于户长，户长协同宗正批示：某日讯审。原被两造及词证先至祠伺候。至日原告设公案笔砚，户长同宗正上座，各房长右座。两造对质毕，静听户长宗正剖决，或罚或责，各宜凛遵，违者公究。"④ 有的族规甚至规定，即使与外姓发生纠纷，一般也要先经过宗族解决。光绪十四年，广西西林的岑氏在刊印的《祖训》中规定："若与他姓有争，除事情重大始禀官公断，倘止户婚田土、闲气小忿，无论屈在本族、屈在他姓，亦以延请族党委曲调停于和息。"⑤

---

① 转引自钱杭、承载：《十七世纪江南社会生活》，浙江人民出版社1996年版，第116页。
② 同上。
③ 浙江绍兴州山《吴氏宗谱·族规》。
④ 安徽合肥《邢氏宗谱》卷一，《家规》。
⑤ 广西西林《岑氏族谱》卷三，《祖训》。

（二）清代法律条文式的族规、族法

前面说过，由于清代的族规、族法数量繁多，本节只能择其有鲜明代表性者作些分析阐述，从中概括它们的特征，研究它们对清代社会所产生的影响。这里重点分析法律条文形式的族规、族法。

一般来说，这种形式的族规、族法，简明扼要，规定具体，便于操作。但这种形式的族法族规也有两种不同情况：一种是如政府的法律一样，对惩罚的行为作了非常具体的规定，连杖责的数目都写得清清楚楚；另一种是只规定予以惩罚，但具体的"量罚"标准是弹性的，临时由宗子、族长等商量决定。下面分别举例来说明这两种情况。

第一种情况我们以湖北麻城鲍氏家族于宣统三年（1911）订立的《鲍氏户规》为例。这一族规共有四十八条，从内容看，主要包括四个方面：一是对破坏封建纲常礼教的惩治；二是对破坏本族血缘关系、姻亲关系的惩治；三是对本族子弟处世做人中不良行为的惩治；四是对族人在生产、生活等方面违犯法律、违背道德的惩治。

该族规对违反者惩罚的具体形式有五种，即杖、笞、免祀、逐出族外、送官治罪。而出族的惩罚只有一条，是针对收养异姓义子以图钱财和冒认归宗的。有些则数罪（错）并罚，如对无故毁坏祖宗陵墓、祠堂、庙宇的，就既杖打一百，又予以免祀的处分。为对付那些不在户规条款内的违法犯罪等，《户规》规定"以上未列而有犯故者，照律治罪"。

从《户规》的条款看，特别加重了对族人不遵守封建纲常礼教和违法犯罪的惩治，往往给以"免祀"、"送官治罪"等比较严重的处罚。"免祀"，是剥夺族人祭祀祖宗的权利，与上述所说的"革胙"基本上差不多。这种精神性的惩罚似乎不怎么厉害，但是在族权统治的宗法社会里，被剥夺了祭祀祖先的权利，既意味着不再得到祖宗的佑护，也意味着在本族中失去了自己的地位，会被族人歧视，连同族的小辈都看不起。《户规》中给予"免祀"处罚的，除上面提到的外，还有这样几种不良行为：娶死去的兄弟之妻为妻；"娶同宗无服之亲及无服亲之妻妾者"；强迫愿守寡的妇人改嫁；将妻妾作姊妹嫁人；"盗窃再犯，计赃应杖者"；"素行不端，游手好闲、赌博财物，开设赌坊，教而不改者"等。显然，予以免祀惩罚的，是不敬祖宗、违背婚嫁纲常的行为及轻微的违法犯罪行为。这里特别提及的是，《户规》关于免祀的规定中，将"宰杀耕牛"和"子弟犯罪而父兄代过或隐匿者"也包括在内，前者说明了对关系族人生计的农业生产的重视，后者则显示了在父子相隐的封建社会中鲍氏宗族可贵的法制精神。

《户规》中有关"送官治罪"的处罚，多是对严重违背礼教和重大违法犯罪行为的惩罚。如"纵容妻妾骂祖父母、父母者"、拐卖妇女者、强夺良家妻女或以私债强夺人妻妾子女者、拦路抢劫财物者、打架斗殴致人死伤者、"强占、盗卖田宅、金银者"等。这项惩罚中也有一个值得注意的规定，即对那些与异姓人结拜兄弟的族人，也要送官治罪。这反映了当时政府对"结义"行为的反对，也体现了宗族对保持宗族血缘关系的极端重视。

再看第二种情况，这里我们以前面提到的浙江绍兴吴氏家族的《家法》和太平《李氏家法》为例。

绍兴吴氏家族在清朝康熙二十六年（1867）制订了二十五条家法（后又续订八条）。其中前二十三条，分别对拖欠政府钱粮、赌博、溺死子女、凌辱尊长等违背法律和封建道德的行为作了"罚"、"责"、"不许入祠"、"呈官究治"。等的规定，而后两条则对如何处罚和"不许入祠"的具体执行情况作了解释。如对于处罚的方式、标准及不服处罚的处理，该《家法》二十四条规定："所谓罚者，或拜，或跪，或银米之类；所谓责者，或以礼扑，或以法捶，或以礅锁之类，临时听宗长公同酌处。如应责罚而恃顽不服者，呈官究治。"[1] 再如对"不许入祠"，《家

---

[1] 《绍兴山阴州山吴氏族谱》第三部《家法》，转引自钱抗、承载：《十七世纪江南社会生活》，第118页。

法》二十五条专门解释了几种情况："所谓不许入祠者，非止不入祠已也，即卑幼者亦不必以尊长待之矣。其人能改，三年之后方许入祠。所谓永不许入祠者，非止本身永不许入祠已也，族谱将名注定，即其子若孙亦不许入祠矣。其然若能悔改，教子孙为善，其子孙有大功德克盖前愆者，方许入祠。此非过刻，期于无犯也。"显然，这种惩罚虽是严厉的，但目的还是为了要族人避免犯大的罪、过，同时也体现了惩罚是为了教化的家法宗旨。

　　订立于清道光二十八年（1849）的太平（今安徽黄山北）《李氏家法》，载于李氏宗族的族谱之中，除引言和附录外，共有十六篇，分别为尽子道、笃友于、宜室家、睦宗族、立族长、别男女、严规则、谨茔墓、供赋税、惩忤逆、禁乱伦、禁嫖娼、禁邪淫、禁赌博、禁盗窃、禁诈伪。需要指出的有三点：一是这一家法既有说理教育的内容，又有法律性质的强制性规定。二是它增加了令违犯家法者"自尽"的惩罚形式。受这种惩罚往往是严重违背封建纲常和重大的犯罪行为，如极为不孝，甚至殴伤父母，情节恶劣的令其自尽；"劫掳人家、图财害命及为票匪者"即令自尽。家法还规定，这种惩罚由各支的"分长"或族长执行，假如有不服者，"送官究办"①。三是该家法对其中的削谱、不入谱的量罚不明确者，以附录的方式作了解释。家法规定给予削谱处罚的有两类族人：一类是"子孙不孝不悌，渎伦伤化，作奸犯科及娼优仆隶，寡廉鲜耻，有玷祖宗清白者，概削之"。但对于因无知偶尔犯了削谱之过错者，只要一经惩责就改过自新，可从宽处理。另一类是对丧夫改嫁、因犯大错被出的女子和"同姓为婚者、同族乱配者"也一律从族谱上削掉。但也同时规定，如果被丈夫休掉的妻子，若不应当出而出，后被其子接回家的，经审查可以重新入谱。李氏家法对削谱和入谱如此重视的事实，也从一个方面反映了清代族权的厉害和族人与宗族共同体的密切联系。

———————
① 江南宁国府太平县《馆田李氏宗谱·李氏家法》。

第三十八章
清代后期家训（一）：从顶峰滑向谷底

　　鸦片战争的失败，标志着中国逐渐沦为半殖民地、半封建社会的开始。如何改变落后挨打的被动局面，救亡图存，富国强兵，以恢复中华帝国的元气，重振大国雄风？不同阶层的人们都在探讨这个问题，试图找出解决问题的答案。与此时代背景相联系，中国封建社会后期的家训，鲜明地体现了社会转折时期在继承传统与更新观念、崇尚气节与以夷为师、中学与西学的矛盾冲突中，有所发展、有所前进，但从总体上来看，具有三千年悠久历史的传统意义上的家训，则是逐渐走向衰落、接近尾声。

　　如果追寻清代后期的家训发展的轨迹，我们不难发现其中具有代表性的几条线索：林则徐、魏源这些近代中国最早开眼看世界的官僚士大夫家训的爱国泽民思想的熏陶；集中国传统家训之大成的、以曾国藩家训为标志的仕宦家训的峰巅；洋务派官僚家训在守旧中的出新；改良派思想家对家训的开拓；革命派人物对家训的丰富完善，这些都促进了清代后期的家训发展。本章拟择其各个方向、侧面的代表，加以研究阐述。

一、林则徐的家训：近代爱国教育的重要代表

林则徐、魏源都是属于近代中国官僚士大夫中最早一批开眼看世界的人。他们既在抵抗帝国主义侵略、捍卫祖国主权的斗争中英勇无畏，同时又能清醒地认识到应该学习西方的先进技术，以增强国力。在对子弟家人的教诲训示中，这种爱国主义、民族气节和经世济用思想都有一定的反映。鉴于魏源的诗训已经在本书第三十三章中阐述过，这里仅探讨林则徐的家训思想和实践。

林则徐（1785—1850）字元抚，又字少穆，晚号七十二峰退叟等，福建侯官（今福州市）人。嘉庆进士。曾与龚自珍、魏源等提倡经世之学。担任江苏巡抚期间，大兴水利。道光十八年（1838）在湖广总督任内，严禁鸦片，成效卓著，因而被朝廷任命为钦差大臣，赴广东查禁鸦片。次年主持著名的虎门销烟，同时整顿海防，多次挫败英军挑衅。1839 年，改任两广总督。鸦片战争爆发后，他组织军队严密设防，屡败入侵的英国军舰。但因投降派诬陷，被革职，不久充军伊犁。后被起用，先后任陕西巡抚、云贵总督。1850 年再被朝廷任命为钦差大臣，赴广西镇压农民起义，病死途中。有《林则徐集》、《云左山房文钞》等传世。作为清末著名的政治活动家和抗英派首领，他在鸦片战争时期的主张和活动，在中国近代史上产生了深远的影响。林则徐的家训思想集中在他的家书中。

林则徐在给家人子弟的信函中，主要包括了四个方面的家训教化思想：

第一，注重子弟的自立教育。

林则徐是中国家训史上除郑板桥外又一个喊出农民是"世间第一等高贵之人"的封建官吏。他的次子林聪彝资质不太聪明，林则徐便早作打算，要儿子从事农耕，自食其力。他对儿子说："本则三子中，惟尔资质最钝，余固不望尔成名，但望尔成一拘谨笃实子弟，尔若堪弃文学

稼，是余所最欣喜者。盖农居四民之首，为世间第一等高贵之人，所以余在江苏时，即嘱尔母购置北郭隙地，建筑别墅，并收买四围粮田四十亩，自行雇工耕种，即为尔与拱儿预为学稼之谋。尔今已为秀才矣，现此抛弃诗文，常居别墅，随工人以学习耕作，黎明即起，终日勤动而不知倦，便是田园之好子弟。"① 按说，儿子才十九岁已经是秀才，可见并不怎么愚笨，但林则徐并不鼓励他进一步读书求仕，反而一反社会俗见，要儿子彻底抛弃举业，做一地道的农民，在封建社会里对于他这样的高级官员来说，的确是不容易的。

第二，重视对家人进行以身许国思想的熏陶和影响。

林则徐是中国近代史上伟大的爱国主义者，在他被朝廷任命为钦差大臣赴广东查禁鸦片的关键时刻，他给夫人写了一封信，信中叙述了自己在禁烟中面临的各方面压力，表达了自己为扫除烟害而置生死、名声于度外的决心，洋溢着一股舍生取义、"求福国利民"的浩然正气。信中在谈到鸦片对国家经济、国人健康造成的巨大危害后说："苟不从严查禁，烟害将弥漫中国矣。……夫余生逢盛世，明知禁烟妨碍英夷大利，必有困难，而毅然决然，不敢稍存畏葸之心者，大盖以身许国，但求福国利民，与民除害，自身生死且尚付诸度外，毁誉更不计及也。"② 他还在写给儿子的家书中，历陈鸦片危害，告诫儿子千万不要染上吸毒恶习。

第三，重视子弟的社会历练和为官之道的教育训练。

林则徐对为官子弟的教育很是重视，他不仅教他们报国恤民，而且给他们以政务、处世经验的传授，以培养其从政、立世能力。林则徐告诉儿子出仕做官不应为了利禄、权位，而是为了"致君泽民"。他对儿子说："官虽不做，人不可不做"；"男儿读书，本为致君泽民。……服

---

① 林则徐：《训次儿聪彝》，见《近代中国史料丛刊》第 63 辑，第 624 册，第 37 页。
② 林则徐：《致夫人书》，见李茂旭主编：《中华传世家训》，人民日报出版社 1998 年版，第 76 页。

官时应时时作归计，勿贪利禄，勿恋权位"①。

林则徐非常注意子弟社会知识的学习和处世的历练。他的次子林聪彝一直在家读书，缺少社会经验，林则徐就写信给他，要他来广州增长见识，在社会中学习社会。信中说："吾儿年虽将立，而居家日久，未识世途。读书贵在用世，而全无阅历，亦岂所宜！……此间名师又多，吾儿来后，更可问业请益，以广智识。慎勿贪恋家园，不图远大。男儿蓬矢桑弧，所为何来？而可如妇人女子之缩屋称贞哉！"② 在给夫人的信中他又谈到要次子到广州以加强社会历练的问题："次儿阅历不深，世事不知，来此后亦可稍知官场中情况，万一邀幸，不致一物不知，处处受人奚落。"信中还谈到要指导儿子参与政务，以增长其才干："有暇当再使之参阅公事，以资阅历。"③

林则徐对长子林汝舟的教育则反其道而行之。林汝舟少年得志，二十多岁就在京居官，深受官场不良习气影响，过于骄傲、圆滑，林则徐便提醒儿子要谨慎做人做事。他批评林汝舟"阅历深而才学薄，虽折桂探杏，而实学实浅。居京三年，所学者全官场习气。根柢未固，斧斤已来"④。然后，又结合自己五十年的从政经验教训对儿子进行教育，要儿子扎实为学为政，不要虚浮，贪图官位虚名。他说："世途险巇，不亚风涛，人世者苟非先胸有成竹，立定脚跟，必不免为所席卷以去。近朱者赤，近墨者黑，此择友之道应尔也。若于世事，则应息息谨慎，步步为营。若才不逮而思邀幸，或力不及而谋躐等，又或胸无主宰，盲人瞎马，则祸患之来不旋踵矣。此为父五十年阅历有得之谈，用以切嘱吾儿者也。"⑤

在总督云南期间，汉族和回族之间经常发生械斗，林则徐认为这与

---

① 林则徐：《复长子汝舟》，见《清代四名人家书》，第4—5页。
② 林则徐：《致次儿聪彝》，见《清代四名人家书》，第6页。
③ 林则徐：《致郑夫人》，见《清代四名人家书》，第8页。
④ 林则徐：《致次儿聪彝》，见《清代四名人家书》，第6页。
⑤ 林则徐：《致林汝舟》，见《林则徐书简》，福建人民出版社1985年版，第288页。

朝廷及地方官员对回族人民的歧视政策有关，并且将这种见解写在给朝廷的奏折中。林则徐还将这些看法告诉从政的儿子林汝舟，目的显然是对儿子进行为官之道的间接教诲。信中说："从前入手时，原不必专指回民为匪，今中外并为一谈，滇中有折，注语上无不曰'回匪'，曰'回务'，若有回而无汉也者，若汉人中无匪也者。及奉上谕，无不照折声叙，无怪回人不服。"

第四，学问上的指导。

在读书作文上，林则徐总结自己的体会，提出了一个总的原则，"多读多作，则取有所择，而用可精也"①。关于读和写的关系，他教导子弟首先是多读书。而读书就要阅读大家、名家的作品："读书作文之道，其现当因类以求之。如理学则当先儒所论天人性命之旨及今古名家之深邃刻挚而明晰者讲之。政事则当于先儒所记兵农礼乐之要及古今名家之昌明高华、开拓而精切者讲求之。"② 在读的基础上记忆和应用，文章就能写得得心应手。他说："始能读，次能记，次能用。常读始能记，常记始能用，故口诵目览手抄，则下笔汩汩然来，自有汁浆也。"③ 其次，关于作文方法。他列举了种种文章写法，指出方法再好还是要依赖于多读名作精品。"用翻，用跌，用衬，或拓开，或推深，或旁敲，或反逗，皆文字妙法。然此数者，无经籍之菁华、儒先之妙绪、大家之讲求、古文之气息以出之，又何以有精彩、有意味、有波澜、有曲折乎？"④ 此外，林则徐还特别反对文章雷同，强调"用意用笔，忌与人雷同，寻常意习见语……勿用。"他还提出要写出好诗，除了熟背数百首名篇之外，要到大自然中去激发灵感，因为"山水与吟咏，尤相触发也"。林则徐的这些读书作文方面的指导，不愧为经验之谈，现在看来，也基本上是正确的、行之有效的。

---

① 林则徐：《致家人》，见《清代四名人家书》，第40、41页。
② 同上。
③ 同上。
④ 同上。

二、曾国藩的家训：仕宦家训的峰巅

曾国藩（1811—1872），字伯涵，湖南湘乡人。道光进士，穆彰阿（1782—1856）门生。历任翰林侍讲学士、内阁学士和礼、兵、刑、吏部侍郎等职，与李鸿章、左宗棠创办江南制造局、福建马尾船政局等军事工业，是洋务派领袖之一。咸丰二年（1853）奉旨在家乡湖南办团练，以镇压太平天国农民起义。1870 年在直隶总督任内查办天津教案，残民媚外，受到国人谴责。被"封一等毅勇侯"，清"文臣封侯自是始"。死后"赠太傅，谥文正"。被赞为清代"中兴"名臣，颂为"事功本于学问，善以礼运。至谓汉之诸葛亮、唐之裴度、明之王守仁，殆无之过"。"其论学兼综汉、宋，以谓先王治世之道，经纬万端，一贯之以礼。……时举先世耕读之训，教诫其家。"[1] 他极重视家训，在《与弟书》（1842）中说："盖父亲以其所知者尽以教我，而我不能以我所知者尽教诸弟，是不孝之大者也。"[2] 以训诫子弟为大任，一生写下三百三十余封家书，为历代之最多者，流传很广，影响巨大。他死后七年（1879），湖南长沙传忠书局便刊行了《曾文正家书》。后来各地先后编纂出版有《曾国藩教子书》、《曾国藩与弟书》、《曾国藩家书》、《曾国藩全集·家书》等。

（一）"八好"、"六恼"，世守为训

曾国藩认识到家训有重要功能，认为它在很大程度上影响着子弟贤与不才，从而决定家业是否兴旺。他在 1866 年《致澄弟》中告诫其弟道："家中要得兴旺，全靠出贤子弟。若子弟不贤不才，虽多积银积钱积谷积产积书积衣，总是枉然。子弟之贤否，六分本于天生，四分由于

---

① 《清史稿·曾国藩传》。
② 邓云生点校：《曾国藩全集·家书》，岳麓书社 1985 年版，下引此书只注书信名。

家教。"人之贤否主要是指思想品德高尚与否。曾国藩说"天生占六分"，这是不符合能动的反映论原则的；但他认为家教占四分，肯定了父兄教育的作用，这是有积极意义的。他接着指出："吾家代代皆有世德明训，惟星冈公之教尤应谨守牢记。吾近将星冈公之家规编成八句云：'书、蔬、鱼、猪、考、早、扫、宝，常设常行，八者都好。地、命、医理、僧巫、祈祷、留客久住，六者俱恼。'……此八好六恼者，我家世世守之，永为家训。子孙虽愚，亦必略有范围也。"对于"八好"，曾国藩在 1860 年《致澄弟》中解释道："早者，起早也；扫者，扫屋也；考者，祖先祭祀"，敬奉考妣；"宝者，亲族邻里，时时周旋，贺喜吊丧，问疾济急，星冈公常曰人待人无价之宝也"。他将这"八好"又称之为"八字诀"，目的是用这种通俗的语言，"使后世子孙知吾兄弟家教，亦知吾兄弟风趣也"。

八好中前四好体现出曾氏一族的耕读家风，六恼的主要精神是反对封建迷信，相信自然科学。曾国藩在 1860 年《致澄弟》中劝导其弟说："吾祖星冈公在时，不信医药，不信僧巫，不信地仙。……今我辈兄弟亦宜略法此意，以绍家风。"在这里，僧指和尚、巫泛指巫婆神汉，即以各种招术装神弄鬼、驱邪祛病的骗人钱财者。地仙即所谓生活在人间的仙人，这里指以看风水、测阴阳等迷信活动为业的谋生者。曾国藩指责道："今年白玉堂做道场一次，已失家风矣。……信地仙一节，又与家风相背。至医药，则合家大小老幼，几乎无人不药，无药不贵。"[①]这种反对全家都用贵重药的思想是可取的。1864 年，他在《致澄弟》中再次强调恪守祖训："吾祖星冈公于僧道巫及堪舆星命之言皆不甚信，故凡不近情理之言不敢向之开口。以后吾家兄弟子侄，总以恪守星冈公之绳墨为要。"堪舆指以测风水吉凶搞迷信活动的人。星命术数者将人的生年、月、日、时配以天干地支以成八字，用天星运数附会人事、推算人的祸福穷达命运，是一种骗人的伪科学。曾国藩教导子弟反对堪舆

---

① 《致澄弟》，1860 年。

星命等封建迷信，在当时是难能可贵的。

与此同时，又要求子弟学一些自然科学知识。曾国藩虽然博览群书，但亦有科学知识贫乏等缺憾，并认为这是自己"三耻"之一："天文算学，毫无所知，虽恒星五纬亦不识认，一耻也"。对长子曾纪泽说："尔若为克家之子，当雪此三耻。推步算字，纵难通晓，恒星五纬，观认尚易。家中言天文之书，有《十七史》中各天文志，及《五礼通考》中所缉观象授时一种。每夜认明恒星二三座，不过数月可识毕矣。"①关于数学，他在 1865 年命长子："《几何原本》可先刷一百部"，后又寄去《几何原本序》供他学习。关于医药，他起先绝对否定，后来改为少吃药，其中有片面性，也有合理因素。曾国藩教子学习自然科学是与他的洋务活动一致的。他在给儿子的信中肯定李鸿章"创立上海、金陵两机器局，制造船炮，为中国自强之本，厥功之伟"。表示自己要"宏其绪而大其规"，着手建立翻译馆，以利于引进西方科技。不过，曾国藩主张学习西方科技知识，只是考虑器用的层面，并不涉及制度，并且是在中学为本、西学为用的指导思想下进行的。因此，在处理经书史籍与自然科学关系上，他更重视的是前者。

曾国藩将祖父"八好"家规，扩展为八本之教，即"读书以训诂为本，作诗以声调为本，事亲以得欢心为本，养生以戒恼怒为本，立身以不妄语为本，居家以不晏起为本，作官以不要钱为本，行军以不扰民为本。"补充了作诗、养生、立身、为官、治军方面的内容。他告诫其弟曾国潢道："此八本者，皆余阅历而确有把握之论，弟亦当教诸子侄谨记之。"因为"无论世之治乱，家之贫富，但能守星冈公之八字与余之八本，总不失为上等人家"②。

第一，以读书为本的自强自立教育。

读书为"八好"家规和"八本"之教之首，在曾国藩家训中占有重

---

① 《谕纪泽》，1858 年。
② 《致澄弟》，1861 年。

要地位。他在训导子侄、诸弟读书方面教诲甚多，内容十分丰富。指出："吾人只有进德、修业两事靠得住。进德，则孝悌仁义是也；修业，则诗文作字是也。此二者由我作主……今日进一分德，便算积了一升谷；明日修一分业，又算余了一分钱。德业并增，则家私日起。"① 德业并进的基础与根本是读书。他在 1859 年《致澄弟》中嘱咐道："家中读书事，弟亦宜常常留心。如甲五、科三等皆须读书，今晓文理，在乡能起稿，在外能写信，庶不失大家子弟风范。"

不过，读书并不是单纯为了个人与家庭，而应有更高的追求。读书要立大志，专业要效力朝廷："君子之立志也，有民胞物与之量，有内圣外王之业，而后不忝于父母之生，不愧为天地之完人。"一身之屈伸，一家之饥饱，世俗之荣辱得失贵贱毁誉，君子是没有时间去忧虑的。《大学》之三纲领都为我分内事，学了是要躬行的。"朝廷以制艺取士，亦谓其能代圣贤立言，必能明圣贤之理，行圣贤之行，可以居官莅民整躬率物也。若以明德、新民为分外事，则虽能文能诗，而于修己治人之道茫然不讲，朝廷用此等人作官，与用牧猪奴作官何以异哉？"② 因此，必须以自立自强之志指导读书，才能成就内圣外王之业。他训导其弟："自古帝王将相，无人不由自强自立做出，即为圣贤者，亦各有自立自强之道，故能独立不惧，确乎不拔。余……亦未始无挺然特立不畏强御之意。"③ 又教诫其侄："凡将相无种，圣贤豪杰亦无种，只要人肯立志，都可以做得到的。"④ 这种自强自立自主的思想在中国传统家训中是罕见的，它实际上是在内忧外患的境遇中，中国必须走富国强兵之路这一客观要求的反映。

在明确立大志读书的基础上，曾国藩针对子弟的不同情况，在价值导向、具体方法上给予训导，一是教子不要放浪自己，虚度光阴。1856

---

① 《致澄弟温弟沅弟季弟》，1844 年。
② 《致澄弟温弟沅弟季弟》，1842 年。
③ 《致沅弟季弟》，1862 年。
④ 《谕纪瑞》，1863 年。

年在《谕纪泽》中训诫长子说："尔今年十八岁，齿已渐长，而学业未见其益。"古人云劳则善心生，佚则淫心生，我忧虑你过于佚乐，现在正是读书的年龄，"一刻千金，切不可浪掷光阴"。二是教导子弟把握读书四法——看、读、写、作。在1858年又向他指出：此"四者每日缺一不可。看者，如尔去年看《史记》、《汉书》、《韩文》、《近思录》，今年看《周易折中》之类是也。读者，如《四书》、《书》、《易经》、《左传》诸经，《昭明文选》，李（白）、杜（甫）、韩（愈）、苏（轼）之诗，韩（愈）、欧（阳修）、曾（巩）、王（安石）之文，非高声朗诵不能得其雄伟之概，非密咏恬吟则不能探其深远之韵。""至于写字，正行篆隶，尔颇好之，切不可间断一日。既要求好，又要求快。"作诗文，如"作四书文，作试帖诗，作律赋，作古今体诗，作古文，作骈体文"，应"一一讲求，一一试为之。少年不可怕丑，须有狂者进取之趣"。"亦宜在二三十岁立定规模。"三是恒久、专精。劝诫道："学问之道无穷，而总以有恒为主。"只要每日有常，自有进境。"虽极忙，亦须了本日功课"，我"每日临帖百字，钞书百字，看书少亦二十页"。并不因"昨日耽搁而今日补做，明日有事而今日预做。"① 总之，读书用功不可太猛，但求有恒，好比温火煮肉一般。这就需要耐心："一句不通，不看下句；今日不能，明日再读；今年不精，明年再读，此所谓也。"恒久是为了专精。"求业之精，别无他法，日专而已矣。谚曰：'艺多不养身'，谓不专也。吾掘井多而无泉可饮，不专之咎也。……万不兼营并骛，兼营则必一无所能矣。"② 比如，学诗宜先学一体，不可各体同学；作诗宜先看一家集；"经则专守一经，史则专熟一代，读经史则专主义理"③。这些都是专精之法。

第二，"作官以不要钱为本"的从政道德教育。这是曾国藩八本之

---

① 《致澄弟温弟沅弟季弟》，1844年。
② 《致澄弟温弟沅弟季弟》，1842年。
③ 《致澄弟温弟沅弟季弟》，1843年。

教的第七本。讲德、修业的内圣外王之事，集中表现为求取功名。他训导儿子说："世家子弟既为秀才，断无不应科场之理；既入科场，恐诗文为同人所笑，断不可不切实用功。"① 他批评次子纪鸿："尔出外二年有奇，诗文全无长进。明年乡试，不可不认真讲求八股试帖。"命他辍弃诸事，"专在八股试帖上讲求"，以便参加"乡试"②。对诸侄亦如此："专心读书，宜以八股试帖为要，不可专恃荫生为基，总以乡试能列榜前，益为门户之光。"③ 曾国藩虽然在 1866 年《谕纪泽儿》中也向儿子讲过"读书乃寒士本业，切不可有官家风味。……莫作代代做官之想，须作代代做士民之想"，但这是从思想上作最坏的考虑，读书做官、求取功名利禄才是他的本意。他向诸弟指出：修业是为了卫身，而"卫生莫大于谋食"。士是劳心以求食者，"科名者，食禄之阶也"。虽然"食之得不得，穷通由天作主，予夺由人作主"，但"吾未见业果精而终不得食者也。农果力耕，虽有饥馑，必有丰年；商果积货，虽有雍滞，必有通时；士果能精其业，安见其终不得科名哉"④？可见，曾国藩训诫子弟读书、专业具有强烈的功利性。不过，这种功利性是合乎封建道德的。因为他的修业谋食是与进德治身、"讲求乎诚正修齐之道，以图无忝所生"、食而无愧结合在一起的。他要求子弟遵守官德，不"尸位素餐"，1849 年在《致澄弟温弟沅弟季弟》的信中说："予自三十岁以来，即以做官发财为可耻，以官囊积金遗子孙为可羞可恨，故私心立誓，总不靠做官发财以遗后人。"如果禄入较丰，就多周济亲戚族党，而决不蓄积银钱留给儿子。为什么？"盖儿子若贤，则不靠宦囊，亦能自觅衣饭；儿子若不肖，则多积一钱，渠将多造一孽，后来淫佚作恶，必且大玷家声。"希望"诸弟体察而深思焉"。

　　曾国藩劝诫诸弟为官不要追求金钱，不仅仅是为了全身免祸，更重

---

① 《谕纪泽、纪鸿》，1866 年。

② 《谕纪鸿》，1866 年。

③ 《谕纪瑞》，1863 年。

④ 《致澄弟温弟沅弟季弟》，1842 年。

要的是为清王朝"做成一个局面"。咸丰六年底至七年春,其三弟曾国荃(1824—1890)在配合他镇压太平天国起义军中屡屡得手,被清廷委以统吉安诸军,曾国藩去信鼓励他说:"人生适意之时,不可多得。弟现在上下交誉,军民咸服,颇称适意,不可错过机会,当尽心竭力,做成一个局面。"①劝他紧紧抓住机遇,尽心尽职,奋力拼搏,做出一番效忠清廷的大事业。曾国藩对国荃等治军多有劝诫,一是要防止自己与诸将傲气、惰怠。1860 年在《致沅弟季弟》中说:"大约军事之败,非傲即惰,二者必居其一,而以除'傲'字为第一义。"又问道:"弟军中诸将有傲气否? ……天下古今之庸人皆以一'惰'字致败;天下古今之才人,皆以一'傲'字致败。"二是以廉、谦、劳自惕。1862 年他在《致沅弟季弟》中说:"余以名位太隆,常恐祖宗留诒之福自我一人享尽,故将劳、谦、廉三字时时自惕,亦愿两贤弟之用以自惕。"廉字功夫,在"不妄取分毫,不寄银回家,不多赠亲族"。谦字功夫,宜于面色、言语、书函、仆从、随员上痛加克治,如"弟等每次来信,索取帐棚子药等件,常多讥讽之词,不平之语";"沅弟之随员颇有气焰"。对我如此,对他人更可想而知。他在 1863 年《致沅弟》中指出,我们"方鼎盛之时,委员在外,气焰熏灼,言语放肆,往往令人难近"。若放松管教,"不少敛抑",那委员与仆从等非闹出大祸是不会休止的。劳字功夫,宜"每日临睡之时,默数本日劳心者几件,劳力者几件,则知宣勤王事者无多,更竭诚以图之"②。三是不忮不求。"忮者,嫉贤害能,妨功争宠,所谓'忌者不能修,忌者畏人修'之类也。""忮"发生在那些自己不能善美的怠惰者与害怕别人善美的妒忌者身上。"忮不常见,每发露于名业相侔、势位相埒之人"身上,往往在名望、功业、权势、地位不相上下、势均力敌者之间发生与表现出来。"求者,贪利贪名,怀土怀惠,所谓'未得患得,既得患失'之类者也。""求"发生在那些

---

① 《致沅弟》,1858 年。
② 《致沅弟季弟》,1862 年。

名利没有得到时害怕得不到，得到后又害怕失去的贪求者身上。"求不常见，每发露于货财相接、仕进相妨之际"，往往在财利、仕途产生矛盾时发生与表现出来。曾国藩指出："忮求之心使人满心烦恼、满腔卑污、害己害人。"我对"此二者常加克治，恨未能扫除净尽。尔等欲心地干净，宜于此二者痛加工夫，并愿子孙世世戒之"①。在对子弟进行居官从政之道训导中，他对其三弟曾国荃的劝导最多，如1857年在给他的信中要他注意"用人不率冗，存心不自满"；为将必须具备四大端，"一曰知人善任，二曰善觇敌情；三曰临阵胆识，四曰营务整齐"。希望"贤弟当于此四端下功夫"，并用以考"察同僚及麾下之人才"②。这些带兵用人的道理是相当深刻的。曾国荃不负其望，后来仕途通达。

　　第三，以"三不"为本的为人处世教育。

　　曾国藩对其弟曾国潢"忠信见孚于众人"感到"可喜之至"，由此提出以"不贪财，不失信，不自是"为做人处事之本，指出："有此三者，自然鬼服神钦，到处人皆敬重"；若三者失一，"则不为人所与矣"③。不贪财就不会奢侈，不失信就会忠厚，不自是就不会骄横，在这基础上，就能培养起勤、俭、刚、明、忠、恕、谦、浑"八德"，以"慎独"、"主敬"、"求仁"、"习劳"四课④要求自己。在八德、四课共十二条目中，他最强调的是谦谨、敬恕。1864年《谕纪鸿》说："尔在外以'谦'、'谨'二字为主。世家子弟，门第过盛，万目所瞩。"又说："作人之道，圣人千言万语，大抵不外敬恕二字。"关于谦慎，1862年《致澄弟沅弟季弟》说："谦者骄之反也。""劳则不佚，谦则不骄，万善皆从此生矣。"谦、慎就是谦逊不傲、谨慎小心、处事畏惧。1863年《致澄弟》说："家门大盛，常存日慎一日而恐其不终之念，或可自保。否则，颠蹶之速，有非意计所能及者。"因此，他要求子弟为人切戒狂

---

① 《谕纪泽纪鸿》，1870年。

② 《致沅弟》，1857。

③ 《致澄弟沅弟季弟》，1848年。

④ 《日课四条》，1870年。

傲，处事不要张扬。如过生日时，"万不可宴客称庆"，收受礼物。曾国藩不仅自己"力辞"送礼者，还劝告曾国荃在军营中也要"婉辞而严却之"。同年，他在《谕纪鸿儿》中训诫次子不要利用高官子弟的身份搞特殊化；如坐船而行，"船上有大帅字旗，余未在船，不可误挂。经过府县各城，可避者略为避开，不可惊动官长，烦人应酬也"。在1869年《谕纪泽》中也训诫长子切忌猎取虚名，如散送钱财接济他人，不要留下姓名，致使他人知道；亦"不可捐为善举费"，以慈善赈济的名目公开。若借此获"清廉之名，尤恐折福也。"还要从小事、身边事做起，力戒傲惰，"戒傲以不大声骂仆从为首，戒惰以不晏起为首。"[1] 平时要平和待人，从培养"厚重"入手，这一气质的转变，"古称'金丹换骨'，余谓立志即丹也"[2]。厚重表现为待人接物时仪表庄重，与敬恕相接。曾国藩在1859年《谕纪泽》说：吾祖父"星冈公仪表绝人，全在一个重字。……尔之容止甚轻，是一大弊病，以后宜时时留心。无论行坐，均须重厚。"重厚在人格上，就是做"笃实人"，即忠厚老实人而不是投机取巧者。他在1858年《致沅弟》说：我饱经世故，"略参些机权作用，把自家学坏了"，现在猛省，正向平实处用力。贤弟"亦急须将笃实复还，万不可走入机巧一路，日趋日下也。纵人以巧诈来，我仍以浑含应之……若钩心斗角，相迎相距，则报复无己时耳。"官场如此，科举应试亦如此。他在1864年《谕纪鸿儿》中道："场前不可与州县来往，不可送条子，进身之始，务知自重。"防止与反对他考试找路子、走后门。

关于敬，他在1856年《谕纪鸿》中说：我"少时欠居敬工夫，至今犹不免偶有戏言戏动。尔宜举止端庄，言不妄发，则入德之基也。"并劝告诸弟不要怨天尤人，多言乱语，牢骚满腹，这不唯不端庄，而且

---

① 《致澄弟》，1867年。转引自成晓军等《宰相家训》，湖南人民出版社1994年版，第270页。
② 《谕纪泽、纪鸿》，1862年。

"牢骚太甚者，其后必多抑塞"，"无故而怨天，则天必不许；无故而尤人，则人必不服"，最后会使仕途遭到挫折。而"平心谦抑，可以早得科名，亦且养此和气，可以消减病患"①。就是说，端庄不是恃才傲物、盛气凌人，而是抑然自下、言忠信、行笃敬，否则，会为人所轻薄。曾国藩去世前一年勖勉二子的"日课四条"，其中第二条说："内而专静纯一，外而整齐严肃，敬之工夫也；出门如见大宾，使民如承大祭，敬之气象也；修己以安百姓，笃恭而天下平，敬之效验也。程子谓上下一于恭敬，则天地自位，万物自育，气无不和，四灵毕至，聪明睿智，皆由此出。"曾国藩对子弟为人处世的教育，突出了"门第过盛"时应特别防范的问题，反映了在政局动荡不定、官位沉浮难测的情况下，显姓大族顺则进取、逆则退守的需要。

第四，"以不晏起为本"的治家之道教育。

不晏起是曾氏治家之道的基础，居家八本之第六本，八字家规之第五规。它看似简单，实行却不易，其实质是倡勤反惰、尚勤抑奢。曾国藩训导侄儿道：吾家累世孝悌勤俭，祖辈"皆未明即起，竟日无片刻暇逸。……勤字工夫：第一贵早起，第二贵有恒。俭字工夫：第一莫穿华丽衣服，第二莫多用仆婢雇工"②。早起所寓之精神在勤劳，只有勤劳才能知衣食来之不易，父母养育儿女辛苦，从而知俭杜奢，知恩孝敬，确立起整个以勤俭为中心的治家之道。曾国藩 1856 年《字谕纪泽纪鸿儿》道："家之兴衰，人之穷通，皆于勤惰卜之。"子侄勤劳指以勤于读书为主，放下架子兼习农事，做家务，如打扫房屋，抹桌凳，不唤人取水、添茶，到田里收粪、割草、拾柴、插秧等。俭约包括节约费用，除省衣节食外，还有出外不坐轿、不摆阔气等。而这又与戒傲气相关。他在 1861 年《致澄侯四弟》中劝诫道："傲为凶德，惰为衰气，二者皆败家之道。戒惰莫如早起，戒傲莫如多走路少坐轿，望弟留心儆戒。"

① 《致澄弟温弟沅弟季弟》，1851 年。

② 《谕纪瑞》，1863 年。

教育妻女勤俭以敦厚家风是曾氏尤为关心之事。他在 1865 年《谕纪泽纪鸿儿》中说："凡家有不勤不俭者，验之于内眷而毕露。余在家深以妇女之奢逸为虑，尔二人立志撑持门户，亦宜自端内教始也。"次年又在《谕纪泽纪鸿儿》中说："历观古来世家久长者，男子须讲求耕、读二事，妇女须讲求纺绩、酒食二事。"因此，"吾屡教儿妇诸女亲主中馈"，"妇女纵不能精于烹调，必须常至厨房，必须讲求作酒醯醢、小菜、换茶之类，尔等亦须留心于莳蔬养鱼，此一家兴旺气象，断不可忽。纺绩虽不能多，亦不可间断。大房倡之，四房皆和之，家风自厚矣"。在这里，夫人应起组织领导与榜样表率作用。例如："家中遇祭，酒菜必须夫人率妇女亲自经手。……内而纺绩做小菜，外而蔬菜养鱼，款待人客，夫人均须留心。吾夫妇居心行事，各房子孙皆依以为榜样，不可不劳苦，不可不谨慎。"① 对于出嫁的女儿，曾国藩也严加管教，要求恪守妇道，勿轻夫家，孝顺公婆，敬事夫君，他说："余每见嫁女贪恋母家富贵而忘其翁姑者，其后必无好处。余家诸女，当教之孝顺翁姑，敬事丈夫，慎无重母家而轻夫家，效小家之陋习也。"② 其三女儿嫁给罗家，女婿性格较差，夫妇闹矛盾，曾国藩作家书嘱咐长子："罗婿性情可虑，然此无可如何之事，尔谆嘱三妹柔顺恭谨，不可有片语违忤。"三纲之道，"夫为妻纲"；"夫虽不贤，妻不可以不顺。吾家读书居官，世守礼义，尔当诰戒大妹、三妹忍耐顺受……以能耐劳忍气为要。吾服官多年，亦常在耐劳忍气四字上做功夫也"③。这里，曾国藩完全恪守封建礼教，把妇女置于从属男子的地位，没有一点时代气息。

除勤俭之外，曾国藩还劝诫子弟注重孝友、敦睦共处、不积钱财与善待邻里、亲族。他在 1866 年《致澄弟》中说："处兹乱世，钱愈多则患愈大，兄家与弟家总不宜多存现银现钱，每年足敷一年之用，便是天

---

① 《致欧阳夫人》，1866 年。
② 《谕纪鸿儿》，1863 年。
③ 《谕纪泽》，1863 年。

下之大富，人间之大福矣。"又说："凡家道所以可久者，不恃一时之官爵而恃长远之家规；不恃一二人之骤发，而恃大众之维持……老亲旧眷、贫贱族党不可怠慢，待贫者亦与富者一般，当盛时预作衰时之想，自有深固之基矣。"不过，远亲不如近邻，他1866年《谕纪泽儿》道："'有钱有酒款远亲，火烧盗抢喊四邻'，戒富贵之家不可敬远亲而慢近邻也。我家初移富圫，不可轻慢近邻，酒饭宜松，礼貌宜恭"，多行方便，无所吝啬。

第五，以"少恼怒为本"的养生教育。

曾国藩"兄弟体气皆不甚健，子侄尤多虚弱"，故家信中多有劝导养生之语。1866年在《致澄弟》中劝告道："养生之法约有五事：一曰眠食有恒，二曰惩忿，三曰节欲，四曰夜临睡洗脚，五曰每日两饭后各行三千步。"1871年，他又在《致澄弟沅弟》中提出教导儿辈的"养生六事"："一曰饭后千步，一曰将睡洗脚，一曰胸无恼怒，一曰静有常时，一曰习射有常时，一曰黎明吃白饭一碗不沾点菜。此皆闻诸老人，累试毫无流弊者，今亦望家中诸侄试行之。"曾国藩的养生之道以"少恼怒"为根本，以眠食为中心，以动静结合、养心与养身结合为特点，强调心理调节而不重视服药。1865年《谕纪泽纪鸿儿》："古以惩忿窒欲为养生要诀，惩忿即吾前信所谓少恼怒也，窒欲即吾前信所谓知节啬也。因好名好胜而用心太过，亦欲之类也。"他特别指出："节啬非独食色之性也，即读书用心，亦宜俭约，不使太过。"读书过于刻苦，不利养生，故"胸中不宜太苦，须活泼泼地，养得一段生机，亦去恼之道也。既戒恼怒，又知节啬，养生之道，已尽其在我者矣"[1]。曾氏的养生说，立论集中在"尽其在我，听其在天"二语，贯穿着顺其自然、饮食有节、起居有时、生活有规律的主线。他向儿子指出："寿之长短，病之有无，一概听其在天，不必多生妄想去计较他。"养生重在调整自身的气血运行，不能依赖药物，这种强调内因作用的思想是合理的。

---

[1] 《谕纪泽儿》，1865年。

但他因庸医害人而有时否定医药，不免带片面性。1860 年《字谕纪泽儿》说："药能治人，亦能害人。良医则活人者十之七，害人者十之三；庸医则害人者十之七，活人者十之三。余在乡在外，凡目所见者，皆庸医也。余深恐其害人，故近三年来，决计不服医生所开之方药，亦不令尔服乡医所开之方药。"不过，有病不服药是于养生无益而有害的，故他后来改为少服或慎服药。1865 年《谕纪泽儿》说："药虽有利，害亦随之，不可轻服。""凡多服药饵，求祷神祇，皆妄想也。"子弟有病，他不是劝他们放弃服药而是注意适当运动，调控好药疗与食疗的关系："每日饭后走数千步，是养生家第一要诀。""保养之法，亦惟在慎饮食、节嗜欲，断不在多服药也。"① 又说："后辈则夜饭不荤，专食蔬而不用肉汤，亦养生之宜，崇俭之道也。"②

不过，养生不是为了求仙长寿，而是为了治家利业，故不能无所事事。"养生与力学二者兼营并进，则志强而身亦不弱，或是家中振兴之象。"③

（二）训诫的原则、特点与方法

曾国藩家训既具有一般仕官世家教导子弟承继祖业的传统性，又带有动荡年代求生存图发展的时代性，前者表现出文化底蕴深，说理透彻，后者表现出着力于真才实学，见用于时，从而使纲常名教的训教有所淡化。如为了使子侄懂得勤劳毋逸的重要性，曾国藩采用了大量的历史故事与现实资料，进行正反比较，说明生活艰难、衣食不易："若农夫农妇，终岁勤动，以成数石之粟，数尺之布；而富贵之家终岁逸乐，不营一业，而食必珍馐，衣必锦绣，酣豢高眠，一呼百诺，此天下最不平之事，鬼神所不许也，其能久乎？"他指出：古代圣君贤相，如商汤、

---

① 《致澄弟》，1860 年。
② 《谕纪泽儿》，1865 年。
③ 《致澄弟沅弟》，1871 年。

文王、周公等，都无不勤劳自勉。周公作"《无逸》一篇，推之于勤则寿考，逸则夭亡"，无论为自己还是为天下，都必须习劳毋逸。"为一身计，则必操习技艺，磨炼筋骨，困知勉行，操心危虑，而后可以增智慧而长才识。"我在军中，"每见人有一材一技、能耐艰苦者，无不见用于人，见称于时"。相反，"其绝无材技、不惯作劳者，皆唾弃于时，饥冻就毙"。如果考虑深广一些，不为自己而"为天下计，则必己饥己溺，一夫不获，引为余辜。大禹之周乘四载，过门不入；墨子之摩顶放踵，以利天下，皆极俭以奉身，而极勤以救民。故荀子好称大禹、墨翟之行，以其勤劳也。"① 曾国藩尽管没有要求子侄放弃剥削生活，但他关于不劳而获是"天下最不平之事"和"操习技艺"、"自食其力"的必要性的教诲，是很有说服力的，也是有时代特色的。

关于家训的原则与方法，除了因材施教外，原则还有两条：一是爱之以德而不是爱之以姑息。劝告诸弟说："教之以勤俭，劝之以习劳守朴，爱兄弟以德也；丰衣美食，俯仰如意，爱兄弟以姑息也。姑息之爱，使兄弟惰肢体，长骄气，将来丧德亏行。是即率我兄弟以不孝也，吾不敢也。"② 二是以身作则，榜样示范。他本着身教重于言教的精神向诸弟表示："吾与诸弟惟思以身垂范而教子侄，不在诲言之谆谆也。"③ 在给夫人的家书中也说："吾夫妇居心行事，各房子孙皆依以为榜样，不可不劳苦，不可不谨慎。"④ 在诸子中，他要求长子起表率作用：若"泽儿习勤有恒，则诸弟七八人皆学样矣"⑤。方法有三则：一是布置任务，跟踪检查。如规定纪鸿"每日习字一百，阅《通鉴》五项，诵熟书一千书，三、八日一文一诗"⑥。这些要求细致具体，全面

---

① 《日课四条》，1871 年。

② 《致澄弟温弟沅弟季弟》，1849 年。

③ 《致澄弟温弟沅弟季弟》，1855 年。

④ 《致欧阳夫人》，1866 年。

⑤ 《谕纪泽纪鸿儿》，1866 年。

⑥ 《谕纪鸿》，1866 年。

周到，虽相当严格，但也留有余地，"此课极简，每日不过两时辰，即可完毕"。他注意检查督促，在家书中经常询问儿子读书的情况，凡回信中说完成任务、有进步的就表示欣慰，予以肯定；若怠惰未学，则进行批评。对家中诸妇也规定："早饭后，做小菜、点心、酒酱之类食事；巳午刻，纺花或绩麻衣事；中饭后，做针黹刺绣之类细工；酉刻（过二更后）做男鞋女鞋或缝衣粗工。"对这四大劳作，"吾亲自验功：食事则每日验一次；衣事则三日验一次……细工则五日验一次；粗工则每月验一次"①。二是以亲身体会引导。如当纪鸿学柳帖《琅邪碑》进步不快、颇感困惑时，他写信勉励道："余昔学颜、柳帖，临摹动辄数百纸，犹且一无所似。……四十八岁以后，习李北海《岳麓寺碑》，略有进境，然业历八年之久，临摹已过千纸，今尔用功未满一月，遂欲遽跻神妙耶？余于凡事皆用困知勉行工夫，尔不可求名太骤，求效太捷也。"②通观曾氏家书，这类谈经验、讲教训、诉悔恨的事可以说数不胜数，表现出摆事实、进道理、平等交流的特点。三是互相考核监督。曾国藩晚年衰弱多病，目疾日深，自知万难挽回，便将自己一生律己律人的经验，归纳提炼为"日课四条"：一曰"慎独则心安"；二曰"主敬则身强"；三曰"求仁则人悦"；四曰"习劳则神钦"，并"令二子各自勖勉，每夜以此四条相课，每月终以此四条相稽；仍寄诸侄共守，以期有成焉"。用这四条标准要求自己，并在每月末相互考核，以培养良好的德行。

（三）效果与影响

曾国藩对子弟的教导是成功的。其长子曾纪泽（1839—1890）诗、文、画俱佳，通过自学兼通英文、数学、乐律，成为清末著名的外交家。历任总理各国事务衙门行走，户、刑、吏等部侍郎。1878 年出使

---

① 《谕家中妇女》，1868 年。见《曾国藩家书》，湖南大学出版社 1989 年版，第 672 页。
② 《谕纪鸿》，1866 年。

英、法；1880 年兼任驻俄公使；1881 年赴俄京彼得堡谈判，修订《中俄伊犁条约》。中法战争中主张抗法。又与英人议定洋药税厘，为清廷"岁增银六百余万"①。次子曾纪鸿虽早亡，但在研究算学方面有相当成就，"与兄纪泽并精算术，尤神明于西人代数术。锐思勇进，创立新法，同辈多心折焉"。他"撰《对数详解》五卷，始明代数之理，为不知代数者开其先路。中言对数之理，末言对数之用，明作书之本意"②。孙曾文钧是诗人。曾孙曾宝荪、曾约农是教育家、学者。当然，从政治上看，其家训亦有消极的一面，如其弟曾国荃、曾国葆、曾国华在曾国藩的影响下都成为镇压太平军的将领，曾国华战死，曾国葆病"卒于军"；曾国荃（1824—1890）因有功而成为清朝大臣，历任陕西、山西巡抚、两广总督、两江总督，其孙曾广汉官至左副都御史。

曾国藩家训，无论对当时还是对后世，均发生了深远的影响。他曾将训导子弟治家从政的思想浓缩为"居官四败、居家四败"传示其同僚与下属。前者为：1. 昏庸懒惰而听任下属胡作非为者败；2. 傲慢狠毒、狂妄自大、自以为是者败；3. 贪婪卑鄙、肆无忌惮者败；4. 反复无常、诡计多端者败。后者为：1. 妇女奢侈淫佚者败；2. 子弟骄横傲慢懒散者败；3. 兄弟不和、矛盾重重者败；4. 侮辱师长、怠慢客人者败。清军将领彭玉麟（1816—1890）将这些训示视为至言，不仅写在绅带上，作为自我儆惕的座右铭，而且还时时用以劝导同辈，亦望其"子弟于听讼理案牍之时，刻刻凛之"③。与曾国藩一起搞洋务运动的左宗棠、李鸿章等也受其影响，在教诫子弟时也强调戒骄戒奢、立志自强、读书致用。如左宗棠（1812—1885）训导其子说："读书做人，先要立志，想古来圣贤豪杰是我者年纪时，是何气象？"④ 他也以"恒"字教儿孙读

---

① 《清史稿·曾纪泽传》。
② 《清史稿·曾纪鸿传》。
③ 转引自《中国家训精华》，上海社会科学出版社 1987 年版，第 507 页。
④ 《左文襄公家书》，1920 年上海版，第 10、53 页。

书："诸孙读书，只要有恒无间，不必加以迫促。"① "从曾国藩游，讲求经世之学"② 的李鸿章，亦以曾国藩家训中戒骄纵、倡俭敬恕等训其子弟，如："吾儿不可因恃父兄显贵而仗势欺人"③，"俭之一字，能定身之恒久"④。近代资产阶级改良运动领袖梁启超（1872—1929）对曾国藩的家训评价甚高，他说："孟子曰：'人皆可为尧舜'……吾不敢言。若曾文正之尽人皆可学焉而至，吾所敢言也。"⑤

毛泽东青年时代对曾国藩关于治学、理事要有恒而专的思想十分赞赏，他在 1915 年 6 月 25 日《致湘生信》中摘引了曾国藩 1875 年《致沅弟》信中检讨自己无恒弊病的话："吾阅性理书时，又好做文章；做文章时，又参以他务，以致百不一成。"认为"此言岂非金玉"⑥！并在 1917 年 8 月 23 日《致黎锦熙信》中表示："愚于近人，独服曾文正"⑦。薄一波在回忆刘伯承的文章中说，伯承元帅认为，曾国藩"其人不可取，但也不要因人废言。他的家书，也并非都是腐儒之见，其中有些见解，我看还是可以借鉴的"。比如劝其弟曾国荃，"一条是劝他戒躁，处事一定要沉着、冷静、多思；另一条是劝他要注意及早选拔替手，说'办大事者，以多选替手为第一义'"。薄一波认为，这两条"作为治军为政之道，不无道理"。这些评价无疑是恰当的，也是"一般持平的看法"⑧。可以说，《曾国藩家书》是与《颜氏家训》相比美的仕宦家训的成熟著作，是中国传统家训史上带有新时代特征的又一座丰碑。

---

① 《左文襄公家书》，1920 年上海版，第 10、53 页。
② 《清史稿·李鸿章传》。
③ 《清代四名人家书·论文儿》第 160 页，见《近代中国史料丛刊》第 63 辑，第 624 册。
④ 《致三弟》，见《近代中国史丛刊》，第 140 页。
⑤ 梁启超：《曾文正公嘉言钞序》，见《饮冰室合集》文集第十二册。
⑥ 《毛泽东早期文稿》，湖南出版社 1990 年版，第 7、85 页。
⑦ 同上。
⑧ 见钟叔河《曾国藩家书》重印序言，湖南大学出版社 1989 年版，第 2 页。

三、洋务派的家训：在守旧中出新

鸦片战争失败以后，在清朝统治阶级中，产生了一批"新"官僚，"他们完全承认'洋人'的厉害；承认清政府要能稳定内部的统治，必须向'洋人'学习一些本领，并且承认清朝统治要维持下去，必须和'洋人'搞好关系，宁可凡事让步吃亏，不宜惹起'洋人'的脾气。就在这样一批官僚的倡导下，产生了办'洋务'的风气。求助于外国军队而战胜了太平天国的曾国藩、左宗棠、李鸿章等人，就是办'洋务'的官僚代表。"①

洋务运动自 19 世纪 60 年代起，至 90 年代以甲午战争的失败而告结束，历时 30 年。这些洋务运动的领袖们打着"中学为体，西学为用"、"自强"、"富国"的旗号，提倡学习西方的科学技术，兴办了一些现代企业，建立了一些新式学堂，制造和购买了一些先进的枪炮舰船。然而，洋务派们并不是真正要走资本主义道路，而是借学习资本主义的某些东西，来为维护封建统治服务。但尽管如此，洋务运动还是有其积极意义的，洋务派领袖们还是要比封建统治阶级的旧官僚开明得多，这不仅表现在他们所从事的实际洋务运动中，而且表现在他们对子弟家人的家训教化上。

（一）洋务派领袖们的生平及其家训的主要内容

鉴于曾国藩的家训思想及其实践前一节已经阐述，本节只研究左宗棠、李鸿章、张之洞等人的家训。这里先对这几位洋务派主要代表人物的生平事迹作一简略的介绍：

左宗棠（1812—1885）字季高，湖南湘阴人。道光年间举人，咸丰十年（1860）由曾国藩推荐率领湘军赴江西、安徽等地攻打太平军，后

---

① 胡绳：《帝国主义与中国政治》，人民出版社 1978 年版，第 57 页。

来还镇压过捻军、回民起义军。历任浙江巡抚、闽浙总督、陕甘总督、军机大臣、两江总督。积极倡导洋务运动，创办了兰州机器织呢局等新式工业企业。1875 年复为钦差大臣时，督办新疆军务，率兵讨伐阿古柏，收复北疆、南疆领土，阻遏了俄、英对我新疆的侵略。有《左宗棠全集》。

李鸿章（1823—1901）字少荃，安徽合肥人。道光进士，改翰林院庶吉士，散馆授编修。太平军起义爆发后，他回家乡办团练抵抗太平军，后入曾国藩幕襄办营务。咸丰十一年（1861）奉命操练淮军，次年调上海，在英、法、美侵略者的支持下，对太平军发动猛烈进攻。因镇压太平军有功，升任江苏巡抚，后任直隶总督兼北洋通商事务大臣，掌握了清廷外交、军事、经济大权。死后谥文忠。作为洋务派的首领，李鸿章从 60 年代开始，先后开办了江南制造总局、金陵机器局、开平矿务局等一大批军事工业和民用工业。他深知西方科技、军事装备的先进，于是又积极创建北洋海军，创办新式学堂，派遣学生赴欧洲留学。作为掌管外交事务的大臣，他受命与西方列强谈判，签订了包括《马关条约》、《辛丑条约》在内的一系列丧权辱国的不平等条约。有《李文忠公全集》。

张之洞（1837—1909）字孝达，号香涛，晚号抱冰，直隶南皮（今属河北）人。同治进士，曾任翰林院侍讲学士、内阁学士等，后任山西巡抚、两广总督、湖广总督、两江总督、军机大臣等职。中法战争中，他起用老将冯子材击败法军；中日战争时，他力阻和议，要求变通陈法，购置新式武器以强军求强国。在洋务运动中，他主持开办了汉阳铁厂、湖北枪炮厂等现代企业，筹办了芦汉铁路、新式学堂等不少新政。他也对清朝末年教育的兴革起了重要的作用。在中西方文化的关系上，他提出了"旧学为体，新学为用"的主张，以维护封建道德秩序。同曾国藩、左宗棠、李鸿章一样，张之洞也镇压过反对清朝的人民革命运动，义和团运动时，他极力主张镇压，与刘坤一一起倡导可耻的"东南互保"，镇压了湖南、湖北的反洋教运动。有《张文襄公全集》。

　　这几位洋务运动代表人物的家训教化思想，主要体现在他们写给家人子弟的家书中，内容涉及范围很是广泛，现就其主要方面作些阐述。

　　1. 提倡经世济用之学，主张学习科技知识和西方先进的科学技术。

　　这是洋务派家训的突出特点之一。在清朝大臣中，洋务运动的领袖们得风气之先，眼光较之清朝的那些只知抱残守缺、夜郎自大的大臣要远得多，他们深知学以致用的重要，提倡学习科技知识和西方的先进文化、先进科学技术。这些思想体现在他们的奏折、文件中，也体现在他们的家训中。

　　洋务运动的领袖们以自己的现实经历，对科举制度进行了一定的反思，深切地感到国势日颓在很大程度上是人们读书追求科名造成的，因而他们主张培养有治国富民之学的人才。比如左宗棠在给儿子左孝威的信中就说："近来时事日坏，都由人才不佳。人才日少，由于专心做时下科名之学者多，留心本原之学者少。且人生精力有限，尽用之科名之学，到一旦大事当前，心神耗尽，胆气薄弱，反不如乡里粗才尚能集事，尚有担当。试看近时人才，有一从八股出身者否？八股愈做得入格，人才愈见庸下，此我阅历有得之言，非好骂时下自命为文人学士者也。"[1] 所以他在写给儿子的书信中反复嘱咐儿子读书贵在明理做人，不在求取功名。

　　曾国藩很重视学习科学知识，他说自己一生有三大耻辱，第一耻就是"独天文算学，毫无所知，虽恒星五纬亦不认识"。他要儿子立志洗刷掉自己的耻辱，学习一些天文观测知识和数学知识。[2]

　　李鸿章在给儿子的信中写道："年来国事日非，吾等执政，虽竭力谋强盛，然未见效，深为可叹！国人思想，受毒根深，忽然一旦变化，

---

① 《家书·诗文》，见《左宗棠全集》第十三册，岳麓书社1987年版，第20页。
② 参见曾国藩：《谕纪泽》，见徐彻等主编：《曾国藩家训》，辽宁古籍出版社1997年版，第279—280页。

固非易事，然受外人之凌辱，国人未能反省，非愚且钝乎？受人凌辱之原因，莫外乎不谙世事，墨守陈法，藏身于文字之间，而卑视工商。岂知世界文明，工商业较重于文字，窥各国之强盛，无独不然。"① 他提出要真正效仿，而不是走形式。他说："今当局者渐醒，于是有遣使出洋考察之议。然考察未能仿行，等于不察。欲仿行而假手于外人，等于不仿。"② 他主张像西方人那样，学切实有用之学，大力发展工商业，开办学校，以增强国力。

洋务运动的领袖们几乎都大力主张选派聪颖学子出国深造，甚至将自己的子弟送到国外学习。关于派留学生出国学习，从现存的资料看，是曾国藩等最早上书皇帝的。李鸿章就说"曾夫子涤生等有上疏拟选聪颖子弟出洋习艺事，各专所学，报效于国家也"③。他们还提倡学习外语，以加强对外交流。譬如，李鸿章在负责外交活动中，深感外语在对外交往中的重要，所以他奏请皇帝批准，在上海设立外国语言文字学馆，培养外语等方面的人才。他还极力动员儿子、侄儿甚至他的弟弟学习外语。在给儿子的信中，他说："吾儿待国学稍有成就，可来申学习西文。余未读蟹行文字，每与外人交涉，颇感困难，吾儿他日当尽力研求之。"④ 他还写信要其兄将侄子送来上海学习，以便"将来为国家效力"⑤。

在当时中国，张之洞属于有识见、有强烈爱国责任感的家长，他从国家兴亡的高度考虑儿子培养教育问题。1872 年中国政府派出了第一批赴美留学生，此后不久，张之洞便不顾父子别离的痛苦，将自己的儿子送到日本学习军事。儿子到日本半个月后，他写信表达了深切的思念之情，谈了自己将儿子送去留学的初衷，教育儿子要学好本领，将来为

---

① 《清代四名人家书·示文儿》第 174 页，见《近代中国史料丛刊》第 63 辑，第 624 册。
② 同上。
③ 同上。
④ 李鸿章：《谕文儿》，见《清代四名人家书》，第 164 页。
⑤ 李鸿章：《致翰章兄》，见《清代四名人家书》，第 163 页。

国出力。信中说："汝出门去国，已半月余矣。为父未尝一日忘汝。父母爱子，无微不至，其言恨不一日离汝，然必令汝出门者，盖欲汝用功上进，为后日国家干城之器，有用之才耳。方今国事扰攘，外寇纷来，边境屡失，腹地亦危。振兴之道，第一即在治国。治国之道不一，而练兵实为首端……然世事多艰，习武亦佳，因送汝东渡，入日本士官学校肄业，不与汝之性情相违。汝今既人此，应努力上进，尽得其奥。"① 他要儿子"务必养成一军人资格。汝之前途，正亦无有限量，国家正在用武之秋，汝只患不能自立，勿患人之不己知。志之，志之，勿忘，勿忘"②。

2. 为学之道的传授。

洋务派领袖们都是进士、举人出身，所以很重视对子弟学习方法、治学经验的传授。

左宗棠在写给子侄们的信中，给予了多方面的指导。这里仅以他写给儿子左孝威、左孝宽的一封家书为例，看看他对读书治学的见解。信中基本意思有以下几层：一是要立志。他说："读书做人，先要立志。想古来圣贤豪杰是我这般年纪时是何气象？是何学问？……心中要想个明白，立定主意，念念要学好，事事要学好。"③ 他强调"志患不立，尤患不坚……如果一心向上，有何事业不能做成"④？ 二是要"勤苦"。"读书更要勤苦，何也？百工技艺及医学、农学，均是一件事，道理尚易通晓。至吾儒读书，天地民物，莫非己任。宇宙古今事理，均须融澈于心，然后施为有本。"⑤ 三是要惜时。"人生读书之日最是难得，尔等有成与否，就在此数年上见分晓。"⑥ 四是要讲究"三到"的读书方法。

---

① 张之洞：《致儿子书》，见《清代四名人家书》第 133—134、134 页。
② 同上。
③ 《家书·诗文》，见《左宗棠全集》第十三册，第 8、8、9、9 页，岳麓书社 1987 年版。
④ 同上。
⑤ 同上。
⑥ 同上。

他说："读书要目到、口到、心到。尔读书不看清字画偏旁，不辨明句读，不记清首尾，是目不到也。喉、舌、唇、牙、齿五音并不清晰伶俐，朦胧含糊，听不明白，或多几字，或少几字，只图混过就是，是口不到也。经传精义奥旨初学固不能通，至于大略粗解原易明白，稍肯用心体会，一字求一字下落，一句求一句道理，一事求一事原委，虚字审其神气，实字测其义理，自然渐有所悟……总要将此心运在字里行间，时复思绎，乃为心到。"① 左宗棠的"三到"读书法是自己学习心得的总结，他强调学习应学思结合、心眼口并用是很有道理的。五是要交"诚实发愤"的同学。对于治学，交友也很重要。左宗棠告诉两个儿子："同学之友，如果诚实发愤，无妄言妄动，固宜引为同类。倘或不然，则同斋割席，勿与亲昵为要。"② 为了督促儿子们的学习，他还要他们将每日功课按月各写一本寄他查阅。仅从这封家书中，我们也足以看出左宗棠对子弟学习指导之细致全面。

李鸿章也在多篇家书中向子弟们传授了自己的治学心得。例如，在作文方面，他告诉儿子，阅读范文和练习作文都应该从记叙文开始，留心观察事物，而且要注意思想表达与文字运用的关系。他说："且夫思想为事实之母，今日学者所积之思想，他日皆将见诸事实者也。思想有不宜于事实者，则立身安保无自误误人之虑。是以读文宜先读记叙文字，作文亦先作记叙文字，参以文家法律，而平日要宜随时留心事物之实际。如此循序奋进，虽愚必明，虽柔必强，可预决焉。"③ 他特别强调熟读背诵名篇佳作对于作文的重要性，提出只有熟读、背诵若干篇范文，才能知道如何谋篇布局，如何运用文字。因而，"秉资虽有敏拙，习性虽有文野，而此熟读功夫，则不可少耳。"④ 再如，在读书方面，李鸿章根据自己的经验，告诫家人子弟读书要有耐性、韧劲。在写给弟

---

① 《家书·诗文》，见《左宗棠全集》第十三册，第7—8、10页，岳麓书社1987年版。
② 同上。
③ 李鸿章：《谕文儿》，见《清代四名人家书》第143页。
④ 李鸿章：《谕文儿》，见《清代四名人家书》第144、160页。

弟的信中，他说"一句不通，不看下句；今日不通，明日再读；今年不精，明年再读"①。他提出学识的积累是一个渐进的过程，且不进则退，故而要持之以恒。"学业才识不日进则日退，须随时随事留心着力为要。事无大小，均有一定当然之理，即事穷理，何处非学……果能日日留心，则一日有一日之长进；事事留心，则一事有一事之长进。由此日积月累，何患学业才识之不能及人也！"②

张之洞的家书保留下来的不多，有关学习方法的指导，主要在他写给在日本留学的儿子的信中。在《复儿子书》中，他要儿子明白，到日本"为求学也，求学宜先刻苦"；且"光阴可贵，求学不易"，要多加努力。尤为难得的是，张之洞教育儿子在学好功课的同时，要了解日本的世态民情，知民间之疾苦，不然，"即学成归国，亦必无一事能为，民情不知，世事不晓。晋帝之何不食肉糜，其病即在此也"③。

3. 修身处世的教诲。

如何修身处世做人也是洋务派代表人物家训中关注的一个问题。在这方面，最为突出的莫过于教训子弟力戒倨傲，勿恃贵凌人。究其原因，或许这些洋务派领袖均是功劳显赫、炙手可热的朝廷重臣，他们生怕家人子弟依靠自己的权势凌人傲物。也正因此，更使人感到他们对子弟教育的远见卓识。

李鸿章以自己的父亲穷困被人欺负、忍气吞声的事例，要儿子推己及人，"不可因恃父兄显贵而仗势欺人。尔知汝祖父穷乏之时，为人所凌暴，敢怒而不敢言。当念祖父之被困，而生反感焉"④。张之洞教育儿子，在海外学习更要注意修身做人，这是根本，"本之不存，学也何用"？⑤ 他

---

① 李鸿章：《致三弟》，见《清代四名人家书》第137页。

② 同上。

③ 《清代四名人家书》第135—136页。

④ 李鸿章：《谕文儿》，见《清代四名人家书》第144、160页。

⑤ 张之洞：《致儿子书》，见《清代四名人家书》第136、134、134、134页。

要儿子"克检其身心"①，注重品德修养。当然，他所谓的"本"是封建伦理道德之本。他谆谆教导儿子在国外一定要改掉依势傲人的不良品行，以下层人的身份自居，磨炼自己。他对儿子说："汝随余在两湖，固总督大人之贵介子也，无人不恭待汝。今则去国万里矣，汝平日所挟以傲人者，将不复可挟，万一不幸肇祸，反足贻堂上以忧。汝此后当自视为贫民，为贱卒，苦身戮力，以从事于所学，不特得学问上之益，而可借是磨炼身心，即后日得余之庇，毕业而后，得一官一职，亦可深知在下者之苦，而不致予智自雄。"② 信中还以自己虽是一品大员仍兢兢做人的体会，要儿子谨慎待人处世："余五旬外之人也，服官一品，名满天下，然犹兢兢也，常自恐惧，不敢放恣。汝随余久，当必亲炙之，勿自以为贵介子弟，而漫不经心，此则非余之所望于尔也，汝其慎之。"③

在这方面，左宗棠家书中的教诲最多。他反复告诉家人子弟，自己出身贫家，虽然现在做了高官，但子弟绝不能滋长骄矜习气。他说："吾家积代寒素，至吾身而上膺国家重寄，忝窃至此，尝用为惧……尔曹学业未成，遽忝科目，人以世家子弟相待，规益之言少入于耳，易长矜夸之气，惧流俗纨袴之习将自此而开也。"④ 在儿子孝威少年得志、科场考试取得好名次的时候，左宗棠写了几封信给儿子泼冷水，说儿子"才质不过中人"，要儿子戒骄戒躁，"尔宜自加省惧，断不可稍涉骄亢"⑤；"尔少年侥幸太早，断不可轻狂恣肆，一切言动均宜慎之又慎。凡近于名士气、公子气一派断不可效之，毋贻我忧"⑥。

在处世哲学的教诲上，洋务派领袖们注重的另一个方面就是勤俭戒

---

① 张之洞：《致儿子书》，见《清代四名人家书》第 136、134 页。
② 同上。
③ 同上。
④ 《家书·诗文》，见《左宗棠全集》第十三册，第 93—94、59、61 页，岳麓书社 1987 年版。
⑤ 同上。
⑥ 同上。

奢的教育。他们虽然官高位显，但都注意培养子弟勤勉自立、朴素节俭的品德。这其中左宗棠是尤为值得称道的一个。他在家书中经常向儿子讲述自己的清贫家史，讲述自己虽为军队将帅仍生活简朴的故事，要儿子永远不要沾染奢靡之风。他说："吾家积代寒素，先世苦况百纸不能详，尔母归我时，我已举于乡，境遇较前稍异，然吾与尔母言及先世艰窘之状，未尝不泣下沾襟也……自入军以来，非宴客不用海菜，穷冬犹衣缊袍，冀与士卒同此苦趣，亦念享受不可丰，恐先世所贻余福至吾身而折尽耳。古人训子弟以'咬得菜根，百事可做'，若吾家则更宜有进于此者，菜根视糠屑则已为可口矣。尔曹念之，忍效纨袴所为乎？"①

为了培养子弟自食其力、勤劳节俭的品质，防止子弟沾染仕宦的不良积习，左宗棠不但不给子弟留下多少家产，反而嘱告儿子早谋生计。他的俸银除了基本满足家用之外，多用来照顾宗党，周济贫穷。他在写给儿子孝宽的信中说："吾积世寒素，近乃称巨室。虽屡申儆不可沾染仕宦积习，而家用日增，已有不能樽节之势。我廉金不以肥家，有余辄随手散去，尔辈宜早自为谋。"② 他希望子孙都能自立，并不期望他们追求"高官显爵"。在多篇家书中他都表达了这一思想。他说："子孙能学吾之耕读为业，务本为怀，吾心慰矣。若必谓功名事业高官显爵无忝乃祖，此岂可期必之事，亦岂数见之事哉？或且以科名为门户计，为利禄计，则并耕读务本之素志而忘之，是谓不肖矣！"③ 左宗棠认为给子孙过多的财产不是好事，仅让他们生活一般即可，否则反倒害了子孙。他说，"吾之不以廉俸多寄尔曹，未为无见。尔曹能谨慎持家，不至困饿。若任意花销，以豪华为体面；恣情流荡，以沈溺为欢娱，则吾多积金，尔曹但多积过，所损不已大哉！"④

李鸿章和张之洞也同样重视子弟家人俭朴自立的教育。李鸿章深受

① 《家书·诗文》，见《左宗棠全集》第十三册，第 64、196、197、184 页。
② 同上。
③ 同上。
④ 同上。

曾国藩的影响，他引用曾国藩的家训教育弟弟要勤俭持家，说："俭之一字，能定人之恒久。"① 他还在给侄子的信中，将中国与西方的养老抚幼方式作了比较，称赞西方的"自养"，批评中国的大家庭模式不适合当今世界。他说："吾国则以五代同堂为美事，有祖父子孙曾，即年长成材，亦不得为户主，与地方国家毫无关系。是徒增家累，减国力，焉能适宜于此竞争之世乎？"② 张之洞在给留日儿子的复信中，对儿子四个月挥霍"千金"的行为给予了严厉的斥责，教育他养成节俭的品德。他告诉儿子，用钱事小，而养成奢侈糜烂的习惯就严重了。如果该花的钱，"虽每日百金，力亦足以供汝，特汝不应若是耳。求学之时，即若是其奢华无度，到学成问世，将何以继？况汝如此浪费，必非饮食之豪，起居之阔，必另有所消耗。一方之所消耗，则于学业一途，必有所弃，否则用功尚不逮，何有多大光阴，供汝浪费"③？他用《孟子》中"必先苦其心志，劳其筋骨，饿其体肤"那段话，教育儿子勤勉节俭，自觉以军人标准要求自己。他质问儿子："况汝军人也，军人应较常人吃苦尤甚，所以备戮力王家之用，今汝若此，岂军人之所应为？"他要儿子珍惜时间，勤奋求学，"庶几开支可省，不必节俭而自节俭；学业不荒，不欲努力而自努力。"④

在修身处世方面，他们还要子弟不得染上吃喝嫖赌的恶习。如左宗棠在多封信中都提醒儿子注意这方面的问题。他要儿子孝威谨慎交游："至交游必择其胜者，一言一动必慎其悔，尤为切近之图，断不可旷言高论，自蹈轻浮恶习；不可胡思乱作，致为下流之归。儿当谨记吾言，不复多告。"⑤ "至子弟好交结淫朋逸友，今日戏场，明日酒馆，甚至嫖赌、鸦片无事不为，是为下流种子。或喜看小说传奇，如《会真

---

① 李鸿章：《致三弟》，见《清代四名人家书》第 140 页。
② 李鸿章：《谕玉侄》，见《清代四名人家书》第 144 页。
③ 张之洞：《复儿子书》，见《清代四名人家书》第 135、136 页。
④ 同上。
⑤ 《家书·诗文》，见《左宗棠全集》第十三册，第 92 页。

记》、《红楼梦》等等，诲淫长惰，令人损德丧耻。此皆不肖之尤，固不必论。"① 这其中自然有封建主义的偏见，但留意不良事物对年幼子弟的负面影响，并提醒其加以注意，还是值得肯定的。

在做人上，他们还强调为人要正直，为官要清正，要讲究管理策略。如左宗棠多次告诫儿子，科考应靠自己的努力，不能通关节、走后门。他对儿子孝宽说："世俗之见方以子弟应试为有志上进，吾何必故持异论。但不可藉此广交游、务征逐、通关节为要，数者吾所憎也。恪遵功令，勿涉浮嚣，庶免耻辱。"② 他在儿子们参加乡试时，写信要儿子"不可要关节，切切"。③ 再如张之洞在致做官的侄子的信中，对如何处理与地方百姓、士绅关系等政务给予了具体指导。信中先肯定了侄子因当地年景不好而向上司请求减征赋税的做法，指出要体谅百姓艰难；然后他告诉侄子，只要自己为官清正，就不怕"刁民"、"劣绅"："即我复信亦仍是首劝减征也。江南棉花被灾关系甚重，不能不加体恤。至恶绅刁民只可随宜应付，良民颂声载道，公事无瑕可指，虽有强宗讼棍彼何能为？"④ 在这封信中，张之洞同时向侄子传授了刚柔相济的治政之道："至于绅士之十分狡很者，若自揣力不能锄去而降伏之则亦不能，不略用笼络驾驭之法，免致扰我政事。"⑤ 他信中还教育侄子要处理好与地方的关系，关键还是自己要能"克己恤民"；而要处理好与下属的关系，关键是自己要有正确的主张。他说："处处克己恤民，劣绅何从挟持煽动哉？侄能秉请减成征收又能捐巨金办理缉捕破重案，已是探骊得珠，闻之深为欣慰。勉力为之，必然与地方日臻浃洽。至于幕友门丁官亲书役，往往多以不可坏旧规、长刁风……邪说恶习务宜屏斥勿听，自定主意，至要！至要！须知声名功德是本官得，余光沾润是众人

---

① 《家书·诗文》，见《左宗棠全集》第十三册，第 65、197、192 页。

② 同上。

③ 同上。

④ 张之洞：《致侄子密》，见《张文襄公全集》第四册，中国书店 1990 年版，第 1040 页。

⑤ 同上。

得尔。"张之洞的观点是很有道理的。

4. 养生健体的教育。

古代传统家训中，谈及养生的不多，近代以来的家训中逐渐增多，这也从一个方面反映了社会的进步。洋务派中对家人子弟进行养生健体教育最多的当数曾国藩，左宗棠、李鸿章也在一些家书中向子弟家人灌输了一些科学养生保健的知识。曾国藩家训中的养生思想本书前已叙述，这里只就左宗棠、李鸿章家训中的养生理论及其实践指导作些介绍。

左宗棠在儿子左孝威生病后，他写了几封信对儿子给予疗病养生的具体指导。平实的话语中，富含着有价值的见解。如，信中说"吐血亦是常有之症，大约由热燥得者易治，由气分虚者次之，至禀赋不足，由阴虚得此者，非自己加意保养不能复元。保养之方，以节思虑、慎起居为最要，饮食寒暑又其次也。读书静坐，养气凝神，延年却病，无过此者"。① 他还写了长信具体指导儿子调理病体，要儿子不要有病乱投医、乱用药，并且阐述了"治"和"养"的关系，其中很有辩证法的思想。他说："杂投药剂不能治病，转以添病。专讲调摄不服药，亦恐元气日久虚竭，更不能支也。调养以节思虑为第一要义。"②

洋务派人物中，李鸿章是一个非常注重养生的人。他说："人虽有文章名誉金钱，而无强健之身体，亦何所用之。故养生之术不可不注意也。养生非求不死，求暂时之康健而处安乐之境耳。"③ 由于常去国外考察访问，他很留意当时国外的卫生保健和医学知识，并将其告诉自己的家人子弟。这里仅摘录他提出的养生健体应尽力避免的其中几项："每次食物，均不细嚼，且咽下甚速，使胃作咀嚼之功"；"终日坐卧，不甚运动，不出门户，不见日光"；"终年懒于洗浴，污垢堵塞皮肤几无

---

① 《家书·诗文》，见《左宗棠全集》第十三册，第 183、187 页。
② 同上。
③ 李鸿章：《致四弟》，见《清代四名人家书》，第 160 页。

排泄之功用"；"饮酒狂醉，使心脏积多脂肪，以致碍心跳动，是脑积血，或脑出血（卒中）之原因"。① 这些养生健体之道，显然是科学的。李鸿章活到近八十岁，不能说与他讲究养生之术没有关系。

（二）洋务派领袖们的家训对中国传统家训的发展

洋务派领袖人物虽是一些官僚、军阀、地主阶级和买办阶级的代表，他们屈服于帝国主义列强的淫威，其提倡洋务运动的目的也是为了借用西方资本主义的一些东西维护清朝的封建统治，将中国经济、政治纳入半封建、半殖民地的轨道，而且这种标榜"自强"的所谓"新政"，成效也很是有限，但是，他们在办理洋务的过程中，开阔了眼界，增长了对西方资本主义先进生产方式、教育制度、家庭模式的了解，这反映在他们的家训中，则对中国传统家训作了不少的发展。这种发展除了前面论及的新内容之外，还有以下三个方面。

1. 教育、培养子弟成材方面。

第一，教育的指导思想发生了重要变化。

以前的不少家训，为了怕子弟学坏，或者不让他们去城市定居，或者反对他们从事工商活动。而洋务派从他们的经历中，看到了世界发展趋势，看到了适者生存的客观现实，这些看法体现在他们的家训中，则是教育子弟、培养子弟成材的观念发生了重要的变化。他们不仅不再反对子孙生活在城市，反而要他们到经济文化发达的大城市开阔眼界，增长阅历；他们较易于接受新生事物，将子弟送到学校去接受新式教育；他们在一定程度上克服了自大的迂腐偏见，积极提倡学习外语，以便将来更好地向发达国家学习，加强对外交流；他们极力主张挑选一些聪明儿童到国外留学，甚至带头将子弟送到外国去，学习国外的先进科学、军事技术，等等。这都体现了家训作者们顺应历史潮流的一种较为开明

---

① 李鸿章：《致四弟》，见《清代四名人家书》，第160页。

的教子意识。

第二，主张读书与世事结合，提倡经世济用之学。

左宗棠最反对子弟成为只知读死书、不知世事的书呆子，强调读书与生活实际的联系。他说："但既读圣贤书，必先求识字，所谓识字者，非仅如近世汉学云云也。识得一字即行一字，方是善学。终日读书，而所行不逮一村农野夫，乃能言之鹦鹉耳。纵能掇巍科、跻通显，于世何益？于家何益？非惟无益，且有害也。"①

前面提到，洋务派的领袖们比那些顽固的守旧派更早地看到了科举制度的弊端，教育子弟要学习一些对国家、社会有用的知识。李鸿章认为中国落后的原因莫过于因循守旧，不务实学，轻视工商等济用之术。他对西方的务实教育给予高度评价，在给儿子的信中，他写道："西人学求实济，无论为士、为工、为兵，无不入塾读书，共明其理，习见其器，躬亲其事，各致其心思巧力，递相师受，期于月异而岁不同。"②注重经世济用之学的教育，是洋务派家训中教育观的一个特色。

第三，在教育方法上，注意因材施教。

这方面，曾国藩和张之洞最为突出。曾国藩很善于根据孩子的性格、气质和"天分"，进行针对性的指导，扬其之长，避其之短。对此，本书已经述及。张之洞的儿子自幼调皮好动，喜欢舞刀弄枪，如他所说"在书房中，一遇先生外出，即跳掷嬉笑，无所不为"③。对于这样的孩子，张之洞便打消了让他参加科举的念头，最后送儿子赴日本学习军事。正如他给儿子的信中所说："余固深知汝之性情，知决非科甲中人，故排万难以送汝入校，果也除体操外，绝无寸进。"正好国家也需要军事人才，故而将其送"入日本士官学校肄业，不与汝之性情相违"④。依据孩子的资质、性格、优势加以引导培养，无疑是促进孩子成材的正

① 《家书·诗文》，见《左宗棠全集》第十三册，第4—5页。
② 李鸿章：《示文儿》，见《清代四名人家书》，第174页。
③ 张之洞：《致儿子书》，见《清代四名人家书》，第133—134页。
④ 同上。

确途径。

第四，尊重教育规律，强调对孩子的培养教育应量力而行，而不要一味地督促、灌输。

左宗棠一再叮嘱儿子，对孙子的学习，不要规定过多课程，过分约束，要根据他们的年龄量力而行，给他们以自由。他说："诸孙读书，只要有恒无间，不必加以迫促。"① 孩子，"年齿尚小，每日工课断不可多，能念两百字只念一百字，能写百字只令写五十字。起坐听其自由，不可太加拘束。"② 他在很多家书中都强调这种观点。左宗棠认为，家长管束太严对孩子的身体健康和人格发展不利："丰孙读书如常，课程不必求多，亦不必过于拘束，陶氏诸孙亦然。以体质非佳，苦读能伤气，久坐能伤血。小时拘束太严，大来纵肆，反多不可收拾；或渐近憨骏，不晓世事，皆必有之患。"③ 左宗棠的见解，即便依据今天的教育科学理论看来，也是科学的。

2. 对中国传统文化的反思和对西方文明的认识方面。

洋务派领袖由于对西方国家的情况了解较多，他们对中西方文化、文明也进行了比较研究，对中国传统文化作了一定的反思。对认识较为深刻的是李鸿章。

李鸿章对中国传统文化的反思已经上升到寻找中国落后之精神源头的高度。比如，他在给侄子的信中就对作为封建纲常核心的"五伦"作了批判，认为它们已经不再适合中国社会发展的需要。他说："吾国自古相传之伦理，曰君臣，曰父子，曰夫妇，曰兄弟，曰朋友。此五者之纲纪，在家族封建时代，似可通行，然已不甚适当。故三代盛时，孔子亦只谓小康。洎乎封建既破为郡县，此五者之伦理，更觉其不当。况乎大地交通，国家种族之竞争愈烈，故吾之古伦理愈不适于世用。而吾国

---

① 《家书·诗文》，见《左宗棠全集》第十三册，第 196、144、197 页。

② 同上。

③ 同上。

人犹泥之，此地方所以不发达，邦国之所以日受人侮也。"①

接着，李鸿章将中国传统伦理观与西方的伦理观作了比较："夫吾国之所谓五伦，非有谬也，但不周备耳。今世界学者公认之伦理，大概为对于己、对于家庭、对于社会、对于邦国、对于世界，亦五大纲，而以个人与邦国之关系为最重。一国民法由此定，修身道德即以此为标准，此实吾国向者之伦理所不及也。"② 这封信中他还批评了中国重孝养、赖家庭而轻自立、轻自养的传统，认为应像西方那样"重自立，养老自有储蓄"，以便使孩子更好地为国家社会服务。他得出的结论是："一国法度当随时势为变，而道德即缘之为轻重。"

作为封建王朝的重臣，李鸿章对以儒家伦理为核心的中国传统文化的批判，是大胆的，难能可贵的，其观点有可取之处。

3. 以家书教训家人子弟，是家训形式上的一大发展。

以家书教诫子弟家人，虽然古已有之，但篇幅不多，内容也不全面。清代以来，这种情况发生了明显变化。论其原因，一是因为商品经济的发展使人们客居他乡，书信成了交流的一种重要方式；二是近代邮政业的发展，也使书信的传递变得较为便捷。这也从一个方面体现了社会的进步。洋务派领袖们的家训之所以基本上采取家书的形式教家训子，更主要的原因如本书前已述及的，是由于长期在外为官，军务、政务繁忙，不可能撰写像《郑氏规范》、《孝友堂家训》之类的系统家训著作，只好采取这种方式对子弟家人予以教育、指导。所以在他们的家训中，家书的篇幅虽长短不一，但内容却极为丰富广泛，涉及读书治学、修身做人、治家理财、勤劳节俭、谨守门风、和睦乡党、处世之道、报国恤民、从政治事甚至学诗作文、养生保健、书法艺术诸多方面，特别是曾国藩、左宗棠的家书最为突出。

这些家书，或者是教诲一个子弟；或者是传与全家阅读；或者要求

---

① 李鸿章：《谕玉侄》，见《清代四名人家书》，第 144 页。
② 同上。

子弟置于案头，作座右铭，日常对照；或者要他们抄写数份，各作提醒之用。左宗棠就曾这样要求儿子孝威，要他将自己论述道德修养、保持清贫家风，力戒骄傲、奢侈、嫖赌等不良习气内容的家书："别写一通，携之案头，时加省览，如日与我对，庶免我忧。此帖亦宜与润儿及癸叟、世延传观，并各抄一份，俾悉我意。"①

地主阶级中的开明之士尽管为传统家训带来了一股清风，对封建道德也有一定程度的批评，但并未从根本上动摇纲常名教，因而挽救不了它在总体上的衰颓之势。

导致这一发展趋势的原因是多方面的：其一，伴随着封建制度的日薄西山、封建官僚体制的腐朽，封建大家庭也逐渐解体，代之而起的小家庭则逐渐增多，这就使得传统家训的规范和约束作用明显削弱。关于这一点，我们可以在封建统治阶级为维护其统治而制订的法律中看得很清楚。比如，历代法律中对子孙另立门户都有严格的限制，从《唐律》开始，规定父祖在世而擅自分家析产或侵吞同居家庭的财产，要处以不孝罪，给以三年徒刑的惩罚。许多家法、家规亦然，如《郑氏规范》就规定："子孙倘私置田业，私积货泉，事迹显然彰著，众得言之家长，家长率众告于祠堂，击鼓声罪而榜于壁，更邀其所与亲朋告语之，所私便即拘纳公堂，有不服者，告官以不孝论。"② 但这种情况到了清代发生了很大变化。《大清民律草案》第七条中对分家异财仅规定为："父母在，欲别立户籍者，须经父母允许"，并不像以前法律那样，明确规定有父母若不同意可告官惩治的条文。清末，兄弟乃至父子分财别居已成为普遍现象，儿子赡养父母也带有了更多的功利色彩，亲属间的血缘关系淡化。据道光年间（1821—1850）的文献记载，四川各州县兄弟分家之后，"其父母分食诸子，按月计日，不肯稍逾期"；兄弟间为争夺遗

① 《家书·诗文》，见《左宗棠全集》第十三册，第65页。
② 《丛书集成初编》第975册，中华书局1985年版。

产，经常"争讼不已"①。此外，大家庭、大家族的衰落，族人贫富分化悬殊等也使得不少地方宗法关系松弛，宗法伦理的神圣性已风光不再，宗祠、族长在调节族人关系、施行宗族教化中的作用也逐渐削弱。

其二，反封建思潮的兴起及其对封建纲常礼教的抨击，导致传统家训内容及教化方式的变革要求日渐强烈。清朝末期，封建王朝对外投降卖国、对内镇压的面目，日益暴露在国人面前，一些放眼看世界的有识之士顺历史潮流而动，对维护腐朽没落的封建制度、以"三纲"为核心的封建伦理道德进行了猛烈的批判，使得传统家训指导思想的神圣性发生了动摇。实际上，早在鸦片战争之前，反对封建专制和宋明理学的启蒙思想家戴震等就对"杀人"的封建礼教进行了抨击。鸦片战争后爆发的历时十四年之久的太平天国运动，其男女平等、贫富平均思想也对封建道德进行了冲击。以龚自珍、魏源等为代表的地主阶级改革派，以康有为、梁启超、谭嗣同、严复为代表的资产阶级改良派，以孙中山、章太炎为代表的资产阶级革命派都一次次地展开了对封建伦理纲常的批判和斗争。这些批判和斗争，将封建纲常礼教之网冲撞得千疮百孔，大大地启发了民众觉悟，对帮助他们认清封建伦理道德不合人类理性、不合时代要求的腐朽性质起了很大的作用。比如，维新运动领袖谭嗣同就指出"君为臣纲"的说教是毫无根据的，是本末倒置的愚民思想，他大声疾呼"冲决伦常之网罗"②。戊戌变法运动的另一代表人物康有为更是在其《大同书》中公开宣扬"去家界"的思想，主张男女平等，各自独立。资产阶级革命派明确喊出了"家庭革命"的口号，呼吁变革传统家庭制度。这类观念的变革，尤其是随着清王朝的倒台和民国的成立，旧的家庭制度及其家庭管理制度、子女教育方式等等都发生了革命性的变化。家庭的转型和新式教育的实行，都对家训内容、方式提出了新的要求。这一阶段载于民间家谱中的家训、族规数量不少，但多大同小异，

---

① 参见张澍：《蜀典》，见光绪《新繁县乡土志》卷五。
② 谭嗣同：《仁学》，见《谭嗣同全集》第4页。

基本上是旧内容的重复，新意创见不多；像以前那样内容系统、教育与操作相结合的家训名篇已极为鲜见。不少家训的内容主要是关于祖先祭祀、祖宗坟墓的维护、祭田族产的安排等琐事的规定。这样，传统家训从内容到教化方式、方法上都跟不上社会的进程，需要改革和发展。

其三，辛亥革命推翻了封建王朝，更是动摇了传统家训的根基，旧的家训为新型家训所取代已经成为必然。封建君主制度的灭亡，共和政体的建立，正如吴虞所说，"专制时代剩下的那些绅士遗老"，"觉得共和时代把他们信仰为天经地义的三纲五伦淘汰成了二纲四伦"。① 在反帝反封建的民主革命过程中产生的爱国主义与民族主义，以继承革命遗志、建立民国为目标的革命家家训，使得以培养忠臣孝子、贞女烈妇、保家全身为主要目的的传统家训发生了本质的变化；同时，用以维护封建秩序的道德规范体系的瓦解及其教化功能的逐步削弱，也使得旧式家训发展为新型家训具有了客观依据。

---

① 吴虞：《道家法家均反对旧道德说》。

第三十九章
清代后期的家训（二）：家训之开拓、转型

在传统家训总体上没落的同时，家训的新芽在孕育、成长。随着甲午战争的失败、洋务运动的破产，资产阶级改良派要求变法维新的呼声一浪高过一浪。与此相适应，维新派人士突破了传统家训的藩篱，他们在洋务派家训思想的基础上进一步开拓，而辛亥革命派人物义继续予以丰富完善，促进了传统家训的近代转型。

一、维新派的家训

甲午战争失败后签定的《马关条约》，使国人异常悲愤。谭嗣同当场失声痛哭，认为中国之亡，旦夕即至，他痛斥签订此约是"竟忍四百兆人民之身家性命，一举而弃之。"将"中国之生死命脉，唯恐不尽授之于人。"[①] 爱国知识分子直面现实，回顾历史，认真探求，认识到固守旧章不能挽救中国，只有仿照欧美、日本变法方能图强。于是，康有为、梁启超、谭嗣同等掀起了戊戌变法运动。维新派的思想也反映在其

① 谭嗣同：《谭嗣同全集·上欧阳中鹄书》，中华书局1981年版，第155页。

家训中。

（一）郑观应的家训

郑观应（1842—1922）原名官应，字正翔，号陶斋，别号罗浮待鹤山人。十七岁时到上海学习经商，曾在英商宝顺洋行、太古轮船公司任买办。在与外商的交往中，他认识到振兴工商业才是富国之策，故致力于发展民族工业，历任上海机器织布局、轮船招商局、上海电报局、汉阳铁厂、粤汉铁路公司总办。他是一位关心时务的爱国实业家，又是早期资产阶级改良主义思想家。目睹帝国主义列强的欺侮、掠夺和清政府的腐败无能，他逐渐产生了强烈的维新变法思想，强调要富国强兵，就要向西方学习，改变封建专制，实行君主立宪。主张加快开办新式学校，以培养实用人才。他还提出了种种发展资本主义工商业的措施。这些思想主要反映在他著的《盛世危言》这部极有影响的著作中。辛亥革命后，他鄙视袁世凯复辟帝制。但晚年思想却趋于保守。

与其生活经历相关，郑观应的家训思想及其实践最突出地体现在下述四个方面：

第一，经世济用、自立自强的教育。

郑观应是近代中国较有远见的实业家和对西学了解较多的知识分子，他深知要在"物竞天择、适者生存"的环境中自立于世，就要依靠自己的奋斗，自强不息。他告诉儿女"处适者生存之时代而不为天演所淘汰者，首贵自立……凡人之生，无论贫富，自食其力，若藉父兄之庇荫、戚族之周恤，虽丰衣美食亦可耻也"。[①] 他盛赞西方国家对成年子弟不再提供生活帮助的普遍做法，认为这有利于培养他们自立于世的能力。郑观应把不资助毕业或不再求学的子弟作为"家规"来执行，指出："我知二十世纪觅食维艰，故定家规，甚望我子孙各精一艺，凡子

---

① 郑观应：《训儿女书》，见《郑观应集》下册，上海人民出版社1988年版，第1199页。

孙读书毕业后及二十一岁后不愿入专门学堂读书者，应令自谋生路，父母不再资助，循西例也。"① 这在封建传统根深蒂固的中国，的确是开明之见。

如何培养家人子弟的自立能力？郑观应规定："无论男女，除读书外，必日有手艺进款，勿使饱食终日，无所用心，奢侈无度。"② 郑观应告诫子弟要读有用之书，学经世济用之术，至少要有谋生的一种手艺、职业。在寄赠留学日本的子侄们的诗中，他写道："立志在青年，老来悔已晚。须观有用书，学业身之本。蜘蛛能结网，仰食愧为人。一艺不能学，何由寄此身！"③

第二，职业道德的熏陶。

长期从事工商业的实践，郑观应很重视对子弟进行职业伦理的教化和这方面经验教训的传授。在职业道德的教育上，郑观应认为，各种职业都要讲究职业道德，否则就很难将从事的职业进行下去。他说："无论何种事业，何种族，若无道德而欲存在于世界，戛戛其难。盖道也者，不可须臾离也。"④ 工商业必然有竞争，如何在从业过程中处理与他人的关系呢？郑观应说："近世商界、政界正中外交争剧烈之时，吾人设献身其间，如精神智慧不足，即处于劣败地位；精神智慧即足，而无道德以贯注于其间，虽极一世之雄，然不过如石火电光，转瞬即归乌有。盖无道德而欲久享世界之幸福，断断乎未之有也。"⑤ 这就是说，职业竞争中讲究道德很重要，只有这样才有信誉，才可能在竞争中立于不败之地。

郑观应还告诉子弟，做人应将道德放在首位，无论求名求利，都应取之有道。他说："惟今初置身子社会，将来无论求名求利，均当以道

---

① 郑观应：《待鹤老人嘱书》，见《郑观应集》下册，第 1487 页。
② 郑观应：《致天津翼之五弟书》，见《郑观应集》下册，第 1183 页。
③ 郑观应：《训子侄肄业日本者》，见《郑观应集》下册，第 1380 页。
④ 郑观应：《训次儿润潮书》，见《郑观应集》下册，第 1206 页。
⑤ 同上。

德为根据。诚如先哲云：'不为财色所困方是英雄。'设立道德而得名利，虽备极显荣，亦当草芥视之，所谓不以其道得之不处也。"①

第三，经商经验和处世方法的传授。

为了培养子女们从事工商业的能力，郑观应要他们"勿论薪水多少、有无，先于大公司处学习，以图上进"②。他还结合自己从事工商业活动的经验和教训，在家训中给子弟以具体的指导。比如，为了使子女在生意场上识破骗术，谨慎从事，他在留给子女的遗嘱中就将一生五次受骗的经历作了详细记载，叮嘱他们："知骗术稀奇，人情险诈，银钱交易宜谨慎也。"③ 对于金钱交易活动，他告诉子弟应慎之又慎，并具体交代了种种需加注意的方面："日中行事无论贤否亲疏，所收银钱必须当面点明，收藏妥当，不可草率乱放，恐顾此失彼，非惟忙中有错，且恐事后忘却也。所交银钱要件必须真正亲笔收条。不可大意，一则恐日后不认，二则备将来稽查。吕端大事不糊涂，诸葛一生惟谨慎，古之伟人尚且如此，何况我辈？"④

在处世方法上，郑观应也给子弟多方面的指导。其中主要的是要他们慎于交友、谦和待人、大度忍让，等等。他在《训子》诗中写道："静观世态感炎凉，腹剑还防笑里藏。莫漫逢人结知己，耳余列传细参详"；"画虎不成反类犬，文渊示子诚粗豪。先贤家训宜多读，谨守谦和法最高"。⑤ 他要子弟待人慈祥宽厚，行善戒恶。他说："慈祥恺恻之人，世皆钦爱。善气相感，自多如吉祥之事，纵有时不幸而值祸患，而世之爱之护之者群焉相助，自能转祸为福，此所谓作善降祥也。凶暴溪刻之人，世皆怨恶。恶气相召，自多乖戾，悖逆之事纵有时福机偶至，而世之怨之怨之者群焉相攻而阻之，俾其事不成，此所谓不善降殃也。

---

① 郑观应：《训次儿润潮书》，见《郑观应集》下册，第 1207 页。
② 郑观应：《待鹤老人嘱书》，见《郑观应集》下册，第 1503、1484、1202、1365 页。
③ 同上。
④ 同上。
⑤ 同上。

降祥降殃，皆自降之，非天降之也……然则世之为善者非为人便，实亦自便而已。不必邀福，亦尽其分之所当为而已。"① 郑观应从利己利人的角度解释善恶相报的问题，很有新意。他要家人对无关原则问题的小事，应宽容忍让："如事无大碍，宜坚忍勿辩。"②

第四，卫生保健知识的教诲。

卫生保健的教育也是郑观应家训中的一项内容，他还将其列入遗嘱，要子孙恪守。他还用韵语编成《卫生歌》，教育子弟"欲节精神壮，体操筋骨强。晚食宜少进，晨酒勿多尝……"③ 他结合自己的养生经验提出了"度德量力"、适中不过的养生原则，即以"不伤"为要。"伤之一字包括甚广，非独五味七情过多为伤，即如才所不逮而困思之为伤，力所不胜而举之为伤，汲汲所欲之为伤，久谈言笑之为伤，寝息失时之为伤，沉醉呕吐之为伤……"④

（二）严复的家训

严复（1854—1921）字又陵，又字几道，福建侯官（今闽侯）人。幼年家贫，以第一名考取福州船政学堂，后留学英国格林尼次海军大学。归国后先任福州船政学堂教习，不久任天津北洋水师学堂总教习（教务长），后升总办（校长）。在英国留学时，他就注意学习西方的哲学、社会科学知识，研究资产阶级的政治学说，以图借鉴；甲午战败后，在天津《直报》上发表《原强》、《救亡决论》等系列论文，抨击封建君主专制制度，极力主张维新变法，向西方学习。1898 年严复翻译出版了其在 1895 年译成的赫胥黎的《天演论》，目的是以进化论的"物竞天择"，"优胜劣败"的道理，唤醒国人救亡图存，变法自强。严复是

① 郑观应：《训子任》，见《郑观应集》下册，第 225 页。
② 郑观应：《致天津翼之五弟书》，见《郑观应集》下册，第 1184、1389 页。
③ 同上。
④ 郑观应：《致月岩石四弟书并寄示次儿润潮》，见《郑观应集》下册，第 108 页。

近代中国著名的启蒙思想家，毛泽东在《论人民民主专政》一文中，将他与洪秀全、康有为、孙中山并称为中国共产党诞生之前向西方寻求真理的代表人物。戊戌政变后，严复翻译和介绍了不少西方资产阶级政治学、经济学等名著。辛亥革命后，思想日趋保守，主张尊孔读经，赞成恢复帝制，反对共和。译著有《侯官严氏丛刻》、《严译名著丛刊》等。严复的家训思想主要体现在他写给子女、家人的大量家书中。

1. "开民智"的教育观熏陶。

作为启蒙思想家的杰出代表，严复认为中国的落后在于国民素质的低下。要提高国民素质，振兴中华，就要"鼓民力、开民智、新民德"，这实际上涉及民众的身体素质、知识能力、思想道德观念三个方面。在三者关系中，严复将"开民智"放在第一位。为此，他对教育极为重视，提出了教育救国的主张。或许与他长期从事教育工作有关，这一观点贯穿于他一生的思想中，在家训中亦然。在给弟弟的信中，他对甲午战争的失败作了这样的评论："中国甚属岌岌，过此何必兵战，只甲午兵费一端已足蒇事。洋债皆金，而金日贵无贱时，二万万即七万万可也。哀此穷黎，何以堪此！前此尚谓有能者出，庶几有瘳，今则谓虽有圣者，无救灭亡也。中国不治之疾尚是在学问上，民智既下，所以不足自立于物竞之际。"[1] 此外，严复还提出了大兴女学的主张，他自己对女儿的教育也与对儿子们一样重视。

严复对中西文化、中西教育作了比较，对西方学求务实极为推崇，认为是"治国明民之道"。这种观点，除了他的论著之外，在其家书中也有反映。如在给长子严璩的信中他这样评论道："我近来因不与外事，得有时日多看西书，觉世间惟有此种是真实事业，必通之而后有以知天地之所以位、万物之所以化育，而治国明民之道，皆舍之莫由，所以莫复尚之也。且其学绝驯实，不可顿悟，必层累阶级，而后有以通其微。及其既通，则八面受敌，无施不可。以中国之糟粕方之，虽其间偶有所

---

① 严复：《与五弟书》，见《严复集》第三册，中华书局 1986 年版，第 733 页。

明，而散总之异，纯杂之分，真伪之判，真不可同日而语也。"① 这种看法尽管未必全面，但却是极有道理的。正是对于西方务实教育的认识，他将大儿子严璩送到英国留学。

2. 具体的治学方法和敬业修德的训示。

学习方面的指导更是具体、详尽。家书中从读书、作文到书法练习、错字批改，从学习方法的指导到惜时、勤奋的教诲，从书本知识的学习到社会实践的历练无不涵盖在内。

比如读书作文方面的指导。严复是一个学贯中西的学者，他在家训中也教导子弟注意文理、中西学问的渗透。四子严璿在唐山工业学校读书时，他写信给儿子，要他学习现代科学知识的同时，不要忽视国学。他说："现开学伊始，功课宜不甚殷，暇时仍当料理旧学，勿任抛荒。闻看《通鉴》，自属甚佳；但《左传》尚未卒业，仍应排日点诵，即不能背，只令遍数读足亦可。文字有不解处，可就近请教伯曜或信问先生，庶无半途废业之叹。"② 他还在信中与儿子平等地探讨诗的问题："仲永二诗早已见示，羧庵来亦见之，以为有笔。儿言其滑，固然，但请问如何然后为滑。夫滑者，徒唱虚腔，而无作意之谓也。诗有真意，便不为滑，使无真意，学东坡固滑，学山谷亦滑，江西派乃更多不可耐恶调也。"③ 当严璿的英文学习遇到困难时，严复告诉儿子："学问之道，水到渠成，但不间断，时至自见。"④

再如学识历练的指导。严复认为，人的学识"受益于学堂者十之四，收效于阅历者十之六"⑤。基于这一点，他特别强调书本的学习要与实际结合，在历练中增长知识和能力。他鼓励儿子假期出去游历，他说："大抵少年能以旅行观览山水名胜为乐，乃极佳事，因此中不但怡

---

① 严复：《与长子严璩书》一，见《严复集》第三册，第780页。
② 严复：《与四子严璿书》一，见《严复集》第三册，第807页。
③ 严复：《与三子严琥书》七，见《严复集》第三册，第800页。
④ 严复：《与四子严璿书》七，见《严复集》第三册，第812页。
⑤ 严复：《实业教育》，见《严复集》第一册，第207页。

神遣日，且能增进许多阅历学问，激发多少志气，更无论太史公文得江山之助者矣。"① 但他同时指导儿子在游历之前一定预备一些相关的历史、地理等方面的知识，这样的游历才更有收获。他还要儿子在社会生活中学习社会，在谈到将四子严璇送去唐山读书的初衷时他说："儿年齿甚稚，初次离所亲以入社会，吾与汝母，（经）极悬悬，不但起居饮食，知儿必将觉苦而已。惟是男儿志在四方，世故人情，皆为学问，不得不令儿早离膝下，往后阅历一番，盖不徒堂课科学，为今日当务之急也。"②

还如书法指导。家书中他对儿子的书法给予了很多具体指导，如他要四子严璇练习书法应多临欧阳询、柳公权等人的字，这样方能成就更快："儿书，学赵文敏及灵飞经等，固佳。但结体颇患散漫，如此学去，恐难进步。吾意须临欧、柳或圭峰之类，将字体打得苍劲、遒紧方佳。"③ 他还提出了书法的四条基本原则，一是功夫："凡学书，须知五成功夫存于笔墨，钝刀利手之说万不足信"；二是执笔："须讲执笔之术，大要不出'指实掌虚'四字"；三是用笔："用笔无他谬巧，只要不与笔毫为难，写字时锋在画中，毫铺在纸上"；四是结体："结体最繁，然看多写多自然契合，不可急急。邓顽伯谓密处可不通风，宽时可以走马，言布画也。"④

严复家训中对子女的思想道德教育也是很重视的，其内容主要为利社会、重群体、敬职业的教育。例如，他在为子女写的遗嘱中告诫他们，正确处理个人与群体之间的关系，以社会利益为重："事遇群己对待之时，须念己轻群重，更切毋造孽。"⑤ 遗嘱在职业道德的修养方面，教育子女勤业敬业、实业救国："须勤于所业，知光阴时日机会之不复

---

① 严复：《与四子严璇书》七，见《严复集》第三册，第812页。
② 严复：《与四子严璇书》二，见《严复集》第三册，第808页。
③ 严复：《与四子严璇书》三，见《严复集》第三册，第809页。
④ 严复：《与甥女子何纫兰书》六，见《严复集》第三册，第831页。
⑤ 严复：《遗嘱》，见《严复集》第二册，第360页。

更来。须勤思，而加条理。须学问，增知能，知做人分量，不易圆满。"
在当时社会上轻视工商的思想尚占统治地位的时候，严复热情鼓励国人
与子女"乐居工商之列"，指出"惟此有救国"之实功，的确是值得称
赞的。

　　3. 治家持家方面的安排指导。

　　严复一直在外任职，家务由其夫人操持，故而他在与夫人朱明丽的
信中，就家庭的管理等作了许多具体的安排、提示、指导。

　　严复认为要做到家庭和睦、管理有序，最根本的是要求做家长的心
中无私，持家公正。他在一封谈及家用经费开支的信中，要夫人教育家
人注意节俭，并告诉夫人："世间求财，皆系如此，所以人要节俭，但
万万不可贪私不公，惹人怨谤，则所失更大也。"① 封建社会里，家人
之间尤其是正房和偏室之间、嫡庶之间很容易产生隔阂和矛盾，要保持
家庭和谐，就需要家庭主母持心公允。因此严复在家书中要夫人为姨太
和家人子女作出表率，无论亲生子女还是姨太的子女，均应一视同仁。
他说："……个个都是我儿女，妇人浅度量，必分彼此，此最不道德讨
厌之事，汝为太太，切须做出榜样，以公心示人，而后乃可责备别人也
……世间惟妇女最难对付，人家有大小，有妯娌，有姑嫂，甚至婆媳，
但凡相处，皆有难言，惟有打头者系贤淑大度之人，处处将私心争心与
为己心除去，然后旁人见而服之，不致互相倾轧。"② "处处将私心争心
与为己心除去"，的确是治家的经验之谈，即便是处理今天的家庭成员
之间的关系，这一原则也同样是适用的。

　　在家庭的日常管理方面，严复的指导是很周到细致的。比如他要夫
人带领孩子学习烹饪，以培养他们日后的持家能力。他说："居家无事，
可以随时买些小菜，同璆儿等学习家常烹饪，此本是妇女们分内的事，他

---

① 严复：《与夫人朱明丽书》二十八，见《严复集》第三册，第 752 页。
② 严复：《与夫人朱明丽书》三十五，见《严复集》第三册，第 757 页。

日持家，可省无穷气恼，不知汝能听吾言否耳。"① 再如，他要夫人"嘱儿女辈千万勤学，不可自误"②；"谨慎持家，小儿女辈平善向学"；"男女佣仆认真管束，我不在家，大门似可不必常开，致滋失慎"③。尽管是开明的学者，在对下人的管理上，严复还是不免存在封建大家长的作风。

4. 养生保健方面的忠告。

严复告诫子女们，要"以身体健康为第一要义"④。在给生病的外甥女的信中，他谈了自己的"卫生之道"，其中对于医药和疾病、害和益等的论述很有辩证法的思想。他说："惟是体气之事，不宜仅恃医药，恃医药者，医药将有时而穷。惟此后谨于起居饮食之间，期之以渐，勿谓害小而为之，害不积不足以伤生；勿谓益小而不为，益不集无由以致健；勿嗜爽口之食，必节必精；勿从目前之欲，而贻来日之病。卫生之道，如是而已。"⑤ 严复还指导儿子练习书法以养生，他要儿子"日作数纸，可代体操"⑥。

严复家训中也有一些消极的方面，除了前面提到的封建大家长作风之外，主要是封建的纲常思想。比如前面提及的"世间惟妇女最难对付"的观点；再如对于媳妇回娘家这种合乎常理的事情，严复也很计较，他在给儿子严琥的信中说："媳妇不回外家，极是。"⑦ 还有对其妾江姨太的态度。江氏小严复二十多岁，有精神病。一日江氏发病，两人为江氏欲回老家事争吵，严复训她道："汝是姓严的妻妾，例应凡事受我调度"，若执意要走，"一经出门之后，便永远不算我严家之人，一文不能接济，所有衣饰，皆我血汗银钱；所有儿女，系我儿女，上海家是我的，福州住宅是我儿媳的，皆不准住，以后西洋盘经三十二向，任汝

①　严复：《与夫人朱明丽书》五十四，见《严复集》第三册，第772页。
②　严复：《与夫人朱明丽书》二十二，见《严复集》第三册，第748页。
③　严复：《与夫人朱明丽书》二十三，见《严复集》第三册，第748页。
④　严复：《遗嘱》，见《严复集》第二册，第360页。
⑤　严复：《与甥女何纫兰书》二十五，见《严复集》第三册，第843页。
⑥　严复：《与四子严璿书》，见《严复集》第三册，第808页。
⑦　严复：《与三子严琥书》八，见《严复集》第三册，第802页。

爱往何方，吾亦不复过问"。① 尽管严复是在气头上讲的话，而且从以后的家书中看，他也并没这样做，但对于一个年龄小他那么多的病人，讲这些绝情话还是不应该的，封建士大夫男尊女卑的观念在他身上还是根深蒂固的。

（三）梁启超的家训

梁启超（1873—1929）是中国近代资产阶级改良运动的重要领袖，学贯中西的启蒙思想家。1895 年春赴京会试，助康有为联合各省举人发动公车上书，要求变法维新。戊戌政变后逃往日本，仍坚持君主立宪立场，而与孙中山为首的革命派相对立。他毕生为实现立宪政治而不顾个人安危四处奔走呼号，后来有限度地肯定俄国十月社会主义革命，在上海公学的演说中赞扬列宁："以人格论，在现代以列宁为最，其刻苦之精神，其忠于主义之精神，最足以感化人，完全以人格感化全俄，故其主义能见实行。"② 这最后一句话是值得商榷的，列宁主义之所以实行，人格固然是重要方面，但更重要的是其主义符合俄国国情。梁氏的人格，如同我们在家训中见到的，也不能说是低下，但其主义因背离中国国情，却只能停留在纸面上，而未能转化为现实的制度。然其对中国文化贡献至钜，家教思想亦甚可观，且成就卓著，为维新派家训之最大代表。主要表现在：

第一，以爱国大义与妻儿共勉。

戊戌政变失败后，梁启超的父亲梁宝瑛、妻子李蕙仙带着女儿思顺避难澳门。他从康有为处得知这一消息，高兴地写信给妻子说："南海师来，得详闻家中近状，并闻卿慷慨从容，辞色不变，绝无怨言，且有壮语。闻之喜慰敬服，斯真不愧为任公闺中良友矣。"他平等对待妻子，称之为"良友"，赞扬地"明大义"，说"卿我之患难交，非犹寻常眷属

① 　严复：《与夫人朱明丽书》四十一，见《严复集》第三册，第 762 页。
② 　转引自蒋广学、何卫东：《梁启超评传》，南京大学出版社 2005 年版，第 244 页。

而已。"① 李蕙仙因思念心切，想去日本，但梁氏此时过着流亡生活，便写信晓以利害："然卿之来，则有不方便者数事：一，今在患难之中，断无接妻子来同住，而置父母兄弟于不问之理。""二，我辈出而为国效力，以大义论之，所谓匈奴未灭，何以家为。""三，此土异服异言，多少不便，卿来亦必不能安居，不如仍在澳也。"他告诉妻子："患难之事，古之豪杰无不备尝，惟庸人乃多福耳，何可自轻乎?"② 梁启超对妻子"虽想思甚切"，但为了国家大义，"不敢涉私情也。"③ 他一再表示：吾"志在救世，不顾身家而为之，岂有一跌灰心之理。"④ "亡国在即"，"吾独何心，尚喁喁作儿女语耶"。⑤

梁启超还以其爱国思想感染与熏陶女儿。梁氏是一位"以'政体进化'为特色的中国宪政主义理论家与宣传家"⑥。他讲的宪政主义，此处暂不予置评，这里所要强调的，是梁氏宣传与实现宪政主义的目的和为实现这一目的而作的不懈努力。他毕生为中国的前途忧虑，为拯救国家危难、建立民主宪政而奋斗，这种爱国精神与意志毅力是值得肯定的。梁氏在家信中就是这样敞开心扉、袒露思虑，来感染、劝慰和勉励妻子、儿女的。1912 年 10 月他写信告诉长女梁思顺：为了民主宪政，自己在不顾个人安危地坚持斗争："然自兹以往，当无日不与大敌相见于马上，吾则必须身先士卒也"。⑦ 又说：——"我既已投身办事，以今日中国事之难办，处处若衣败絮行荆棘，深入其中即无日不与苦恼为缘，即归国以来仅一月耳，所遇可忧可恼之事已不知凡。"⑧ 尽管如此

---

① 丁文江、赵丰田编：《梁启超年谱长编》，上海人民出版社 1983 年版，第 168 页，下凡引此书简称《年谱》。
② 同上。
③ 张品兴主编：《梁启超全集》，北京出版社 1999 年版，第 6098 页。
④ 同上书，第 6099 页。
⑤ 同上书，第 6100—6101 页。
⑥ 蒋广学、何卫东：《梁启超评传》，南京大学出版社 2005 年版，第 173 页。
⑦ 《梁启超全集》，第 6104 页。
⑧ 同上书，第 6109 页。

艰难险阻，但鉴于国家分崩离析、混乱腐败、"种种可愤可恨之事，日接于耳目，肠如涫汤，不能自制"①，因而奋起斗争。这不仅与苦恼结缘，还会招致敌党图我："敌党偏派暗杀队来图我，此后当更相妒恨也"。② 但他泰然处之，说"吾生平皆履险如夷，吾行无险诐，决不召险，感应之理最可信也"。③ 这些豪言壮语，对妻儿都是有教育意义的。

第二，教导儿女忠于职事，回报社会。

梁氏将爱国精神化为具体的国事、职事，教导子女为社会尽力尽职。他在 1927 年 1 月《给孩子们书》中说："中国病太深了，症候天天变，每变一症，病深一度，将来能否在我们手上救活过来，真不敢说。但国家生命民族生命总是永久的（比个人长的），我们总是做我们责任内事，成效如何，自己能否看见，都不必管。"④ 这类教导很多，如：《致思顺书》说：人"总要在社会上常常尽力，才不愧为我之爱儿。人生在世，常要思报社会之恩，因自己地位做一分是一分"。⑤ 其女儿思顺禀告其夫周希哲在国外受到"商民爱戴的情形"，梁氏知道后十分高兴，在 1923 年 11 月《致思顺书》中说："一个人要用其所长（人才经济议）。希哲若在国内混沌社会里头混，便一点看不出本领，当领事真是模范领事了。"他由此教导女儿做任何事，不论从政还是种田，只要尽心尽责，便是堂堂正正的人："我常说天下事业无所谓大小，士大夫救济天下和农夫善治其十亩之田所成就一样。只要在自己责任内，尽自己力量做去，便是第一等人物。希哲这样勤勤恳恳做他本分的事，便是天地间堂堂地一个人，我实在喜欢他。"⑥ 鼓励女儿、女婿忠于职守，立足社会。

---

① 《梁启超全集》，第 6114 页。
② 同上书，第 6128 页。
③ 同上书，第 6131 页。
④ 林洙编：《梁启超家书》中国青年出版社 2007 年版，第 145 页。
⑤ 同上书，第 36 页。
⑥ 同上书，第 61 页。

梁氏主张将为社会尽职与个人志趣、专长结合起来。他在 1928 年 4 月《给思成夫妇书》中说："一股毕业青年中大多数立刻要靠自己的劳作去养老亲，或抚育弟妹，不管什么职得就便就，那是无法的事。"这种职业与爱好分离的情况，在经济困难的家庭那里是难以避免的，不能不说是一种不幸。因为"若专为生计独立之一目的，勉强去就那不合适或不乐意的职业，以致或贬损人格，或引起精神上的苦痛，倒不值得。"不过，"你们算是天幸，不在这种境遇之下"；不需养老育幼，"纵令一时得不着职业，便在家里跟着我再当一，两年学生（在别人或正是求之不得的），也没什么要紧。"因此，也不必失望沮丧。"失望沮丧，是我们生命上最可怖之敌，我们须终生不许他侵入。"① 1927 年 2 月《给孩子们书》中说："我也并不是要人人都做李（白）、杜（甫）"，而是要"各人自审其性之所近何如，人人发挥其个性之特长，以靖献于社会，人才经济莫过于此。思成所当自策厉者，惧不能为我国美术界作李、杜耳。"② 梁氏希望子女们尽量发挥其优长，为社会作出最大贡献。这些言论相当平实，贴近社会实际，尤符合思成夫妇情况，对他俩处理社会责任、谋求职业、个人志趣与待业学习等关系，颇有指导意义。

在社会上做事，难免有好坏、善恶之分。好事、善事受福报，坏事、恶事受恶报。思成对此有所感悟，写信给其姐思顺说："感觉着做错多少事，便受多少惩罚，非受完了不会转回来。"对此，梁氏加以肯定，在 1925 年 7 月《给孩子们书中》说："这是宇宙中唯一真理"，并进一步用佛教业报学说开导他们："佛教说的'业'和'报'就是这个真理，（我笃信佛教，就在此点，七千卷《大藏经》，也只说明这点道理。）凡自己造过的'业'，无论为善为恶，自己总要受'报'，一斤报一斤，一两报一两，丝毫不能躲闪，而且善和恶是不准抵消的。佛对一般人说轮回，说他（佛）自己也曾犯过什么罪，因此曾入过某层地狱，

---

① 《梁启超家书》，第 207 页。
② 同上书，第 148 页。

做过某种畜生；他自己又也曾做过许多好事，所以亦也曾享过什么福。如此，恶业受完了报，才算善业的账，若使正在享善业的报的时候，又做些恶业，善报受完后，又算恶业的账，并非有什么上帝做主宰，全是'自业自得'，又并不是像耶教说的'到世界末日算总账'，全是'随作随受'。又不是像耶教说的，'多大罪恶一忏悔便完事'，忏悔后固然得好处，但曾经造过的恶业，并不因忏悔而灭，是要等'报'受完了才灭……其实我们刻刻在轮回中，一生不知经过多少天堂地狱。"梁氏说这番话，目的是要儿女们做善事不做恶事，所以他接着说："若能绝对不造恶业（而且常造善业——最大善业是'利他'），则常住天堂（这是借用俗教名词）"。梁氏称自己"住天堂时候比住地狱的时候多，也是因为我比较的少造恶业的缘故。我的宗教观、人生观的根本在此，这些话都是我切实受用的所在。"① 他希望儿女们接受自己的宗教观、人生观，为社会多做善事，自己生活得也好一此。

值得一提的是，梁氏虽然要求子女对职事尽心尽力，但并不认为职事是人生的一切。在他看来，所学知识太专门，从事职业太单一，就会把生活也弄得近于单调。他在1927年8月《给孩子们书》中说："太单调的生活，容易厌倦，厌倦即为苦恼，乃至堕落之根源。再者，一个人想要交友取益，或读书取益，也要方面稍多，才有接谈交换，或开卷引进的机会。"即如在家里，"若你的学问兴味太过单调，将来也会和我相对词竭，不能领着我的教训"，应享的乐趣也会削减不少。"我每历若干时候，趣味转过新方面，便觉得像换过新生命，如朝旭升天，如新荷出水，我自觉这种生活是极可爱的，极有价值的。"② 希望儿女们像他一样，也能过丰富多彩的、趣味极多的、有价值的生活。

第三，支持子女出国留学，指导他们的学业。

为了使子女掌握回报社会、为国尽责的本领，梁启超将思顺、思

———————————
① 《梁启超家书》，第75页。又见《梁启超全集》，第6212页。
② 同上书，第181页。

成、思忠等送出国接受现代教育。他对子女在校期间的总的要求是：专注学业，不想其他。在1927年2月《给孩子们书》中说："我平生最服膺曾文正两句话：'莫问收获，但问耕耘。'将来成就如何，现在想他则甚？着急他则甚？一面不可骄盈自慢，一而又不可怯弱自馁，尽自己能力做去，做到哪里是哪里，如此则可以无入而不自得，而于社会亦总有多少贡献。我一生学问得力专在此一点，我盼望你们都能应用我这点精神。"① 具体的要求主要有：

一是选专业。如1927年8月《给孩子们书》中对思庄说："你今年还是普遍大学生，明年便要选定专门了"，"你们弟兄姊妹，到今还没有一个学自然科学，很是我们家里憾事"；"我很想你以生物学为主科，因为它是现代最进步的自然科学，而且为哲学社会学之主要基础，极有趣而不须粗重的工作，于女孩子极为合宜，学回来后本国的生物随在可以采集试验，容易有新发明。截止到今日止，中国女子还没有人学这门（男子也很少），你来做一个'先登者'不好吗？"② 这里可以看出，梁氏希望子女选前沿学科，以有所发明、有所创造，同时也表明他对自然科学也是重视的，而对生物学的见解也相当深刻。

二是注重真才实学和练基本功。1925年7月《给孩子们书》中说："求学问不是求文凭"，"总是要把墙基越筑得厚越好。"③ 后来对梁思成说："你觉得自己天才不能副你的理想，又觉得这几年专做呆板工夫，生怕会变成画匠。"对于这种按规则作画会磨灭灵巧妨碍创作、变成依样描葫芦的画工的想法，梁启超开导道："孟子说：'能与人规矩，不能使人巧。'规矩不过是求巧的一种工具，然而终不能以此为教、以此为学者，正以能巧之人，习熟规矩后乃愈益其巧耳。"而不能巧者，依着规矩也可以无大过。故不仅"今在学校中只有把应学的规矩，尽量学

---

① 《梁启超家书》，第148页。
② 同上书，第181页。
③ 同上书，第74页。

足"，即使"将来到欧洲回中国，所有未学的规矩也还须补学，这种工作乃为一生历程所必须经过的，而且有天才的人绝不会因此而阻抑他的天才，你千万别要对此而生厌倦，一厌倦即退步矣。"① 梁氏重视基本功的教育思想是很可贵的，其说理也相当精辟，尤其是毕业后要还补学"所有的规矩"一语，更是极有教益。

三是选修科目要详略得当，结合国情。1912 年 12 月《致梁思顺》中教育在日本学习的女儿，要调整学习科目："其一则请津村将经济学讲义稍加省略或添时间；其二则讲法学通论时将民、刑、商等法删去，而惟讲宪法、行政法大意，此两法吾必欲汝稍得门径也。得门径则可以自修矣。"② 次年 2 月又说，"可以吾命请于诸师，乞其于纯理方面稍从简略，于应用方面稍加详，能随处针对我国现象立说尤妙，即如比较宪法当多从立法论方面教授，其解释法理则简单已足。又宪法毕业后能一授政治学大略最妙，盖政治学本以宪法论占一大部，再讲舆论及政党之作用与现在各国政治之趋势足矣"。③ 梁氏之所以这样做，一是选修课太多会增加负担、延长毕业时间，二是该校师资力量不足，如他 3 月所说："吾非轻视私法，数年前且极好之，特以时日不逮不得已而省略耳，且又审高商中未必有良师也。"④ 学习要侧重对老师所讲内容的理解和把握，"参考书亦不必太多读，专受一先生之言而领会之，所得已多矣。"⑤ 此话对今天的学生也有教益。

四是既专精又广博："思成所学太专向了，我愿意你趁毕业后一两年分出点光阴多学些常识，尤其是文学或人文科学中之某部门，稍为多用点功夫。"⑥ 思庄在"专门科学之外，还要选一两样关于自己娱乐的

---

① 《梁启超家书》，第 149 页。
② 《梁启超全集》，第 6110 页。
③ 同上书，第 6123 页。
④ 同上书，第 6129 页。
⑤ 同上书，第 6119 页。
⑥ 《梁启超家书》，第 180 页。

学问，如音乐、文学、美术等。"①

五是掌握两种方法。对思成说："凡做学问，总要'猛火熬'和'慢火炖'两种工作，循环交互着用去。在慢火炖的时候，才能令所熬的起消化作用，融洽而实有诸己。思成，你已熬过三年了，这一年正该用炖的工夫。"什么是"熬"？他教导思庄说："做学问原不必太求猛进，像装罐头样子，塞得太多太急，不见得便会受益。"② 这就需要停下来，加以温习、思考、领悟，慢慢消化已学过的知识，使之转化为自己的学养。

六是督促学习，进步有奖。他希望儿女们珍惜学习时间："当念光阴难得，黾勉日进。"③ 他经常询问思顺学习情况："汝功课如何？所听受能领悟否？"④ 思顺学有进步，梁氏高兴地说："汝所学学精进，吾甚喜慰。"⑤ 并及时地给予奖励："汝劬学宜得赏，吾有极精美之文房品赏汝"；儿子"思成学进，亦更有赏也"。⑥ "别有影宋本《四书》一部，赏与思成。此书至可宝，可告之。又衣料一件给汝，偶见其花色雅驯，故购之。""然思成所得《四书》乃最贵之品也。可令其熟诵，明年侍我时，必须能背诵，始不辜此大赉也。"⑦

七是在校读书与旅游考察："凡一位大文学家、大美术家之成就，常常还要许多环境以及附带学问的帮助。中国先辈说要'读万卷书，行万里路'。……转变自己的环境，扩大自己的眼界和胸怀，到那时候或者天才会爆发出来"。⑧ 因此，他自掏钱财，让思成夫妇去欧洲考察建筑、美术，⑨ 拿出盘费支持思永到外省参加考古发掘。⑩

---

① 《梁启超家书》，第182页。
② 同上书，第181—182页。
③ 《梁启超全集》，第6105页。
④ 同上书，第6104页。
⑤ 同上书，第6110页。
⑥ 同上书，第6110页。
⑦ 同上书，第6111页。
⑧ 《梁启超家书》，第149页。
⑨ 同上书，第197页。
⑩ 同上书，第139页。

值得一提的是，梁氏要求子女在专业之外，还学习一些中国传统文化知识。思成因车祸受伤住院，梁氏要他利用养病时间多读点中国书，如"《论语》、《孟子》，温习闇诵，务能略举其辞，尤于其中有益修身之文句，细加玩味。次则将《左传》、《战国策》全部浏览一遍，可益神智，且助文采也。更有余日读《荀子》则益善。""《荀子》颇有训诂难通者，宣读王先谦《荀子集解》。"①

第四，关爱子女身体健康，切勿学以致病。

梁启超对女儿思顺说："从前在大同学校以功课多致病，吾至今犹以为戚，万不可再蹈覆辙"。② 他告诫女儿要吸取教训，千万不能急于学习，把自己身体累垮了："汝求学总不必太急"，③ 勿贻吾忧。如果因为要提前结束学业而搞垮身体，那就是大不孝了。"若能缩短数月固佳，否则遥如前议至明年九月亦无不可，汝必须顺承我意，若固欲速以致病是大不孝也。汝须知汝乃吾之命根。吾断不许汝病也。"④ 当得知女儿在学校患了失眠症之后，他表示深为忧虑："何故忽患不能睡之证，由忧我思我耶，抑或功课太迫，用脑太劳耶？我何劳汝忧，汝忧我是杞人之类耳。功课迫则不妨减少，多停数日亦无伤。要之，我儿万不可病，汝再病则吾之焦灼不可状也。吾得汝全愈之报告，吾心乃释也。"⑤

在家书中，他还分析了日本教育的缺点，并要求女儿读书应当只求理解，不必强记。汝"小小年纪何故患不寐之病。得毋用脑太过耶，日本教育读者诋为请入主义，最足亏体气而昏神志，谅诸师所以诲汝者或不至如是，然以区区数月间受他人两三年之学科为道，实至险故，吾每以为忧也，以后受学只求理解，无须强记，非徒摄生之道，即求学亦应

---

① 《梁启超家书》，第 57 页。
② 同上书，第 22 页。
③ 《梁启超全集》，第 6114 页。
④ 《梁启超家书》，第 22 页。
⑤ 《梁启超全集》，第 6116 页。

尔尔也。"① 梁氏对女儿身体的关心可谓无微不至，不仅分析了原因，还从心理上解除她紧张感、焦虑感，学习上减少其压力，改进其方法。这些，在今天看来也是有意义的。

梁启超的家训思想，贯穿着鼓励子女舍安乐而就忧患、谋求自立之道的一条主线。梁氏一家像当时所有中国人一样，都生活于乱世之中。在这境遇中求得生存与发展，是极其不易的，故他很注意对儿女进行这方面的教导。如在1925年12月《致思成书》中教导儿子说："人之生也，与忧患俱来，知其无可奈何，而安之若命。"因为我"总能拿出理性来镇住他，所以我不致受感情牵动，糟蹋我的身子，妨害我的事业。这一点你们虽然不容易学到，但不可不努力学学。"② 在1926年2月《给孩子们书》中又重复了安丁忧患的这段话，并指出此"是立身第一要诀"。③

顺境与逆境都是人生中不可避免地出现的，人不能只思顺境，急于求成。思成因不能顺利出国留学着急，梁氏便在《致思成书》中告诫儿子："人生之旅历途甚长，所争决不在一年半月，万不可因此着急失望，招精神上之萎葸。汝生平处境太顺，小挫折正磨练德性之好机会，况在国内多预备一年，即以学业论，亦本未尝有损失耶。"④

不仅遇到忧患要安之若命，受到挫折要战胜它，就是平时也不要贪图安乐，以免成为纨绔子。梁启超在1916年1月《致思顺书》中教导女儿说："处忧患是人生幸事，能使人精神振奋，志气强立。两年来所境较安适，而不知不识之间德业已日退，在我犹然，况与汝辈，今复还我忧患生涯，而心境之愉快视前此乃不啻天壤，此亦天之所以玉成汝辈也。使汝辈再处如前数年之境遇者，更阅数年，几何不变为纨绔子哉！"⑤

---

① 《梁启超全集》，第6117页。
② 《梁启超家书》，第98页。
③ 同上书，第104页。
④ 同上书，第58页。
⑤ 同上书，第24页。

过了一个月，梁氏又在《致思顺书》中勉励她舍安乐而就忧患："孟子言：'生于忧患，死于安乐。'……吾今舍安乐而就忧患，非徒对于国家自践责任，抑亦导汝曹脱险也。吾家十数代清白寒素，此乃最足以自豪者"，我"终日孜孜，而无劳倦，斯亦忧患之赐也。"人应当在忧患中成长，"使汝等常长育于寒士之家庭，即授汝等以自立之道也。"①

另一方面，在顺境中也要加强修养、磨练人格。梁氏在1927年5月《致思忠书》中对儿子说："你想自己改造环境，吃苦冒险，这种精神是很值得夸奖的"，我是赞成的。"爹爹虽然是挚爱你们，却从不肯姑息溺爱，常常盼望你们在苦困危险中把人格能磨炼出来。"但你说"照这样舒服几年下去，便会把人格送掉，这是没出息的话！一个人若是在舒服的环境中会消磨志气，那么在困苦懊丧的环境中也一定会消磨志气，你看你爹爹困苦日子也过过多少，舒服日子也经过多少，老是那样子，到底志气消磨了没有？"②他这样说，不是说舒服的日子对人志气无不良影响，而是希望子女更要加强修养。简言之，是希望他们不因环境之困苦或舒服而走向堕落。

梁启超家教的基本方法，是以平等交流为基础的情理互渗法、宽严相济法和以身作则、榜样示范法。林洙在《梁启超家书》的编后记中说："年轻时，我曾经读过一些名人的传记，但像任公先生这样热爱和关心子女并倾注了他的全部心血的人还没有看到。任公一生给子女的信自1911年—1928年约有400多封。"之所以如此，因为他也重视对女儿的教育，故1924年后有五个子女在国外读书，来往书信自然很多。这些信既表现出对子女充满关爱，饱含深情厚望，又说理性强，富有哲理意境。他亲切地称儿女们："大宝贝思顺"，"小宝贝庄庄"，"好乖乖"思成、思永，教导他们的针对性很强，有温和的建议而无粗鲁的指责，循循善诱，不施高压，平等对话。如三子梁思忠生性活泼，血气未定，

① 《梁启超家书》，第26页。
② 同上书，第164—165页。

做事孟浪，敢于冒险，故学习军事。梁氏对他虽然"挚爱，却从不肯姑息溺爱"，既赞同他的志向，支持他就读于军事院校，盼望他"在苦困危险中把人格能磨炼出来"，[①] 又针对其弱点，晓以利害。在 1927 年 5 月《给思顺书》书中说："（思忠）只怕进锐退速，受不起打击。他所择的术政治军事，又最含危险性，在中国现在社会做这种职务很容易堕落。……这种过度的热度，遇着冷水浇过来，就会抵不住。从前许多青年的堕落，都是如此。我对于这种志气，不愿高压，所以只把事业上的利害慢慢和他解释，不知他听了如何？这种教育方法，很是困难，一方面不可以打断他的勇气，一方面又不可以听他走错了路，走错了本来没有什么要紧，聪明的人会同头另走，但修养功失未够，也许便因挫折而堕落。所以我对于他还有好几年未得放心，你要就近常察看情形，帮着我指导他。"[②] 值得强调的是，梁启超的家训，落足于人格培养，这是其家训的精髓所在。他甚至还关心孙子辈的教育，对思顺说："你和希哲都是寒士家风出身，总不要坏自己家门本色，才能给孩子们以磨练人格的机会。生当乱世，要吃得苦，才能站得住（其实何止乱世为然），一个人在物质上的享用，只要能维持着生命就够了。至于快乐与否，全不是物质上可以支配。能在困苦中求快活，才真是会打算盘哩。"[③]

梁氏的家教收到了丰硕成果。他那长大成人的 9 个子女，个个成才：长女梁思顺（1893—1966），在诗词方面颇有成就，所编《艺蘅馆词选》受到读者们欢迎，1908 年问世后多次再版；长子梁思成（1901—1973），著名建筑学家，中国科学院院士，为中国的建筑事业作出了重要贡献；次子梁思永（1904—1954），著名考古学家，中国科学院院士；三子梁思忠（1907—1932），毕业于美国西点军校，为十九路军炮兵校官，因病英年早逝；次女梁思庄（1908—1986），中国现代图

---

① 《梁启超家书》，第 164 页。
② 同上书，第 169 页。
③ 同上。

书馆事业的先行者；四子梁思达（1912—2001），经济工作者；三女梁思懿（1914—1988），社会活动家；四女梁思宁（1916—2006），早期参加新四军，离休干部；五子梁思礼（1924—），著名火箭控制系统专家，中国科学院院士，1985 年获国家科技进步特等奖。一门中有三人为中国科学院院士，这在中国家庭中是极少见的。成功的家教造就了成功的人才。

二、革命派的家训

戊戌变法仅进行了一百多天便宣告失败；以慈禧太后为首的顽固派幽禁了光绪皇帝，捕杀了谭嗣同等六君子，通缉康有为等维新派重要人士，并废除了在变法期间颁布的新政诏令。这表明，君主立宪道路在中国是走不通的。必须以暴力手段推翻清朝君主专制、实现民主共和才是救亡图存之路。

（一）革命派人物家训的主要内容有：

第一，教育子女继承推翻封建帝制的革命遗志。

推翻封建专制统治、结束帝制是辛亥革命的根本任务。民主革命宣传家邹容（1885—1905）在其《革命军》一书中指出："今日之革命，当共逐君临我之异种，杀尽专制我之君主，以复我天赋之人权。"他针对清朝政府已充当帝国主义走狗的事实，提出先实行反清革命，然后再扫荡践踏中国主权的"外来之恶魔"即帝国主义。对此二者，"我同胞当不惜生命共逐之"。①《革命军》中所宣传的这些思想，不单是邹容一个人的，而是辛亥革命志士与爱国者群体所共同的，更是辛亥革命志士们家训的基本特点与核心内容。孙中山（1886—1925）先生临终前留下

---

① 《辛亥革命》（一），见《中国近代史资料丛刊》，上海人民出版社 1957 年版，第 351、363 页。

的遗言中，不啻嘱咐国民党人：“革命尚未成功，同志仍须努力”，还教诚儿女"以继余志"。而用革命手段摧毁封建君主专制制度，必然会遭到残酷镇压，流血牺牲在所难免。为此，革命志士们劝勉妻子、父母以大义为重，支持自己慷慨赴死，也成为家训的重要内容。

黄花岗 72 烈士之一林觉民（1887—1911）得黄兴（1874—1916）、赵声（1881—1911）通知约集福建同志参加广州起义，不幸受伤被捕牺牲。赴难前，他早已将自己生死置之度外，在其著名的《与妻书》中，要求妻子不要为自己献出生命难过，因为这是为天下人而死，为天下人谋福利。清王朝"遍地腥云，满街狼犬，称心快意，几家能彀？""天下人不当死而死与不愿离而离者，不可数计，钟情如我辈者，能忍之乎？"他充满悲情地说："吾充吾爱汝之心，助天下人爱其所爱，所以敢先汝而死，不顾汝也。汝体吾此心，于啼泣之余，亦以天下人为念，当亦乐牺牲吾身与汝身之福利，为天下人谋永福也，汝其勿悲！"他告诉妻子，人们不幸而生于今日之中国，遇到"天灾可以死，盗贼可以死，瓜分之日可以死，奸官污吏虐民可以死，……国中无地无时不可以死"，但这些死是没有价值的，只有为革命而死，为天下人而死才是有价值的，"死无余憾"的。他特别嘱咐："（儿子）依新已五岁，转眼成人，汝其善抚之，使之肖我。汝腹中之物，……或又是男，则亦教其以父志为志"。《与妻书》既是林觉民心迹的表白，也是对妻子的劝勉：牺牲小爱以服从大爱，将儿子抚育成人，使之"肖我"，"以父志为志"，成为革命的接班人。

黄花岗起义中亲率敢死队进攻督署、南京临时政府成立后任陆军总长的黄兴（1874—1916），当他在汉阳督战时知道其长子黄一欧参加了联军、正在进攻南京后，特地写信鼓励他说："努力杀贼！一欧爱儿。"1916 年 10 月又在给一欧的遗嘱中，希望他心系苍生："吾死汝勿泣，留此一副急泪，为他日苍生哭，则吾有子矣！"[1]

---

① 刘泱泱编：《黄兴集》，湖南人民出版社 2008 年版，第 144 页、903 页。

黄花岗烈士之一的方声洞（1886—1911）在辛亥广州起义前夕写了《赴义前别父书》，表达了投身反清革命、建功立业、虽死亦荣的大无畏精神："夫男儿在世，不能建功立业以强祖国，使同胞享幸福，虽奋斗而死，亦大乐也"；又在给其妻信中劝勉道："为四万万同胞求幸福，以尽国家之责任，则吾为大义而死，死得其所，亦可无憾矣。"[①]

辛亥革命女英雄秋瑾（1879—1907）在《致王泽时书》中则表达了"义不受辱"的坚强意志，说："成败虽未可知，然苟留此未死之馀生，则吾志不敢一日息也。吾自庚予以来，已置吾生命于不顾，即不获成功而死，亦吾所不悔也。且光复之事，不可一日缓，而男子之死于谋光复者，则自唐才常以后，若沈荩、史坚如、吴樾诸君子，不乏其人，而女子则无闻焉，亦吾女界之羞也"。[②] 表现出她作为为推翻清王朝而牺牲的女子第一人的豪情壮志。

第二，教子以科技、实业救国。

推翻帝制是为了救国、兴国，其重要手段是发展科技、实业。清末由于西方思想传播的影响和学校教育的推行、科举制度的废除，使得"万般皆下品，惟有读书高"、"白衣致卿相"已经不再是士者之人生追求，以"耕读为本"而致家宅兴旺、光宗耀祖也失去了昔日的光辉，特别是国弱民贫的现实，使有识之士纷纷走上了实业救国、科技救国的道路。黄兴在1912年8月写的《铁道杂志》序中说："今者共和成立，欲苏民困，厚国力，舍实业莫由。"[③] 早期参加过辛亥革命的任鸿隽（1886—1961）于1915年在《科学》杂志发刊词中明确指出："世界强国，其民权国力之发展，必与其学术思想之进步为平行线，而学术荒芜之国无幸焉。"他大声疾呼："继兹以往，代兴于神州学术之林，而为芸芸众生所托命者，其唯科学乎，其唯科学乎！"[④] 邹容在其《致大哥》

①　见殷正林等选注：《中国书信经典》，山东大学出版社1997年版，第683页。
②　《秋瑾集》，中华书局上海编辑所、上海古籍出版社1979年版，第46—47页。
③　《黄兴集》，第476页。
④　《任鸿隽陈衡哲家书》，商务印书馆2007年版，第67页。

中劝勉其兄在"国家多难"之时，"切勿奔走于词章帖括中，以效忠前人"，因为这"于天下国家，何所裨益"。要"从事于崇实致用之学，以裨益于人心世道"。① 秋瑾在《致秋誉章书》中也劝告道："哥宜函劝子序弟设法进学堂学实业"；"吾哥能于日语先为练习，他日至东可进蚕业或实业学科，以期实事求是耳。"② 他们都希望亲人致力于实业，认为这既是立身之本，亦是利国之路。

科技救国、实业救国作为一种社会思潮，在其他人士的家训中也多有体现。这里顺便补充一些近代中国著名的爱国实业家的家训。近代著名的实业救国先驱、辛亥革命后一度任南京临时政府实业总长的张謇（1853—1926），早就重视工商业，他在 1895 年夏替两江总督张之洞起草的《代鄂督条陈立国自强疏》中便提出了"富民强国之本实在于工"的观点，认为"中国须振兴实业，其责任须在士大夫。"③ 由此开了实业救国思想之先河。他在其子于 1922 年赴欧美、日本考察实业之际写的《怡儿使行之训》中教诫道："顷者政府恤国步之艰，民生之瘁，特命儿子怡祖使欧美、日本诸国，考察实业"，"中国地大物博，待兴之业，百端未举。望治之人，若饥企食。"希望儿子考察有道，要采取"博学之，审问之，慎思之，明辨之，笃行之"的方法，"戒慎恐惧"的态度，懂得要从中国实际需要与当下可能出发，"今言实业，其必度我所尤需，审我所能至，准天时而因地利，权国势而导人情，庶几不大相刺谬乎！"他希望儿子能完成考察任务，以利中国实业发展："怡往哉！惇念父言，毋陨使命。"④ 再如荣宗敬（1873—1938）、荣德生（1875—1952）恪守的家族训言。此兄弟俩谨遵《荣氏家训》中"纵不能入学中举，就是为农为工为商贾，亦不失为醇谨之善人"、"士农工

---

① 见史孝贵主编：《历代家训选注》，华东师范大学出版社 1988 年版，第 159 页。
② 《秋瑾集》，第 44 页。
③ 见张怡祖编：《张季子（謇）九录·政闻录》，载沈云龙主编：《近代中国史料丛刊续编》第 97 辑，台湾文海出版社有限公司印行，第 39 页。
④ 同上书，第 2362—2364 页。

商，所业虽不同，皆有本职"、"为工者，不得作淫巧，售弊伪器皿"、"为商者，不得纨绔冶游，酒色浪费"等项要求，① 毕生致力于发展民族工业并做出了重要贡献。荣德生在临终前，口授遗嘱，希望荣毅仁、荣鸿仁等子侄为国家建设出力，特别提出"尔仁、研仁再不可滞留海外，应迅速归来"，表现出了他以实业强国的拳拳爱国之心。

第三，重视学校教育，将子女培养成国之用才。

学习文化知识与科技知识不能仅靠家教，而主要有赖于学校教育。革命志士将这两者结合起来，鼓励、鞭策子女认真读书，使自己成长为国家有用人才。秋瑾主张学习外文不可丢弃中文，应通过学习本国的文化，来培养爱国之心。她在《致秋壬林书》的信中教诫侄子："虽入学堂，中文亦宜通达，断无丢去中文，专学英文之理。但凡爱国之心，人不可不有，若不知本国文字、历史，即不能生爱国之心也。"②。与孙中山等共创同盟会，参加黄花岗起义的革命家吴玉章（1878—1966）在1960年2月给孙女吴本立、孙子吴本渊等人的家信中回忆说："我很小时自尊心很强。父、兄教导我要作一个顶天立地的有志气的人。……能够很好地为人民作点有益的事情，来达到我'先天下之忧而忧，后天下之乐而乐'的素愿。"后来，他以这雄心大志教育儿子，"在1911年7月至9月的短短时间中，我教了他许多东西，特别是孟子所说的'富贵不能淫，贫贱不能移，威武不能屈'这三句话，他常常牢记心中，决心身体力行。"这使其子"学问品质"兼优，成为一个"好科学家。"③ 黄兴在1913年1月2日给其次子黄一中的信中，希望他的学业与年龄俱进："汝读书想日有进步。今以民国二年，汝又增多一岁，必须学业与年俱进方好。"④ 要求他发愤求学，学成报效国家。

要成为国之用才，不啻要提高科学文化素质，还要提高道德素质。

---

① 胡申生：《上海名人家训》，文汇出版社2010年版，第185—186页。
② 《秋瑾集》，第46页。
③ 《老一代革命家书选·给吴本立等的信》，中国青年出版社1980年版。
④ 《黄兴集》，第604页。

在这方面，革命家们有许多教诲。曾任南京临时政府总统府枢密顾问的革命家、思想家与学者章太炎（1869—1936），其父曾教诫他道："妄自卑贱、足恭谄笑，为人类中最佣下者，就是要有人格尊严，不要妄自菲薄，卑贱于人；要熟读经史子集，'精研经训，博通史书。'"① 章太炎将他父亲的有关德业并进的教诲，归纳为 15 条恭录于纸，称之《家训》，令后代遵行。这种将知识与道德结合起来教诲的做法，在曾参加辛亥革命、多次电请孙中山北上主持大计的爱国将领冯玉祥（1882—1948）亲撰的《冯氏族约》中也很突出："知识无限，日新月异，应极力接受新知识，以求不断进步，只须加以真善与否之选择，切不可故步自封也。"② 真善关系即科技知识与伦理道德的关系。而在道德方面，则又十分强调公德与私德之统一。章太炎在其 1906 年写的《革命道德说》中指出："优于私德者，亦必优于公德，薄于私德者，亦必薄于公德，而无道德者亦不能革命。"③ 因而要培养"知耻、重厚、耿介、必信"四种德性。黄兴在 1912 年秋为其子黄一鸥题字"笃实"④，教他做人、做学问要讲求踏实。黄兴还在给女儿黄振华的《赠女儿联》中写道："遁世只为避俗，良知要在能行。"⑤ 指出道德重在践行。冯玉祥的家庭道德教育首重公德，他在《冯氏族约》中教诫道："今人多专谋利己，不顾其他，是以世风愈下，欺诈横生。"因而应该培养公德，"以己之心，度人之心，公德也；己所不欲勿施于人，公德也；互相利赖，尽其在我，公德也；千万人之事，应遵千万人共守之纪律，公德也；有利于社会国家之事，率先倡之行之，有害社会国家之事，率先改之除之，是尤公德之大者也。凡此所举，自小及大，勉而行之，进乎上德矣。"

① 转引自张秀丽：《大儒章太炎》，华文出版社 2009 年版，第 4 页。
② 见《冯玉祥选集》上卷，人民出版社 1985 年版，第 456 页。
③ 章太炎：《革命道德说》，见《章太炎全集》（四），上海人民出版社 1985 年版，第 279 页。
④ 《黄兴集》，第 540 页。
⑤ 同上书，第 918 页。

与此同时，也不要忽视私德。《冯氏族约》又要求做到："谦受益，和为贵，……无论作事求学，总以不自满足，蔼然可亲，方能有涵养与进步。""真挚笃厚谓之诚，诚实不欺谓之信。对人以诚信，人不欺我；对事以诚信，事无不成。于人格上于事实上，俱有莫大之关系。深望身体力行，不离须臾，修身之道，庶乎近之。"① 冯玉祥对族人、对儿女与女婿有关私德方面的训诫甚多，要求他们在孝亲、敬长、团结、谦和、勤劳、节俭、真诚、求实等方面加强修养，戒除懒惰、骄傲、赌博、迷信、自私、奢侈、虚伪等恶习，以培养高尚的道德人格。秋瑾则在《致秋壬林》中教诫侄儿："吾侄……性情尚宜改良"；"兄弟务必互相亲爱，待尊长须有礼，勿事游嬉，学堂之规则当遵守"，总之，"循良勉学"，德知共进，以"不虚生于人世。"②

第四，鼓励子女培养自立精神，具有独立人格。

晚清知识分子引进西方的"公民"概念以拒斥"臣民"概念，提倡个性发展、自主思考和独立人格。辛亥革命志士吸纳了这些思想，并在家训中引导子女发展个性，谋求独立，自食其力，成为"自立的人"。鲁迅早期受革命党人影响参加光复会，辛亥革命后即在南京临时政府任职，他毕生致力于改造国民品性，主张"尊个性而张精神"，在其《我们现在怎样做父亲》中说："子女是即我非我的人，但既已分立，也便是人类中的人。因为即我，所以更应该尽教育的义务，交给他们自立的能力；因为非我，所以也应同时解放，全部为他们自己所有，成一个独立的人"。③ 鲁迅这一富含哲理的思想，代表了辛亥革命志士对子女的普遍要求，在这方面，孙中山先生（1866—1925）的《家事遗嘱》是个典范。

中国民主革命的先行者孙中山先生为了民族的独立、国家的振兴，

---

① 《冯玉祥选集》上卷，第 457—458 页。

② 《秋瑾集》，第 46 页。

③ 《鲁迅全集》第一卷，人民文学出版社 2005 年版，第 134 页。

奋斗到最后一息。他在临终前立下的遗嘱中告诫子女说："余因尽瘁国事，不治家产，其所遗之书籍、衣物、住宅等，一切均付吾妻宋庆龄，以为纪念。余之儿女已长成，能自主，望各自爱，以继余志。"① 此遗嘱既昭示中山先生尽瘁国事、公而忘私、不治家产、两袖清风的高洁情怀，又要求儿女自立、自爱、继承革命遗志，为国家的自由、民主、富强、独立而奋斗，以完成自己的未竟之业。这种殷切期望和纯洁品性，也是中山先生留给国人的一笔巨大的精神财富。

女革命家秋瑾在家书中不仅以"自食其力"自励，还希望侄儿也自立。她在《致秋誉章书》中对其大哥说："二侄进学堂甚善。……各宜谋自己生活之后计，因区区之祖产非可久持者，今日不学，后日如何？哥宜函劝子序弟设法进学堂学实业，为自立计，切不可徒荒岁月，销脑力于嬉戏中。"不仅如此，她还号召中国女子都执一技之长以自食、自立、自强，指出：女子"欲脱男子之范围，非自立不可；欲自立，非求学艺不可，非合群不可。"他还在《致湖南第一女学堂书》中说："东洋女学之兴，日见其盛，人人皆欲执一艺以谋身，上可以扶助父母，下可以助夫教子，使男女无坐食之人。其国焉能不强也？"② 女子学得科技知识，通过执艺劳作以养活自己，不坐享其成，这一方面能提高自己的社会和家庭地位，另一方面也能为国家富强尽一份力。邹容在《致大哥》中也劝勉其兄："世事艰险，人贵自立。"在世途艰险的时代里，依赖祖产终非久计，自强自立、自食其力方能生存无虞。

辛亥革命志士之家训思想还有很多，如反对封建迷信：黄兴在1913年1月《上继母书》中，劝其母搬家时"不可如野蛮人还迷信一切。……此事关系我之信用，如家人尚如此迷信，将来何以望社会之改良？此事请母亲勿坚执，以贻我羞也。"③ 他把破除迷信同社会改革联系起来，

---

① 喻岳衡编著：《历代名人家训》，岳麓书社2002年版，第321页。
② 《秋瑾集》，第32页。
③ 《黄兴集》，第605页。

作为革命事业之有机组成部分。又如主张男女平等，均有受教育的权利：冯玉祥在《冯氏族约》中告诫道："凡吾族人，无论如何困难，必须认定将自己子弟，不分男孩女孩，一体送入学校读书，斯为最重要之事。"秋瑾要求大哥将侄儿侄女都送入学校学习，特别关照："我兄嫂切不可再误侄女。"① 再如，注意健康，改去恶习。邹容在《致人哥》中说："兄近精神顿增，身体强健，于此可见不吸洋烟之效也。"对大哥戒食鸦片烟表示欣喜，这无疑是一种劝勉、鼓励。

革命派人物的家书多写于复杂、激烈的斗争倥偬之际，或赴难当日，或临刑前夕，故一般篇幅不长，说理不多，然言简意赅，动人魂魄；情深意深，感人肺腑。尤其是有的遗嘱，仅寥寥数语，却影响深远。如民主革命家章太炎，他早年参加维新运动，后来剪辫绝清，立志革命，五四运动后虽渐趋委靡，但爱国之志始终未变。章氏去世时，正值日本帝国主义大举入侵中国、中华民族面临危亡之时，他留下的遗嘱只有两句话："设有异族入主中原，世世子孙毋食其官禄。"② 要求后代保持民族气节，永远做爱国者。这短短 17 个字的遗言，是足以长存史册的。辛亥革命派中有些人物，如吴玉章等后来参加了中国共产党领导的革命与建设，他们在家训方面做出了新的贡献。

（二）结语。

从伦理道德的视角考察中国传统家训，我们可以发现：道德教育始终是传统家训主要的、基本的内容。正是通过经久不息、持续不断的教诫、训示和耳提面命，原则、规范基本稳定的中国传统道德才得以深入人心、家喻户晓。清末，中国传统道德因自身的僵化、片面与不合时宜，不仅受到国人的批判，而且在西方列强的军事侵略与文化冲击下，终于逐渐趋于衰落。

---

① 《秋瑾集》，第 36 页。

② 缪篆：《吊余杭先生文》，见《制言》第 24 期，1936 年 9 月 1 日出版。转引自姜义华：《章炳麟评传》，南京大学出版社 2002 年版，第 299 页。

康有为、梁启超等维新派人士适应救国保种的时代需要，在继承中华民族传统美德并对它作新的解释的基础上，吸纳了西方资产阶级的伦理思想，构建起了不同于中国旧道德体系的，以仁爱、自由、民主、平等和人格独立为主要内容的新道德体系，为他们的家训增添了新的内容并开始转型。维新变法尽管在政治上失败了，但在伦理文化方面的这种创造性成果却被保留了下来。这个新道德体系雏形为辛亥革命党人所继承并加以丰富、完善，其中最主要的是消弭了君为臣纲，张扬了民主共和，并尽力付诸实践，予以实现，从而促进了中国近现代的伦理道德的第一次转型，也为其家训输入了新鲜血液并发生转型。

革命派思想家较正确处理了革命与道德的辩证关系，以仁爱、自由、民主代替专制主义，以平等、人权代替等级特权，否定了封建礼教，教导自己的子女培养自主、自立、自强的精神，成为具有独立人格的爱国公民。1911 年武昌起义的成功，结束了绵延两千多年的封建帝制，建立了中华民国。然而革命成果不久即被袁世凯所窃取，接着是称帝、复辟，军阀割据，长期混战，从而使民主、民国虚有其名。刚刚建立起来的新道德体系与新家训型式虽然受此影响而未能得以充分发育成熟，但还是在相当程度上发生了启蒙作用，使有的地方社会风尚为之一变。丁文江在 1912 年给莫理循的信中感叹道："见到我国的姑娘们用一双天足走在街上，登上有轨电车，坐在餐馆里吃饭，……对于像我这样一个深深懂得十年前——仅仅是十年前——那些可怕的清规戒律的人来说，纯属崭新的生活！"[①]

这种情况与家训不无关系，如梁启超在 1900 年 5 月就写信劝其缠足的妻子李蕙仙放足："卿已放缠足否？宜速为之，勿令人笑维新党首领之夫人尚有此恶习也。此间人多放者，初时虽觉痛苦，半月后即平复矣。"[②] 梁启超曾在 1897 年（光绪二十三年）与维新派人士谭嗣同

---

① 瞿骏：《文明的痛苦与幸福》。载《读书》2011 年第 2 期，第 4 页。
② 《梁启超全集》，第 6100 页。

（1865—1898）、汪康年（1860—1911）、康有为之幼弟康广仁（1867—1898）、麥孟华（1875—1915）等发起成立不缠足会，总会设于上海，分会遍及湖南、广东、福建等省，规定入会人所生女子不得缠足，所生男子不得娶缠足女子为妻，上海参加不缠足会的妇女约有 5 万人，此会在百日维新失败后停止活动。但梁启超仍坚持主张女子不缠足，故有此信。不缠足会作为男女平等的重要内容，其影响也依然存在，如 1910 年（宣统二年）订立的湖南《上湘龚氏族规》规定："禁缠足。妇女放足，脱离苦海，诚为莫大幸福。如有拘泥旧习，仍行缠足者，查出重罚。"除教诫族人不缠足外，龚氏族规还有一些新的家训思想：一是不仅吸纳了中国传统美德中的许多德目，还在 20 世纪初清政府预备立宪的情势下得风气之先，将当时新流行而反映新思潮的概念，如"国民"、"自治"、"自由"、"平等"、"人格"、"变法图强"、"义务责任"等引进族规，这无疑是有助于传播革新思想的；二是要求族人"谋生计。游惰为致贫之原因。农工商皆属实业。随执一业，便可谋生。"三是要"峻人格。值此立宪时代，人人当有国民思想，为家族增光荣。毋得斮丧廉耻，甘为奴隶、差役，及地痞、讼棍，玷辱家声。违者责罚。"四是"破迷信"、"戒洋药"、"惩非为"；"严赌博"，这些也是对国民人格的底线要求；五是要求各级管理者"明权限"，办公"自应恪尽义务责任，不容放弃。"而全体族人则要"人人有自治之能力，而后有国民之资格"、"讵敢自由于法律之外"。所有这些，都有赖新式的教育。故龚氏族规还要求仿效西式学堂模式，改良家塾的教学方法，在"督小学"中规定："族学为培植人才之基础，本属急务"；"教授毋得拘守旧法，阻子弟升学之阶"；"不论贫富，务期人人读书识字，庶有谋生之路"；"女子亦宜入学，开通智识，肄习手工"。[①] 这是男女平等在教育方面的表现。

　　重视新式学校教育是不少家法族规的重要内容。1937 年重修的湘西《武陵郭氏公定规约》第七章"重教育"云："教育原分三个阶段：

———————

① 《中国的家法族规》，第 359—361 页。

第一段是家庭教育，第二段是学校教育，第三段是社会教育。尝见有家长对于幼孩之行动漠不关心，迨其习染已深，纵踏上第二段学校，教师亦无法灌以技能。……族、房理事长应随时检举而加以警告。"又云："私塾为旧时代之文化，于现时代不切用，且其规程深于体育有妨。如有住近学校而偏遣子入塾，族理事长仍应援例议处。"此则规约重视教育不仅是为了培养德、智、体俱合格之国民，也是为着实业兴国，指出："我国实业落后，进步较迟，由于全国文盲太多。今后如有藉口牧牛、砍柴需人，年复一年使小儿学龄虚度，是不但贻误其子一生，抑且影响国家进步。族理事长应援引政府罚例，处加一等。"① 与此同时，对于重视教育且学习成绩优良者，则给以奖赏，予以鼓励。如 1910 年（宣统二年）本《岭南冼氏祠规》规定：——"在兵、农、工、商专科学堂及法政、警察各学堂毕业得奖学位者"，"一体给奖在红"；"高等学堂升大学堂赴京肄业者，照举人会试例，每名送川资银二十元。"② 浙江余姚朱氏于 1931 年续修的《民国二十年修谱续增宗规》，对于支持与奖劝族中青少年读书上进的力度更大：从 1927 年（民国十六年）起，凡就读小学者每人每年给学费银元 4 元；从 1928 年起，不论男女：凡就读中学或相当中学者，每人每年给学费银元 30 元；凡就读于高等专门学校者，每人每年给学费银元 50 元；凡就读于大学者，每人每年给学费银元 60 元。这种勉励有两点值得注意：一是若"因留级、转学而延长毕业学年者，概不准给。"二是从 1929 年起，对出国留学的学生，更能得到族中为数颇巨的经济资助："凡留学欧美各国者"，每人每年给学费银元 400 元，但"留学日本者减半给发"。他为余姚饶有资财的强宗大族，不仅在明末出了著名的爱国教育家朱舜水（1600—1682），对子孙有"汝辈既贫窘，能闭户读书为上"的训言（见本书第三十四章朱之瑜家训），而且后人也承续了这一传统，在"科举停废，培植人才专

---

① 《中国的家法族规》，第 403—404 页。
② 同上书，第 350 页。

重学校"的新形势下，能与时俱进，大力投资教育并卓有成效："在 20 世纪的最初 30 年中，该族就有族人在德国获得博士学位，在美国获得硕士学位，并有数十人在复旦、沪江等国内著名高等学府中学习，真可谓人才济济。"①

　　在家教方式方面，受维新派与革命派人士的影响，不少地方抛弃了棍棒主义，注重说理教育、亲情感染。戊戌变法前家法族规中较普遍存在的笞、杖、处死等惩处，如 1895 年（光绪二十一年）订立的《合江李氏族规、族禁》，其中虽不乏合理要求，但基本内核却有浓厚的封建色彩，处罚极为严酷，规定"凡子孙于父母及祖父母，骂者罪即绞决；殴则斩决；杀则凌迟处死。""贵贵贤贤，义无偏诎"；"尊卑之分，秩然不淆。"② 在戊戌变法与辛亥革命后有较大的改变，多数家法族规中这类训诫方式已被废除，故通常不再订立惩罚条款。总之，新的价值观、政治观、职业观、教育观、道德观等已在相当程度上渗透到了家训中，成为近代道德转型与家训转型的重要表现。

　　但也有不容忽视的方面。一是进步思想家之家教理论与实践缺乏彻底性。以梁启超来说，他在变法失败后并未吸取血的教训，仍然宣传其改良主义思想。尽管其动机是爱国的，但这种爱国是与忠君、实行开明君主专制联在一起的。他四处奔走，与康有为合作组织保皇会，企图使光绪皇帝重新上台执政，并以这种主张同孙中山的民主革命派相对抗。对此，梁氏在 1899 年 3 月《致李蕙仙》中对妻子说："广东人在海外者五百余万人，人人皆有忠愤之心"，联络他们创建保皇会，乃"为中国存亡之一大关键，故吾不辞辛苦以办之。"③ 辛亥革命后无皇帝可保，他又拥护袁世凯，当了袁政府的司法总长。梁氏与康有为、严复相似，也有言行相悖之事：提倡男女平等，却又纳妾。他在 1916 年 10 月写信

① 《中国的家法族规》，第 352、354 页。
② 同上书，第 333 页。
③ 《梁启超全集》，第 6099 页。

给女儿说："做官实易损人格，易习于懒惰与巧滑，终非安身立命之所。"① 但就在此年的 8 月，他组织宪法研究会，又出任段祺瑞政府的财政总长，与为官任职"剪不断，理还乱"。尽管梁氏曾有策动其学生蔡锷反对袁世凯称帝、参与讨伐张勋拥戴清帝复辟的壮举，但总的来说，其政治生涯虽然显赫却并不成功。1917 年后，他主要从事文化教育事业，并在这方面著述极丰，贡献甚大。还要看到，像梁氏这种有缺憾的思想与行为并非为他个人所独有，而是一种时代现象，在仕宦阶层、知识阶层的许多人中都程度不同地存在着。

二是家训转型的情况在全国各地是极不平衡的。在有些地方，封建礼教的遗毒还相当严重。如 1917 年订立的湖南常德《汉寿何氏支谱凡例、族议》规定："仕官、隐逸、忠孝、节义，与夫贞女、烈妇、节妇、贤媛，无论从前请旌与否，均另立传赞，以劝勉后人。"此族规订立于民国时期，有的条文仍以《清律》为据，说"吾国男统重宗祀，故《清律》无子之人许其纳妾"，民国法律"亦未明禁人私置妾。无子娶妾者有之，所以济宗祀之穷也。"② 公开提倡男尊女卑、一夫多妻，鼓励女子当烈妇、节妇，奉行禁欲主义。而在教诫方式上，有些地方还存在体罚乃至处死的做法。如 1937 年本的《河北交河李氏谱例》明文规定："凡族中有不遵法律、败坏伦常或做贼、放火、任意邪行者，合族公议，立刻处死。伊家眷属不得阻挠。"③ 甚至 1947 年续修、经合族户主大会通过的湘西《武陵郭氏公定规约》中还有《严罚则》条款："因语言过激，其父母将欲杖之，其子抗拒不逃而反肆口谩骂者，处体刑五十。""抗拒其父母而演成对斗之形势者，处体刑一百。""不守妇道，动辄使泼谩骂以凌其夫，使其夫不能忍受而奔诉到族者，处荆刑二十。"④ 以上情况表明，传统家训中的封建残余不是靠一次转型便能完全清除的，

---

① 《梁启超全集》，第 6099 页。
② 《中国的家法族规》，第 364、366 页。
③ 同上书，第 403 页。
④ 同上书，第 405、406 页。

需要志士仁人再接再厉，以科学的世界观、价值观、道德观、教育观为指导，使家训再发生转型才有可能做到。而这种转型的新篇章，是在中国共产党领导的革命与建设过程中，首先由老一辈无产阶级革命家的家训中开始谱写的。

附录
老一辈无产阶级革命家的家训

　　1840 年鸦片战争后，中国沦为半殖民地半封建社会；1911 年的辛亥革命虽然推翻了清王朝，但中国的社会性质并未根本改变。1919 年爆发的五四运动与 1921 年中国共产党的成立，使中国走上了新民主主义革命的道路。1949 年中华人民共和国建立以后，中国又进入了社会主义革命与社会主义建设的历史新时期。老一辈无产阶级革命家在领导中国人民革命与建设的过程中，不仅严格要求自己，而且也很注意家教。他们在继承中华民族传统美德、吸取西方进步文化思想的同时，又批判与摒弃了其腐朽与落后的方面，因而和封建地主阶级的与资产阶级的家教有着本质的区别：在思想理论基础方面，他们不是从抽象的人性论或为全家保身出发，而是以马克思主义的世界观、人生观、价值观、道德观为指导；在价值目标追求上，不是为了使子女升官发财、光宗耀祖，而是将他们培养成自食其力的劳动者、革命与建设事业的接班人；在教育方法上，摒弃了简单斥责、鞭笞体罚等粗暴做法，代之以亲情感染、耐心说理的方法，并鼓励他们到基层实践锻炼，在与工农结合中成长。这些基本特点标志着中国传统家训的革命性转变，从而将中国家训的理论与实践推进到一个新的历史阶段。

一、常反省，"过好政治关"

老一辈革命家们常用自己戎马生涯几十年的经历教育子女亲属：社会主义的新中国是用无数革命先烈的鲜血换来的，要珍惜来之不易的和平幸福，要努力学习马克思主义、毛泽东思想，做合格的革命与建设事业的接班人。1958年，陈毅在儿子昊苏十六岁生日时，郑重地把《毛泽东选集》赠送给他，并在书上题了词："读毛主席的著作，要学习他的高尚品格，他的锐敏思想，他的艰苦作风和他一生为人民服务的伟大精神。"1961年夏天，陈毅的儿子丹淮即将到部队工作的时候，他又写了送行诗，要求丹淮牢记自己是党的儿子，无产阶级的后代："汝是党之子，革命是吾风。人民培养汝，一切为人民。千锤百炼后，方见思想红。"①

周恩来在1963年5月一次家庭会议上要求家人把学习和掌握马克思主义、毛泽东思想作为生活的第一需要，"活到老，学到老"。他说："时代是不断前进的，思想改造就是要求我们的思想不落伍，跟得上时代，时时前进。事物和发展是没有止境的，因此我们的思想改造也就没有止境。"他还以自己为例，现身说法："要永远感到不足，思想才能进步。我革命四十多年，难道就没有一点旧思想了？我们要革命一辈子，学习一辈子，改造一辈子。"② 在教育亲属如何站稳自己的政治立场时，周恩来说："我家祖上是当过知县的，尽管没有田产，房屋也不出租，但仍属手剥削阶级。"他要求晚辈"认清这个家庭所代表的封建阶级的反动本质，并和它所反映的政治思想和伦理道德划清界限，向工农学习"，③ 他说："立场是抽象的，在具体斗争中表现在站得稳不稳；还要看党性，看是不是把无产阶级作为阶级，接受它的思想领导，特别是看

---

① 《党魂》，黄河出版社1990年版，第189页。
② 《周恩来选集》下卷，第423页。
③ 《周恩来与故乡》，江苏人民出版社1985年版，第40页。

我们的批评与自我批评精神，是不是知过能改。可见，过政治思想关不是简单的事。所以，我们要认真对待立场问题，过好政治关"。①

二、修养心性，向高标准看齐

高干子弟虽然生长在革命家庭里，能受到良好的教育，但优越的政治地位与生活待遇也容易产生一些思想问题。为此，老一辈革命家们很重视他们的心性修养，教育他们如何为人处世。对他们高标准、严要求，抓苗头，指方向。谢觉哉写信教育上学的儿子："你们现在是锻炼：锻炼身体，锻炼思想，锻炼学业……好像矿石炼成铁、炼成钢，优质钢、合金钢等，是要经过烈火烧、锤子打的。这也可以说是苦。但接着来的是学得了本领，是甜，高度的无限的甜。"他还以亲历的二万五千里长征为例，教导儿子明白苦与甜的辩证统一关系，常和苦斗争："苦尽甜来，甘是从苦中来，在苦中尝到甜，又不一定一甜了不会再苦，任何事体有困难，现在有将来也有。不能有苟且偷安、安居中下游的思想，要常找难的事情做，以锻炼自己。"②彭德怀在给侄子的信中反复告诫道："在思想上应向高标准看齐，经常去找差距，就会感到自己比不上别人，就会虚心而不骄傲，就会不断进步。生活上要向低标准看，这样就会感到满足。"③谢觉哉教育儿子："弱要谦虚，强也要谦虚。即令自己真是对的，那你就要说服人，说服人要'和风细雨'，要表示谦虚。否则人家是不会信你的。"他的孙子心情易急躁、做事欠条理，谢觉哉教育他"学会安静、不急躁、不愁"；"做事东拉西扯是很不好的，

---

① 《周恩来选集》，下卷，第425页。
② 范桥：《书信写作鉴赏辞典》，中国国际广播出版社1991年版，第579页。
③ 转引自谢宝耿编著：《中国家训精华》，上海社会科学院出版社1997年版，第59、57页。

应该做一件了一件，做不了的不妨放下。古人说，'日计不足，月计有余'。其次，要乐观……遇事莫恼，经常洗澡。"① 陈毅的儿子陈丹淮将远行去哈尔滨工程学院读书，他特作诗一首，教导他对人生道路的艰难要有充分的思想准备："应知天地宽，何处无风云？应知山水远，到处有不平。应知学问难，在乎点滴勤。尤其难上难，锻炼品德纯。人民培养汝，一切为人民。革命重坚定，永作座右铭。"② 老革命家勉励孩子加强思想品德修养，要求他们"锻炼品德纯"，反映了他们对革命接班人的殷切期望。

三、与传统陋习决裂，倡导社会新风

几千年流传下来的旧风俗、旧习惯，在新中国成立后不可能立即消除，还会影响人们的生活方式。为了破除这些陋习，老一辈革命家从自身做起，教育孩子、亲属与它们彻底决裂。1965 年底，周恩来教导回淮安老家过年的侄儿周尔萃说："作为一个革命军人，要带头破旧立新，移风易俗，带动全家过一个革命化的春节。"接着又反复交代："这次回家去一定要把家里的祖坟平掉，坟地交给集体耕种，办完这件事再过年。"他还说明道理："我国耕地面积太少，人死了不做事了，还占一块地盘，这是私有观念的一种表现。平掉祖坟，不但扩大了耕地面积，也是破旧俗立新风的一场革命。"③ 周尔萃回家后，说服了老母亲，并取得了县委和群众的支持，终于在春节前完成了伯父交办的任务。早婚与结婚摆阔气、铺张浪费也是旧社会留下来的历史包袱。在延安，毛岸英

---

① 转引自谢宝耿编著：《中国家训精华》，上海社会科学院出版社 1997 年版，第 59、57 页。
② 《陈毅诗词全集·示丹淮并告昊苏、小鲁、小珊》，华夏出版社 1993 年版。
③ 《周恩来与故乡》，江苏人民出版社 1985 年版，第 89 页。

二十七岁了，但他的恋人刘思齐还未到结婚年龄。毛泽东硬是要求他等到 1949 年 10 月开国大典之后、思齐到了规定年龄才举行婚礼。至于婚礼仪式，毛泽东与儿子商量："越简单越好。"毛岸英说："我们都有随身的衣服，也有现成的被褥，不用花钱买东西。"毛泽东说："这是喜上加喜。"他把不花钱办喜事、树立新的风尚看做是喜上加喜。他给儿子的结婚礼物是自己穿过的一件黑呢大衣。① 这些虽与他们的社会地位"不相配"，但却为倡导社会新风树立了光辉榜样。

四、勤奋好学，做建设者

老一辈革命家要求子女，首先要"努力把自己锻炼成为人民所需要的人，不是多一个少一个没有什么关系的人，不是可有可无的人，确有一点本领，拿出来为人民做点事，尽点小螺丝钉的作用。这就是学习的目的，也是做人的目的"②。学习态度上要摒弃个人主义虚荣心，虚心向他人求教、学习，牢记"谦受益，满招损"的古训。刘少奇教诲在苏联莫斯科航空学院读书的儿子刘允若学习要有毅力："世界上的一切事情，如果你要认真做好，都是要克服困难的。马克思说过：'在科学上面是没有平坦的大路可走的，只有那在崎岖小路的攀登上不畏劳苦的人，才有希望到达光辉的顶点。'"他鼓励儿子不但要有决心克服困难，还要"学会如何解决各种矛盾"③。其次，在学习内容上，老革命家们在革命战争时期就高瞻远瞩，教育孩子不但要学好社会科学，更要学好自然科学。毛泽东给当时在苏联读书的儿子毛岸英写信道："趁着年纪

---

① 参见《生活中的毛泽东》，华林出版社 1989 年版，第 177—181 页。
② 《老一代革命家书选·给叶楚梅的信》，中央文献出版社，生活·读书·新知三联书店 1990 年版，第 458 页。
③ 《老一代革命家书选·给刘允若的信》，第 342 页。

尚轻，多向自然科学学习，少读些政治。政治是要谈的，但目前以潜心多习自然科学为宜，社会科学辅之。将来可倒置过来，以社会科学为主，自然科学为辅。总之注意科学，只有科学是真学问，将来用处无穷。"① 再次，在学习方法上，毛泽东教女儿李讷读书要"由浅入深，慢慢积累。大部头的书少读一点，十年八年渐渐多读，学问就一定可以搞通了"②。邓发劝堂弟"学习时要掌握各科目的、基本原理，应手脑并用，敢于创造"。学习"除功课之外，应多读些课外书籍和文学著作，以增加一些课外知识"③。朱德、康克清教育子女学习时要"脑力同体力同时并练"，④"时间切不要浪费掉"，"加紧学习，抓住中心，宁精勿杂，宁专勿多"。周恩来要亲属向群众学习，"永远不与群众隔离，并帮助他们。过集体生活，注意调研，遵守纪律。"向警予教育侄子对老师要尊重，学习"亲师取友，问道求学，是创造环境改进自己的最好方法"。这是"潜心独研外，更要注意的一点。万不要一事不管，一毫不动，专门只关门读死书"⑤。罗荣桓要儿子"理论学习必须联系实践，因为理论是来自实践，而又去指导实践，再为实践所证实、所补充。如果理论离开实践，就会成为空谈，成为死的东西"⑥。

五、"不靠关系自奋起，做人生之路的开拓者"

老一辈无产阶级革命家对子女从不顺从迁就，更不用手中的权力为他们牟取私利，而是敦促子女"好好学习，好好工作"，要"不靠关系

---

① 《毛泽东书信选集·致毛岸英、毛岸青》，人民出版社1983年版，第166页。
② 《老一代革命家家书选·给李讷的信》，第340页。
③ 《革命烈士书信·给堂弟的信》，中国青年出版社1979年版，第343页。
④ 《革命前辈谈修养·我的修养要则》，中国青年出版社1980年版，第341页。
⑤ 《老一代革命家家书选·给功治的信》，第373页。
⑥ 《老一代革命家家书选·给罗东进的信》，第459页。

自奋起，做人生之路的开拓者"。

张闻天很注意不让独子养成"干部子弟的优越感"。有一次儿子钻进爸爸的小汽车，张闻天上车后发现了，就让他下车。儿子说："爸爸，我一次小汽车都没坐过，让我坐坐吧！"张闻天没有动心，说："这车子是党和国家给我工作用的，小孩子可不能用它享受，你要坐车，坐公共汽车去。"孩子执意不肯，父亲也不让步，劝说无用，他就步行去开会，儿子自然没坐成车。儿子上学填履历表时，张闻天让他在家庭出身一栏中填"职员"而非"革干"，他说："我们都是为人民工作的，我们在政府工作的就是职员。现在不管是工厂的工人，种地的农民，还是政府的工作人员，大家都是干革命的，只是分工不同，为什么我们要特别强调是革命干部呢？"由于教育有方，儿子衣着朴素，遵守纪律，尊敬师长，勤奋好学，与工农子弟没有区别，学校的教师和同学谁也不知道这就是张闻天的儿子。张闻天在弥留之际，留下遗嘱，把生前的全部存款作为党费交给党，金额是四万元，他没有给惟一的儿子留下什么物质遗产，而是留下了宝贵的精神遗产。①

老革命家徐特立的两个儿子都为革命贡献了生命，膝下只有一个孙女和一个孙子，他们在革命战争年代吃了很多苦，徐特立对这两个革命根芽虽十分疼爱，却从不溺爱。徐老把他们从湖南老家接到北京，到学校住读，过集体生活，只有星期日和暑假才回家。在家时，也让他们到工作人员的大食堂里吃饭。小孩子有时也有点情绪，徐特立语重心长地说："要不是解放，你们哪能活到今天！要牢记自己是党的孩子，革命的后代，把主要精力用在学习上，不能躺在老一辈的功劳簿上坐享其成。"而是要"自己的路自己走"。

由此可见，老革命家们对自己子孙的爱护是有原则的，让他们从最平凡的工作做起，"丝毫不搞特殊化"；如果说有什么特殊的话，就是鼓励他们在工作上作出突出的贡献，"做人民的勤务员"。这种做法彻底否

---

① 《党魂》，第 202 页。

定了"一人做官，全家享福，一人得道，鸡犬升天"的封建亲属关系，"丝毫不搞特殊化"，开启了清正廉明的一代新风。

六、"要接班不要接官"

老一辈革命家们对于从政的晚辈更是教导他们要勤政廉明，"要接班不要接官"。朱德教育子女要学习毛泽东关于培养革命接班人的指示，多次对他们说："要接班，不要'接官'。接班，就是要接为人民服务的思想，时刻想着大多数人，掌握为人民服务的本领，实实在在地干革命。如果忘掉了人民，心里想的是当官，就会脱离群众，早晚有一天要被人民打倒。"他还给老家写信："望升官发财之人决不宜来我处"[①]。

当谢觉哉的儿子希望他这个当"大官"的父亲照顾一下，能奔个"好前程"时，谢老即写信并赋诗一首："你们说我做大官，我官好比周老倌。起得早来眠得晚，能多做事即心安。"诗中"周老倌"是他老家的一个农民，是位勤劳、善良、憨厚、朴实的老人。谢老自比于他是教诲晚辈"做官"要做"焦官"，即不为名、不为利的好官。他指出："官"而不"焦"，天下大乱，"官"而"焦"了，转乱为安。[②]他还教育晚辈："我们不是为了做'大官'，只是为了多做事情，多贡献力量，为人民谋福利。我的'官'不小，但我总想，'官'越大，责任也就越大，位子越高，越要想到人民群众。现在我与周老倌虽然分工不同，但都是为建设新中国而奋斗。我愿意学习周老倌，为人民服务一辈子。也希望你们这样，为人民服务，做人民的公仆，不辜负国家和人民对你们的培养。"[③]

---

① 《老一辈革命家家书选·写给陈玉珍的信》，第 521 页。
② 《老一辈革命家家书选·给谢子谷、谢廉伯的信》，第 520 页。
③ 《党魂》，第 201—202 页。

　　对于从政的荣辱、升降，老一辈革命家更是坚持原则，不让晚辈们拉关系、走后门。刘伯承 1950 年 1 月 29 日写信给堂侄刘宽泰，谆谆教诲他道："须知参加革命工作，用人以德（忠实于革命）才（能为革命做好事）资（与人民大众获有资望）为标准，并不以私人关系的。谁犯了罪，即使是怎样有功的人，也不能马虎了事。此点望你千万认识此条真理。"① 在这里，刘伯承教导侄儿无产阶级革命者的用人原则是"任人唯贤"，要参加革命工作，必须"好好学习政治，好好工作"，这样才有前途。他们要求晚辈正确对待级别待遇，不计名利权位。1955 年，身为国防部长的彭德怀到外地一所军事学院视察，他侄子彭启超正好在这里进修学习。那时部队正在酝酿实行军衔制；在一次汇报会上，彭总得知该院要给侄子授上尉军衔时，脸上没有一丝笑容。会后，他对院长说："请你们考虑一下，我的意见是授予他中尉军衔。"院长解释说："这是群众评定，党委审批的。彭启超 1945 年参加革命，没有特殊照顾他。"彭总认真地说："根据他的德才，我看还是授予中尉军衔合适。"学院党委最后采纳了彭总的意见，为此，彭启超老大不高兴。彭总耐心地教育他，说："在级别待遇面前，干部子弟要带个好头！"终于打通了侄子的思想。②

　　对于已在重要领导岗位上的孩子，老革命家们更是关心，耐心指导。如吴玉章 1952 年给时任富顺县县长的侄子写信，教诲道："你现任富顺县长职，事情更繁多，要独立工作，就要更全面地考虑问题。依靠党，相信群众，好好地执行政府法令，诚心诚意为人民服务，随时注意人民疾苦，使人民各得其所，发挥人民的智慧，以兄弟般的情谊对待人民，教育人民。"他们之所以这样做，因为"官位越大，责任越大"。

---

① 《老一辈革命家家书选·给刘宽泰的信》，第 522 页。
② 《党魂》，第 199 页。

七、勤俭节约，艰苦奋斗

老一辈革命家要求晚辈能继承和发扬中华民族勤劳朴素的传统美德和中国共产党人艰苦创业的光荣传统，告诫他们勤俭持家还是骄奢淫逸，直接影响到一个革命者的精神品格与政治本色。在这方面的家训尤其严格。徐特立经常教育和督促家属和身边工作人员节约一度电、一两油、一块棉纱、一根铁钉，养成"随手关灯"的习惯，他说："关一下灯，只是抬抬手就可以做到，不费什么事，而白白浪费这些电力，却要发电厂的工人们多耗费多大的劳动啊！"有一次，孙子从老家赶到北京看他时，正值严冬，徐老却戴着个灰布单帽，帽檐上补了许多补丁，身上是一套洗得发白的灰布棉衣，袖子还是接上的。住的是一间不大的房间，里边也就两张床和一张放满书的桌子。孙子大惑不解。徐老就开导他："农民一件棉衣要穿几十年，甚至一代传一代，我这件还可穿几年嘛！"陈毅也是这样，其孩子们的衣服总是大的穿了小的穿，老三虽小几岁，可是个子长得快，衣服轮到他穿的时候，不仅要打补丁，而且显得窄小，很不合身。有一天，他用手摸着补得盖不住腿肚子的裤子，跟陈毅的秘书说："叔叔，我就穿这么短的裤子过年吗？"陈毅总是吃一些杂粮，平时副食品以蔬菜为主。"六口之家，每顿饭的菜肴不过是一荤一素一汤，伙食费从不超过供给制规定的标准。"①

老一辈革命家还从理论上提高孩子们对艰苦奋斗的认识。周恩来对晚辈说："生活有两种：物质生活和精神生活。在物质生活方面，要使艰苦奋斗成为我们的美德。这样，我们就会心情舒畅，才能在个人身上节约，给集体增加福利，为国家增加积累，才能把我们的国家更快地建设成为一个社会主义强国。"② 须知"要使我国真正富强起来，需要几

---

① 《党魂》，第187页。
② 《周恩来选集》下卷，第426页。

十年艰苦奋斗的时间，其中包括执行勤俭节约，反对浪费这样一个勤俭建国的方针。没有勤俭就没有积累，没有积累就没有将来"。而在"精神生活方面，我们应该把整个身心放在共产主义事业上，以人民的疾苦为忧，以世界的前途为念。这样，我们的政治责任感就会加强，精神境界就会高尚。看书学习和文化娱乐是精神生活的重要内容，但要看他是否能修养"。并特别指出：社会上"那种庸俗的、低级的、野蛮恐怖的、堕落腐化的东西是资产阶级和封建阶级的产物，我们应该坚决批判，坚决反对，不能用官僚主义态度对待它、容忍它"。他反复教导家属晚辈，"要艰苦奋斗一辈子，"指出："我们共产党人不信奉苦行僧主义，我们现在艰苦奋斗，是为将来进入人类最美好的共产主义作物质和精神的准备。"① 也就是说，一辈子艰苦奋斗并不是甘于贫困，更不是反对改善人民生活，恰恰相反，是为了更好地改善人民生活创造条件。通过艰苦奋斗为人类创造的物质财富和精神财富愈多，自己也就愈感到欣慰和幸福，艰苦奋斗乐在其中，就是物质生活和精神生活的辩证统一，也是无产阶级的"苦乐观"。为培养晚辈艰苦奋斗的品格，老一辈革命家们总是鼓励他们到农村去，到边疆去，让晚辈在艰苦的环境中，在实际劳动中，提高思想境界。

上述七个方面的家训内容，说明老一辈革命家在中国家训思想发展史上写下了划时代的一页。这种革命性的转变，是在批判地吸取中国优秀传统文化基础上形成的。比如，李讷有"娇生惯养"、"翘尾巴"的毛病。毛泽东知道后及时写信开导她说："读了秋水篇，好，你不会再做河伯了。"河伯是《庄子·秋水篇》中的一个主人公，传说中的黄河水神。秋天涨水，百川皆满，河伯以为天下之水皆为己有。但当他顺水而下到了黄海，看到海水浩瀚无比，才感到自己是多么渺小。他以这个寓言故事，教育女儿不要盲目自大，并祝她读了此文后不再做今天的河伯。李讷曾开刀住院，术后伤口感染，发烧，产生悲观情绪，毛泽东又

———————
① 《周恩来选集》下卷，第42页。

写信教诲她，信中用唐代王昌龄的诗"青海长云暗雪山，孤城遥望玉门关。黄沙百战穿金甲，不斩楼兰誓不还。"鼓励女儿锻炼意志，以战胜病痛。应该说，老一辈革命家的家训，无论在内容上，还是在方法上，都表现出对中华民族优秀文化的继承与发展。

　　老一辈革命家的家教方法，最注重以身作则，要求子女做到的，自己首先做到，成为孩子效法的榜样。如要求子女艰苦朴素，自身就是勤俭朴素的模范。朱德在国家三年自然灾害时，和夫人康克清采野菜吃；许世友用自制的炭炉，吃自己种的菜；徐海东为省国家资金不让修建房子；黄克诚晚年支气管炎很严重，强忍痛苦不去南方过冬以省下疗养费。其次，他们尊重孩子的人格，不用强迫命令。毛泽东对岸英、岸青说："你们有你们的前程，或好或坏，决定于你们自己及你们的直接环境，我不想来干涉你们，我的意见，只当作建议，由你们自己考虑决定。总之我欢喜你们，望你们更好。"[①] 他们动之以情，晓之以理，和风细雨，耐心说服教育。罗荣桓在老家的女儿罗玉英在全国解放时已二十多岁并结了婚，听说爸爸还活着并且"当了大官"，想到北京来。罗荣桓回信教育她说："你爸爸二十余年来是在为人民服务，已成终身职业，而不会如你想的是在做官，更没有财可发。你爸爸的生活，除享受国家规定待遇外，一无私有……你们来此，也只能帮助进入学校，不能对我有其他依靠。"女儿在父亲的耐心教育下来北京后，从未觉得高人一等，而是刻苦学习文化；后来参加工作也是听父亲劝告，到基层、到艰苦的地方去锻炼，在郊区一个农场苦干。几年后罗玉英光荣地入了党，并成长为国家干部。再次是批评与表扬相结合。罗荣桓说过："教育孩子，是件麻烦的事情，急躁不行，夸奖太多了也不好，不过有一条做父母的完全可以办到，那就是，只要发现他们有一点不好的苗头，就指出来，要他们改正，不让它发展下去。"他的两个孩子罗东进、罗南上小学时离家很远，有次周末家里派车把他们接了回来。罗荣桓知道后

① 《毛泽东书信选集》，人民出版社1983年版，第166—167页。

立即召开家庭会，严肃批评此事。后来，有一次两孩子放学没搭上公共汽车，就步行了很久才回到家。罗荣桓看到满头大汗、一身尘土回来的孩子，问清原因后高兴地表扬道："好，好，你们做得很对，年轻人应该时刻锻炼自己，不怕吃苦……这种精神要发扬，要长久保持下去。"由于罗荣桓教育得法，孩子学习很好，罗东进考上了哈尔滨军事工程学院。①

老一辈革命家们家教方法的最根本的特征是让孩子在实践中锻炼，到最基层、最艰苦的地方，去工厂、农村、边疆磨炼自己。郭沫若教育儿子郭世英说："要真能成为红色接班人，必须在火热的阶级斗争、生产斗争、科学实验中，经受艰苦的锻炼，像在烈火中百炼成钢。"② 毛岸英从前苏联大学毕业回来后，毛泽东先让他到农村去劳动，向农民学习；朱德在儿子从部队转业到铁道部后则先让他当锅炉工，后来做了火车司机；周恩来侄女周秉建高中毕业未留城市或参军，而是扎根边疆草原；刘少奇的一些儿女们长期在农场、车间艰苦劳动，自学成才。因此，他们的子女们中有许多人做到了如陈毅家训诗中所言的："汝要学马列，政治多用功。汝要学技术，专业应精通。……品德重谦恭。工作与学习，善始而善终。人民培养汝，报答立事功。国家如有难，汝应作前锋。"③ 从而成为国家各条战线上的优秀建设人才。革命家们的家训虽然也有传统意义上的"立德立功立言"，但却突破了旧有的狭隘性而具有了新时代的意义。现在，重温老一辈无产阶级革命家的家训，对于如何搞好当前独生子女的家庭教育，确立健全的素质教育观，很有启示和值得效仿之处。对一些党政干部来说，要经得起执政党地位的考验，不以权谋私；经得起改革开放的考验，不腐化堕落；经得起家庭亲属的考验，不被"枕头风"搞晕。特别是那些治家不严、教子无方，甚至祖

① 参见《党魂》，第178—179页。
② 谢宝耿编：《中国家训精华》，第523页。
③ 《党魂》，第188页。

护、纵容子女的领导干部，更要学习老一辈革命家的家教思想，防止自己子女沦为纨袴子弟、"花花公子"，促进党风、社会风气的根本好转，使新一代健康成长，保证社会主义事业后继有人。

主要参考文献

1.《二十四史》，中华书局校本。

2.《钦定四库全书》，台湾商务印书馆 1983 年影印本。

3. 张廷玉：《明史》，中华书局 1974 年版。

4.《明实录》，台湾中央研究院语言研究所 1983 年校印。

5. 赵尔巽：《清史稿》，中华书局 1977 年版。

6.《中国丛书综录》，上海古籍出版社 1986 年版。

7.《十三经注疏》，中华书局 1980 年版。

8.《逸周书》，《四部备要》本。

9. 严可均：《全上古三代秦汉三国六朝文》，中华书局 1958 年版。

10.《古今图书集成·明伦汇编·家范典》，中华书局、巴蜀书社 1985 年影印本。

11.《丛书集成初编》，中华书局 1985 年版。

12.《丛书集成新编》，台湾新文丰出版公司 1985 年印行。

13. 章诗同：《荀子简注》，上海人民出版社 1974 年版。

14. 杨伯峻：《论语译注》，中华书局 1984 年版。

15. 杨伯峻：《孟子译注》，中华书局 1984 年版。

16. 刘向：《说苑》，《四部备要本》。

17. 许慎：《说文解字》，中华书局 1963 年影印。

18. 吴兢：《贞观政要》，上海古籍出版社 1978 年版。

19. 郑氏：《女孝经》，津逮秘书本。

20. 宋若莘：《女论语》，光绪十四年共赏书局刊本。

21. 王重民等：《全唐诗外编》，中华书局1982年版。

22. 董诰等：《全唐文》，中华书局1983年版。

23. 《全唐诗》，上海古籍出版社1986年版。

24. 曾枣庄、刘琳：《全宋文》，巴蜀书社1989年版。

25. 司马光：《资治通鉴》，中州古籍出版社1994年版。

26. 司马光：《家范》，《四库全书》本。

27. 司马光：《居家杂仪》，载《杨园先生全集》卷三十五，同治十年江苏书局版。

28. 苏轼：《苏轼文集》，中华书局1986年版。

29. 陆游：《陆游集》，中华书局1976年版。

30. 耶律楚材：《湛然居士文集》，中华书局1986年版。

31. 高攀龙：《高子遗书》，光绪二年东林书院刊本。

32. 张履祥：《杨园先生全集》，同治十年江苏书局刊本。

33. 王夫之：《王船山诗文集》，中华书局1962年版。

34. 傅山：《霜红龛集》，岳麓书社1986年版。

35. 史可法：《史可法集》，上海古籍出版社1984年版。

36. 《瞿式耜集》，上海古籍出版社1984年版。

37. 朱舜水：《舜水遗书》，1913年刊本。

38. 张应昌：《国朝诗铎》，同治八年刊本。

39. 夏锡畴：《课子随笔钞》，光绪乙未刊本。

40. 康熙：《庭训格言》，中州古籍出版社1994年版。

41. 郑燮：《郑板桥集》，上海古籍出版社1979年版。

42. 汪辉祖：《双节堂庸训》，乾隆五十九年刊本。

43. 周维立校：《清代四名人家书》，见沈云龙主编：《近代中国史料丛刊》第63辑。台湾文海出版社1971年版。

44. 石成金：《传家宝全集》，北京师范大学出版社1992年版。

45. 魏源：《魏源集》，中华书局 1976 年版。

46. 曾国藩：《曾国藩全集·家书》，岳麓书社 1985 年版。

47. 左宗棠：《左宗棠全集》，岳麓书社 1987 年版。

48. 张之洞：《张文襄公全集》，中国书店 1990 年版。

49. 郑观应：《郑观应集》，上海人民出版社 1988 年版。

50. 严复：《严复集》，中华书局 1986 年版。

51. 谭嗣同：《谭嗣同全集》，辽宁人民出版社 1994 年版。

52. 梁启超：《梁启超全集》，北京出版社 1999 年版。

53. 黄兴：《黄兴集》，湖北人民出版社 2008 年版。

54. 秋瑾：《秋瑾集》，中华书局上海编辑所、上海古籍出版社 1979 年版。

55. 冯玉祥：《冯玉祥选集》上卷，人民出版社 1985 年版。

56. 毛泽东：《毛泽东书信选》，人民出版社 1983 年版。

57. 周恩来：《周恩来选集》下卷，人民出版社 1997 年版。

58. 侯外庐等：《中国思想通史》，人民出版社 1960 年版。

59. 翦伯赞等：《中国史纲要》，人民出版社 1963 年版。

60. 朱瑞熙：《宋代社会研究》，中州书画社 1983 年版。

61. 陈东原：《中国妇女生活史》，上海书店 1984 年版。

62. 陈瑛等：《中国伦理思想史》，贵州人民出版社 1985 年版。

63. 毛礼锐等：《中国教育通史》，山东教育出版社 1987 年版。

64. 侯外庐、邱汉生等：《宋明理学史》，人民出版社 1987 年版。

65. 余英时：《士与中国文化》，上海人民出版社 1987 年版。

66. 胡如雷：《李世民传》，中华书局 1987 年版。

67. 朱勇：《清代宗族法研究》，湖南教育出版社 1987 年版。

68. 王晓祥：《陆游示儿诗选》，南京大学出版社 1988 年版。

69. 张敏如：《简明中国人口史》，中国广播电视出版社 1989 年版。

70. 冯天瑜等：《中华文化史》，上海人民出版社 1990 年版。

71. 冯尔康、常建华：《清人社会生活》，天津人民出版社 1990 年版。

72. 〔荷〕高罗佩：《中国古代房内考》，上海人民出版社1990年版。

73. 张涛：《列女传译注》，山东大学出版社1990年版。

74. 梁汝成标注：《蒙养书集成》，三秦出版社1990年版。

75. 依然等：《中国古代童蒙读物大全》，中国广播电视出版社1990年版。

76. 马伟云等：《经商之德》，天津科技翻译出版公司1990年版。

77. 顾明远：《教育大辞典》，上海教育出版社1991年版。

78. 尚秉和：《历代社会风俗事物考》，岳麓书社1991年版。

79. 何光岳、聂鑫森：《中国姓氏通书·陈姓》，三环出版社1991年版。

80. 锷未残等：《中国民间蒙学通书》，三环出版社1992年版。

81. 毛水清等：《教子格言辞典》，广西人民出版社1992年版。

82. 李修松、刘秉铮：《儒学经世箴言》，北京师范大学出版社1992年版。

83. 徐少锦、陈延斌等：《中国历代家训大全》，中国广播电视出版社1993年版。

84. 刘广明：《宗法中国》，三联书店1993年版。

85. 彭立荣：《家庭教育学》，江苏教育出版社1993年版。

86. 张海鹏等：《中国十大商帮》，黄山书社1993年版。

87. 张怀承：《中国的家庭与伦理》，中国人民大学出版社1993年版。

88. 武冈子等：《大中华文化知识宝库》，湖北人民出版社1993年版。

89. 毛水清等：《中国传统蒙学大全》，广西人民出版社1993年版。

90. 丁傅等：《家训百科》，北京师范大学出版社1993年版。

91. 成晓军等：《帝王家训》，湖北人民出版社1994年版。

92. 成晓军等：《宰相家训》，湖北人民出版社1994年版。

93. 王玉波：《中国古代的家训》，商务印书馆国际有限公司1995年版。

94. 袁啸波编：《民间劝善书》，上海古籍出版社1995年版。

95. 张海鹏等：《徽商研究》，安徽人民出版社1995年版。

96. 张正明：《晋商兴衰史》，山西古籍出版社 1995 年版。

97. 成晓军等：《名臣家训》，湖北人民出版社 1995 年版。

98. 王曾瑜：《宋朝阶级结构》，河北教育出版社 1996 年版。

99. 曹大为：《中国古代女子教育》，北京师范大学出版社 1996 年版。

100. 房中立：《诸葛亮全书》，学苑出版社 1996 年版。

101. 高世瑜：《中国古代妇女生活》，商务印书馆国际有限公司1996 年版。

102. 浦卫忠：《中国古代蒙学教育》，中国城市出版社 1996 年版。

103. 成晓军等：《名儒家训》，湖北人民出版社 1996 年版。

104. 成晓军等：《慈母家训》，湖北人民出版社 1996 年版。

105. 管曙光等：《从商经》，湖北人民出版社 1996 年版。

106. 徐梓编注：《家训——父祖的叮咛》，中央民族大学出版社 1996 年版。

107. 钱杭、承载：《十七世纪江南社会生活》，浙江人民出版社 1996 年版。

108. 顾鉴塘、顾鸣塘：《中国历代婚姻与家庭》，商务印书馆 1996 年版。

109. 马镛：《中国家庭教育史》，湖南教育出版社 1997 年版。

110. 谢宝耿：《中国家训精华》，上海社会科学院出版社 1997 年版。

111. 赵忠心：《中国家训名篇》，湖北教育出版社 1997 年版。

112. 丁文：《家庭学》，山东人民出版社 1997 年版。

113. 陈明：《儒学的历史文化功能——土族：特殊形态的知识分子研究》，学林出版社 1997 年版。

114. ［美］艾尔曼著，赵刚译：《经学、政治和宗族》，江苏人民出版社 1998 年版。

115. 费成康：《中国的家法族规》，上海社会科学出版社 1998 年版。

116. 李桂梅：《家庭文化概论》，湖南师范大学出版社 1998 年版。

117. 李茂旭：《中华传世家训》，人民日报出版社 1998 年版。

118. ［美］包筠雅著，杜正贞等译：《功过格——明清社会的道德秩序》，杭州人民出版社 1999 年版。

119. 廖盖隆等：《中国人名大词典》，上海辞书出版社 1990 年版。

120. 中共浦江县委宣传部、浙江省文学学会：《宋濂暨"江南第一家"研究》，杭州大学出版社 1995 年版。

121. 李文治、江太新：《中国宗法宗族制和族田义庄》，社会科学文献出版社 2000 年版。

122. 林洙编：《梁启超家书》，中国青年出版社 2007 年版。

123. 抢救民间家书项目组委会编：《任鸿隽陈衡哲家书》，商务印书馆 2007 年版。

124. 胡申生编：《上海名人家训》，文汇出版社 2010 年版。

125.《革命烈士书信》，中国青年出版社 1979 年版。

126. 中共中央文献研究室编：《老一代革命家家书选》，中国青年出版社 1980 年版。

127. 筱青、季明编著：《党魂》，黄河出版社 1990 年版。

后记

　　父母是孩子的第一任教师，家训是整个教育的重要组成部分。我国的家训源远流长，从黄帝时代至今，绵延数千年，在社会生活中发挥了重要作用。鲁迅先生曾经说过："倘有人作一部历史，将中国历来教育儿童的方法，用书作一个明确的记录，给人明白我们的古人以至我们，是怎样的被熏陶下来的，则其功德，当不在……禹下。"由于中国传统文化特别强调修、齐、治、平的统一，把"齐家"与"修身"、"治国"、"平天下"提到同等重要的地位，因而以教家立范、"整齐门内，提撕子孙"为宗旨的家训文化十分发达。许多家训名篇被奉为治家教子的"龟鉴"而流传极广，有的甚至家喻户晓。如颜之推的《颜氏家训》、朱柏庐的《治家格言》等。传统家训资料卷帙浩繁，蕴含的思想十分丰富，涉及的领域极其广泛，但核心始终围绕着治家教子、修身做人展开，实质是伦理教育和人格塑造。传统家训虽然由于时代和阶级的局限性而使精华与糟粕并存，但从总体上看仍不失为先人们留下的一笔丰厚而宝贵的历史文化特别是伦理文化遗产。

　　为了继承这笔遗产，十多年前，我们和范桥、许建良等同志从浩如烟海的历代典籍中广泛搜罗、批阅爬梳、标点提要、分类整理，于1993年由中国广播电视出版社出版了两卷本近百万字的《历代名人家训大全》。在搜集、整理家训资料的过程中，我们深感作为家庭教化和伦理文化宝库中极具特色部分的中国传统家训，不仅具有较高的学术价值，而且也具有重要的现实意义，可以为我们的家庭道德建设乃至整个精神文明建设提供有益的借鉴。于是我们又产生了撰写一部中国家训发展史的强烈愿望。但由于种种原因，这一任务只能由我们两人来承担。1993年以来，各地出版社、报刊又陆续出版和发表了不少家庭教育方面的论著与有注、译的资料选编，如马镛博士的《中国家庭教育史》、成晓军主编的《帝王家训》等，这些很有价值的著作、资料为撰写本书增添了丰富的思想与材料，提供了更为有利的条件。经过多年的学习与研究，我们的这部《中国家训史》现在终于可以付梓了。此书是我们经多次讨论研究后分工写成的，按撰写的先后顺序署名。徐少锦教授撰写了导言、先秦至隋唐部分和商贾、康熙、曾国藩的家训；陈延斌教授撰写了宋、元、明、清部分的家训。

本书不是一般地论述历代家庭教育思想，而主要是描绘家训实践的历史轨迹，即自古以来父母对子女如何进行耳提面命式的训导、规诫的，而子女又是怎样在家风的熏陶与家规的约束下成长的。同时我们力求不停留于描述家训经验的层面，而是作了理论概括，对家训中的基本概念、主要内容、重要原则、具体方法及其发展规律进行了归纳总结，并对其中保守的、禁欲的、不平等的、专制的、迷信的等糟粕，进行了适当的剖析和批判。

在撰写、出版过程中，我们得到了众多专家、学者、同仁、朋友多方面的帮助与激励。我国著名哲学家、九十三岁高龄的张岱年先生为本书题写了书名；中国伦理学会会长、中国家庭教育学会副会长、著名伦理学家罗国杰教授审阅了书稿并欣然作序，给我们很大的鼓舞。东南大学徐嘉副教授和任德新副教授撰写了个别节目。解放军理工大学副教授刘淑萍所撰写的《老一辈无产阶级革命家的家训》一文，作为附录收入本书，以使读者了解新中国成立前后的革命家家训。天津社会科学院温克勤研究员的启示，湖南师范大学张怀承教授所赠予的《中国的家庭与伦理》一书，使我们受益匪浅。本书作为国家审计署科研所立项课题，也得到了南京审计学院科研处的部分资助。本书的出版特别应感谢的是陕西人民出版社总编朱玉编审，他非常重视历史文化积累、大力支持学术著作出版的精神在今天尤为可贵，责任编辑韦禾毅副编审为本书的出版倾注了大量的心血。对于为本书的研究、写作和出版提供过直接与间接帮助的组织领导、同行学者、书文作者和出版社的同志，这里虽然不能——列举，但我们都一并表示衷心的感谢。

　　由于我们的能力与水平所限，错误与不足在所难免，恳请专家与读者批评指正，以便再版时修订。

作　者

2002 年 10 月

再版后记

　　乘此再版之机，作了如下修改与调整：一、将清代后期的家训分为两章，按照洋务派、维新派、革命派分别论述，使之脉络清晰，也符合家训演进实况，并明确提出了传统家训在近现代转型的问题。二、第三十九章增写了一些节目。请东南大学刘胜梅博士生撰写了辛亥革命派人物的家训，徐少锦撰写了梁启超家训、结语。三、请东南大学博士生李超和商增涛以文渊阁四库全书校对了本书的引文和注释。四、先秦部分补充了若干注释文字，以介绍相关的不同观点与资料。在修改过程中，天津社会科学院温克勤研究员提供了宝贵的意见，编审韦禾毅给予了大力支持，在此一并表示衷心的感谢。由于时间紧，工作量大，水平有限，错误在所难免，恳请读者批评指正。

徐少锦

2011 年 2 月 13 日于南京寓所

《人民·联盟文库》第一辑书目

分 类	书 名	作 者
政治类	中共重大历史事件亲历记(2卷)	李海文主编
	中国工农红军长征亲历记	李海文主编
哲学类	中国哲学史(1—4)	任继愈主编
	哲学通论	孙正聿著
	中国经学史	吴雁南、秦学顺、李禹阶主编
	季羡林谈义理	季羡林著,梁志刚选编
历史类	中亚通史(3卷)	王治来、丁笃本著
	吐蕃史稿	才让著
	中国古代北方民族通论	林幹著
	匈奴史	林幹著
	毛泽东评说中国历史	赵以武主编
文化类	中国文化史(4卷)	张维青、高毅清著
	中国古代文学通论(7卷)	傅璇琮、蒋寅主编
	中国地名学源流	华林甫著
	中国古代巫术	胡新生著
	徽商研究	张海鹏、王廷元主编
	诗词曲格律纲要	涂宗涛著
译著类	中国密码	[德]弗郎克·泽林著,强朝晖译
	领袖们	[美]理查德·尼克松著,施燕华等译
	伟人与大国	[德]赫尔穆特·施密特著,梅兆荣等译
	大外交	[美]亨利·基辛格著,顾淑馨、林添贵译
	欧洲史	[法]德尼兹·加亚尔等著,蔡鸿滨等译
	亚洲史	[美]罗兹·墨菲著,黄磷译
	西方政治思想史	[美]约翰·麦克里兰著,彭维栋译
	西方艺术史	[法]德比奇等著,徐庆平译
	纳粹德国的兴亡	[德]托尔斯腾·克尔讷著,李工真译
	资本主义文化矛盾	[美]丹尼尔·贝尔著,严蓓雯译
	中国社会史	[法]谢和耐著,黄建华、黄迅余译
	儒家传统与文明对话	[美]杜维明著,彭国翔译
	中国人的精神	辜鸿铭著,黄兴涛、宋小庆译
	毛泽东传	[美]罗斯·特里尔著,刘路新等译
人物传记类	蒋介石全传	张宪文、方庆秋主编
	百年宋美龄	杨树标、杨菁著
	世纪情怀——张学良全传(上下)	王海晨、胡玉海著

《人民·联盟文库》第二辑书目

分 类	书 名	作 者
政治类	民族问题概论(第三版)	吴仕民主编、王平副主编
	宗教问题概论(第三版)	龚学增主编
	中国宪法史	张晋藩著
历史类	乾嘉学派研究	陈祖武、朱彤窗著
	宋学的发展和演变	漆侠著
	台湾通史	连横著
	卫拉特蒙古史纲	马大正、成崇德主编
	文明论——人类文明的形成发展与前景	孙进己、干志耿著
哲学类	西方哲学史(8卷)	叶秀山、王树人总主编
	康德《纯粹理性批判》句读	邓晓芒著
	比较伦理学	黄建中著
	中国美学史话	李翔德、郑钦镛著
	中华人文精神	张岂之著
	人文精神论	许苏民著
	论死生	吴兴勇著
	幸福与优雅	江畅、周鸿雁著
文化类	唐诗学史稿	陈伯海主编
	中国古代神秘文化	李冬生著
	中国家训史	徐少锦、陈延斌
	中国设计艺术史论	李立新著
	西藏风土志	赤烈曲扎著
	藏传佛教密宗与曼荼罗艺术	昂巴著
	民谣里的中国	田涛著
	黄土地的变迁——以西北边陲种田乡为例	张畯、刘晓乾著
	中外文化交流史	王介南著
	纵论出版产业的科学发展	齐峰著
译著类	赫鲁晓夫下台内幕	[俄]谢·赫鲁晓夫著,述弢译
	治国策	[波斯]尼扎姆·莫尔克著,[英]胡伯特·达克(由波斯文转译成英文),蓝琪、许序雅译,蓝琪校
	西域的历史与文明	[法]鲁保罗著,耿昇译
	16~18世纪中亚历史地理文献	[乌]Б.А.艾哈迈多夫著,陈远光译
	亲历晚清四十五年——李提摩太在华回忆录	[英]李提摩太著,李宪堂、侯林莉译
	伯希和西域探险记	[法]伯希和等著,耿昇译
	观念的冒险	[美]A.N.怀特海著,周邦宪译
人物传记类	溥仪的后半生	王庆祥著
	胡乔木——中共中央一支笔	叶永烈著
	林彪的这一生	少华、游胡著
	左宗棠在甘肃	马啸著

图书在版编目（CIP）数据

中国家训史/徐少锦，陈延斌著. —北京：人民出版社，2011
（人民·联盟文库）
ISBN 978 - 7 - 01 - 010130 - 9

Ⅰ.①中… Ⅱ.①徐… ②陈… Ⅲ.①家庭道德-思想史-中国-
古代 Ⅳ.①B823.1

中国版本图书馆 CIP 数据核字（2011）第 158233 号

中国家训史
ZHONGGUO JIAXUNSHI
徐少锦 陈延斌 著

责任编辑：韦禾毅 朱 玉 安新文
封扉设计：曹 春
出版发行：人民出版社
　　　　　北京朝阳门内大街 166 号 邮 编：100706
网 址：http://www.peoplepress.net
邮购电话：(010) 65250042/65289539
经 销：新华书店
印 刷：三河市金泰源印装厂
版 次：2011 年 8 月第 1 版 2011 年 8 月北京第 1 次印刷
开 本：710 毫米×1000 毫米 1/16
印 张：54
字 数：621 千字
书 号：ISBN 978 - 7 - 01 - 010130 - 9
定 价：99.00 元